DICTIONNAIRE

DE

POMOLOGIE

Droit de traduction ou de reproduction formellement réservé.

DICTIONNAIRE
DE
POMOLOGIE

CONTENANT

l'Histoire, la Description, la Figure

DES

FRUITS ANCIENS ET DES FRUITS MODERNES

LES PLUS GÉNÉRALEMENT CONNUS ET CULTIVÉS

PAR

ANDRÉ LEROY

PÉPINIÉRISTE

Chevalier de la Légion-d'Honneur, Administrateur de la Succursale de la Banque de France,
Ancien Président du Comice horticole d'Angers,
Membre des Sociétés d'Horticulture de Paris, de Londres, des États-Unis
Et de plusieurs autres Sociétés agricoles et savantes de la France et de l'Étranger.

TOME III — POMMES

A – L

VARIÉTÉS Nºˢ 1 A 258

PARIS

DANS LES PRINCIPALES LIBRAIRIES AGRICOLES ET HORTICOLES

Angers, chez l'Auteur

1873

AVANT-PROPOS

Au moment de livrer au Public la seconde partie du *Dictionnaire de Pomologie*, je tiens à m'acquitter d'une dette fort douce à payer : celle de la reconnaissance.

J'en dois beaucoup, effectivement, pour les récompenses et les témoignages encourageants qui me sont venus de tous les côtés de l'Europe, après la publication des volumes consacrés au Poirier.

Que ceux qui m'ont ainsi soutenu, dès le début, veuillent bien croire à ma vive gratitude.

Mais jaloux de mieux mériter ces preuves d'intérêt, je me suis efforcé de donner à cette Histoire du Pommier et de ses Variétés, tout le développement qu'elle comportait. Rien n'a donc été épargné pour me procurer des documents historiques sur un genre de fruit jusqu'alors à peine étudié en France, et pour en établir solidement la synonymie. La preuve la plus convaincante que j'en puisse fournir, c'est d'avoir accordé deux volumes aux Pommes, quand mon programme n'en promettait qu'un.

Nota. — Depuis 1869 quelques Poires nouvelles ont été propagées ; leur description paraîtra dans un SUPPLÉMENT spécial dont je réunis actuellement les matériaux.

C'est à l'aide aussi de ce Supplément que je rectifierai plusieurs erreurs découvertes dans mon École de Poiriers, mais trop tard pour que le *Dictionnaire* en ait été exempt.

Angers, 28 mars 1873.

DU
POMMIER

~~~~~~~~~

Dans cette histoire du Pommier je suivrai le plan, les divisions de mon étude sur le Poirier. J'en excepte cependant un chapitre — le quatrième — qui n'y sera pas représenté parce qu'il concerne le *fruitier*, et qu'à propos des Poires j'ai traité ce point essentiel d'une façon complète, générale. (Voir t. Ier, pp. 72 à 78.)

Ceci dit, j'entre immédiatement en matière.

I

HISTOIRE.

§ Ier. — TEMPS ANCIENS.

Origine du Pommier.

C'est dans le Cantique des Cantiques, attribué à Salomon, qu'on trouve, et plusieurs fois répétée, la première mention du pommier (1). Il s'ensuit donc, si le texte hébreu a été fidèlement traduit, que plus de dix siècles avant l'ère chrétienne, les Israélites le cultivaient.

Toutefois, d'après une légende pour le moins millénaire, Adam même — et fâcheusement — le connut dans le Paradis terrestre, où contre la volonté

---

(1) Chap. II, verset 3 ; chap. IV, verset 13 ; chap. V, verset 1 ; chap. VIII, verset 5.

divine, et sous les suggestions d'Ève, il en mangea un fruit. Aussi le médecin bavarois Agricola, mort à Ratisbonne en 1738, assure-t-il — vérifie qui voudra — qu'en coupant transversalement une pomme, on y aperçoit dix stigmates, emblèmes des commandements que Dieu, par suite de cette désobéissance, imposa aux hommes. Il ajoute : « On cultive encore, aujourd'hui, l'espèce à laquelle « appartenait la pomme qu'Adam goûta et dont le nom lui fut appliqué parce que « le fruit de ce pommier a conservé, très-bien marquées, les empreintes du coup « de dent qu'y donna notre premier père. » C'est dans son *Essai sur la multiplication des arbres*, paru en 1716, qu'Agricola s'exprimait de la sorte ; il y disait également « posséder le secret de faire sortir d'une feuille, ou d'une branche, de « grands arbres en moins d'une heure !!!... » Sur ces différents points, combien le docteur aura-t-il trouvé de croyants ?...

Mais propagée par tous, prêtres, laïques, écrivains, peintres, graveurs, la légende de la pomme ainsi mangée au Paradis, a tellement séduit les imaginations des peuples, que même en ce siècle les illettrés — toujours nombreux — la croient extraite de l'*Ancien Testament*.

Erreur positive, car dans le chapitre de *la Genèse* où l'on voit le serpent exciter Ève et son époux à désobéir au Seigneur, les mots pomme, pommier, n'apparaissent pas. Pour désigner l'objet convoité, les termes généraux FRUCTUS, ARBOR — le fruit, l'arbre de la science du bien et du mal — seuls y sont employés. Il est alors assez naturel de se demander comment Ursinus (1), l'érudit auteur de l'*Arboretum biblicum* (1663), a pu mettre en tête de pareil ouvrage une gravure représentant le Paradis terrestre, dont un pommier chargé de fruits occupe le premier plan et supporte une banderole où je lis : « E MALO *nascitur omne* MALUM » [de la pomme est né tout le mal]; calembour emblématique complété par un serpent qui descend de l'arbre en tenant à la gueule une pomme cueillie à l'intention d'Ève. Voilà certes, reproduite fort naïvement, la fameuse légende du pommier de l'Éden et de ses fruits maudits, à laquelle, en 1705, Boileau devait aussi faire allusion. Personnifiant l'*Équivoque*, et la prenant à partie, l'immortel poëte dit effectivement dans la XII° de ses Satires :

> N'est-ce pas toi, voyant le monde à peine éclos,
> Qui, par l'éclat trompeur d'une funeste pomme,
> Et tes mots ambigus, fis croire au premier homme
> Qu'il allait, en goûtant de ce morceau fatal,
> Comblé de tout savoir, à Dieu se rendre égal?

Quoiqu'il soit inutile de multiplier les preuves de la croyance universelle professée pour cette légende, je ne puis cependant résister au désir d'en fournir une dernière, et des plus piquantes. Elle est consignée par Charles Nodier dans son *Examen critique des Dictionnaires de la langue française* (1829), au mot ÈVE :

« Ève — y est-il dit — nom de la première femme, signifie bonne ou agréable, dans les langues typiques de l'Orient...... Il est homonyme d'un impératif de la langue celtique, celui du verbe *boire*. Ce rapprochement a suggéré à un savant Bas-Breton l'idée la plus ridicule qui soit jamais entrée dans la tête d'un étymologiste de profession...... Il présume qu'Adam

---

(1) *Ursinus* (*Jean-Henri*), superintendant des églises luthériennes de Ratisbonne (Bavière), mort en 1667.

et Ève parlaient sa langue, et que le nom d'Adam fut formé du cri qu'il poussa : A TAM! « *Quel morceau!* » en avalant la pomme — dont le peuple croit partout qu'il lui resta un morceau à la gorge — comme le nom d'Ève de la réponse qu'elle lui fit, et qui est ordinaire en pareil cas : Ev, « *Bois.* » On voit que les sciences les plus arides ont bien leur côté plaisant. » (Page 166.)

S'il peut être admis qu'au temps de Salomon le pommier existait en Judée, néanmoins il ne s'ensuit pas, comme beaucoup l'ont avancé, qu'il soit originaire de l'Asie; qu'en un mot les Européens l'aient reçu de ce pays. Le *Malus communis*, au contraire, pousse naturellement dans la majeure partie des forêts de l'Europe, desquelles le génie de l'homme, surexcité par le besoin et l'intérêt, peu à peu le tira, le cultiva, puis finit, la greffe et les semis aidant, par en obtenir des centaines de variétés.

C'est là mon sentiment et celui, surtout, des auteurs les plus estimés.

Ainsi l'abbé Rozier écrivait en 1789 :

« Je regarde le pommier comme un arbre indigène aux provinces septentrionales de la France, et plus particulièrement encore à nos montagnes de la seconde classe.... Quelques personnes avancent que le pommier fut transporté de la Médie (Asie) à Rome. Cela peut être;.... cette assertion ne détruit pas la mienne; elle prouve seulement qu'on a transporté de bonnes espèces de pommes à Rome; et c'est de la sorte que Lucullus enrichit sa patrie des cerisiers à bon fruit. » (*Cours complet d'agriculture*, t. VIII, p. 215.)

Louis Bosc, mon ancien maître, et jadis directeur du Jardin des Plantes de Paris, fut non moins affirmatif en 1809 :

« Le pommier — assurait-il — est un arbre naturel aux forêts de l'Europe... On le trouve à l'état sauvage, et en abondance, dans tous les bois naturels de la France dont le sol est profond et humide, surtout dans ceux des pays montagneux. » (*Dictionnaire raisonné d'agriculture*, t. X, pp. 314-315.)

De nos jours — 1855 — partageant sur ce point l'opinion des botanistes Koch (1), Bunge (2), Royle (3) et Thunberg (4), M. Alphonse de Candolle a dit :

« Le *Pyrus Malus* (L.), qui paraît la source de toutes les variétés acerbes et douces de nos pommes, croît dans l'Europe tempérée et la région du Caucase...... Le pommier est cultivé dans le nord de la Chine, quelquefois dans le nord de l'Inde, mais plus abondamment dans le Cachemir et les pays voisins. Thunberg n'indique pas le pommier au Japon, ce qui me fait présumer qu'il n'est pas ancien en Chine. » (*Géographie botanique raisonnée*, t. II, pp. 889-890.)

Enfin plus récemment encore — 1859 — M. Adolphe Pictet, écrivain suisse dont les travaux scientifiques sont fort appréciés, s'exprimait de la sorte :

« Le *Pyrus Malus* est spontané dans l'Europe tempérée et la région du Caucase. On le trouve partout dans l'Asie centrale, le Cachemir, le nord de l'Inde et de la Chine, et il a été

---

(1) *Karl Koch*, de Berlin. Depuis lors, ce savant professeur a dit dans sa *Dendrologie* (1re partie, p. 206) « qu'il regardait le *Malus silvestris* comme étant PROBABLEMENT originaire de la Sibérie « méridionale ou de la Chine septentrionale. » — (2) *Alexandre Bunge*, Russe. — (3) *Royle*, Anglais. — (4) *Charles Thunberg*, Suédois.

sûrement connu de toute ancienneté. » (*Les Origines indo-européennes, essai de paléontologie linguistique*, 1ʳᵉ partie, pp. 238-239.)

On conviendra qu'il serait difficile de réfuter ces assertions, émanant de botanistes justement renommés. En tout cas il est beaucoup plus sage de les soutenir, que d'attribuer au pommier, comme l'a fait Bernardin de Saint-Pierre, une origine mythologique :

« La belle Thétis — raconte le chantre de *Paul et Virginie* — la belle Thétis, que les Gaulois appellent Friga, jalouse de ce qu'à ses propres noces Vénus, qu'ils nomment Siofne, eût remporté la pomme qui était le prix de la beauté, sans qu'elle l'eût mise seulement dans la concurrence des trois déesses, résolut de s'en venger. Un jour donc que Vénus descendue sur cette partie du rivage des Gaules, y cherchait des perles pour sa parure et des coquillages appelés Manches-de-Couteau pour son fils Sifionne, un triton lui déroba sa pomme, qu'elle avait mise sur un rocher, et la porta à la déesse des mers. Aussitôt Thétis en sema les pepins dans les campagnes voisines, pour y perpétuer le souvenir de sa vengeance et de son triomphe. Voilà, disent les Gaulois celtiques, la cause du grand nombre de pommiers qui croissent dans leur pays et de la beauté singulière de leurs filles. » (Bernardin de Saint-Pierre, *Œuvres complètes*; t. VII, l'*Arcadie*, p. 93, édition de 1834.)

Si cette origine — qui ne fut évidemment qu'un jeu de plume chez son aimable auteur — ne peut être prise au sérieux, elle conduit toutefois à rappeler, pour la combattre, une version moins poétique (1) attribuant à des navigateurs normands l'importation, vers 1300, du pommier dans leur contrée; et c'est de la Biscaye (Espagne) qu'ils l'auraient rapporté.

Contre une telle version nombre de documents authentiques font loi, qui tous sont reproduits dans l'*État de l'agriculture en Normandie au moyen âge*, œuvre d'érudition publiée en 1851 par un paléographe très-distingué, M. Léopold Delisle, membre de l'Institut :

« Nous n'irons pas avec quelques-uns de nos devanciers — dit ce savant — chercher en Afrique, ni même en Biscaye, l'origine du cidre. Nous croyons que de tout temps cette boisson fut connue des habitants d'une notable partie de la France. La loi salique [vᵉ siècle] parle des plants de pommiers, et dans les domaines de Charlemagne [viiiᵉ siècle] les brasseurs fabriquaient de la cervoise, du cidre et du poiré. Mais il est permis de supposer qu'à ces époques reculées le cidre était d'une qualité très-inférieure et d'un usage très-restreint. Cette observation doit même s'appliquer à la Normandie, où les mentions des pommiers et du cidre deviennent assez nombreuses à partir de 1100. » — [Suivent une foule d'extraits de chartes, qui le prouvent.] (Pages 471-476.)

Un autre paléographe, M. Robillard de Beaurepaire, archiviste de la Seine-Inférieure, s'est également occupé de cette importation du pommier; voici ses conclusions :

« Nous ne pouvons — écrivait-il en 1865 — laisser complètement de côté, dans ce mémoire, une question intéressante qui se présente naturellement à propos du pommier : Nos espèces ont-elles pris naissance sur notre sol? Sont-elles dues au hasard, ou faut-il y voir

---

(1) Voir, à ce sujet : le marquis de Chambray, *Art de cultiver les pommiers*, 1765, pp. 2 et 3; — Touquet, *Annales de statistique*, 1803, n° 7; — et d'Avannes, 1839, *Esquisses sur le château de Navarre* (Eure).

un heureux emprunt à des contrées plus favorisées sous le rapport du climat? — Il est de tradition que nous sommes redevables à la Biscaye, des pommiers, qui sont depuis longtemps une des principales richesses de notre agriculture. Cette opinion n'a rien d'invraisemblable... Cependant, en l'absence de preuves positives, nous sommes porté à penser que nos espèces ne sont pas d'importation étrangère, que nous ne les devons qu'à la fécondité naturelle de notre sol. Nos anciennes forêts ont sans doute été leur berceau... Ce fut avec des fruits sauvages que le cidre fut d'abord fabriqué... et nombre de textes autorisent à supposer que les espèces sauvages choisies dans les bois... ont suffi à peupler nos jardins et nos vergers, sans qu'il ait été nécessaire de recourir aux nations étrangères. » (*Notes concernant l'état des campagnes de la haute Normandie dans les derniers temps du moyen âge*, pp. 60-62.)

Tenant compte de la tradition dont parle M. de Beaurepaire, puis des relations commerciales qui, surtout vers 1500, existèrent entre les Espagnols et les marins de Dieppe, Harfleur, Honfleur et Rouen, il semble possible ici de concilier les dissidents. Ne pas admettre, devant les textes produits par M. Delisle, que de toute antiquité le pommier fut cultivé en Normandie, et dans les forêts s'y trouvait à l'état sauvage, est chose impossible; mais ne peut-on croire que de la Biscaye des matelots normands rapportèrent, au lieu du pommier, quelques variétés de pommes inconnues chez eux? — Cette solution, je l'avoue, me paraît acceptable, puisqu'envisagées ainsi les deux versions, loin de se contredire, se prêtent un mutuel appui. Du reste, parmi les espèces à cidre les plus répandues en Normandie, on rencontre encore le Barbarie, le Marin-Onfroy et la Greffe-de-Monsieur, que Louis du Bois, en son *Histoire du Pommier* (1804, pp. 63 et 87-88), affirme avoir été empruntées à la Biscaye.

La question d'origine étant épuisée en ce qui touche l'arbre, voyons maintenant quelles étymologies ont été données et de son nom et du nom de ses fruits.

Nos termes Pommier, Pomme, viennent des mots latins *Pomus*, *Pomum*, jadis noms génériques de tous les arbres fruitiers et de leurs produits, et que l'agronome romain Varron suppose dérivés, dans son *de Re rustica*, de *potus*, boisson : « Aux « temps de sécheresse — dit-il — arrosez tous les jours vos arbres fruitiers, peut- « être appelés *poma*, de POTU, parce qu'ils ont besoin d'eau. » (Livre I, chap. 32.) Scaliger (*de Causis linguæ latinæ*, 1540) adopte aussi cette étymologie, mais l'explique d'une autre façon : par la vertu qu'ont la plupart des fruits, d'étancher la soif tout en apaisant la faim.

Quant au nom latin du pommier et de la pomme, il fut tiré du grec, suivant la généralité des étymologistes, dont M. Adolphe Pictet, déjà cité dans ce chapitre, se faisait l'interprète en 1859 :

« Au latin *Malum*, Pomme, *Malus*, Pommier — écrivait-il — correspond le grec Μῆλον et Μηλέα. Je ne connais pas de nom sanscrit de la pomme. Le mot *seba*, que M. de Candolle donne pour tel, d'après Piddington, est hindoustani et emprunté au Persan *séb*....... Le turc *alma* serait-il une inversion de *mala*, et de provenance iranienne? » (*Les Origines indo-européennes, essai de paléontologie linguistique*, 1re partie, pp. 238-239.)

Les érudits seuls pourront répondre à cette interrogation de M. Pictet. Pour moi, je me borne à remettre en mémoire certaine autre étymologie de *Malum*, l'ancien nom générique des fruits. Elle est due à Jean Goropius, médecin et historien flamand mort en 1572. Il dit, en ses *Origines Antuerpianæ*, le mot grec μᾶλον et le mot latin *malum* dérivés du cimbrique (1) *mahl*, repas, et pour le démontrer s'appuie sur ce fait constant, que les repas des premiers hommes se composèrent presque uniquement de fruits. J'ajoute que cette étymologie, qui n'a rien de trop déraisonnable, rencontra quelque créance en Allemagne, où Mayer, notamment, lui donnait place en 1776 dans sa *Pomona franconica*.

Variétés cultivées chez les Grecs.

Homère, il y a vingt-huit siècles, qualifia le pommier « d'Arbre au beau fruit, » et le cita trois fois dans l'*Odyssée* (livres VII, XI et XXIV). Du reste c'est un fait prouvé qu'en Grèce cet arbre fut connu très-longtemps avant l'ère du Christ. Les plus anciens écrivains de ce pays, l'attestent; quelques-uns — Artémidore, Plutarque, Pausanias — sans nul détail horticole ou historique; et d'autres — Théophraste, Théocrite, Dioscoride, Galien — en indiquant des noms de variétés, ou par quels caractères elles se différenciaient.

Théophraste (287 ans avant J. C., *Histoire des plantes*) mentionna six sortes de pommes :

1. Les *Agrestes*, ou Sauvages ;

2. Les *Urbaines*, ou Cultivées ;

3. Les *Printanières*, ou Précoces ;

4. Les *Sérotines*, ou Tardives ;

5. Les *Mélimèles*, ou Douces ;

6. Les *Épirotiques*, rappelant la contrée dont elles provenaient : l'Épire, aujourd'hui l'Albanie méridionale.

Le poëte Théocrite (246 ans avant J. C.) n'en signala qu'une espèce :

7. Les *Dionysiennes*, tirant leur dénomination ou de Dionysius, roi de Syracuse, ou de ce qu'elles figuraient parmi les fruits annuellement offerts, lors des fêtes appelées dionysiaques, au dieu Bacchus.

Dioscoride (1ᵉʳ siècle de notre ère), duquel il reste un ouvrage sur la botanique et la matière médicale, parle aussi des pommiers de sa patrie, seulement il n'ajoute rien à ce qu'en avait dit Théophraste. Il faut recourir à Claude Galien, mort quatre siècles après ce dernier, pour trouver de nouveaux renseignements sur ces mêmes arbres : « Nous possédons — expose le célèbre médecin grec — des pommes « âpres, des pommes douces, des pommes acides; il en existe dont la saveur est à « la fois astringente et mielleuse;....... d'autres qui n'ont aucune sapidité; enfin

---

(1) *Cimbres*, peuple teutonique qui habitait le Jutland et le Danemarck méridional.

« plusieurs sont très-aqueuses, tandis qu'un certain nombre le sont peu. » (*Thérapeutique*, Aliments, livre II, et Simples, livre VII.)

Ce passage, quoiqu'exempt de toute nomenclature, n'en est pas moins précieux pour notre sujet, puisqu'il ressort de son ensemble, qu'à l'époque où Galien l'écrivit — au IIe siècle — le pommier comptait déjà d'assez nombreuses variétés chez les Grecs.

Ces peuples professèrent constamment un véritable culte pour les pommes. Si les Athéniens, lors des dionysiaques, consacraient ce fruit à Bacchus, les Béotiens le déposaient dans les temples de Cérès pendant quelques jours, en vue d'obtenir de la déesse qu'ensuite il se conservât de longs mois au logis. Solon lui-même, ce législateur dont la sagesse est devenue proverbiale, fit du pommier, six siècles avant les temps évangéliques, en Grèce un arbre vraiment national. Par un article de loi il prescrivit aux nouveaux mariés de ne manger qu'une pomme le premier soir de leur noce; voulant ainsi, croit-on, arrêter les dépenses insensées que faisaient, à cette occasion, ses compatriotes.

Aujourd'hui, dans certaines îles de l'Archipel, le pommier se trouve encore mêlé aux choses du mariage. Les jeunes filles, pour fêter saint Jean, s'y façonnent une ceinture à l'aide de pommes, de rubans et de fleurs, la portent jusqu'à la nuit, puis la renferment précieusement, afin d'observer ce qu'elle va devenir. Les pommes qui la garnissent se flétrissent-elles rapidement? mauvais, très-mauvais présage : le mari qu'on désire ne pense pas à vous. Restent-elles, au contraire, saines et brillantes? oh! c'est alors fort différent, car cet époux, les pommes l'ont prédit, se présentera dans l'année même..... Charmante coutume, superstition aimable que doivent excuser les plus rigoristes, et qui propagée chez nous y compterait bientôt des milliers de zélatrices !

Variétés cultivées chez les Romains.

Nota. — Nous ferons suivre de courtes remarques les variétés dont l'origine ou le nom paraîtra nécessiter quelques éclaircissements.

Les pommes romaines sont mieux connues que les pommes grecques, puisqu'il m'a été possible d'en retrouver vingt-six variétés, dont je vais donner les noms en les classant chronologiquement.

Caton fut à Rome le premier agronome qui parla du pommier (*de Re rustica*, chap. VII); 178 ans avant J. C. il conseilla de planter dans les vergers, comme étant de longue garde, l'espèce ci-après, la seule qu'il ait mentionnée :

1. La *Musteum*, ou Mustée.

[On la nommait ainsi pour la douceur de ses fruits, qui rappelait celle du moût, ou vin nouveau; voilà pourquoi quelques traducteurs les surnommèrent Pommes Vineuses. Elles semblent identiques avec les Mélimèles des Grecs. C'est bien à tort que les *Mala Struthea*, les *Cotonea Scantiana* et *Quiriniana*, dont Caton parle également au chapitre VII, ont été prises pour des pommes. Ce sont des coings; et le texte le dit si nettement, qu'on s'étonne qu'une telle erreur ait eu lieu.]

Varron, venu plus d'un siècle après Caton, n'ajouta dans son *Économie rurale* (livre I, chap. VII et LIX) que deux noms de pommes au précédent :

2. Les *Orbiculata*, ou Rondes.

[Elles sont généralement réunies à la variété dite aujourd'hui, Rosat blanc, et décrite dans notre quatrième volume, auquel nous renvoyons pour tout détail complémentaire.]

3. Les *Bifera*, ou Pommes de Deux Fois l'An, cultivées dans les environs de Consentia.

[Nous avons un poirier du nom de Deux Fois l'An (voir son article, t. II, p. 21), dont la seconde fructification, qui s'achève au commencement de l'automne, mûrit très-difficilement, mais je ne connais pas de pommier bifère. On aperçoit bien quelquefois, parmi les pommiers précoces, certains sujets dont les branches, au mois de septembre, portent de nouveaux fruits; seulement ces fruits sont peu nombreux, atrophiés, et jamais ne parviennent à maturité. Sous le ciel de l'Italie, ces mêmes pommiers seraient-ils plus favorisés? J'en doute beaucoup... La ville de Consentia, près de laquelle on rencontrait les Bifera signalés par Varron, est située dans la Calabre et présentement appelée Cosenza.]

Columelle, dont les ouvrages agricoles datent de l'an 42 de notre ère, signale huit sortes de pommes (livre V, chap. X), desquelles font partie les n°s 1 et 2 ci-dessus; nous n'en avons alors que six à enregistrer :

4. La *Scandianum*, ou Scandienne.

[Pline déclare qu'elle fut propagée et baptisée par un certain Scandius, sur lequel tous les biographes sont muets. Toutefois, ne tenant aucun compte de ce renseignement, plusieurs traducteurs ont fait cette variété originaire de la petite ville de Scandiano, située dans l'ancien duché de Modène.]

5. La *Matianum*, ou Matienne.

[Rappelant la mémoire de C. Matius, économiste romain, que Columelle (livre XII, chapitre XLIV) dit avoir composé trois ouvrages intitulés : *le Cuisinier*, *le Poissonnier*, *le Confiseur de saumures*. Pour autres particularités sur la Matienne, consulter ci-après, page 237, l'article *Court-Pendu gris*.]

6. La *Pelusianum*, ou de Peluse.

[Venue de Pelusium, actuellement Belbeïs, ville de la basse Égypte.]

7. L'*Amerinum*, ou d'Améria.

[Elle provenait d'Amelia, l'ancienne Amerium, localité avoisinant Spoleto, dans les États de l'Église, et qui avait aussi donné son nom à certaine poire romaine, très-tardive, dont j'ai parlé page 38 du tome Ier de ce *Dictionnaire*.]

8. La *Syricum*, ou Rouge, ou de Syrie.

[Pline dit formellement que cette pomme fut ainsi nommée pour sa couleur rouge;

plusieurs traducteurs, ne tenant aucun compte de ce renseignement, ont néanmoins rendu *Malum Syricum* par Pomme de Syrie. Le mot *Syricus* se prête, du reste, à l'une et à l'autre de ces deux versions.]

9. La *Sextianum*, ou Sextienne, ou Gestienne par corruption.

[Dédiée au consul Lucius Sextius, auquel le poëte Horace, son ami, consacre une de ses odes, la 4º du livre Ier. Voir pour détails historiques concernant ce fruit, notre article *Court-Pendu gris*, p. 237 de ce volume.]

Pline dans son *Historia naturalis*, qui remonte à l'an 80 de l'ère chrétienne, annonce au chapitre XIV du livre XV qu'il va décrire « trente espèces de pommes; » mais comme le mot *malum* s'appliquait alors, ainsi que le mot *pomum*, à tous les fruits arrondis et charnus, parmi ces trente espèces on trouve des coings, des pêches, des citrons même, qu'on doit naturellement en retrancher. Cette élimination faite — personne encore ne l'avait établie — reste vingt-quatre pommiers, desquels il faut aussi supprimer ceux, au nombre de sept, dont les noms sont déjà passés sous nos yeux. Somme toute, Pline n'a donc vraiment signalé *le premier*, que dix-sept variétés de pommes. En voici les noms, suivis des observations ou descriptions qui dans le texte latin y sont jointes :

10. La *Manlium*, ou Manlienne, portant le nom de son obtenteur.

[Ce personnage appartenait à l'illustre famille patricienne des Manlius, qui fournit aux Romains tant de consuls, de généraux et de tribuns.]

11. Les *Appiana*, ou les Appiennes, greffées et propagées par Appius Claudius; elles ont la peau rouge, l'odeur du coing et le même volume que les pommes de Scaudius (citées plus haut, sous le nº 4).

[Appius Claudius était issu de la maison des Claude, si célèbre dans l'histoire romaine; trompés par la similitude des noms Appius et Api, la plupart des pomologues ont fait d'Appius Claudius l'obtenteur de notre jolie petite pomme d'Api. Nous prouvons ci-après (aux pp. 65, 66 et 74) que leur opinion n'a pas le moindre fondement.]

12. Les *Sceptiana*, ou Sceptiennes, auxquelles Sceptius, fils d'affranchi, donna son nom, et qui sont remarquables par leur forme ronde.

[On ne sait rien sur ce Sceptius; Pline seul en a révélé l'existence dans le court passage ici traduit.]

13. Les *Petisia*, ou Petisiennes, importées à Rome du vivant de Pline — selon que cet auteur le constate — elles étaient peu volumineuses, mais excellentes.

[Aucun Petisius ne se trouve cité par les biographes qui se sont occupés des Romains. J'ai souvent pensé, Pline affirmant que cette pomme ne venait pas des jardins de Rome, qu'il fallait lire *Petilia* et non *Petisia*. Il existait en effet une petite ville appelée Pétilie, située dans la Calabre ou Grande Grèce, contrée d'où les Romains avaient déjà tiré la variété suivante. Voir aussi, pour détails relatifs aux Petisiennes, les pages 66 et 237 de ce IIIe volume, et la page 523 du IVe.]

14. Les *Græcula*, ou Grecques, dont la bonté faisait honneur à leur patrie.

[Le sentiment général est qu'elles sortaient du territoire de Tarente, jadis république fort importante de la portion de l'Italie alors appelée la Grande Grèce.]

15. Les *Gemella*, ou Jumelles, ne croissant jamais que géminées, qu'attachées deux à deux sur un seul pédoncule.

[On a vu quelquefois des pommes, et surtout des cerises, offrir cette singularité; mais personne encore, chez nous, n'a parlé d'un pommier dont tous les fruits possédassent ce caractère.]

16. Les *Melapia*, ou Mélapies, ainsi dites de leur ressemblance avec les poires.

[Consulter, sur ces Mélapies, notre tome IV (pp. 575-576) à l'article *Pomme-Poire*.]

17. Les *Melimela*, ou Mélimèles, du moins les pommes auxquelles mes concitoyens donnent maintenant ce nom, possèdent la saveur du miel.

[Pline laisse entendre ici que ces Mélimèles sont différentes des Mélimèles mentionnées par les agronomes qui l'ont précédé. Cette question, qui échappe à tout examen, quelques auteurs ont cependant, il y a plusieurs siècles, voulu la résoudre. Comme alors je n'ai pu la passer sous silence, je renvoie à mon historique de la *Pomme de Paradis* (t. IV, p. 523), où elle est traitée, ceux dont l'esprit s'en préoccuperait.]

18. Les *Epirotica*, ou pommes d'Épire, indiquant leur origine hellénique par le nom même qu'elles tiennent des Grecs.

[Les Romains rapportèrent cette variété de la Grèce, où sa culture s'était généralisée. Dans le précédent paragraphe, consacré aux pommiers grecs, nous avons parlé de celui-ci, qui s'y trouve classé sous le n° 6.]

19. Les *Orthomastia*, ou Orthomasties, ayant la forme d'un sein.

[Jacques Daléchamp (1586), en son *Historia plantarum generalis*, a rapporté les Orthomastia aux Taponnes; mais rien n'autorisait ce rapprochement; bien au contraire, puisque les Taponnes, on l'a reconnu plus tard (voir ci-après, p. 173), sont les mêmes que le Calleville blanc d'Hiver, si loin, avec ses côtes nombreuses et sa forme irrégulière, de ressembler au sein d'une femme.]

20. Les *Spadonia*, ou Châtrées des Belges, qui leur ont donné ce nom parce qu'elles sont dénuées de pepins.

[Voir au sujet de cette curieuse pomme et de son assimilation à l'une des variétés présentement cultivées, nos articles *Pomme-Figue d'Hiver* (t. III, p. 305) et *Passe-Pomme d'Été* (t. IV, p. 531), nous y donnons tous les renseignements désirables.]

21. Les *Melofolia*, ou Pommes Feuillues, auxquelles il sort une feuille, et parfois deux, du milieu des côtes.

[Ce passage de Pline doit jadis avoir subi quelqu'altération de la part des copistes; évidemment le grand naturaliste a dit qu'au centre de l'œil des *Melofolia*, et non pas au milieu de chacun de leurs côtés, il poussait une ou deux feuilles. Ainsi interprété le texte devient acceptable; autrement, nul horticulteur ne saurait l'admettre. Et les traducteurs et commentateurs de Pline l'ont si bien compris, qu'ils n'ont jamais essayé de rattacher la *Melofolium* à l'une quelconque des pommes modernes.]

22. Les *Pannucea*, ou Ridées, dont la peau se plisse et se fane très-vite.

[De nos jours on a supposé que ce fruit était identique avec la pomme de *Glace d'Hiver*, ou de Gelée, des Provençaux. Je dois affirmer le contraire, car cette dernière conserve sa peau très-lisse jusqu'à son point extrême de maturité (février), puis est originaire de Cobourg (Saxe) et remonte, non pas aux Romains, mais simplement au xvi° siècle, ainsi que nous l'avons constaté page 325 du présent volume.]

23. Les *Pulmonea*, ou Pulmonées, très-grosses et d'une chair spongieuse.

[Jacques Daléchamp, cité plus haut (n° 19), veut que les *Pulmonea* soient les mêmes que certaines pommes appelées Folanes, au xvi° siècle. Je rapporte son dire sans le commenter, n'ayant jamais pu rencontrer, sur ces Folanes, le moindre renseignement.]

24. Les *Sanguines*, ou Pommes Couleur de Sang — coloris qu'elles doivent, suivant Pline, à leur multiplication sur le mûrier — sont une sous-variété des Pulmonées.

[Divers auteurs ont cru la retrouver dans l'espèce nommée depuis longtemps *Cœur de Bœuf*, et décrite ci-après, pages 226-228, article auquel on voudra bien recourir pour connaître notre opinion quant à son origine.]

25. Les *Silvestria*, ou Pommes des Bois, petites, très-odorantes, de saveur agréable, mais tellement âpres et acides, qu'à les couper le couteau s'oxide.

[Ici encore nous avons traduit mot à mot le texte de Pline, quoiqu'assurément il soit fautif, car on ne saurait, d'après lui, déclarer que les fruits du *Malus Silvestris*, possèdent une saveur agréable malgré leur extrême acidité, allant jusqu'à corroder l'acier. La vérité, c'est que les Pommes Sauvages sont un manger exécrable et méritent bien le surnom d'Estranguillon — d'étrangleuses — qui jadis leur fut donné.]

26. Enfin les *Farina*, ou Farineuses, les moins estimées, et cependant qu'on doit se hâter de cueillir, comme les plus précoces de toutes.

[Voir tome IV, page 531, ce qu'à l'historique de la *Passe-Pomme d'Été* je dis des Pommes Farineuses, de Pline.]

Cette liste examinée, peut-être se demandera-t-on si les Romains n'ont vraiment possédé que les vingt-six variétés qui y sont inscrites?

Nous répondons par anticipation : — Ils durent en posséder un plus grand nombre; car chez eux, quand surtout commença la décadence de l'empire, on payait des sommes folles le moindre fruit; on se ruinait pour la table, le luxe, les jardins. Du reste, longtemps après Pline, au v° siècle, Palladius laissait clairement entrevoir dans son recueil agricole (livre III, chap. xxv) la richesse, en pommiers, des vergers romains, mais sans l'énumérer; disant en sa simplicité : « Toutes ces espèces, je crois inutile de les mentionner. » Ce silence me semble au fond, peu regrettable, les anciens agronomes ayant toujours trop brièvement parlé des arbres fruitiers. Où donc serait l'intérêt, que Palladius nous eût transmis les noms d'une cinquantaine de pommes, sans les accompagner de descriptions suffisantes pour rechercher si ces fruits sont ou ne sont pas venus jusqu'à nous?

Variétés cultivées en Italie, au XVe siècle.

L'auteur auquel nous avons emprunté nos renseignements sur les poires que possédait l'Italie vers la fin du moyen âge, va nous en fournir également sur les pommes qu'alors on y rencontrait. C'est Agostino Gallo, qui dans le *Vinti giornate dell' agricoltura* mit sous les yeux de tous, à cette époque de renaissance universelle, un commentaire fort remarquable des préceptes les plus pratiques de ses illustres devanciers, Caton, Columelle, Palladius, etc.

La surprise est grande, ou plutôt la déception, quand on lit le chapitre qu'Agostino Gallo consacre au pommier. Douze pommes seulement s'y trouvent décrites, et de leurs noms aucun ne rappelle ceux ayant eu cours à Rome plusieurs siècles auparavant. Tous ces derniers, depuis l'envahissement des Barbares, ont disparu de la nomenclature pour n'y plus reparaître; mais cette fois, parmi les dénominations italiennes qui sont venues les remplacer, j'en vois du moins quelques-unes que nos jardiniers connaissent encore.

Suivant l'exemple des économistes romains, Gallo ne signala que les pommiers communément cultivés dans son pays. Ainsi s'explique le petit nombre de variétés qu'il enregistre. Cela est si vrai, qu'après avoir caractérisé sa douzième et dernière pomme, il dit ingénuement au lecteur : « Je pourrais t'en citer d'autres, mais je « préfère passer aux fruits d'un genre différent. »

Combien cette réserve fut préjudiciable à l'histoire du pommier !... Les descriptions de ce savant sont en effet, contrairement à celles de Pline, presque toujours assez détaillées pour qu'il soit possible aux pomologues modernes d'en tirer parti; ce dont chacun ici se rendra compte, car nous allons donner la traduction littérale de ces diverses descriptions :

1 et 2. La *Dolciano Nano*, ou Petite-Pomme Douce, et la *Dolciano Mezzano*, ou Pomme Douce Moyenne, mûrissent fin de mai; il n'en est pas de plus précoces.

[Sans doute notre pomme Saint-Jean, complétement douce et de grosseur variable. Voir au IVe volume l'article que nous lui consacrons.]

3. La *San-Pietro*, ou Pomme de Saint-Pierre, la seule que nous ayons jusqu'en octobre.

4. La *Rosso Grosso*, ou Grosse-Pomme Rouge, est bonne et se mange très-bien crue, quoique sa chair soit ferme; on l'utilise aussi cuite dans la casserole, avec du sucre; on ne peut la conserver longtemps.

[Cette Grosse-Pomme Rouge, peut-être la *Sanguineum* ou Couleur de Sang que Pline a mentionnée, nous paraît assez semblable au Cœur de Bœuf, variété se gardant parfois jusqu'au mois de mars, mais parfois aussi ne dépassant pas celui de janvier.]

5 et 6. La *Paradiso*, ou Pomme de Paradis, est excellente et gagne aisément Noël. Il en existe DEUX ESPÈCES, l'une à fruit aplati, l'autre à fruit allongé.

[Ces variétés italiennes n'ont rien qui permette de les réunir au Pommier de Paradis, si connu comme sujet propre à former des arbres nains, et dont les fruits, mûrissant en juillet-août, sont entièrement passés lorsqu'arrive Noël. Mais chez les Hollandais, les Allemands, les Anglais, et chez nous, on rencontre plusieurs autres pommes de Paradis d'automne et d'hiver, à deux desquelles, très-probablement, se rapportent celles d'Agostino Gallo.]

7 *et* 8. Les *Rugginenti Dolci* et *Garbi*, ou Rouillées à chair douce et Rouillées à chair acide. Les douces, encore assez savoureuses à Noël, perdent ensuite toute leur bonté. La variété acide, qui est la plus estimée, acquiert au contraire, à cette époque, son point parfait de maturité, et reste ainsi pendant quelques mois.

[La seconde de ces pommes à peau bronzée, pourrait bien être l'antique Reinette grise (voir son historique, au t. IV); quant à la première, sa chair non acidulée et sa maturité moins tardive nous rappellent que *Reinette douce et grise* est un des plus anciens synonymes de la variété présentement nommée Reinette musquée (voir également son historique, au t. IV). Ce ne sont là, toutefois, que simples suppositions.]

9. Les *Calamani*, exquises et recherchées, malgré leur chair un peu ferme.

[Charles Estienne, en 1540, a prouvé que pommes Calamania, ou Calamila, ou Court-Pendu gris, formaient une seule et même variété. Comme cette question est traitée à fond dans l'historique du *Court-Pendu gris*, pages 236 et 237 ci-après, il devient inutile ici d'en parler plus longuement.]

10. Les *Puppini*, ou Pippin, de longue garde et non moins délicieuses et prisées, que les Calamani.

[Voir tome IV, au mot *Pippin* (p. 571), ce que nous disons de cette Puppino, vraisemblablement identique avec les Pippins si célèbres en Angleterre, et tellement anciens, que dès 1360 ils étaient mentionnés en Normandie.]

11. Les *Rostaioli*, ou pommes Éventail, surpassant par leur beauté, par leur eau savoureuse, toutes les autres variétés. Elles servent de rafraîchissement au milieu des fêtes; c'est pourquoi, les comparant à l'éventail, on leur en a donné le nom. Et nos jeunes gens, pendant les bals masqués du carnaval, choisissent effectivement ces pommes pour se désaltérer.

[Il devient impossible, vu le manque complet de description, de rattacher, même très-hypothétiquement, les *Rostaioli* à l'une de nos pommes d'hiver.]

12. Les *Appioli*, ou Appioles, fort estimées des anciens, et qu'actuellement (1540) on n'estime pas moins, pour leur chair succulente et fine.

[Daléchamp affirmait en 1586 (*Historia plantarum*, t. I, p. 242) que ces Apioles étaient les Petisiennes signalées par Pline comme importées de son vivant à Rome (79 ans après J. C.). Antérieurement Charles Estienne (1540, *Seminarium*, p. 53) avait avancé le contraire, puisqu'il réunissait les Petisiennes à la pomme de Paradis, dans laquelle Ruelle, en 1536 (*de Natura stirpium*), prétendait, lui, reconnaître les Mélimèles, autres pommes romaines. Toutes ces contradictions montrent bien qu'on ne saurait, en l'absence de textes descriptifs sérieux, établir avec quelque certitude la synonymie des anciens fruits par rapport aux fruits modernes.]

Nota. — L'édition d'Agostino Gallo qui nous a servi pour dresser cette liste de pommes, est la deuxième, celle de 1575, imprimée à Venise. Il en existe une de 1540, mais nous n'avons pu la rencontrer.

Variétés cultivées en France, depuis Charlemagne jusqu'à Louis XIII.

J'ai dit, en parlant de l'origine du pommier, qu'au v⁰ siècle la loi salique renfermait certaines prescriptions relatives à cet arbre, et c'est la plus ancienne mention qui chez nous en soit connue. On le retrouve ensuite, au viii⁰ siècle, cité de nouveau dans un recueil officiel, les *Capitulaires* de Charlemagne (Capitul. *de Villis*, c. 70). Il y est recommandé par le célèbre souverain aux soins des intendants du domaine impérial, dont les vergers — ainsi l'a voulu Charles — devront contenir les variétés de pommes suivantes, désignées en un latin barbare à peine traduisible :

1. Les *Gozmaringa*, ou Pommes de Gozmaringen.

[Gozmaringen est une petite ville du Wurtemberg; on la nomme actuellement *Gomaringen*. Les pommes et les poires du Wurtemberg ont toujours eu beaucoup de réputation. Il ne semblera donc pas surprenant que Charlemagne, qui fit d'Aix-la-Chapelle (Prusse) sa capitale, ait ordonné de planter dans ses domaines un pommier wurtembergeois.]

2. Les *Geroldinga*, ou Pommes de Geroldingen.

[On ne peut voir dans ce vieux nom géographique, celui de la ville maintenant appelée Goldingen, et située dans la Courlande, attendu qu'au viii⁰ siècle cette cité n'existait pas encore.]

3. Les *Crevedella*....?

[Ce terme ne se rencontre dans aucun des anciens Glossaires, et me paraît impossible à traduire. Peut-être vient-il de *crevi*, l'un des temps du verbe *crescere*, croître, devenir considérable; et, dans ce cas, *Crevedella* signifierait Grosses Pommes... Je laisse aux vrais érudits le soin d'examiner si cette étymologie est acceptable ou non.]

4. Les *Spirauca*, ou Pommes Odorantes.

5. Les *Dulcia*, ou Pommes Douces.

6. Les *Acriores omnia servatoria*, ou Pommes Acides qui toutes pouvaient se conserver longtemps.

7. *Et subito comessura Primitiva*, et les Pommes Précoces, bonnes à manger sitôt cueillies.

Voilà quelles furent, pour le pommier, les espèces cultivées au viii⁰ siècle et au ix⁰ dans les jardins de nos anciens rois. Cette collection, vu l'époque, était assez nombreuse et variée. Sous ce double rapport elle l'emportait même sur les poiriers qu'on y avait également réunis; prééminence s'expliquant par le goût des populations d'alors pour la pomme, qui pendant tout le moyen âge resta beaucoup plus recherchée que la poire, à laquelle une culture bien appropriée devait néanmoins, dans la suite, mériter le titre de Reine des fruits.

Le principal verger de la France, jadis comme aujourd'hui, ayant été la Normandie, il faut interroger les archives et les vieux écrivains de cette province, si l'on veut présenter un ensemble de faits historiques se rattachant à la propagation primitive du pommier. On y voit, de l'an 1000 à l'an 1300, la haute noblesse, les évêques, les abbés favoriser de tout leur pouvoir les plantations de pommiers, tant dans les parcs et jardins, qu'aux champs et près des villages. A leurs vassaux, ces grands propriétaires du sol accordent fréquemment le droit d'arracher des forêts les plus beaux sujets de ce genre pour en former des pépinières. Très-souvent aussi, quand ils vendent d'importantes coupes de bois, une clause du contrat commande à l'acheteur d'abattre les pommiers âgés ou chétifs, mais d'épargner les vigoureux et les jeunes. Leur sollicitude s'étendit également sur les soins à donner à ces arbres; nous en avons pour preuve nombre de baux, de chartes où sont stipulées et définies les corvées arboricoles exigées par le seigneur; passages curieux à tous égards, et que je transcrirai au chapitre *Culture*.

Du reste, pendant une partie du moyen âge l'extrême cherté des pommes fit qu'elles servirent assez communément pour acquitter certaines rentes ou rémunérer certains personnages; le bourreau de Dieppe, par exemple, qui prélevait cinq fruits sur chaque somme de pommes apportée au marché. J'ai eu sous les yeux maints documents où leur emploi comme argent monnayé est formellement établi; je les aurais reproduits, mais le nom des variétés ainsi utilisées n'y figurant pas, il devenait plus intéressant de rassembler, sur les pommiers et les pommes, une série de prix marchands se référant aux XIVe, XVe et XVIe siècles, attendu qu'en ces comptes apparaissent des noms d'espèces, puis quelques synonymes et divers renseignements ayant trait soit à l'usage de ce fruit, soit à l'époque de sa cueillette ou de sa maturité — détails toujours précieux à consigner quand ils remontent à des temps d'une telle ancienneté.

Voici ces extraits de comptes; j'indique entre parenthèses, à la suite des articles qui les composent, l'ouvrage auquel je les emprunte, la page où ils se lisent. De plus, j'y joins quelques annotations, sous forme de commentaire (1).

Prix de Pommes, du XIVe siècle au XVIe.

ANNÉES.		PRIX.
1302.	Un millier de pommes	» l. 8 s. 6 d.
—	Quatre milliers (D. de S. M., 2ᵉ partie, p. 6.)	1 l. 14 s. »
1323.	Pour 700 de pommes *Rouges* et un quarteron de *Blanches* et une hottée de nèfles (*Id.*, p. 11.).	» 34 s. 4 d.

[Ces pommes Rouges étaient probablement le Cœur de Bœuf ou le Calleville rouge d'Hiver. Quant aux Blanches, on voit ci-contre, par l'article de 1327, qu'évidemment elles se rapportaient au Blandurel, ou Blanc-Dureau. Consulter, sur ce dernier nom, le présent volume aux pages 134-136.]

1324.	Pour 1200 de pommes *Rouges* et 900 de *Blanches* (*Id.*, p. 12.). .	» 26 s. 6 d.

---

(1) Ces ouvrages, que je désigne dans le texte par les initiales du nom de leur auteur, sont intitulés :

1º *Essai sur les monnaies, ou Réflexions sur le rapport entre l'argent et les denrées*, par Dupré de Saint-Maur; Paris, 1746.

2º *Études sur la condition de la classe agricole et l'état de l'agriculture en Normandie, au moyen âge*, par Léopold Delisle, membre de l'Institut; Evreux, 1851.

3º *Notes et documents concernant l'état des campagnes de la haute Normandie dans les derniers temps du moyen âge*, par Robillard de Beaurepaire, archiviste de la Seine-Inférieure; Rouen, 1865.

ANNÉES.		PRIX.
1327.	Pour deux milliers de pommes *Rouges*, 400 de *Blandurel* et 100 poires (D. de S. M., 2ᵉ partie, p. 13.).	» *l.* 59 *s.* 8 *d.*
1329.	Pour 400 de pommes et 1500 poires (*Id.*, p. 14.).	» 45 *s.* »
1337.	Pour cinq milliers 800, tant pommes que poires (*Id.*, p. 16.).	» 67 *s.* 4 *d.*
1344.	Un millier de pommes (*Id. ibid.*).	» 10 *s.* »
—	Pour trois milliers de pommes (*Id.*, p. 23.).	» 30 *s.* »
1350.	Un cent de pommes (*Id. ibid.*).	» 1 *s.* 11 *d.*
—	Pour cinq milliers et 300 de pommes (*Id.*, p. 24.).	» 103 *s.* »
1360.	Sept mines 1/2 de pommes, dont 5 de *Pepin* et 2 1/2 de *Cornil*, venant de Léry [Eure] et rendues à Rouen (R. de B., p. 381.).	3 *écus de Jean.*

[La mine répond au demi-setier, ou encore à six boisseaux. Pour le Pepin dont il s'agit ici, nous renvoyons à l'historique de la Pomme d'Or d'Angleterre, ou Golden Pippin, pp. 511-513 du tome IV. Quant au Cornil, variété alors fort commune en Normandie, je perds ses traces dès le commencement du xvııᵉ siècle.]

| — | Seize costes de *Resté*, *Cornil*, *Jacob*, venant d'Aubevoie [Eure] (*Id.*, p. 381.). | 16 *florins d'or.* |

[La coste était une espèce de mesure normande; je n'ai pu déterminer sa valeur. Le Resté, même variété que le Resteau ou Râteau (voir t. IV, p. 607). Une pomme de Jacob existe parmi les synonymes de la Passe-Pomme d'Été, mûrissant fin juillet, mais n'a rien de commun avec celle ci-dessus, qu'on ne trouvait sur les marchés, dit M. Robillard de Beaurepaire (p. 52), que vers la Saint-Michel, fêtée le 29 septembre. Cette dernière m'est donc inconnue.]

—	Pour 13 mines de pommes, à savoir 6 de *Cornil*, 7 de *Jacob* et de *Resté*, mesure de Rouen, venant d'Aubevoie et rendues à Rouen (*Id. ibid.*)	4 *écus de Jean.*
—	Pour 14 costes de pommes, à savoir 7 de *Pepin*, 5 de *Cornil*, 2 de *Resté* et de *Jacob*, venant de Léry et rendues au port Saint-Ouen de Rouen (*Id. ibid.*).	10 *royaux d'or.*
1361.	Pour 8 mines de pommes, à savoir 4 de *Cornil* et 4 de *Pepin* (*Id. ibid.*).	4 *écus de Jean.*
1362.	Pour 22 mines de *Pepin*, à Franqueville (*Id. ibid.*).	6 *livres tournois.*
1370.	A Évreux, 100 pommes *de Cormeilles* (L. D., p. 619.).	» 2 *s.* »

[Ces pommes de Cormeilles, nom d'un chef-lieu de canton du département de l'Eure, ne sont citées par aucun auteur, et nul ne pourrait dire sous quelle dénomination on les cultive aujourd'hui.]

| 1402. | Pommes de *Bosc*, 1 boisseau pour faire du verjus (R. de B., p. 381.). | » 6 *s.* » |

[La pomme de Bosc, ou de Bosquet, ou d'Estranguillon, n'est autre que le fruit du *Malus silvestris.*]

| 1420. | Deux corbeilles de pommes de *Cappendu*, à Montivilliers (*Id. ibid.*) | » 7 *s.* 6 *d.* |

[Cappendu. C'est le Court-Pendu gris. Voir ci-après son historique, p. 236-239. Montivilliers se trouve dans le pays de Caux, contrée de la Seine-Inférieure des plus favorables à la culture du pommier.]

| 1421. | En ce temps estoit tout fruit si cher, qu'on n'avoit que 4 pommes pour (D. de S. M., 2ᵉ partie, p. 46.) | » 1 *blanc.* |
| 1423. | Le fruit en grande abondance, et très-bon; on avoit à Noël, et après, un quarteron de pommes de *Romeau* ou *Carpendu* pour (*Id. ibid.*, p. 48.). | » » 4 *d.* |

[Romeau, Carpendu, synonymes du Court-Pendu gris, dont l'article se trouve plus loin, page 235.]

| 1427. | Pour 1 cent de pommes (*Id. ibid.*, p. 50.) | » 2 *s.* » |

ANNÉES.		PRIX.
1437.	Pommes très-chères, car le quarteron de *Capendu* un peu grosses coûtoit (D. de S. M., 2ᵉ partie, p. 59.).	» l. 7 blancs.
1440.	Au mois de mai, 1 boisseau de bonnes pommes, pour (*Id. ibid.*, p. 61.).	» 2 blancs.
	[Il est très-fâcheux que le nom d'une variété aussi tardive, et qualifiée de bonne, ne soit pas indiqué.]	
1442.	Pour 1 quarteron de *Grosses Pommes Capendu* et de *Rouveau* (*Id. ibid.*, p. 62.).	1 double.
	[Le Gros-Capendu, ou Court-Pendu gris; le Rouveau, ou Cœur de Bœuf. Voir pages 226 et 235 de ce volume.]	
—	A Évreux, 13 pommes pour faire la cesne (L. D., p. 621.).	» 14 s. 1 d.
1443.	Vers la fin du mois d'août, 1 quarteron très-belles pommes de *Capendu* (D. de S. M., 2ᵉ partie, p. 63.).	» 2 doubles.
	[Le Court-Pendu gris commence à peine à mûrir dans les derniers jours d'octobre, et c'est le moins tardif du groupe qui porte ce nom; il faut alors admettre que les Normands cueillaient, au moyen âge, les pommes beaucoup plus tôt qu'on ne le fait actuellement, puisqu'ils vendaient cette variété dès le mois d'août.]	
1453.	A Anneville (Seine-Inférieure), 36 mines [216 boisseaux] de pommes de *Capandu*, qui coustent tant en premier achat comme en frais (R. de B., p. 51.).	80 l. 8 s. parisis.
1454.	Le 30 avril, à Rouen, 9 queues de *Capendu* (*Id. ibid.*).	56 écus d'or 6 deniers parisis.
	[Queue. Cette mesure se disait d'une futaille contenant un muid et demi.]	
1513.	Le 15 décembre, 3 corbeilles de pommes de *Pepin* pour l'abbé de Saint-Wandrille (Seine-Inférieure) (*Id.*, p. 48.).	» 13 s. 6 d.
1543.	Au mois d'avril un demy-cent de pommes de *Raynette* (*Id.*, p. 49.)	» 5 s. »
1544.	Le 5 mai, à Rouen, un demy-cent de grosses pommes de *Raynette* (*Id. ibid.*).	» 7 s. »

Mes notes étant épuisées pour ce qui concerne les anciens prix des pommes, je vais maintenant donner un aperçu du prix que jadis coûtaient les pommiers; seulement, et je le regrette, cette liste sera beaucoup plus courte que la précédente.

Prix de Pommiers, du XIVᵉ siècle au XVIᵉ.

ANNÉES.		PRIX.
1398.	Pour 3 entes de Pommiers à mettre au jardin d'Andely, et pour les planter (R. de B., p. 380.).	» l. 8 s. » d.
1454.	Pour 10 pommiers mis au jardin du Manoir, paroisse de Déville (Seine-Inférieure) (*Id. ibid.*).	» 15 s. »
1480.	Pour 112 pommiers et poiriers bâtards, à Fresne-l'Archevêque (Eure), vendus LA PIÈCE (*Id. ibid.*)	» » 20 d.
1509.	Pour 10 douzaines de pommiers apportés de Caudebec à Valmont (Seine-Inférieure), *chaque douzaine* (*Id. ibid.*)	» 9 s. »

Enfin pour mieux démontrer combien les pommes furent recherchées pendant tout le moyen âge, je crois devoir produire un troisième compte. Il offre un grand intérêt, car on y voit des propriétaires de pommiers louer fort cher et par bail *spécial*, à des tiers, la culture, la récolte de ces *seuls* arbres.

Prix de location de Pommiers, du XIVe siècle au XVIe.

ANNÉES.		PRIX.
1360.	Bail à louage, pour cinq ans, de 10 arbres, tant pommiers que poiriers, à Saint-Georges-d'Aubevoie (Seine-Inférieure), pour (R. de B., p. 67.).	4 *l. tournois*.
1361.	Bail à louage, pour six ans, de 22 arbres, tant pommiers que poiriers, au choix, en un jardin au Val-de-la-Haye (Seine-Inférieure), pour (*Id.*, p. 68.).	10 *écus de Jean*.
	Nota. — Outre ce prix, il fut donné 1 écu pour vin.	
1371.	Bail à louage, pour six ans, de 2 pommiers, l'un à Pissy (Seine-Inférieure), l'autre à Saint-Jean-du-Cardonnay (Seine-Inférieure), pour (*Id. ibid.*).	60 *s. tournois*.
1372.	Bail à louage, pour sept ans, de 13 pommiers à Boisguillaume-lès-Rouen, pour (*Id. ibid.*).	10 *l. tournois*.

A ces prix que je viens d'énumérer, un complément semblait désirable : c'était de dire quelle somme, en monnaie actuelle, chacun d'eux représentait. Malgré de patients calculs j'ai dû laisser de côté tous mes chiffres, faute d'une base certaine pour déterminer la valeur intrinsèque et la valeur relative de l'or et de l'argent au moyen âge. Mais, cette difficulté, il paraît que nombre d'auteurs l'ont également jugée insurmontable, puisque dans les ouvrages modernes le plus remplis d'anciens comptes, aucune conversion monétaire de ce genre n'est établie.

De tout ce qui précède, on a dû conclure que du IXe siècle au XVIe la propagation des pommes cultivées fut très-lente dans les jardins français, et bornée à très-peu de variétés. Il ressort également, de ces passages, que la Normandie contribua beaucoup au développement de cette culture, tant les pommiers y devinrent nécessaires après que le cidre y eut remplacé la cervoise. Alors les Normands en plantèrent partout où faire se put, même au pied des tombes, comme le prouvent les vers suivants, extraits des *Vaux-de-Vire* d'Olivier Basselin (1418), et qui ne font pas précisément l'éloge de la sobriété normande....... au temps passé :

> On plante des pommiers ès bords
> Des cimetières, près des morts;
> C'est pour nous remettre en mémoire
> Que ceux dont là gisent les corps
> Comme nous ont aimé à boire.

Les premiers ouvrages où l'on s'occupa des arbres fruitiers, quand l'imprimerie fonctionna chez nous, firent à peine mention du pommier. Ruel (1535), mais surtout Charles Estienne (1540), furent les auteurs qui commencèrent à décrire quelques-unes de ses variétés; puis Jean Bauhin (1598-1613), Olivier de Serres (1600) et le Lectier (1628), suivirent. Je publie la liste des pommes signalées par eux, et marque d'une astérisque celles encore cultivées de nos jours, soit sous leur ancien nom, soit sous un autre plus moderne.

On sent toutefois qu'une immense lacune existerait dans notre travail, si des *Capitulaires* de Charlemagne (VIIIe siècle), où sont contenu sept noms d'espèces, nous passions subitement à la nomenclature particulière au XVe siècle. Pour combler cette lacune j'extrais de documents antérieurs à 1500 le plus possible de noms de pommes, et les place en tête de la liste annoncée, comme un chaînon qui reliera désormais, quant au genre pommier, les fruits du moyen âge aux fruits de la renaissance.

Noms des variétés de Pommes le plus communément cultivées, au moyen âge.

NOTA. — Les chiffres entre parenthèses indiquent l'époque à laquelle remontent les documents où ces noms ont été recueillis.

1. Pomme d'Anglaiz (1404).
2. — *Bédane ou Bédangue [à cidre] (1363).
3. — *Blandurel ou Blanc-Duriau (1200).
4. — Blanche-Ente (1404).
5. — *Blanchet (1300) ou Doux-Blanc.
6. — *Blandilalie (1200) ou Haute-Bonté.
7. — *de Bosc et de Bosquet (1200) ou d'Estranguillon.
8. — Candelier (1404).
9. — *Capendu (1423) ou Court-Pendu gris.
10. — *de Castegnier (1370).
11. — de Cormeilles (1370).
12. — Cornil (1360).
13. — Daniel (1398).
14. — *Douche (1397) ou Doux-Blanc.
15. — d'Estorneau (1498).
16. Pomme *Faros [Gros-] (1350).
17. — *Faros [Petit-] (1350).
18. — Jacob [d'Automne] (1360).
19. — de Lauson (1497).
20. — de Montigny (1300).
21. — *de Paradis (1400).
22. — *de Pépin (1361).
23. — *Passe-Bon (1462) ou Passe-Pomme d'Été.
24. — *Permaine (1211).
25. — *de Resté (1360) ou de Râteau.
26. — *Richard (1000).
27. — Rissel (1495).
28. — Roger (1370).
» — de Romeau (1423) ou Court-Pendu gris.
29. — de Rouen (1362).
30. — Rouge (1323).
31. — *de Rouveau et de Rouviau (1200) ou Cœur de Bœuf.
32. — Vilaine (1360).

(Voir le *Dictionnaire* pour les noms précédés d'une astérisque, tous y comptent un article.)

A ces trente-deux variétés, si l'on joint les sept connues sous Charlemagne, et mentionnées plus haut (page 16), on trouve alors trente-neuf sortes de pommes, appartenant toutes à la période qui s'écoula du VIIIe siècle au XVe. C'est peu, pour un tel laps de temps; aussi suis-je convaincu que de nouvelles recherches permettraient de grossir ce chiffre. Cependant cette liste n'en possède pas moins une réelle importance, puisqu'elle éclaire d'un certain jour, nous le répétons, le point historique le plus obscur de la pomologie française. Un instant j'avais cru pouvoir y désigner nominativement les différents pommiers qu'en 1365 fit planter à Paris, dans l'immense jardin par lui créé sur les bords de la Seine, le roi Charles V; mais j'ai fait inutilement fouiller les Archives Nationales et celles de la Chambre des Comptes; aucun dossier n'existe sur ce célèbre enclos, qui contenait vingt arpents (10 hect. 21 ares 44 cent.) et reçut dès sa formation quatorze cent quatre-vingt-dix arbres fruitiers, dont cent quinze pommiers. (Pour détails complémentaires sur cet enclos, voir t. Ier, p. 42.)

Examinons maintenant, à l'aide des quatre auteurs précédemment nommés, quelles furent, en fait de pommes, les conquêtes de nos jardiniers, depuis Louis XII (1498) jusqu'à Louis XIII, mort en 1643.

Charles Estienne (1540) caractérisa ONZE pommes (1), dont *cinq* seulement ne sont

---

(1) Le recueil pomologique de Charles Estienne est intitulé : *Seminarium et plantarium fructiferarum præsertim arborum quæ post hortos conseri solent*. Imprimé à Paris, chez Robert Estienne, il eut deux éditions; la première parut en 1530; la seconde, notablement augmentée, porte le millésime 1540 ; c'est celle dont je me suis servi.

pas comprises sur notre liste des variétés cultivées au moyen âge ; voici leurs noms, qui tous n'ont cessé d'avoir cours chez les pépiniéristes :

1. *Pomme* *de Francestu.
2. — *de Malingre.
3. — *Pomme-Poire.
4. *Pomme* *de Rambure.
5. — *de Renette [franche].

(Consulter, sur chacun de ces fruits, les t. III et IV du *Dictionnaire*.)

Jean Bauhin (1598 et 1613) en décrivit et figura SOIXANTE variétés (1), qu'il eut la fâcheuse idée de signaler sous une dénomination étrangère à son propre pays. Originaire d'Amiens, ce savant, quand il s'occupa de pomologie, habitait sur les frontières de la Suisse le comté de Montbéliard, appartenant à la maison de Wurtemberg ; il crut alors devoir laisser auxdits fruits les noms allemands qu'on leur donnait presque partout, en cette contrée. Il serait donc difficile, aujourd'hui, d'indiquer avec certitude tous les noms français qui peuvent en être synonymes. Néanmoins, guidé assez souvent par la *Systematische Pomologie* d'Henri Manger (Leipsick, 1780), œuvre très-remarquable de patiente érudition, je suis parvenu à reconnaître, des soixante pommes de Bauhin, les vingt-cinq espèces ci-après, décrites dans mon *Dictionnaire* et à l'article desquelles on voudra bien recourir pour trouver les noms qu'à Montbéliard ou en Suisse elles portaient au XVIe siècle. Mais il faut noter que de ces vingt-cinq espèces, les *dix-huit* accompagnées de chiffres étaient signalées pour la première fois ; quant aux sept autres, on les rencontre déjà sur nos deux précédentes listes :

1. *Pomme* *Api étoilé.
» — *Blanc-Dureau.
2. — *Calleville blanc d'Hiver.
3. — *Cardinal rouge.
4. — *Chemisette blanche.
5. — *Coing d'Hiver.
» — *Court-Pendu gris.
6. — *Court-Pendu rouge.
» — *Doux-Blanc.
7. — *De Fer.
8. — *Figue d'Été.
» — *Golden pippin [ou de Pépin].
9. — *Lanterne.
» *Pomme* *de Malingre.
10. — *Pâris.
» — *Passe-Pomme d'Été.
11. — *Pigeonnet blanc d'Été.
» — *Rambour d'Été [ou Rambure].
12. — *Rosat blanc.
13. — *Rouge de Stettin.
14. — *Rougeâtre.
15. — *Striée de Prague.
16. — *Suisse panachée.
17. — *Verte à longue queue [ou Reinette verte].
18. — *Vineuse blanche.

Olivier de Serres (1600), n'imitant pas ses devanciers, ne fit aucune description des pommes dont il enregistra les noms (2), quoiqu'il eût ce fruit en haute estime :

« C'est — disait-il — l'honneur du verger, que le pommier accouplé avec le poirier ; faisans, ces deux arbres-ci, le gros des fruitiers et fournissans pour toutes les saisons de l'année des fruits en abondance, n'estans repas que sur table l'on ne puisse servir des pommes et des poires. » (Page 625, édit. de 1608.)

Chez cet auteur *quarante-huit* variétés sont citées en 1608, et sans le moindre

---

(1) *Jean Bauhin*, mort en 1613, fut docteur en médecine et publia d'abord, sur les fruits, l'ouvrage suivant, devenu presque introuvable : *Historiæ fontis et balnei Bollensis Admirabilis liber quartus* ; Montisbelgardi, apud Jacobum Foilletrum, anno 1598. Ensuite il composa une *Historia plantarum universalis*, œuvre considérable qui resta inédite jusqu'en 1650 ; elle renferme, ainsi que la première, de nombreuses figures — grandeur naturelle — de pommes et de poires.

(2) *Le Théâtre d'agriculture et mesnage des champs* d'Olivier de Serres, qu'au XIXe siècle on consulte encore avec profit, compte une dixaine d'éditions ; la première remonte à 1600 et la quatrième, celle que je possède, à 1608.

classement, sans nul détail pouvant en faciliter l'étude ; aussi m'a-t-il fallu, pour retrouver leurs traces dans la culture, sacrifier de longues heures, feuilleter de nombreux volumes. D'après mes recherches voici comment se décompose, au point de vue statistique qui nous préoccupe, ce chiffre quarante-huit : seize des pommes mentionnées par Olivier de Serres, n'étaient plus une nouveauté, puisqu'elles figurent sur nos deux premières listes ; et les trente-deux autres — celles que nous numérotons — n'avaient encore paru dans aucun ouvrage français, mais n'appartenaient pas uniquement aux fruits à couteau, car il en est quatorze qui n'ont jamais eu de valeur que pour le pressoir. On verra du reste, par l'état ci-dessous, que de toutes ces pommes neuf seulement — celles où manque l'astérisque — me sont demeurées inconnues :

1. *Pomme* Appie ou la Melle.
   (Probablement l'Apium ou Apion ; voir ces noms p. 73 du t. III.)
2. — * Barberiot.
3. — * de Belle-Femme.
4. — * Bequet (*à cidre*).
» — * Blanc-Doux [ou Doux-Blanc].
» — * Blant-Dureau.
5. — Bocabrevé.
6. — Bourguignote.
» — * Calamine [ou Court-Pendu gris].
7. — * Caluau ou Calvau noir (l'Api noir).
8. — * Camière.
9. — * Cappe (*à cidre*).
10. — de Carmaignole.
» — * de Chastinier ou de George.
11. — * de Cire (*à cidre*).
12. — * Coqueret (*à cidre*).
» — * Couchine [ou Cœur de Bœuf].
13. — * Couet (*à cidre*).
14. — * Courdaleaume (*à cidre*).
» — * Court-Pendu.
15. — de Curtin.
16. — de Dame-Jane.
17. — * Escarlatine [ou Écarlate d'Hiver].

18. *Pomme* * Espice [ou Fenouillet gris].
» — * de Franc-Estu.
19. — * Fueillu (*à cidre*).
» — * Germaine [ou Permaine].
» — * Giraudète [ou Pomme-Poire].
» — * de Grillot [ou Passe-Pomme d'Été].
20. — * d'Héroët (*à cidre*).
21. — Longue.
22. — * Mennetot (*à cidre*).
23. — * Muscate.
» — * Oignonet [ou Pomme-Poire].
» — * de Paradis.
» — * Passe-Pomme.
24. — * Peau de Vieille (*à cidre*).
25. — Pupine.
» — * Rambure.
» — * Reinette.
26. — * Renouvet (*à cidre*).
» — * Rougelet [ou Rougeâtre].
27. — * Roze [ou Gros-Api].
28. — * de Saint-Jean.
29. — Sandouille.
30. — * Sapin (*à cidre*).
31. — * de Souci (*à cidre*).
32. — * Turbet (*à cidre*).

NOTA. — Notre *Dictionnaire* fournit des renseignements descriptifs et historiques sur chacune des pommes dont le nom est, ici, précédé d'une étoile, sauf pour les quatorze qualifiées de fruits *à cidre*, l'étude des variétés comestibles étant la seule que nous ayons entreprise. Nous pouvons néanmoins affirmer que ces quatorze pommes de pressoir sont toujours fort en renom, surtout chez les Normands et les Bretons.

Pour achever d'établir quels pommiers apparurent successivement dans nos jardins, de Charlemagne à Louis XIII, il me faut transcrire partie d'un *Catalogue* publié en 1628, à Orléans, par un magistrat, collectionneur passionné d'arbres fruitiers. J'ai dit ailleurs (t. Ier, pp. 43-44) l'extrême rareté de cet opuscule — on n'en connaît qu'un exemplaire — et dans quel but son auteur l'édita. Sans revenir sur ce sujet, je reproduis littéralement, ainsi que je l'ai fait pour les poires, les noms de pommes qui y sont contenus. Ils s'élèvent à soixante-dix-huit, et de ce nombre, à cette époque, trente-cinq variétés comestibles n'avaient pas encore été signalées chez nous.

Un tel chiffre montre quels importants services le Lectier rendit, comme propagateur, à l'arboriculture fruitière. Mais son *Catalogue* laisse beaucoup à désirer quant à l'identité des espèces, notamment pour les pommes. Ainsi neuf de ces dernières y figurent deux et même trois fois sous différentes dénominations ; ce qui s'explique par l'empressement que mettait cet amateur à réunir dans son verger le plus possible de fruits étrangers à sa contrée ; puis par la dissemblance, aussi générale alors qu'actuellement, du nom des pommiers d'une province à l'autre. Dans le tableau ci-dessous je fais ressortir les fausses variétés en indiquant après chacune d'elles, entre parenthèses et en plus petits caractères, avec quelle sorte toutes font double emploi.

Extrait du Catalogue des Arbres cultivés dans le Verger et Plant de le Lectier, Procureur du Roi à Orléans, en 1628.

Pommiers dont le fruit est hastif.

» Six sortes de Pommes tendres.
» Trois sortes de tendres, acides.
1. * Framboisées.
» Neige, de Vignancour.
(Voir sur cette variété, maintenant inconnue, la page 483 du t. IV.)
2. Orgeran.
» * Royales. (Passe-Pomme d'Été.)
» * Magdelaine. (Passe-Pomme d'Été.)
» * Nostre-Dame. (Rambour d'Eté.)
» * Gros-Cousinot. (Passe-Pomme d'Été.)
3. Cousinottes rondes.
4. Cousinottes longues.
5. * Mignonnes.
» * Rambour blanc [ou d'Été].
6. * Rambour rouge.
» * Passe-Pommes [d'Été].
7. Grosse-Rouge de Septembre.
» * Reinette prime.
8. * Violette de Mars.
9. Lugelles.
» Carmagnolles.
» * Petit-Courpendu rouge. (Court-Pendu gris.)
» * Giradottes. (Pomme-Poire.)
» * Calville blanc.
10. * Calville rouge [d'automne et d'hiver].
11. Calville clair.
12. * Camoises blanches. (Reinette d'Espagne.)
13. * Pommes à Trochets. (Royale d'Angleterre.)
» * Espices. (Fenouillet gris.)
14. * Rozes, oblongues et lissées.
15. Chastignier [précoce].
» * Escarlatte.

16. Rouges, tendres et rondes.
17. * Pommes Noires.

Pommes de Garde.

18. * Fenouillet blanc.
» * Fenouillet roux. [C'est le Gris.]
» * Passe-Pommes d'Hyver. (Calleville rouge d'Hiver.)
19. Douettes.
» * Petit-Apis.
» * Gros-Apis.
» * Apioles.
» * Apium.
» * Matranges. (Châtaignier tardif.)
» * de Fer.
20. Robillard.
» * Haulte-Bonté, bandées de rouge.
» * Dieu ou Vermillon. (Gros-Api.)
21. Rallées. (Supposée la Raîlée, à cidre.)
22. * Blanches, glacées.
23. * Rozes.
» * Gros-Blanc.
24. Santé.
» * Tapounelles. (Calleville blanc d'Hiver.)
25. * Double-Reinette de Mascon.
» * Courpendu dur.
» * Courpendu roux, semé de taches rousses. [C'est le Gris.]
26. * Citron.
» * de Cardinal.
» * Camuezas. [C'est la Reinette d'Espagne.]
» * Pommes-Poires.
» * de Seigneur.
27. Estrangères.

28. * Pommes Sans fleurir. (Figue d'Hiver.)
29. * Drap d'Or, de Bretagne.
30. Jayet.
31 *et* 32. Sainct-Jehan, tendres, DE DEUX SORTES.
» * Chastignier tardif, de Bourgongne.
33. Babichet.
34. * Petit-Bon.
» * Rouzeau d'Hyver.
35. * Courpendu rouge [le Gros].

NOTA. — Nous rappelons que les noms marqués d'une étoile sont ceux des pommes restées dans la culture, et sur lesquelles notre *Dictionnaire* fournit des renseignements. L'absence de l'étoile annonce précisément le contraire.

A présent si nous récapitulons, pour plus de précision, les résultats mis en lumière par l'étude statistique à laquelle ce long paragraphe est consacré, voici le résumé chiffré qu'on obtient :

Variétés cultivées sous Charlemagne (768-814) 7
— — depuis Charlemagne jusqu'à Louis XII (814-1498) . . . 32
— — depuis Louis XII jusqu'à Louis XIII inclusivement (1498-1643), quatre-vingt-dix, citées comme suit et *pour la première fois* :
— signalées en 1540 par Charles Estienne . . . 5 ⎫
— — en 1598 et 1613 par Jean Bauhin . . 18 ⎬ 90 ci . . 90
— — en 1608 par Olivier de Serres . . . 32 ⎪
— — en 1628 par le Lectier . . . . . 35 ⎭

De l'an 768 *à l'an* 1643, TOTAL DES VARIÉTÉS CI-DESSUS MENTIONNÉES . . . 129

C'est là un chiffre aussi curieux que *nouveau*, et qui eût été bien plus élevé sans le dédain qu'éprouvèrent, pour le pommier, les classes riches de notre pays, à partir de la fin du XVIe siècle. La poire se vit alors préférée par les châtelains et les horticulteurs; d'où vint qu'en moins d'une centaine d'années ce fruit l'emporta considérablement, dans nos jardins, sur la pomme. Et le *Catalogue* de le Lectier, remontant à 1628, en renferme une preuve capitale, puisque deux cent soixante espèces de poires y sont inscrites (voir t. Ier, pp. 44-47), quand il s'y trouve à peine soixante-dix-huit pommes !

Mais disons-le vite, la période moderne qui va suivre montrera que le pommier, s'il ne jouit plus en France de la même vogue qu'autrefois, y compte encore, cependant, de nombreuses variétés et de nombreux propagateurs.

§ II. — TEMPS MODERNES.

De la propagation du Pommier, depuis Louis XIV jusqu'à la Révolution.

Après sa merveilleuse création, sous Louis XIV, des jardins fruitiers et potagers de Versailles, Jean de la Quintinye, qui d'avocat s'était fait horticulteur, devint le favori du Grand Roi. C'est dire qu'il fut aussitôt celui de tous les courtisans. Comment s'étonner, alors, de la promptitude avec laquelle ces derniers mirent en pratique, dans leurs domaines, les innovations — du reste généralement heureuses et de science positive — dont cet homme célèbre eut l'honneur?... On adopta même jusqu'aux antipathies, parfois irraisonnables, qu'il professa pour certains fruits, notamment pour la pomme.

Les poiriers, les pêchers furent trop exclusivement ses arbres de prédilection. Il s'appliqua constamment à s'en procurer de nouvelles variétés, puis à les propager par toute la France. Car si grande était sa passion pour l'arboriculture et le jardinage, qu'il eût voulu parcourir nos provinces afin d'y réformer les procédés vicieux dont une routine séculaire usait aveuglément, et d'y substituer les siens, que le succès recommandait. Aussi, quand on le consultait sur la tenue d'un jardin, sa rude franchise faisait-elle souvent des mécontents. Jamais il ne vit de sang-froid un enclos mal distribué, mal cultivé. Les critiques, les conseils, en ce cas, lui coûtaient peu. Quelquefois il alla jusqu'aux actes. Comme ce jour où sur ses ordres on refit de fond en comble, et de vive-force, le jardin par trop primitif d'un personnage auquel il portait amitié. C'est le marquis de Mirabeau, père du fameux orateur, qui dans un Mémoire agronomique racontait cette anecdote en 1759 :

« La Quintinye — écrivait-il — le renommé directeur des jardins de Louis XIV, obtint pour un de ses enfants une abbaye dans cette partie de la Champagne qui confine au Bassigny. Il fut voir le manoir de son fils et fut reçu dans la maison d'un gentilhomme voisin qui le traita de son mieux et lui offrit ensuite ses services pour la régie du temporel de l'abbaye. La Quintinye avoit examiné le jardin de son hôte : bon terrain, belle situation; *mais* tout y étoit champêtre, mal tenu, et l'art n'avoit en rien aidé à la nature. Il part fort satisfait de la réception qu'on lui avoit faite, et peu de mois après le bon gentilhomme voit arriver un jardinier du Roi avec quatre garçons qui s'emparent de son enclos, le retournent, le replantent, puis, quand tout est fait, s'en vont et lui laissent un des garçons pour avoir soin désormais de ses fruits. Ce jardinier, appelé chez les voisins, provigna bientôt les bonnes espèces dans tout le canton, où elles se sont multipliées et perpétuées.... » (*Mémoire sur l'agriculture*, inséré dans les *Annales* de la Société agricole de Berne, 1759-1760, p. 309.)

Tel était la Quintinye en tout ce qui concernait l'horticulture. — Faisant peu de cas des pommes, on conçoit donc que sa recommandation ne les ait pas chaleureusement servies. Il n'en estimait et plantait que *sept* variétés, lit-on dans ses remarquables *Instructions* (t. I, pp. 389 et 393) : la Reinette grise, la Reinette franche, le Calleville rouge d'Automne, les Fenouillet et Court-Pendu gris, l'Api et la Violette. Au total, vingt-trois pommiers ont été mentionnés par lui, avec cette déclaration : « Ce sont à peu près les seuls que je connais, et cependant j'en ai fait « une fort exacte recherche. » (*Ibid.*, p. 293.)

Ici, qui ne sent percer la partialité? Mais elle ressort mieux encore, et de très-plaisante façon surtout, des lignes ci-dessous, extraites du même ouvrage et s'appliquant à deux des sept pommes qu'il voulut bien admettre dans le verger royal :

« Les deux sortes de Reinette — dit notre auteur — sont distinguées par les deux noms de grise et de blanche [ou franche], qu'elles portent; à cela près, aussi bonnes les unes que les autres. On en peut faire de bonnes compotes en tout temps, et l'on commence d'en manger de crues vers le mois de janvier. Elles ont devant ce temps-là une petite pointe d'aigreur qui déplaît à certaines gens; mais malheureusement, dès qu'elles commencent à la perdre entièrement, elles se chargent d'une odeur qui déplaît encore davantage, et qui même est rendue plus désagréable, quand l'odeur de la paille sur laquelle on les a mises meurir, s'en mêle. Enfin, à l'avantage de ces pommes de Reinette, on peut dire qu'on s'en sert fort utilement presque tout le long de l'année; et à leur désavantage aussi, l'on peut dire que leur voisinage est infiniment désagréable et incommode. » (*Instructions pour les jardins fruitiers et potagers*, t. Ier, pp. 389-390.)

Voyons — franchement — ces deux Reinettes sont-elles parfaites, monsieur de la Quintinye, ou médiocres, ou mauvaises?

Vous avez entendu la réponse, lecteur; c'est celle, si connue, d'un cauteleux paysan normand : « Ni oui, ni non. » — Le plus heureux, en ceci, fut que la Reinette grise et la Reinette franche n'eurent pas beaucoup à souffrir de cette injuste prévention : on les proclamait déjà, depuis un siècle et demi, d'excellentes pommes; on continua, on continue de les rechercher.

Brocquort (1), un des élèves de la Quintinye, se montra également plein d'aversion pour ce genre de fruit, et sous ce rapport dépassa son maître, car dès 1706 il en déclarait toutes les variétés connues, sauf neuf, *indignes de la culture*, et proscrivait nominativement nombre de pommes qui de nos jours sont réputées partout de première qualité :

« Les pommes — disait-il — dont on doit le plus se mettre en peine d'avoir une bonne provision, sont les Renettes blanche et grise, les Calville rouge et blanche, la Fenouïllet, la Courpendu, la Violette, l'Apy..... et le Golden-Peppius, que quelques-uns prétendent venir d'Angleterre..... Il y en a une quantité infinie d'autres espèces, que plusieurs personnes honorent de leur bienveillance; je ne m'y oppose point, mais pour moy je leur défends l'entrée de mon jardin........... Ainsi les Rambours, les Cousinottes, l'Orangeran, l'Étoile, le Petit-Bon, le Châtaignier, les Haute-Bonté, Drué-Permein d'Angleterre, Pomme Roze, Rouzeau, Croquet, Jérusalem, Francatu, sont *espèces trop communes pour conseiller d'en planter*; ou, si on le fait, que ce soit PAR CURIOSITÉ SEULEMENT... » (*Traité ou Abrégé très-utile touchant les jardinages*, pp. 223, 230, 231 et 232.)

Il faut réellement, on l'avouera, n'avoir jamais étudié les pommes, ou les rejeter de parti-pris, pour classer dans un Traité sur les jardins, parmi les fruits sans

---

(1) Le nom de Brocquort ne figurant pas sur le titre de son Traité, où le remplace la simple indication : « par M. B***, » il en est résulté que plus tard cet auteur a été fautivement appelé Bouquet, puis Brocquost. Son vrai nom, Brocquort, d'une écriture du XVIIIe siècle, se lit sur le frontispice de l'exemplaire possédé par la Bibliothèque du Jardin des Plantes de Paris, et classé sous le n° 6-65 de la série C.

valeur aucune, les Cousinotte d'Hiver, Petit-Bon, Haute-Bonté, Pigeonnet-Jérusalem, Drue-Pearmain ou Pearmain d'Été ; et même la pomme de Châtaignier, si recherchée pour les beignets et les tartes !... De telles exclusions, après tout, sont rarement funestes, répétons-le, puisqu'elles laissent aux hommes compétents le droit et le devoir de signaler l'ignorance ou l'esprit systématique des auteurs qui les ont prononcées.

Et ceci me conduit à relever une erreur incroyable que je rencontre chez un écrivain horticole de cette même époque. Il s'agit de Louis Liger, mort à Guerchy (Yonne) en 1717, et près duquel vingt-quatre pommiers seulement trouvèrent grâce. Compilateur infatigable, ce personnage s'étant approprié la *Maison rustique* qu'avait en 1565 publiée le savant Charles Estienne, la rajeunit et la compléta à l'aide d'ouvrages récents, puis de ce volumineux recueil composa plusieurs livres qu'il fit imprimer sous divers titres, quoique tous traitassent à peu près du même sujet. Or, dans l'un d'eux, intitulé *Culture parfaite des jardins fruitiers et potagers*, cet horticulteur improvisé apprit en 1714, à son public, que cognassier était SYNONYME DE POIRIER !... Voici, pour qui douterait du fait, le texte même de Liger : « Il y a « une différence très-grande — explique-t-il — entre le Coignier et le Coignassier : « le Coignier est le Pommier de Coing, et le Coignassier est le Poirier. » (Page 235.) Une telle définition ne se commente pas, je le sais, mais en voyant Liger faire montre de semblables connaissances arboricoles, il est au moins permis de supposer qu'il parla des arbres fruitiers comme un aveugle des couleurs.

Enfin les poëtes eux-mêmes, venant en aide aux prosateurs qui le discréditaient, jetèrent la pierre au pommier ; témoin le père Rapin, dont le poëme fameux — *l'Hortorum* — contenait dès 1666 un distique où ce bon jésuite déplorait gravement la fade douceur des pommes. Il y eut au reste, dans les ouvrages horticoles publiés de 1650 à 1789, comme une conspiration tacite à l'égard du pommier : on s'en occupa très-superficiellement, n'enregistrant qu'un petit nombre de ses variétés, tandis que les poiriers étaient mis en avant par centaines, avec grand renfort de louanges et de descriptions. Ainsi firent les Chartreux, qui dans leur Catalogue commercial inscrivaient en 1736 *quatorze* pommiers seulement, quoique leurs immenses pépinières fussent renommées d'un bout de l'Europe à l'autre.

Ce fait me paraît décisif et suffit pour démontrer que réellement la pomme supportait le contre-coup de l'active propagande commencée en faveur de la poire. Notre XIX⁰ siècle, je le constaterai bientôt, a mieux compris les véritables intérêts de l'arboriculture fruitière. Ses pépiniéristes tiennent la balance égale entre tous les genres, entre toutes les espèces, prêtant aux uns comme aux autres, outre leurs soins, les secours d'une publicité consciencieuse, puis, leur avis donné, laissant le consommateur juger en dernier ressort. Voilà pourquoi les diverses familles de fruits ont vu le nombre de leurs enfants s'accroître considérablement depuis une soixantaine d'années, soit par les semis, soit par l'importation ; et comment elles sont devenues un des éléments sérieux de la richesse publique.

Sous Louis XIV, Louis XV et Louis XVI, nous l'avons dit à propos de l'histoire du poirier (t. I, p. 49), les livres sur l'horticulture firent irruption de tous côtés. Gentilshommes, prêtres, magistrats, médecins, jardiniers, à l'envi taillant leur plume, composèrent, en l'honneur de Vertumne et Pomone, maints traités dont la plupart sont maintenant oubliés. Dans le nombre j'en choisis dix des plus estimés, j'y joins deux Catalogues de pépiniéristes, et groupe sous forme de tableau le chiffre des variétés de pommes et de poires désignées en ces douze recueils ; un coup d'œil alors suffira pour se rendre compte de la notable différence qui subitement se produisit, de 1650 à 1789, entre la culture du pommier et celle du poirier :

Auteurs.	Titre de l'Ouvrage et date de l'Édition.	Poires.	Pommes.
De Bonnefond	1653. Le Jardinier français	305	88
Dom Claude St-Étienne	1670. Nouvelle instruction pour connaître les bons fruits.	(1) 600	(1) 153
Merlet	1667. L'Abrégé des bons fruits (1re édition)	148	41
	1690. Ibidem. (3e édition)	187	51
De la Quintinye	1690. Instructions pour les jardins fruitiers et potagers.	67	23
Angran de Rueneuve	1712. Observations sur l'agriculture et e jardinage	45	12
Louis Liger	1714. Culture parfaite des jardins fruitiers et potagers.	45	24
Saussay	1722. Traité des jardins	40	16
Les Chartreux, de Paris.	1736. Catalogue de leurs pépinières	75	14
Chaillou, de Vitry-s-Seine	1755. Catalogue de ses pépinières	112	40
Du Hamel	1768. Traité des arbres fruitiers	119	41
Les Chartreux, de Paris.	1775. Catalogue de leurs pépinières	102	43
Pierre Leroy, d'Angers	1790. Catalogue de ses pépinières	96	43

Devant ce tableau il faut bien admettre que la Quintinye, mort en 1688, contribua puissamment à paralyser chez nous, pendant un certain temps, la culture du pommier. Nos chiffres le prouvent surabondamment, car ils accusent, tant que règne l'influence absolue des idées de ce maître, une diminution considérable dans le nombre des pommes recommandées pour la propagation ; mais vers 1760, quand s'affaiblit cette influence, ces mêmes chiffres témoignent aussitôt, par leur mouvement ascensionnel, qu'un changement d'opinion s'opère en faveur de cet arbre fruitier. Et désormais ce mouvement ascensionnel ne sera plus enrayé ; chacun, au contraire, s'efforcera d'en accélérer l'impulsion.

Pour compléter ce paragraphe il devient presque superflu d'affirmer que de Louis XIV à la Révolution, très-peu de nouvelles pommes furent introduites dans nos jardins ; on doit effectivement l'avoir compris, puisque tout, nomenclature et propagation, s'immobilisa chez ce genre de fruit, pendant cette assez longue période. Nous allons au reste, selon notre habitude, le démontrer en reproduisant deux listes de pommiers, l'une qui parut en 1775, à Paris, dans le *Catalogue* des Chartreux, et l'autre empruntée au document de même nature qu'en 1790 Pierre Leroy, mon grand-père, publiait à Angers.

Extrait du Catalogue de la Pépinière des Chartreux de Paris, pour l'année 1775.

Nota. — Dans les deux listes ci-après, les noms suivis de ce signe (*n*.) sont ceux des variétés propagées depuis Louis XIII.

1. Passe-Pomme rouge.
2. Calville d'Été.
3. Rambour franc.
4. Fenouillet gris ou Pomme d'Anis.
5. Fenouillet rouge ou Bardin, ou Courpendue, selon M. de la Quintinye.
6. Pomme-Figue ou Sans-Pepins.
7. Passe-Pomme d'Automne ou la Pomme Générale.
8. Cousinette.
9. Petite-Reinette jaune hâtive. (*n*.)
10. Reinette rousse ou Reinette des Carmes. (*n*.)
11. Pigeonnet.

(1) Dom Claude Saint-Étienne, de l'ordre des Feuillants, fut surtout curieux de rassembler beaucoup de noms de fruits, qu'il publia sans aucun examen synonymique. On doit donc accueillir avec une grande réserve, ses listes, manquant d'exactitude à ce point, qu'assez fréquemment la même variété y figure sous trois ou quatre noms différents. Aussi parmi les 600 poires et les 153 pommes dont ce moine fait l'énumération, en est-il *au moins un quart* à retrancher, comme fausses variétés.

12. Royale d'Angleterre.
13. Postophe d'Été. (n.)
14. Calville blanche.
15. Calville rouge.
16. Reinette franche.
17. Reinette grise. (n.)
18. Reinette rouge. (n.)
19. Pomme d'Or ou *Gold-Pippin* des Anglais.
20. Pomme Violette.
21. Drap d'Or.
22. Petit-Api.
23. Gros-Api ou Pomme de Rose.
24. Api noir.
25. Gros-Courpendu gris.
26. Nompareille.
27. Rambourg d'Hyver.
28. Pomme-Poire.
29. Pomme de Pommier nain. (n.)
30. Pomme d'Astracan.
31. Pomme Blanche suisse.
32. Postophe d'Hyver. (n.)
33. Reinette grise de Champagne. (n.)
34. Gros-Faros.
35. Gros-Capendu rouge.
36. Passe-Rose plate. (n.)
37. Francatu.
38. Haute-Bonté.
39. Princesse noble. (n.)
40. Calville blanche d'Été.
41. Pomme de Malingre d'Angleterre.
42. Bondy [ou de Râteau].
43. Pomme de Jardi.

Extrait du Catalogue du sieur Pierre Leroy, jardinier-fleuriste et pépiniériste à Angers, pour l'année 1790.

1. La Cousinette.
2. Pomme tendre.
3. Le Cardinal ou Apis d'Été. (n.)
4. La Pomme Magdeleine.
5. Le Calville [rouge] d'Été musqué.
6. Le Rambour.
7. Le Châtaignier musqué [précoce].
8. La Passe-Pomme.
9. La Pomme de Jérusalem.
10. Le Gros-Râlet.
11. La Pomme d'Or [ou Drap d'Or].
12. La Reinette d'Angleterre. (n.)
13. La Grosse-Reinette tendre. (n.)
14. La Reinette rouge.
15. La Reinette verte.
16. La Reinette grise.
17. La Reinette franche.
18. La Reinette à côtes [ou Calville blanc d'hiver].
19. La Reinette de Canada. (n.)
20. Le Gros-Apis.
21. La Petite-Apis.
22. L'Apis noire.
23. Le Pepin d'Or.
24. Le Courpendu gris.
25. Le Courpendu rouge.
26. Le Francatu.
27. Le Doux d'Argent. (n.)
28. Calville rouge.
29. Calville blanc à côtes.
30. Le Fenouillet ou Anizier.
31. Le Fenouillet gris.
32. La Pomme-Poire.
33. La Pomme de Glace.
34. La Pomme Violette.
35. La Pomme Pigeonnet.
36. La Pomme-Figue ou Sans-Pepins.
37. Le Petit-Bon.
38. Le Gros-Bon.
39. Le Rambour vert ou Gros-Vert. (n.)
40. La Haute-Bonté.
41. La Martranche [ou Châtaignier tardif].
42. La Mignonne [d'Hiver]. (n.)
43. La Magnifique ou Impériale. (n.)

Si maintenant on examine attentivement ces deux listes, imprimées à quinze ans de distance et les plus complètes du xviiie siècle, on verra la preuve que nous comptions y trouver, s'en dégager aussitôt, puisque des quatre-vingt-six noms qui les composent, *dix-huit* seulement furent *inconnus* aux jardiniers du temps de Louis XIII. Depuis ce monarque jusqu'à la Révolution, l'horticulture française s'enrichit donc à peine D'UNE POMME TOUS LES HUIT ANS!!... Et je dis *à peine*, plusieurs de ces fruits supposés nouveaux pouvant parfaitement, cachés sous quelqu'autre nom, figurer dans nos précédentes listes, où, ne l'oublions pas, existent des variétés sur lesquelles j'ai déclaré ne savoir absolument rien.

Importance actuelle de la culture du Pommier. Causes auxquelles elle est due.

La Révolution porta un coup funeste à tout ce qui, chez nous, touchait à l'agriculture, à l'industrie; aussi fallut-il une vingtaine d'années pour faire renaître, non la prospérité, mais du moins le mouvement, l'émulation, là où de sanglants excès, suivis d'interminables guerres, avaient amené la ruine et provoqué l'apathie.

Favorisée par une circonstance exceptionnelle, l'arboriculture fruitière n'eut toutefois que modérément à souffrir de nos calamités sociales, et surtout fut très-prompte à reprendre la voie progressive dans laquelle, vers la fin du xviiie siècle, elle s'était résolument engagée. Cette circonstance heureuse vint de certaine autorisation qu'André Thouin, directeur du Jardin National des Plantes, obtint en octobre 1792 du citoyen Roland, ministre de l'intérieur. Les Chartreux de Paris ayant été, comme tous autres religieux, expulsés de leur couvent, Thouin, qui savait qu'on allait détruire leurs admirables pépinières, eut alors la patriotique pensée d'en sauver les principaux types. Prétextant le désir de former au Muséum une école d'arbres fruitiers où le public trouverait des éléments sérieux d'étude, il sollicita du ministre la permission de prendre dans l'enclos des Chartreux un nombre d'arbres suffisant pour réaliser son projet.

Roland, ses écrits l'attestent, portait un profond intérêt aux classes industrielles et agricoles, il donna donc volontiers — et le moment où il l'accorda vaut bien qu'on lui en sache gré — le consentement demandé, que Thouin s'empressa d'utiliser. Ainsi furent conservées au pays les variétés fruitières les plus précieuses d'un établissement alors sans rival; et ce sont elles, quand la France eut recouvré quelque tranquillité, qui servirent à fonder la Pépinière Impériale du Luxembourg (1802), source à laquelle les départements, les Sociétés horticoles, les simples particuliers, même, puisèrent si largement, dans la suite, pour peupler d'espèces nouvelles ou choisies ces jardins fruitiers qu'on organisa de tous côtés afin d'aider à la propagation des bons fruits.

André Thouin rédigea un procès-verbal très-détaillé, lorsqu'en 1792 il procéda à la transplantation des arbres par lui convoités. Ce document, d'un haut intérêt pour l'histoire de la pomologie, n'a jamais été imprimé; le fait qu'il constate est également, ou peu s'en faut, ignoré du monde horticole; je crois donc utile de publier cette pièce, maintenant en ma possession, grâce aux liens d'amitié qui m'ont toujours uni à la famille du savant botaniste sous lequel je fis, au Jardin des Plantes de Paris, mes débuts dans la carrière arboricole. Mais des diverses listes qu'elle contient, je transcris seulement, ne pouvant sortir de mon sujet, la nomenclature relative au *Pommier*; les autres, dont j'indique toutefois le nombre de variétés arrachées, seront produites plus tard, quand je m'occuperai du genre de fruit les concernant:

PROCÈS-VERBAL.

« *Pépinière des Chartreux de Paris,* 17 *octobre* 1792.

« Le mardi dix-sept octobre mil sept cent quatre-vingt-douze, l'an premier de la République Française, nous, soussigné, Jardinier en Chef du Jardin National des Plantes de Paris, nous sommes transporté en la maison des ci-devant Chartreux, rue d'Enfer, section de l'Observatoire, en vertu des ordres du citoyen Rolland, Ministre de l'Intérieur, en date du seize du courant, à l'effet de choisir dans les Pépinières de ladite maison *deux individus de chacune des espèces et variétés d'arbres fruitiers* qui composent la collection de cette pépinière, pour former l'École d'instruction publique qui doit être établie au Jardin National de Paris.

« Nous nous sommes adressé au citoyen Pierre Favrin, gardien et directeur de ladite Pépinière, auquel nous avons donné connaissance de notre mission. Il s'est empressé de nous faire parcourir les différentes parties de la Pépinière et de nous témoigner l'envie qu'il avait de concourir de tous ses moyens à conserver à la Nation une collection aussi utile que considérable. Après nous être concertés avec le citoyen Christophe Hervy, cultivateur de ladite Pépinière, pour l'époque de la levée des arbres, nous sommes convenus d'y procéder le lundi suivant, vingt-deux du courant.

« Et le lundi vingt-deux octobre mil sept cent quatre-vingt-douze, nous nous sommes transporté à ladite Pépinière vers les neuf heures du matin, accompagné du citoyen Macé, garçon jardinier du Jardin National, et munis de plaques de plomb portant des numéros pour étiqueter les arbres au fur et à mesure qu'on les lèverait de terre, et de l'extrait du Catalogue des arbres fruitiers du Traité des bons fruits de Duhamel, afin de marquer les espèces que fournirait la Pépinière des Chartreux. Mais les arbres se trouvant encore trop en végétation, et la terre étant trop humide pour permettre la levée des arbres avec toutes leurs racines, nous avons cru devoir remettre leur arrachage à la semaine suivante.

« Enfin les vingt-neuf et trente octobre, et le trois novembre suivant, il a été procédé à l'arrachage des arbres par les citoyens Christophe Hervy père et fils, et Macé, sous l'inspection du citoyen Pierre Favrin. Il est résulté de cette levée dans toutes les parties de la Pépinière, la quantité d'espèces d'arbres fruitiers dont la liste suit.

« **Liste des Arbres qui ont été levés dans le Jardin des ci-devant Chartreux, pour le Jardin National des Plantes, savoir :**

Nos *Pêchers.*
1 à 34. (34 variétés.)

Amandiers.
35 à 37. (3 variétés.)

Abricotiers.
38 à 44. (7 variétés.)

Poiriers.
45 à 131. (88 variétés.)

Pommiers.
132. La Pomme d'Api.
133. Le Calleville d'Été.
134. La Passe-Pomme rouge.
135. Le Rambour franc.
136. Le Fenouillet rouge.
137. Reinette rouge.
138. La Pomme d'Or.
139. La Reinette rousse.
140. La Pomme de Drap d'Or.
141. La Passe-Pomme d'Automne.
142. La Royale d'Angleterre.
143. Reinette franche.
144. Calleville rouge.
145. La Pomme Pigeonnet.
146. Reinette grise.

Nos 147. La Pomme Violette.
148. Le Rambour d'Hiver.
149. L'Api noir.
150. La Pomme d'Astracan.
151. Reinette grise de Champagne.
152. Le Postophe d'Hiver.
153. La Pomme-Poire.
154. Le Gros-Faros.
155. Le Fenouillet gris.
156. Le Francatu.
157. La Princesse noble.
158. Le Calleville blanc d'Été.
161. La Pomme-Figue.
165. La Pomme de Jardi.
166. La Pomme Non-Pareille.
169. La Pomme de Malingre d'Angleterre.
168. Le Gros-Capendu rouge.
(En tout, 32 variétés.)

Néfliers.
159 à 160. (2 variétés.)

Azeroliers.
162 à 164. (2 variétés.)

Pruniers.
169 à 203. (35 variétés.)

« Je, soussigné, reconnais que le citoyen Pierre Favrin, directeur et gardien de la Pépinière des ci-devant Chartreux de Paris, m'a remis pour le Jardin National des Plantes de Paris, les *deux cent trois espèces* ou variétés d'arbres fruitiers portés en la liste ci-dessus, et formant *quatre cent six individus.* Que ces arbres sont jeunes, bien portants, vigoureux et propres à former des quenouilles. Qu'ils ont été étiquetés avec soin, d'après la nomenclature adoptée par Duhamel dans son Traité des bons fruits ; et qu'enfin l'arrachage de ces arbres a été fait avec beaucoup d'intelligence et d'attention.

« Paris, ce quatre novembre mil sept cent quatre-vingt-douze, l'an premier de la République Française.
« André THOUIN. »

« Remis une copie au Ministre de l'Intérieur, au citoyen Favrin et au Régisseur des Biens Nationaux.

« Plus, reçu vingt arbres fruitiers, nains, d'espèces différentes, pour la Grande École de Botanique du Jardin des Plantes.

« A Paris, ce dix décembre mil sept cent quatre-vingt-douze.
« André THOUIN. »

Ce fut en 1802, sous le ministère du comte Chaptal, qu'à Paris on créa la Pépinière du Luxembourg, dont eut la direction Christophe Hervy, ancien jardinier principal des Chartreux, et mentionné comme tel par André Thouin dans le Procès-Verbal ci-dessus. Voulant réveiller le goût de l'arboriculture fruitière, Chaptal ne négligea rien pour y parvenir :

« Il donna — écrivait Hervy en 1809 — la plus grande activité à l'émulation pour créer des pépinières départementales et particulières ; fit distribuer aux frais du gouvernement les instructions utiles qui avaient pour objet la formation et l'éducation des arbres. Cette heureuse impulsion a couvert notre sol de plusieurs millions d'arbres, et une infinité de propriétaires doivent à ce ministre l'inappréciable jouissance d'améliorer leurs biens par d'utiles plantations. La distribution qu'il fit faire d'un grand nombre d'arbres fruitiers de cette pépinière, a fourni l'occasion de substituer des fruits perfectionnés à des productions abâtardies. » (*Catalogue méthodique et classique de la Pépinière du Luxembourg*, p. 4.)

Ainsi patronnée, la propagation des arbres fruitiers marcha rapidement. Le genre pommier, surtout, s'accrut tout d'abord d'une quantité notable de variétés choisies. Dès 1809 le Catalogue de la Pépinière du Luxembourg offrait au public quatre-vingt-six espèces de pommes. Un peu plus tard nos Sociétés agricoles et horticoles, établissant des relations suivies avec l'étranger, augmentèrent ce nombre par des échanges. Le comte le Lieur, arboriculteur distingué, les pépiniéristes Louis Noisette, de Paris, et Alfroy, de Lieusaint (Seine-et-Marne), contribuèrent aussi, sous l'Empire et la Restauration, à cet accroissement, en rapportant des États-Unis une soixantaine de pommes, dont plusieurs fort jolies et très-volumineuses. Puis Van Mons, Belge resté si célèbre par sa science arboricole et ses innombrables gains de poiriers, ayant amené la mode des semis — il mourut en 1842 — fit qu'à leur aide on obtint, chez nous comme en Belgique, de nouveaux et méritants pommiers, parmi lesquels Van Mons et l'un de nos confrères, M. Boisbunel, de Rouen, comptent au moins, chacun, une vingtaine d'enfants.

Mais déjà tous ces faits ont démontré que la réhabilitation de la pomme était pleinement accomplie, dans notre pays, en 1840, et justifient bien l'habile professeur du Breuil, chargé du cours d'arboriculture au Conservatoire des Arts et Métiers de Paris, d'avoir écrit en 1854 les lignes suivantes :

« La culture du pommier, comme arbre à fruit de table, *présente au moins autant d'importance que celle du poirier.* C'est, comme ce dernier, l'arbre fruitier le plus répandu dans le nord et les parties tempérées de l'Europe. » (*Cours théorique et pratique d'arboriculture*, 3e édition, 1854, p. 627.)

C'est surtout à partir de 1850 que le chiffre des nouvelles pommes introduites en France, s'accroît considérablement. Pour ma part, si je n'ai pas à m'inscrire sur la liste des obtenteurs de pommiers, je dois du moins, me préoccupant avant tout de la vérité historique, affirmer que de 1856 à 1872 j'importai d'Angleterre, d'Amérique, d'Allemagne, de Russie, plus de cent cinquante variétés de pommier et les multipliai abondamment. Du reste, on trouvera décrits dans ce *Dictionnaire* la majeure partie des fruits dont il est présentement question. En 1868 j'essayai également d'emprunter à l'Algérie quelques-unes de ses pommes. Le succès ne répondit pas à mon attente. Aucune des espèces envoyées ne me parut digne d'être propagée, soit pour le volume, soit pour la qualité. Mais ce résultat peu satisfaisant, je l'avais pressenti devant certain passage de la lettre que m'adressa mon obligeant correspondant, M. Ferdinand Lambert, horticulteur au Ruisseau, commune de Mustapha, près Alger :

« Je me suis occupé — m'écrivait-il le 24 septembre 1868 — de vous procurer les meilleures espèces de pommes connues en ce pays. Le nombre en est fort restreint, et presque toutes sont très-précoces..... Puis on ne rencontre que dans quelques ravins frais, des pommiers cultivés par les Arabes, qui sont loin encore de posséder des vergers plantés et soignés comme ceux de France, par exemple. Aussi leurs pommes, faute de soins appropriés, manquent généralement de beauté. »

Deux des éléments qui sous Napoléon III contribuèrent le plus à l'accroissement des variétés de pommier, ont été les Expositions internationales puis les échanges incessants d'ouvrages pomologiques entre les Sociétés horticoles de la France et de l'étranger. Lorsqu'on vit, chez nous, le Catalogue du Jardin fruitier de la Société d'Horticulture de Londres signaler un millier de pommes parfaitement étudiées, Downing arriver à en décrire jusqu'à dix-huit cent cinquante-deux dans sa Pomone américaine, et Dochnahl douze cent cinquante, en Allemagne, l'amour-propre s'éveilla parmi nos pépiniéristes, et fit qu'ils s'appliquèrent avec ardeur à journellement augmenter leur collection de pommiers.

Pour rendre plus sensible ce mouvement considérable et continu qui depuis une vingtaine d'années s'opère dans les pépinières françaises, en faveur de cet arbre fruitier, je vais faire appel à mes propres *Catalogues*. Maintes fois on a déclaré mon établissement le plus important de ceux du même genre existant en Europe ; les chiffres puisés dans ses écoles auront alors, mieux que tous autres, la valeur démonstrative ici nécessaire.

En 1845 je ne possédais même pas *cent* variétés de pommes à couteau, et mes principaux confrères, je le présume, n'étaient guère plus riches. Réunissant mes *Catalogues marchands*, je constate donc que de 1846 à 1873, mon école de pommiers présenta les augmentations ci-après :

Catalogue de	Variétés inscrites	
1846.		108
1849.		173
1851.		227
1852.		244
1855.		268
1858.		280
1860.		314
1863.		330
1865.		393
1868.		501
1873.		571

Les 571 sortes de pommier actuellement multipliées dans mes pépinières, représentent à peine la moitié des variétés cultivées par les Américains, les Anglais ou les Allemands. Je le reconnais, sans cependant éprouver un trop grand désir d'accroître beaucoup, désormais, ma collection. Elle renferme les pommes indigènes les plus estimées de ces divers peuples; est-il, alors, très-utile d'en importer constamment de nouvelles, qui pour la qualité seraient presque toujours inférieures à celles déjà répandues dans notre pays?.....

Là où le climat et le sol favorisent peu la culture du poirier, et sont, au contraire, fort propices au développement du pommier, je comprends qu'on active sans cesse la propagation de ce dernier arbre. Mais la nécessité ne m'en paraît pas démontrée pour nous, chez lesquels prospèrent assez bien presque tous les fruits. Il est sage, d'ailleurs, de ne pas oublier que si la pomme a décidément reconquis en France une place honorable, la poire, près d'une infinité de personnes, y jouit d'une préférence formelle, absolue. Voilà pourquoi, dans ce *Dictionnaire*, j'ai décrit beaucoup moins de pommes, que de poires.

Cet aveu ne saurait toutefois, historiquement parlant, m'attirer le reproche d'avoir négligé ce genre de fruit, car des pomologues français je suis celui qui s'en est le plus occupé. On le verra par le tableau ci-dessous, précisant pour le pommier la quantité de variétés décrites et de synonymes signalés, depuis quarante ans, dans nos principales Pomologies :

Auteurs.	Titre de l'Ouvrage et date de l'Édition.	Variétés.	Synonymes.
Louis Noisette.........	1839. Le Jardin fruitier.....................	89	22
Poiteau...............	1846. Pomologie française.................	57	23
Alexandre Bivort......	1847. Album de pomologie................ 1860. Annales de pomologie belge et étrangère....	116	202
Congrès Pomologique....	1871. Pomologie de la France (1)...........	56	231
A. Mas	1872. Le Verger (1)	104	155
André Leroy..........	1873. Dictionnaire de pomologie............	550	1880

Ainsi, ce tableau le prouve, mon *Dictionnaire* contient cinq fois plus de descriptions de pommes, que n'en offre le plus complet, sous ce rapport, des recueils ici mentionnés. Mais c'est surtout pour les synonymes signalés — 1880 contre 231 — que le résultat obtenu devra sembler satisfaisant, puisqu'il déblaie la nomenclature d'un nombre considérable de fausses variétés. Service qu'apprécieront, je l'espère, ceux qui savent quel travail il a fallu s'imposer pour le rendre, et combien de tribulations il peut épargner à tous, jardiniers, pépiniéristes, propriétaires.

(1) Ces deux ouvrages, en cours de publication, sont presque terminés, mais j'ignore cependant si le nombre des descriptions de pommes qui s'y trouve aujourd'hui (mars 1873), sera ou non définitif.

II

CULTURE.

§ Ier. — TEMPS ANCIENS.

Les Traités agronomiques qui nous viennent des Grecs et des Romains renferment bien certains principes d'arboriculture fruitière, mais comme ils sont présentés dans un sens général, on ne peut les appliquer spécialement au pommier. Il faut en excepter, cependant, divers passages relatifs à la greffe, et fort peu pratiques, puisque le platane, le cognassier et le poirier s'y trouvent qualifiés d'excellents sujets pour la multiplication du pommier.

La pomme mûrir sur le platane!... voilà ce qu'en aucun temps on n'a vu, malgré les beaux vers de Virgile (1), malgré la prose du savant Pline (2). Quant au cognassier, quant au poirier, s'ils ne sont pas entièrement réfractaires à l'écussonnage du pommier, il est du moins positif — je l'ai expérimenté — que ce dernier arbre ne reçoit jamais de copulations aussi anormales, qu'une existence éphémère et, dès lors, improductive.

On doit penser toutefois, devant les études ainsi faites par ces anciens peuples, que chez eux l'art de greffer ne manqua pas de novateurs. Palladius (3), écrivain latin qui vécut au ve siècle — quatre cents ans après Pline — ajoute effectivement à ces prétendus sujets du pommier, les suivants : prunier, sorbier, saule, pêcher, prunellier et peuplier, dont les noms provoquent, comme celui du platane, la raillerie la mieux justifiée.

Une chose qui la provoque également, c'est le sentiment superstitieux, l'inconcevable naïveté de ces mêmes peuples à l'égard des nombreuses recettes arboricoles réputées par eux curatives ou améliorantes. Quelques passages empruntés à l'*Economie rurale* de Palladius, vont le démontrer.

---

(1) *Georgica*, livre II, vers 70.
(2) *Historia naturalis*, livre XV, chap. xvii.
(3) *De Re rustica*, livre III, chap. xxv.

Veut-on savoir, par exemple, comment ils forçaient les pommes à ne quitter la branche qu'au moment convenable?... Voici leur moyen :

« Si le fruit d'un pommier est sujet à tomber avant sa maturité, il faut fendre la racine de l'arbre, puis dans la fente introduire une pierre ; cette seule précaution suffit pour empêcher les pommes de se détacher. » (*De Re rustica*, livre III, chap. xxv.)

Les vers envahissaient-ils quelque pomarium?... Vite on utilisait, pour les chasser à tout jamais, certain liniment dont suit la formule, ou bien on pratiquait l'opération ci-après :

« La fiente de porc mêlée d'urine humaine, puis aussi le fiel de bœuf, font instantanément mourir les vers qui s'attachent aux pommiers..... Quand même il en existerait, autour de l'arbre, une multitude immense, soyez assuré qu'il n'en reviendra pas de nouveaux, si les ayant ratissés avec un grattoir de cuivre, vous couvrez ensuite de fiente de bœuf les places qu'ils occupaient. » (*Ibid.*)

Enfin, grâce aux lézards, leurs arbres demeuraient constamment sains :

« Prenez — recommandent-ils — du fiel de lézard vert et de cette substance enduisez la cime de vos pommiers, vous les préserverez par là de toute pourriture. » (*Ibid.*)

Je m'arrête, ces courtes citations confirmant amplement la critique que j'avais émise. Disons-le, néanmoins, si Palladius partagea l'excessive crédulité des agronomes païens, il leur fut, par contre, très-supérieur quant à la culture des arbres fruitiers. Aujourd'hui, qui pourrait lire sans étonnement, dans son Traité, les préceptes dont voici la traduction :

« Les pommiers — enseignait-il — veulent être plantés en février ou mars ; puis, si le pays est chaud et sec, en octobre ou novembre. Ils aiment un sol gras et fertile, qui soit pourvu d'eau par la nature plutôt que par la main de l'homme. Cependant lorsqu'ils sont en terrain sablonneux ou argileux, les arrosements leur deviennent nécessaires. Dans les contrées montueuses, on les place au midi. Dans les régions froides, ils ne croissent convenablement que préservés des fortes gelées ; enfin les lieux âpres et humides ne leur sont pas trop défavorables..... Comme le poirier, ces arbres s'accommodent de tout genre de plantation. Ni les labours ni les binages ne leur font besoin, aussi prospèrent-ils mieux dans un pré qu'en nul autre endroit. Sans exiger d'engrais ils se trouvent bien, néanmoins, du fumier de brebis employé seul ou après adjonction de cendres. Les arroser fréquemment, ne vaut rien. On les peut tailler ; seulement, que ce soit pour ne leur laisser aucune branche morte, aucune mauvaise pousse. Le pommier vieillit vite et dégénère en sa vieillesse. » (*Id. ibid.*)

Tel était au ve siècle, en Italie et probablement aussi dans les Gaules, le meilleur système de culture préconisé pour le pommier. C'est, à quelques exceptions près, celui régnant dans les vergers modernes. Du reste les enseignements arboricoles de Palladius ont eu chez nous, depuis trois cents ans, une véritable influence. Ils la doivent à ce fait — attestant bien la force de l'habitude — que nos premiers livres sur les arbres fruitiers furent littéralement extraits du recueil de cet agronome. Mais la copie l'emportait encore, sur l'original, par le nombre et l'absurdité des pratiques superstitieuses qu'on y recommandait. Voilà pourquoi nous renonçons à rien transcrire ici des ouvrages de Gorgole de Corne, Davy, Nicolas du Mesnil, etc., imprimés à Paris en 1540 et 1560.

Au cours du moyen âge, alors qu'il était impossible de propager rapidement, comme aujourd'hui, les diverses conquêtes de l'esprit humain, je me demande quelle put être la culture du pommier?... Les temps de barbarie profonde qui suivirent le renversement de l'empire romain ne permettent pas de supposer qu'elle progressa; autrement, quand vint la renaissance, eut-on remis en lumière, sans augmentation ni modification, les principes d'arboriculture enseignés à Rome mille ans auparavant?... Évidemment non. L'ignorance devint trop générale, trop complète dans la classe, précisément, qui se livrait aux travaux aratoires, pour n'en pas conclure, au contraire, que l'art de cultiver les arbres à fruits rétrograda, et de beaucoup, en ces siècles troublés, abâtardis. Mais les encyclopédistes du moyen âge étant muets à cet égard, il faut chercher ailleurs ce renseignement.

Nous le trouverons — sinon complet, du moins suffisamment élucidé — dans les deux remarquables volumes publiés par MM. Léopold Delisle (1851) et Robillard de Beaurepaire (1865) sur l'état, au moyen âge, de l'agriculture en Normandie, volumes qui déjà m'ont fourni de si précieuses indications (voir plus haut, pp. 17-21)..... Écoutons d'abord M. Delisle :

« Au moyen âge — écrit-il — verger se disait en latin *virgultum* ou *pomarium*;..... en français, verger ou verdier..... Nous manquons à peu près complétement de renseignements sur les soins qu'on donnait aux arbres, notamment sur la taille..... Les jardiniers de cette époque ne négligèrent pas l'art de greffer; mais, en l'exerçant, ils avaient surtout pour but d'arriver à des résultats singuliers et bizarres. Ainsi, sur un tronc de chêne ils aimaient à greffer dix ou douze espèces d'arbres différents. Ils avaient même la prétention de réaliser des prodiges dont la science moderne n'admet point la possibilité. Par exemple, un horticulteur du xive siècle trace les règles à suivre pour enter la vigne sur le cerisier; pour greffer le cerisier et le prunier sur la vigne; pour obtenir des raisins sans pepins. » (*Études sur la condition des classes agricoles en Normandie, au moyen âge*, pp. 497-498.)

A ces considérations générales, j'ajoute deux faits particuliers, provenant de la même source; le premier montre que les vergers n'étaient plus à créer, en 1250, et témoigne des services alors rendus par le clergé à l'arboriculture fruitière :

« En 1254 — rapporte M. Delisle — Nicolas, fils de Jourdain le Balistaire, prit à ferme de l'abbé de Saint-Ouen [de Rouen] une portion d'île, sise à Léry [Eure], moyennant une rente de 4 livres 12 sous 6 deniers tournois. Il devait en cultiver une acre en jardin [76 ares 60 centiares], y planter des pommiers et des poiriers greffés, plus deux espèces de plantes, puis entretenir une bonne clôture autour de ce lieu. » (*Ibid.*, p. 497.)

Le second fait constate l'extrême abondance des pommiers dans les forêts, leur précocité vraiment exceptionnelle, puis en quelles mains passaient leurs fruits :

« Les fruits sauvages — dit ce même auteur — étaient le plus souvent abandonnés aux usagers..... seulement, l'époque où ces derniers commençaient à exercer leurs droits était déterminée par les coutumes. Il est important d'observer ces époques, car c'étaient évidemment celles de la maturité des fruits. Dans la forêt de Beaumont [Eure] la pomme se cueillait à la Sainte-Croix, en septembre; dans celle des Andelis [Eure], dès la mi-août; dans celle d'Evreux, c'était la veille de l'Assomption..... D'après ces exemples, on serait assez porté à croire que ce fruit mûrissait plus tôt dans la Normandie qu'il ne le fait aujourd'hui. » (*Ibid.*, pp. 378-379.)

M. Robillard de Beaurepaire va maintenant nous permettre, vu la nature des documents qu'il a produits, de préciser en partie quel genre de soins recevaient les pommiers, à cette lointaine époque :

« Au xive siècle — déclare-t-il — la culture du pommier avait pris en Normandie un assez grand développement, puisqu'on connaissait à Rouen, en fait de pommes recherchées, dix-huit espèces pour le moins..... On y possédait certainement des espèces tardives. Nous voyons, en 1360, un laboureur de Darnétal [Seine-Inférieure] vendre des pommes à livrer à la Mi-Carême. En 1488 une provision de pommes fut apportée de Déville [Seine-Inférieure] à l'archevêché, le mercredi des Cendres. On retient fréquemment, dans les contrats, qu'elles seront cueillies en temps de *rayon* (1), en *cœur de saison*, à la *main sans escruchonner* (2)..... = En étudiant la chose avec attention, peut-être convient-il de reconnaître que les pommiers..... étaient l'objet de soins plus éclairés et mieux entendus qu'on n'est porté à le croire généralement. Dans le bail de leur terre de Boos [Seine-Inférieure] les religieuses de Saint-Amand de Rouen assujettissent, en 1388, leur fermier « à les « pommiers des gardins cerfouir et engresser d'an en an, à la saison; labourer, gouverner « et leur oster le mort boys, toutes fois que mestier en seroit pour l'utilité des arbres..... « desdits gardins. » — A Déville, en 1479, 1480 et 1481, « on eslecte (3), esbranche et « nectoye les pommiers. » — Les fermiers du manoir de Bures [Seine-Inférieure] promettent vers la même époque, aux religieuses de Bonne-Nouvelle, « de eslecter les pommiers « et armer les entes des gardins, maintenir la pépinière et sarcler icelle. » — En 1496 le couvent de Valmont [Seine-Inférieure] fait marché avec un nommé Jean le Grand, lequel s'engage « à tous les pommiers et entes de l'abbaye, dedans l'enclos et dehors plantés, « cherfouir et ung chascun esmonder, nestoier et rater la mousse où faire se doibt;..... et « à la saison les rechausser de terre, comme requis il est de faire, avesques y mettre la « gresse qui y convient. » (*État des campagnes de la haute Normandie dans les derniers temps du moyen âge*, pp. 49, 52, 53 et 59.)

Ces dernières citations en font foi, il y eut au moyen âge, surtout dans les domaines appartenant au clergé régulier, une sollicitude assez marquée pour le pommier. On ne l'abandonna pas à lui-même, la chose est certaine; mais les hommes qui voulaient obtenir des pommes rouges en greffant un pommier sur un mûrier noir, ou bien en l'entourant de rosiers, puis des pommes douces en plaçant sur les racines d'un pommier à fruits acides, du crottin de chèvre délayé dans de l'urine (4) — de tels hommes furent-ils vraiment, comme paraît le penser M. de Beaurepaire, des arboriculteurs « *plus éclairés et mieux entendus* qu'on ne l'a « cru généralement? » — Il me semble impossible de répondre oui.

En 1600, quand parut le *Théâtre d'agriculture* du fameux Olivier de Serres, nos jardiniers en étaient toujours, pour le pommier, aux pratiques précédemment définies; ce court extrait va le prouver :

« Le pommier s'entera sur lui-même — disait cet agronome — et aussi fort commodément sur le poirier, pour la conformité de leurs naturelles, dont le fruit en sortira très-bon, et y sera l'arbre plus asseuré du ver que sur son propre tige, pour n'avoir le ver tant de prise sur le poirier que sur le pommier. Le coignier le reçoit aussi volontiers, mais n'y dure pas longuement, ne pouvant, la foiblesse du tronc, supporter la pesanteur des branches, dont à la longue le coignier se trouve opprimé. En l'aubespin le pommier est de bonne durée, pourvu qu'il soit enté devant que le planter, pour fourrer l'enteure dans la terre, et, dès-là, l'arbre prendre le fondement de son tige, d'autant que l'aubespin ne s'engrossit si tost, ni tant, que le pommier. Et en petite coronne et en escusson et canon profitablement ente-t-on le pommier; en somme, tant cest arbre est de facile maniement, on l'affranchit par toutes les manières à ce requis. » (P. 625 de la 4ᵉ édition, 1608.)

Après être demeurée si longtemps stationnaire, qu'en 1600 — je l'ai montré — on la retrouvait aussi dénuée de saines notions physiologiques, qu'au vᵉ siècle, la culture du pommier entra soudain, vers 1650, dans une voie fort différente. Tout l'honneur en revient à l'un des premiers propagateurs de l'espalier, au curé le Gendre, mort en 1687 paroisse d'Hénouville, près Rouen, et qui fit paraître en 1652 un livre intitulé *la Manière de cultiver les arbres fruitiers*. Quoique peu volumineux et de petit format (in-18 de 150 pp.), cet ouvrage n'en porta pas moins un coup mortel aux procédés routiniers, aux croyances absurdes des siècles

---

(1) Par un beau soleil. — (2) Sans les meurtrir. — (3) Élaguer.
(4) Voir la *Maison rustique* de Charles Estienne et Jean Liébault, édit. de 1589, pp. 205 et 214, verso.

passés. Sûr de lui, car il n'enseigna rien sans l'avoir patiemment expérimenté, le Gendre parla d'arboriculture comme de nos jours le ferait un Decaisne. Transcrivons pour exemple les principaux passages qu'il consacre au pommier :

« Le meilleur plant — dit-il — pour greffer des pommiers propres à mettre en espallier, en palissades, ou à tenir en buisson, est celuy de pommier de Paradis, qui ne pousse que peu de bois, qui rapporte promptement, et beaucoup de fruits. On élève cette sorte de plant, de boutures, comme celuy des coignassiers, dont je parleray cy-apres. — Le Doulçain est une autre espece de pommier qui approche fort de celuy de Paradis (1), et qui reprend aussi de bouture; mais..... il pousse trop de bois et ne peut demeurer en buisson. — Ceux qui seront curieux d'avoir des pommiers d'une belle tige, et bien droite, doivent pour enter leurs pepinieres prendre des greffes sur de jeunes pommiers de Suraut [sauvageons] (2), qui portent de grosses pommes aigres, d'autant que ces greffes poussent, dès la premiere année, un jet droit de six à sept pieds de haut, et augmentent plus en un an que les autres en deux ; et ainsi font en quatre ans des arbres fort gros et bons à lever pour mettre en place, sur lesquels deux ans apres on peut greffer les especes de bonnes pommes que l'on desire avoir. » (*Ibid.*, pp. 7, 8 et 70 de la seconde édition, imprimée en 1653.)

Voilà bien le langage d'un praticien éclairé, d'un arboriculteur qui ne s'avisera pas, lui, de qualifier le platane, le peuplier, le saule, d'excellents porte-greffes du pommier. Lisez plutôt la remarquable page où notre auteur combat scientifiquement, et parfois de poétique façon, les partisans de ces mariages horticoles dont les conjoints sont si mal assortis :

« La curiosité — expose le judicieux curé — a porté quelques-uns à inventer des greffes extraordinaires, et à mesler des especes d'arbres entierement differentes, pour faire produire à la nature des fruits nouveaux et monstrueux. Ils estoient persuadez qu'en faisant passer une branche de vigne au travers de la tige d'un noyer percé d'une terriere, et qu'en bouchant exactement l'entrée et la sortie de ce trou, cette branche prendroit sa nourriture du noyer, et ainsi pourroit produire des grappes pleines d'huile au lieu de vin..... Ils croyoient qu'ayant enté la Calville sur des meuriers noirs, et des peschers sur des coignassiers, ils recueilleroient des pommes noires et des pesches sans noyau ; mais l'experience leur a fait connoistre que la nature est tres-chaste dans ses alliances, tres-fidelle dans ses productions, et qu'elle ne peut estre débauchée ny corrompuë par aucun artifice. En effet, c'est une vaine imagination de croire que la greffe puisse quitter son espece, pour prendre celle du pied sur lequel elle est entée; parce qu'il est certain qu'elle n'en tire que sa nourriture. Et comme chacun sçait que les choses qui sont contraires en soy travaillent tousjours à se détruire, et qu'elles ne peuvent jamais s'unir parfaitement ensemble, puisque l'union ne peut estre qu'entre ce qui est de mesme nature, ainsi chacun peut juger aisément que les greffes ne sçauroient reprendre ny reüssir que sur les arbres qui sont d'une mesme espece, ou qui ont une seve conforme ; et l'experience fait voir qu'elles profitent ou qu'elles languissent, selon que la seve de la tige qui les nourrit leur est plus ou moins propre. C'est pourquoy le poirier ne peut jamais reüssir sur le pommier, ny le pommier sur le poirier, ny les peschers sur les coignassiers, d'autant que leurs especes sont entierement differentes. Ce n'est pas aussi que le sauvageon et le pied des arbres qui sont greffez, ne communiquent en quelque façon leurs qualitez aux greffes qu'ils portent, mais ils ne leur font jamais changer d'espece...... » (*Ibid.*, pp. 76-80 de l'édition de 1653.)

Mais peut-être désire-t-on savoir comment le Gendre — qui né en 1612 vécut du temps d'Olivier de Serres (1539-1619) — put s'affranchir ainsi des erreurs et des

---

(1) Au XVIe siècle, et même pendant le XVIIe, le Paradis était assez communément surnommé *Fichet*. (Voir le *Jardinier français*, de Bonnefond, édition de 1653, p. 68.)

(2) Actuellement, en Normandie, les sauvageons de pommier sont encore appelés *Surettes.*

préjugés arboricoles de ses contemporains?...... Le savant et modeste pasteur va nous l'apprendre :

« Les hommes — dit-il malicieusement — ne sont plus dans le Paradis terrestre, où ils puissent manger des fruits admirables sans aucun travail ; il faut qu'ils labourent la terre, il faut qu'ils cultivent les arbres s'ils en veulent recueillir du fruit. La nature ne donne plus rien d'elle-mesme, il faut la caresser et la flatter pour en obtenir quelque chose; il faut l'aimer si l'on en veut estre aimé. C'est cette seule affection qui m'a donné la connoissance que j'ay des plants. C'est elle qui m'a fait remarquer les fautes que j'y commettois dans les commencemens; c'est elle qui m'en a fait rechercher les causes, et qui n'a point donné de repos à mon esprit, qu'il ne les ait parfaittement connuës..... Aussi n'ay-je escrit ces Memoires que pour ceux qui aiment les plants, car avec cette affection ils n'ont besoin que d'un peu de secours pour faire des merveilles. » (*Ibid.*, pp. 148-149, 1re édit., 1652.)

L'ouvrage du curé d'Hénouville ne provoqua pas, malgré son rare mérite, une réforme aussi subite, aussi radicale qu'on le pourrait croire. Seuls, quelques hommes intelligents s'en inspirèrent dès l'abord, puis aidèrent ensuite, comme praticiens ou publicistes, à vulgariser les enseignements qu'il contenait. Mais la plupart de ces hommes se montrèrent ingrats envers le Gendre, soit en essayant de s'approprier, par des emprunts déguisés, les principaux chapitres de son livre, soit en prétendant que ce n'était pas lui qui l'avait composé.

Ces faits blâmables redoublent l'intérêt qu'inspire ce personnage, très-peu connu de nos pépiniéristes. J'ai donc tenu à le leur présenter sous son vrai jour, avec les nombreux titres qu'il possède à leur reconnaissance. N'a-t-il pas, le premier de tous, recommandé le cognassier comme sujet du poirier, pratiqué une taille régulière, établi les principes de la physiologie végétale, perfectionné et propagé l'espalier ; puis, enfin, mis chacun à même d'expérimenter ses importantes découvertes ?

J'ajoute — quoiqu'on ait dû le remarquer — que son opuscule est écrit dans un style élégant, clair et châtié, qui rend plus sensible encore la valeur du fond. C'est qu'aussi le Gendre fut à bonne école littéraire, ayant eu pour intime ami Pierre Corneille, qui fréquemment venait le visiter. Notre grand poëte célébra même en 1642, dans une longue pièce de vers intitulée *le Presbytère d'Hénouville*, la remarquable beauté de cette habitation et le mérite horticole de son possesseur. Détachons seulement, de ce morceau, les stances suivantes, où la pomologie tient une large place :

> J'ai vu ce lieu fameux, dont l'art et la nature
> Disputent à l'envi l'excellente structure ;
> J'ai vu les raretés de ce charmant séjour,
> Pour qui même les rois concevroient de l'amour.
>
> . . . .
>
> Ici l'ordre est gardé de la mathématique :
> Tant d'arbres en leur plant n'ont point de ligne oblique ;
> Leurs pieds bien cultivés et leur bois clair et frais
> Prouvent les soins du maître, et qu'il y fait des frais.
>
> . . . .
>
> Là, la pomme et la poire, et la guigne et la prune,
> D'une bonté de goût en ce lieu seul commune,
> Font peine à bien juger quel est de meilleure eau,
> Ou bien le fruit à pierre (1) ou le fruit au couteau.

(*Œuvres de P. Corneille*, 1862, édit. Hachette, t. X, pp. 345 et 348.)

(1) Le fruit à noyau.

§ II. — TEMPS MODERNES.

De Louis XIV à la Révolution, la culture du pommier progressa très-modérément, malgré les améliorations dont le curé le Gendre l'avait dotée en 1652. Non-seulement la Quintinye, comme je l'ai dit plus haut (pp. 26-29), favorisa peu les pommiers, mais encore fallut-il un temps infini pour amener la majeure partie des horticulteurs à se servir des procédés nouveaux, quoique l'inanité des anciens fut parfaitement démontrée.

Cette répulsion si surprenante, puisqu'elle portait une sérieuse atteinte aux intérêts de ceux qui s'obstinaient à la partager, peut-être me soupçonnera-t-on d'en exagérer les fâcheux résultats. Eh bien, voici comment s'en plaignit un célèbre arboriculteur du xviiie siècle, Jean Mayer, directeur des jardins du grand-duc de Franconie (Allemagne). Parlant d'un genre de greffe alors préconisé — celle dite en pied-de-biche — il écrivait en 1776 :

« Jusqu'icy je dois avouer que je n'ai pratiqué cette greffe, que par curiosité ; je ne me trouve pas la dextérité nécessaire dans la manipulation ; elle emploie des onguents, des mastics qui me répugnent ; puis, probablement que, sans m'en apercevoir, je tiens encore trop aux anciennes méthodes pour pouvoir aisément prendre sur moi d'en adopter une nouvelle. J'ai dans mon bon vieux père un exemple frappant de cette adhésion invincible aux premiers principes reçus, aux usages pratiqués. Il est dans sa 94e année et travaille pourtant au jardin du matin au soir. Je n'ose lui parler d'aucune nouveauté, en fait de jardinage, sans risquer de le mettre en colère. S'il découvre quelques-uns de mes essais, il est certain qu'il leur nuira ou les détruira en cachette, pour me convaincre de l'impossibilité de leur réussite. Il y a quelque temps, il me surprit transportant, à l'aide d'un pinceau, des poussières séminales d'une fleur sur une autre ; lui ayant alors expliqué ce que je faisois, il se mit à rire, et dit à mes ouvriers : « Si le bon Dieu n'y met la main, ces chiens de philosophes inventeront encore une « nouvelle manière de propager l'espèce humaine ! » (*Pomona franconica*, t. III, pp. 17-18.)

M'accordera-t-on, actuellement, de n'avoir pas trop déploré cet amour de la routine, qui chez nous tint si longtemps à l'écart les inventions, les découvertes de certains arboriculteurs ? — Oui. Aussi dois-je être cru, quand j'affirme que le xviiie siècle vit à peine quelques innovations heureuses s'introduire dans la façon de cultiver les pommiers. Mentionnons brièvement les principales :

Sous la Quintinye l'usage de l'espalier devint assez commun. Cet habile praticien fut même, me semble-t-il, le premier qui tenta d'imposer cette forme au pommier. Seulement il dut trouver peu d'imitateurs, car dans ses *Instructions*, je lis ceci :

« La commodité que nous avons d'avoir des pommes, soit en petits buissons sur les pommiers de Paradis, soit en gros buissons, et en arbres de tige sur les sauvageons,..... fait que *je ne leur donne guères jamais d'entrée aux espaliers.* » (**T. I**, p. 389.)

Angran de Rueneuve, conseiller du roi en l'élection d'Orléans et qui publia en 1712 un recueil d'*Observations sur l'agriculture et le jardinage*, dont plusieurs témoignent de connaissances réelles, fit entr'autres les suivantes, relatives au pommier :

« Quand on achetera des pommiers, il faut choisir ceux qui ont une tige haute, parce qu'ils donnent plus promptement des pommes, que les nains. Le pommier greffé sur paradis est toujours nain, quoyqu'il soit planté dans une terre grasse et humide. Pour connoître si un pommier est greffé sur paradis, il n'y a qu'à plier ses racines, qui se cassent comme un navet. Quand on plante cet arbre il faut que la greffe soit de deux pouces au-dessus de la superficie de la terre, parce qu'il est très-sujet à prendre racine du franc, ce qui luy fait pousser des jets du sauvageon, et presque point de la greffe. » (T. I, pp. 197-198.)

Ce même auteur indiquait également d'excellents procédés pour conduire à bonne maturité les pommes venues sur des arbres plantés en terre humide et grasse, puis pour leur faire acquérir un beau coloris. Mais ayant déjà reproduit, à propos des poires, ces conseils d'Angran de Rueneuve, je renvoie le lecteur au volume qui les renferme (t. Ier, p. 59).

Enfin Duhamel, académicien très-connu par ses nombreux ouvrages agronomiques et scientifiques, en 1768 publia son *Traité des arbres fruitiers*, dans lequel parut une méthode de cultiver le pommier, qui pour être trop abrégée n'offrit pas moins l'ensemble des meilleurs préceptes alors enseignés. Je la transcris donc, sa lecture prouvera, d'ailleurs, que les quelques innovations ou réformes arboricoles particulières au xviiie siècle, à cette date étaient passées dans la pratique :

« Les semences — écrivait Duhamel — sont un moyen très-incertain [il eût pu dire : *complètement incertain*] de multiplier les bonnes espèces de pommiers. Elles se conservent et se perpétuent par la greffe en fente, en écusson, en couronne.

« Le pommier se greffe : 1° Sur franc, c'est-à-dire sur des sujets élevés de semences dans les pépinières, ou de drageons du pied des vieux pommiers des vergers et des forêts. Ces sujets produisent des arbres propres pour les vergers et les grands plein-vent ; — 2° Sur le pommier de Doucin, qui forme des arbres de moyenne grandeur, propres pour le buisson, l'espalier et le demi-plein-vent ; lorsque le terrein plaît au Doucin, ils deviennent presqu'aussi forts que sur le franc. Il se multiplie par les marcotes et les drageons ; — 3° Les pommiers greffés sur le pommier nain de Paradis, forment des palissades basses ou de très-petits buissons qui s'élèvent à peine à trois pieds. Ils donnent du fruit plus promptement, plus abondant à proportion, et beaucoup plus gros, que sur franc ou sur Doucin. Cet arbrisseau se propage par les marcotes, les drageons enracinés et les boutures. Pendant les premières années après la plantation des pommiers greffés sur Doucin et sur Paradis, il sort du pied des sujets beaucoup de rejets qui peuvent servir à les multiplier, mais qui fatiguent l'arbre, si l'on n'a soin de les éclater.

« Un terrein gras, profond, un peu humide, est celui qui convient le mieux au pommier. Il s'accommode de tout autre, même d'un terrein glaiseux. Mais il réussit médiocrement dans les terres seches, et ne vit pas long-temps dans celles qui ont peu de profondeur. Le Paradis veut une terre meuble et douce ; ses foibles racines ne pouvant s'étendre dans une terre compacte, il y périt en peu de temps ou ne fait qu'y languir.

« On plante peu de pommiers en espalier, à moins qu'on ne veuille couvrir des murs à l'exposition du nord. On les élève, dans les potagers, en buisson, en éventail, en contre-espalier, et ils se taillent suivant les règles générales, mais un peu plus long que la plupart des autres arbres fruitiers. Quant à ceux qui sont en plein vent, donner quelques labours au pied, — détruire les parasites, le gui et la mousse, qui les fatiguent, — retrancher le bois mort, — les décharger des brindilles et des branches languissantes, qui les rendent trop confus, étiolent les bonnes branches et nuisent à leur fécondité, — soutenir leurs branches lorsqu'elles courent risque de rompre sous le poids des fruits, — ce sont tous les soins qu'ils exigent. » (T. I, pp. 319-320.)

Duhamel mourut en 1782 ; de son époque à la nôtre les pommiers furent encore l'objet d'études sérieuses qui permirent d'améliorer leur culture ou de varier leur emploi. Dans l'Ile-de-France, notamment, on s'ingénia par une taille appropriée à les rendre capables d'orner, comme le poirier, des allées de jardin et même des avenues d'habitation. Mais cette dernière mode n'eut pas un grand succès, Buc'hoz la signalait en 1800, et ne put, avec raison, s'empêcher de la critiquer :

« Les pommiers — disait-il — ne sauraient point faire de belles avenues, parce que leurs branches pendent fort bas et interrompent le passage ; il y en a néanmoins beaucoup aux environs de Paris, surtout du côté de Dammartin, qu'on a plantés en forme d'avenues. » (*Traité de la culture des arbres et arbustes qu'on peut élever dans la République et qui peuvent passer l'hiver en plein air*, t. III, p. 54.)

Ce fut aussi vers la fin du xviiie siècle qu'apparurent dans les bosquets des jardins et des parcs, pour y produire le plus agréable effet, les pommiers à fleurs doubles, et qu'également on voulut voir mûrir les pommes sur des arbres formés en pyramide, en vase ou en gobelet.

Quant aux semis de pommier, je l'ai dit ci-dessus (p. 33), chez nous on s'y livre peu, ce qui n'est pas un tort. Depuis une cinquantaine d'années, cependant, quelques variétés de choix y ont été gagnées ; je décris dans ce *Dictionnaire* les plus méritantes.

En dehors du Franc, du Paradis et du Doucin, porte-greffes naturels du pommier, des expériences assez récentes ont montré qu'on pouvait aussi, pour ce même rôle, utiliser les *Malus Baccata, Coronaria, Hybrida, Microcarpa, Sempervirens* et *Spectabilis*, espèces ornementales propres à former des arbres nains ou de moyenne hauteur ; mais, cela s'entend, pareilles multiplications ne sauraient être que jeux d'amateurs et non travaux de pépiniéristes.

Une autre conquête toute moderne, et bien faite pour donner place aux pommes dans les plus petits jardins, me reste encore à signaler. C'est la culture, en cordon, du pommier nain sur paradis. Elle remonte environ à 1845 et doit son succès à mon éminent confrère Jean-Laurent Jamin, de Bourg-la-Reine, près Paris. Il en fut le zélé promoteur et reconnut vite les avantages qu'elle offrait : peu de terrain à sacrifier, augmentation de fertilité par une taille raisonnée, accroissement du volume des fruits, conduite facile des arbres, et possibilité de planter partout ces nains charmants, sans redouter qu'ils nuisent à leur entourage.

Telles sont, outre certains procédés nouveaux du ressort de la taille, les principales améliorations qui de 1768 à 1873 ont eu lieu dans la culture du pommier. Maintenant, arrêtons-nous ; parler plus longtemps de cette dernière, serait sortir de mon sujet, empiéter sur le domaine de nos professeurs d'arboriculture. Les ouvrages si complets de MM. du Breuil (1), Forney (2), Gressent (3), peuvent, entr'autres, instruire quiconque veut cultiver des arbres fruitiers. Que les intéressés s'adressent donc à ces habiles spécialistes.

Quant à moi, je clos ce paragraphe en rappelant que poires et pommes se *récoltent* et *conservent* de même façon ; d'où suit qu'ayant très-amplement traité ces deux points dans l'histoire du poirier, je n'ai plus à m'en occuper ici. (Voir tome Ier, chapitre iv, pages 77-78.)

---

(1) *Cours théorique et pratique d'arboriculture* ; 5e édition, 2 vol. in-12 ; Paris, 1861.
(2) *Le Jardinier fruitier* ; 2 vol. in-8° ; Paris, 1862-63.
(3) *L'Arboriculture fruitière* ; 4e édition, 1 vol. in-12 ; Paris, 1869.

III

USAGES, PROPRIÉTÉS DU FRUIT ET DU BOIS.

§ Ier. — FRUIT.

Dans le recueil d'aphorismes médicaux qu'il composa vers 1110, sous le titre *Medicina Salernita*, Jean de Milan donnait aux amateurs de pommes, avec cette crudité d'expressions que comporte la langue latine, un charitable avis dont la traduction, même affaiblie, ne saurait paraître ici. Il regardait ce fruit comme un poison..... L'opinion des docteurs de l'Université de Salerne ne fut donc pas très-favorable aux produits du pommier.

Il est avéré, cependant, qu'au moyen âge les pommes douces jouissaient en France d'une certaine renommée, et comme fruits à couteau, et comme fruits possédant diverses propriétés médicamenteuses. J'en trouve la preuve dans *le Grant Herbier en françoys*, ouvrage des plus rares remontant à 1500 :

« Les *pommes douces* — y lit-on — sont ventueuses ; celles qui sont aucunement de froide saveur, sont meileures pour menger ; et doit-on donner, à ceulx qui ont fievre, crues et cuytes après leur viande ; mais elles leur valent mieulx cuytes, que crues. Pour ceulx qui yssent (1) de maladie, qui ont mauvaise digestion à cause de froidure d'estomac, soient données en ceste manière : soient fendues en deux et soient ostez les pepins de dedans, et toutes les escorces où ilz sont, et soit, au meilleu (2), fait une concavité ou trou, emply de pouldre de noix muguete (3) et de cloux de girofle et de folium (4) ; et aucunes fois y soit mis seulement la pouldre de canelle et de gingembre, et de poivre, puis soit mise au feu rostir, et soit donné au malade, et profitera grandement. » (Feuillet lxxi, recto.)

Mais si jadis beaucoup de médecins classèrent les pommes parmi les aliments

---

(1) Qui sortent. — (2) Au milieu. — (3) Muscade. — (4) Polium, et non folium, comme porte fautivement le texte. Le Polium est une plante odoriférante, appelée aussi Teuthris.

dangereux, d'autres, au contraire, en recommandèrent chaleureusement l'usage. Au xvii siècle le docteur Venette, par exemple, les réhabilita de belle façon. Arboriculteur émérite il ne put, de sang-froid, supporter qu'on attaquât ainsi ce fruit, qu'il cultivait avec amour dans son jardin de la Rochelle et mettait presque au niveau de la poire. C'est pourquoi profitant, en 1683, de la publication de son *Art de tailler les arbres fruitiers*, Venette y joignit un *Traité de l'usage des fruits*, où la pomme fut vengée de ses détracteurs :

« J'avouë — déclare-t-il en cet opuscule — que les pommes ont été longtemps méprisées, et qu'en Arabie on les a même accusées de contribuer à la phthisie et au dessèchement de tout le corps. On a dit aussi qu'elles causoient des foiblesses aux jointures, et que par consequent elles augmentoient la goutte et les autres fluxions ; qu'elles engendroient des vers dans les boyaux, et qu'enfin elles faisoient des vertiges... Si l'on a parlé de la sorte, ç'a esté parce qu'on ne connoissoit pas bien les pommes... ou qu'on en a jugé par les mauvais succez de ceux qui en ont abusé... car les Arabes n'avoient que des pommes sauvages, acerbes et fort desagreables au goût.

« Au contraire, les pommes douces et sucrées, odoriferantes et fermes, réjouyssent le cœur et temperent l'excès de son feu ; elles corrigent la bile du foye ; elles détrempent le sang qui est trop épais et trop grossier ; en un mot elles rafraîchissent et humectent les visceres échauffées. De plus, quoy que l'on dise, elles s'opposent au dessèchement du corps et à la phthisie, et l'on ne voit que fort peu de ces sortes de maux là où le cidre est commun, car cette boisson est amie de la poitrine..... et débouche les entrailles.....

« On doit toutefois en user avec précaution, c'est-à-dire qu'on les doit manger après le repas, parce qu'elles sont pesantes et difficiles à digerer ; qu'on doit les deffendre aux vieilles gens, à moins qu'ils ne se sentent échauffez, ou qu'on ne les apprête, comme les poires, avec la cassonnade, la canelle et l'eau ; et qu'enfin on doit boire un peu de bon vin pur après les avoir mangées...

« Dans les maladies qui sont accompagnées d'une chaleur et d'une soif considérables, elles sont d'un grand secours, si l'on en mange un peu de cruë ou de cuite, ou qu'on en mette dans de l'eau ; et je m'étonne qu'on se donne tant de peine à chercher des oranges et des citrons pour nos malades, quand on a une pomme de Courtpendu ou une Reinette d'Espagne...

« Après tout les pommes ne nous profitent pas seulement en les prenant par la bouche, elles sont encore un souverain remede pour les ardeurs du cœur et pour les chaleurs d'estomach, si on les applique par dehors : car si l'on fait un cataplasme de pommes cuites et qu'on l'applique chaudement ou sur la region du cœur ou sur la fosse de l'estomach, peut-être ne sçauroit-on trouver d'épithème plus souverain... L'experience aussi nous a montré que la chair d'une pomme cuite mise chaudement sur des yeux rouges et enflammez, estoit presque l'unique remede à ce mal. »

A la fin du xvii siècle telle était donc, sur ce fruit, l'opinion pomologique et médicale d'un docteur fort estimé ; opinion que depuis ont confirmée plusieurs médecins distingués. Aujourd'hui, si Nicolas Venette vivait encore, certes sa joie serait extrême en voyant quelle fabuleuse consommation de pommes est annuellement faite chez nous ; ce qui témoigne bien qu'on les y croit douées d'une véritable innocuité.

En 1862 et 1864 M. Baptiste Desportes, directeur de la partie commerciale de mes pépinières, voulut connaître l'importance des expéditions de poires et de pommes, dans une ville célèbre entre toutes par son arboriculture fruitière. Pour lors il dressa, d'après les registres mêmes de la gare d'Angers, la longue et curieuse statistique dont j'ai déjà publié quelques pages en mon histoire du

Poirier (t. Ier, pp. 66-67), et qu'ici je complète par la reproduction des passages relatifs aux pommes :

État des Pommes chargées à la gare d'Angers en 1861-1862.

MOIS :	PETITE VITESSE :	TOTAUX :
1861. Octobre....................	329,090 kil.	
— Novembre..................	513,172	
— Décembre.................	289,042	
1862. Janvier	223,928	1,755,394 kil.
— Février....................	130,717	
— Mars......................	217,490	
— Avril.....................	51,955	

« D'après ce tableau — dit M. B. Desportes — on voit que les pommes ne prennent que la petite vitesse, le prix de vente à destination ne leur permettant pas de payer — comme les poires — les prix élevés de la grande vitesse... Leur exportation est surtout considérable en novembre ; elle monte à 513,172 kilogrammes, soit, en moyenne, 17,105 kilogr. par jour ; et quelques journées se sont élevées à 35,000, à 37,000, à 40,000 kilogrammes... C'est donc un total de 1,755,394 kil. de pommes qui ont été chargées à la seule gare d'Angers ! Bien que nous n'ayons pas les chiffres officiels des chargements de même nature faits dans les autres gares de notre département, principalement dans celles de Chalonnes à Saumur, les gens compétents du chemin de fer ne les estiment pas à moins de 1,500,000 kil. Mais outre les pommes chargées au chemin de fer, on estime encore à près de 2,000,000 de kilogr. celles chargées en bateau dans les différents petits ports de nos rivières. Alors plus de 5,000,000 de kil. de pommes sont sortis cette année de notre département ; et toutes, à peu d'exceptions près, ont pris la direction de Paris..... Elles ont été payées, en moyenne, au cultivateur, 1 fr. 25 c. le double-décalitre ; ce qui donne pour les 384,615 doubles-décalitres que représentent, en moyenne également, ces 5,000,000 de kil. de pommes, une somme de 480,768 fr. 75 c.... ; assez beau revenu pour encourager encore, dans nos contrées, à se livrer à la culture du pommier. » (*Fruits et légumes angevins. Statistique*; édition de 1864, pp. 3, 5, 6 et 7.)

Les chiffres produits par M. Desportes dans sa *Statistique*, sont vraiment surprenants et le fussent devenus beaucoup plus, s'il m'eût été possible d'y joindre ceux, de même nature, que j'avais espéré pouvoir obtenir sur la Touraine, la Normandie, la Picardie et la Bretagne, régions où le pommier abonde. C'est alors qu'on aurait mieux constaté pour quelle large part la pomme entre maintenant dans la nourriture des classes pauvres, et, comme adjuvant recherché, dans celle des classes riches.

Mais comment s'étonner d'une telle consommation, quand on sait combien sont nombreuses les propriétés économiques de ce fruit ?..... Cuisiniers, confiseurs, pâtissiers, distillateurs, fabricants de conserves, pharmaciens, ménagères, etc., les utilisent journellement, soit pour gelées, marmelades, charlottes, pâtés, tartes, compotes, sirops, beignets, pâtes sèches, salades ; — soit pour en tirer une excellente eau-de-vie, ou du vinaigre ou quelque médicament ; — ou bien pour fabriquer, en les coupant par rouelles et les desséchant au four, une espèce de cidre fort connue par son bon marché. — Enfin dès le mois de novembre, même avec celles piquées des vers, on fait certaines confitures, appelées Pommée, trèsprécieuses dans les ménages pauvres, en ce qu'il n'est pas besoin de les sucrer et qu'elles se conservent un an lorsqu'on les aromatise avec la canelle ou le coing.

Voilà, sommairement définis, les principaux rôles joués de notre temps, par les pommes A Couteau, dans le commerce et l'alimentation. Présentement, j'aurais encore à parler des pommes A Cidre, si mon *Dictionnaire* n'était pas uniquement consacré aux fruits de table. Mais je ne puis, même avec autant de concision que je l'ai fait pour les poiriers à cidre (t. Ier, pp. 68-70), m'occuper des pommes de pressoir, vu leurs milliers de variétés et de synonymes. Là, n'étant plus sur un terrain connu, des guides me deviendraient indispensables, et je préfère laisser autrui les consulter (1).

§ II. — BOIS.

Moins estimé que le bois du poirier, le bois du pommier est cependant bien recherché, surtout celui du *Malus silvestris*, qui l'emporte en dureté, en compacité sur celui du pommier greffé. Aussi convient-il beaucoup pour le chauffage et fait-il un charbon de première qualité. C'est lui qu'habituellement les ouvriers choisissent quand leurs outils ont besoin d'un manche ou d'une monture.

Le bois des pommiers se voile et se fendille. Il est lourd, doux, luisant, de couleur grise et d'un grain assez fin. Comme on le travaille aisément, son emploi devient chaque jour plus fréquent, plus varié. Ainsi :

Les ébénistes, les tourneurs, les menuisiers le font entrer, soit seul, soit comme auxiliaire, dans la fabrication des meubles ;

Les charpentiers le mettent au-dessus de tous autres pour la bonne exécution de certaines pièces des moulins ;

Les luthiers l'utilisent également ;

Les graveurs, tout en lui préférant le poirier, l'ont néanmoins adopté pour la confection des planches servant à l'impression des indiennes ;

Les vis de pressoir sont faites uniquement de ce bois ;

Enfin son écorce a été recommandée aux teinturiers, comme offrant une nuance jaune-serin très-solide, peu coûteuse et de facile gradation.

(1) Voici, depuis le commencement du siècle, quels ont été les meilleurs ouvrages sur les pommiers A cidre :

1804, Louis du Bois, *du Pommier, du Poirier et du Cormier*, 2 vol. in-12.

1817, Renault, *Notice sur la nature et la culture du Pommier*, 1 vol. in-8°.

1821, Piérard, *Mémoire sur la culture des arbres à cidre dans un pays où elle n'est pas encore connue*, brochure in-8°.

1829, Odolant-Desnos, *Traité de la culture des Pommiers et Poiriers, et de la fabrication du cidre et du poiré*, 1 vol. in-8°.

1841, De Brébisson, *des Diverses espèces de pommiers à cidre cultivées en Normandie* ; travail inséré dans l'*Annuaire* des cinq départements de l'ancienne Normandie, 1 vol. in-8°, pp. 101 à 121.

1861, A. du Breuil, *Cours théorique et pratique d'arboriculture*, 2 vol. in-12 (voir le t. II, pp. 473 à 518).

1863, *Bulletin de la Société centrale d'Horticulture de la Seine-Inférieure*, t. II de la *Pomologie*, cahier n° 4, in-8°.

1864-1871, *Congrès pour l'étude des fruits à cidre ; Procès-Verbaux*, 1 vol. in-8°.

1873, L. de Boutteville et A. Hauchecorne, *Supplément aux Procès-Verbaux du Congrès pour l'étude des fruits à cidre*, brochure in-8°.

IV

DESCRIPTION ET HISTOIRE

DES VARIÉTÉS DU POMMIER.

POMMES

NOTA. — **En lisant nos descriptions d'arbres, on devra toujours se rappeler qu'elles sont faites dans la pépinière, et sur des sujets de deux ou trois ans de greffe.**

A

Pommes AAGT, AAGT D'ANGLETERRE et de HOLLANDE. — Synonymes de pomme *Friandise*. Voir ce nom.

Pomme ABE LINCOLN. — Synonyme de pomme *d'Astracan rouge*. Voir ce nom.

Pomme D'ADAM. — Selon le texte biblique, notre premier père mangea la première pomme; placer en tête de ce chapitre une étude sur le pommier dédié à Adam, eût donc été assez piquant. Malheureusement je n'ai pu retrouver cette variété, signalée en 1670 par le moine Claude Saint-Étienne. Il la cite page 211 de sa *Nouvelle instruction pour connaître les bons fruits*, se bornant à dire qu'elle mûrissait fin décembre. Les Allemands la possédèrent beaucoup plus tôt. Michel Knab, un de leurs pomologues, l'avait ainsi caractérisée un demi-siècle auparavant (1620) : « Fruit gros, rouge, et rouge carné. » (*Hortipomolegium*, p. 106.) Depuis, notamment en 1776 et 1805, on a fait revivre ce nom d'Adam, mais en l'appliquant sans aucune justification à des variétés dont il sera parlé plus loin, et qui certes n'en avaient nul besoin, vu le nombre de leurs synonymes. Parmi les pommes à cidre il existe en Normandie, de toute antiquité, deux espèces portant cette dénomination : le Gros-Adam blanc hâtif, puis l'Adam, mûrissant tardivement. Si cette dernière n'était pas cultivée spécialement pour le pressoir, peut-être pourrait-on la supposer identique avec celle décrite par Michel Knab. Une telle conjecture, cependant, deviendrait improbable, car les horticulteurs normands n'ont jamais placé ce pommier au rang des sujets dont les produits sont dits à couteau. J'ajouterai que souvent, en pépinière, on a vendu le pommier Baccata, espèce ornementale à petits fruits non comestibles, sous le pseudonyme Pommier d'Adam, également donné, dès le XVIe siècle, à l'oranger Balotin; ce qui n'a pas été sans amener quelques méprises.

Pomme d'ADAM D'AUTOMNE. — Synonyme de pomme *Figue*. Voir ce nom.

Pomme d'ADAM D'HIVER. — Synonyme de pomme *Rouge de Stettin*. Voir ce nom.

---

1. Pomme ADAMS PEARMAIN.

Synonymes. — *Pommes* : 1. Norfolk Pippin (George Lindley, *Guide to the orchard and kitchen garden*, p. 60, n° 115). — 2. Matchless (Charles Downing, *the Fruits and fruit trees of America*, 1869, p. 73).

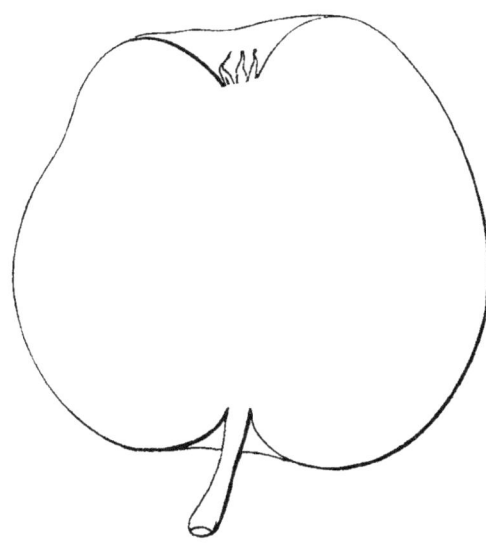

Description de l'arbre. — *Bois* : assez fort. — *Rameaux* : très-nombreux, généralement bien érigés, longs, un peu grêles, sensiblement coudés, des plus duveteux et rouge-brun ardoisé. — *Lenticelles* : arrondies, grandes, toujours abondantes. — *Coussinets* : saillants. — *Yeux* : très-petits, arrondis, plats, excessivement cotonneux et complétement collés contre l'écorce. — *Feuilles* : petites ou moyennes, ovales, courtement acuminées, finement crénelées sur leurs bords. — *Pétiole* : court, profondément cannelé, tenant, quoique grêle, la feuille parfaitement érigée. — *Stipules* : habituellement peu développées.

Fertilité. — Grande et soutenue.

Culture. — Doué d'une vigueur convenable il prospère bien en plein-vent, mais les formes buisson ou cordon lui seront toujours plus avantageuses.

Description du fruit. — *Grosseur* : moyenne et parfois plus volumineuse. — *Forme* : conique-obtuse. — *Pédoncule* : généralement assez long et assez grêle, implanté dans un large évasement de profondeur variable. — *Œil* : moyen et mi-clos, à cavité prononcée, fort régulière et légèrement plissée. — *Peau* : quelque peu rugueuse, jaune verdâtre du côté de l'ombre, amplement lavée et striée de carmin terne sur la face exposée au soleil, semée de très-grands et nombreux points bruns, sur le jaune, blanc-gris sur le rouge, puis marbrée de roux grisâtre, surtout autour du pédoncule. — *Chair* : jaunâtre, fine, croquante. —

Eau : suffisante, très-sucrée, acidulée, possédant un parfum exquis rappelant celui de la violette.

Maturité. — Novembre-Mars.

Qualité. — Première.

Historique. — Cette pomme anglaise, dont le gain remonte seulement aux premières années de notre siècle, provient du comté de Norfolk. Le pomologue allemand Dittrich, qui la décrivit en 1841 (*Systematisches Handbuch der Obstkunde*, t. III, pp. 51-52), nous apprend que l'obtenteur, sir Robert Adams, l'appela d'abord Norfolk pippin; mais plus tard ce nom disparut sous celui du personnage auquel on doit un aussi précieux pommier. J'ai reçu d'Angleterre, en 1847, l'Adams pearmain et l'ai signalé dans mon *Catalogue de 1849* (p. 32, n° 112). Jusqu'alors il était resté, croyons-nous, inconnu de nos pépiniéristes.

Observations. — Les fruits de cette variété sont non-seulement classés parmi les meilleurs à couteau, mais encore fort estimés pour donner au cidre de la délicatesse et de la transparence; il s'ensuit donc qu'on ne saurait trop propager l'arbre qui les produit.

Pomme ADMIRABLE BLANCHE. — Synonyme de *Calleville blanc d'Hiver.* Voir ce nom.

---

2. Pomme ADMIRABLE DE KEW.

Synonymes. — *Pommes :* 1. Kew's Admirable (Diel, *Vorz. Kernobstsorten*, 1828, p. 83). — 2. Köstlicher von Kew (*Id. ibid.*). — 3. Gold von Kew (*Id. ibid.*, 1832, p. 68). — 4. Pippin Kew (*Id. ibid.*). — 5. Dorée de Kew (Mas, *le Verger*, 1868, t. IV, Pommes tardives, n° 43).

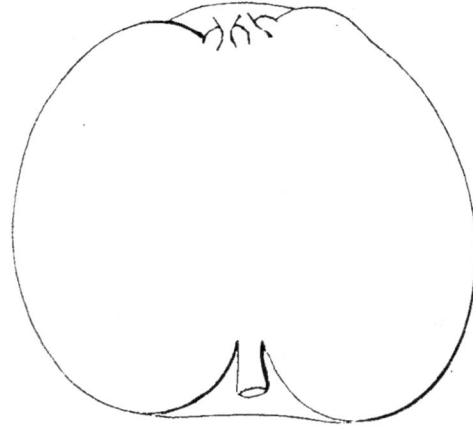

Description de l'arbre. — *Bois :* assez faible. — *Rameaux :* érigés, courts, de moyenne grosseur, à peine géniculés, cotonneux et brun olivâtre lavé de rouge terne. — *Lenticelles :* arrondies, fines et nombreuses. — *Coussinets :* à peine saillants. — *Yeux :* très-petits, sphériques, légèrement duveteux, noyés dans l'écorce. — *Feuilles :* petites, ovales ou arrondies, courtement acuminées, planes, ayant les bords régulièrement dentés ou crénelés. — *Pétiole :* gros, sensiblement cannelé, roide et peu long. — *Stipules :* courtes, mais à large base.

Fertilité. — Convenable.

Culture. — Sa croissance est lente; il faut le greffer sur doucin, lui donner la forme cordon, plutôt que buisson, et surtout n'en pas faire une haute-tige, si l'on veut qu'il puisse prospérer.

Description du fruit. — *Grosseur :* au-dessous de la moyenne. — *Forme :* régulièrement ovoïde-arrondie, toujours un peu plus large que haute. — *Pédoncule :* peu long, bien nourri, inséré dans une profonde cavité dont les bords sont unis et très-évasés. — *Œil :* grand ou très-grand, mi-clos ou fermé, faiblement enfoncé, à sépales presque nulles. — *Peau :* lisse et mince, d'un jaune clair blanchâtre qui, vers la maturité, passe au jaune d'or ; elle est en outre quelque peu maculée de fauve autour du pédoncule, puis uniformément semée de larges et abondants points bruns, souvent en étoile et cerclés de gris. — *Chair :* blanche, fine ou mi-fine, tendre, habituellement veinée de jaune verdâtre auprès des loges. — *Eau :* suffisante, bien sucrée, agréablement acidulée et parfumée.

Maturité. — Octobre-Février.

Qualité. — Première.

Historique. — C'est aux Allemands que je dois, depuis trois ans déjà, la possession du fruit ici décrit. On peut dire qu'ils en ont été les vrais propagateurs, et cependant il ne provient pas de leurs semis. Selon Diel, il est originaire de la Grande-Bretagne : « J'ai reçu — écrivait cet auteur en 1823 — des greffes de « l'Admirable de Kew par l'intermédiaire de mon ami Goedecke, qui me les apporta « de Londres en 1811, et peut-être cette espèce a-t-elle été gagnée près ladite « capitale, dans le célèbre jardin de Kew. » (*Vorz. Kernobstsorten*, 1823, p. 83.) La conjecture émise par Diel semble assez probable ; je croyais pouvoir la confirmer à l'aide des pomologues anglais, mais ni Lindley (1831) ni Hogg (1866) ne mentionnent la variété ainsi répandue par Diel. Thompson seul, en 1842, l'inscrivit sous le n° 381 du Catalogue descriptif des fruits cultivés dans le jardin de la Société d'Horticulture de Londres (page 22), sans toutefois donner sur elle le moindre renseignement, ce qui prouve qu'alors il n'avait encore pu l'étudier.

Observations. — Diel et d'après lui Dittrich, son compatriote, décrivent cette pomme sous deux noms différents, *Kew's Admirable* et *Pippin Kew*, qu'ils donnent comme étant ceux de variétés distinctes. Pour moi, ces noms s'appliquent à un seul et même fruit. Cela est si positif, que les descriptions faites par lesdits pomologues allemands, de ces deux variétés, semblent copiées l'une sur l'autre.

Pomme ÆSOPUS SPITZEMBERG. — Synonyme de pomme *Æsopus Spitzenburgh*. Voir ce nom.

---

3. Pomme ÆSOPUS SPITZENBURGH.

Synonymes. — *Pommes :* 1. Æsopus Spitzemberg (George Lindley, *Guide to the orchard and kitchen garden*, 1831, p. 61, n° 116). — 2. True Spitzenburgh (A. J. Downing, *the Fruits and fruit trees of America*, 1849, p. 138, n° 161).

Description de l'arbre. — *Bois :* très-fort. — *Rameaux :* nombreux, érigés, des plus gros et des plus longs, excessivement coudés, bien duveteux, d'un brun olivâtre lavé de rouge terne. — *Lenticelles :* allongées, assez petites, très-abondantes. — *Coussinets :* sensiblement ressortis. — *Yeux :* de moyenne grosseur, arrondis, cotonneux, collés entièrement contre l'écorce. — *Feuilles :* grandes, ovales, longuement acuminées, à bords profondément dentés. — *Pétiole :* bien nourri, assez long, roide, rosé, à large cannelure. — *Stipules :* fortement développées et souvent denticulées.

Pomme Æsopus Spitzenburgh.

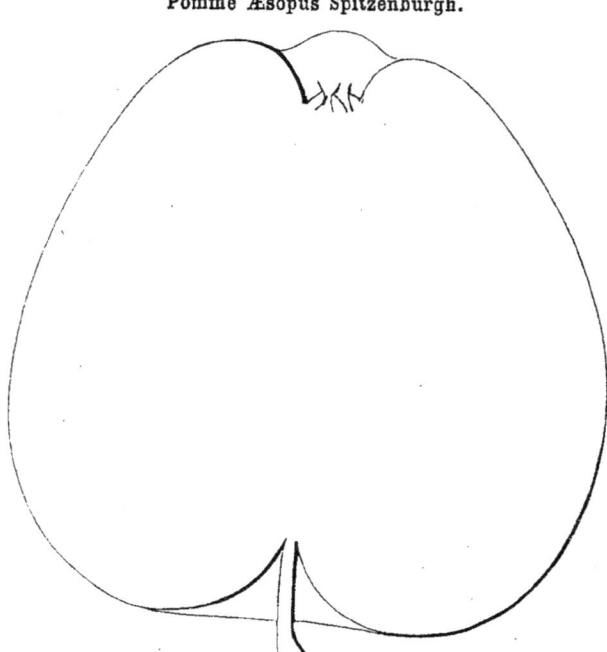

FERTILITÉ. — Ordinaire.

CULTURE. — Au cours de ses deux ou trois premières années, cet arbre pousse parfaitement, mais ensuite sa vigueur diminue beaucoup trop pour qu'il soit possible d'en faire un plein-vent; le gobelet, le cordon, l'espalier, sont les formes qui lui conviennent.

Description du fruit. — *Grosseur :* volumineuse. — *Forme :* conique-allongée, légèrement pentagone et ventrue. — *Pédoncule :* de longueur moyenne, généralement assez grêle et toujours profondément inséré. — *Œil :* grand, mi-clos ou fermé, faiblement cotonneux, à cavité étroite, mais creuse et très-plissée. — *Peau :* unie, jaune sale, presque entièrement marbrée de rouge-brun clair, striée et rubannée de carmin foncé, parsemée de larges points gris ou bruns et quelque peu maculée de fauve squammeux autour du pédoncule. — *Chair :* blanche, peu compacte, des plus tendres. — *Eau :* rarement abondante, sucrée, dépourvue d'acidité mais assez délicatement parfumée.

MATURITÉ — Octobre-Février.

QUALITÉ. — Deuxième.

Historique. — D'Amérique, où il fut obtenu vers 1810, ce pommier passa chez les Anglais avant 1819, car le 15 novembre 1822 sir George Caswall, qui le cultivait dans son domaine de Sacombe Park, en présentait des fruits à la Société horticole de Londres (voir les *Transactions*, t. V, p. 401). De là il se répandit en France, et je constate par mon *Catalogue de 1848* qu'alors on l'y considérait encore comme une nouveauté (p. 20). Dans ses *Fruits and fruit trees of America*, A. J. Downing écrivait en 1849 : « Cette variété, native d'Æsopus, contrée excessi-
« vement favorable à la culture du pommier, y possède généralement, ainsi que par
« tout l'état de New-York, le renom d'une espèce des plus méritantes, et surtout
« comme arbre de verger. » Nous complétons ces renseignements en disant qu'Æsopus, petite localité du district de Spitzenburgh, est située sur l'Hudson, entre la ville de ce nom et celle d'Albany. Ainsi cette pomme tire uniquement sa dénomination des lieux dont elle est sortie.

Observations. — Il ne faut pas confondre l'Æsopus Spitzenburgh avec les variétés suivantes : Spitzenberg blanc, Spitzenbourgh rouge, Kaighn's Spitzenburgh,

Spitzenburgh Flushing et Spitzenberg Newtown, ces divers pommiers n'ont en effet qu'un simple rapport de nom avec celui décrit dans le présent article. — Le baron de Biedenfeld assurait en 1852, page 87 du *Handbuch aller bekannten Obstsorten*, « que l'Æsopus Spitzenburgh était une espèce trop délicate pour l'Angleterre, où « elle ne réussissait qu'au mur, en espalier; » si dans les jardins français on la voit un peu plus rustique, il est néanmoins certain qu'elle y a perdu bon nombre des qualités qui la rendent si chère aux Américains.

4. Pomme AGA.

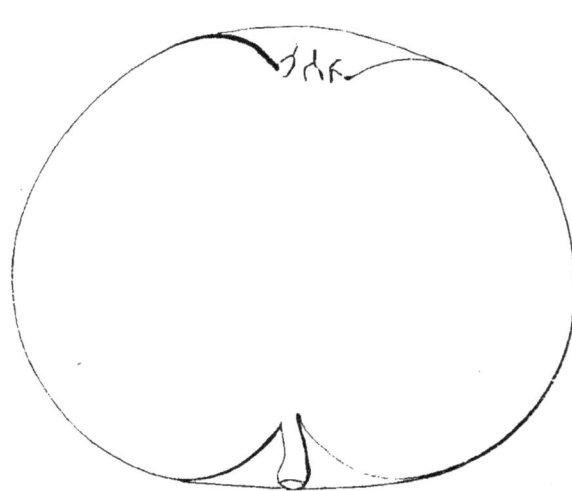

Description de l'arbre. — *Bois :* de force moyenne. — *Rameaux :* nombreux, courts, étalés, peu coudés, cotonneux, brun-clair violacé, légèrement cendrés à la base et ayant de longs mérithalles. — *Lenticelles :* abondantes, généralement allongées, mais quelques-unes arrondies. — *Coussinets :* faiblement accusés. — *Yeux :* presque appliqués contre le bois, moyens ou petits, coniques, pointus, aplatis et duveteux, aux écailles brunes et disjointes. — *Feuilles :* rarement abondantes, moyennes, ovales-arrondies, acuminées, souvent canaliculées, vert pâle, minces, rugueuses et très-finement denticulées en scie. — *Pétiole :* de longueur et de grosseur moyennes, très-roide, fortement carminé en dessous. — *Stipules :* courtes et en forme d'alêne.

Fertilité. — Satisfaisante.

Culture. — Il est d'une vigueur modérée et d'un bon emploi pour cordons et buissons.

Description du fruit. — *Grosseur :* moyenne. — *Forme :* globuleuse assez régulière. — *Pédoncule :* peu fort et peu long, inséré dans un évasement assez considérable. — *Œil :* grand, fermé, ayant la cavité finement plissée, large, rarement profonde. — *Peau :* unie, mince, à fond jaune sale, amplement lavée et marbrée de rouge-brun clair, sur lequel se détachent quelques points blancs qui passent au fauve sur le côté de l'ombre. — *Chair :* blanche, serrée, ferme, marcescente et très-croquante. — *Eau :* suffisante, acidulée, assez sucrée, mais dénuée de parfum.

Maturité. — Janvier-Mars.

Qualité. — Troisième.

Historique. — Le pommier Aga provient de Norwége; je l'ai reçu, en 1869, de l'obligeant docteur Lucas, inspecteur de l'Institut pomologique de Reutlingen (Wurtemberg). Antérieurement (1867) on m'en avait donné des fruits. Si cette pomme, ce que j'ignore, est excellente dans son pays natal, elle sera difficilement chez nous, où sa culture en pépinière n'a pas encore lieu, une variété recherchée. Elle porte le nom de son obtenteur, M. Johannes Aga, et sort d'un semis fait en 1847 dans la propriété que ce Norwégien possède sur les bords du golfe de Hardanger.

Observations. — Je possède aussi l'*Aga pourpre*, également venu d'Allemagne avec le pommier dont il est question dans cet article, et comme lui originaire de la Norwége. Toutefois je ne puis porter aucun jugement sur le mérite de ses produits; pour le faire, j'attends sa première fructification, qui ne saurait tarder. Quant à l'arbre, voici sa description :

AGA POURPRE. — *Bois :* fort. — *Rameaux :* nombreux, très-longs et très-gros, flexueux, cotonneux, brun clair violacé ou olivâtre, à mérithalles courts et réguliers. — *Lenticelles :* peu abondantes, gris-blanc, larges et arrondies. — *Coussinets :* presque nuls. — *Yeux :* moyens, ovoïdes, obtus, duveteux, noyés dans l'écorce ou légèrement écartés du bois. — *Feuilles :* de grandeur moyenne, nombreuses, ovales et fortement acuminées, rugueuses, vert jaunâtre, planes ou contournées, ayant les bords profondément dentés. — *Pétiole :* très-court, gros et roide, violacé ou carminé en dessous, particulièrement à son point d'attache. — *Stipules :* peu développées.

FERTILITÉ. — On la dit des plus convenables.

CULTURE. — Cet arbre pousse vite et bien, du moins dans ses deux premières années, ce qui, joint à sa remarquable ramification, fait croire qu'il formera un très-beau pommier haute-tige.

POMME ALABAMA PEARMAIN. — Synonyme de pomme *Mangum*. Voir ce nom.

POMME ALANT. — Synonyme de pomme *d'Aunée*. Voir ce nom.

POMMES : ALBERTIN,

— ALEXANDRE,

} Synonymes de pomme *Grand-Alexandre*. Voir ce nom.

---

5. POMME ALFRISTON.

Synonymes. — *Pommes :* 1. LORD GWYDYR'S NEWTOWN PIPPIN (Thompson, *Catalogue of fruits cultivated in the garden of the horticultural Society of London*, 1842, p. 4, n° 8). — 2. OLDAKER'S NEW (*Id. ibid.*). — 3. SHEPHERD'S SEEDLING (Robert Hogg, *the Fruit manual*, 1862, p. 1). — 4. SHEPHERD'S PIPPIN (Charles Downing, *the Fruits and fruit trees of America*, 1869, p. 74).

Description de l'arbre. — *Bois :* fort. — *Rameaux :* nombreux, érigés et très-gros, surtout au sommet de la tige, étalés et grêles à sa base, peu géniculés et des moins longs, brun verdâtre amplement lavé de rouge ardoisé que recouvre en partie un abondant duvet; leurs mérithalles sont excessivement courts. — *Lenticelles :* allongées, assez larges, très-abondantes. — *Coussinets :* ressortis. — *Yeux :* moyens, arrondis, fort cotonneux, entièrement appliqués contre le bois.

— *Feuilles* : de grandeur variable, ovales sensiblement allongées, souvent même elliptiques, vert clair en dessus, blanc verdâtre en dessous, à bords finement dentés ou crénelés. — *Pétiole* : habituellement assez long, épais et fortement cannelé. — *Stipules* : bien prononcées.

Fertilité. — Extrême.

Culture. — Croissance rapide; beaux arbres propres à toutes formes et d'un touffu remarquable.

Pomme Alfriston.

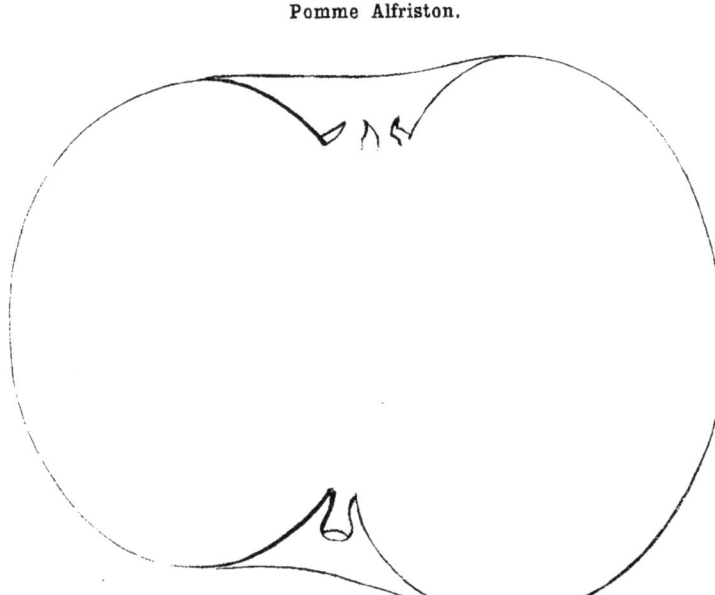

Description du fruit. — *Grosseur* : très-volumineuse. — *Forme* : sphérique, aplatie aux pôles et généralement moins renflée d'un côté que de l'autre. — *Pédoncule* : profondément inséré dans un évasement bien prononcé, il est court et fort, surtout au point d'attache, qui se termine en bourrelet. — *Œil* : grand, mi-clos ou complétement ouvert, à cavité régulière, vaste et assez profonde. — *Peau* : unie, jaune clair nuancé de vert et de gris, passant au brun pâle sur la face exposée au soleil, où elle porte quelques petits points roses; elle est en outre maculée de fauve squammeux vers l'œil ainsi qu'autour du pédoncule, puis parsemée du côté de l'ombre de nombreux points bruns, très-fins et cerclés de gris. — *Chair* : jaunâtre et assez tendre. — *Eau* : suffisante, fortement acidulée, faiblement sucrée.

Maturité. — Novembre-Mars.

Qualité. — Deuxième comme fruit à couteau, mais première pour la marmelade ou la simple cuisson.

Historique. — L'origine de cette volumineuse et jolie pomme, que nous devons à l'Angleterre, est ainsi précisée dans les *Transactions of the horticultural Society of London* :

« Vers la fin de l'automne 1819..... M. Charles Brooker, d'Alfriston, près Lewes, soumit à la Société une fort grosse pomme provenant de son jardin; elle pesait 23 onces 3/4 (740 grammes). C'était la plus belle que lui eût encore produit l'arbre, qu'il avait reçu d'Uckfield (comté de Sussex), des pépinières de M. Cameron. Regardant cette variété comme gagnée de semis, depuis quelques années seulement, par un M. Shepherd, des environs d'Uckfield, M. Cameron la multipliait sous le nom de l'obtenteur..... Mais la Société crut devoir substituer à ce nom, celui de Pomme Alfriston. » (Tome IV, pp. 203, 217 et 218.)

Avant 1848, époque où j'importai dans les pépinières angevines, ce pommier, il était inconnu de nos jardiniers, auxquels je le vendis jusqu'en 1854 sous le nom quelque peu défiguré d'*Alfristan*. Il n'en est pas dont les produits soient meilleurs pour la cuisson ni plus propres à l'ornement des corbeilles de dessert.

Observations. — Lorsque les Anglais commencèrent à propager cette variété, nombre de leurs horticulteurs lui trouvèrent de très-grands rapports avec la Reinette blanche d'Espagne, et plus tard avec le Newtown pippin ou Reinette du Canada. Il semble difficile qu'on ait gardé longtemps de pareils doutes, car l'Alfriston ne saurait être aisément prise, arbre et fruit, pour l'une ou l'autre de ces deux Reinettes. — C'est aussi par erreur que parfois on lui attribue les noms Reinette de Baltimore et Reinette de Newtown, écrivait assez récemment, dans le *British pomology*, le docteur Robert Hogg, bien connu chez nous par ses savantes études sur l'arboriculture fruitière.

Pomme ALLEMANDE. — Synonyme de pomme *d'Or d'Allemagne*. Voir ce nom.

---

6. Pomme des ALLEUDS.

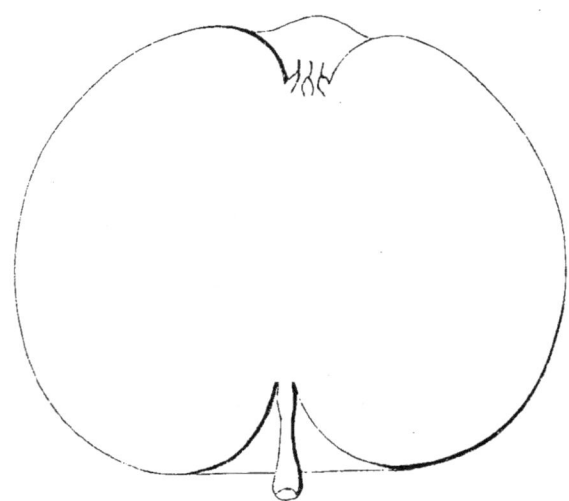

Description de l'arbre. — *Bois :* très-fort. — *Rameaux :* nombreux, longs et des plus gros, légèrement étalés, assez flexueux, brun clair olivâtre et bien cendré, à mérithalles excessivement courts. — *Lenticelles :* larges, arrondies, saillantes et assez abondantes. — *Coussinets :* peu développés. — *Yeux :* volumineux, ovoïdes, aplatis, faiblement cotonneux, complètement collés contre le bois. — *Feuilles :* grandes, ovales-arrondies, très-coriaces, courtement acuminées, planes ou canaliculées, ayant les bords dentés en scie. — *Pétiole :* court et bien nourri. — *Stipules :* de moyenne grandeur.

Fertilité. — Remarquable.

Culture. — Sa vigueur est extrême, aussi forme-t-il de magnifiques pleinvent à tête régulière et touffue. Il fait également de très-bons sujets pour la greffe des espèces à cidre et c'est lui que, de préférence à tout autre, nous élevons pour cet usage.

Description du fruit. — *Grosseur :* moyenne et parfois plus volumineuse. — *Forme :* arrondie, écrasée aux pôles, fortement pentagone. — *Pédoncule :* assez long, ou court, mince, profondément implanté dans une large cavité formant entonnoir. — *OEil :* grand, mi-clos, régulier, bien enfoncé, plissé sur ses bords. — *Peau :* jaune clair, ponctuée de fauve et maculée de brun-roux autour et à l'intérieur de l'évasement pédonculaire. — *Chair :* très-blanche, mais roussâtre sous la peau, fine, croquante et cependant presque fondante. — *Eau :* abondante, sucrée, savoureuse, acidulée, entachée parfois d'un arrière-goût légèrement herbacé.

Maturité. — Septembre-Novembre.

Qualité. — Deuxième.

Historique. — Ce pommier, qui provient de nos semis, porte le nom du village des Alleuds, situé près la petite ville de Brissac, et sur le territoire duquel je possède une assez vaste pépinière, succursale de mon établissement d'Angers. Le pied-type donna ses premiers fruits en 1860.

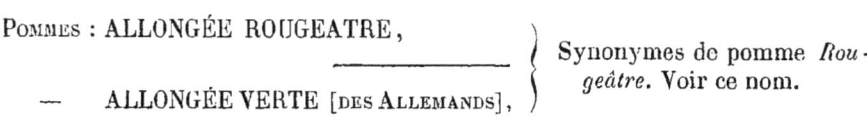

Pommes : ALLONGÉE ROUGEATRE,

— ALLONGÉE VERTE [des Allemands],

Synonymes de pomme *Rougeâtre.* Voir ce nom.

7. Pomme AMÉLIE.

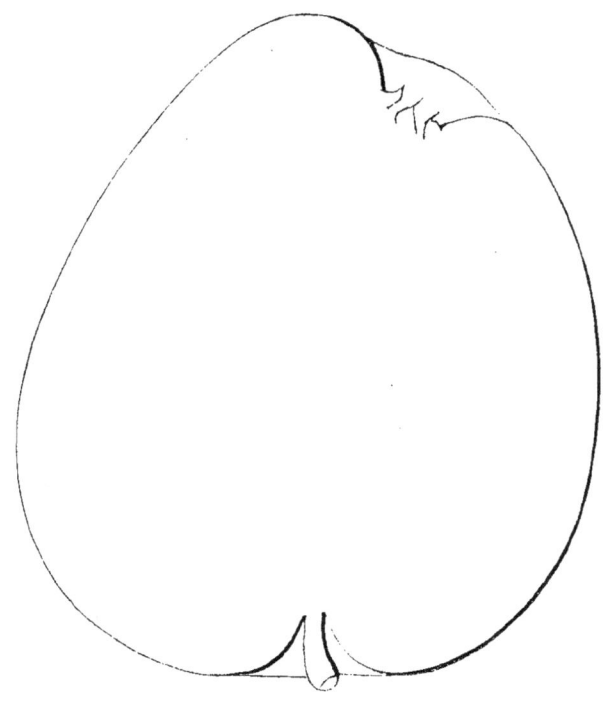

Description de l'arbre. — *Bois :* fort. — *Rameaux :* nombreux, presque érigés, sensiblement coudés, peu longs, très-gros, très-cotonneux et d'un vert brunâtre lavé de brun ardoisé. — *Lenticelles :* arrondies, assez larges, clair-semées. — *Coussinets :* bien ressortis. — *Yeux :* volumineux, coniques, duveteux, entièrement collés contre le bois. — *Feuilles :* très-grandes, ovales-allongées, longuement acuminées, planes ou relevées en gouttière, bien dentées sur leurs bords. — *Pétiole :* long, épais, fortement rosé, roide et cotonneux, à cannelure très-prononcée. — *Stipules :* généralement bien développées.

Fertilité. — Ordinaire.

Culture. — C'est en cordon ou en gobelet qu'habituellement on élève cette variété, mais sa vigueur et sa belle ramification permettent cependant de la destiner aussi à la haute-tige.

Description du fruit. — *Grosseur :* volumineuse. — *Forme :* ovoïde-allongée, souvent bosselée et contournée dans la partie qui avoisine l'œil. — *Pédoncule :* de longueur moyenne, assez fort, planté dans un évasement étroit et rarement bien profond. — *Œil :* ouvert, irrégulier, grand, à cavité vaste et plissée. — *Peau :* unie, vert clair, même à complète maturité, amplement marbrée, lavée et striée de brun rougeâtre terne, puis semée de gros et abondants points gris. — *Chair :* quelque peu verdâtre, fine, ferme, délicate. — *Eau :* suffisante, sucrée, savoureusement acidulée et parfumée.

Maturité. — Janvier-Avril.

Qualité. — Première.

Historique. — Parmi les pommes à couteau, il s'en rencontre peu qui soient plus méritantes que celle-ci. Grosseur, excellence, beauté, elle a tout pour plaire. Je la crois gagnée dans les environs d'Angers, vers 1846, époque à laquelle le Comice horticole de Maine-et-Loire l'introduisit dans son jardin. Au mois de mars 1852 j'en pris des greffes pour la multiplier, puis l'annonçai comme espèce nouvelle, page 44 de mon *Catalogue de 1855;* mais c'est sans résultat que je me suis efforcé, tant dans les archives du Comice qu'auprès de nos jardiniers et amateurs, de lui trouver un père... Contrairement à nombre de fruits médiocres qui en ont eu par douzaine, Amélie reste sans obtenteur connu, malgré ses qualités. On m'a dit qu'elle avait été dédiée à la défunte reine des Français, femme de Louis-Philippe Ier.

Pomme AMER-DOUX. — Synonyme de pomme *Douce-Amère*. Voir ce nom.

Pommes : AMERICAN GLORIA MUNDI,

— AMERICAN MAMMOTH,

} Synonymes de pomme *Joséphine*. Voir ce nom.

Pomme AMERICAN NEWTOWN PIPPIN. — Synonyme de pomme *Newtown Pippin*. Voir ce nom.

Pomme AMERICAN NON-PAREIL. — Synonyme de pomme *Non-Pareille de Hubbardston*. Voir ce nom.

Pomme AMERICAN PEACH. — Synonyme de *Pigeonnet blanc d'Été*. Voir ce nom.

Pomme AMERICAN PEARMAIN. — Synonyme de *Pearmain d'Été*. Voir ce nom.

Pomme AMERICAN PLATE. — Synonyme de pomme *d'Or d'Angleterre*. Voir ce nom.

Pomme d'AMÉRIQUE LARGE-FACE. — Synonyme de pomme *Large-Face d'Amérique*. Voir ce nom.

Pomme ANANAS. — Synonyme de pomme *Cloche*. Voir ce nom.

8. Pomme ANANAS.

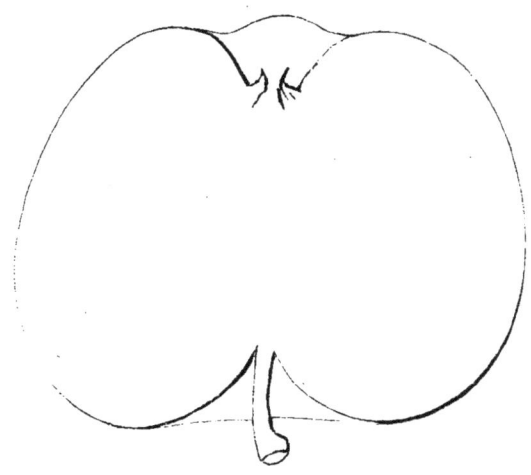

Description de l'arbre.
— *Bois :* assez fort. — *Rameaux :* peu nombreux, légèrement étalés, gros, de longueur moyenne, à peine géniculés, des plus duveteux et brun ardoisé. — *Lenticelles :* arrondies, larges, très-clair-semées. — *Coussinets :* saillants. — *Yeux :* ovoïdes-allongés, volumineux, faiblement écartés du bois et bien cotonneux. — *Feuilles :* petites, ovales, rarement acuminées, à dentelure uniforme et fine. — *Pétiole :* de longueur moyenne, gros, presque toujours non cannelé. — *Stipules :* habituellement assez développées.

Fertilité. — Convenable.

Culture. — La maigre ramification et la croissance un peu lente de ce pommier le recommandent plutôt pour les formes gobelet, cordon ou espalier, que pour la haute-tige.

Description du fruit. — *Grosseur :* moyenne. — *Forme :* globuleuse, fortement côtelée, quelque peu conique vers l'œil mais aplatie à son autre extrémité. — *Pédoncule :* assez long, bien nourri, renflé au point d'attache, duveteux, inséré dans un évasement des plus marqués. — *Œil :* grand, très-ouvert, enfoncé, à bords excessivement inégaux. — *Peau :* mince, lisse, jaune-citron, ponctuée de gris et de brun, lavée et largement frangée de carmin clair sur le côté de l'insolation. — *Chair :* blanche, fine et tendre. — *Eau :* abondante, acidulée et sucrée, possédant une saveur parfumée fort délicate.

Maturité. — Septembre-Octobre.

Qualité. — Première.

Historique. — Voilà déjà plus d'un demi-siècle que la pomme Ananas ici décrite, existe en France. Son nom lui fut donné pour le goût particulier de sa chair. Mais d'où provient-elle? De Belgique, peut-être, car en 1859 M. Alexandre Bivort affirmait dans les *Annales de pomologie belge* (t. VII, p. 79), « qu'on l'y « cultivait depuis longtemps. » Toujours est-il qu'avant 1810 nos pomologues ne la connaissaient pas, et qu'actuellement, en raison du silence qui chez nous règne à son égard, on peut bien la supposer étrangère à la pomone française, l'origine des bons fruits modernes étant généralement recherchée, puis revendiquée avec soin par les écrivains horticoles.

Observations. — Les Hollandais et les Allemands propagent une Reinette Ananas que nous caractérisons plus loin, ce qui montre qu'elle n'est point identique avec la pomme Ananas. Nous en disons autant de l'Ananas rouge, dont l'article suit, et qu'erronément on avait en Belgique, puis en Amérique, crue semblable à la présente variété. — La pomme Cloche ayant aussi porté souvent le surnom Ananas, on doit éviter de la prendre pour l'une des espèces ainsi appelées. — Même recommandation pour le pommier allemand *Herzog Bernhard* [Duc Bernard], décrit dans ce volume et qui possède le synonyme Ananas d'Hiver. — Enfin l'espèce dite Calleville Ananas de Liége pourrait également donner lieu à pareille méprise; il est donc bon de se rappeler qu'elle diffère beaucoup des diverses pommes Ananas citées dans ce paragraphe. Du reste, c'est un fruit médiocre et qu'on ne rencontre pas encore chez les pépiniéristes. Il mûrit fin décembre, n'a droit qu'au verger, et surtout veut être mangé cuit.

Pomme **ANANAS D'HIVER**. — Synonyme de pomme *Duc Bernard*. Voir ce nom.

---

9. Pomme **ANANAS ROUGE**.

Synonyme. — *Pomme* Rother Ananas (Edouard Lucas, *die Kernobstsorten Württembergs*, 1854, p. 45).

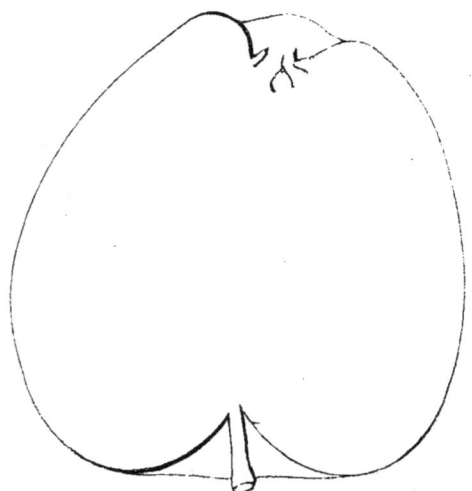

Description de l'arbre. — *Bois :* assez faible. — *Rameaux :* peu nombreux, généralement érigés, bien géniculés, de moyenne grosseur et courts, ainsi que leurs mérithalles, très-duveteux et d'un rouge-brun ardoisé. — *Lenticelles :* petites, allongées, fort abondantes. — *Coussinets :* ressortis. — *Yeux :* moyens ou petits, arrondis, cotonneux et entièrement collés contre l'écorce. — *Feuilles :* grandes, ovales-arrondies, courtement acuminées, planes ou canaliculées, ayant les bords largement dentés ou crénelés. — *Pétiole :* gros, des plus courts, cannelé profondément et presque toujours carminé en dessous. — *Stipules :* larges et de longueur moyenne.

Fertilité. — Satisfaisante.

Culture. — Vu sa vigueur très-modérée on le greffe sur doucin plutôt que sur paradis; il fait de beaux sujets nains mais peut aussi, greffé à hauteur de tige, convenir pour plein-vent.

Description du fruit. — *Grosseur :* moyenne. — *Forme :* conique-allongée, un peu contournée dans sa partie supérieure, qui généralement est assez côtelée. — *Pédoncule :* de force et de longueur moyennes, implanté dans un évasement large et profond. — *OEil :* grand, mi-clos, faiblement enfoncé dans une cavité assez étroite et très-plissée. — *Peau :* mince, unie, à fond jaune brillant que recouvre en majeure partie une légère couche du plus joli carmin, sur lequel se détachent, du côté de l'insolation, de nombreux points gris foncé. — *Chair :* blanchâtre, fine et délicate. *Eau :* assez abondante, acidulée et bien sucrée, ayant un parfum très-savoureux.

Maturité. — Septembre-Novembre.

Qualité. — Première.

Historique. — Je possède depuis 1867 seulement, ce pommier, si digne d'être propagé; M. le docteur Lucas, inspecteur de l'Institut pomologique de Reutlingen (Wurtemberg), eut alors l'obligeance de me le signaler et de m'en offrir des greffes. Il figurait en 1868 pour la première fois dans mon *Catalogue* (p. 44, n° 10). Voici l'origine que lui attribue le savant pomologue auquel j'en suis redevable, et qui l'a décrit dans plusieurs de ses ouvrages :

« M. Richter, récemment décédé jardinier de la cour, à Luisium, près Dessau, m'a dit qu'il avait trouvé cette espèce dans un ancien verger situé au bord de l'Elbe, sur la colline de Sieglitzerberg (Hochenheim), à quelques kilomètres de Dessau, et que c'est à lui qu'elle doit son nom d'Ananas rouge. » (*Kernobstsorten Württembergs*, 1854, p. 45 ; et *Monatshefte*, 1867, p. 167.)

Observations. — On cultive en Allemagne, paraît-il, deux pommiers Ananas rouge, celui ci-dessus, puis un autre, de nous inconnu, qu'en 1817 on y multipliait déjà et qui fut gagné dans les pépinières du jardin paysagiste de Schellhas, à Cassel. Ces pommiers, assure M. Lucas (*Kernobst. Würt.*, 1854, p. 45), n'ont de commun que le nom.

Pomme d'ANGEVINE. — Synonyme de pomme *Belle-Angevine*. Voir ce nom.

Pomme ANGLAISE. — Synonyme de *Reinette jaune sucrée*. Voir ce nom.

Pomme d'ANGLETERRE. — Synonyme de pomme *de Malingre*. Voir ce nom.

Pomme ANGULEUSE LONGUE. — Synonyme de *Calleville rose*. Voir ce nom.

Pomme d'ANIS ou d'ANNIS. — Synonyme de *Fenouillet gris*. Voir ce nom.

Pomme d'ANIS HATIVE. — Synonyme de *Fenouillet jaune*. Voir ce nom.

Pomme ANIZIER. — Synonyme de *Fenouillet gris*. Voir ce nom.

Pomme d'ANNABERG. — Synonyme de pomme *Rouge de Stettin*. Voir ce nom.

Pomme d'ANNY. — Synonyme de *Fenouillet gris*. Voir ce nom.

Pomme d'AOÛTAGE. — Synonyme de pomme *Royale d'Angleterre*. Voir ce nom.

---

10. Pomme d'Api.

Synonymes. — Pommes : 1. Petit-Apis (le Lectier, d'Orléans, *Catalogue des arbres cultivés dans son verger et plant*, 1628, p. 23). — 2. Apy rouge (dom Claude Saint-Étienne, *Nouvelle instruction pour connaître les bons fruits*, 1670, p. 210). — 3. Cardinale ou de Cardinal (*Id. ibid.*, pp. 207 et 210). — 4. De Long-Bois (Merlet, *l'Abrégé des bons fruits*, 1690, p. 188). — 5. Api ordinaire (Mayer, *Pomona franconica*, 1776-1801, t. III, p. 160, n° 61). — 6. Api rose (Louis Dubois, *Pratique du jardinage*, 1821, p. 141). — 7. De Lady (P. Barry, *the Fruit garden*, 1852, p. 291). — 8. Petit-Api rose (Eugène Forney, *le Jardinier fruitier*, 1862, t. I, p. 285). — 9. Api fin (Congrès pomologique, *Pomologie de la France*, 1867, t. IV, n° 1). — 10. Petit-Api rouge (*Id. ibid.*).

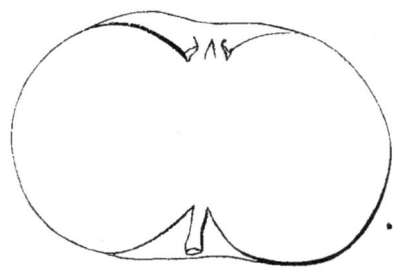

Description de l'arbre. — *Bois :* peu fort. — *Rameaux :* nombreux, généralement érigés, faiblement duveteux au sommet, des plus longs et des plus coudés, assez grêles et d'un rouge clair violacé. — *Lenticelles :* arrondies, très-larges, assez abondantes. — *Coussinets :* aplatis. — *Yeux :* moyens, coniques, excessivement cotonneux, plaqués en partie contre le bois. — *Feuilles :* petites, ovales ou elliptiques, vert clair en dessus, gris verdâtre en dessous, minces, habituellement canaliculées, ayant les bords faiblement crénelés. — *Pétiole :* de longueur moyenne, un peu grêle, mais roide et tenant la feuille parfaitement érigée ; il est en outre légèrement cannelé, puis rosé, surtout à la base. — *Stipules :* très-courtes.

Fertilité. — Remarquable.

Culture. — Beau pommier, qui malgré ses rameaux grêles peut former, étant greffé au ras de terre, d'assez convenables plein-vent. Néanmoins c'est en cordon qu'on l'utilise le plus habituellement.

Description du fruit. — *Grosseur :* petite. — *Forme :* sphérique, toujours très-aplatie aux pôles. — *Pédoncule :* court ou de longueur moyenne, peu fort, mais souvent renflé à son point d'attache ; le large évasement dans lequel il est implanté, manque généralement de profondeur. — *Œil :* petit, mi-clos ou fermé, rarement bien enfoncé, à longues sépales, bosselé ou sensiblement plissé sur ses bords. — *Peau :* mince, à fond jaune-paille ou blanc de cire que recouvre très-amplement, du côté de l'insolation, une couche de carmin brillant et finement ponctuée de gris clair ; parfois aussi quelques taches ou légères marbrures fauves se voient sur la partie exposée à l'ombre. — *Chair :* blanche, faiblement verdâtre sous la peau, très-fine et très-serrée, ferme ou assez tendre, quoique croquante. — *Eau :* abondante, bien sucrée, d'un goût suave, d'une saveur rafraîchissante.

Maturité. — Janvier-Mai.

Qualité. — Première.

Historique. — L'ornement de nos desserts, l'Api, « Cette pomme qui veut être « mangée goulûment, sans façon, avec la peau toute entière, » — écrivait avant 1688 Jean de la Quintinye, directeur des jardins potagers de Versailles (t. I, p. 391), l'Api remonte aux dernières années du XVI° siècle. Le Lectier, d'Orléans, fut en 1628 celui de nos pomologues qui le premier la mentionna : « Petit Apis et Gros Apis « sont de garde, » dit-il à la page 23 du *Catalogue des arbres cultivés dans son verger*. Olivier de Serres avait bien, en 1600, cité « *la Melle* ou *pomme Appie*, » ainsi appelée, ajoutait-il, « de Claudius Appius, qui du Péloponnese l'apporta à Rome » (*le Théâtre d'Agriculture*, pp. 625-626) ; mais tout prouve qu'ici cet agronome illustre se trompa. Pline va le démontrer. Au livre XV de son *Historia naturalis*, ne lit-on pas : « Appius, de la famille Claude, est l'obtenteur des pommes Appiennes, qui « lui doivent leur nom. Elles ont la peau rouge, la grosseur des Scandiennes et « *l'odeur du Coing*. » Devant ce dernier caractère, chacun reste convaincu que l'Appienne ne saurait être l'Api, fruit fort éloigné de posséder l'odeur pénétrante du coing, puisque sa chair, puisque son eau sont complétement inodorantes, dénuées même de saveur parfumée. Olivier de Serres aura probablement désigné là l'espèce APIUM, connue aussi de le Lectier (p. 23), et maintenant appelée, par corruption, *Apion* dans le Midi de la France. Elle dégage une forte odeur de coing, se rapproche du volume, de la forme de l'Api, mais en diffère entièrement, ainsi que de l'Appienne romaine, par sa peau jaune d'or, toute parsemée de points gris-roux. Du reste, comme elle est décrite ci-après, nous renvoyons à son article, pour confrontation.

L'Api, nullement identique avec les Appiennes, ne vient donc ni de Rome ni du Péloponèse. Cela reste établi par l'autorité de Pline, par celle de Ménage, déclarant en 1650 « que les *Mala appiana* de Pline étoient DIFFÉRENTES de nos « pommes d'Apis » (*Dictionnaire étymologique*), puis aussi par celle du savant jésuite Hardouin. En 1685, dans ses remarquables commentaires sur le célèbre naturaliste romain, cet auteur s'aperçut effectivement (t. III, p. 186, note 9) que la description de la pomme Appienne ne concernait pas l'Api, et crut alors possible de le réunir à la Petisienne, autre variété cultivée par les Romains ; supposition insoutenable, vu l'absence, chez les auteurs latins, de tout détail pouvant servir à comparer ces deux espèces. D'ailleurs, un siècle et demi auparavant (1540) Charles Estienne avait déjà parlé de cette Petisienne, et de façon bien différente, car, observait-il, « elle est probablement identique avec la pomme de Paradis. » (*Seminarium*, p. 53.) Ainsi, désaccord formel sur ce point entre ces deux érudits ; et j'ajoute, désaccord qui toujours renaîtra parmi les pomologues, quand ils tenteront de rattacher nos variétés à celles mentionnées par les agronomes romains, chez lesquels, sauf de très-rares exceptions, on trouve uniquement le nom des fruits, au lieu de descriptions suffisantes pour les reconnaître. Maintes fois je l'ai constaté dans mes précédents volumes, en écrivant l'histoire du Poirier ; on voit qu'à l'égard du Pommier cette indécision, ou, mieux, cette complète obscurité, se continue.

Une chose, cependant, m'étonne quant à l'origine de l'Api : c'est que l'erreur d'Olivier de Serres, faisant apporter du Péloponèse à Rome, par Appius, cette charmante pomme, ait pu se perpétuer jusqu'en 1867, date à laquelle le Congrès pomologique attribuait encore, selon l'auteur du *Théâtre d'agriculture*, la même provenance à ce même arbre (voir *Pomologie de la France*, t. IV, n° 1) ; puis, peu après, d'entendre d'autres écrivains horticoles assurer, au contraire, qu'on ignore entièrement de quel pays il est sorti. Facile était, pourtant, de produire l'état civil de ce pommier si répandu ; Merlet, dans son *Abrégé des bons fruits*, l'avait à trois reprises enregistré. Dès 1667, il dit :

« La Pomme *d'Apis* est de deux sortes, le *Gros* et le *Petit* : l'une et l'autre ont beaucoup d'eau, et n'ont point d'odeur comme les autres Pommes, estant une pomme sauvage qui S'EST TROUVÉE DANS LA FOREST D'APIS, et qui se garde très-longtemps belle et bonne. » (Pages 154-155.)

Dans sa seconde édition, parue en 1675, Merlet reproduisit mot pour mot ce renseignement (p. 148), mais en sa troisième et dernière, celle de 1690, il le compléta sous divers rapports :

« .... L'Apis — y lit-on — est une pomme sauvage trouvée dans la forest d'Apis, EN BRETAGNE... Elle se nomme en Normandie, ainsi que le Gros-Apis, la pomme de *Long-Bois*, qui en effet s'éleve beaucoup, et charge par glanes. » (Page 138.)

Ainsi c'est d'une forêt bretonne que sortit l'Api, à l'exemple du *Besi d'Héric*, poire séculaire dont le berceau fut, aux environs de Nantes, la forêt d'Héric, détruite vers 1640. Mais si je sais où cette dernière était située, j'ignore en quel lieu s'élevait celle d'Api, disparue probablement depuis un temps beaucoup plus long. Les cartes d'Ogée sur la Bretagne, gravées en 1771, m'ont seules montré près du Rheu, bourg voisin de Rennes, un petit hameau du nom d'*Apigné*, à l'entour duquel sont figurés quelques taillis. Serait-ce là que se voyait jadis la forêt d'Api, citée par Merlet ?... A d'autres le soin d'éclaircir ce point, encore obscur pour moi.

Observations. — Henri Manger, pomologue allemand qui par sa *Systematische Pomologie* contribua puissamment à débrouiller les synonymes des fruits, plaçait en 1780, parmi ceux de l'Api, les noms Pomme de Demoiselle, pomme de Bonne-Compagnie, pris de la Quintinye, spécifiait-il (p. 32, n° 31). Ce fut là contre-sens de traducteur, et facile à commettre dans un texte aussi souvent imagé que celui de la Quintinye : « L'Api — voici le passage mal interprété — est véritablement une « Pomme de Demoiselle, et de bonne compagnie ;... elle fait merveilleusement bien « son personnage dans les assemblées d'hyver, où elle n'apporte aucune odeur « desagréable ;... enfin elle se fait estimer partout où elle se présente... » (*Instructions pour les jardins fruitiers et potagers*, 1690, t. I, p. 391.) On voit maintenant s'il nous est possible de reproduire, à l'exemple de quelques pomologues, les deux synonymes mis en circulation par Manger. — Pomme Dieu est un surnom que parfois on accorde, fautivement aussi, à cette même variété, au détriment du Gros-Api, qui seul peut le revendiquer, car Merlet, en 1690, a formellement dit, et le premier : « Le Gros-Apis se nomme, par endroits, la *Pomme Dieu*, ou la « *Pomme Rose* (p. 138). » — On doit cueillir l'Api le plus tard possible, l'éclaircir quand il surabonde, et surtout l'effeuiller de bonne heure, c'est le moyen de lui procurer un coloris prononcé ainsi qu'une très-longue conservation. Il peut du reste, tellement il est bien attaché, braver sur l'arbre les grands vents de fin d'automne. Contrairement aux poires et pommes d'hiver, on le trouve bon à manger dès son entrée au fruitier, où souvent il demeure sain et non flétri jusqu'aux derniers jours de mai, supportant ainsi les plus fortes gelées. Pour terminer, disons que la Quintinye eut bien raison de recommander de consommer l'Api goulûment, avec sa peau tout entière. La lui enlever, c'est effectivement diminuer la bonté de ce fruit, qui lui doit son agréable saveur.

POMME API BLANC. — Voir *Gros-Api*, au paragraphe OBSERVATIONS.

---

11. POMME API D'ÉTÉ.

Synonymes. — *Pommes :* 1. CARDINALE D'ÉTÉ (Pierre Leroy, d'Angers, *Catalogue de ses jardins et pépinières*, 1790, p. 25). — 2. API ROUGE D'ÉTÉ (Diel, *Kernobstsorten*, 1809, t. X, p. 45).

Description de l'arbre. — *Bois :* assez fort. — *Rameaux :* peu nombreux et peu longs, de grosseur moyenne, plus ou moins érigés, à très-courts mérithalles, duveteux, coudés légèrement et rouge-brun ardoisé. — *Lenticelles :* allongées, petites, excessivement abondantes. — *Coussinets :* bien accusés. — *Yeux :* ovoïdes, gros, cotonneux, faiblement écartés du bois. — *Feuilles :* petites, ovales ou cordiformes, vert foncé en dessus, gris verdâtre en dessous, planes ou relevées en gouttière, finement denticulées sur leurs bords. — *Pétiole :* court, grêle, sensiblement cannelé. — *Stipules :* peu longues mais assez larges.

Fertilité. — Remarquable.

Culture. — Il fait de très-beaux plein-vent lorsqu'on l'a greffé à hauteur de tige, sa vigueur modérée le rendant peu propre à la greffe au ras de terre; les formes cordon et gobelet lui conviennent beaucoup.

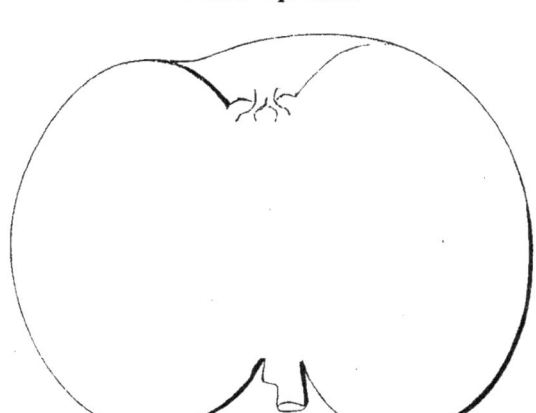

Pomme Api d'Été.

Description du fruit. — *Grosseur :* moyenne et parfois moins volumineuse. — *Forme :* sphérique, fortement aplatie aux extrémités, quelque peu pentagone et généralement plus renflée d'un côté que de l'autre. — *Pédoncule :* bien enfoncé, court et gros, un peu charnu à la base, où souvent il est bosselé. — *Œil :* très-grand, mi-clos, à larges sépales, occupant le centre d'une vaste cavité assez profonde et plissée. — *Peau :* très-onctueuse, unie, mince, à fond jaune clair en partie lavé de rouge vif et brillant, sur lequel on aperçoit difficilement, çà et là, quelques points gris excessivement fins. — *Chair :* blanchâtre, assez ferme, non marcescente. — *Eau :* suffisante, sucrée, douce, faiblement parfumée.

Maturité. — Dernière quinzaine d'août et courant de septembre.

Qualité. — Deuxième.

Historique. — M. Oberdieck, un des pomologues les plus distingués de l'Allemagne, caractérisant en 1859 l'Api d'Été dans *l'Illustrirtes Handbuch der Obstkunde*, s'exprima de la sorte sur son origine : « Très-peu répandu chez nous, « ce fruit doit probablement appartenir à la France, car Diel le reçut de Metz pour « la première fois. » (T. I, p. 221, n° 95.) Si maintenant on consulte le docteur Diel, toujours précis en ses historiques, on voit effectivement « que cette variété lui « fut expédiée en 1800, par M. C. R. Maréchal, pépiniériste à Metz. » (*Kernobstsorten*, 1809, t. X, p. 45.) Pour moi, je partage l'opinion de M. Oberdieck et crois d'autant mieux l'Api d'Été pommier français, que notre Anjou me paraît même en pouvoir être le berceau. Tout enfant, je l'y connaissais; et Pierre Leroy, mon aïeul, le possédait dans ses pépinières longtemps avant ma naissance. Sur l'unique *Catalogue* qui nous soit resté des cultures de cet ancêtre — il est de 1790 — je le trouve inscrit, page 25, sous les noms : « Pommier Cardinal, ou Apis d'Été. » Évidemment ce n'était pas l'annonce d'une espèce d'obtention récente, puisqu'elle portait déjà un synonyme. Possible est donc de supposer qu'alors les Angevins la cultivaient depuis un certain nombre d'années. J'ajoute que ce *Catalogue* de 1790 est le plus ancien des documents où jusqu'ici j'aie rencontré l'Api d'Été.

12. Pomme API ÉTOILÉ.

Synonymes. — *Pommes :* 1. Carrée d'Hiver (Jean Bauhin, *Historia plantarum universalis*, 1613-1650, t. I, p. 10). — 2. Pentagone (*Id. ibid.*). — 3. D'Étoile (la Quintinye, *Instructions pour les jardins fruitiers et potagers*, 1690, t. I, p. 392). — 4. Étoilée (Duhamel du Monceau, *Traité sur les arbres fruitiers*, 1768, t. I, p. 312). — 5. D'Étoile a longue queue (Henri Manger, *Systematische Pomologie*, 1780, t. I, p. 42, n° 60). — 6. Api a l'Étoile (Van Mons, *Catalogue descriptif de partie des arbres fruitiers qui de 1798 à 1823 ont formé sa collection*, p. 45, n° 1406). — 7. En Étoile (Louis Dubois, *du Pommier, du Poirier et du Cormier*, 1804, t. I, p. 52).

Premier Type.

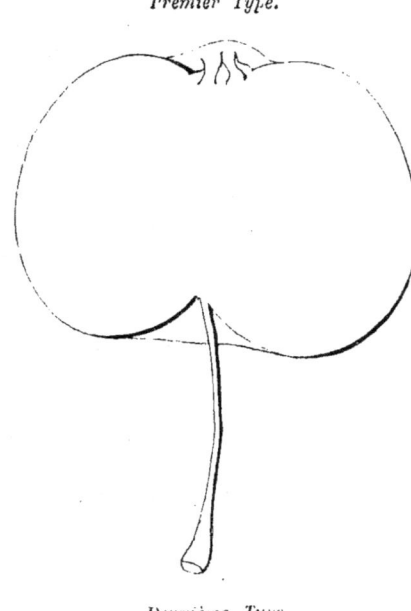

Deuxième Type.

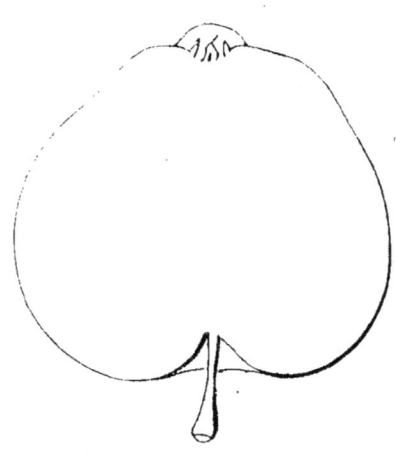

Description de l'arbre. — *Bois :* assez faible. — *Rameaux :* nombreux, légèrement étalés, très-longs, peu forts et peu coudés, bien duveteux, d'un brun vif plus ou moins lavé de gris. — *Lenticelles :* abondantes, larges, généralement arrondies. — *Coussinets :* presque nuls. — *Yeux :* de moyenne grosseur, coniques, faiblement cotonneux, écartés du bois. — *Feuilles :* petites, ovales-allongées, rarement acuminées, vert clair en dessus, gris verdâtre en dessous, ayant les bords régulièrement dentés ou crénelés. — *Pétiole :* rosé, surtout à la base, long, assez grêle, à cannelure peu marquée. — *Stipules :* des plus petites.

Fertilité. — Extrême.

Culture. — Ce pommier ne convient aucunement pour haute-tige, en raison de ses nombreux, longs et grêles rameaux, pouvant à peine se supporter ; il lui faut le cordon ou la forme buisson, si l'on veut que sa production et son développement ne laissent rien à désirer.

Description du fruit. — *Grosseur :* parfois moyenne, mais le plus habituellement un peu moins volumineuse. — *Forme :* régulièrement très-pentagone, et passant fréquemment de la globuleuse aplatie aux pôles, à la conique plus ou moins obtuse et bosselée au sommet. — *Pédoncule :* long ou très-long, mince, renflé à son point d'attache, inséré dans un bassin rarement bien profond. — *Œil :* petit ou moyen, mi-clos ou fermé, presque à fleur de fruit, plissé et bosselé sur ses bords. — *Peau :* fine, unie, jaune d'or ou jaune clair nuancé de vert, semée de petits points blancs, légèrement lavée de rouge-brique sur la face exposée au soleil et souvent maculée de brun olivâtre autour du pédoncule. — *Chair* : blanc verdâtre, ferme, à grain serré, croquante, quelque peu marcescente. — *Eau* : abondante, sucrée, acidule, rafraîchissante, mais sans parfum bien appréciable.

Api étoilé vu par-dessous.

Maturité. — Février-Avril.

Qualité. — Deuxième.

Historique. — C'est au célèbre médecin et naturaliste français Jean Bauhin, qui longtemps fut attaché à la cour des ducs de Wurtemberg-Montbéliard, que l'on doit de connaître l'origine de ce curieux pommier et l'époque où il parut dans notre pays. Mort à Montbéliard (Doubs) en 1613, Bauhin laissa manuscrite une volumineuse *Histoire universelle des plantes*, écrite en latin, et qu'on publia en 1650, à Ambrun (Hautes-Alpes). Elle débute par une précieuse étude historique et descriptive, avec figures, sur les pommes et les poires. Là se rencontre pour la première fois l'Api étoilé, dont l'auteur mentionne ainsi la provenance, puis l'introduction chez nous :

« *Pomme Pentagone.* — J'ai reçu de l'illustrissime duchesse de Wurtemberg, notre très-clémente souveraine, ce rare et charmant fruit; elle me l'envoya avec plusieurs autres jolies plantes exotiques..... Ce fut elle également qui me fit obtenir pour son jardin de Montbéliard, que je dirige, des rameaux de cette espèce, et j'eus soin de les y faire greffer......... A Montbéliard, ces fruits sont vulgairement, en raison de leurs angles, appelés *Pommes Carrées*. Si presque toujours elles sont pentagones, parfois cependant on les voit hexagones, et même heptagones..... » (Tome Ier, page 10.)

Bauhin n'a pas précisé l'époque à laquelle on lui envoya de Wurtemberg, ces rameaux, mais il est facile de la déterminer. En 1598 il fit paraître son *Historia fontis et balnei Bollensis*, dont une partie traite longuement des fruits cultivés par lui ou dans sa contrée; la Pomme Pentagone ne s'y trouve ni décrite ni citée. Comme il mourut, nous le répétons, en 1613, et vit fructifier les sujets sur lesquels avait été greffée, selon ses ordres, cette variété, on peut donc en conclure que ce dut être vers 1605 qu'eut lieu dans le comté de Montbéliard l'importation de l'Api étoilé. Quant à l'âge que comptait alors ce pommier, il n'était certes pas avancé, Jean Bauhin le prouve en qualifiant d'espèce *rare* sa pomme Pentagone. Les Italiens l'ont aussi multipliée des premiers, et même abondamment; ce qui laisse croire — on l'a du reste affirmé — qu'elle devient chez eux bien meilleure que chez nous. A partir de 1720 les Chartreux de Paris contribuèrent puissamment à sa propagation; peut-être même leur doit-on de posséder encore ce ravissant fruit. En 1830 il semblait perdu, quand le pomologue Poiteau le rencontra à Meudon, dans le clos des Moulineaux, ancienne annexe de ces immenses pépinières des Chartreux qui furent, nous l'avons dit antérieurement (t. I, p. 50), détruites en 1792. Poiteau, non-seulement prit pour lui de nombreux greffons de cette variété, mais il en donna aux principaux horticulteurs de la capitale; et depuis lors l'Api étoilé reparut dans la culture.

Observations. — C'est se tromper qu'accorder à l'Api étoilé les noms Belle-Fille et Double-Api, pour synonymes; le premier est celui d'une très-ancienne espèce décrite ci-après; le second, un surnom parfaitement authentique du Gros-Api. — Mayer, en caractérisant ce fruit dans la *Pomona franconica* (t. III, p. 165, n° 66), supposait en 1801 qu'il en existait une sous-variété plus petite et à pédoncule beaucoup plus long. Non, ainsi que le démontrent les deux types figurés ci-dessus, cueillis sur le même arbre, dans mon école; et comme le constatent les spécimens coloriés publiés par Poiteau, en 1846 (*Pomologie française*, t. IV, n° 6), puis en 1866 par M. Mas (*le Verger*, t. IV, Pommes tardives, n° 25).

Pomme API A L'ÉTOILE. — Synonyme de *Api étoilé*. Voir ce nom.

Pomme API FIN. — Synonyme de pomme *d'Api*. Voir ce nom.

Pomme API (GROS-). — Voir *Gros-Api*.

Pomme API JAUNE [DU MIDI DE LA FRANCE]. — Synonyme de pomme *Apion*. Voir ce nom

---

13. Pomme API NOIR.

Synonymes. — Pommes : 1. DE CALUAU ou CALVAU NOIRE (Olivier de Serres, *le Théâtre d'agriculture et ménage des champs*, 1608, p. 626). — 2. DE POMMIER A FRUIT NOIR (Tollard aîné, *Traité des végétaux qui composent l'agriculture de l'empire français*, 1805, p. 244).

Premier Type.

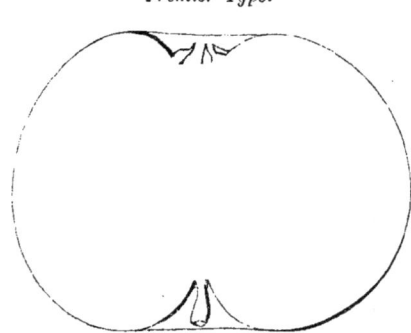

Description de l'arbre. — *Bois :* assez faible. — *Rameaux :* peu nombreux, légèrement étalés, longs, de grosseur moyenne, à peine géniculés, très-duveteux et rouge-brun ardoisé. — *Lenticelles :* arrondies, grandes, fort abondantes. — *Coussinets :* ressortis. — *Yeux :* gros, coniques, appliqués contre l'écorce et sensiblement cotonneux. — *Feuilles :* assez petites, ovales, courtement acuminées, vert foncé en dessus, blanc grisâtre en dessous, à bords finement crénelés. — *Pétiole :* épais, court et faiblement cannelé. — *Stipules :* moyennes.

FERTILITÉ. — Remarquable.

CULTURE. — Malgré ses rameaux peu forts, cette espèce fait de très-convenables sujets pour plein-vent et mérite une place au verger, vu sa grande fertilité. Il est bon néanmoins de l'élever aussi en cordon ou en buisson, afin d'en obtenir de plus beaux produits, surtout sous le rapport du coloris et de leur conservation.

Description du fruit. — *Grosseur :* petite. — *Forme :* globuleuse, écrasée aux extrémités ou presque régulièrement arrondie, mais alors ayant souvent un côté moins renflé que l'autre. — *Pédoncule :* court ou assez long, grêle, plus fort à l'attache, duveteux, inséré dans une étroite cavité triangulaire. — *OEil :* petit ou moyen, ouvert ou mi-clos, faiblement enfoncé, généralement bien plissé sur ses bords. — *Peau :* mince, unie, lisse, à fond jaune mat que recouvre presqu'entièrement une couche d'un rouge terne, noirâtre et ardoisé, qui sur la partie frappée par le soleil porte de nombreux et très-petits points jaunâtres. — *Chair :* blanc quelque peu verdâtre, surtout auprès des loges, fine et tendre. — *Eau :* abondante, sucrée, plutôt douce qu'acidule, douée d'une agréable saveur rappelant celle de l'Api commun.

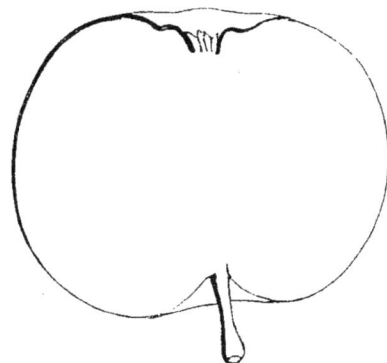

Pomme Api noir. — *Deuxième Type.*

Maturité. — Décembre-Avril.

Qualité. — Deuxième.

Historique. — Dans *le Théâtre d'agriculture* Olivier de Serres cite parmi les pommes répandues chez nous en 1600, une Caluau ou Calvau noire, « noire en « l'escorce, observe-t-il, et blanche en la chair » (p. 626), fruit qui me semble bien se rapporter à la présente variété. Nous n'en dirons pas autant, par exemple, de cette autre que Claude Saint-Étienne caractérisait ainsi soixante-dix ans plus tard : « Pomme *Noire*, ou de Dame, est noire d'un costé et sous la peau, plus longue et « plus grosse que Gros Courpandu, bonne l'hyver, cruë. » (*Nouvelle instruction pour connaître les bons fruits*, 1670, p. 214.) Cette espèce, confondue parfois avec l'Api noir, s'en éloigne cependant infiniment, comme on le verra si l'on veut consulter, à la lettre N, l'article où nous l'étudions. Je n'ai rien trouvé sur l'origine de l'Api noir. Il est depuis fort longtemps dans l'Anjou et figure au *Catalogue* publié par mon grand-père en 1790 (p. 26). Duhamel l'a décrit en 1768, puis les Chartreux en 1775, mais ces pomologues ne se sont nullement préoccupés de sa provenance. On peut toutefois le dire avec assurance un de nos anciens pommiers, puis recommander sa culture, très-restreinte aujourd'hui, quoique la grande fertilité de l'arbre et le charmant coloris de ses produits, non dépourvus de qualité, soient de nature à dédommager convenablement ceux qui le planteront.

Pomme **API ORDINAIRE**. — Synonyme de pomme *d'Api*. Voir ce nom.

Pomme **API PANACHÉ**. — Synonyme de *Reinette panachée*. Voir ce nom.

Pomme **API ROSE**. — Synonyme de pomme *d'Api*. Voir ce nom.

Pomme **API ROUGE D'ÉTÉ**. — Synonyme de pomme *Api d'Été*. Voir ce nom.

Pomme **API ROUGE D'HIVER**. — Synonyme de pomme *d'Api*. Voir ce nom.

Pomme **APIOLE**. — Synonyme de pomme *de Paradis*. Voir ce nom.

14. Pomme APION.

Synonymes. — *Pommes :* 1. APIUM (le Lectier, d'Orléans, *Catalogue des arbres cultivés dans son verger et plant*, 1628, p. 23). — 2. API JAUNE, et — 3. APION JAUNE (depuis de longues années, dans le Midi de la France).

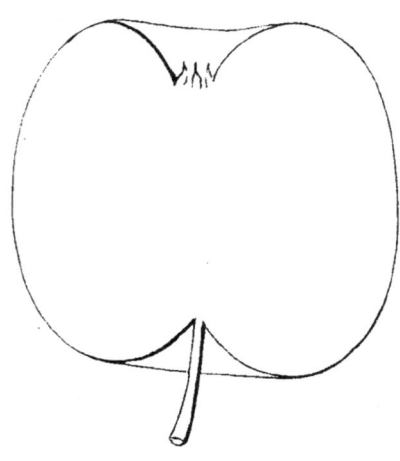

Description de l'arbre. — *Bois :* de force moyenne. — *Rameaux :* assez nombreux et assez longs, un peu grêles, érigés, duveteux, brun violacé, à courts mérithalles. — *Lenticelles :* abondantes, unies et généralement allongées. — *Coussinets :* saillants. — *Yeux :* presque appliqués au bois, moyens, coniques-allongés, pointus, de faible épaisseur, ayant les écailles brun rougeâtre. — *Feuilles :* abondantes, de grandeur moyenne, vert cendré, minces, elliptiques ou ovales-allongées, généralement acuminées, planes ou relevées en gouttière, bien dentées sur leurs bords. — *Pétiole :* de longueur et de force moyennes, à cannelure rarement profonde. — *Stipules :* modérément développées.

Fertilité. — Très-grande.

Culture. — Dans nos départements du Midi, c'est presque toujours la haute-tige qu'on lui donne ; ailleurs il serait préférable de le disposer en cordon, ses fruits y gagneraient beaucoup en volume.

Description du fruit. — *Grosseur :* au-dessous de la moyenne. — *Forme :* presque cylindrique, souvent moins volumineuse d'un côté que de l'autre et sensiblement aplatie aux extrémités. — *Pédoncule :* assez long, grêle, renflé à la base, inséré dans un évasement de dimensions variables et en forme d'entonnoir. — *Œil :* ouvert, moyen, à cavité large, profonde et plissée. — *Peau :* mince, unicolore et lisse, jaune brillant, semée de gros et très-abondants points roux clair, puis, assez généralement, de quelques macules verruqueuses et brunâtres. — *Chair :* jaunâtre, fine, ferme et croquante, mais nullement marcescente. — *Eau :* suffisante, très-sucrée, non acidule, fortement et délicieusement imprégnée d'un parfum qui rappelle celui des confitures de coing.

Maturité. — Février-Mai.

Qualité. — Première.

Historique. — Je dois, depuis quelques mois seulement, la connaissance de cette pomme exquise à M. le comte de Castillon, habitant le château de Castelnau-Picampau, près le Fousseret (Haute-Garonne). Passionné pour l'arboriculture fruitière, cet obligeant amateur, dont la riche bibliothèque pomologique accuse le savoir et le goût, s'est intéressé de façon toute spontanée à ce *Dictionnaire*. Je lui en témoigne ici ma gratitude et m'empresse d'ajouter qu'outre l'Apion il m'a signalé, puis procuré, divers autres fruits qui, très-dignes de propagation, figureront dans mon ouvrage. — J'ai prouvé plus haut, en présentant l'historique de l'Api ordinaire, 1° que cette charmante petite pomme n'était pas, comme nombre de traducteurs et d'écrivains horticoles l'avaient cru, identique avec l'*Appienne* décrite par Pline; 2° qu'il devenait également impossible, malgré l'assez grande similitude de leur nom, de réunir cette même Appienne et l'Apion, ou Apium, cultivé dans nos départements méridionaux. Pour m'épargner une inutile répétition, on voudra donc bien recourir à cet article (page 65). De nouveau, cependant, je tiens à préciser brièvement le caractère principal qui différencie ces deux dernières variétés : c'est leur PEAU, toute et constamment jaune chez l'Apion, mais entièrement rouge, dit Pline, chez l'Appienne à odeur de coing. L'Apion semble sorti du Midi de la France, où de temps immémorial on le multiplie abondamment, car il y jouit d'une préférence marquée sur ses congénères. Voici du reste les renseignements que m'a transmis à son sujet M. le comte de Castillon :

« ..... Je vous envoie trois de ces pommes que, dans toute la région du Midi qui m'est familière, on nomme *Apion*. Cette espèce s'y trouve depuis plusieurs siècles; chaque paysan la connaît; aussi peut-on la dire un fruit national.... Parfois je l'ai entendue appeler *Apium*, dénomination qui se rencontrait déjà, en 1628 et 1652, chez nos pomologues le Lectier et Nicolas de Bonnefond... Elle porte dans quelques Catalogues le surnom Apion *jaune*. Faut-il, de là, conclure qu'il en existe une sous-variété ?... Je ne le crois pas. L'arbre est des plus fertiles ; ses produits atteignent, notamment sur les marchés de l'Ariége, région où sa culture est fort commune, un prix très-élevé relativement à leur volume. Enfin il règne parmi nous (Haute-Garonne) un véritable engouement pour ce pommier. » (*Lettres des 23 janvier, 17 février et* 13 *mars* 1870.)

POMMES : APION JAUNE,

— APIUM,

} Synonymes de pomme *Apion*. Voir ce nom.

POMME APORTA. — Synonyme de pomme *Grand-Alexandre*. Voir ce nom.

POMME D'ARBRE NAIN. — Synonyme de pomme *de Paradis*. Voir ce nom.

15. POMME ARCHIDUC ANTOINE.

Synonyme. — Pomme ERZHERZOG ANTON (Schmidberger, *Beiträge zur Obstbaumzucht*, 1833, t. III, p. 99).

Description de l'arbre. — *Bois :* assez fort. — *Rameaux :* nombreux, érigés ou légèrement étalés, de longueur et de grosseur moyennes, peu coudés, duveteux, brun-rouge lavé de gris ardoisé. — *Lenticelles :* petites, arrondies, clairsemées. — *Coussinets :* saillants. — *Yeux :* petits, très-plats, cotonneux, noyés dans l'écorce. — *Feuilles :* vert brillant et foncé en dessus, plus clair et duveteux en dessous, ovales, à large base, bien acuminées, canaliculées ou planes, ayant les bords profondément dentés. — *Pétiole :* épais, roide, peu long, rosé, cotonneux, faiblement cannelé. — *Stipules :* courtes et lancéolées.

FERTILITÉ. — Très-satisfaisante.

CULTURE. — Les formes qui lui sont le plus avantageuses, c'est le gobelet ou le buisson; il peut aussi convenir pour la haute tige, mais on doit alors le greffer sur franc.

Description du fruit. — *Grosseur :* au-dessus de la moyenne. — *Forme :* irrégulièrement arrondie, et quelquefois sensiblement conique dans toute sa partie supérieure. — *Pédoncule :* assez long, grêle, implanté dans un vaste et profond évasement formant entonnoir. — *Œil :* petit ou moyen, mi-clos, faiblement enfoncé, fortement plissé, ou même côtelé, sur ses bords. — *Peau :* lisse, peu épaisse, jaune clair grisâtre, finement ponctuée de roux, fouettée et colorée de rouge vif. — *Chair :* fine, blanchâtre, bien tendre, nullement marcescente. — *Eau :* très-abondante, sucrée, acidule, ayant un parfum particulier qui la rend des plus délicates.

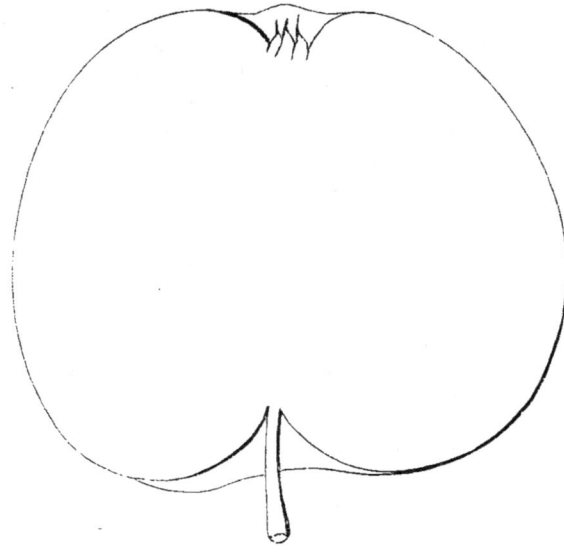

Pomme Archiduc Antoine.

MATURITÉ. — Décembre-Février.

QUALITÉ. — Première.

Historique. — De provenance autrichienne, cette belle et délicieuse pomme ne fait que paraître dans les pépinières françaises. Je l'ai reçue de Reutlingen (Wurtemberg), en 1868, par l'obligeante entremise du docteur Lucas, pomologue des plus connus. Le père Joseph Schmidberger, supérieur du monastère de Saint-Florian, situé près Lintz (Haute-Autriche), fournit sur ce fruit, dont il est l'obtenteur, les renseignements ci-après dans l'ouvrage qu'il publiait en 1833 :

« J'ai — dit-il — gagné cette précieuse espèce, de pepins de la Reinette d'Orléans,..... semés en 1820..... L'année suivante, en juillet, choisissant un œil du plus beau sujet poussé, je l'écussonnai sur paradis..... Le pied-type me donna ses premiers fruits pendant l'automne de 1829, et comme notre couvent fut alors honoré de la visite de S. A. l'archiduc *Antoine*, pour mémoire de ce fait je dédiai au prince mon nouveau pommier. » (*Beiträge zur Obstbaumzucht*, t. III, p. 99.)

L'archiduc dont parle ici Joseph Schmidberger était grand-maître de l'ordre Teutonique et frère de l'empereur d'Autriche François Ier; né en 1779, il mourut le 2 avril 1835.

16. Pomme ARCHIDUC JEAN.

Synonyme. — *Pomme* Erzherzog Johann (Diel, *Verz. der Obstsorten*, 1833, p. 64, n° 589.)

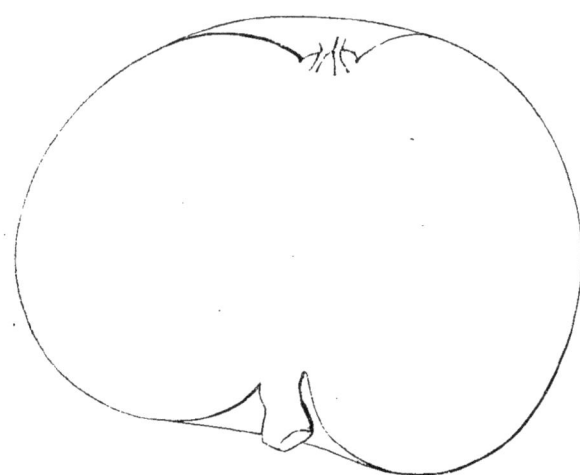

Description de l'arbre. — *Bois :* fort. — *Rameaux :* assez nombreux, habituellement très-étalés, gros, longs, cotonneux à leur sommet, bien flexueux, brun foncé lavé de rouge violacé. — *Lenticelles :* grandes, arrondies, blanches et abondantes. — *Coussinets :* ressortis. — *Yeux :* moyens, plus ou moins coniques, légèrement appliqués contre le bois. — *Feuilles :* de grandeur moyenne, sensiblement acuminées, ovales ou ovales-arrondies, planes ou canaliculées, lisses et vert clair, mais couvertes en dessous d'un épais duvet ; leurs bords sont irrégulièrement dentés ou crénelés. — *Pétiole :* assez long et assez gros, carminé à la base, roide et profondément cannelé. — *Stipules :* moyennes.

Fertilité. — Grande.

Culture. — La belle végétation de ce pommier permet de lui donner toute espèce de forme.

Description du fruit. — *Grosseur :* au-dessus de la moyenne. — *Forme :* irrégulièrement globuleuse. — *Pédoncule :* court, très-nourri et très-charnu, souvent inséré obliquement et toujours dans une cavité profonde et assez large. — *Œil :* moyen, mi-clos ou fermé, duveteux, modérément enfoncé dans un vaste bassin. — *Peau :* unie, jaune pâle passant au jaune d'or sur la face exposée au soleil, où elle est quelque peu striée de rouge terne puis abondamment et très-finement ponctuée de blanc. — *Chair :* blanchâtre, tendre et mi-fine. — *Eau :* suffisante, acidule, rarement bien sucrée, presque dénuée de parfum.

Maturité. — Fin septembre et dépassant difficilement les premiers jours de novembre.

Qualité. — Deuxième.

Historique. — Les pomologues allemands la regardent comme appartenant à l'Autriche. Le docteur Diel, qui fut en 1833 son premier descripteur (*Verz. der Obstsorten*, p. 64, n° 589), la signalait alors comme une nouveauté. M. Édouard Lucas assure (1859) dans l'*Illustrirtes Handbuch der Obstkunde*, p. 241, n° 105, que Diel en fut le parrain et que c'est de Grætz (Styrie) qu'on l'a le plus particulièrement propagée. L'archiduc Jean, dont elle porte le nom, était, ainsi que l'archiduc Antoine cité dans l'article précédent, frère de l'empereur d'Autriche François Ier. Longtemps directeur général du génie, et presque souverain en 1848, il termina ses jours en 1859, âgé de 77 ans. – Je multiplie depuis 1866 seulement, cette variété, fort rare encore chez nos pépiniéristes, et qui ne s'y montre pas aussi méritante qu'on la dit en Allemagne.

17. Pomme ARCHIDUCHESSE SOPHIE.

Synonyme. — Pomme : Erzherzogin Sophie (Oberdieck, *Illustrirtes Handbuch der Obstkunde*, 1869, t. VIII, p. 49, n° 566).

Premier Type.

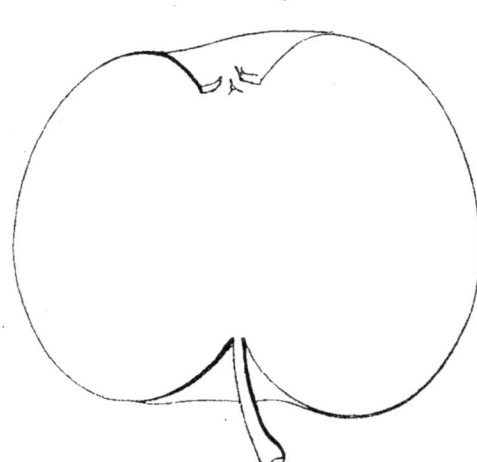

Deuxième Type.

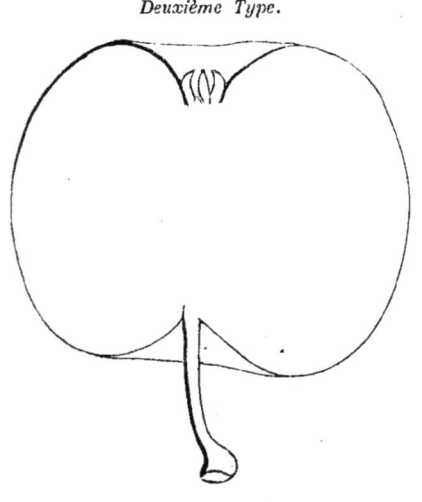

Description de l'arbre. — *Bois :* fort. — *Rameaux :* très-nombreux, gros et assez longs, érigés, peu géniculés, des plus duveteux, brun olivâtre foncé, ayant de bien courts mérithalles. — *Lenticelles :* arrondies ou allongées, fines et rapprochées. — *Coussinets :* modérément accusés. — *Yeux :* moyens ou volumineux, ovoïdes ou coniques-arrondis, légèrement appliqués contre l'écorce et cotonneux. — *Feuilles :* de grandeur moyenne, ovales ou arrondies, acuminées, vert cendré en dessus, gris verdâtre en dessous, planes ou canaliculées, plus ou moins largement dentées sur leurs bords. — *Pétiole :* épais et assez long, flexible, duveteux, à cannelure bien marquée. — *Stipules :* très-développées.

Fertilité. — Extrême.

Culture. — Il fait de beaux sujets pour plein-vent, forme à laquelle le rendent si propre sa vigueur et sa rare fertilité. Greffé sur doucin ou paradis, il donne, soit en cordon, soit en gobelet, de plus riches récoltes encore que sur franc.

Description du fruit. — *Grosseur :* moyenne et parfois moins volumineuse. — *Forme :* sphérique fortement écrasée aux pôles et rétrécie vers l'œil, ou arrondie légèrement cylindrique, mais toujours un peu moins renflée d'un côté que de l'autre. — *Pédoncule :* long, ou très-long, assez gros, parfois terminé en bourrelet, implanté dans un évasement large et de profondeur variable. — *Œil :* grand, mi-clos, cotonneux, enfoncé, à bords ondulés. — *Peau :* unie, lisse, jaune clair, ponctuée de roux grisâtre, amplement lavée de rouge-cerise et fouettée, sur la partie qui regarde le soleil, de rouge lie de vin très-foncé. — *Chair :* blanchâtre, fine et croquante, quoique tendre. — *Eau :* abondante, rafraîchissante, sucrée, de saveur agréable, rarement bien parfumée et quelquefois même entachée d'un arrière-goût herbacé.

Maturité. — Novembre-Février.

Qualité. — Deuxième.

Historique. — Elle appartient à la pomone autrichienne et n'a pénétré chez nous qu'en 1864. Son obtenteur est ce même Joseph Schmidberger, supérieur du couvent de Saint-Florian, près Lintz (Haute-Autriche), et duquel j'ai déjà parlé ci-dessus, en décrivant la pomme Archiduc Antoine, également provenue de ses semis. M. Oberdieck, qui s'est longuement occupé du pommier Archiduchesse Sophie dans l'*Illustrirtes Handbuch der Obstkunde*, vient confirmer ainsi nos renseignements :

« Je dois — écrivait-il en 1869 — cette variété à M. Biondek, inspecteur du jardin de Nienburg, près Vienne ; il m'assure qu'elle sort des semis faits à Saint-Florian par le célèbre pomologue Schmidberger, et ajoute qu'on la considère comme son meilleur gain. Sous ce rapport, elle me paraît un peu trop flattée. Néanmoins je la trouve bonne et digne de culture, surtout à cause de son excessive fertilité. Encore fort rare, j'en suis le premier descripteur, car je ne l'ai rencontrée chez aucun de nos auteurs horticoles. » (T. VIII, p. 49, n° 566.)

La dernière assertion de M. Oberdieck a besoin, historiquement, d'être rectifiée ; il se peut, au reste, qu'elle le soit déjà, et même par ce savant si consciencieux. On ne saurait effectivement le regarder comme le premier descripteur, en 1869, de l'espèce qui nous occupe, puisque dès 1858 le professeur Langethal l'avait caractérisée dans la 14ᵉ livraison du *Deutsches Obstcabinet*. Je ne connais pas la date précise à laquelle on l'obtint, mais ce dut être après 1823, la princesse *Sophie* de Bavière, dont elle porte le nom, n'ayant épousé qu'en 1824 l'archiduc François, père de l'empereur qui gouverne actuellement l'Autriche.

Pomme ARDOISÉE. — Synonyme de pomme *de Glace* [*d'Hiver*]. Voir ce nom.

Pomme d'ARGENT. — Synonyme de pomme *de Jaune*. Voir ce nom.

---

18. Pomme AROMATIC CAROLINA.

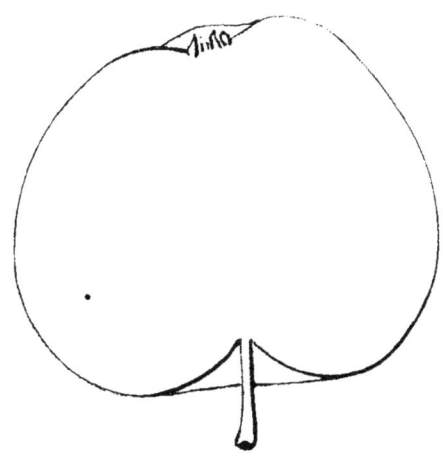

Description de l'arbre. — *Bois :* assez fort. — *Rameaux :* nombreux, habituellement étalés, gros et de longueur moyenne, bien coudés et bien duveteux, brun verdâtre lavé de rouge ardoisé. — *Lenticelles :* arrondies, abondantes et larges. — *Coussinets :* amplement développés. — *Yeux :* petits, arrondis, cotonneux, plaqués contre le bois. — *Feuilles :* moyennes, ovales, très-allongées, parfois même presque lancéolées, longuement acuminées, planes ou contournées, à denture profonde et régulière. — *Pétiole :* de longueur et de grosseur moyennes, peu roide, faiblement cannelé. — *Stipules :* des plus petites.

Fertilité. — Abondante.

Culture. — Dans nos contrées ce pommier est généralement élevé pour cordon ou buisson ; toutefois il peut faire d'assez beaux plein-vent étant greffé en tête, et non au ras de terre, parce qu'alors il devient difficile d'en obtenir des sujets à tige bien droite.

Description du fruit. — *Grosseur :* au-dessous de la moyenne. — *Forme :* conique fortement élargie à la base, un peu contournée et presque toujours mamelonnée au sommet. — *Pédoncule :* assez long, rarement bien nourri, profondément implanté dans une cavité vaste et régulière. — *Œil :* moyen, mi-clos ou fermé, cotonneux, à peine enfoncé, entouré de plis ou de bosselettes. — *Peau :* unie, légèrement onctueuse, jaune mat et grisâtre, amplement couverte de fines marbrures rouge lie de vin, fouettée de même, faiblement ponctuée de gris, surtout vers l'œil, et souvent maculée de fauve verdâtre dans l'évasement pédonculaire. — *Chair :* blanchâtre, fine, mi-tendre, assez croquante. — *Eau :* suffisante, sucrée, acidule et quelque peu parfumée.

MATURITÉ. — Septembre-Janvier.

QUALITÉ. — Deuxième.

Historique. — L'Aromatic Carolina provient des États-Unis, d'où je l'ai reçue en 1864. Downing la décrivit pour la première fois en 1863, page 114 de ses *Fruits and fruit trees of America*. Elle est, d'après lui, originaire de Pomaria, ville de la Caroline du Sud. Quant à son obtenteur, ce fut un sieur Johannes Miller, actuellement décédé, lisons-nous dans les *Proceedings of the american pomological Society*, session de 1867, page 184. J'ignore si cette variété justifie bien, dans son pays natal, le nom d'Aromatic, qu'elle porte, mais je sais que dans mes pépinières sa chair manque à peu près de parfum.

Observations. — Il existe, tant en Angleterre qu'en Amérique, plusieurs pommes *Caroline*, il importe donc de ne pas les confondre avec l'Aromatic Carolina. Voici leurs noms, qui pourront servir à éviter quelque méprise : Caroline — Caroline-Auguste — Carolina June — Carolina red June — Carolina Sweet — Carolina Watson. = De plus, connaissant huit synonymes de cette même dénomination, je les indique également, en les rattachant chacun à sa variété; ce sont : Carolina, ou White Juneating — Carolina Baldwin, ou Caroline — Carolina Greening, ou Green Cheese — Carolina red Streak, ou Ben Davis — Carolina red Stripe, ou Red Stripe — Carolina Spice, ou Nickajack — et enfin, Carolina Striped June, ou Carolina June.

POMMES AROMATIC RUSSET. — Synonymes de *Fenouillet gris* et de pomme *Rouge aromatisée*. Voir ces noms.

POMME D'ASSIETTE. — Synonyme de pomme *Coing d'Hiver*. Voir ce nom.

19. POMME D'ASTRACAN BLANCHE.

Synonymes. — *Pommes* : 1. GLACÉE D'ÉTÉ (Nicolas de Bonnefond, *le Jardinier français*, 1653, p. 107 ; — et Diel, *Kernobstsorten*, 1804, t. VI, p. 78). — 2. TRANSPARENTE DE MOSCOVIE D'ÉTÉ (Chaillou, de Vitry-sur-Seine, *Catalogue de ses pépinières, ou l'Abrégé des bons fruits*, 1755, p. 10). — 3. ASTRACAN D'ÉTÉ (Diel, *Kernobstsorten*, 1804, t. VI, p. 77). — 4. ASTRACANISCHER SOMMER (*Id. ibid.*). — 5. BLANCHE GLACÉE D'ÉTÉ (*Id. ibid.*, p. 78). — 6. GELÉE D'ÉTÉ (*Id. ibid.*). — 7. DE MOSCOVIE D'ÉTÉ (*Id. ibid.*). — 8. TRANSPARENTE D'ÉTÉ (*Id. ibid.*). — 9. ZIKAD (*Id. ibid.*). — 10. GLACE

DE ZÉLANDE (George Lindley, *Guide to the orchard and kitchen garden*, 1831, n° 11, p. 7). — 11. WHITE ASTRACAN (*Id. ibid.*). — 12. DE GLACE D'ÉTÉ (Louis Noisette, *le Jardin fruitier*, 1839, t. I, p. 195). — 13. TAFFITAI (Thompson, *Catalogue of fruits cultivated in the garden of the horticultural Society of London*, 1842, p. 43). —14. DE GLACE NATIVE (Couverchel, *Traité des fruits*, 1852, p. 432). — 15. TRANSPARENTE D'ASTRACAN (*Id. ibid.*; — et Congrès pomologique, session de 1859, *Procès-Verbaux*, p. 10). — 16. NALIWI JABLOKY (von Flotow, *Illustrirtes Handbuch der Obstkunde*, 1859, t. I, p. 87, n° 28). — 17. TRANSPARENTE DE ZURICH (Congrès pomologique, session de 1859, *Procès-Verbaux*, p. 10 ; — et A. Ferlet, *Revue horticole*, 1860, p. 245).

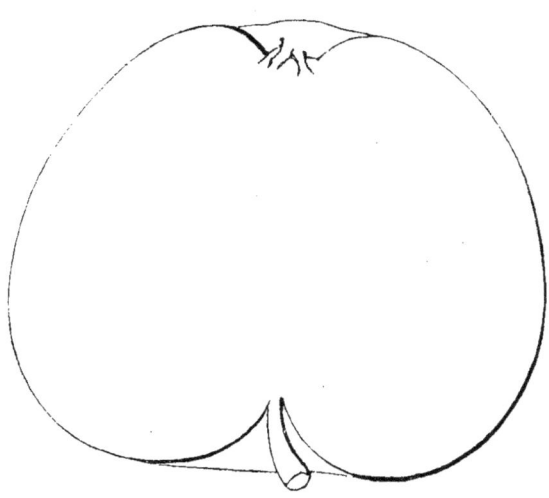

Pomme d'Astracan blanche.

Description de l'arbre. — *Bois :* assez faible. — *Rameaux :* nombreux, légèrement étalés, peu longs et de grosseur moyenne, bien coudés, duveteux, rouge-brun ardoisé, ayant les mérithalles excessivement courts. — *Lenticelles :* plus ou moins arrondies, petites, fort espacées. — *Coussinets :* presque nuls. — *Yeux :* gros, coniques, très-rapprochés du bois, aux écailles cotonneuses. — *Feuilles :* grandes, assez minces, ovales-allongées, des plus acuminées, vert clair en dessus, blanc verdâtre en dessous, à bords bien crénelés. — *Pétiole :* long, épais, rosé, profondément cannelé. — *Stipules :* larges et courtes.

FERTILITÉ. — Médiocre.

CULTURE. — Si l'on veut en faire un plein-vent, il faut, vu la lenteur de sa croissance, le greffer à haute tige sur de beaux sujets ; comme production, les formes cordon et gobelet lui sont favorables.

Description du fruit. — *Grosseur :* au-dessus de la moyenne. — *Forme :* ovoïde-arrondie, quelque peu aplatie à son extrémité inférieure, légèrement pentagone et souvent beaucoup moins large au sommet qu'à la base. — *Pédoncule :* de longueur moyenne, bien nourri, renflé à l'attache, inséré dans une cavité assez grande et surtout profonde. — *Œil :* très-développé, mi-clos ou fermé, duveteux, faiblement enfoncé, entouré de plis et de protubérances plus ou moins sensibles. — *Peau :* des plus minces, unicolore et comme vernie, blanchâtre, d'une transparence parfois bien prononcée, faiblement ponctuée de gris argenté, maculée de roux dans le bassin pédonculaire et parfois, mais rarement, portant quelques stries rose pâle sur le côté de l'insolation. — *Chair :* excessivement blanche, très-fine, presque fondante. — *Eau :* abondante, sucrée, acidule, possédant un arome particulier qui la rend fort savoureuse.

MATURITÉ. — Fin juillet.

QUALITÉ. — Première.

Historique. — Le pomologue anglais George Lindley assurait en 1831 que cette variété provenait des environs d'Astracan (Russie d'Europe), où elle avait poussé spontanément (*Guide to the orchard and kitchen garden*, p. 8). C'est aussi l'opinion des Russes et des Allemands. Le même Lindley croit qu'on l'introduisit en 1816 dans la Grande-Bretagne. S'il en est ainsi, je puis affirmer que chez nous elle fut connue beaucoup plus tôt. Nicolas de Bonnefond la citait dès 1653, sous le nom *Pomme Glacée d'Été*, page 107 du *Jardinier français;* et, ce nom, le docteur Diel, un des écrivains horticoles les plus accrédités de l'Allemagne, le lui conservait encore en 1804 (voir *Kernobstsorten*, t. VI, p. 78). Toutefois ce pommier mit un temps infini à se répandre dans nos cultures; à tel point, qu'aujourd'hui le dire peu multiplié, n'est certes pas exagérer. En 1755, Chaillou, pépiniériste renommé dont l'établissement se trouvait à Vitry-sur-Seine, près Paris, le plaçait parmi ses espèces les plus rares, les plus estimées. Il l'appelait Transparente de Moscovie, dans le *Catalogue ou Abrégé des bons fruits* qu'alors il publia (p. 10); et comme Poiteau, qui l'a décrite en 1846, la qualifie : « d'espèce toujours rare et peu « connue à Paris, » (*Pomologie française*, t. IV, n° 57) cela montre bien avec quelle lenteur marcha sa propagation. La cause en est, je le soupçonne, non pas au défaut de qualité de cette pomme, vraiment exquise, mais à l'extrême fugacité de son point complet de maturation. Sous notre climat, on le saisit très-difficilement, et pour peu qu'on l'ait manqué de deux ou trois jours, le soleil de juillet ne vous laisse plus à manger qu'un fruit pâteux, dépourvu de cette eau rafraîchissante et parfumée qui en fait le principal mérite. En Russie, l'Astracan blanche jouit d'une grande réputation, s'y conserve plus longtemps, puis y devient excessivement juteuse et transparente. Il faut avouer aussi qu'on lui compose là un sol spécial, dont le sable et le fumier d'étable forment la base; soins qu'on est loin de lui accorder en France, où les pommes sont moins recherchées que les poires.

Observations. — Parmi les nombreux surnoms appliqués à cette variété, les suivants : de Glace, Gelée, Glacée de Moscovie, Transparente, furent également attribués, notamment par Duhamel (1768) et par Mayer (1776), à certaine *Pomme de Glace* qu'en 1667 décrivit Merlet, et qui déjà était connue au temps des naturalistes Cordus, Ruel et Bauhin (XVIe siècle). Devant ces mêmes synonymes, il est donc important de ne pas confondre l'Astracan blanche avec la vraie P. de Glace. On y parviendra en se rappelant que leur maturité diffère essentiellement, puisque la première disparaît dès le commencement d'août, lorsque la seconde reste au fruitier jusqu'en mars. — L'Astracan blanche n'est pas davantage identique, malgré son synonyme Transparente d'Été, avec la Pomme de Revel, ou Transparente blanche, mûrissant vers la mi-juillet. — J'ai parfois reçu cette espèce sous la dénomination *Transparente d'Astracan*, que Thompson, en 1842, enregistra en lui donnant Taffitai pour synonyme (*Catalogue of fruits cultivated in the garden of the horticultural Society of London*, p. 43), sans toutefois fournir aucun renseignement sur le fruit, qu'il n'avait pas encore dégusté. Mais depuis lors notre Congrès pomologique a constaté, ainsi que moi, la complète ressemblance de l'Astracan avec cette Transparente (Session de 1859, *Procès-Verbaux*, p. 10).

Pomme d'ASTRACAN D'ÉTÉ. — Synonyme de pomme *d'Astracan blanche*. Voir ce nom.

Pomme d'ASTRACAN D'HIVER. — Synonyme de pomme *de Glace*. Voir ce nom.

20. Pomme d'ASTRACAN ROUGE.

Synonymes. — *Pommes* : 1. Red Astrachan (William Atkinson, *Transactions of the horticultural Society of London*, 1820, t. IV, p. 522). — 2. Abe Lincoln (Charles Downing, *the Fruits and fruit trees of America*, 1869, p. 323). — 3. Vermillon d'été (*Id. ibid.*).

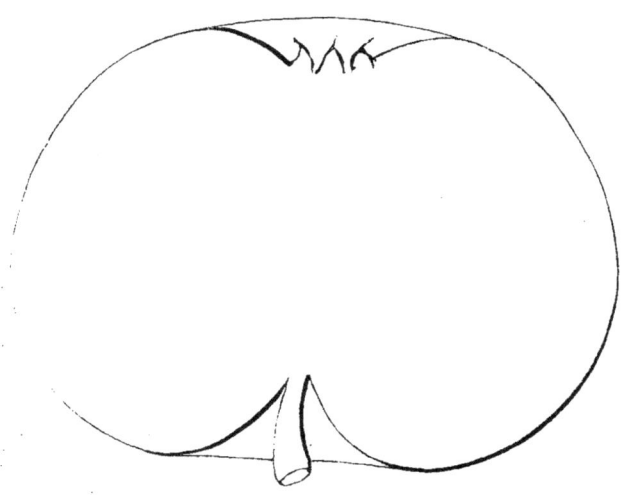

Description de l'arbre. — *Bois :* assez faible. — *Rameaux :* nombreux, érigés, de grosseur et de longueur moyennes, très-coudés, duveteux, vert grisâtre, quelque peu nuancé de brun-rouge clair. — *Lenticelles :* petites, généralement allongées, blanc sale, bien espacées. — *Coussinets :* ressortis. — *Yeux :* assez gros, coniques-obtus, duveteux, collés contre le bois. — *Feuilles :* de moyenne grandeur, ovales-allongées, faiblement acuminées, quelque peu relevées en gouttière, généralement arquées au sommet, ayant les bords fortement dentés. — *Pétiole :* peu long, épais et roide, rarement bien cannelé. — *Stipules :* courtes et étroites.

Fertilité. — Très-grande.

Culture. — La vigueur de ce pommier laisse trop à désirer pour le destiner à la haute-tige ; il lui faut le cordon ou l'espalier, et surtout le franc comme sujet.

Description du fruit. — *Grosseur :* au-dessus de la moyenne et souvent plus volumineuse. — *Forme :* irrégulièrement globuleuse et presque toujours bien comprimée aux pôles. — *Pédoncule :* de longueur moyenne, fort et arqué, renflé à la base, inséré dans une cavité large et profonde. — *Œil :* grand, mi-clos, à longues sépales, modérément enfoncé dans un vaste bassin dont les bords sont ou faiblement côtelés ou très-unis. — *Peau :* assez épaisse, à fond jaune verdâtre, amplement marbrée, lavée et surtout fouettée de carmin, couverte d'une légère efflorescence blanchâtre, maculée de brun verdâtre dans l'évasement pédonculaire et semée de nombreux points gris très-développés. — *Chair :* blanche, fine, demi-tendre. — *Eau :* suffisante, bien sucrée, possédant une saveur aigrelette fort agréable et que rehausse un parfum très-délicat.

Maturité. — Vers la mi-juillet et dépassant très-rarement la fin de ce même mois.

Qualité. — Première.

Historique. — Ainsi que l'Astracan blanche, décrite à l'article précédent, l'Astracan rouge passe généralement pour appartenir à la pomone de la province russe dont elle porte le nom. Fort connue dans l'Europe septentrionale, on la rencontre notamment chez les Suédois, les Norwégiens, les Polonais, les Allemands et les Anglais, mais seulement depuis les premières années de notre siècle. Est-elle beaucoup plus ancienne? Cela semble improbable, car un aussi bon fruit n'eût pu manquer — ce qui n'a pas eu lieu — d'attirer l'attention de quelques-uns des pomologues du xviiie siècle. Pour moi, j'ai commencé à le multiplier en 1867 et ne l'avais, jusqu'alors, jamais vu chez nos pépiniéristes. M. Mas, le consciencieux directeur de la publication intitulée *le Verger*, devait, toutefois, déjà posséder cette pomme à Bourg (Ain), dans sa nombreuse collection d'arbres fruitiers, puisqu'en 1865 il l'a décrite et figurée (t. V, n° 2).

Pomme ASTRACANISCHER SOMMER. — Synonyme de pomme *d'Astracan blanche*. Voir ce nom.

Pomme AUBERTIN. — Synonyme de pomme *Grand-Alexandre*. Voir ce nom.

---

21. Pomme d'AUNÉE.

Synonymes. — *Pommes* : 1. Franche-Noble (Herman Knoop, *Pomologie*, édition allemande, 1760, 1re partie, pp. 14 et 60). — 2. Noblesse (*Id. ibid.*). — 3. Princesse noble (*Id. ibid.*). — 4. Alant (Diel, *Kernobstsorten*, 1800, t. III, p. 39). — 5. Carrée d'Automne (Oberdieck, *Illustrirtes Handbuch der Obstkunde*, 1859, t. I, p. 249, n° 109). — 6. Princesse noble de Knoop (*Id. ibid.*).

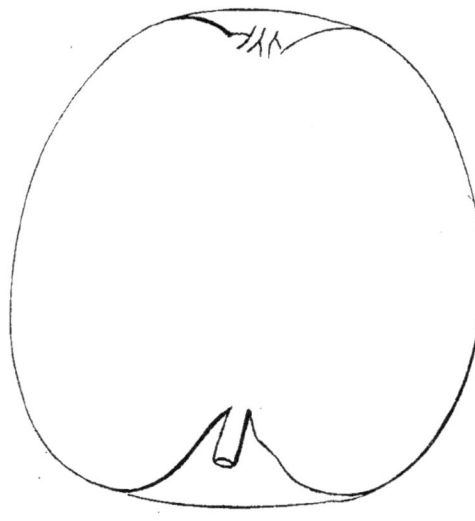

Description de l'arbre. — *Bois :* fort. — *Rameaux :* nombreux, assez longs, gros, érigés, sensiblement coudés et cotonneux, brun clair jaunâtre. — *Lenticelles :* arrondies, abondantes, bien apparentes. — *Coussinets :* larges et saillants. — *Yeux :* moyens ou volumineux, ovoïdes-obtus, duveteux, entièrement appliqués sur le bois. — *Feuilles :* de grandeur moyenne, ovales-allongées, très-acuminées, planes ou quelque peu arquées et contournées, ayant les bords régulièrement et fortement dentés en scie. — *Pétiole :* de moyenne longueur, épais mais flasque, à cannelure des plus accusées. — *Stipules :* très-courtes.

Fertilité. — Satisfaisante.

Culture. — Généralement on lui donne les formes gobelet ou cordon, qui, comme production, l'avantagent beaucoup; greffé pour la haute-tige, il fait toutefois de jolis arbres à couronne régulière et très-touffue.

Description du fruit. — *Grosseur :* moyenne et souvent un peu plus volumineuse. — *Forme :* ovoïde-allongée, aplatie à la base et parfois assez contournée dans tout son ensemble. — *Pédoncule :* court, de force variable, duveteux, profondément inséré dans un bassin irrégulier et très-étendu. — *Œil :* petit, fermé, légèrement cotonneux, rarement bien enfoncé, entouré de quelques plis et de faibles gibbosités. — *Peau :* mince, unie, jaune-citron du côté de l'ombre, marbrée et fouettée, sur l'autre face, de carmin plus ou moins foncé, et finement ponctuée de blanc grisâtre. — *Chair :* jaunâtre, tendre et mi-fine. — *Eau :* suffisante, fort sucrée, presque dépourvue d'acidité, mais possédant un parfum agréable et prononcé qui rappelle assez bien celui de la racine d'aunée.

Maturité. — Novembre-Janvier.

Qualité. — Première, surtout pour ceux qui aiment les fruits très-aromatisés.

Historique. — L'espèce ici caractérisée remonte environ à la moitié du xviiie siècle. Herman Knoop, pomologue hollandais, fut en 1760 le premier qui l'étudia. Elle me paraît provenir de son pays. Il la nommait Princesse noble et lui connaissait déjà deux surnoms : Pomme Noblesse, et Franche-Noble. Voici la description qu'il en donna, nous l'empruntons à l'édition allemande de sa *Pomologie :*

« Fruit de moyenne grosseur et quelque peu contourné, ayant souvent la forme d'un carré oblong, mais parfois aussi diminuant de volume auprès de l'œil. Sa peau, unie, devient jaunâtre à la maturité, et l'une des faces est généralement mouchetée ou rayée de carmin. La chair, demi-tendre, possède un goût aromatique et relevé. On doit donc regarder cette pomme comme l'une des meilleures qui dans sa saison — novembre-décembre — puisse paraître sur nos tables. — L'arbre, très-fertile, donne de bon bois et atteint une assez grande hauteur. » (Ire partie, pp. 14 et 60.)

Quarante ans après Knoop, Diel, auteur allemand si connu par ses nombreux et savants ouvrages sur les arbres fruitiers, s'occupa de cette même variété, qu'il dit avoir reçue, antérieurement à 1798, du professeur Wittwer, de Nuremberg (Bavière), sous le nom *Alantapfel* [*Pomme d'Aunée*], dont il la laissa en possession. Puis il ajoute : « Dans l'automne de 1800, le professeur « Crede, de Marburg (Hesse-Électorale), m'adressa, étiqueté Zimmetapfel [*Pomme « Cannelle*], un fruit qui n'était autre que l'Alant venue de Nuremberg. » (*Kernobstsorten*, 1800, t. III, p. 26, note, et pp. 39 à 43.) Diel ne fit pas observer que sa pomme Alant était identique avec la Princesse noble signalée par Knoop en 1760. Ce fait lui échappa probablement. Mais de nos jours M. Oberdieck, l'un des écrivains arboricoles les plus compétents de l'Allemagne, affirme comme nous cette identité (*Illustrirtes Handbuch der Obstkunde*, 1859, t. I, p. 249, n° 109). Il explique aussi pour quel motif on n'a pas substitué au nom d'Alant, adopté par Diel, celui de Princesse noble, beaucoup plus ancien. C'est parce qu'il était plus court, et qu'ensuite il indiquait le caractère particulier de ce fruit, possédant réellement la saveur de l'Alant, appelée chez nous, Aunée — *Inula helenium* — plante vivace à fleur radiée, dont la racine, fort aromatique, est utilisée par les médecins.

Observations. — Parmi les synonymes de cette variété, il en est deux, Princesse noble, pomme Carrée, qui ne doivent pas la faire supposer identique avec notre *Princesse noble*, propagée par les Chartreux de Paris et décrite ci-après, non plus qu'avec certaine *Reinette carrée* signalée en 1864 (Revue horticole, pp. 404, 411), et dont nous parlerons à l'article Reinette de Cuzy.

Pomme AURORA. — Synonyme de pomme *de Dix-Huit Onces.* Voir ce nom.

Pomme AURORE. — Synonyme de pomme *Princesse noble.* Voir ce nom.

Pomme AUTUMN PEARMAIN. — Synonyme de pomme *Pearmain d'Été.* Voir ce nom.

Pomme AVANT-TOUTES. — Synonyme de pomme *Postoph d'Été.* Voir ce nom.

Pomme AVERY SWEET. — Synonyme de pomme *de Ramsdell.* Voir ce nom.

Pomme AZEROLY. — Synonyme de *Fenouillet rouge.* Voir ce nom.

---

22. Pomme AZEROLY ANIZÉ.

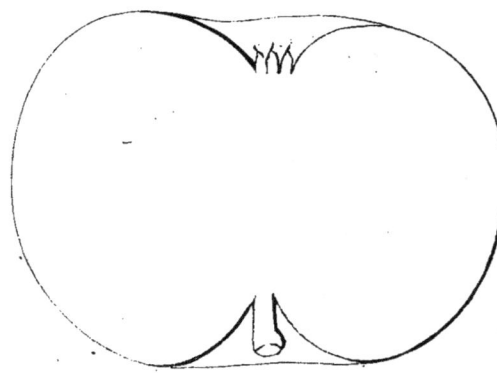

Description de l'arbre. — *Bois :* de force moyenne. — *Rameaux :* nombreux, érigés au sommet de la tige, étalés à la base, de longueur et de grosseur moyennes, sensiblement coudés, duveteux et brun-fauve amplement lavé de rouge ardoisé; ils ont de très-courts mérithalles. — *Lenticelles :* grandes, arrondies ou allongées, bien rapprochées. — *Coussinets :* saillants. — *Yeux :* gros, ovoïdes, très-cotonneux, appliqués contre l'écorce. — *Feuilles :* assez petites, ovales ou ovales-arrondies, courtement acuminées pour la plupart, planes ou canaliculées, ayant les bords fortement crénelés ou dentés. — *Pétiole :* court, roide et bien nourri, rarement cannelé. — *Stipules :* peu développées.

Fertilité. — Remarquable.

Culture. — La riche ramification de cet arbre permet de l'élever pour pleinvent; il prend une forme arrondie très-régulière et sa place est avant tout dans le verger.

Description du fruit. — *Grosseur :* au-dessous de la moyenne. — *Forme :* sphérique, sensiblement aplatie aux extrémités et souvent moins renflée d'un côté que de l'autre. — *Pédoncule :* fort, très-court, implanté dans une cavité large et profonde, à bords unis. — *OEil :* petit, bien enfoncé, mi-clos ou fermé, entouré de plis ou de faibles côtes. — *Peau :* mince, vert tendre, amplement lavée et striée de rouge brunâtre, ponctuée de gris clair et plus ou moins tachée, surtout auprès du pédoncule, de fauve squammeux. — *Chair :* blanchâtre, tendre, mi-fine. — *Eau :* suffisante, fraîche, acidule, très-sucrée, ayant un parfum d'anis bien prononcé.

Maturité. — Courant de décembre et atteignant difficilement le mois de février.

Qualité. — Deuxième.

Historique. — La Gironde est regardée comme le berceau de ce fruit, cultivé seulement depuis une cinquantaine d'années. Sa propagation commence aujourd'hui à prendre un certain développement chez les pépiniéristes, grâce au Congrès pomologique, qui l'a patroné. Je n'ai pu découvrir le nom de son obtenteur.

B

23. Pomme BACHELOR.

Synonymes. — *Pommes* : 1. Buckingham (Ch. Downing, *the Fruits and fruit trees of America*, 1863, p. 124). — 2. Batchellor (*Id. ibid.*, p. 116). — 3. King (*Id. ibid.*). — 4. Kentucky Queen (*Id. ibid.*, 1869, p. 109). — 5. Merit (*Id. ibid.*). — 6. Nec plus ultra (*Id. ibid.*). — 7. Queen (*Id. ibid.*). — 8. Red Gloria Mundi (*Id. ibid.*). — 9. Winter Queen (*Id. ibid.*).

Premier Type.

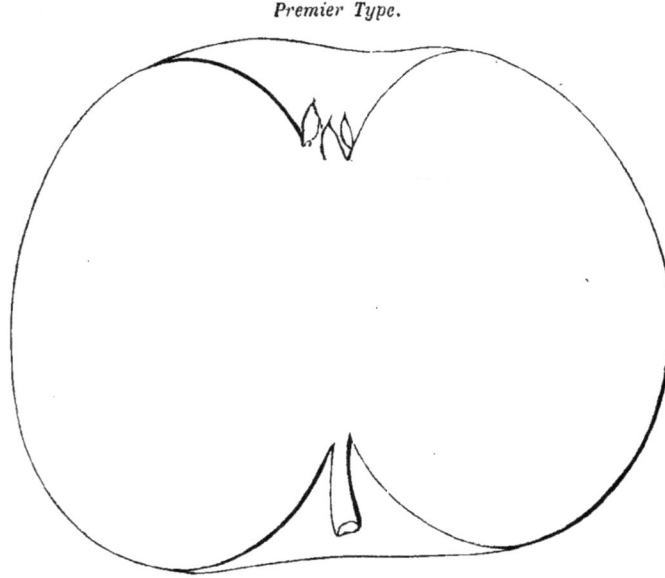

Description de l'arbre. — *Bois* : faible. — *Rameaux* : assez nombreux, légèrement étalés, de grosseur et de longueur moyennes, à peine géniculés, duveteux, rouge-brun ardoisé très-foncé. — *Lenticelles* : arrondies ou allongées, fines mais abondantes. — *Coussinets* : presque nuls. — *Yeux* : petits, ovoïdes, cotonneux, collés en partie contre le bois. — *Feuilles* : petites, arrondies, courtement acuminées, planes ou relevées en gouttière, à bords régulièrement dentés. — *Pétiole* : de longueur et grosseur moyennes, carminé, duveteux et sensiblement cannelé. — *Stipules* : courtes et étroites.

Fertilité. — Convenable.

Culture. — Cette variété veut la basse-tige, car sa vigueur très-modérée la rend totalement impropre à faire de passables plein-vent.

Description du fruit. — *Grosseur* : assez variable, mais plutôt moyenne que considérable. — *Forme* : globuleuse, un peu plus large que haute, légèrement aplatie aux pôles et presque toujours ayant un côté moins volumineux que l'autre.

— *Pédoncule :* généralement de longueur moyenne et bien nourri, mais parfois grêle et beaucoup plus long, inséré dans un bassin très-développé. — *Œil :* grand ou moyen, ouvert ou mi-clos, à cavité irrégulière et quelque peu plissée. — *Peau :* légèrement rugueuse, vert clair jaunâtre, lavée en partie de brun-rouge pâle, fouettée de rouge plus sombre, marbrée ou maculée de brun olivâtre autour du pédoncule et semée de larges points gris foncé. — *Chair :* un peu jaunâtre ou verdâtre, assez fine, très-ferme, croquante et faiblement marcescente. — *Eau :* abondante, bien sucrée, acidule, douée d'un parfum fort délicat.

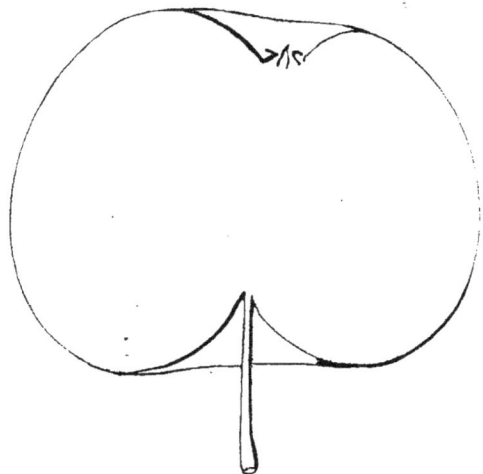

Pomme Bachelor. — *Deuxième Type.*

MATURITÉ. — Octobre-Février.

QUALITÉ. — Première.

Historique. — D'origine américaine, la pomme Bachelor provient de la partie occidentale de la Caroline du Nord. Elle remonte environ à 1850. Charles Downing, son premier descripteur, n'en parlait pas dans l'édition 1849 de ses *Fruits and fruit trees of America ;* mais dans celle publiée en 1863 il la caractérise et déjà lui reconnaît un synonyme : la pomme King (p. 116). Six ans plus tard — 1869 — paraît une réimpression de cette Pomologie ; nous y retrouvons, page 109, la Bachelor ; seulement, du rang des variétés elle est tombée au rang des synonymes de certaine Buckingham qui n'en compte pas moins de vingt et un, tous spéciaux à l'Amérique et dont, pour ce motif, j'ai simplement reproduit les principaux. M. Downing ne s'explique pas sur cette modification ; il avoue même ignorer d'où vient la pomme Buckingham. Cependant en 1863, croyant ce fruit non identique avec la Bachelor, il le décrivait page 124 du même ouvrage et le supposait sorti du comté de Gass (Géorgie). D'où l'on doit conclure qu'une assez grande incertitude règne aux États-Unis sur l'histoire et l'identité de ces deux pommes. Pour moi, qui depuis 1860 multiplie la variété Bachelor, je lui conserve ce nom, le seul qu'alors elle portait ; il a, d'ailleurs, la priorité sur le second, Buckingham, qu'actuellement on lui donne chez les Américains.

Observations. — *Bachelor's Blush* et *Bachelor's Glory* sont des pommes signalées aussi par M. Downing ; je ne les crois pas dans les pépinières françaises ; mais comme elles peuvent y être importées un jour ou l'autre, il devient urgent de noter que leur nom les ferait aisément confondre avec la Bachelor, si l'on oubliait l'existence de cette dernière. — M. Bivort, tome III des *Annales de pomologie belge et étrangère*, a décrit en 1855 (p. 60) une pomme *Winter Queen* complétement rouge-cerise, et qu'il dit originaire d'Amérique. Elle n'a rien de commun, toutefois, avec la Bachelor, quoique celle-ci ait le nom Winter Queen parmi ses synonymes.

24. Pomme BALDWIN.

Synonymes. — *Pommes* : 1. Calville Butter (Van Mons, *Catalogue descriptif et abrégé de partie des arbres fruitiers qui de 1798 à 1823 ont formé sa collection*, p. 26, n° 142, et p. 44, n° 1292). — 2. Red Baldwin's Pippin (Dittrich, *Systematisches Handbuch der Obstkunde*, t. III, p. 53). — 3. Butter's (Thompson, *Catalogue of fruits cultivated in the garden of the horticultural Society of London*, 1842, p. 5, n° 22). — 4. Red Baldwin (*Id. ibid.*). — 5. Woodpecker (*Id. ibid.*). — 6. Pecker (Hovey, *the Fruits of America*, 1847, t. I, p. 11). — 7. Late Baldwin (*Id. ibid.*). — 8. Steele's red Winter (*Id. ibid.*). — 9. Felch (Charles Downing, *Fruits and fruit trees of America*, 1869, p. 85).

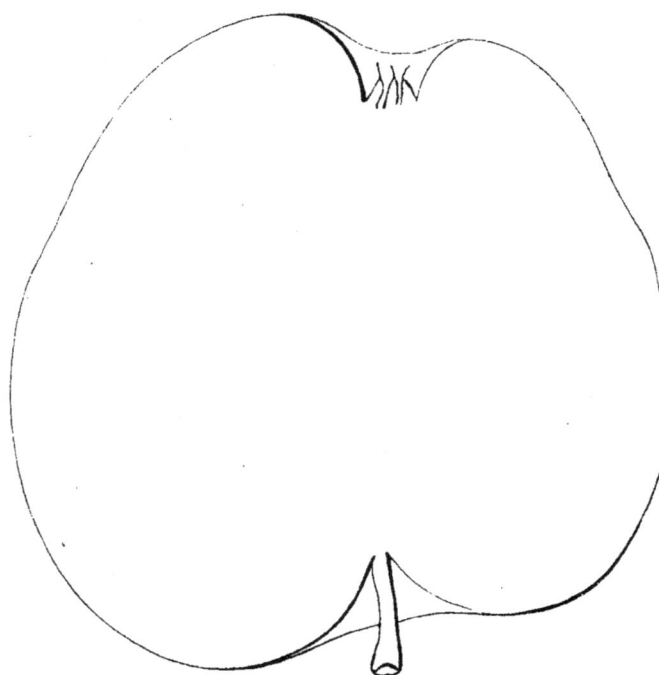

Description de l'arbre. — *Bois :* fort. — *Rameaux :* assez nombreux, rouge-brun foncé, étalés, sensiblement géniculés, très-cotonneux, très-gros et très-longs. — *Lenticelles :* des plus grandes, arrondies et rapprochées. — *Coussinets :* aplatis. — *Yeux :* volumineux, ovoïdes arrondis, excessivement duveteux, noyés dans l'écorce. — *Feuilles :* de grandeur moyenne, ovales arrondies, généralement acuminées, vert terne en dessus, gris verdâtre en dessous, à bords assez profondément dentés. — *Pétiole :* épais, un peu court, faiblement cannelé. — *Stipules :* bien développées.

Fertilité. — Médiocre.

Culture. — Sa vigueur, sa jolie forme le rendent très-propre à faire de remarquables hautes-tiges ; greffé sur doucin ou paradis, il donne des sujets nains de toute beauté et dont la fertilité devient assez satisfaisante.

Description du fruit. — *Grosseur :* considérable. — *Forme :* conique-allongée ou conique-arrondie, irrégulière, mamelonnée et légèrement côtelée au sommet, fortement bosselée et beaucoup moins volumineuse, généralement, d'un côté que de l'autre. — *Pédoncule :* assez long, bien nourri, arqué, inséré dans un évasement rarement très-développé. — *OEil :* grand, mi-clos, modérément enfoncé, à bords des plus inégaux. — *Peau :* jaune blafard dans l'ombre, jaune d'or sur la face exposée au soleil, où elle est en outre lavée et rubannée de rouge carminé ; quelques marbrures fauves entourent habituellement le pédoncule et descendent jusque dans sa cavité. — *Chair :* un peu jaunâtre, fine, ferme et croquante. — *Eau :* abondante, très-sucrée, acidule, douée de la plus délicate saveur.

Maturité. — Novembre-Mars.

Qualité. — Première.

Historique. — La Baldwin provient des États-Unis, d'où je l'ai importée en 1849, et elle y jouit à juste titre d'une grande faveur. Le pomologue Hovey, de Boston, lui consacra un long article en 1847, dans lequel nous lisons, sur son origine, les renseignements suivants :

« Aujourd'hui centenaire, cette variété sort de la ferme achetée encore inculte, vers 1740, par M. John Ball, dans le comté de Middlesex, à quatre kilomètres sud-est de Lowell. Le pied-type poussa peu après, et depuis longtemps déjà sa propagation était uniquement particulière aux localités environnantes, quand il fut rencontré par le colonel Baldwin, de Woburn. Appréciant le rare mérite de la nouvelle pomme, ce dernier la fit connaître dans une notice ; et c'est alors qu'on lui donna le nom du colonel. L'arbre-mère, en 1817 existait toujours ; il était mort en 1832. De Woburn, le pommier Baldwin s'étendit dans les contrées limitrophes ; à ce point, qu'actuellement tous les vergers de l'ouest de Cambridge, Watertown et Boston, en sont presque entièrement plantés. » (*Fruits of America*, 1847, t. I, p. 11.)

Observations. — Les Pomologies américaines renferment la description de deux pommes qu'il ne faut pas confondre, malgré leur dénomination, avec l'espèce ici caractérisée ; ce sont les variétés *Fuft's Baldwin* et *Baldwin sweet*, moins méritantes, et que nos pépiniéristes n'auraient aucun intérêt à multiplier.

Pommes : BALGONE GOLDEN PIPPIN,

— BALGONE PIPPIN,

Synonymes de pomme *d'Or* [*d'Angleterre*]. Voir ce nom.

Pomme BALTIMORE. — Synonyme de pomme *Joséphine*. Voir ce nom.

Pommes : BALTIMORE PIPPIN,

— BALTIMORE RED,

— BALTIMORE RED STREAK,

Synonymes de pomme *Ben Davis*. Voir ce nom.

25. Pomme BARBARIE.

Synonymes. — Pommes : 1. Barberiot (Olivier de Serres, *Théâtre d'agriculture et ménage des champs*, 1608, p. 626). — 2. De Barbarin (Thompson, *Catalogue of fruits cultivated in the garden of the horticultural Society of London*, 1842, p. 5, n° 26). — 3. Gros-Barbarie rouge (Poiteau, *Pomologie française*, 1846, t. IV, n° 9).

Description de l'arbre. — *Bois :* très-fort. — *Rameaux :* peu nombreux, généralement bien étalés, à peine coudés, longs et des plus gros, très-duveteux et rouge-brun ardoisé. — *Lenticelles :* larges, arrondies, assez abondantes. — *Coussinets :* presque nuls. — *Yeux :* coniques-arrondis, volumineux, sensiblement aplatis et cotonneux, collés sur le bois. — *Feuilles :* des plus grandes, ovales, courtement acuminées, épaisses, flasques, duveteuses, uniformément dentées. —

Pomme Barbarie.

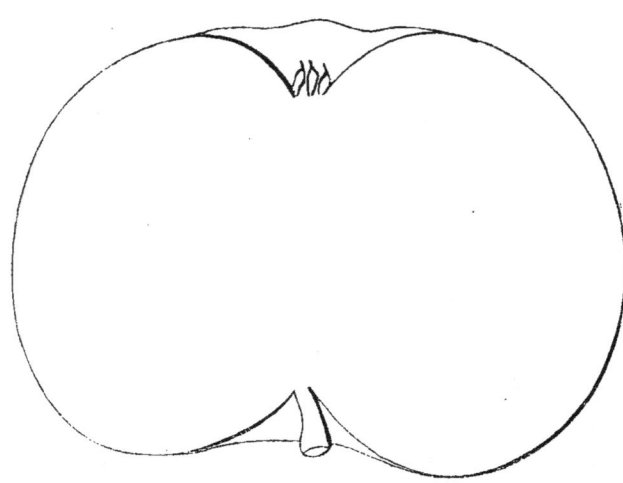

Pétiole : court, très-gros et très-cotonneux, à cannelure profonde. — *Stipules :* excessivement développées.

FERTILITÉ. — Moyenne.

CULTURE. — L'une des plus vigoureuses, cette variété convient admirablement pour la haute-tige, en raison surtout de sa rapide croissance et de la grosseur de ses rameaux. Quand on désire lui donner les formes cordon ou buisson, il la faut greffer sur paradis, afin d'en modérer la vigueur et d'en accroître la fertilité.

Description du fruit. — *Grosseur :* au-dessus de la moyenne, et parfois plus volumineuse. — *Forme :* sphérique très-aplatie aux pôles, à surface excessivement unie, sauf près du sommet, qui est quelque peu côtelé. — *Pédoncule :* court, gros et arqué, renflé à l'attache, implanté dans une cavité de profondeur variable. — *Œil :* grand ou moyen, souvent mi-clos, occupant le centre d'un bassin vaste et régulier : — *Peau :* épaisse, légèrement rugueuse, jaune sale, semée de gros points gris-blanc très-espacés, lavée et faiblement rayée de rose pâle sur le côté de l'insolation et tachée de fauve dans la cavité pédonculaire. — *Chair :* jaunâtre, fine, assez tendre, non marcescente. — *Eau :* abondante, aigrelette, sucrée, ayant un arrière-goût anisé fort agréable.

MATURITÉ. — Janvier-Mai.

QUALITÉ. — Première, soit pour le couteau, soit pour la cuisson.

Historique. — « Voici l'un des plus forts pommiers de la Normandie, » écrivait Poiteau en 1846. « La tradition, » ajoutait-il, « veut qu'un capucin l'ait « apporté dans cette contrée vers l'an 1760; mais on ne sait plus ni le nom du « capucin, ni celui du pays où il l'avait pris. » (*Pomologie française*, t. IV, nº 8.) L'incrédulité, l'ironie même percent dans ces quelques lignes du savant botaniste; ce dont je l'excuse volontiers, car il serait vraiment fâcheux, pour l'histoire de nos fruits, que de semblables traditions fussent sérieusement présentées, et acceptées. Barbarie est un nom fort commun dans la nomenclature des pommiers normands; depuis des siècles on l'y rencontre, surtout parmi les espèces à cidre. Il a quelque peu varié dans sa composition, sous le caprice et le patois. Ainsi Barberiot, Barbari dur, Gros et Petit-Barbari, Barberiat, Barberic, nous sont donnés par notre vieil Olivier de Serres, d'abord, puis par Renault, Louis Dubois et Odolant-Desnos, auteurs modernes ayant consciencieusement étudié les pommes de la Normandie. Il est admis, aujourd'hui, que le Gros-Barbarie, bon uniquement pour le pressoir, provient de la Biscaye (Espagne), et de toute antiquité; mais ce n'est pas celui, si délicat, dont Poiteau fut un des premiers descripteurs; on ne peut donc l'en supposer originaire. Quant au nom Barbarie, sous lequel ce pomologue le reçut, nul doute qu'il ne lui soit venu, jadis, de sa ressemblance extérieure, assez grande, avec l'antique pomme à cidre ainsi appelée. Il faut bien le penser, quand on voit Poiteau, précisément, caractériser à la suite de son Gros-Barbarie, la variété Petit-Barbarie, servant à fabriquer la boisson, et dire que ces deux pommiers ont entr'eux de nombreux rapports, sauf pour la taille, très-inférieure chez le Petit. Avant Poiteau, le savant naturaliste M. Millet, ancien président du Comice horticole d'Angers, avait signalé la pomme Barbarie. C'était en 1833 et à la page 116 des *Mémoires* de notre Société d'Agriculture. La description qu'il en donne est fort complète; il a eu soin de relater que ce fruit est très-répandu dans les environs de Jallais (Maine-et-Loire); et même il l'en croit sorti, car l'article qu'il lui consacre fait partie d'une étude statistique sur les fleurs et les fruits angevins; étude que l'auteur termine ainsi : « Nous aurions pu étendre la « liste des fruits, mais nous avons dû nous borner à ceux reconnus pour avoir pris « naissance dans le département de Maine-et-Loire. » Et cette origine ainsi indiquée par M. Millet n'a rien d'impossible, ajouterai-je, ni qui ne soit, surtout, beaucoup plus vraisemblable que la tradition monacale si plaisamment rapportée par Poiteau, vu le temps immémorial depuis lequel cette variété se rencontre en Anjou. — Je devrais, en terminant, recommander de ne pas confondre la pomme Barbarie, ici décrite, avec ses homonymes du pressoir, mais cela me paraît inutile, les derniers n'étant pas mangeables. M. Renault l'affirme du moins : « On connaît « — écrit-il — deux espèces de *Barbari*, le Gros et le Petit ; on croit que l'une et « l'autre doivent leur nom à l'âpreté de leurs fruits.... leur pulpe est très-ferme..... et d'une saveur amère dégoûtante! » (*Nature et culture du Pommier*, 1817, p. 73.)

Pommes : de BARBARIN,

— BARBERIOT,

} Synonymes de pomme *Barbarie*. Voir ce nom.

Pomme BARDIN. — Synonyme de *Fenouillet rouge*. Voir ce nom.

Pomme BARLOW. — Synonyme de pomme *Court de Wick*. Voir ce nom.

Pommes : BAROVESKI,

— BAROWISKI,

} Synonymes de *Borowicki*. Voir ce nom.

Pomme BARRÉE. — Synonyme de *Calleville barré*. Voir ce nom.

Pomme de BATAVIA. — Synonyme de *Reinette blanche de Hollande*. Voir ce nom.

Pomme BATCHELLOR. — Synonyme de pomme *Bachelor*. Voir ce nom.

26. Pomme BATULLEN.

Synonyme. — *Pomme de Transsylvanie* (André Leroy, *Catalogue* de 1868, p. 52, n° 477).

Description de l'arbre. — *Bois :* assez faible. — *Rameaux :* nombreux, légèrement étalés, grêles, peu longs et peu géniculés, rarement bien cotonneux, rouge-brun foncé, mais brillant. — *Lenticelles :* arrondies, petites, assez rapprochées. — *Coussinets :* saillants. — *Yeux :* moyens, ovoïdes, presque plaqués contre le bois et faiblement duveteux. — *Feuilles :* très-petites et très-courtement acuminées, arrondies, complétement planes, finement dentées. — *Pétiole :* peu long, assez gros, à large cannelure. — *Stipules :* courtes et étroites.

Pomme Batullen.

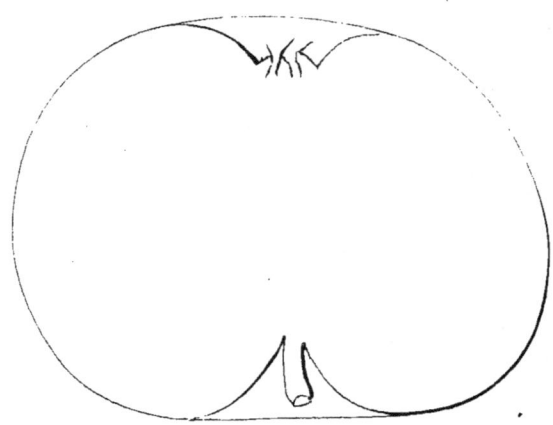

Fertilité. — Convenable.

Culture. — Les rameaux courts et grêles de cette variété, conseillent de ne pas la greffer pour haute-tige, sous peine de mauvais résultat; mais en la plaçant sur doucin, plutôt que sur paradis, on en peut faire de beaux petits arbres qui se prêteront bien au cordon et au buisson.

Description du fruit.
— *Grosseur :* moyenne. — *Forme :* globuleuse, sensiblement plus large que haute et très-écrasée à ses extrémités.
— *Pédoncule :* bien nourri, court et arqué, inséré dans un évasement prononcé. — *Œil :* grand, mi-clos ou fermé, très-cotonneux, à cavité unie, large mais peu profonde. — *Peau :* mince, lisse, blanc verdâtre, légèrement maculée de roux squammeux autour du pédoncule, semée de petits et nombreux points fauves, et faiblement striée de rouge sur le côté exposé au soleil. — *Chair :* blanche, fine, serrée, ferme, un peu marcescente. — *Eau :* suffisante, sucrée, entièrement dépourvue d'acidité, mais d'un goût agréable.

Maturité. — Janvier-Avril.

Qualité. — Deuxième, mais première pour les amateurs de pommes douces.

Historique. — Cette espèce fut gagnée dans la Transsylvanie (Autriche), ce qui explique comment elle a pu, en 1865, m'être envoyée sous ce nom, puis en 1867 sous celui, beaucoup plus connu, de Batullen, venu probablement ou de son obtenteur ou de l'un de ses premiers propagateurs. Le docteur Lucas, pomologue allemand dont les ouvrages font autorité, l'a décrite en 1864 : « Il en avait reçu « des greffes — dit-il — par l'intermédiaire de MM. von Nagy, Belké et divers « autres arboriculteurs de Transsylvanie, avec mention qu'en cette province, sur-« tout dans la contrée de Lachsculand, il n'existe pas un seul jardin de quelque « étendue où ce pommier ne soit planté. » (*Illustrirtes Handbuch der Obstkunde*, t. IV, p. 559, n° 540.)

Pommes : **BAUMANN'S REINETTE,**

— **BAUMANN'S ROTHE WINTER REINETTE,**

Synonymes de *Reinette Baumann*. Voir ce nom.

Pomme **BAY**. — Synonyme de pomme *Drap d'Or*. Voir ce nom.

Pomme de BAYEUX. — Synonyme de *Reinette de Bayeux.* Voir ce nom.

Pommes : BAYFORD,

— BAYFORDBURY PIPPIN,

} Synonymes de pomme *d'Or [d'Angleterre].* Voir ce nom.

27. Pomme BÉATRICE.

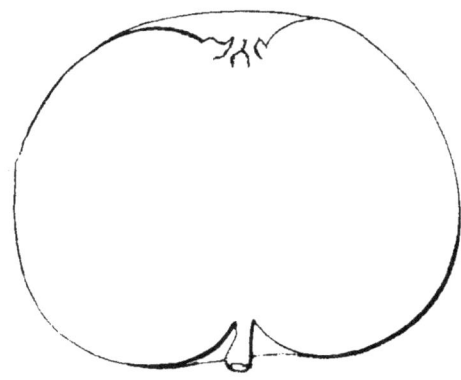

Description de l'arbre. — *Bois :* fort. — *Rameaux :* nombreux, très-étalés, gros, assez longs, sensiblement coudés, duveteux et rouge ardoisé. — *Lenticelles :* allongées, arrondies, des plus grandes mais excessivement espacées. — *Coussinets :* bien ressortis. — *Yeux :* volumineux, ovoïdes-allongés, très-cotonneux, souvent un peu écartés du bois. — *Feuilles :* de moyenne grandeur, arrondies, courtement acuminées, épaisses et duveteuses, ayant les bords largement crénelés. — *Pétiole :* gros, de longueur moyenne, flasque, à cannelure légère. — *Stipules :* étroites et courtes.

Fertilité. — Extrême.

Culture. — Toutes les formes lui sont propres; greffé au ras de terre, pour plein-vent, sa tige devient très-grosse et fort droite; le paradis est le sujet qu'on doit lui choisir, quand on veut l'élever en buisson ou cordon afin de le soumettre à la taille.

Description du fruit. — *Grosseur :* au-dessous de la moyenne et souvent plus volumineuse. — *Forme :* sphérique, légèrement écrasée à la base. — *Pédoncule :* court et bien nourri, surtout au point d'attache, obliquement implanté dans un bassin peu développé. — *Œil :* grand, mi-clos ou fermé, à cavité large, peu profonde et assez unie. — *Peau :* unicolore, jaune verdâtre, faiblement ponctuée de gris et maculée de brun-fauve autour du pédoncule. — *Chair :* blanchâtre, fine, serrée, assez ferme. — *Eau :* abondante, rarement bien sucrée, dénuée de parfum mais possédant une saveur aigrelette fort agréable.

Maturité. — Décembre-Avril.

Qualité. — Deuxième.

Historique. — M. Acher, propriétaire à Yvetot (Seine-Inférieure) et qui possède une précieuse école de pommiers, est l'obtenteur de cette variété. L'égrasseau auquel il la doit donna ses premiers fruits vers 1858. Ayant eu l'occasion, au mois d'octobre 1866, de faire étudier la collection de cet amateur, il voulut bien m'offrir des greffes de sa nouvelle espèce, que j'ai multipliée aussitôt, en raison surtout de la fertilité si remarquable dont elle est douée. Le pommier Béatrice, qu'on n'avait pas encore décrit, a pour parrain M. Acher, qui l'a dédié à sa fille unique.

28. Pomme BEAUFIN STRIÉ

Synonyme. — *Pomme* STRIPED BEAUFIN (George Lindley, *Guide to the orchard and kitchen garden*, 1831, p. 57, n° 108).

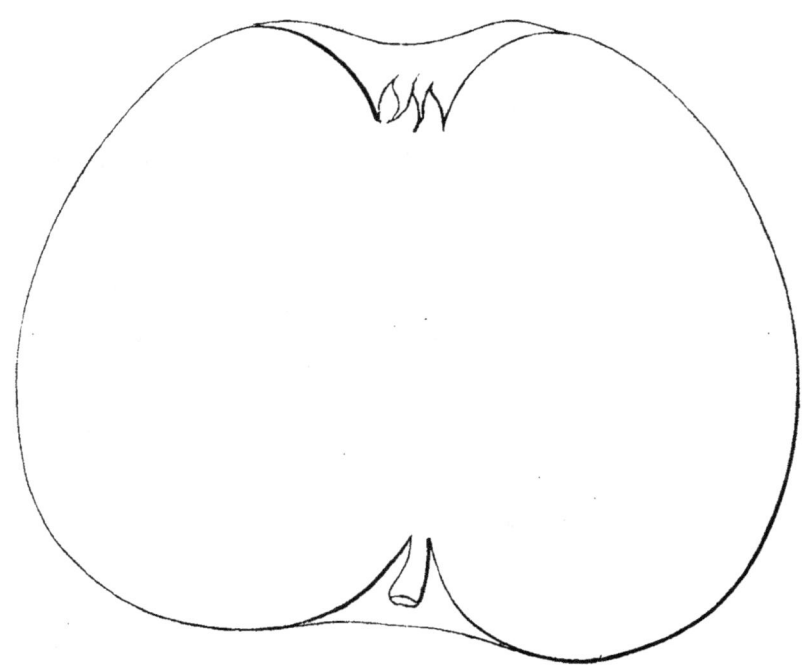

Description de l'arbre. — *Bois :* très-fort. — *Rameaux :* nombreux, légèrement étalés, assez longs et des plus gros, peu géniculés, duveteux, brun sombre nuancé de rouge et de vert et fortement lavé de gris. — *Lenticelles :* grandes, arrondies, clair-semées. — *Coussinets :* aplatis. — *Yeux :* arrondis, petits, très-cotonneux, entièrement collés sur le bois. — *Feuilles :* moyennes, ovales, courtement acuminées, très-épaisses, planes ou relevées en gouttière, crénelées faiblement sur leurs bords. — *Pétiole :* roide, épais, duveteux et des plus courts. — *Stipules :* à peine développées et souvent faisant défaut.

Fertilité. — Ordinaire.

Culture. — Ce pommier fait de très-belles hautes-tiges, tant sa vigueur est grande; greffé sur paradis il se prête parfaitement aux formes gobelet ou cordon, qui même lui sont très-avantageuses.

Description du fruit. — *Grosseur :* considérable. — *Forme :* ovoïde-arrondie ou conique fortement obtuse, côtelée vers l'œil et entièrement aplatie à l'autre extrémité. — *Pédoncule :* court, gros et arqué, profondément inséré dans une étroite et régulière cavité. — *Œil :* grand, souvent mi-clos, occupant le centre d'un vaste bassin à bords accidentés. — *Peau :* épaisse, unie, vert blafard nuancé de rouge sombre, entièrement semée de courtes stries et de larges raies carmin foncé. — *Chair :* un peu verdâtre, croquante, assez fine et serrée. — *Eau :* abondante, sucrée, légèrement acidulée et relevée.

Maturité. — Octobre-Mars.

Qualité. — Deuxième pour le couteau, première pour la cuisson.

Historique. — C'est au pomologue anglais Lindley qu'on doit la propagation de ce volumineux et beau fruit. En le décrivant page 57 du *Guide to the orchard and kitchen garden*, il assurait (1831) l'avoir trouvé en 1794, sur un arbre déjà vieux, à Lakenham, près Norwich, chez le baronnet William Crowe, qui possédait un riche verger. Son introduction en France remonte au plus à 1860.

---

29. Pomme de BEAUMONT-LA-RONCE.

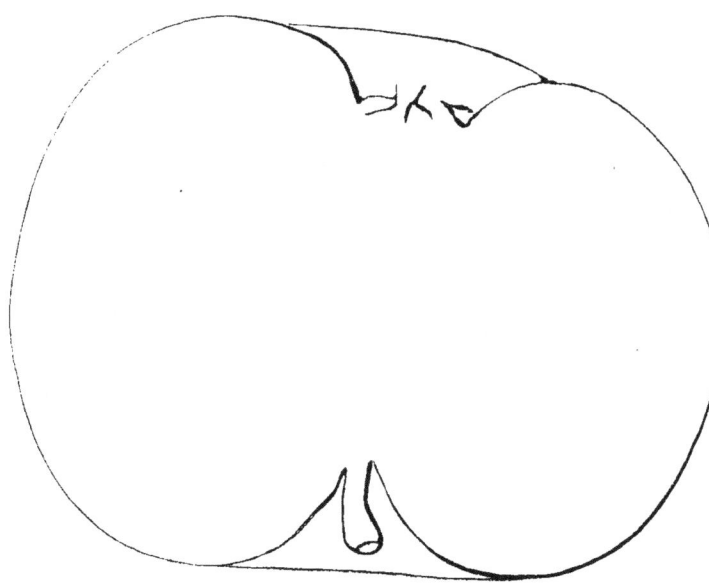

Description de l'arbre. — *Bois :* assez fort. — *Rameaux :* peu nombreux, généralement étalés, gros, de longueur moyenne, à peine coudés, cotonneux, brun olivâtre légèrement lavé de rouge carminé. — *Lenticelles :* grandes, allongées et abondantes. — *Coussinets :* bien développés. — *Yeux :* petits, arrondis, faiblement duveteux, noyés dans l'écorce. — *Feuilles :* moyennes, ovales, courtement acuminées, assez profondément dentées ou crénelées. — *Pétiole :* court, épais, roide et sensiblement cannelé. — *Stipules :* petites ou moyennes.

Fertilité. — Satisfaisante.

Culture. — Cordon, gobelet, plein-vent, sont formes qui lui conviennent, mais surtout les deux premières.

Description du fruit. — *Grosseur :* considérable. — *Forme :* irrégulièrement arrondie, très-écrasée aux pôles et moins volumineuse d'un côté que de l'autre. — *Pédoncule :* assez court, bien nourri, renflé au point d'attache, arqué, inséré dans une cavité large et profonde. — *Œil :* grand ou très-grand, ouvert ou mi-clos, à courtes sépales, à bassin vaste et plissé. — *Peau :* unie, jaune blanchâtre, en partie lavée et marbrée, mais légèrement, de rouge-brun clair, fouettée de carmin foncé sur le côté de l'insolation, parsemée de gros points gris et fauves, assez rapprochés, puis maculée souvent de roux olivâtre autour du pédoncule. — *Chair* : d'un blanc éclatant, mi-fine, fondante, peu compacte. — *Eau* : suffisante, sucrée, très-savoureusement acidulée et parfumée.

Maturité. — Depuis la mi-novembre jusqu'en janvier.

Qualité. — Première.

Historique. — Aussi bonne que volumineuse et d'un beau coloris, cette pomme provient de la forêt de Beaumont-la-Ronce, près Tours (Indre-et-Loire). Elle y fut rencontrée vers 1805 par les gardes du marquis de Beaumont, propriétaire de la forêt. Depuis lors, la famille de ce dernier s'est efforcée de propager cette remarquable espèce, d'abord appelée, dans la contrée, pomme *de Neige,* en raison de la blancheur et du fondant de sa chair. J'en suis redevable à mon honorable ami M. l'abbé de Beaumont, ancien vice-président du Comice horticole d'Angers et floriculteur émérite. Mon désir, en mettant aujourd'hui cette pomme dans la culture, était de la lui dédier, ainsi que je l'ai fait en 1865 pour la poire de ce nom figurant au tome Ier du présent *Dictionnaire*, mais il a préféré qu'elle rappelât par sa dénomination le lieu d'où l'arbre est sorti.

30. Pomme BEAUTÉ DE KENT.

Synonymes. — *Pommes* : 1. Kentish Pippin (Langley, *Pomona*, 1729, planche 78, fig. 6). — 2. Peppin Kent (Van Mons, *Catalogue descriptif de partie des arbres fruitiers qui, de 1798 à 1823, ont formé sa collection*, p. 19, n° 449). — 3. Pepin de Kent (W. Forsyth, *Traité de la culture des arbres fruitiers*, traduit de l'anglais par Pictet-Mallet, 1805, p. 90, n° 21). — 4. Beauty of Kent (Société d'Horticulture de Londres, *Transactions*, 1818, t. III, p. 327).

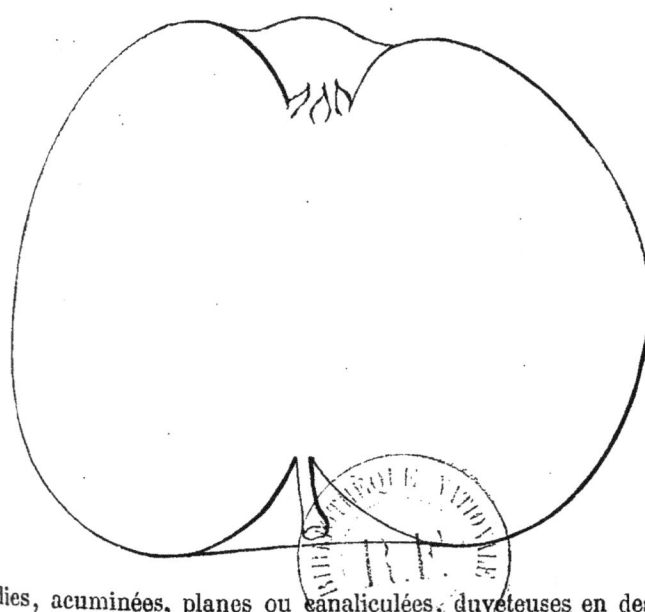

Description de l'arbre. — *Bois* : assez fort. — *Rameaux* : nombreux, de longueur et grosseur moyennes, étalés, arqués, flexueux et légèrement cotonneux, surtout au sommet, brun clair lavé de rouge ardoisé. — *Lenticelles* : allongées, saillantes, larges et abondantes. — *Coussinets* : peu ressortis. — *Yeux* : moyens, coniques-obtus, très-rapprochés du bois. — *Feuilles* : vert sombre, grandes, arrondies, acuminées, planes ou canaliculées, duveteuses en dessous, irrégulièrement et fortement dentées sur leurs bords. — *Pétiole :* assez court, grêle, flasque, bien cannelé, rosé à la base. — *Stipules :* peu développées.

Fertilité. — Satisfaisante.

Culture. — Les formes gobelet et cordon sont celles qui lui conviennent le mieux.

Description du fruit. — *Grosseur :* volumineuse. — *Forme :* conique, ventrue, irrégulière, côtelée au sommet. — *Pédoncule :* court, de force moyenne, inséré dans un bassin vaste et profond. — *Œil :* grand, mi-clos, légèrement duveteux, à cavité très-irrégulière et très-prononcée. — *Peau :* unie, lisse, jaune brillant, amplement lavée et fouettée de carmin foncé, semée de petits points grisâtres et maculée de fauve olivâtre autour du pédoncule. — *Chair :* blanche, mi-fine, tendre et peu serrée. — *Eau :* suffisante, sucrée, acidulée et des plus savoureuses, quoiqu'à peine parfumée.

Maturité. — Novembre-Février.

Qualité. — Première.

Historique. — En 1729 Batty Langley figura fort exactement ce fruit, planche 78e de sa *Pomone britannique ;* c'est la première mention que nous en ayons pu trouver ; William Forsyth, célèbre arboriculteur, le décrivit ensuite (1802), puis George Lindley (1831) ; mais, sur son origine, tous sont muets, ainsi que les *Transactions* de la Société d'Horticulture de Londres. Ce dernier recueil m'apprend pourtant qu'elle fut, en 1818, soumise aux membres de cette Compagnie (t. III, p. 327). Enfin le docteur Hogg (1859), qui avoue n'en avoir pu découvrir l'âge ni la provenance, dit qu'avant 1820 on la multipliait déjà dans les pépinières de Brompton Park (*the Apple*, p. 33). Si l'on manque de renseignements positifs sur le lieu où poussa le pied-type du Beauty of Kent, chacun au moins regarde ce pommier comme appartenant à l'Angleterre, et probablement, ajouterons-nous, au comté dont il portait le nom dès 1729, alors que Langley le fit connaître. Son introduction chez nous date de 1835.

Observations. — J'ai reçu vers 1840, et longtemps propagé sans soupçonner mon erreur, une pomme exquise, dite Beauté de Kent, mais ne ressemblant en rien à celle, ainsi appelée, que je viens de décrire. Voici son signalement, bon à retenir pour éviter quelqu'autre méprise : *Grosseur :* moyenne. — *Forme :* conique et côtelée. — *Pédoncule :* court et enfoncé. — *Œil :* petit, à cavité sans profondeur. — *Peau :* bronzée. — *Chair :* blanche, fine et croquante. — *Eau :* suffisante, très-sucrée, ayant un parfum fenouillé des plus savoureux. — *Maturité :* janvier-mars. = Il existe aussi, dans les jardins anglais, un pommier *Kentish Pippin*, cultivé depuis au moins cent cinquante ans ; je le signale, afin que son nom, également porté par l'un des synonymes de l'espèce Beauté de Kent, ne soit cause ici d'aucune confusion.

Pomme BEAUTY. — Synonyme de pomme *de Sutton.* Voir ce nom.

Pomme BEAUTY OF KENT. — Synonyme de pomme *Beauté de Kent.* Voir ce nom.

Pomme BEAUTY OF QUEEN. — Synonyme de pomme *Grand-Alexandre.* Voir ce nom.

31. Pomme de BEAUVOYS.

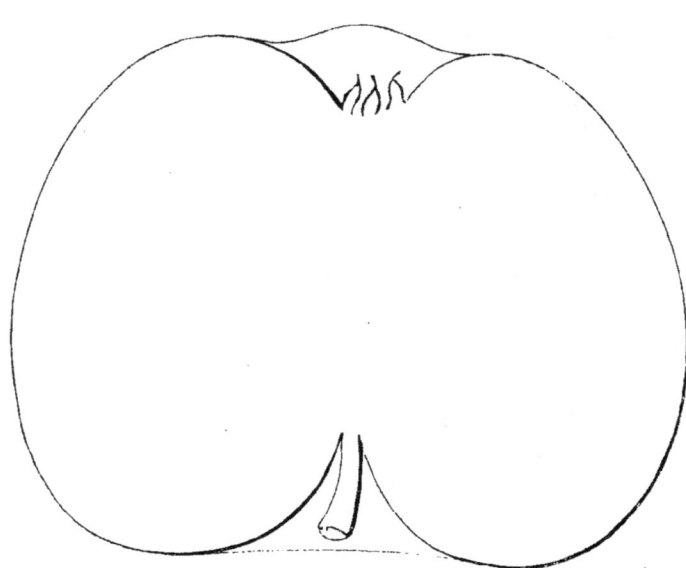

Description de l'arbre. — *Bois :* très-fort. — *Rameaux :* peu nombreux, habituellement étalés, des plus gros et des plus longs, bien coudés, très-duveteux, brun olivâtre lavé de rouge ardoisé. — *Lenticelles :* arrondies ou allongées, grandes, assez rapprochées. — *Coussinets :* modérément accusés. — *Yeux :* volumineux, ovoïdes, cotonneux, plaqués sur l'écorce. — *Feuilles :* grandes, ovales, généralement acuminées, coriaces, planes, à bords profondément dentés. — *Pétiole :* court, très-gros, faiblement cannelé. — *Stipules :* larges et longues.

Fertilité. — Ordinaire.

Culture. — Il fait de remarquables hautes-tiges ; les formes buisson et cordon lui conviennent également ; il est avantageux de le greffer sur paradis.

Description du fruit. — *Grosseur :* volumineuse. — *Forme :* ovoïde-arrondie, côtelée et mamelonnée au sommet, très-aplatie à la base et généralement un peu contournée dans son ensemble. — *Pédoncule :* de longueur moyenne, assez gros et arqué, obliquement inséré dans un bassin très-profond et très-régulier. — *Œil :* grand, parfois mi-clos et parfois ouvert, rarement bien enfoncé, à cavité étendue et fortement mamelonnée sur les bords. — *Peau :* jaune-citron, lisse et brillante, semée de points gris très-espacés et peu apparents. — *Chair :* jaunâtre, mi-fine, tendre, non marcescente. — *Eau :* suffisante, sucrée, acide, assez agréable.

Maturité. — Décembre-Mars.

Qualité. — Deuxième.

Historique. — En 1852 cette jolie pomme figurait pour la première fois dans mon *Catalogue* (p. 28, n° 51); elle provenait de la commune de Seiches, près Angers, où M. de Beauvoys, l'apiculteur si connu qui lui a donné son nom, l'avait gagnée vers 1844. Ce dernier est mort en 1863, laissant sur l'éducation des abeilles un *Traité* dont il existe plusieurs éditions.

Pomme BEC-DE-LIÈVRE. — Synonyme de *Reinette grise*. Voir ce nom.

32. Pomme BEC-D'OIE.

Premier Type.

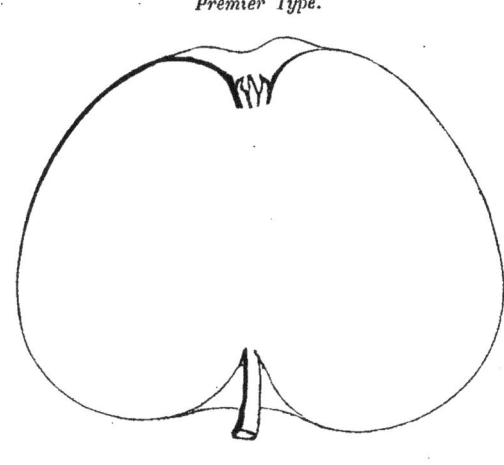

Deuxième Type.

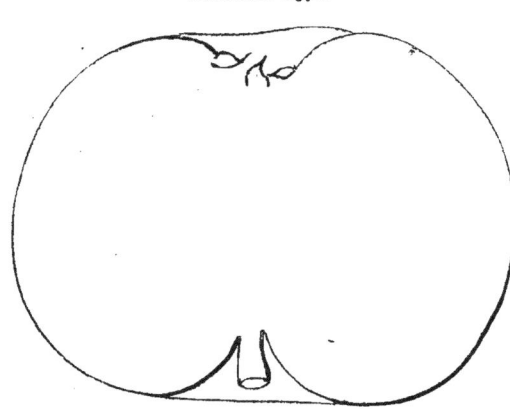

Description de l'arbre.
— *Bois :* assez faible. — *Rameaux :* peu nombreux, de grosseur et de longueur moyennes, étalés, à peine géniculés, légèrement duveteux et d'un brun très-cendré. — *Lenticelles :* petites, arrondies, grises et clairsemées. — *Coussinets :* saillants. — *Yeux :* volumineux, ovoïdes, cotonneux, brunâtres, faiblement écartés du bois. — *Feuilles :* petites, ovales, coriaces, très-épaisses, acuminées, à bords crénelés ou dentés. — *Pétiole :* court, épais, rougeâtre, non cannelé. — *Stipules :* étroites et longues.

Fertilité. — Abondante.

Culture. — Sa vigueur est trop modérée pour le destiner au plein-vent; il exige les formes gobelet ou cordon, et la greffe sur doucin ou paradis.

Description du fruit. — *Grosseur :* moyenne. — *Forme :* assez variable, elle est toujours côtelée près du sommet et se tient habituellement entre la conique obtuse et la globuleuse irrégulière, aplatie aux pôles. — *Pédoncule :* de longueur moyenne, ou court, généralement bien nourri, arqué, placé de côté dans un bassin étroit et peu profond. — *OEil :* grand, mi-clos, souvent contourné, légèrement enfoncé dans une large cavité à bords inégaux. — *Peau :* unie, jaune blanchâtre, nuancée de vert sur la partie exposée à l'ombre, amplement lavée de rouge-brique sur la face regardant le soleil, parsemée de points bruns et de gris clair, et plus ou moins maculée de fauve autour du pédoncule. — *Chair :* jaunâtre, mi-fine, ferme, croquante et faiblement marcescente. — *Eau :* abondante, rarement bien sucrée, très-acide, non parfumée et parfois entachée de quelque amertume.

Maturité. — Janvier-Avril.

Qualité. — Troisième pour le couteau, deuxième pour la cuisson.

Historique. — Le nom porté par ce fruit lui vient sans doute de la teinte rouge-brique, assez semblable à celle d'un bec d'oie, que sa peau prend au soleil. En tout cas, de telles dénominations sont toujours fâcheuses, la nature ne les justifiant jamais d'une façon constante. Dans la *Nouvelle instruction pour connaître les bons fruits* qu'en 1670 publia dom Claude Saint-Étienne, je lis pages 207-208 : « *Pomme de Bec d'Oyseau* semble à Caleville, sinon qu'elle est un peu plus grosse « et n'est pas rouge dedans; bonne aux Roys jusqu'en May. » Ce passage me paraît concerner la Bec-d'Oie, qui rappelle extérieurement, et beaucoup même, le Calleville rouge d'Hiver, ce dont chacun peut s'assurer ici, en comparant ces deux pommes. Sans rien affirmer, je me borne à produire mon opinion et à dire que je cultive cette espèce depuis au moins trente ans. En 1846 mon *Catalogue* l'annonçait déjà (p. 12), seulement il me serait impossible, aujourd'hui, d'indiquer la source d'où je l'ai tirée. Les Belges l'ont connue vers 1850, car en 1854 elle mûrissait à Geest-Saint-Remy, près Jodoigne, dans les pépinières de la Société Van Mons, ainsi qu'on le constate au tome Ier, p. 56 [*fruits à l'étude*], du recueil officiel de cet établissement. En 1867 je remarquai son nom parmi les pommes envoyées à l'exposition de la Société d'Horticulture de Paris, mais l'espèce à laquelle on l'avait appliqué, était fausse. C'est du reste un mauvais fruit, et plutôt à cuire qu'à couteau.

---

33. Pomme BEDFORDSHIRE FOUNDLING.

Synonymes. — *Pommes* : 1. CAMBRIDGE PIPPIN (George Lindley, *Guide to the orchard and kitchen garden*, 1831, p. 63, n° 120). — 2. MIGNONNE DE BEDFORD (Alexandre Bivort, *Album de pomologie belge*, 1850, t. III, p. 35).

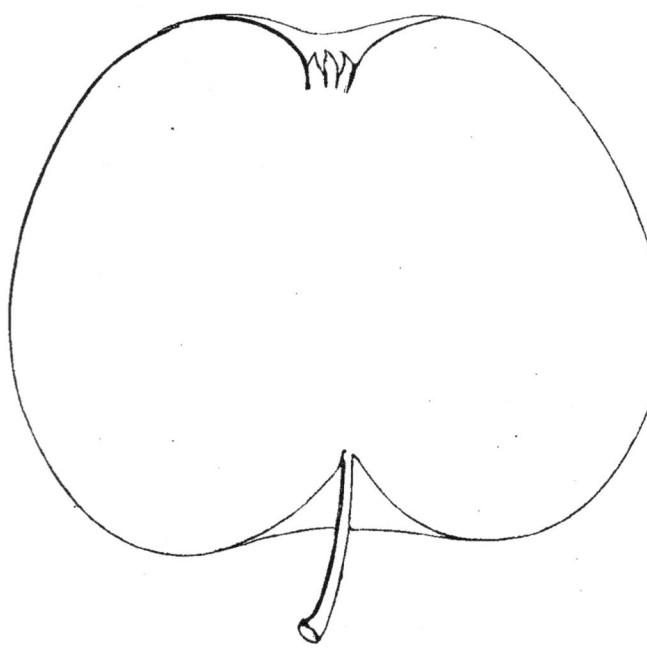

Description de l'arbre. — *Bois :* excessivement fort. — *Rameaux :* peu nombreux, généralement étalés, souvent arqués, des plus longs, des plus gros, très-flexueux et très-cotonneux, rouge-brun foncé lavé de gris. — *Lenticelles :* grandes, arrondies, assez rapprochées. — *Coussinets :* bien ressortis. — *Yeux :* coniques-arrondis, volumineux, couverts d'un épais duvet et plaqués contre l'écorce. — *Feuilles :* de grandeur peu commune, ovoïdes, acuminées, luisantes, vert foncé en dessus, gris verdâtre en dessous, planes et à bords très-profondément dentés. — *Pétiole :* très-gros, assez long, légèrement cannelé. — *Stipules :* extrêmement développées et souvent denticulées.

Fertilité. — Satisfaisante.

Culture. — Quoique très-vigoureux il ne fait pas de jolis arbres pour pleinvent, sa tige est trop peu droite; la greffe sur paradis lui convient beaucoup mieux que celle sur doucin, sujet sur lequel sa croissance exubérante le rend impropre à former des pommiers nains. On peut toujours, sans désavantage, l'utiliser comme gobelet ou cordon.

Description du fruit. — *Grosseur :* volumineuse. — *Forme :* conique-obtuse régulière, ou conique-arrondie, mais toujours sensiblement côtelée. — *Pédoncule :* long ou assez court, généralement un peu grêle, profondément implanté dans un large évasement triangulaire. — *Œil :* grand, mi-clos ou fermé, bien enfoncé, duveteux, entouré de gibbosités. — *Peau :* jaune clair brillant, unicolore, faiblement nuancée de vert autour du pédoncule et semée d'assez gros et d'assez nombreux points brun-gris. — *Chair :* blanchâtre, fine ou mi-fine, tendre, odorante et croquante. — *Eau :* abondante, fraîche, sucrée, aiguisée d'un acide fort agréable et possédant un parfum savoureux, mais rarement prononcé.

Maturité. — Décembre-Mars.

Qualité. — Première.

Historique. — Le mot anglais *Foundling*, signifie : Enfant-trouvé; d'où suit qu'à lui seul le nom de la pomme Bedfordshire Foundling nous apprend qu'elle poussa spontanément dans le comté de Bedford. Mais à quelle époque?... Avant 1830, puisque George Lindley, son premier descripteur, la fit connaître en 1831, page 63 du *Guide to the orchard and kitchen garden*, sans parler, cependant, de l'âge qu'alors elle avait. Depuis, cette variété s'est promptement et généralement répandue. Les Américains, les Belges, les Allemands la cultivent; et chez nous, voilà déjà trente-quatre ans qu'on la multiplie. Elle brille souvent à nos concours pomologiques. En 1867 j'en admirai, à Paris, d'énormes spécimens exposés par les horticulteurs le Landais, de Caen, et Rouillé-Courbé, de Tours. Quant à moi, j'ai parfois récolté de ces pommes qui dépassaient de plus d'un tiers le volume du type figuré ci-dessus.

34. Pomme BEEFSTEAK.

Description de l'arbre. — *Bois :* assez faible. — *Rameaux :* nombreux, étalés, peu longs et de moyenne grosseur, très-coudés, légèrement cotonneux, rouge-brun amplement lavé de gris. — *Lenticelles :* petites, arrondies, clairsemées. — *Coussinets :* aplatis. — *Yeux :* gros, ovoïdes-allongés, duveteux, en partie collés contre le bois. — *Feuilles :* assez petites, uniformes, ovales, minces, quoique coriaces, courtement acuminées, régulièrement et finement dentées. — *Pétiole :* de longueur et de force moyennes, roide, carminé, à cannelure bien accusée. — *Stipules :* étroites et longues.

Fertilité. — Abondante.

Culture. — Il ne saurait, en raison de son manque de vigueur, faire de convenables hautes-tiges; mais en le greffant pour buisson ou cordon il prend un développement satisfaisant.

Description du fruit. — *Grosseur :* au-dessus de la moyenne et parfois plus volumineuse. — *Forme :* globuleuse assez régulière, quoique légèrement aplatie à la base. — *Pédoncule :* très-court, bien nourri, obliquement inséré dans une cavité peu prononcée. — *Œil :* moyen, mi-clos ou fermé, à bassin uni, large et profond. — *Peau :* faiblement rugueuse, jaune pâle, nuancée dans l'ombre de gris et de vert, lavée, striée de rouge-brun sur le côté du soleil, et parsemée de larges points fauves entremêlés de quelques fines rayures. — *Chair :* blanchâtre, mi-fine, tendre, devenant aisément pâteuse. — *Eau :* peu abondante, sucrée, légèrement acide.

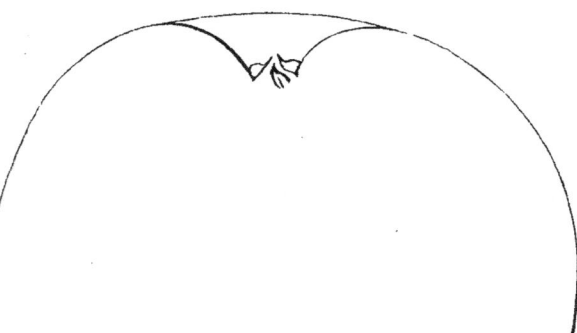
Pomme Beefsteak.

Maturité. — Septembre-Octobre.

Qualité. — Deuxième.

Historique. — Charles Downing, en 1863, la fit connaître dans ses *Fruits and fruit trees of America* (p. 118). C'est effectivement une variété native des États-Unis et qui compte au plus une trentaine d'années. Elle provient, dit ce pomologue, de la ferme de Joël Davis, située sur le territoire d'Amesbury (Massachusetts). J'ai vainement cherché d'où lui pouvait venir le nom si *substantiel* qu'elle n'a cessé de porter depuis sa propagation. Rien, chez ce fruit, ne prête à pareille comparaison. Après tout, peut-être son obtenteur ou son promoteur s'appelait-il Beefsteak !

Observations. — On a quelquefois, même en Amérique, trouvé de grands rapports entre les variétés Beefsteak et Baldwin. Comme elles sont décrites en ce volume, il est facile de se convaincre de leur non identité. — La pomme *Garden*, également crue semblable à la Beefsteak, fut donnée pour synonyme à cette dernière par Downing, en 1863, dans l'ouvrage cité plus haut. En 1869, mieux renseigné, le même auteur (p. 90) affirme qu'on ne doit pas les réunir. Je rapporte son opinion sans l'appuyer ni l'infirmer, le pommier Garden m'étant inconnu.

Pomme de BELIN. — Synonyme de *Court-Pendu rouge*. Voir ce nom.

---

35. Pomme BELLE-AGATHE.

Description de l'arbre. — *Bois :* très-fort. — *Rameaux :* assez nombreux, légèrement étalés, gros et longs, bien coudés et bien duveteux, vert olivâtre faiblement nuancé de rouge terne. — *Lenticelles :* grandes, allongées, peu abondantes. — *Coussinets :* ressortis. — *Yeux :* des plus volumineux, coniques, sensiblement cotonneux, presque collés sur l'écorce. — *Feuilles :* grandes, ovales-arrondies, courtement acuminées, à bords profondément dentés. — *Pétiole :* assez court, très-gros, duveteux, à peine cannelé. — *Stipules :* longues, larges et fortement tomenteuses.

Fertilité. — Moyenne.

Culture. Il faut le greffer au ras de terre pour faire des tiges ; sa vigueur est telle, qu'il les forme droites et grosses ; aussi pourrait-on le donner comme sujet à des espèces chétives destinées au plein-vent. Il ne saurait, cependant, convenir parfaitement pour buisson ou cordon, l'exhubérance de sa végétation nuit alors beaucoup trop à sa fertilité.

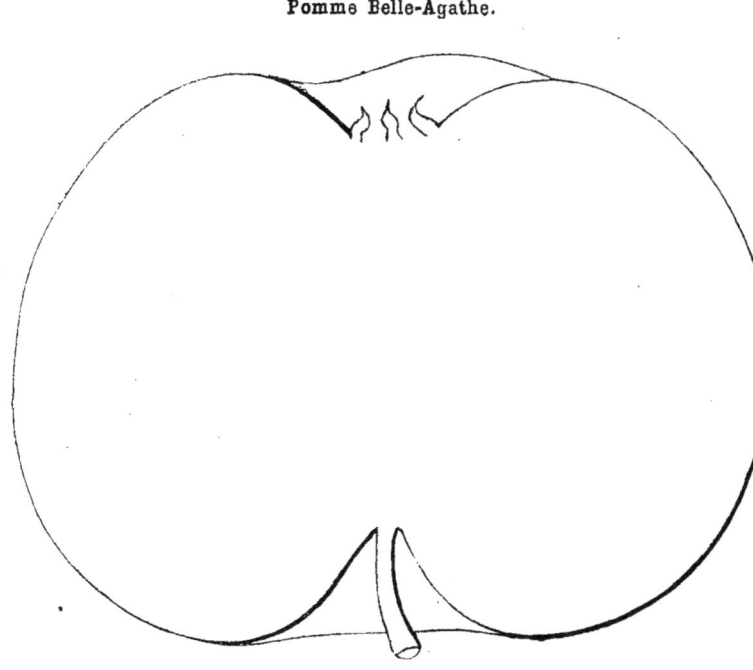

Pomme Belle-Agathe.

Description du fruit. — *Grosseur :* considérable. — *Forme :* globuleuse, généralement plus large que haute et toujours plus ou moins aplatie à la base. — *Pédoncule :* assez long et assez fort, arqué, profondément inséré dans un vaste bassin. — *Œil :* très-grand, ouvert ou mi-clos, à cavité large, de profondeur moyenne et dont les bords sont sensiblement irréguliers. — *Peau :* lisse, presque unicolore, d'un beau jaune légèrement verdâtre, lavée de rouge clair sur le côté frappé par le soleil et toute semée de gros points bruns souvent cerclés de gris. — *Chair :* jaunâtre, fine ou mi-fine, tendre et croquante. — *Eau :* abondante, sucrée, douée d'un savoureux parfum et d'une légère acidité.

Maturité. — Décembre-Février.

Qualité. — Première.

Historique. — Cette variété m'est venue de l'Allemagne, où généralement on la nomme *Purpurrother Agat*, mais elle n'appartient pas à ce pays. Le docteur Diel, nous apprend M. Oberdieck (*Illustrirtes Handbuch der Obstkunde*, 1860, t. I, p. 437), l'avait tirée de la Hollande vers le commencement de notre siècle, sous sa primitive dénomination : *Roode Tulp Kroon*, qu'elle perdit bientôt dans les cultures allemandes. Malgré son volume et sa bonté, ce joli fruit, que je propage depuis 1860, est encore assez rare chez nous.

Observations. — Il existe en Belgique une pomme *Double-Agathe*, également originaire de Hollande, et qu'il ne faut pas confondre avec la Belle-Agathe.

M. Alfred Loisel l'a décrite en 1859 dans les *Annales de pomologie belge* (t. VII, p. 23); elle est, paraît-il, très-convenable pour le verger et d'une grosseur au-dessous de la moyenne.

36. Pomme BELLE-ANGEVINE.

Synonyme. — *Pomme* d'Angevine (Millet, *Mémoires de la Société d'Agriculture d'Angers*, 1833, t. III, p. 115).

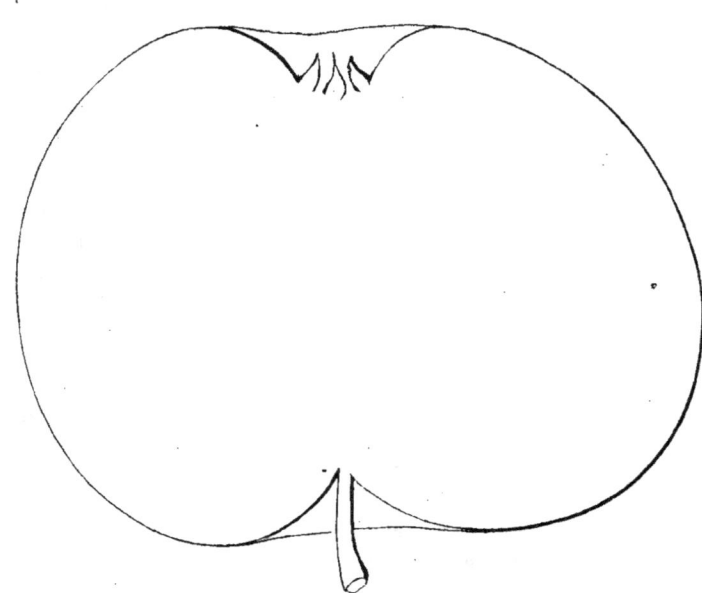

Description de l'arbre. — *Bois :* fort. — *Rameaux :* assez nombreux, généralement étalés et arqués, très-coudés, gros et longs, légèrement cotonneux, brun olivâtre nuancé de rouge sombre. — *Lenticelles :* grandes, arrondies, clair-semées. — *Coussinets :* saillants. — *Yeux :* volumineux, ovoïdes-arrondis, un peu duveteux, presque collés sur l'écorce. — *Feuilles :* de grandeur moyenne, arrondies, vert foncé en dessus, blanc verdâtre en dessous, longuement acuminées, planes et à bords régulièrement dentés. — *Pétiole :* assez long, roide, épais, faiblement cannelé. — *Stipules :* bien développées.

Fertilité. — Médiocre.

Culture. — Comme arbre de plein-vent, sa tige, presque toujours géniculée, lui donne un vilain aspect; mais il fait de beaux gobelets et cordons, lors surtout qu'on l'a greffé sur paradis, sujet qui en atténue la vigueur au profit de la fructification.

Description du fruit. — *Grosseur :* volumineuse. — *Forme :* sphérique, quelque peu contournée, plus large que haute et parfois légèrement pentagone. — *Pédoncule :* assez long, rarement bien nourri, implanté dans une cavité de profondeur moyenne. — *OEil :* grand, mi-clos ou fermé, duveteux, à bassin large, profond, irrégulier. — *Peau :* unicolore, jaune clair, amplement maculée de fauve plus ou moins squammeux, autour du pédoncule, et semée çà et là de points blancs ou bruns cerclés de gris. — *Chair :* blanchâtre, croquante, peu serrée, assez tendre. — *Eau :* suffisante, souvent même abondante, rarement bien sucrée et cependant savoureuse et agréablement acidulée.

Maturité. — Novembre-Février.

Qualité. — Deuxième pour le couteau, première pour la cuisson.

Historique. — C'est une fille de l'Anjou, son nom l'indique, mais qui depuis longtemps a dépassé la jeunesse, car on la pourrait dire centenaire sans se tromper beaucoup. Les environs de Segré ont été son berceau. Pour premier descripteur elle eut notre savant concitoyen M. Millet, actuellement plus qu'octogénaire, et cependant toujours infatigable travailleur. Il s'en occupa en 1833, date à laquelle il fit paraître dans les *Mémoires* de la Société d'Agriculture d'Angers (t. III, pp. 1 à 120) un très-long et très-intéressant article sur les fleurs et les fruits nés dans le département de Maine-et-Loire. Cette variété fut signalée par lui sous le nom qu'elle portait à Segré : Pomme *d'Angevine*, mais nos jardiniers ont fini par le transformer en celui de Belle-Angevine, que la fameuse poire ainsi appelée chez nous leur a rendu très-familier.

POMME BELLE D'AOUT. — Synonyme de pomme *Belle-Fleur*. Voir ce nom.

POMME BELLE DES BOIS. — Synonyme de pomme *Belle du Bois*. Voir ce nom.

---

37. POMME BELLE DU BOIS.

Synonymes. — *Pommes* : 1. LOUIS XVIII (André Leroy, *Catalogue de cultures*, 1846, p. 20 ; — e Alexandre Bivort, *Album de pomologie belge*, 1850, t. III, pp. 33-34). — 2. BELLE DES BOIS (Alexandre Bivort, *ibid.*). — 3. RHODE-ISLAND (*Id. ibid.* ; — et Congrès pomologique, session de 1859, *Procès-Verbaux*, pp. 12-13). — 4. ROI D'ISLANDE (*Id. ibid.*). — 5. BELLE DE DUBOIS (Duval, *Histoire du pommier et sa culture*, 1852, p. 53, n° 21). — 6. REINETTE DES DANOIS (Congrès pomologique, *Pomologie de la France*, 1867, t. IV, n° 47, note). — 7. RHODE-ISLANDE SEEDLING (*Id. ibid.*).

Premier Type.

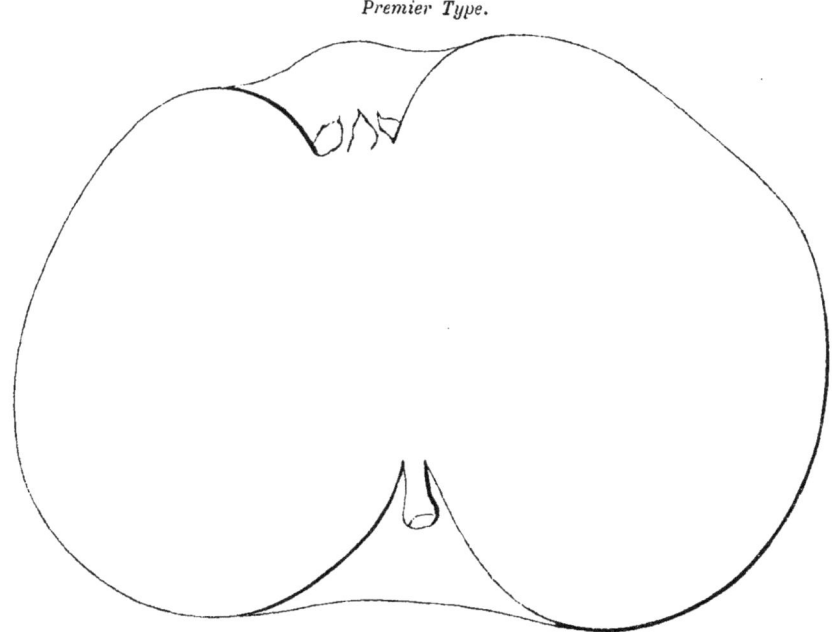

Description de l'arbre. — *Bois* : fort. — *Rameaux* : nombreux et généralement érigés, longs, assez gros, légèrement coudés, bien duveteux, au sommet surtout, et d'un rouge-brun plus ou moins foncé. — *Lenticelles* : peu abondantes, blanchâtres, arrondies, très-petites. — *Coussinets :* ressortis; leur arête, vive et saillante, descend presque d'un mérithalle à l'autre. — *Yeux :* petits, arrondis, duveteux, noyés dans l'écorce. — *Feuilles :* assez grandes ou moyennes, ovales-arrondies, vert clair en dessus, bien duveteuses et blanc verdâtre en dessous, acuminées, faiblement canaliculées, souvent contournées et régulièrement crénelées. — *Pétiole :* un peu grêle, de longueur moyenne, très-roide, carminé à la base et sensiblement cannelé. — *Stipules :* de grandeur et de largeur moyennes.

Pomme Belle du Bois. — *Deuxième Type.*

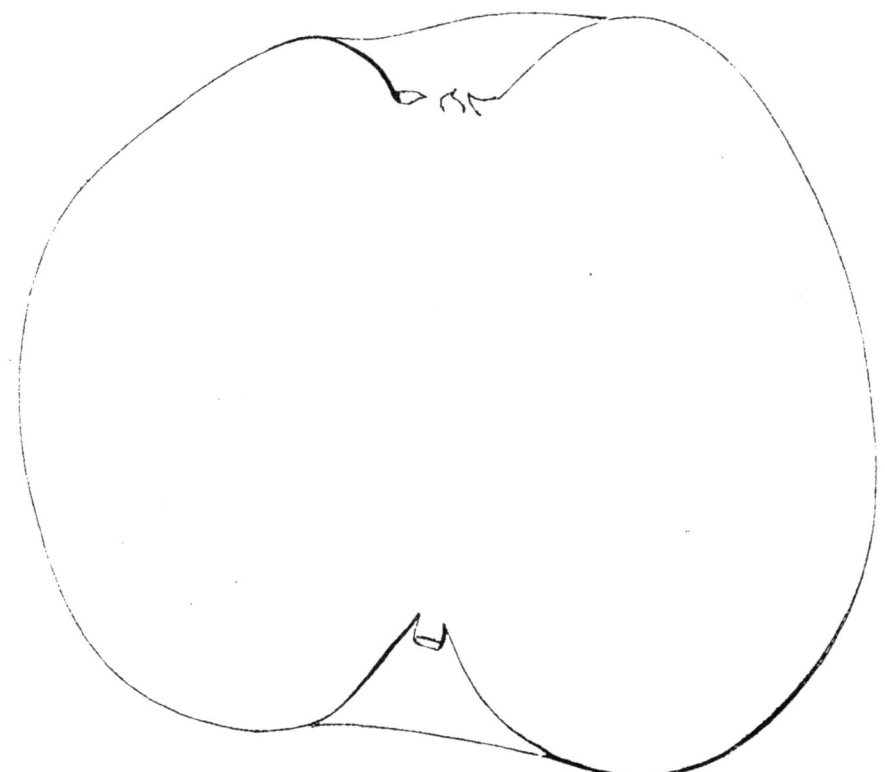

FERTILITÉ. — Convenable.

CULTURE. — Il se prête à toutes les formes, tant sa végétation est riche et régulière. Comme plein-vent nul arbre n'offre une tige plus droite; cependant il y a désavantage à l'y destiner, vu le volume de ses fruits, qu'alors la moindre bourrasque détache aisément. Le cordon et l'espalier, voilà ce qu'il lui faut pour que ses produits gagnent en beauté.

Description du fruit. — *Grosseur :* volumineuse, et parfois énorme. — *Forme :* presque toujours irrégulièrement globuleuse et beaucoup plus large que haute, côtelée près du sommet, qui souvent est un peu conique, mais aplatie à la base et généralement ayant un côté moins renflé que l'autre. — *Pédoncule :* court ou très-court, gros, inséré dans une cavité des plus prononcées. — *Œil :* des plus grands, à courtes sépales, ouvert ou mi-clos, occupant le centre d'un vaste et profond bassin dont les bords sont fort inégaux. — *Peau :* unicolore, jaune clair nuancé de vert, amplement maculée de fauve autour du pédoncule et toute parsemée de larges points blanchâtres. — *Chair :* légèrement verdâtre, surtout dans le voisinage des loges, tendre, mi-fine, croquante, non marcescente. — *Eau :* suffisante, acidulée, rarement bien sucrée, sans aucun parfum, et néanmoins de saveur agréable.

Maturité. — Décembre-Mars.

Qualité. — Deuxième comme fruit à couteau, première pour la compote.

Historique. — Il est trois pommes qui depuis une vingtaine d'années ont constamment fait le désespoir des pépiniéristes et des jardiniers : ce sont les variétés *Belle du Bois*, *Joséphine* et *Ménagère*. De volume et de forme à peu près semblables, et par cela même fréquemment confondues, elles se sont, un beau jour, vues réunies en une seule espèce, au grand détriment de la nomenclature. Leurs nombreux synonymes, ainsi mélangés, n'ont effectivement que mieux embrouillé la question. A tel point, qu'une assemblée dont la compétence doit paraître suffisante — le Congrès pomologique — en dix ans changea trois fois d'avis sur l'identité de ces divers pommiers (voir *Procès-Verbaux du Congrès*, sessions de : 1857, p. 5; 1859, p. 5; 1860, p. 13). Actuellement — sauf l'attribution à la Belle du Bois du synonyme Monstrous Pippin, appartenant, nous le prouverons en son lieu, à la pomme Joséphine ou *American Gloria Mundi* — actuellement notre Congrès a rendu justice aux variétés ainsi méconnues. Il l'a fait en 1867, dans les termes suivants, que je reproduis littéralement :

« La confusion qui existe sur l'identité du pommier *Joséphine* et les variétés *Belle-Dubois* et *Ménagère*, non admises par le Congrès, ont donné lieu à divers synonymes qui s'appliquent tantôt à l'une, tantôt à l'autre de ces variétés ; nous citons les synonymes : *Gloria Mundi*, *Rhode-Island*, *Baltimore*, *Mammoth*.

« Comparons Joséphine et Belle-Dubois :

« Les rameaux de la Joséphine sont longs, plutôt flexueux que dressés, à épiderme brun foncé ; ses feuilles sont amples et souples, à dentelures profondes.

« Les rameaux de la Belle-Dubois sont raides, droits, à entre-feuilles courts; ses feuilles sont presque toujours érigées, gaufrées ou plissées, raides, d'un vert clair ou un peu terne.

« L'œil le moins exercé distingue à première vue l'arbre de la pomme *Joséphine* de celui de la *Belle-Dubois*. C'est cette dernière que l'on désigne généralement sous les noms de *Rhode-Island*, *Rhode Hisland Seedling* et *Reinette des Danois*.

« Si nous passons à la pomme *Ménagère*, nous ne lui trouvons aucune analogie avec la pomme *Joséphine*. Le bois de la première est grêle, flexueux, à épiderme brun-noir, pointillé de nombreuses lenticelles blanches. Le fruit, qui surpasse en grosseur et en beauté celui des deux autres variétés, leur est inférieur en qualité; il arrive plutôt à maturité. » (*Pomologie de la France*, t. IV, n° 47.)

Dans ce passage, qui témoigne d'une consciencieuse étude des trois pommiers si longtemps confondus, il importe de relever certaine erreur de fait dont la Belle du Bois et la Ménagère n'ont pu manquer, déjà, d'être victimes. Je veux parler de la *non-admission* que le Congrès affirme avoir prononcée contre ces intéressantes variétés qui furent, au contraire, formellement *admises* par lui dans sa session de 1860, ainsi qu'on le constate, pour la Ménagère, page 5 du *Procès-Verbal*, et page 13 pour la Belle du Bois. — Ce dernier fruit, dont l'origine m'échappe, était en 1841 dans toute sa nouveauté, ainsi que l'annonçait alors mon *Catalogue* (p. 3). Je l'avais tiré des pépinières de Louis Noisette, premier pomologue qui l'ait décrit et signalé (1839, *Jardin fruitier*, t. I, p. 201, n° 30). En orthographiant comme il l'a fait — Belle *du* Bois — le nom de ce pommier, aussi appelé plus tard Belle *des* Bois, feu Noisette me conduit à penser que l'arbre-type poussa peut-être spontanément dans quelque taillis. S'il l'eût écrit différemment, j'y verrais plutôt avec Duval, qui le nommait en 1852 Belle *de Dubois*, une dédicace à son savant contemporain Louis Dubois, dont les travaux sur *le Pommier, le Poirier et le Cormier* seront toujours consultés avec profit, soit par les érudits, soit par les praticiens. Mais ce sont là simples conjectures et tout ce qu'à mon grand regret, je le répète, notes et souvenirs me fournissent sur cette énorme pomme.

---

38. Pomme BELLE DES BUITS.

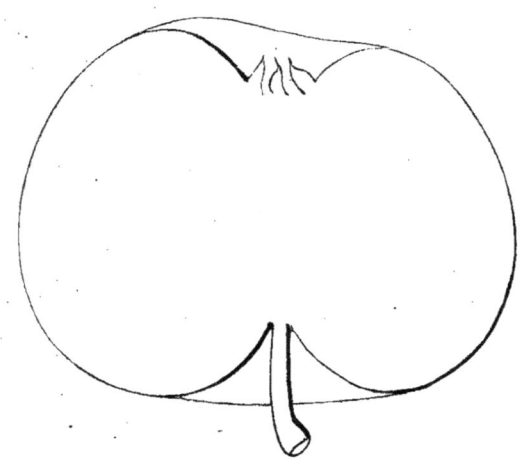

Description de l'arbre. — *Bois* : assez faible. — *Rameaux* : peu nombreux, habituellement étalés, de grosseur et de longueur moyennes, légèrement flexueux et duveteux, rouge-brun fortement lavé de gris. — *Lenticelles* : allongées, grandes, bien espacées. — *Coussinets* : aplatis. — *Yeux* : très-petits, ovoïdes, cotonneux, plaqués sur l'écorce. — *Feuilles* : petites, ovales, non acuminées pour la plupart, planes, à bords finement dentés. — *Pétiole* : court, de moyenne force, sensiblement cannelé. — *Stipules* : peu longues mais assez larges.

Fertilité. — Abondante.

Culture. — Greffé sur doucin ou paradis il se prête convenablement aux formes gobelet et cordon ; comme plein-vent, on en serait peu satisfait, vu sa vigueur trop modérée.

Description du fruit. — *Grosseur* : moyenne. — *Forme* : globuleuse, sensiblement plus large que haute et presque toujours aplatie à ses extrémités. — *Pédoncule* : long, assez grêle, profondément implanté dans une large cavité formant entonnoir. — *Œil* : moyen, mi-clos ou fermé, bien enfoncé, entouré de plis ou de gibbosités. — *Peau* : lisse, jaune clair, maculée de brun grisâtre autour du pédoncule, semée de gros et nombreux points roux, et parfois lavée de rose tendre sur le côté de l'insolation. — *Chair* : blanche, ferme, fine, légèrement croquante. — *Eau* : suffisante, très-sucrée, à peine acidulée, possédant un savoureux parfum.

Maturité. — Novembre-Mai.

Qualité. — Première.

Historique. — Le propagateur de ce pommier, M. Bruant, pépiniériste à Poitiers, m'en offrait il y a huit ou dix ans des greffes et des fruits. J'ai contribué le plus possible à répandre cette variété, très-digne de culture et dont l'origine m'est ainsi révélée par mon obligeant confrère :

« La Pomme *Belle des Buits* est très-commune dans les localités de notre département (la Vienne) qui avoisinent le Limousin, et surtout aux environs de Bussière. Elle est l'objet d'un grand commerce dans ces contrées, où elle porte également la dénomination de Pomme *Pierre,* non pas à cause d'un sieur Pierre qui l'aurait trouvée ou introduite, mais en raison de son excessive dureté au moment de la cueillette. Et ceci est considéré comme un grand avantage pour les cultivateurs, qui ramassent à l'aide de la pelle les fruits dans des tombereaux, les vident en tas, et les conservent ainsi pendant l'hiver, sans davantage s'en occuper. Cette pomme devient tendre à la maturité, d'une bonne qualité, et sa couleur appétissante en rend la vente facile sur les marchés. A force d'entendre vanter son mérite, je me suis décidé il y a déjà plusieurs années, à la propager. M. Guyot de la Rochère voulut bien m'en envoyer des greffes, prises dans sa propriété *des Buits;* de là son appellatif. » (*Lettre du 26 juin 1870.*)

Pomme BELLE DE CHATENAY. — Synonyme de *Reinette de Doué.* Voir ce nom.

Pomme BELLE DE CHÉNÉE. — Synonyme de pomme *de la Chesnaie.* Voir ce nom.

Pomme BELLE DE DOUÉ. — Synonyme de *Reinette de Doué.* Voir ce nom.

Pomme BELLE DE DUBOIS. — Synonyme de pomme *Belle du Bois.* Voir ce nom.

Pomme BELLE-FEMME. — Synonyme de pomme *Belle-Fille.* Voir ce nom.

39. Pomme de BELLE-FILLE.

Synonymes. — *Pommes* : 1. Belle-Femme (Olivier de Serres, *le Théâtre d'agriculture et ménage des champs,* 1608, p. 626). — 2. De Bonne-Fille (André Leroy, *Catalogue descriptif et raisonné des arbres fruitiers et d'ornement,* 1849, p. 30, n° 15).

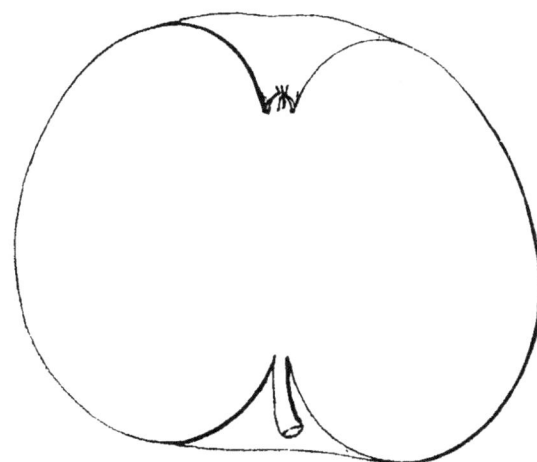

Description de l'arbre. — *Bois :* très-fort. — *Rameaux :* nombreux, étalés, gros et assez longs, peu coudés, duveteux et brun-rouge. — *Lenticelles :* arrondies, petites, abondantes. — *Coussinets :* saillants. — *Yeux :* moyens, arrondis, cotonneux, en partie collés contre le bois. — *Feuilles :* grandes, épaisses, ovales ou elliptiques, assez longuement acuminées, luisantes en dessus, duveteuses en dessous, légèrement dentées ou crénelées. — *Pétiole :* gros, de longueur moyenne, carminé, souvent dépourvu de cannelure. — *Stipules :* étroites et assez longues.

Fertilité. — Remarquable.

CULTURE. — Il est d'une végétation très-régulière et fait des tiges aussi droites que grosses ; je l'emploie même fréquemment pour greffer, comme plein-vent, des variétés peu vigoureuses.

Description du fruit. — *Grosseur :* moyenne et parfois plus volumineuse. — *Forme :* sphérique, aplatie à la base, tournant au conique vers le sommet, et souvent moins renflée d'un côté que de l'autre. — *Pédoncule :* court, assez gros, surtout au point d'attache, inséré dans une cavité bien prononcée. — *Œil :* petit, mi-clos ou fermé, à bassin des plus profonds et dont les bords sont très-unis. — *Peau :* lisse, mince, luisante, jaune clair verdâtre, marbrée de fauve près l'œil et le pédoncule, quelque peu brunâtre sur la face exposée au soleil, et toute parsemée de larges points gris. — *Chair :* odorante, blanchâtre, tendre et croquante. — *Eau :* suffisante, sucrée, douce et légèrement vineuse, ayant une saveur parfumée fort agréable.

MATURITÉ. — Novembre-Février.

QUALITÉ. — Première.

Historique. — Voilà encore un de ces vieux pommiers français dont l'origine se perd dans son ancienneté même. Ce fut lui qu'évidemment Olivier de Serres désigna, dès 1600, sous le nom de Belle-Femme, et c'est lui positivement qu'en 1667 Merlet caractérisa de la sorte :

« La pomme de *Belle-Fille* est une grosse Pomme jaune, lice, d'une eau fort sucrée, qui est une espece de gros Courpandu. » (*L'Abrégé des bons fruits*, 1667, p. 155.)

Le moine Claude Saint-Étienne connut également cette variété, qu'il décrivit trois ans après Merlet, mais beaucoup moins bien que ce dernier :

« De *Belle-Fille* — dit-il — est longuette et grosse comme grosse Rainette jaunatre, bonne à la my-Octobre. » (*Nouvelle instruction pour connaître les bons fruits*, 1670, p. 211.)

On le voit par ces descriptions, notre Belle-Fille se rapporte exactement à celle de ces deux auteurs, qui malheureusement ne nous ont, non plus que leurs successeurs, transmis aucun détail sur son lieu de naissance. Je le regrette, peu de pommiers étant aussi méritants que celui-là ; et je ne suis pas seul de cet avis, comme va le démontrer le passage suivant, écrit en 1852 par M. Duval, arboriculteur fort habile, résidant aux environs de Meudon :

« ...... Assez volumineux, ces fruits, lorsqu'ils sont mûrs, ce qui arrive de novembre en janvier, prennent une légère couleur jaune et répandent une forte odeur ; ils sont très-tendres à manger et l'on peut en faire d'excellentes compotes. L'arbre est un des plus fertiles que je connaisse ; il faut que son bois soit d'une grande force, pour porter une telle quantité de fruits très-lourds et aussi gros.... Un de ces arbres, planté dans mon jardin, avait une tête énorme chargée de fruits ; le vent, ne pouvant ni l'ébranler ni faire tomber les fruits, fit tant, qu'il parvint à le fendre par moitié, du haut en bas. Je coupai et rafraîchis proprement l'endroit de la cassure, et depuis huit ans il n'a cessé de végéter et de donner des fruits, quoiqu'ayant la moitié du corps à l'air.... C'est une de ces pommes qui, mieux connues, pourraient rendre service à des cultivateurs souvent fort embarrassés pour greffer leurs sauvageons... Si l'on greffait ce pommier sur paradis, et qu'on éclaircît les fruits, nul doute qu'on n'obtînt des pommes de première grosseur. » (*Histoire du pommier et sa culture*, pp. 51-52, n° 18.)

Observations. — En 1867 j'ai reçu de Paris, sous le nom Belle-Fille, une petite pomme arrondie-écrasée, presque entièrement lavée de rouge-brun clair, fouettée de carmin vif au soleil et très-maculée de fauve autour du pédoncule. Ce n'est donc pas là notre Belle-Fille, si conforme aux types décrits par Merlet et Saint-Étienne. Aussi je la signale, cette fausse variété, afin qu'on l'arrête au passage. — On doit également veiller à ne pas confondre, avec la Belle-Fille, la Belle-Fille normande, dont l'article vient ci-après, et de même la Reinette grise, qui compte une Belle-Fille parmi ses synonymes.

Pomme BELLE-FILLE. — Synonyme de *Reinette grise*. Voir ce nom.

40. Pomme BELLE-FILLE NORMANDE.

Synonymes. — *Pommes* : 1. Belle-Fille du Pays de Caux (Renault, *Notice sur la nature et la culture du pommier*, 1817, pp. 30-31). — 2. Dameret [des environs d'Aumale] (*Id. ibid.*). — 3. De Damoiselle [dans l'Orne] (*Id. ibid.*). — 4. De Livre (*Id. ibid.*).

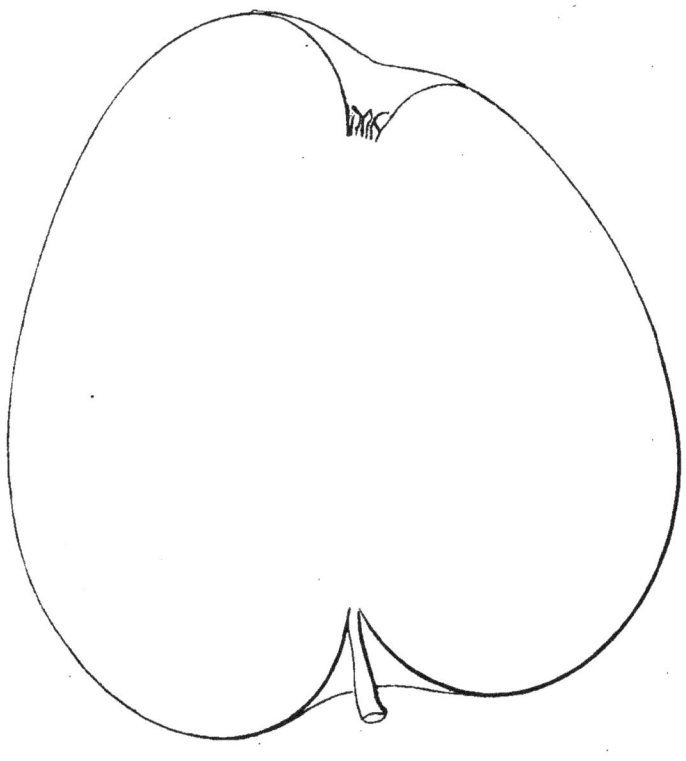

Description de l'arbre. — *Bois* : de force moyenne. — *Rameaux* : nombreux et assez gros, un peu courts, étalés, très-géniculés, duveteux, brun verdâtre nuancé de rouge. — *Lenticelles* : arrondies, larges et abondantes. — *Coussinets* : bien accusés. — *Yeux* : moyens, coniques-arrondis, collés en partie sur l'écorce et ayant les écailles saillantes. — *Feuilles* : très-grandes, minces, ovales, vert clair brillant en dessus, blanc verdâtre en dessous, sensiblement ondulées, à bords assez profondément dentés. — *Pétiole* : blanc jaunâtre, nuancé de rose à la base, long, bien nourri, mais peu rigide et rarement très-cannelé. — *Stipules* : modérément développées.

Fertilité. — Médiocre.

Culture. — Il croît trop lentement pour que nous conseillions de toujours le destiner à la haute-tige, en le greffant au ras de terre ; comme gobelet ou cordon il est d'un bien meilleur rapport, quand surtout on l'a écussonné sur doucin, où il fait de jolis pommiers nains.

Description du fruit. — *Grosseur :* considérable. — *Forme :* conique allongée, ayant un côté moins volumineux que l'autre, et souvent déprimée au sommet, qui est fortement plissé. — *Pédoncule :* de longueur et de force moyennes, implanté dans une étroite mais assez profonde cavité. — *Œil :* moyen, mi-clos ou fermé, à bassin variant beaucoup en ses dimensions. — *Peau :* unie, jaune brillant, lavée de rose clair sur la partie frappée par le soleil, maculée de fauve verdâtre autour du pédoncule et couverte de larges points roux. — *Chair :* assez blanche, peu compacte, tendre, non marcescente. — *Eau :* suffisante, sucrée, faiblement acidulée.

Maturité. — Novembre-Février.

Qualité. — Deuxième.

Historique. — Connue depuis un siècle au moins dans la Normandie, surtout au Pays de Caux (Seine-Inférieure), dont on la croit originaire, la Belle-Fille normande est à la fois fruit à couteau et fruit de pressoir. Mais si sur nos tables elle produit le plus bel effet par sa grosseur et son ravissant coloris, elle s'y voit préférer, pour leur qualité, nombre de ses congénères. Et de même au pressoir, où son rôle est très-secondaire. Renault, dans sa *Notice sur la nature et la culture du pommier*, lui consacrait les lignes suivantes en 1817 :

« Le pommier de *Livre*, qui tire son nom de la grosseur et de la pesanteur de son fruit, est la *Belle-Fille du Pays de Caux*, la *Demoiselle* de l'Orne, le *Dameret* des environs d'Aumale... Ses pommes sont allongées, d'une saveur douce et agréable.... Elles entrent pour peu de chose dans les combinaisons de cidre de bonne qualité. Cet arbre demande un terrain bas, frais, sans humidité et exposé au soleil de dix heures, autrement on le cultiverait presque inutilement. » (Pages 31 et 32.)

Observations. — Après avoir signalé, dans le précédent article, une fausse pomme de Belle-Fille venue des environs de Paris, j'en dois faire autant pour la Belle-Fille normande, ayant reçu ainsi étiqueté, et de la capitale également, un arbre dont les produits n'ont aucune espèce de rapport avec ceux de la variété ici décrite. Ils sont en effet sphériques, à peau verte, rugueuse, réticulée et ponctuée de brun. Mûrs en décembre, je les ai généralement trouvés de deuxième qualité. — La pomme *Linnée*, ou Linnœus Pippin, offre quelque ressemblance avec notre Belle-Fille normande, mais seulement pour l'extérieur, et encore est-elle beaucoup moins grosse. Quant au mérite des deux fruits, la Linnée, variété de premier ordre, laisse loin derrière elle les produits de l'autre pommier. — Il existe, et nous la caractériserons à son rang alphabétique, certaine espèce dite d'*Une Livre*, qu'il ne faut pas supposer la même que la Belle-Fille normande ; méprise facile à commettre en raison du synonyme pomme *de Livre*, appartenant depuis longtemps à cette dernière.

Pomme **BELLE-FILLE DU PAYS DE CAUX.** — Synonyme de pomme *Belle-Fille normande*. Voir ce nom.

41. Pomme BELLE-FLEUR.

Synonymes. — *Pommes* : 1. Belle-Fleur d'Été (John Turner, *Transactions of the horticultural Society of London*, 1820, t. IV, p. 278). — 2. Belle d'Aout (Louis Noisette, *le Jardin fruitier*, 1839, t. I, p. 197, n° 11). — 3. Belle-Flower (Pépinières de Tours et d'Angers, 1845-1855).

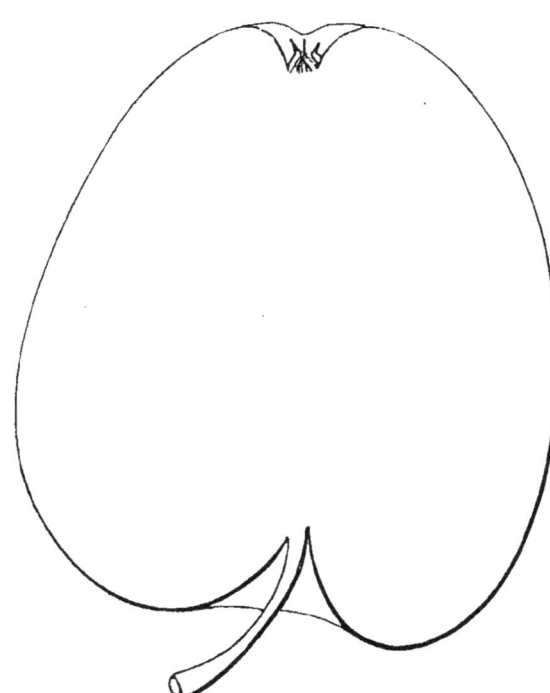

Description de l'arbre. — *Bois* : fort. — *Rameaux* : peu nombreux, étalés, assez longs, très-gros et géniculés, excessivement cotonneux et d'un rouge-brun amplement lavé de gris. — *Lenticelles* : grandes, arrondies, assez abondantes. — *Coussinets* : aplatis. — *Yeux* : volumineux, arrondis, couverts de duvet, entièrement appliqués contre le bois. — *Feuilles* : grandes, ovales, vert terne en dessus, gris verdâtre en dessous, longuement acuminées, à bords régulièrement dentés. — *Pétiole* : court, épais et roide, presque toujours dépourvu de cannelure. — *Stipules* : bien développées.

Fertilité. — Médiocre.

Culture. — Il est avantageux comme haute tige, poussant vite, droit, et devenant très-gros. Greffé sur paradis il fait de beaux cordons ainsi que d'assez jolis buissons, et gagne beaucoup en fertilité.

Description du fruit. — *Grosseur* : volumineuse. — *Forme* : conique-allongée, habituellement assez régulière et pentagone, mais quelquefois, cependant, ovoïde arrondie, bosselée et contournée, surtout vers le sommet, qui toujours est sensiblement côtelé. — *Pédoncule* : long ou de longueur moyenne, un peu grêle, renflé à ses extrémités, inséré dans une étroite et profonde cavité. — *Œil* : grand ou moyen, ouvert ou mi-clos, à peine enfoncé, bosselé et plissé sur les bords. — *Peau* : lisse, mince, jaune clair et verdâtre, ponctuée de brun et de gris, lavée de rose sur le côté de l'insolation, où elle est également plus ou moins tachetée et fouettée de rouge-cerise. — *Chair* : blanc jaunâtre, fine, tendre, peu croquante. — *Eau* : suffisante, sucrée, acidulée, bien parfumée.

Maturité. — Vers la mi-septembre et se prolongeant parfois jusqu'en février.

Qualité. — Première.

Historique. — Le botaniste Poiteau décrivit en 1846 la Belle-Fleur dans sa

Pomologie française et lui assigna presque deux origines, sans se prononcer ni pour l'une ni pour l'autre :

« Cette pomme — écrivit-il — inconnue à Duhamel (1768), est cultivée depuis cinquante ans dans les pépinières de MM. Noisette. On dit même que c'est M. Noisette père qui l'a trouvée dans la forêt de Sénard.... Elle se range naturellement entre les Calvilles et les Pigeonnets. L'arbre qui la porte a aussi parfaitement l'air de famille particulier à cette petite tribu.... J'ai connu dans ma jeunesse une pomme *de Boutigné* qui ressemblait beaucoup à celle-ci, si ce n'est la même ; alors elle serait ancienne et n'aurait pas été trouvée dans la forêt de Sénard, à la fin du siècle dernier, comme on l'a dit. « (Tome IV, n° 31.)

Ce rapprochement fait de mémoire, par Poiteau, manque d'exactitude. Je connais la *Boutigné*, propagée dans l'Ouest en 1830 par Léon Leclerc, député de Laval et grand amateur d'arbres fruitiers, elle diffère essentiellement de la Belle-Fleur et n'est autre que le *Calleville rose*, dont l'article vient ci-après. La version qui donne au présent pommier la forêt de Sénard (Seine-et-Oise) pour berceau à la fin du xviiie siècle, acquiert donc ainsi plus de vraisemblance. Toutefois je dois constater qu'en 1670 une pomme Belle-Fleur existait déjà ; elle fut alors, mais sans aucune espèce de description ni de renseignements, citée pages 207 et 211 de la *Nouvelle instruction pour connaître les bons fruits* du moine Claude Saint-Étienne.

Observations. — Poiteau [et d'après lui d'autres l'ont répété] assure que la Belle-Fleur se conserve jusqu'en mai. Pour moi, février est son point extrême de maturité. Quant à Noisette, qui la surnommait *Belle d'Août* en 1839 (*Jardin fruitier*, t. I, p. 197), il se contente de lui assigner les mois de septembre et d'octobre, ajoutant « qu'elle dure peu. » En effet, passé novembre, cette pomme devient pâteuse, mais reste saine, cependant, encore assez longtemps. — La Red Belle-Fleur, ou *Belle-Fleur rouge* des Américains, se mange de novembre à janvier et n'est pas identique avec le fruit que nous venons d'étudier.

Pomme BELLE-FLEUR D'AUTOMNE. — Synonyme de *Belle-Fleur de Brabant*. Voir ce nom.

---

42. Pomme BELLE-FLEUR DE BRABANT.

Synonymes. — *Pommes* : 1. Bon-Pommier d'Automne (F. C. Bonnelle, *le Jardinier d'Artois*, 1766, p. 243 ; — et Auguste Royer, *Annales de pomologie belge et étrangère*, 1854, t. II, p. 47). — 2. Brabansche Belle-Fleur (John Lindley, *Transactions of the horticultural Society of London*, 1833, 2e série, t. I, p. 295). — 3. Brabant Belle-Fleur (*Id. ibid.*). — 4. Belle-Fleur d'Automne (Auguste Royer, *Annales de pomologie belge et étrangère*, 1854, t. II, p. 47). — 5. Keulemans (*Id. ibid.*). — 6. Strieping (*Id. ibid.*). — 7. Winter Belle-Fleur (*Id. ibid.*). — 8. Gloire de Flandre (Robert Hogg, *the Apple and its varieties*, 1859, p. 42, n° 41). — 9. Iron (*Id. ibid.*).

Description de l'arbre. — *Bois :* fort. — *Rameaux :* nombreux, légèrement étalés, surtout à la base, longs et gros, géniculés, duveteux, brun rouge nuancé de vert olivâtre. — *Lenticelles :* un peu allongées, moyennes, rapprochées. — *Coussinets :* ressortis. — *Yeux :* moyens, cotonneux, coniques obtus, rarement bien éloignés du bois. — *Feuilles :* abondantes, assez grandes, ovales ou ovales allongées, vert clair au-dessus, grisâtres et tomenteuses en dessous, acuminées, planes ou relevées en gouttière, régulièrement dentées sur leurs bords. — *Pétiole :* de longueur et de grosseur moyennes, roide et cannelé. — *Stipules :* modérément développées.

Fertilité. — Médiocre.

Culture. — La haute-tige, pour le verger, est la forme qui lui convient avant tout, quoiqu'il puisse aussi faire, sur doucin et paradis, de beaux gobelets ou de vigoureux cordons.

Pomme Belle-Fleur de Brabant.

Description du fruit. — *Grosseur :* au-dessus de la moyenne. — *Forme :* assez inconstante, et souvent contournée, elle passe le plus habituellement de la conique-raccourcie à l'ovoïde-arrondie, mais elle est toujours plus ventrue d'un côté que de l'autre et fortement plissée au sommet. — *Pédoncule :* gros, très-court, arqué, obliquement inséré dans une étroite et profonde cavité. — *Œil :* grand, mi-clos, rarement bien enfoncé. — *Peau :* unie, mince, à fond jaune clair, en partie lavée de rose tendre et de rouge-cerise, jaspée, rayée de pourpre, ponctuée de brun et de gris. — *Chair :* blanche, tendre, peu compacte. — *Eau :* suffisante, sucrée, légèrement acidule et douée d'un parfum particulier assez délicat.

Maturité. — Décembre-Février.

Qualité. — Deuxième.

Historique. — John Lindley, ancien vice-secrétaire de la Société d'Horticulture de Londres, me paraît avoir été le premier descripteur de ce fruit. Il le présenta le 5 février 1833 à l'examen de ses collègues, et lut dans cette même séance un article où nous voyons que la Belle-Fleur de Brabant lui avait été envoyée, de Harlem, par le pépiniériste Schneevooghts (*Transactions* de ladite Société, 2ᵉ série, t. I, p. 295). Elle passe, en effet, pour être d'origine hollandaise; et quand on sait qu'on la cultive communément dans le Limbourg, les provinces wallonnes et la Flandre, il ne vient pas à l'esprit de le contester. Les Belges, qui l'estiment beaucoup, lui prêtent des propriétés et des mérites sur lesquels je ne puis me prononcer, mais que je dois néanmoins signaler :

« Cette pomme — dit M. Auguste Royer (1854) — est de première qualité pour les vergers; comme élément de fabrication du vinaigre elle pourvoit à un besoin essentiel dans nos provinces, où la vigne n'est pas cultivée sur une grande échelle. Elle se conserve tout l'hiver; dans cette partie de l'année, c'est un fruit qui est à la portée des classes pauvres; on la consomme, de préférence, cuite et en compote avec une addition de vin rouge, et mieux encore de vin blanc. » (*Annales de pomologie belge et étrangère*, t. II, pp. 47-48.)

La Belle-Fleur de Brabant fut importée dans les jardins français en 1836, mais ne s'y propagea que fort lentement; aujourd'hui elle y est même encore assez rare.

Observations. — La pomme de Sarreguemines possède aussi, comme la présente, le synonyme *Bon-Pommier*; veiller alors à ne pas confondre ces deux fruits, dont l'un, la Sarreguemines, est de trois mois plus tardif que l'autre.

Pommes BELLE-FLEUR DOUBLE. — Synonymes de pommes *Belle-Fleur longue* et *Petit-Bon*. Voir ces noms.

Pomme BELLE-FLEUR D'ÉTÉ. — Synonyme de pomme *Belle-Fleur*. Voir ce nom.

Pomme BELLE-FLEUR DE FRANCE. — Synonyme de pomme *Belle-Fleur longue*. Voir ce nom.

43. Pomme BELLE-FLEUR LONGUE.

Synonymes. — *Pommes* : 1. Belle-Fleur double (Herman Knoop, *Pomologie*, édition allemande de 1760, pp. 17 et 57; édition française de 1771, pp. 46 et 129). — 2. Langer Belle-Fleur (Diel, *Kernobstsorten*, 1800, t. III, p. 180). — 3. Belle-Fleur rouge (F. R. Elliott, *Fruit book*, 1854, p. 177). — 4. Red Belle-Fleur (*Id. ibid.*). — 5. Striped Belle-Fleur (*Id. ibid.*). — 6. Belle-Fleur de France (Auguste Royer, *Annales de pomologie belge et étrangère*, 1854, t. II, p. 48). — 7. Double-Belle-Fleur (*Id. ibid.*). — 8. Crotte (Congrès pomologique, *Pomologie de la France*, 1867, t. IV, n° 11). — 9. Wigwam (Charles Downing, *Fruits and fruit trees of America*, 1869, p. 324).

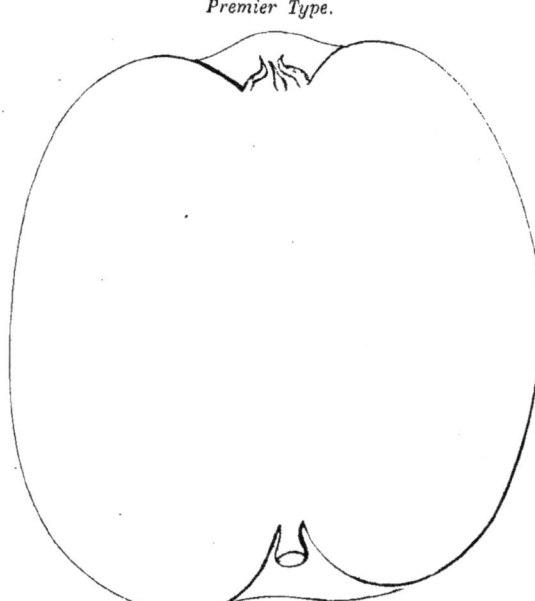

Premier Type.

Description de l'arbre. — *Bois* : assez faible. — *Rameaux* : nombreux, étalés, courts et un peu grêles, à peine coudés, duveteux, brun verdâtre nuancé de rouge. — *Lenticelles* : petites, rapprochées, plus ou moins arrondies. — *Coussinets* : aplatis. — *Yeux* : moyens, ovoïdes-arrondis, légèrement cotonneux, presque collés sur le bois. — *Feuilles* : petites ou moyennes, ovales, courtement acuminées, lisses et vert foncé en dessus, tomenteuses et gris verdâtre en dessous, planes ou contournées, à bords finement crénelés. — *Pétiole* : court, mince et cannelé. — *Stipules* : très-petites.

Fertilité. — Ordinaire.

Culture. — Ce sont les formes cordon et gobelet qu'il est le plus avantageux de lui donner ; comme haute-tige, son manque de vigueur lui nuit infiniment ; cependant, greffé en tête, on peut encore en tirer parti.

Pomme Belle-Fleur longue. — *Deuxième Type.*

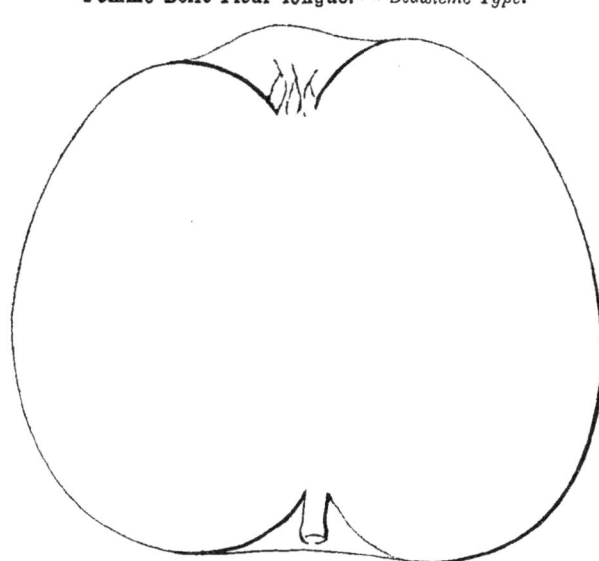

Description du fruit. — *Grosseur :* volumineuse. — *Forme :* assez inconstante, elle est le plus souvent cylindrique-allongée ou ovoïde-arrondie, mais toujours côtelée au sommet, aplatie à la base et généralement un peu moins ventrue d'un côté que de l'autre. — *Pédoncule :* très-court et très-nourri, bien enfoncé dans un bassin étroit et irrégulier. — *Œil :* grand, mi-clos, entouré de plis et de gibbosités, à cavité large et profonde. — *Peau :* lisse, jaune clair grisâtre, amplement lavée et fouettée de carmin sur la face regardant le soleil, maculée de fauve dans la cavité pédonculaire et semée de larges points bruns très-espacés. — *Chair :* légèrement verdâtre ou jaunâtre, mi-fine, assez ferme et croquante. — *Eau :* abondante, rarement bien sucrée, faiblement acidule, douée d'une certaine délicatesse.

Maturité. — Novembre-Janvier.

Qualité. — Deuxième.

Historique. — En 1760 Herman Knoop figurait et caractérisait ce fruit dans sa *Pomologie* hollandaise (édition allemande, p. 17), et, ne lui attribuant aucune origine étrangère, paraissait ainsi le considérer comme variété néerlandaise, opinion très-vraisemblable, puisque d'une part nous avons vu, article précédent, la Belle-Fleur de Brabant réputée native de ce même pays, et qu'en outre le docteur Diel affirme avoir reçu en 1789 de M. Hagen, bijoutier de la cour, à la Haye (Hollande), des greffes de la Belle-Fleur longue (*Kernobstsorten*, 1800, t. III, p. 180). Cette pomme, qu'en 1854 un auteur belge, M. Auguste Royer, surnommait, je ne sais pourquoi, Belle-Fleur de France (*Annales de pomologie belge*, t. II, p. 48), loin d'être sortie de chez nous, n'y entra, au contraire, qu'assez tard — vers 1845 — tandis que les Anglais déjà la possédaient en 1820 (voir *Transactions* de la Société d'Horticulture de Londres, t. IV, p. 278). Elle jouit d'une certaine estime en Hollande et dans la Grande-Bretagne, où généralement on la mange crue, coupée par rouelles et assaisonnée avec du jus d'orange ou de citron.

Observations. — Il circule une *fausse* Belle-Fleur longue ; je l'ai rencontrée pour la première fois en 1867, à l'exposition horticole de Paris, section allemande. C'est un fruit assez petit, conique-arrondi, à peau rugueuse, vert clair sur le côté de l'ombre, brun verdâtre sur l'autre face, marbré de fauve, maculé de même autour du pédoncule, et ponctué de gris. On ne saurait donc le confondre avec la véritable Belle-Fleur longue, que du reste il surpasse, et de beaucoup, en qualité. Sa maturité commence vers la mi-octobre. — Les noms *Reinette Belle-Fleur* et *Belle-Fleur ronde* ne sont pas, quoiqu'on l'ait dit parfois, synonymes de Belle-Fleur longue, mais uniquement, affirme Knoop (*Pomologie*, 1760, p. 17), de certaine autre pomme hollandaise appelée Madame, et qui m'est inconnue. — *Belle des Bois*, pommes *Richard*, *Belle-Femme*, ne sauraient non plus prendre place parmi les synonymes dudit fruit; les deux premiers ont rang de variété; quant au dernier, il se rapporte à la Belle-Fille.

Pomme BELLE-FLEUR ROUGE. — Synonyme de pomme *Belle-Fleur longue*. Voir ce nom.

Pomme BELLE-FLOWER. — Synonyme de pomme *Belle-Fleur*. Voir ce nom.

44. Pomme de BELLE-FONTAINE.

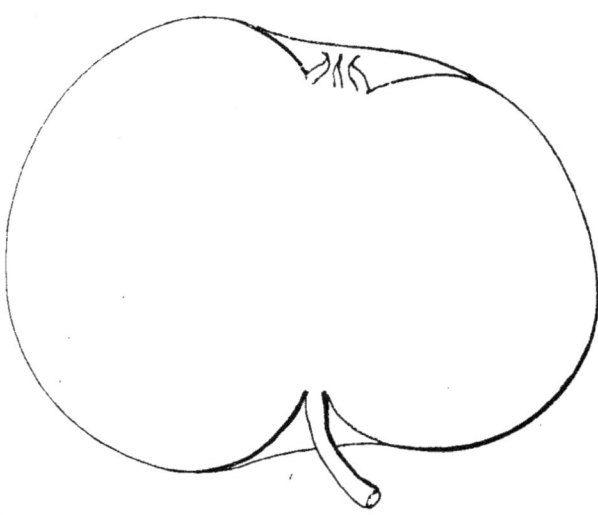

Description de l'arbre. — *Bois :* fort. — *Rameaux :* nombreux, étalés, courts et très-gros, bien flexueux et sensiblement duveteux, rouge-brun assez clair. — *Lenticelles :* petites, arrondies, peu abondantes. — *Coussinets :* saillants. — *Yeux :* moyens, coniques-arrondis, appliqués sur l'écorce et couverts d'un épais duvet. — *Feuilles :* moyennes, cordiformes, rarement acuminées, planes ou relevées en gouttière, à bords régulièrement dentés. — *Pétiole :* de moyenne longueur, bien nourri et presque toujours dépourvu de cannelure. — *Stipules :* assez larges mais courtes.

Fertilité. — Satisfaisante.

Culture. — Sa grande vigueur le rend très-propre pour le plein-vent, d'autant mieux que sa tige et sa tête sont irréprochables. Greffé sur paradis et disposé en cordon ou gobelet il devient moins vigoureux, et surtout plus productif.

Description du fruit. — *Grosseur :* moyenne. — *Forme :* sphérique, aplatie aux pôles et souvent ayant un côté moins volumineux que l'autre. — *Pédoncule :* assez long, peu fort à son milieu, renflé à ses extrémités, droit ou arqué, profondément implanté dans un bassin généralement étroit. — *Œil :* grand ou moyen, mi-clos ou fermé, duveteux, à longues sépales, à cavité large, peu profonde, irrégulière et plissée ou bosselée. — *Peau :* épaisse, jaune clair, ponctuée de gris et de marron, légèrement lavée et striée de rouge-brun sur le côté de l'insolation et amplement maculée de fauve autour du pédoncule. — *Chair :* blanchâtre, mi-fine, assez tendre. — *Eau :* suffisante, douce, bien sucrée, faiblement parfumée.

Maturité. — Octobre-Février.
Qualité. — Deuxième.

Historique. — Je la propage depuis 1860; c'est une variété réputée angevine et qui porte le nom du lieu où beaucoup supposent qu'elle a spontanément poussé, chez les trappistes de Belle-Fontaine, commune de Bégrolles, près Cholet (Maine-et-Loire). On ne saurait toutefois assurer qu'il en soit ainsi, car interrogé par moi le supérieur de ce monastère m'a répondu le 23 juin 1870 : « Je ne serais pas « éloigné de le croire, notre jardinier ayant donné de tous côtés, depuis trente « ans, quantité de greffes d'espèces provenues du verger de Belle-Fontaine. » Il est donc impossible de considérer cette réponse comme affirmative.

45. Pomme BELLE DU HAVRE.

Synonymes. — *Pommes :* 1. Grosse-Pomme noire d'Amérique. (Calvel, *Traité complet sur les pépinières*, 3ᵉ édition, 1805, t. III, p. 46, nᵒ 28; — et Poiteau, *Pomologie française*, 1846, t. IV, nᵒˢ 52 et 53). — 2. Oléose (Poiteau, *ibid.*). — 3. Rosa (André Leroy, *Catalogue de cultures*, 1840, p. 2.)

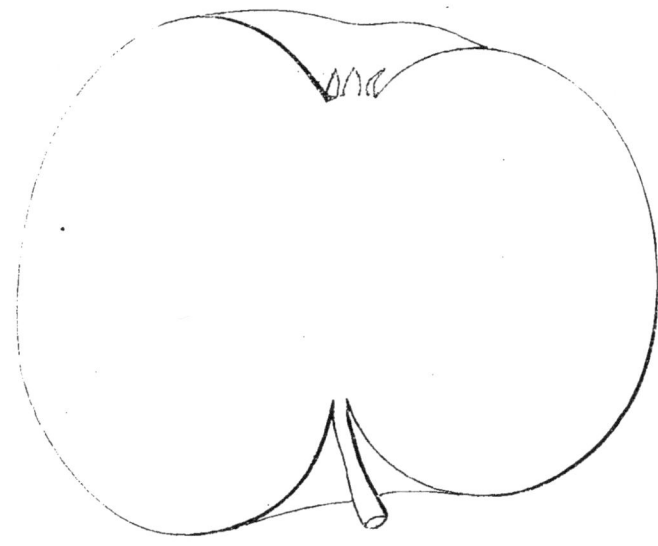

Description de l'arbre. — *Bois :* très-fort. — *Rameaux :* peu nombreux, généralement étalés, souvent arqués, renflés au sommet, très-gros et assez courts, à peine géniculés, des plus cotonneux et brun olivâtre clair. — *Lenticelles :* grandes, allongées et très-rapprochées. — *Coussinets :* modérément ressortis. — *Yeux :* moyens, arrondis, duveteux, noyés dans l'écorce. — *Feuilles :* grandes, uniformément ovales, très-courtement acuminées, épaisses et coriaces, cucullées, vert mat foncé en dessus, tomenteuses et gris verdâtre en dessous, à bords régulièrement crénelés. — *Pétiole :* très-court et très-gros, cotonneux, habituellement dépourvu de cannelure. — *Stipules :* moyennes.

Fertilité. — Abondante et soutenue.

Culture. — Il se prête à toutes les formes, mais il est préférable, lors surtout qu'on désire lui voir porter de volumineux fruits, de le greffer sur paradis pour en faire des gobelets ou des cordons.

Description du fruit. — *Grosseur :* au-dessus de la moyenne, et parfois plus considérable. — *Forme :* arrondie, souvent moins renflée d'un côté que de l'autre, côtelée ou fortement plissée au sommet. — *Pédoncule :* bien nourri, arqué, de longueur variable, mais plutôt moyen que court, inséré dans une cavité très-prononcée. — *Œil :* grand, mi-clos, à longues sépales, à bassin irrégulier et variant beaucoup en ses dimensions. — *Peau :* épaisse, très-onctueuse au moment de la maturité, à fond jaune clair verdâtre, tantôt partiellement, tantôt entièrement lavée de rose tendre du côté de l'ombre, de rouge-brun violacé sur l'autre face, souvent fouettée de même et semée d'assez nombreuses et larges macules presque noirâtres. — *Chair :* très-blanche, très-fine et des plus tendres. — *Eau :* suffisante, acidule et sucrée, possédant un parfum plus ou moins prononcé.

Maturité. — Septembre-Octobre, quelquefois même atteignant la fin de novembre.

Qualité. — Deuxième.

Historique. — Poiteau, dès 1830, s'appliqua à propager la Belle du Havre, qu'en 1829 on lui apportait de cette ville à Paris. La croyant inconnue, il lui donna le nom du lieu dont elle sortait, puis la caractérisa dans sa *Pomologie française* (1846, t. IV, n° 52), où elle précède l'Oléose, autre pomme qui lui doit aussi sa dénomination. Poiteau n'a jamais vu — il le déclare — de pommier Belle du Havre; de là vient qu'il s'est trompé en présentant comme distincts deux fruits entièrement identiques. Le coloris et la maturité, assez variables, de cette espèce, causèrent l'erreur du savant botaniste. Il ne l'aurait pas commise, s'il lui eût été possible, comme souvent nous l'avons fait, d'étudier comparativement les pommiers Oléose et Belle du Havre. On les trouve en effet, n'importe à quelle exposition, d'une parfaite identité, et l'on reste également convaincu de la diversité fort grande du coloris de leurs produits. De ces derniers, beaucoup ont la peau couverte d'un brillant carmin, sans macules ni vergeures; d'autres, au contraire, mi-partis jaune et rouge terne, sont amplement fouettés de brun-rouge et plus ou moins couverts de taches noirâtres. Pour Poiteau, les premiers furent la Belle du Havre et les seconds, l'Oléose, « transpirant au fruitier, nous dit-il, « une espèce d'huile très-abondante, graissant les mains lorsqu'on touche le « fruit. » Caractère, ajouterai-je, existant également chez la Belle du Havre, et particulier même à plusieurs autres pommes. L'Amérique nous a probablement fourni cette variété, si recherchée pour son volume et la nuance admirable de sa peau. Je dis probablement, n'ayant pour appuyer ma conjecture, que l'assertion de Poiteau, affirmant que son Oléose portait au Jardin des Plantes, avant 1830, le nom de *Grosse-Pomme noire d'Amérique*. Et de fait ce fut sous cette appellation qu'Étienne Calvel la décrivit le premier, peu après 1805, dans la troisième édition de son *Traité des pépinières* (t. III, p. 46, n° 28). Peut-être avait-elle été rapportée des États-Unis par quelque navigateur du Havre, port où Turpin, collaborateur de Poiteau, fit en 1829 la découverte de cette pomme, baptisée Belle du Havre par ce seul fait, ainsi qu'au début je l'ai mentionné. Néanmoins elle n'est autre, nos pépiniéristes le savent parfaitement aujourd'hui, que l'Oléose et que la pomme *Rosa*, deuxième surnom sous lequel je la reçus bien avant 1840.

Pomme BELLE-HERVY. — Synonyme de pomme *Rouge de Stettin*. Voir ce nom.

46. Pomme BELLE DES JARDINS.

Synonyme. — Pomme DE JARDIN (Diel, *Verzeichniss der Obstsorten*, 1833, p. 63).

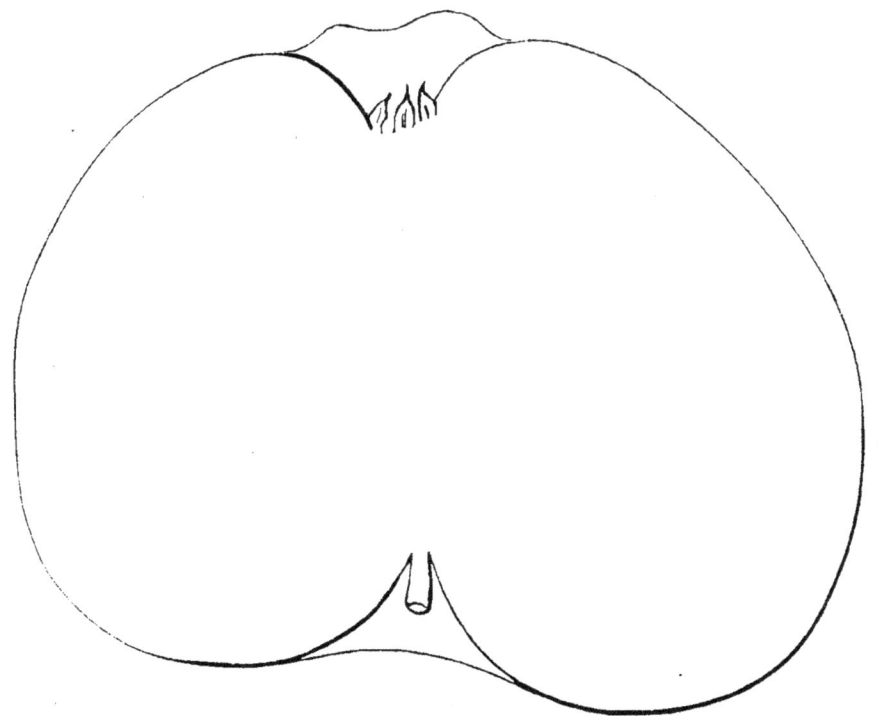

Description de l'arbre. — *Bois :* fort. — *Rameaux :* nombreux, étalés, de grosseur et de longueur moyennes, peu flexueux, très-cotonneux, rouge-brun ardoisé. — *Lenticelles :* allongées, petites, abondantes. — *Coussinets :* aplatis. — *Yeux :* moyens, arrondis, plaqués sur l'écorce et couverts d'un épais duvet. — *Feuilles :* moyennes, ovales-arrondies, vert foncé en dessus, gris verdâtre en dessous, acuminées, planes et profondément dentées. — *Pétiole :* assez long et assez gros, à cannelure faiblement accusée. — *Stipules :* étroites et longues.

Fertilité. — Médiocre.

Culture. — Greffé au ras de terre, pour plein-vent, il se montre très-vigoureux et fait des tiges d'une belle apparence. Placé sur doucin ou paradis il est susceptible de prendre les formes naine, gobelet ou cordon, qui même lui sont très-favorables comme production.

Description du fruit. — *Grosseur :* énorme. — *Forme :* conique-arrondie, aplatie à la base et fortement côtelée au sommet. — *Pédoncule :* court, arqué, bien nourri, inséré dans une cavité régulière et profonde. — *Œil :* grand, à larges sépales, ouvert ou mi-clos, souvent assez contourné, occupant le centre d'un bassin considérable. — *Peau :* lisse, mince et brillante, entièrement vermillonnée sur le côté de l'ombre et carmin vif et foncé sur celui du soleil. — *Chair :*

blanche, spongieuse, peu compacte. — *Eau :* rarement suffisante, douce, faiblement sucrée.

Maturité. — Octobre-Novembre.

Qualité. — Deuxième pour le couteau, première pour la cuisson.

Historique. — Elle est d'origine française, remonte au commencement de notre siècle et paraît provenir des environs de Paris, d'où le pomologue allemand Diel la reçut avant 1832, ainsi qu'il l'écrivait en 1833 (*Verzeichniss der Obstsorten*, p. 63). Je la cultive depuis 1849 et l'ai tirée de l'ancienne collection du Comice horticole d'Angers. Plus jolie que bonne, on l'a fort peu propagée ; sa description même, je le crois du moins, était encore à faire chez nous, car je l'ai vainement cherchée dans les nombreux recueils de ma bibliothèque pomologique.

Pomme BELLE-JOSÉPHINE. — Synonyme de pomme *Joséphine*. Voir ce nom.

---

47. Pomme BELLE-MOUSSEUSE.

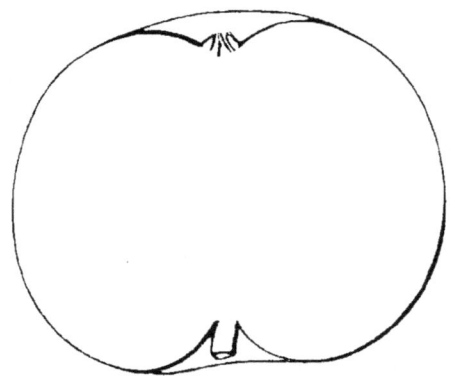

Description de l'arbre. — *Bois :* très-fort. — *Rameaux :* assez nombreux, étalés, gros et des plus longs, peu géniculés, cotonneux et brun olivâtre. — *Lenticelles :* arrondies, grandes, clair-semées. — *Coussinets :* aplatis. — *Yeux :* volumineux, ovoïdes, légèrement duveteux, très-rapprochés du bois. — *Feuilles :* grandes, ovales-arrondies, courtement acuminées, planes, ayant les bords finement denticulés. — *Pétiole :* épais, de longueur moyenne, roide, à cannelure faiblement accusée. — *Stipules :* longues et assez étroites.

Fertilité. — Modérée.

Culture. — Sur doucin ou paradis ce pommier s'élève au mieux pour buissons et cordons ; son extrême vigueur permet aussi de le greffer au ras de terre, comme plein-vent ; il devient même alors, par sa tige forte et droite, sa tête arrondie et touffue, un très-bel arbre.

Description du fruit. — *Grosseur :* au-dessous de la moyenne et quelquefois assez volumineuse. — *Forme :* sphérique, aplatie à la base et plus large que haute. — *Pédoncule :* court ou très-court, gros, duveteux, obliquement inséré dans un bassin rarement profond. — *Œil :* moyen, mi-clos, faiblement enfoncé. — *Peau :* lisse, à fond jaune terne et quelque peu verdâtre, en partie légèrement striée de rouge sombre et semée de larges points gris très-espacés. — *Chair :* jaunâtre, mi-fine, tendre et croquante. — *Eau :* suffisante, bien sucrée, douée d'une acidité et d'un parfum des plus savoureux.

Maturité. — Septembre.

Qualité. — Première.

Historique. — Vers 1858 des greffes de ce pommier, qu'on suppose né dans l'Anjou, furent offertes, j'ignore par qui, au Comice horticole d'Angers. Je le multipliai immédiatement mais ne le mis au commerce que beaucoup plus tard, en 1865, après avoir bien constaté le véritable mérite de ses produits. Son nom de Belle-Mousseuse n'est en rien justifié par l'arbre ou le fruit, exempts l'un et l'autre de cette cryptogame.

Pomme BELLE D'ORLÉANS. — Synonyme de pomme *Grand-Alexandre.* Voir ce nom.

Pomme BELLE DU PLESSIS. — Synonyme de pomme *Bonne du Plessis.* Voir ce nom.

48. Pomme BELLE DE ROME.

Synonymes. — *Pommes* : 1. Gillett's Seedling (F. R. Elliott, *Fruit book,* 1854, p. 106). — 2. Rome Beauty (*Id. ibid.*). — 3. Roman Beauty (*Id. ibid.*).

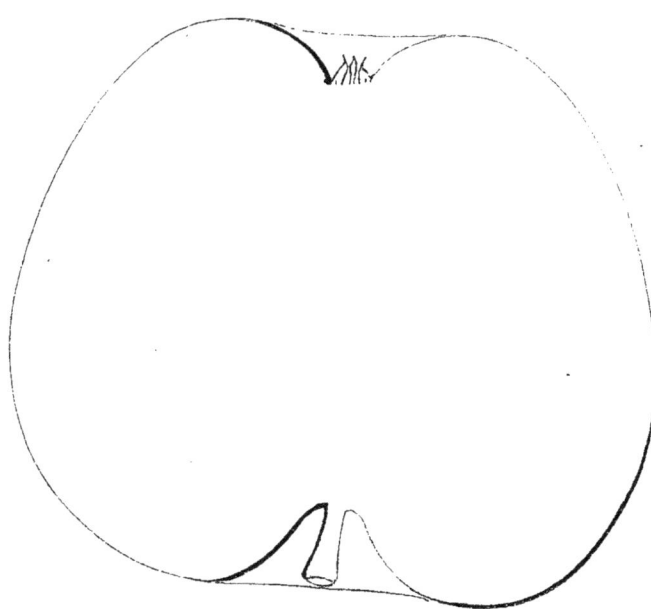

Description de l'arbre. — *Bois :* fort. — *Rameaux :* peu nombreux, légèrement étalés, très-gros, assez courts, à peine coudés, des plus cotonneux, brun olivâtre sensiblement nuancé de rouge terne. — *Lenticelles :* grandes, arrondies, excessivement espacées. — *Coussinets :* modérément ressortis. — *Yeux :* des plus volumineux, coniques-arrondis, duveteux, assez éloignés du bois. — *Feuilles :* moyennes, ovales-arrondies, luisantes et vert foncé en dessus, blanc verdâtre en dessous, coriaces, acuminées, à bords très-profondément crénelés. — *Pétiole :* court, des plus nourris, faiblement cannelé. — *Stipules :* larges et peu longues.

Fertilité. — Modérée.

Culture. — Sa remarquable vigueur le recommanderait tout spécialement pour le plein-vent, s'il n'était pas très-rare de lui voir une tige à peu près droite; aussi le greffons-nous presque toujours sur doucin ou paradis, afin d'en faire de beaux cordons ou buissons.

Description du fruit. — *Grosseur :* assez volumineuse. — *Forme :* conique plus ou moins arrondie. — *Pédoncule :* un peu court ou de longueur moyenne, bien nourri, surtout au point d'attache, inséré dans une large et profonde cavité. — *Œil :* grand, souvent mi-clos, faiblement enfoncé et légèrement plissé sur ses bords. — *Peau :* mince, luisante, jaune d'or du côté de l'ombre ; sur l'autre face, entièrement nuancée de rouge clair, fouettée et panachée de carmin très-foncé ; elle est en outre, mais modérément, ponctuée de gris et de brun. — *Chair :* blanchâtre, fine, assez tendre et croquante. — *Eau :* abondante, sucrée, à peine acidule, de saveur agréable.

Maturité. — Septembre-Novembre.

Qualité. — Deuxième.

Historique. — Gagné aux États-Unis depuis une trentaine d'années, ce pommier, dit Elliott en 1854 (*Fruit book*, p. 106), provient de la partie méridionale de l'Ohio. Sans vouloir infirmer le renseignement donné par cet auteur, qui semble avoir été le premier descripteur de la Belle de Rome, je dois néanmoins faire observer que la dénomination même sous laquelle les Américains ont jusqu'alors propagé ce fruit, ne le rattache pas à l'Ohio. Je ne connais, effectivement, qu'une Rome, en Amérique, et c'est au centre de l'état de New-York, qu'elle est située. Quant à l'obtenteur, le plus ancien synonyme de cette variété — *Gillett's Seedling : Semis de Gillett* — nous apprend son nom. La Belle de Rome fut importée par moi en 1849 et parut dès 1852 sur mon *Catalogue* (p. 28, n° 17).

Observations. — Jadis nos jardiniers eurent aussi leur pomme *de Rome*, nous le voyons dans la *Nouvelle instruction pour connaître les bons fruits* publiée par dom Claude Saint-Étienne en 1670 : « Pomme de Rome ou Romagne — y lit-on — est « comme le Caleville, mais quasi ronde, et de mesme goust et couleur, et le bois et « la feuïlle, mais blanchastre dedans. Cruë, très-bonne. » (Page 217.) J'ignore ce qu'a pu devenir ce fruit, qu'aucun pomologue n'a depuis lors caractérisé ni mentionné.

---

49. Pomme BELLE DE SAUMUR.

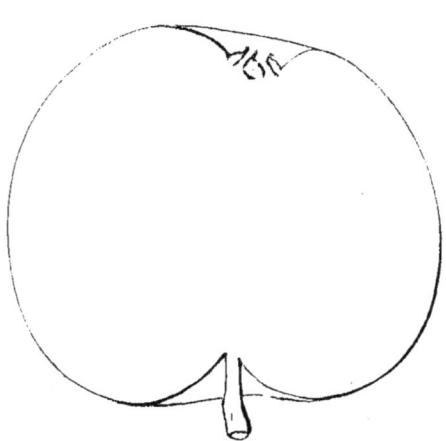

Description de l'arbre. — *Bois :* fort. — *Rameaux :* assez nombreux, étalés, gros et longs, bien flexueux, légèrement cotonneux et rouge-brun ardoisé. — *Lenticelles :* grandes, allongées ou arrondies, très-rapprochées. — *Coussinets :* peu ressortis. — *Yeux :* volumineux, ovoïdes, duveteux et presque collés sur l'écorce. — *Feuilles :* moyennes, ovales, courtement acuminées, assez profondément dentées. — *Pétiole :* long, roide, épais, à faible cannelure. — *Stipules :* bien développées.

Fertilité. — Ordinaire.

Culture. — Nous la greffons le plus habituellement sur doucin et paradis, pour gobelets et cordons, formes qui lui conviennent essentiellement. On peut néanmoins l'élever aussi pour la haute-tige, sa croissance assez rapide le permet et n'amène que de bons résultats.

Description du fruit. — *Grosseur :* au-dessous de la moyenne. — *Forme :* globuleuse, légèrement aplatie à la base et quelque peu conique vers le sommet. — *Pédoncule :* assez court et assez fort, implanté dans un évasement rarement bien profond. — *Œil :* grand, mi-clos, entouré de légers plis et placé presque à fleur de fruit. — *Peau :* mince, lisse, jaune-citron sur le côté exposé à l'ombre, largement lavée de rouge-brun clair et quelque peu striée de carmin sur l'autre face, puis abondamment ponctuée de marron. — *Chair :* blanchâtre, fine, microquante. — *Eau :* suffisante, très-sucrée, non acidule, délicieusement parfumée.

Maturité. — Janvier-Mars.

Qualité. — Première.

Historique. — Il ne m'en coûte nullement d'avouer que l'origine de la Belle de Saumur m'est inconnue, quoique Angers soit si proche de la ville dont cette pomme porte le nom, tout en y étant, cependant, parfaitement étrangère aux horticulteurs. Les Belges, les premiers, m'ont révélé son existence en 1857, par le Catalogue des pépinières de la Société Van Mons (page 164); et depuis lors je l'ai retrouvée chez quelques-uns de mes confrères, notamment à Paris. Elle mérite bien, du reste, la propagation, tant sa chair est exquise. Aussi regretté-je de ne pouvoir, en conscience, l'inscrire parmi les fruits gagnés dans notre département.

Observations. — J'ai vu la *Belle de Doué* puis le *Doux d'Argent* portés sur quelques Catalogues comme synonymes de la Belle de Saumur. Ce sont deux erreurs formelles; on peut s'en convaincre en comparant, dans ce *Dictionnaire*, ces trois pommes et leurs arbres.

Pomme BELLE DE SENART. — Synonyme de *Court-Pendu dur*. Voir ce nom.

Pomme BELLE DES VENNES. — Synonyme de pomme *Wellington*. Voir ce nom.

Pomme BELL'S SCARLET. — Synonyme de pomme *Écarlate d'Hiver*. Voir ce nom.

Pomme BELPRÉ RUSSET. — Synonyme de pomme *Boston Russet*. Voir ce nom.

---

50. Pomme BEN DAVIS.

Synonymes. — *Pommes :* 1. Pepin de New-York (Van Mons, *Catalogue descriptif de partie des arbres fruitiers qui de 1798 à 1823 ont formé sa collection*, p. 22, n° 1491). — 2. New-York Pippin (George Lindley, *Guide to the orchard and kitchen garden*, 1831, p. 76, n° 147; — et John Warder, *American pomology*, 1867, p. 584). — 3. Baltimore Pippin (Charles Downing, *Fruits and fruit trees of America*, 1869, p. 93). — 4. Baltimore red (*Id. ibid.*). — 5. Baltimore red streak (*Id. ibid.*). — 6. Carolina red streak (*Id. ibid.*). — 7. Victoria Pippin (*Id. ibid.*).

Description de l'arbre. — *Bois :* fort. — *Rameaux :* nombreux, légèrement étalés, longs et gros, des plus géniculés, très-cotonneux, rouge-grenat sombre et lavé de gris. — *Lenticelles :* grandes, arrondies, clair-semées. — *Coussinets :* larges et bien accusés. — *Yeux* : couverts d'un épais duvet, volumineux, ovoïdes, presque plaqués sur l'écorce. — *Feuilles* : assez grandes, ovales, vert-pré, longuement acuminées pour la plupart, largement dentées ou crénelées sur leurs bords. — *Pétiole* : gros, de longueur moyenne, cotonneux, sensiblement carminé. — *Stipules* : très-petites, et même faisant souvent défaut.

Pomme Ben Davis.

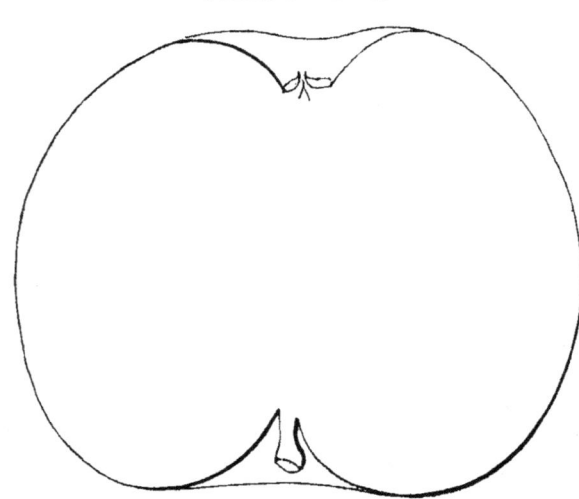

Fertilité. — Abondante.

Culture. — Greffé au ras de terre pour en faire un plein-vent, ce pommier, qui croît vigoureusement, devient vite un très-bel arbre, à tige et tête irréprochables; néanmoins nous préférons le placer sur paradis et le destiner à former des gobelets ou des cordons.

Description du fruit. — *Grosseur* : au-dessus de la moyenne et parfois plus volumineuse. — *Forme* : assez variable, elle passe souvent de la globuleuse un peu écrasée à l'arrondie plus ou moins conique, mais elle est généralement assez régulière. — *Pédoncule* : court ou de longueur moyenne, bien nourri, renflé à la base, inséré dans un bassin rarement très-développé. — *Œil* : moyen, presque fermé, à courtes sépales et cavité large, peu profonde, unie sur ses bords. — *Peau* : épaisse, légèrement rugueuse, jaunâtre, en partie lavée et fouettée de rouge terne, maculée de brun autour du pédoncule et toute parsemée d'assez gros points grisâtres. — *Chair* : blanche, quelque peu verdâtre sous la peau, tendre et mi-fine. — *Eau* : abondante, sucrée, acidule, très-savoureuse quoique faiblement parfumée.

Maturité. — Décembre-Avril.
Qualité. — Première.

Historique. — Les Américains sont les obtenteurs de cette variété, dont la culture remonte environ à la moitié du xviiie siècle. John Warder, un de leurs principaux pomologues, fournit sur elle de nombreux renseignements; voici ceux que je crois devoir traduire, il les publiait en 1867 :

« Cette superbe pomme, provenue — dit-il — du Sud de l'Amérique, jouit chez nous d'une très-grande vogue, non-seulement comme excellente espèce à couteau, mais encore, et surtout, comme arbre de verger et fruit propre au marché. Le pépiniériste Verry Aldrich l'a multipliée longtemps dans le comté de Bureau (Illinois), puis exposée sous le nom *New York Pippin*, qui d'abord la fit supposer originaire de l'Est. Toutefois en d'autres localités différents articles vinrent prouver qu'elle appartenait bien à la région du Sud. C'est à M. J. S. Downer [autre pépiniériste] que nous devons la connaissance et du surnom *Ben Davis*, qu'actuellement elle porte, et de plusieurs de ses synonymes. » (*American pomology*, Apples, p. 585.)

A ces divers détails, et pour les compléter, j'ajoute les suivants, donnés à

Londres en 1831 par le savant botaniste George Lindley, qui nous a transmis tant de précieux renseignements historiques sur les fruits :

« M. Mackie, pépiniériste à Norwich, fut celui qui appela *New York Pippin*, ce pommier, alors qu'il s'occupait, vers 1790, de le propager..... Moi, je l'ai cité pour la première fois en 1796, dans mon ouvrage intitulé *Plan d'un verger*..... » (*Guide to the Orchard and kitchen garden*, p. 76, n° 147.)

D'Angleterre la Ben Davis, ou New-York Pippin, passa presque aussitôt en Belgique, où Van Mons la posséda dès le commencement de notre siècle, ainsi qu'on le voit page 22, n° 1491, du *Catalogue descriptif* des arbres fruitiers cultivés de 1798 à 1823 par cet éminent professeur. Elle arriva beaucoup plus tard — vers 1860 seulement — dans les jardins français; ce qui fait qu'aujourd'hui c'est encore une nouveauté pour la majeure partie de nos pépiniéristes. Je l'ai reçue d'Amérique par l'entremise de M. Mauge, horticulteur à Augusta (Géorgie).

Observations. — Les trois noms *Baltimore* figurant parmi les synonymes de la Ben Davis, ne doivent en rien donner à croire que ce dernier fruit puisse être identique avec l'une ou l'autre des pommes Baltimore et Baltimore greening, car il diffère essentiellement, au contraire, de ces deux variétés américaines.

Pomme BEN HARRIS. — Synonyme de pomme *Harris*. Voir ce nom.

Pomme BERGAMOTE SUISSE. — Synonyme de pomme *Suisse panachée*. Voir ce nom.

---

51. Pomme de BERLIN.

Synonymes. — Pommes : 1. PRUSSIENNE (Nolin et Blavet, *Essai sur l'agriculture moderne*, 1755, p. 232; — et Diel, *Kernobstsorten*, 1813, p. 18). — 2. BERLINER (Van Mons, *Catalogue descriptif de partie des arbres fruitiers qui de 1798 à 1823 ont formé sa collection*, p. 38, n° 626). — 3. BERLINER SCHAFSNASE (Diel, *id. ibid.*).

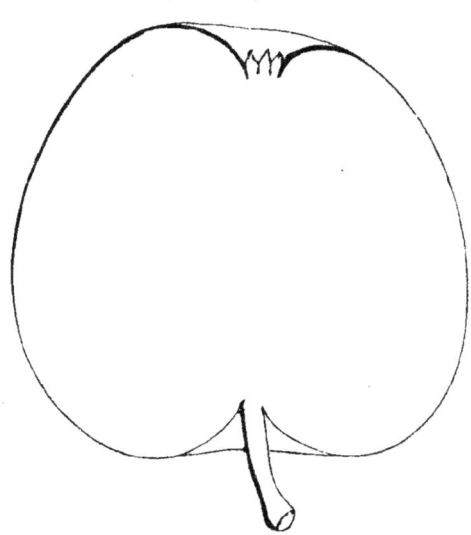

Description de l'arbre. — *Bois :* assez fort. — *Rameaux :* nombreux, très-étalés et souvent arqués, gros, peu longs, légèrement coudés, duveteux et vert olivâtre. — *Lenticelles :* allongées, grandes et abondantes. — *Coussinets :* faiblement accusés. — *Yeux :* assez petits, arrondis, très-cotonneux, collés contre le bois. — *Feuilles :* moyennes, ovales, épaisses, longuement acuminées, ayant les bords uniformément crénelés. — *Pétiole :* court, roide, épais, cotonneux, à cannelure profonde. — *Stipules :* petites.

FERTILITÉ. — Satisfaisante.

CULTURE. — De croissance trop lente pour faire de convenables plein-vent, ce pommier doit être greffé sur doucin ou paradis, puis disposé soit en gobelet, soit en cordon.

Description du fruit. — *Grosseur :* moyenne. — *Forme :* ovoïde-allongée, pentagone et généralement assez régulière. — *Pédoncule* : long, arqué, mince à son milieu, plus fort aux extrémités, inséré dans un large mais peu profond évasement. — *OEil :* petit, mi-clos, faiblement enfoncé, plissé sur les bords. — *Peau :* jaune d'or, ponctuée de roux et lavée, à l'insolation, de rose tendre fouetté de carmin. — *Chair :* blanche, fine, ferme, croquante et quelque peu marcescente. *Eau :* abondante, douce, sucrée, ayant parfois un arrière-goût légèrement herbacé.

Maturité. — Novembre-Mars.

Qualité. — Deuxième.

Historique. — Son nom, qui la rattache aux pommes allemandes, n'est nullement trompeur ; elle appartient bien, en effet, à la Prusse, ainsi que l'affirmait en 1859 M. Schmidt, page 209 de *l'Illustrirtes Handbuch der Obstkunde*. « La « pomme de Berlin, disait-il, originaire de Prusse, se rencontre abondamment « surtout dans l'Allemagne du Nord. » En 1813, Diel, autre pomologue de la même nation, constatait également qu'elle était fort commune, sous les noms Pomme de Berlin et Pomme Prussienne, à Sarrebruck (Provinces Rhénanes), d'où il l'avait tirée des pépinières de M. Köllner (*Kernobstsorten*, p. 18). Sous Louis XV on la cultivait déjà aux environs de la capitale, notamment à Vitry-sur-Seine, chez Chaillou, pépiniériste, qui l'inscrivit en 1755 sur son *Catalogue ou Abrégé des bons fruits* (page 11). Je la rencontre aussi, cette année-là, dans l'*Essai sur l'agriculture* publié à Paris par les abbés Nolin et Blavet. « La Pomme Prussienne — y « lit-on — est alongée, fouettée de rouge ; se garde long-temps. » (Page 232.) Quoique incomplète, cette description permet cependant de reconnaître notre variété.

Observations. — Il ne faut pas la confondre avec le Court-Pendu plat, ou Court-Pendu rouge, parmi les synonymes duquel plusieurs pomologues anglais et Américains rangèrent, en le défigurant, le mot Belin, qu'ils écrivirent *Berlin*, croyant sans doute rectifier une erreur. Mais il n'en existait aucune, car Merlet, dès 1667, donnait au Court-Pendu rouge le surnom *Pomme de Belin*, et le lui conservait dans les éditions suivantes de sa Pomologie (voir l'*Abrégé des bons fruits*, 1667, p. 150; 1675, p. 145; et 1690, p. 135). Du reste ce Court-Pendu, fruit des plus aplatis, n'a pas le moindre rapport avec la pomme de Berlin, si complétement allongée.

Pomme BERLINER. — Synonyme de pomme *de Berlin*. Voir ce nom.

Pomme BERLINER GLAS. — Synonyme de pomme *Rouge de Stettin*. Voir ce nom.

Pomme BERLINER SCHAFSNASE. — Synonyme de pomme *de Berlin*. Voir ce nom.

Pomme DE BERNAY. — Synonyme de pomme *Bizarre de Bernay*. Voir ce nom.

Pomme BERRY. — Synonyme de pomme *Nickajack*. Voir ce nom.

52. Pomme BETSEY.

Synonymes. — *Pommes* : 1. A LONGUE-QUEUE (Jean Bauhin, *Historia fontis et balnei Bollensis*, 1598, livre IV, p. 98; — et *Historia plantarum universalis*, du même, 1651, t. I, p. 18). — 2. BETTY (Oberdieck, *Illustrirtes Handbuch der Obstkunde*, 1865, t. IV, p. 503, n° 512).

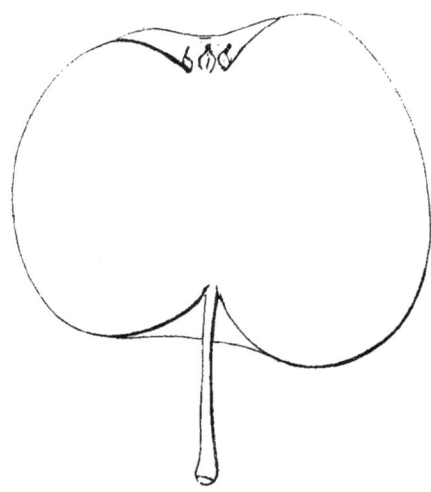

Description de l'arbre. — *Bois :* fort. — *Rameaux :* nombreux, très-étalés, gros et longs, sensiblement coudés, bien duveteux, vert brunâtre lavé de gris et de rouge. — *Lenticelles :* grandes, plus ou moins allongées, assez abondantes. — *Coussinets :* saillants. — *Yeux :* volumineux, coniques-arrondis, très-cotonneux, noyés dans l'écorce. — *Feuilles :* moyennes, ovales, vert clair et tomenteuses, même en dessus, longuement acuminées, ayant les bords des plus profondément dentés. — *Pétiole :* à peine cannelé, assez court, gros, mais sans nulle rigidité. — *Stipules :* moyennes.

FERTILITÉ. — Satisfaisante.

CULTURE. — La haute-tige lui convient beaucoup; quant aux formes buisson et cordon, il s'y prête aussi parfaitement, greffé soit sur doucin, soit sur paradis.

Description du fruit. — *Grosseur :* au-dessous de la moyenne. — *Forme :* irrégulièrement globuleuse et quelque peu pentagone, bosselée au sommet et presque toujours moins volumineuse d'un côté que de l'autre. — *Pédoncule :* long, grêle, renflé à la base, inséré dans une assez petite cavité. — *OEil :* grand ou moyen, ouvert ou mi-clos, faiblement enfoncé, à bords inégaux. — *Peau :* mince, lisse, jaune clair verdâtre, généralement striée de carmin et de jaune grisâtre, puis amplement ponctuée de fauve rougeâtre, surtout près de l'œil et du pédoncule. — *Chair :* jaunâtre, quelque peu verte auprès des loges, fine, tendre, légèrement croquante. — *Eau :* abondante, sucrée, acidule, savoureusement imprégnée d'un arrière-goût d'anis.

MATURITÉ. — Décembre-Février.

QUALITÉ. — Première.

Historique. — Thompson, ancien directeur du Jardin fruitier de la Société d'Horticulture de Londres, est le premier auteur qui m'ait montré la pomme Betsey; il l'a citée, notamment, en 1842 dans le *Catalogue* de ce Jardin (p. 6, n° 57). Plus tard (1859) M. Robert Hogg, autre pomologue anglais, la caractérisa fort exactement, mais sans parler en rien de son origine (*the Apple and its varieties*, p. 37, n° 31). M. Oberdieck, au quatrième volume de l'*Illustrirtes Handbuch der Obstkunde*, lui consacrait en 1865 un long article (p. 503, n° 512), et se bornait à dire, quant à la provenance : « Le pommier Betsey m'est venu d'Angleterre. » Enfin en Amérique, l'an dernier (1869), M. Charles Downing, la décrivant d'après Robert Hogg, s'est contenté de la qualifier : « Variété anglaise. » Il reste donc établi qu'on ignore encore où poussa la Betsey, et qui la gratifia de ce surnom. Je dis *surnom*, car dès 1598 le naturaliste Jean Bauhin, celui-là même auquel nous devons l'Api étoilé (voir p. 70), cultivait à Montbéliard, dans les jardins des ducs de Wurtemberg, comtes de Montbéliard, une variété qu'il appelle *Pomum Longo Pediculo*, laquelle est de tout point identique avec la Betsey moderne. Et je le prouve en reproduisant la figure, puis la description données de ce fruit par cet auteur, le premier qui nous ait transmis une Pomologie avec gravures :

Pomme à Longue-Queue.

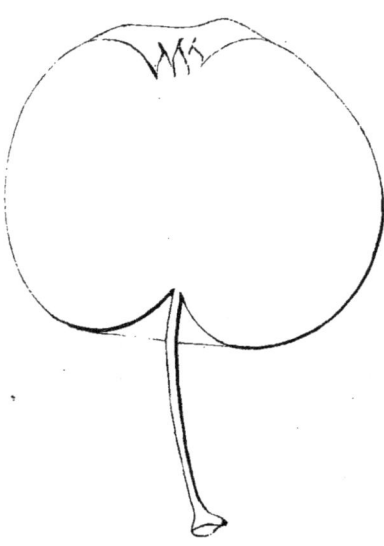

« C'est une pomme un peu anguleuse, acidulée et d'assez bonne garde, à peau verdâtre nuancée de jaune clair, parfois striée de rouge et de jaune et comme aspergée de gouttelettes rougeâtres. Son pédicule, long d'un pouce et demi, est dans une cavité assez profonde. Elle provient de la ville de Zell, et y porte le nom de Pomme à Longue-Queue. » (*Historia fontis et balnei Bollensis*, 1598, livre IV, p. 98.)

Il me paraît difficile de trouver quelque dissemblance entre notre Betsey et la variété dont Bauhin parlait ainsi en 1598. Zell, d'où la Longue-Queue lui fut envoyée, appartient à la Suisse (canton de Zurich). Cette pomme devait être assez commune en ce pays, car le savant naturaliste eut soin de noter qu'à Boll, localité voisine de Fribourg, on rencontrait, sous un nom différent, un fruit offrant vraiment les mêmes caractères que la Longue-Queue. Ce qu'il constate en mettant, dans son article, ces deux congénères en présence.

Observations. — M. Oberdieck, dont j'ai parlé ci-dessus, a dit que certaines personnes réunissaient la *Reinette de l'Hôpital* à la pomme Betsey, mais que pour lui elles formaient, par leurs arbres, des variétés distinctes. J'ajoute, et par leurs fruits, cette Reinette, comme on le verra plus loin (au mot *Petit-Hôpital*), étant extérieurement fort éloignée de ressembler à la Betsey. — Downing, en sa Pomologie américaine, décrit une *Betsy's Fancy;* quoiqu'elle ne soit pas dans mes pépinières, non plus qu'en France, je le crois, je la signale ici, son nom pouvant entraîner à la supposer la même que Betsey.

Pomme BETTY. — Synonyme de pomme *Betsey*. Voir ce nom.

---

53. Pomme BIDET.

Description de l'arbre. — *Bois :* des plus forts. — *Rameaux :* nombreux et presque érigés, très-longs, excessivement gros, peu géniculés, bien cotonneux, brun olivâtre amplement lavé de rouge ardoisé. — *Lenticelles :* très-grandes, arrondies, clair-semées. — *Coussinets :* moyens. — *Yeux :* ovoïdes, des plus volumineux et très-duveteux, appliqués en partie contre le bois. — *Feuilles :* grandes, ovales, tomenteuses et vert foncé en dessus, gris verdâtre en dessous, acuminées pour la plupart, et très-profondément dentées. — *Pétiole* : de longueur moyenne, extrêmement nourri, cotonneux, rarement cannelé. — *Stipules* : étroites et assez longues.

Pomme Bidet.

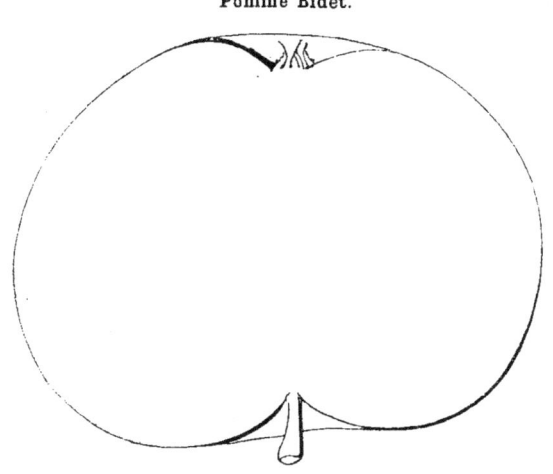

Fertilité. — Ordinaire.

Culture. — Il est avantageux pour les pépiniéristes de l'élever en haute-tige, tellement ses rameaux sont droits et d'une grosseur peu commune. Pour le destiner au gobelet ou au cordon, il importe de le greffer sur paradis afin que sa végétation soit moins emportée et sa fertilité plus abondante.

Description du fruit.
— *Grosseur* : moyenne. — *Forme* : sphérique, aplatie à la base, plus large que haute et généralement ayant un côté moins volumineux que l'autre. — *Pédoncule* : assez court, grêle mais renflé à son point d'attache, inséré dans un bassin peu profond. — *Œil* : grand ou moyen, souvent mi-clos, à cavité légèrement plissée et de faible dimension. — *Peau* : mince, lisse, jaune-paille, faiblement lavée de rose tendre, fouettée de carmin, ponctuée de gris et de brun, et maculée de roux dans l'évasement pédonculaire. — *Chair* : blanchâtre, mi-fine, ferme et croquante. — *Eau* : abondante, sucrée, acidulée, assez délicate.

Maturité. — Décembre-Mars.

Qualité. — Deuxième pour le couteau, première pour la cuisson.

Historique. — Cette pomme appartient à notre contrée. Elle fut, en 1835, obtenue par M. Bidet, jardinier à Saint-Florent-le-Vieil. M. Millet, ancien président du Comice horticole de Maine et-Loire, en a été le premier descripteur; il l'exposa même, en 1838, sous le n° 472, au concours alors organisé par la Société d'Agriculture du département. Tous ces renseignements sont consignés dans les *Annales* du Comice (t. Ier, p. 102); mais c'est à tort qu'on y fait naître à Corzé, près d'Angers, la pomme Bidet, car le 5 juillet 1870 son obtenteur m'écrivait de nouveau, ces lignes : « Oui, c'est bien moi qui gagnai de semis à *Saint-Florent*, « il y a trente-cinq ans, cette variété, que d'abord je vendis innommée et à « laquelle, peu après, on donna mon nom. »

Pomme BIG HILL. — Synonyme de pomme *Rouge de Pryor*. Voir ce nom.

---

54. Pomme BIZARRE DE BERNAY.

Synonyme. — Pomme DE BERNAY (Charles Gaudichaud, *Revue horticole* de Paris, 1852, p. 225).

Description de l'arbre. — *Bois* : assez fort. — *Rameaux* : nombreux, presque érigés, longs et gros, non coudés, bien duveteux, brun clair lavé de rouge. — *Lenticelles* : petites, arrondies, très-rapprochées. — *Coussinets* : peu développés. — *Yeux :* petits ou moyens, ovoïdes, aplatis, légèrement cotonneux, collés contre l'écorce. — *Feuilles :* moyennes, ovales-allongées, vert clair, acuminées, planes, ayant les bords régulièrement dentés. — *Pétiole :* très-long, grêle et carminé, à peine cannelé. — *Stipules :* longues et étroites.

Pomme Bizarre de Bernay.

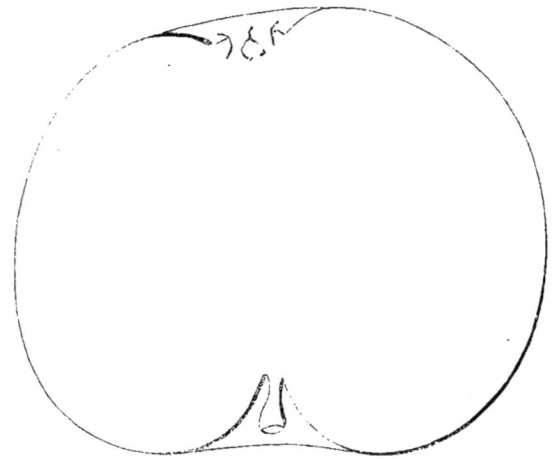

Fertilité. — Abondante.

Culture. — Pour pleinvent, il le faut greffer en tête, sa croissance étant trop lente; en cordon ou buisson il fait de beaux pommiers et ces formes lui sont avantageuses, au point de vue surtout de la fertilité.

Description du fruit. — *Grosseur :* au-dessus de la moyenne. — *Forme :* arrondie, légèrement irrégulière et quelque peu aplatie à ses extrémités. — *Pédoncule :* court ou très-court, assez gros, profondément implanté dans une étroite cavité. — *Œil :* grand, contourné, ouvert, peu enfoncé, uni sur ses bords. — *Peau :* unicolore, jaune verdâtre, parsemée de points roux très-espacés, lavée de fauve squammeux dans le bassin pédonculaire et portant souvent de nombreuses macules d'un brun violacé. — *Chair :* blanche, mi-fine, ferme, croquante, rougeâtre et tachée sous la peau. — *Eau :* abondante, sucrée, acidule, bien savoureuse.

Maturité. — Janvier-Mars.

Qualité. — Première.

Historique. — Voici dans quels termes M. Charles Gaudichaud, de l'Institut, signala ce fruit au mois de juin 1852, à la savante Compagnie dont il est membre :

« Tout le monde connaît aujourd'hui la greffe et les heureux résultats qu'elle fournit... surtout à l'horticulture... L'hybridité des plantes est aussi très-connue... Mais il existe des faits nombreux et remarquables, des faits en quelque sorte intermédiaires entre ceux de la greffe et de l'hybridité, qui, faute sans doute d'avoir été convenablement étudiés dès leur origine, se montrent encore rebelles à nos interprétations : je veux parler de ces arbres qui produisent plusieurs fleurs d'espèces distinctes ou plusieurs sortes de fruits. Les exemples connus sont assez nombreux. Celui que je viens présenter à l'Académie, avec des faits à l'appui, m'a été fourni par M. Mourière, savant professeur de mathématiques au collège de Bernay (Eure)... Il s'agit d'un pommier hétérocarpe qui se multiplie bien par greffes sur toutes les essences de sa tribu, et qui donne ordinairement, sur chacun de ses nombreux rameaux, deux espèces de pommes, une *Reinette rousse* et une sorte de *Reinette du Canada jaunâtre, lisse, ponctuée*, et parfois d'un rouge vif sur l'un de ses côtés. Ce fait, tout important qu'il est pour l'horticulture, l'est bien plus encore pour la physiologie, qu'il embarrasse un instant, mais qui ne s'arrêtera certainement pas longtemps devant les difficultés qu'il présente... Le but que je me suis proposé, en présentant à l'Académie les pommes de Bernay, est d'appeler l'attention des botanistes — et surtout des horticulteurs — sur ce

phénomène physiologique..., qu'on ne peut laisser plus longtemps à l'état de problème... »
(*Revue horticole* de Paris, année 1852, pp. 224-225.)

A l'appel fait ici aux horticulteurs, répondons pour ce qui me concerne : — Je multiplie depuis 1859 le pommier Bizarre de Bernay, jamais il ne m'a donné que des fruits semblables à celui décrit plus haut. Peut-être aussi la singularité physiologique dont parle M. Gaudichaud, n'est-elle propre à cette variété que dans le sol où elle est née?

Pomme BLACK TOM. — Synonyme de *Fenouillet rouge*. Voir ce nom.

Pomme BLAKELY. — Synonyme de pomme *Mangum*. Voir ce nom.

Pommes : BLANC,

— de BLANC,

— BLANC-DOUX,

Synonymes de pomme *Doux-Blanc*. Voir ce nom.

Pomme BLANC-DURE. — Synonyme de pomme *Blanc-Dureau*. Voir ce nom.

55. Pomme BLANC-DUREAU.

Synonymes. — Pommes : 1. Blanc-Duriau (*Dit des cris de Paris*, aux vers 50 et 51, manuscrit du xiiie siècle cité par Symphorien Champier). — 2. Blanduriette (au xiiie siècle, cité par Roquefort, *Glossaire de la langue romane*, t. I, p. 158). — 3. Blandurel (*Registres du Tabellionnage de Rouen*, année 1371, t. III, f° 193, cité par Robillard de Beaurepaire, *Notes et documents concernant l'état des campagnes de la Haute-Normandie dans les derniers temps du moyen âge*, 1865, p 48). — 4. Blondurel (Charles Estienne et Liebault, *la Maison rustique*, 1589, p. 205 verso). — 5. Blanc-Dure (Jean Bauhin, *Historia fontis et balnei Bollensis*, 1598, livre IV, pp. 62-63). — 6. Dure-Blanche (*Id. ibid.*). — 7. Fondante (*Id. ibid.*, p. 66 ; et Henri Manger, *Systematische Pomologie*, 1780, p. 82, n° 167-VII). — 8. Pfaffen (*Iid. iibid.*). — 9. De Prêtre (*Iid. iibid.*) — 10. Schmelzling (*Iid. iibid.*). — 11. Blant-Dureau (Olivier de Serres, *le Théâtre d'agriculture et ménage des champs*, 1608, p. 626). — 12. Blandureau (dom Claude Sainte-Étienne, *Nouvelle instruction pour connaître les bons fruits*, 1670, p. 207). — 13. Blanche (Pépinières d'Angers depuis 1860).

Description de l'arbre. — *Bois :* assez faible. — *Rameaux :* nombreux, légèrement étalés, de longueur et de grosseur moyennes, à peine géniculés, très-cotonneux, rouge-grenat foncé. — *Lenticelles :* petites, arrondies, clair-semées. — *Coussinets :* presque nuls. — *Yeux :* petits, arrondis, peu duveteux, plaqués sur l'écorce. — *Feuilles :* petites, rondes ou ovales, vert sombre, longuement acuminées, à bords profondément dentés. — *Pétiole :* gros, court, cotonneux, carminé à la base et rarement cannelé. — *Stipules :* bien développées.

Fertilité. — Abondante.

Culture. — En le greffant sur doucin il fait de jolis arbres nains pour cordon ou gobelet; la haute-tige lui est peu favorable, à moins qu'on ne l'écussonne en tête sur des sujets très-vigoureux.

Description du fruit. — *Grosseur :* moyenne. — *Forme :* irrégulièrement globuleuse, ou ovoïde-arrondie écrasée à la base et presque toujours un peu ventrue vers son milieu. — *Pédoncule* : de longueur moyenne, grêle, renflé au point d'attache, duveteux, profondément inséré dans une cavité rarement bien large. — *OEil* : grand, très-ouvert, légèrement enfoncé, fortement plissé sur ses bords. — *Peau* : jaune blanchâtre, nuancée de vert clair du côté de l'ombre, où elle est en outre ponctuée de fauve ; faiblement lavée de rouge-brun et semée de points grisâtres sur la face exposée au soleil, ainsi qu'autour de l'œil, puis maculée de roux dans la cavité pédonculaire. — *Chair* : blanche, fine, quelque peu verte auprès des loges, très-odorante et très-ferme, quoique mi-fondante. — *Eau* : abondante, sucrée, acidulée, ayant une saveur fort agréable.

Pomme Blanc-Dureau.

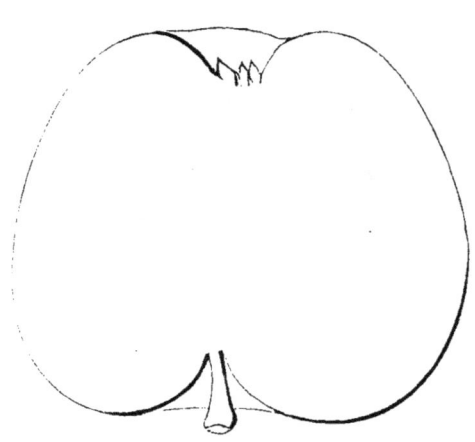

MATURITÉ. — Février-Juin.

QUALITÉ. — Première.

Historique. — Les documents abondent sur ce pommier, l'un des plus âgés qui soient aujourd'hui dans la culture. M. de Robillard de Beaurepaire, archiviste du département de la Loire-Inférieure, en a publié surtout de très-curieux, en 1865, dans son ouvrage intitulé : *Notes et documents concernant l'état des campagnes de la Haute Normandie dans les derniers temps du moyen âge*. Ils sont extraits des Registres du Tabellionnage de Rouen, collection d'un intérêt extrême par sa haute ancienneté et les renseignements de toute sorte dont elle est remplie. Après avoir constaté que le Blandurel y est cité dès 1371 (f° 193, recto, du Registre 3°), cet écrivain érudit, ajoute :

« Le Blandurel d'Auvergne, le même sans doute que le Blandurel de Normandie, était célèbre dès le XIII° siècle. Champier remarque qu'il est souvent mentionné dans les chansons de jeunes filles :

« Primes ai pommes de Rouviau
« Et d'Auvergne le BLANC-DURIAU. »
(*Dit des cris de Paris*, vers 50 et 51.)

« .... Du temps de ce Champier (1472-1533), le Blanc-Dureau était, avec le Capendu et le Paradis, la pomme la plus recherchée, non pas tant pour son goût que pour son odeur. Les femmes avaient l'habitude d'en mettre dans leurs huches afin de parfumer leurs robes........ » (Pages 48, 50, 51 et 52.)

Ainsi, au moyen âge, l'Auvergne et la Normandie étaient en possession déjà de cette variété. Mais il est certain que peu après on la rencontrait aussi hors de notre pays, notamment en Allemagne. Valerius Cordus, botaniste célèbre né dans la Hesse-Électorale, et qui composa vers 1530 une *Historia stirpium* imprimée beaucoup plus tard (1561), caractérise effectivement ce fruit. Il le nomme en allemand, HARTLINGE WEISS APFELL ; puis en latin, *Duracina Alba*, mots signifiant, dans chacune de ces langues, Pomme *Blanche Durette*. « Sa chair — dit-il — pleine
« d'un suc à saveur acide, vineuse, suave, est fondante, et pourtant ferme, com-
« pacte... Cette pomme répand une agréable odeur, atteint la fin de l'hiver et se
« trouve généralement partout, en Allemagne. » (Chapitre *Pommier*, n° 11.) Un

autre botaniste qui fut contemporain de ce Cordus, et notre compatriote, Jean Bauhin, la décrivit et figura même, en 1598, aux pages 62 et 63 de son *Historia fontis et balnei Bollensis*. Il lui maintient les noms ici rapportés, observe qu'elle les doit à la fermeté de sa chair et qu'on la cultive chez les Suisses et à Montbéliard (Franche-Comté), où dans le jardin comtal elle est, ajoute-t-il, appelée *Blanc-Dure*. Enfin Rabelais, le curé de joyeuse mémoire, fait en son *Pantagruel* boire au fou Triboullet une « pleine bouteille clissée de vin breton, » puis manger « un quar-« teron de pommes Blandureau, » (livre III, chap. 43) et cela au pays Blaisois, avant 1533... J'arrête là cet exposé, prouvant à quel point le présent pommier, six ou sept fois centenaire, fut jadis recherché, répandu. — Est-il français, allemand ou suisse?... Quand on le voit, en 1200, chanté par nos trouvères, il semble vraiment possible de le regarder comme né en France, soit dans l'Auvergne, soit dans la Normandie, contrées où nous l'avons rencontré pour la première fois.

Observations. — On lit dans le *Glossaire de la langue romane* publié par Roquefort en 1808, le passage suivant : « *Blanduriau, Blanduriette*, très-blanc, « très-blanche; pommes de Caleville blanc qui venaient d'Auvergne. » (Tome Ier, p. 158.) Les textes que j'ai rapportés ci-dessus infirment entièrement cette défini- tion; et son auteur l'eût certes rectifiée, s'il avait connu les écrits pomologiques de Cordus et de Bauhin. Ménage, qui les interrogea, s'en trouva bien, car il dit du mot Blandureau, dans son *Dictionnaire des étymologies de la langue française* : « BLANDUREAU. Sorte de pommes nommées ainsi de leur blancheur et dureté. »

Pommes : BLANC-DUREL,

— BLANC-DURIAU,

Synonymes de pomme *Blanc-Dureau*. Voir ce nom.

56. Pomme BLANC D'ESPAGNE.

Synonyme. — Pomme REINETTE TENDRE (Pirolle, Vilmorin et Noisette, *Bon-Jardinier*, année 1823, p. 414).

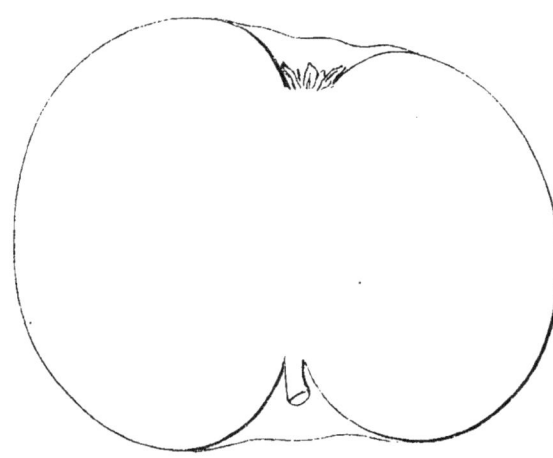

Description de l'arbre. — *Bois* : assez fort. — *Rameaux* : nombreux, érigés, gros et longs, bien coudés, lé- gèrement cotonneux, rouge ardoisé. — *Lenticelles* : gran- des, plus ou moins allongées, peu abondantes. — *Coussi- nets* : modérément ressortis. — *Yeux* : moyens, ovoïdes, duveteux, très-rapprochés du bois. — *Feuilles* : petites, ovales, planes, longuement acuminées, ayant les bords faiblement dentés ou créne- lés. — *Pétiole* : long, grêle, rigide, carminé, à cannelure profonde. — *Stipules* : très-petites.

Fertilité. — Remarquable et constante.

Culture. — Il croît assez rapidement pour qu'on puisse en obtenir de convenables plein-vent, toujours fort productifs ; mais greffé sur doucin ou paradis, pour basse-tige, gobelet, cordon, espalier, ce pommier donne encore de plus abondants, et surtout de plus beaux produits que sous l'autre forme.

Description du fruit. — *Grosseur :* au-dessus de la moyenne. — *Forme :* arrondie, plus volumineuse d'un côté que de l'autre et sensiblement écrasée à ses extrémités, où elle est en outre fortement plissée. — *Pédoncule :* très-court, bien nourri, implanté profondément dans une vaste cavité. — *Œil :* grand ou moyen, mi-clos, cotonneux, faiblement enfoncé, à bords inégaux. — *Peau :* jaune pâle, très-luisante, semée de points roux, maculée de fauve squammeux dans le bassin pédonculaire, marbrée de gris blanc sur la face exposée à l'ombre et faiblement lavée de rose tendre à l'insolation. — *Chair :* blanche, fine, ferme et croquante, dégageant une odeur de coing. — *Eau :* abondante, presque douce, fraîche, sucrée et parfumée, ayant une légère amertume qui la rend fort agréable.

Maturité. — Janvier-Mai.

Qualité. — Première.

Historique. — Chez nous on connaît ce pommier depuis la moitié du XVIIe siècle environ ; dom Claude Saint-Étienne fut, en 1670, celui qui l'y signala : « Pomme *de Blanc d'Espagne* — dit-il — est ronde, grosse comme Chastaignay, « toute blanche, bonne dès l'Avent jusqu'en May. » (*Nouvelle instruction pour connaître les bons fruits*, p. 208.) Par son nom, contre lequel aucune protestation ne s'est encore élevée, cette variété doit avoir place dans la pomone espagnole. Voilà plusieurs siècles déjà qu'on la cultive dans nos départements pyrénéens ; ce fait est bien de nature à confirmer l'opinion qu'elle appartient à l'Espagne.

Observations. — Le Berriays a méconnu, ou tout au moins mal jugé, cette pomme en 1785 :

« Sa chair — a-t-il écrit — n'est point ferme et tassée, mais légère, un peu sèche et cotonneuse dans son extrême maturité ; son eau est relevée d'un aigrelet fort tempéré, qui n'est pas fin. On peut la manger crue, mais elle vaut beaucoup mieux cuite.... C'est une fort belle pomme, mais de qualités médiocres, qui n'a ni la peau, ni la chair, ni l'eau des Reinettes ; ainsi je lui laisse son ancien nom, Blanc d'Espagne. » (*Traité des jardins*, p. 375, n° 39.)

Évidemment — cela ressort des derniers mots de cet extrait — le Berriays dégusta une *Reinette blanche d'Espagne* appelée aussi pomme *Blanche d'Espagne*, variété de second ordre, et non pas la délicieuse pomme Blanc d'Espagne, qui ne possède aucun des défauts qu'on lui prête ici. Il était très-nécessaire d'appeler l'attention sur ce point, car quelques pomologues, voulant parler dudit Blanc, ont simplement copié — sans l'avouer, bien entendu — l'article de le Berriays, et contribué ainsi à la propagation d'une erreur rendue facile, au reste, par la ressemblance de nom, de forme et de peau qu'offrent ces deux pommes.

Pomme BLANCHE. — Synonyme de pomme *Blanc-Dureau*. Voir ce nom.

Pomme BLANCHE. — Synonyme de *Reinette d'Espagne*. Voir ce nom.

Pomme BLANCHE D'AUTOMNE. — Synonyme de pomme *Vineuse blanche*. Voir ce nom.

---

57. Pomme BLANCHE DE BOURNAY.

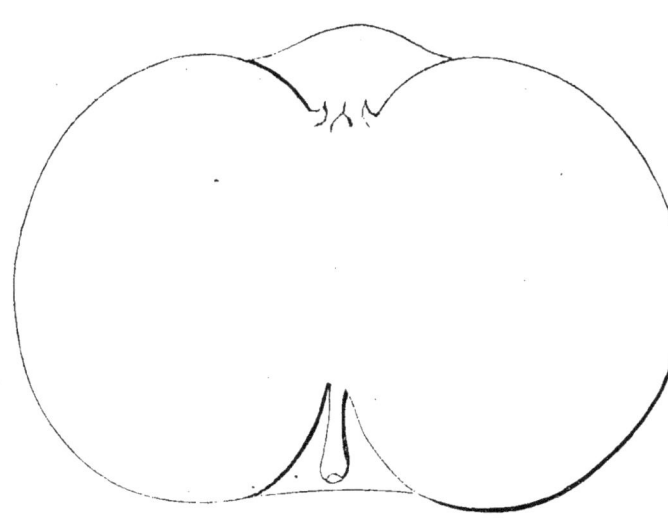

Description de l'arbre. — *Bois :* de force moyenne. — *Rameaux :* assez nombreux, étalés, gros, un peu courts, légèrement géniculés, cotonneux et brun-rouge lavé de gris. — *Lenticelles :* petites, arrondies, rapprochées.—*Coussinets :* faiblement accusés. — *Yeux :* moyens, ovoïdes-arrondis, très-duveteux, collés sur l'écorce. — *Feuilles :* moyennes, ovales, vert clair, planes et rarement acuminées, à bords profondément dentés. — *Pétiole :* de grosseur et de longueur moyennes, rigide et presque dépourvu de cannelure. — *Stipules :* modérément développées.

Fertilité. — Extrême.

Culture. — Greffé au ras de terre il fait d'assez beaux plein-vent, mais de croissance un peu lente, aussi vaut-il mieux l'écussonner en tête; les formes cordon et gobelet lui sont très-avantageuses.

Description du fruit. — *Grosseur :* volumineuse. — *Forme :* sphérique, côtelée, fortement écrasée aux pôles. — *Pédoncule :* de grosseur et de longueur moyennes, inséré dans une large et profonde cavité. — *Œil :* grand, bien ouvert, plissé sur ses bords et généralement très-enfoncé. — *Peau :* mince, luisante, unicolore, blanc jaunâtre sur la face exposée à l'ombre, jaune clair à l'insolation, ponctuée de brun et de gris, et maculée de fauve dans la cavité pédonculaire. — *Chair :* blanche, fine et ferme, tendre quoique croquante, verdâtre près des loges et roussâtre sous la peau. — *Eau :* des plus abondantes, sucrée, agréablement acidulée, très-savoureuse.

Maturité. — Janvier-Avril.

Qualité. — Première.

Historique. — Elle provient de Bournay, succursale de mes pépinières située dans la banlieue d'Angers. Je l'ai mise au commerce en 1865 (*Catalogue*, p. 48, n° 46).

Pomme BLANCHE D'ESPAGNE. — Synonyme de *Reinette d'Espagne*. Voir ce nom.

Pomme BLANCHE GLACÉE D'ÉTÉ. — Synonyme de pomme d'*Astracan blanche*. Voir ce nom.

Pomme BLANCHE GLACÉE D'HIVER. — Synonyme de pomme *de Glace d'Hiver*. Voir ce nom.

Pomme BLANCHE DE LEIPZIG. — Synonyme de pomme *de Borsdorf*. Voir ce nom.

Pomme BLANCHE SUISSE PANACHÉE. — Synonyme de pomme *Suisse panachée*. Voir ce nom.

Pomme BLANCHE DE VIEILLE-MAISON. — Synonyme de pomme *Vieille-Maison*, Voir ce nom.

Pommes : BLANCHE DES WURTEMBERGEOIS,

— BLANCHE DE ZURICH,

Synonymes de *Calleville blanc d'Hiver*. Voir ce nom.

Pomme BLANCHET. — Synonyme de pomme *Doux-Blanc*. Voir ce nom.

Pommes : BLANDILALIE [des Poitevins],

— BLANDILALIÉ,

Synonymes de pomme *Haute-Bonté*. Voir ce nom.

Pommes : BLANDUREAU,

— BLANDUREL,

— BLANDURIETTE,

— BLANT-DUREAU,

Synonymes de pommes *Blanc-Dureau*. Voir ce nom.

58. Pomme de BLENHEIM.

Synonymes. — *Pommes :* 1. Blenheim Orange (John Turner, *Transactions of the horticultural Society of London*, 1819, t. III, p. 322). — 2. Blenheim Pippin (*Id. ibid.*). — 3. Woodstock Pippin (*Id. ibid.*). — 4. Nortwick Pippin (Thompson, *Catalogue of fruits cultivated in the garden of the horticultural Society of London*, 1842, p. 7, n° 70). — 5. Goldreinette von Blenheim (Édouard Lucas, *Illustrirtes Handbuch der Obstkunde*, 1859, t. I, p. 515, n° 241). — 6. Kempster's Pippin (Robert Hogg, *the Apple and its varieties*, 1859, p. 38).

Description de l'arbre. — *Bois :* fort. — *Rameaux :* peu nombreux, érigés au sommet, étalés et souvent arqués à la base, très-gros, assez courts, légèrement coudés, duveteux et rouge-brun lavé de gris. — *Lenticelles :* petites, arrondies, clair-semées. — *Coussinets :* ressortis. — *Yeux :* volumineux, arrondis, plaqués sur l'écorce et couverts d'un épais duvet. — *Feuilles* : de grandeur moyenne, ovales-arrondies, vert brillant et foncé en dessus, blanc verdâtre en dessous, coriaces et acuminées, ayant les bords régulièrement dentés. — *Pétiole* : peu long et très-nourri, à peine cannelé. — *Stipules* : généralement bien développées.

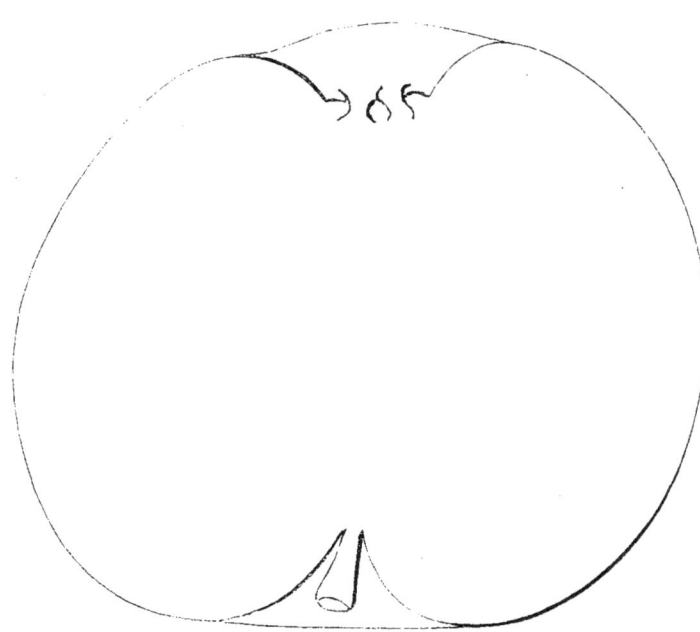

Pomme de Blenheim.

Fertilité. — Abondante.

Culture. — On peut, en le greffant au ras de terre, l'élever pour plein-vent, sa tige devient alors assez grosse et assez jolie ; mais il est préférable de le placer sur paradis afin d'en faire des buissons ou des cordons, il perd ainsi un excédant de vigueur qui profite à sa fertilité.

Description du fruit. — *Grosseur* : volumineuse et parfois considérable. — *Forme* : globuleuse plus ou moins régulière. — *Pédoncule* : assez court, gros, quelque peu charnu, inséré obliquement dans un bassin très-développé. — *Œil* : des plus grands, bien ouvert, à courtes sépales, occupant le centre d'une vaste cavité dont les bords sont généralement égaux et unis. — *Peau* : jaune, légèrement nuancée de vert sur le côté de l'ombre, mais passant au jaune d'or sur celui frappé par le soleil, où elle est, en outre, marbrée, striée de carmin pâle et semée de larges points roux. — *Chair* : blanche, mi-fine, croquante. — *Eau* : suffisante, sucrée, savoureusement acidulée et parfumée.

Maturité. — Novembre-Février.

Qualité. — Première.

Historique. — Ce remarquable fruit remonte au commencement de notre siècle et provient d'Old-Woodstock, localité du comté d'Oxford (Angleterre) avoisinant Blenheim, résidence des ducs de Marlborough. Il y fut gagné de semis par un boulanger, puis, dès l'abord, indifféremment répandu sous l'un et l'autre de ces noms de lieu ; mais le dernier finit par prévaloir, et c'est uniquement la dénomination pomme de Blenheim qui a cours aujourd'hui. La présentation à la Société d'Horticulture de Londres, de cette variété, eut lieu par M. John Turner, le 15 janvier 1819, ainsi qu'on le voit aux Procès-Verbaux (t. III, p. 322). Chez nous on la possède depuis 1840, selon M. Jamin, pépiniériste, dans sa *Note sur* *l'arboriculture fruitière*, insérée t. XLIII, pp. 307-321 des *Annales* de la Société d'Horticulture de Paris (année 1852).

Observations. — Le Congrès pomologique français, au tome IV de ses publications, disait de cette pomme, en 1867 : « Elle commence à mûrir fin de sep-« tembre et se conserve quelquefois jusqu'en février. » Je dois affirmer que dans nos départements de l'Ouest, jamais sa maturation n'a devancé la mi-novembre ; même, pour l'y manger bonne, il faut attendre les premiers jours de décembre. Et là je suis d'accord avec les pomologues anglais, belges, allemands et américains.

Pommes : BLENHEIM ORANGE,

— BLENHEIM PIPPIN,

Synonyme de pomme *de Blenheim*. Voir ce nom.

59. Pomme BLINKBONNY.

Synonyme. — Pomme BLINKBONNY SEEDLING (André Leroy, *Catalogue de cultures*, 1846, p. 20 ; — et Charles Downing, *the Fruits and fruit trees of America*, 1869, p. 100).

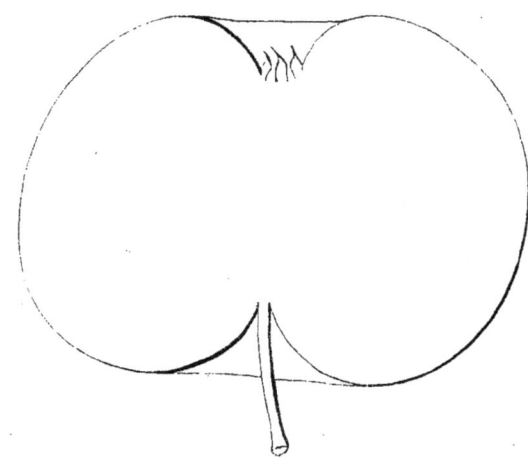

Description de l'arbre. — *Bois :* fort. — *Rameaux :* nombreux, généralement étalés, gros et longs, très-géniculés, bien cotonneux, brun olivâtre. — *Lenticelles :* grandes, allongées ou arrondies, des plus abondantes. — *Coussinets :* modérément ressortis. — *Yeux :* très-volumineux et ovoïdes-allongés, cotonneux, souvent un peu écartés du bois. — *Feuilles :* moyennes, ovales, vert clair en dessus, gris verdâtre en dessous, acuminées, à bords régulièrement dentés. — *Pétiole :* de grosseur et de longueur moyennes, profondément cannelé. — *Stipules :* très-développées.

Fertilité. — Ordinaire.

Culture. — Sa remarquable vigueur le rend propre à la haute-tige pour le verger ; sur paradis il se prête parfaitement à toute autre espèce de forme.

Description du fruit. — *Grosseur :* moyenne et parfois moins volumineuse. — *Forme :* sphérique fortement aplatie aux pôles. — *Pédoncule :* long, grêle, assez profondément inséré dans une étroite cavité. — *Œil :* moyen, mi-clos, rarement bien enfoncé, uni sur ses bords. — *Peau :* mince, unicolore, jaune clair passant au jaune blanchâtre sur le côté de l'ombre, ponctuée de gris et faiblement maculée de roux verdâtre dans la cavité pédonculaire. — *Chair :* blanche, fine, assez

tendre. — *Eau :* abondante, sucrée, acidule, savoureuse mais dénuée de parfum.
MATURITÉ. — Courant de septembre.
QUALITÉ. — Deuxième.

Historique. — Je reçus d'Amérique, en 1845, le pommier Blinkbonny et l'inscrivis dès 1846 sur mon *Catalogue*, parmi les variétés nouvelles (p. 20). Malgré l'époque déjà lointaine de son importation, il est encore fort peu répandu chez nos pépiniéristes. Tout récemment (1869) M. Charles Downing en a précisé l'origine dans ses *Fruits and fruit trees of America* (p. 100). Il a — dit-il — été gagné par M. Cleghorn, à Montreal (Canada).

POMME BLINKBONNY SEEDLING. — Synonyme de pomme *Blinkbonny*. Voir ce nom.

POMME BLOEM ZUUR. — Synonyme de pomme *Rabaï d'Été*. Voir ce nom.

POMME BLONDUREL. — Synonyme de pomme *Blanc-Dureau*. Voir ce nom.

POMME BLUT. — Synonyme de pomme *Sanguinole*. Voir ce nom.

POMME BODICKHEIMER. — Synonyme de pomme *Rouge de Stettin*. Voir ce nom.

POMME DE BŒUF. — Voir *Cœur de Bœuf*, au paragraphe OBSERVATIONS.

---

60. POMME DE BOHÉMIEN.

Synonymes. — *Pommes* : 1. D'ENFER (Nicolas de Bonnefond, *le Jardinier français*, 1653, p. 107; — et Jean Mayer, *Pomona franconica*, 1776-1801, t. III, p. 117, n° 36). — 2. DE DAME (dom Claude Saint-Étienne, *Nouvelle instruction pour connaître les bons fruits*, 1670, p. 214). — 3. NOIRE (*Id. ibid.*). — 4. BORSDORF NOIR (Jean Mayer, *ibid.*). — 5. DE CHARBON (*Id. ibid.*). — 6. BRAUNER MAT (Van Mons, *Catalogue descriptif de partie des arbres fruitiers qui de 1798 à 1823 ont formé sa collection*, p. 56, n° 179; — et Édouard Lucas, *Illustrirtes Handbuch der Obstkunde*, 1859, t. I, p. 367, n° 168). — 7. VIOLETTE D'HIVER (Édouard Lucas, *Kernobstsorten Wurtembergs*, 1854, p. 141). — 8. MATE-BRUNE (Édouard Lucas, *Illustrirtes Handbuch der Obstkunde*, 1859, t. I, p. 367, n° 168). — 9. DE MAURE (*Id. ibid.*).

Description de l'arbre. — *Bois :* fort. — *Rameaux :* assez nombreux, légèrement étalés, peu longs, très-gros et très-coudés, duveteux et brun olivâtre lavé de rouge terne. — *Lenticelles :* des plus grandes, allongées, excessivement espacées. — *Coussinets :* larges et ressortis. — *Yeux :* énormes, ovoïdes, très-cotonneux, faiblement écartés du bois. — *Feuilles :* grandes, ovales, vert clair en dessus, blanc verdâtre en dessous, acuminées, planes ou relevées en gouttière, à bords finement crénelés. — *Pétiole :* gros, assez court, carminé, à cannelure profonde. — *Stipules :* modérément développées.

FERTILITÉ. — Ordinaire.

CULTURE. — Il se prête convenablement à toutes les formes et fait surtout de très-beaux arbres nains, quel que soit le sujet qu'on lui ait donné.

Description du fruit. — *Grosseur :* moyenne et parfois plus volumineuse. — *Forme :* irrégulièrement globuleuse et quelque peu pentagone. — *Pédoncule :* très-court, charnu, bien enfoncé et généralement très-gros, surtout au point d'attache. — *Œil :* grand, mi-clos, cotonneux, à longues et larges sépales, placé dans un vaste bassin dont les bords sont des plus accidentés. — *Peau :* assez épaisse, à fond jaunâtre, entièrement lavée de brun violacé, striée de rouge lie de vin, particulièrement sur la face exposée au soleil, maculée de fauve autour du pédoncule et semée de points blanchâtres. — *Chair :* blanche, mais un peu brunâtre sous la peau, fine, compacte et demi-tendre. — *Eau :* suffisante, sucrée, acidulée, douée d'un parfum qui, plus ou moins marqué, a beaucoup d'analogie avec celui de la violette.

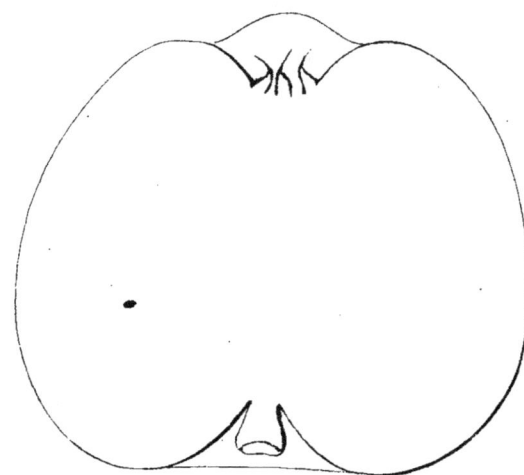

Pomme de Bohémien.

Maturité. — Octobre-Mars.

Qualité. — Deuxième; et quelquefois première, quand la saveur parfumée de l'eau est suffisamment développée.

Historique. — J'ai rapporté de Berlin, en 1860, cette curieuse pomme, qui doit son nom à la couleur de sa peau, rappelant assez bien le teint plus que bronzé des Zingani, vulgairement appelés Bohémiens. Comme le Borsdorf, dont elle forme une sous-variété — aussi l'a-t-on surnommée Borsdorf noir — c'est en Allemagne qu'elle a pris naissance. Où?... Quand?... Si personne, jusqu'alors, ne l'a pu dire, au moins puis-je assurer, d'après les principaux pomologues de ce royaume, qu'on l'y cultive depuis plusieurs siècles, notamment dans le Wurtemberg, le grand-duché de Bade, les environs de Francfort et sur les bords du Rhin. Chez nous, où dans ces derniers temps on l'avait totalement délaissée, on la rencontrait dès 1650, mais encore peu connue. Vingt ans plus tard elle y était moins rare et pourvue déjà de différents surnoms : pomme d'*Enfer*, pomme *Noire* ou de *Dame*, tous acceptés par les Allemands comme synonymes de leur Borsdorf noir ou pommier de Bohémien. Dom Claude Saint-Étienne fut en France son premier descripteur :

« *Pomme Noire*, ou *de Dame* — écrivait-il en 1670 — est noire d'un costé et sous la peau, plus longue et plus grosse que Gros Courpandu; bonne l'hyver, cruë. » (*Nouvelle instruction pour connaître les bons fruits*, p. 214.)

Observations. — Maintes fois on a réuni, et cela dans tous les pays, la pomme de Bohémien, ou Borsdorf noir, ou pomme *Noire*, à la variété de ce dernier nom caractérisée par Duhamel en 1768. Aucun rapport n'existe entre ces deux fruits; on peut les comparer, puisque je les décris. Cette pomme Noire ainsi confondue avec celle de Bohémien, ressemble beaucoup à l'Api noir et porte les surnoms, assez répandus, de *Reinette Noire* ou *d'Autriche*.

Pomme BOHMER (PASSE-). — Voir *Passe-Bohmer*.

Pomme BOHN (GROS-). Voir *Gros-Bohn*.

61. Pomme BOÏKEN.

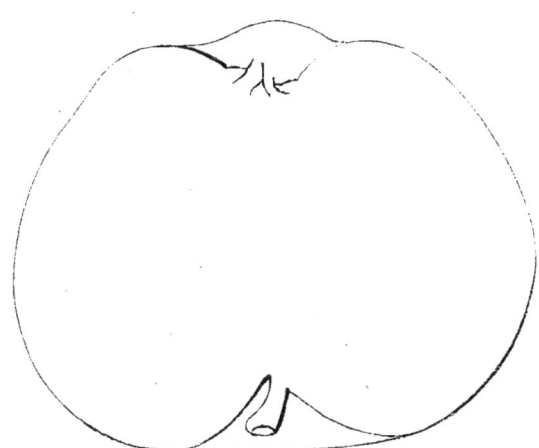

Description de l'arbre. — *Bois :* fort. — *Rameaux :* assez nombreux, légèrement étalés, gros et longs, à peine coudés, excessivement cotonneux, d'un rouge-brun foncé lavé de gris. — *Lenticelles :* arrondies, allongées, grandes mais très-espacées. — *Coussinets :* peu saillants. — *Yeux :* moyens, ovoïdes, collés en partie contre l'écorce et couverts d'un épais duvet. — *Feuilles :* de grandeur moyenne, ovales-allongées, rarement acuminées, planes, à bords sensiblement crénelés. — *Pétiole :* long, très-nourri, pubescent, presque toujours dépourvu de cannelure. — *Stipules :* petites, et souvent même faisant défaut.

Fertilité. — Convenable.

Culture. — Récemment introduit dans mes pépinières, ce pommier n'y est encore greffé que sur doucin et paradis, sujets sur lesquels il m'a fait de beaux cordons et buissons. Sa vigueur me permet de croire qu'il réussira non moins bien comme arbre de haute-tige.

Description du fruit. — *Grosseur :* moyenne. — *Forme :* conique-arrondie, presque aussi côtelée que le Calleville blanc. — *Pédoncule :* court et fort, arqué, obliquement inséré dans un large et assez profond bassin. — *Œil :* des plus grands, bien ouvert, à courtes sépales et à cavité très-développée mais généralement fort irrégulière. — *Peau :* mince, lisse, jaune brillant, carminée à l'insolation, faiblement marbrée de brun clair, surtout autour du pédoncule, et semée de nombreux petits points, blancs sur le rouge, fauves sur le jaune. — *Chair :* blanche, fine, serrée, croquante. — *Eau :* suffisante, sucrée, douée d'un aigrelet et d'un parfum très-délicats.

Maturité. — Janvier-Mars.

Qualité. — Première.

Historique. — Ce pommier appartient à la Prusse, d'où je l'ai tiré en 1866. Dans l'*Illustrirtes Handbuch der Obstkunde*, M. Oberdieck, l'un de ses descripteurs, disait en 1859 : « C'est une espèce répandue depuis un temps immémorial dans le « duché de Brême (Hanovre) ; on peut donc regarder cette contrée comme ayant « été le berceau de la pomme Boïken. » (T. I, p. 212, n° 90.)

POMME DE BOIS. — Synonyme de pomme *d'Estranguillon*. Voir ce nom.

POMME A BOIS MONSTRUEUX. — Synonyme de pomme *de Pommier nain*. Voir ce nom.

POMME BON (PETIT-). — Voir *Petit-Bon*.

POMME BON-POMMIER [D'AUTOMNE]. — Synonyme de pomme *Belle-Fleur de Brabant*. Voir ce nom.

POMME BON-POMMIER [D'HIVER]. — Synonyme de pomme *Petit-Bon*. Voir ce nom.

POMME BON-POMMIER DE LIÉGE. — Synonyme de pomme *Princesse noble*. Voir ce nom.

POMME BONNE-AUTURE. — Synonyme de pomme *Bonne-Hotture*. Voir ce nom.

POMME DE BONNE-FILLE. — Synonyme de pomme *Belle-Fille*. Voir ce nom.

---

62. POMME DE BONNE-HOTTURE.

Synonyme. — Pomme BONNE-AUTURE (Simon Louis, pépiniériste à Metz, *Catalogue général descriptif*, 1867, p. 21).

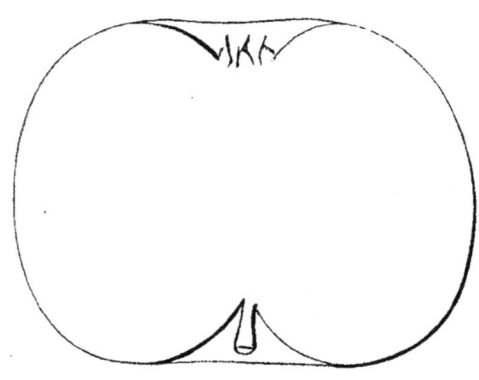

Description de l'arbre. — *Bois :* de moyenne force. — *Rameaux :* peu nombreux, érigés, duveteux, gros, assez longs, flexueux, brun olivâtre légèrement herbacé du côté de l'ombre. — *Lenticelles :* plus ou moins arrondies, assez grandes, très-rapprochées et très-apparentes. — *Coussinets :* presque nuls. — *Yeux :* petits, aplatis, fortement appliqués sur l'écorce, aux écailles longues, bien soudées et cotonneuses. — *Feuilles :* grandes, ovales-arrondies, acuminées, coriaces, épaisses, vert brillant en dessus, blanc verdâtre en dessous, à bords irrégulièrement crénelés ou dentés. — *Pétiole :* long, gros, rosé à la base, dépourvu de cannelure. — *Stipules :* très-longues, mais étroites.

Fertilité. — Abondante et soutenue.

Culture. — Jusqu'ici nous l'avons peu utilisé comme gobelet ou cordon; greffé en tête il fait d'assez beaux arbres, fort réguliers, bien ramifiés et des plus propres pour le verger.

Description du fruit. — *Grosseur :* moyenne. — *Forme :* sphérique, aplatie aux pôles et quelque peu plus large vers la base qu'à son autre extrémité. — *Pédoncule :* court, mince, inséré profondément dans une cavité assez étroite. — *Œil :* moyen, mi-clos, à courtes sépales, modérément enfoncé, faiblement ondulé sur ses bords. — *Peau :* épaisse, rude au toucher, à fond jaune d'or légèrement verdâtre, ponctuée, striée de roux, maculée de fauve squammeux dans la cavité pédonculaire, plus ou moins tachetée de brun et parfois réticulée et veinée de même. — *Chair :* blanchâtre, fine, odorante, mi-tendre, rarement bien croquante. — *Eau :* abondante, parfumée, douce, très-sucrée, douée d'une délicieuse saveur qui rappelle le goût des Reinettes.

Maturité. — Novembre-Février.

Qualité. — Première.

Historique. — Cette variété vraiment exquise est cependant très-peu répandue, sauf dans le département de Maine-et-Loire, où sa culture a lieu depuis un si long temps, qu'on y regarde le pommier Bonne-Hotture comme né en terre angevine. Ses produits alimentent surtout les marchés de notre ville et ceux des lieux voisins. Peut-être même doit-il à sa fréquente apparition sous les halles, le nom que je lui ai toujours connu. C'était effectivement, jadis, dans des hottes portées à dos d'homme ou de cheval, selon la distance, qu'on faisait voyager les fruits. Et certes l'excellence de celui-ci permettait bien à nos jardiniers, à nos marchands, de qualifier, en leur patois, *bonne hotture* la hotte qui en était remplie.

Pomme BONNE DE MAI. — Synonyme de pomme *Drap d'Or.* Voir ce nom.

---

63. Pomme BONNE DU PLESSIS.

Synonyme. — Pomme Belle du Plessis (Pépinières d'Angers, depuis 1850 environ).

Description de l'arbre. — *Bois :* un peu faible. — *Rameaux :* nombreux, étalés, de longueur et de grosseur moyennes, à peine géniculés, très-cotonneux et brun olivâtre fortement lavé de rouge ardoisé. — *Lenticelles :* arrondies ou allongées, brunes, fines, abondantes. — *Coussinets :* larges mais aplatis. — *Yeux :* moyens, ovoïdes, duveteux, noyés dans l'écorce. — *Feuilles :* petites, ovales, longuement acuminées, sensiblement crénelées. — *Pétiole :* peu long, bien nourri et très-rigide, à cannelure presque nulle. — *Stipules :* petites.

Fertilité. — Grande.

Culture. — Je l'élève habituellement pour gobelets ou cordons, sur doucin ou sur paradis, où il fait d'assez jolis arbres. Comme plein-vent il réussit mal, vu sa vigueur trop modérée.

Description du fruit. — *Grosseur :* moyenne. — *Forme :* globuleuse, assez plate à ses extrémités, souvent quelque peu pentagone et généralement ayant un côté moins volumineux que l'autre. — *Pédoncule :* long, grêle, renflé à l'attache, inséré dans un bassin rarement bien profond mais parfois triangulaire et bosselé. — *Œil :* grand, mi-clos ou fermé, à cavité assez développée et fortement côtelée. — *Peau :* mince, vert-pré, plus ou moins panachée de jaune-orange à la maturité, tachée de roux autour du pédoncule et semée de nombreux points gris. — *Chair :* jaunâtre, surtout sous la peau, fine, assez ferme, un peu croquante. — *Eau :* suffisante, faiblement acidulée, sucrée, presque dénuée de parfum.

Maturité. — Mars-Août.

Qualité. — Deuxième.

Pomme Bonne du Plessis.

Historique. — J'ai trouvé, vers 1850, ce pommier dans la collection du Jardin de l'ancien Comice horticole d'Angers; il y occupait le n° 128; mais rien, sur le Catalogue général, n'en indiquait la provenance. Cependant on le disait alors, comme son nom l'indique, provenu du Plessis-Grammoire, localité de notre département où déjà avaient été gagnées plusieurs pommes depuis longtemps dans mon école. La Bonne du Plessis, quoique variété de second ordre, mérite néanmoins la culture par l'extrême durée de sa conservation. Ainsi, maintes fois je l'ai mangée, très-saine, du 20 au 25 août.

Pomme BONNE-THOUIN. — Synonyme de *Reinette Thoüin.* Voir ce nom.

Pomme BONNET CARRÉ. — Synonyme de *Calleville blanc d'Hiver.* Voir ce nom.

---

64. Pomme BONUM.

Synonyme. — Pomme Magnum Bonum (Charles Downing, *the Fruits and fruit trees of America*, 1863, p. 122).

Description de l'arbre. — *Bois :* assez fort. — *Rameaux :* nombreux et légèrement étalés, gros, longs, peu coudés, duveteux, d'un rouge carminé très-foncé et lavé de gris. — *Lenticelles :* grandes, allongées, abondantes. — *Coussinets :* aplatis. — *Yeux :* moyens, coniques-raccourcis, noirâtres, faiblement cotonneux et appliqués en partie contre l'écorce. — *Feuilles :* grandes, elliptiques, rarement acuminées, planes ou relevées en gouttière, ayant les bords sensiblement dentés.

— *Pétiole :* de grosseur et de longueur moyennes, flasque, à cannelure généralement profonde. — *Stipules :* bien développées.

Pomme Bonum.

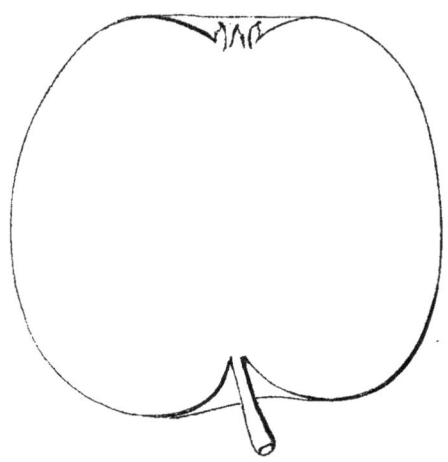

FERTILITÉ. — Satisfaisante.

CULTURE. — Haute-tige, cordon, gobelet, espalier, toute forme lui convient également, ainsi que toute espèce de sujet.

Description du fruit. — *Grosseur :* moyenne et parfois plus volumineuse. — *Forme :* assez variable, mais plutôt sensiblement cylindrique, que globuleuse, et toujours aplatie aux extrémités. — *Pédoncule :* long ou de longueur moyenne, un peu fort, surtout au point d'attache, inséré dans une cavité étroite et rarement bien profonde. — *Œil :* grand, mi-clos ou complétement fermé, plissé sur ses bords et légèrement enfoncé. — *Peau :* plus ou moins rugueuse, jaune verdâtre, amplement lavée de rouge-brun clair, fouettée de rouge lie de vin, maculée de fauve autour du pédoncule et parsemée de larges points grisâtres. — *Chair :* blanchâtre, fine, très-compacte et tendre, quoique croquante. — *Eau :* abondante, sucrée, acidule, imprégnée d'une délicieuse saveur de violette.

MATURITÉ. — Décembre-Avril.

QUALITÉ. — Première.

Historique. — C'est d'Amérique qu'en 1860 j'ai reçu le pommier Bonum, véritablement bien nommé, car ses produits sont parfaits. Il devait être alors dans toute sa nouveauté, puisqu'aucun pomologue ne l'avait encore décrit. Charles Downing le signala peu après, dans l'édition 1863 de ses *Fruits and fruit trees of America* (p. 122) et en fit connaître l'obtenteur : « le squire Kinney, du comté de « Davidson, dans la Caroline du Nord. »

POMME BOROVITSKY. — Synonyme de pomme *Borowicki*. Voir ce nom.

---

65. POMME BOROWICKI.

Synonymes. — Pommes : 1. CHARLAMOWSKIRCHER NALLEOID (Van Mons, *Catalogue descriptif de partie des arbres fruitiers qui de 1798 à 1823 ont formé sa collection*, p. 59, n° 456). — 2. BOROVITSKY (George Lindley, *Guide to the orchard and kitchen garden*, 1831, p. 3, n° 1). — 3. BAROWSKI (André Leroy, *Catalogue de cultures*, 1848, p. 20). — 4. BAROVESKI (Prévost, *Pomologie de la Seine-Inférieure*, 1848, 6° cahier, p. 183, n° 17). — 5. CHARLAMOWSKY D'AUTOMNE (Mas, *le Verger*, 1865, t. V, n° 1, note ; — et Congrès pomologique, *Pomologie de la France*, 1867, t. IV, n° 41). — 6. DUCHESSE D'OLDENBOURG (*Iid. iibid.*).

Description de l'arbre. — *Bois :* peu fort. — *Rameaux :* assez nombreux, étalés, courts, de grosseur moyenne, duveteux, bien géniculés, rouge-brun clair lavé de gris. — *Lenticelles :* arrondies, moyennes, abondantes. — *Coussinets :*

aplatis. — *Yeux :* gros, ovoïdes, légèrement cotonneux, faiblement écartés du bois.
— *Feuilles :* petites, ovales-arrondies, vert clair en dessus, gris verdâtre en dessous, longuement acuminées, à bords finement dentés. — *Pétiole :* court, épais et roide, carminé à la base et presque dépourvu de cannelure. — *Stipules :* étroites et longues.

Pomme Borowicki.

Fertilité. — Moyenne.

Culture. — Ce pommier croît trop lentement pour qu'il puisse être avantageux de le destiner à la haute-tige ; les formes gobelet ou cordon lui conviennent infiniment mieux, greffé soit sur paradis, soit sur doucin; sa fertilité, d'ailleurs, devient alors beaucoup plus abondante.

Description du fruit. — *Grosseur :* volumineuse. — *Forme :* irrégulièrement globuleuse, pentagone, plus large à la base qu'à son autre extrémité, et généralement ayant un côté moins gros que l'autre. — *Pédoncule :* court, très-nourri et renflé à l'attache, souvent arqué, obliquement inséré dans un assez vaste bassin.
— *Œil :* grand, mi-clos ou des plus ouverts, sensiblement enfoncé, à cavité fort développée et très-irrégulière. — *Peau :* jaune clair verdâtre, maculée de petites et nombreuses taches noirâtres, ponctuée de brun et de gris, puis légèrement striée de carmin sur la face exposée au soleil. — *Chair :* blanche, tendre, peu compacte. — *Eau :* suffisante, sucrée, à peine acidule et presque dénuée de parfum.

Maturité. — Novembre-Mars.

Qualité. — Deuxième.

Historique. — Originaire de la Russie, ce pommier pénétra chez nous avant 1844, puisqu'en 1846 je l'inscrivais déjà, mais comme rare et tout nouveau, sur mon *Catalogue* (p. 20). Les Belges le possédèrent beaucoup plus tôt, sous l'un de ses synonymes, Charlamowski, que notre Congrès pomologique lui attribuait encore en 1867 (t. IV, n° 41). En Angleterre, Lindley a constaté que la Société d'Horticulture de Londres reçut de Saint-Pétersbourg, au cours de 1824, cette variété, sortie, dit-il, d'un jardin de la Tauride, ou Crimée (voir *Guide to the orchard and kitchen garden*, p. 3). L'assertion de ce pomologue fut confirmée en 1839 par l'auteur allemand Dittrich, qui regarde aussi comme provenant de la Tauride, ou tout au moins du Caucase, province y confinant, le pommier Borowicki (*Systematisches Handbuch der Obstkunde*, t. III, p. 25). Feu Prévost, de Rouen, auquel je l'avais donné, le caractérisa en 1848 dans la *Pomologie de la*

Seine-Inférieure (6ᵉ cahier, p. 183), et l'y supposa natif d'Angleterre ou d'Amérique. On sait maintenant que cette opinion est erronée.

66. Pomme de BORSDORF.

Synonymes. — *Pommes:* 1. Porstorffer (Cordus, avant 1544, *Historia stirpium*, chap. Pommier, n° 13). — 2. Reinette Batarde (la Rivière et du Moulin, *Méthode pour bien cultiver les arbres à fruits*, 1738, p. 267). — 3. Borsdorffer (Mayer, *Pomona franconica*, 1776-1801, t. III, p. 112, n° 16). — 4. Reinette Batarde de Leipsick (*Id. ibid.*, note de la p. 115). — 5. Borstorffer (Manger, *Systematische Pomologie*, 1780, p. 16). — 6. Blanche de Leipzig (Van Mons, *Catalogue descriptif de partie des arbres fruitiers qui de 1798 à 1823 ont formé sa collection*, p. 19, n° 481). — 7. Elder Winterborstorfer (*Id. ibid.*, p. 34, n° 379). — 8. Reinette de Misnie (*Id. ibid.*, p. 21, n° 1427; — et Thompson, *Catalogue of fruits cultivated in the garden of the horticultural Society of London*, 1842, p. 7, n° 73). — 9. Orgueil des Germains (Diel, *Kernobstsorten*, 1800, t. II, p. 81). — 10. De Prochain (*Id. ibid.*, p. 80). — 11. Reinette d'Allemagne (*Id. ibid.*). — 12. Bursdorff (Lindley, *Guide to the orchard and kitchen-garden*, 1831, p. 39, n° 73). — 13. Queen's (*Id. ibid.*). — 14. Garret Pippin (Thompson, *Catalogue* cité ci-dessus, p. 7, n° 73). — 15. Le Grand-Bohemian Borsdörffer (*Id. ibid.*). — 16. King (*Id. ibid.*). — 17. King George (*Id. ibid.*). — 18. Reinette Borsdörffer (*Id. ibid.*). — 19. Winter Borsdörffer (*Id. ibid.*). — 20. Edelborsdorfer (Édouard Lucas, *Illustrirtes Handbuch der Obstkunde*, p. 303, n° 136). — 21. Borstorff native (Alexandre Bivort, *Annales de pomologie belge et étrangère*, 1860, t. VIII, p. 71). — 22. Borstoff a longue queue (*Id. ibid.*).

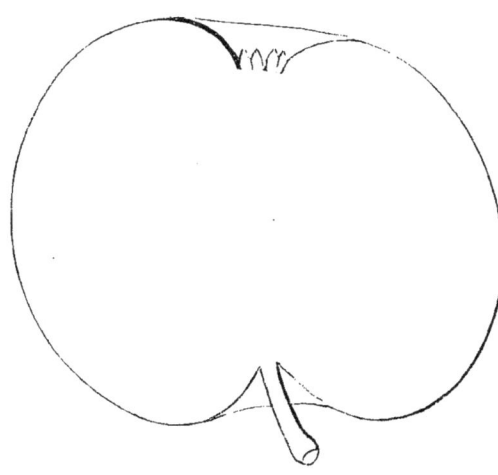

Description de l'arbre. — *Bois :* assez fort. — *Rameaux :* érigés ou légèrement étalés, surtout vers la base, gros, longs, bien géniculés, duveteux, brun clair verdâtre. — *Lenticelles :* arrondies ou allongées, grandes et abondantes. — *Coussinets :* peu saillants. — *Yeux :* petits, arrondis, faiblement cotonneux, collés contre l'écorce. — *Feuilles :* petites, arrondies, d'un vert brillant et foncé, planes, courtement acuminées, très-finement dentées ou crénelées sur leurs bords. — *Pétiole :* court, épais, à cannelure profonde. — *Stipules :* courtes mais assez larges.

Fertilité. — Remarquable.

Culture. — La vigueur de ce pommier le rend propre à toutes les formes, plein-vent, cordon, espalier, buisson, etc.; mais il a le défaut bien reconnu d'être très-lent à donner ses premiers produits.

Description du fruit. — *Grosseur :* moyenne. — *Forme :* variable; tantôt conique légèrement allongée, tantôt sphérique fortement aplatie aux pôles, mais le plus souvent globuleuse irrégulière. — *Pédoncule :* court ou assez long, grêle ou bien nourri, inséré dans un bassin peu considérable. — *Œil :* faiblement enfoncé, grand, très-ouvert, à courtes sépales. — *Peau :* mince, jaune d'or ou jaune orangé, maculée de fauve autour du pédoncule, semée de quelques gros points roux, parfois vermillonnée et tachetée de brun sur le côté de l'insolation. — *Chair* : blanc jaunâtre, fine, compacte, assez tendre. — *Eau* : suffisante, sucrée, vineuse, possédant une saveur acidule et un parfum particulier qui la rendent fort délicate.

Maturité. — Novembre-Mars.

Qualité. — Première.

Historique. — C'est la pomme préférée des Allemands, chez lesquels elle a, du reste, pris naissance avant le xvie siècle. Deux localités se disputent l'honneur d'avoir vu pousser l'arbre qui l'a produite : Borsdorf-sur-Misnie, puis Borstorf-lez-Leipsick. Manger, dans sa *Systematische Pomologie*, semblait en 1780 donner gain de cause à ce dernier lieu :

« J'affirme — écrivait-il — que sur la route de Dresde, à un mille et demi de Leipsick, j'ai vu en 1739, aux environs d'un village, nombre de pommiers de cette espèce chargés de beaux et bons fruits, et qu'ayant questionné les paysans sur l'origine qu'ils leur attribuaient, on me répondit : « Depuis des siècles la culture s'en fait dans la contrée. » (Page 16.)

Voici maintenant l'assertion contraire, exprimée en 1791 par un contemporain de l'auteur que je viens de citer, par Mayer, dont la *Pomona franconica* jouit en Allemagne, et chez nous, d'une si grande autorité :

« ..... La *Pomme de Borsdorf* — lit-on dans cet ouvrage — est bien décidément d'origine allemande; les Postophes français ne lui ressemblent en rien. Elle tire son nom du village de Borsdorf, en Saxe, où vraisemblablement elle est née. Weber croyait ce nom venu de *Borst, Brust*, poitrine, en ce sens que jadis on prescrivait aux pulmoniques l'usage des Borsdorfs cuits. » (T. III, p. 113.)

C'est Mayer qui me paraît ici dans le vrai, puisque, remontant aux sources les plus anciennes de la pomologie, je trouve au tome Ier de l'*Historia stirpium* écrite par Valerius Cordus, mort à Rome en 1544, le passage suivant sur la pomme de Borsdorf :

« Les *Borsdorf*, qui ressemblent beaucoup aux *Duracina alba* (le Blanc-Dureau) pour la forme, la couleur et le volume....., se cultivent dans La Misnie (Saxe), et leur saveur délicate les y fait choisir de préférence à toute autre variété..... » (Chap. Pommier, n° 13.)

Ce fut seulement vers 1730 que cet excellent fruit pénétra en France. La Rivière et du Moulin ont été les premiers à l'y signaler dans la *Méthode pour cultiver les arbres fruitiers* qu'ils publièrent en 1738. Ils le décrivirent exactement (p. 267) sous l'un de ses synonymes, Reinette Batarde, mais en lui donnant à tort une sous-variété blanche. Le coloris de sa peau, généralement assez variable selon le sol ou selon l'exposition de l'arbre, causa leur méprise. De très-fausses idées furent, au reste, émises à l'égard de notre pays, sur cette variété, par les pomologues allemands. Ainsi Mayer lui-même, malgré tout son mérite, crut pouvoir dire dans l'œuvre dont je viens d'extraire un passage :

« On prétend que le Borsdorf soutient si bien son indigénat germanique, qu'il ne veut absolument pas réussir en d'autres royaumes..... Henne pense que les régions un peu plus chaudes que la nôtre lui sont contraires, et que le dépit de voir tous leurs soins infructueux à son endroit, *a porté les Français à le nommer* Reinette Batarde [!!]. » (Mayer, *ibid.*, p. 113.)

J'avoue qu'en France les écrivains horticoles — et je n'en suis nullement étonné — ne m'ont jamais rien montré qui pût confirmer la plaisante étymologie ainsi créée pour le nom *Reinette Bâtarde*, par Mayer et Henne son compatriote. Cette dénomination, d'ailleurs, s'explique naturellement par les caractères généraux du Borsdorf, dont beaucoup rappellent ceux de nos anciennes Reinettes, sans possibilité, toutefois, de confondre avec elles ce fruit allemand, ni de le classer dans leur groupe.

Observations. — En décrivant l'arbre de la pomme de Borsdorf, j'ai fait ressortir son plus grand défaut : sa lenteur à se mettre à fruit ; puis son principal mérite : une remarquable fertilité. Pour prouver qu'à ce double point de vue il est le même en sa terre natale, que chez nous, je vais encore donner la parole à Mayer :

« L'arbre — affirme-t-il — n'achève entièrement sa croissance et n'entre en plein rapport que vers sa quarantième année, aussi dure-t-il deux siècles et au-delà..... Ce n'est que la dixième année après qu'il a été greffé et transplanté, qu'il commence à porter du fruit ; et s'il en donne beaucoup alors, on peut être assuré qu'il restera ensuite deux ou trois ans à se reposer. Dans sa vingtième année il paraît se décider à un rapport plus régulier ; mais vers son huitième lustre [quarante ans], lorsqu'il est entièrement formé, sa fécondité devient prodigieuse ; dans un terrain convenable un seul arbre isolé, ou situé dans une plantation grandement espacée, donne souvent de douze à quinze boisseaux de pommes. » (Mayer, *ibid.*, p. 114.)

Enfin la Borsdorf non mélangée fait un cidre exquis, ajoute ce même auteur (p. 117, note 21), auquel un cultivateur en fit boire qui avait, disait-on, sept ans, et que néanmoins chacun préférait au vin... Assertion que, bien entendu, je ne veux pas confirmer.

POMME BORSDORF NOIR. — Synonyme de pomme *de Bohémien*. Voir ce nom.

67. Pomme BORSDORF RHÉNANE.

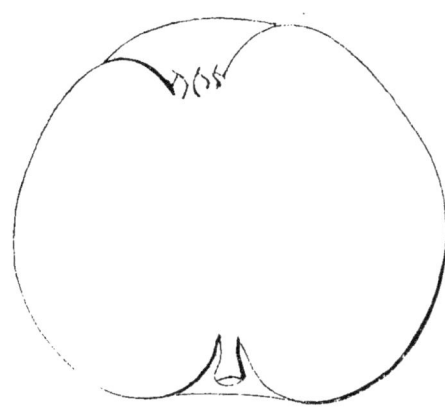

Description de l'arbre. — *Bois :* de force moyenne. — *Rameaux :* assez nombreux, légèrement étalés, longs, bien nourris, à peine coudés, faiblement duveteux, vert olivâtre foncé. — *Lenticelles :* peu apparentes, allongées, brun clair, très-petites et très-rares. — *Coussinets :* presque nuls. — *Yeux :* petits, arrondis et cotonneux, appliqués sur l'écorce. — *Feuilles :* moyennes, ovales, courtement acuminées, planes, régulièrement et finement dentées ou crénelées. — *Pétiole :* de longueur et de grosseur moyennes, sensiblement cannelé, rosé en dessous et surtout au point d'attache. — *Stipules :* petites et souvent absentes.

FERTILITÉ. — Ordinaire.

CULTURE. — Récemment introduit dans mes pépinières, il n'y est encore greffé que sur doucin ou paradis, pour basses-tiges ; les arbres qu'il a faits sont beaux et réguliers ; je crois qu'il ne saurait manquer non plus de former, écussonné en tête, de convenables plein-vent.

Description du fruit. — *Grosseur :* au-dessous de la moyenne. — *Forme :* conique-arrondie, aplatie à la base et souvent moins renflée d'un côté que de l'autre. — *Pédoncule :* court et gros, profondément inséré dans un étroit bassin. — *Œil :* moyen, mi-clos, très-enfoncé dans une vaste cavité dont les bords sont irréguliers mais unis. — *Peau :* mince, lisse, jaune brillant dans l'ombre, amplement vermillonnée sur la face exposée au soleil, puis semée de larges points blancs sur le rouge et bruns sur le jaune. — *Chair :* blanchâtre, fine, ferme et compacte. — *Eau :* suffisante, sucrée, délicieusement acidulée et parfumée.

Maturité. — Janvier-Mars.

Qualité. — Première.

Historique. — Je dois ce bon fruit à l'obligeance amicale du docteur Lucas, inspecteur de l'Institut pomologique de Reutlingen (Wurtemberg). Il est dans mon école depuis 1867 et mon *Catalogue* l'annonça l'année suivante (p. 45, n° 66). C'est une variété rare et nouvelle, même en Allemagne, où, comme l'indique son nom, elle a pris naissance dans les Provinces Rhénanes.

Pommes : BORSDÖRFFER,

— BORSTOFF A LONGUE QUEUE,

— BORSTORFF HATIVE,

— BORSTÖRFFER,

} Synonymes de pommes de *Borsdorf*. Voir ce nom.

Pommes : DE BOSC,

— DE BOSQUET,

} Synonymes de pomme *d'Estranguillon*. Voir ce nom.

68. Pomme BOSTON RUSSET.

Synonymes. — *Pommes :* 1. Roxbury Russet (Thompson, *Catalogue of fruits cultivated in the garden of the horticultural Society of London*, 1842, p. 39, n° 736). — 2. Shippen's Russet (*Id. ibid.*). — 3. Roxbury Russeting (A. J. Downing, *the Fruits and fruit trees of America*, 1849, p. 133, n° 150). — 4. Belpré Russet (Elliott, *Fruit book*, 1854, p. 106). — 5. Marietta Russet (*Id. ibid.*). — 6. Putnam Russet (*Id. ibid.*) — 7. Sylvan Russet (*Id. ibid.*). — 8. Russet (Bivort, *Annales de pomologie belge et étrangère*, 1855, t. III, p. 49). — 9. Putman's Russet (Robert Hogg, *the Apple and its varieties*, p. 42, n° 39). — 10. Reinette rousse de Boston (Congrès pomologique, *Pomologie de la France*, 1869, t. VI, n° 53).

Description de l'arbre. — *Bois :* de moyenne force. — *Rameaux :* peu nombreux, très-étalés et souvent arqués, gros, assez courts, sensiblement coudés, des plus duveteux et d'un rouge-brun ardoisé. — *Lenticelles :* grandes, abondantes, arrondies ou légèrement allongées. — *Coussinets :* ressortis. — *Yeux :* très-volumineux, ovoïdes, appliqués en partie contre le bois et couverts d'un épais duvet. — *Feuilles :* moyennes, ovales, vert brillant et foncé en dessus, gris verdâtre en dessous, courtement acuminées, à bords finement dentés. — *Pétiole :* court, épais, à peine cannelé. — *Stipules :* petites.

Pomme Boston Russet.

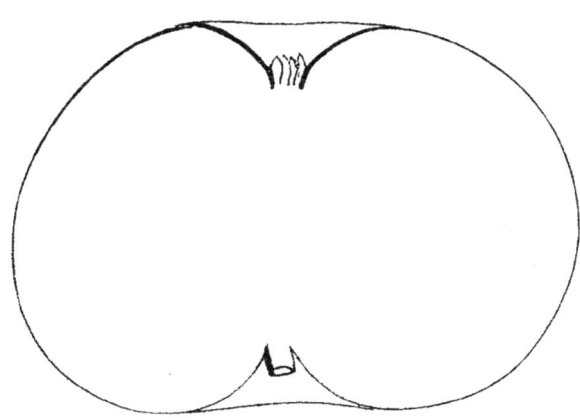

Fertilité. — Satisfaisante.

Culture. — Toutes les formes lui conviennent, mais c'est en cordon qu'il profite le mieux.

Description du fruit. — *Grosseur :* au-dessus de la moyenne, ou moyenne. — *Forme :* arrondie, aplatie aux pôles et beaucoup plus large que haute. — *Pédoncule :* gros, court ou très-court, implanté profondément dans un bassin assez étroit. — *OEil :* petit, mi-clos ou fermé, faiblement enfoncé, uni sur les bords. — *Peau :* un peu rugueuse, jaune verdâtre, ponctuée, striée, marbrée de roux et presque entièrement lavée de brun olivâtre. — *Chair :* blanche, fine, rougeâtre sous la peau, tendre et croquante. — *Eau :* abondante, sucrée, acidulée, ayant un délicat parfum.

Maturité. — Février-Mai.

Qualité. — Première.

Historique. — C'est un ancien fruit américain, originaire, d'après Downing, du Massachusetts (voir édition de 1849, p. 133, n° 150), province dans laquelle on le rencontre abondamment sur tous les marchés. Elliott, en 1854, complétait ainsi l'état civil du Boston Russet : « Le Massachusetts ou le Connecticut — disait-il — « ont vu naître cette pomme, que le pépiniériste Israël Putnam introduisit en 1796 « ou 1797 dans la vallée de l'Ohio, d'où plus tard elle passa dans les états sud-ouest « de l'Amérique. » (*Fruit book*, pp. 106-107.)

69. Pomme BOUGH.

Synonymes. — *Pommes :* 1. Early Bough (Michaël Floy, *Transactions of the horticultural Society of London*, 1825, t. VI, p. 415). — 2. Large Yellow Bough (A. J. Downing, *the Fruits and fruit trees of America*, 1849, p. 74, n° 11). — 3. Sweet Bough (*Id. ibid.*). — 4. Sweet Harvest (*Id. ibid.*). — 5. Washington (Elliott, *Fruit book*, p. 106).

Description de l'arbre. — *Bois :* fort. — *Rameaux :* assez nombreux, érigés au sommet, étalés à la base, longs et gros, peu géniculés, très-duveteux, brun olivâtre lavé de rouge ardoisé. — *Lenticelles :* plus ou moins allongées, petites, excessivement clair-semées. — *Coussinets :* larges et ressortis. — *Yeux :* petits et arrondis, cotonneux, noyés dans l'écorce. — *Feuilles :* grandes, ovales, vert clair, longuement acuminées, ayant les bords amplement crénelés. — *Pétiole :* court et épais, à cannelure presque insensible. — *Stipules :* longues et des plus larges.

Fertilité. — Abondante.

Culture. — Il fait de très-beaux plein-vent et se greffe sur toute espèce de sujet, soit comme cordon, buisson ou espalier.

Pomme Bough.

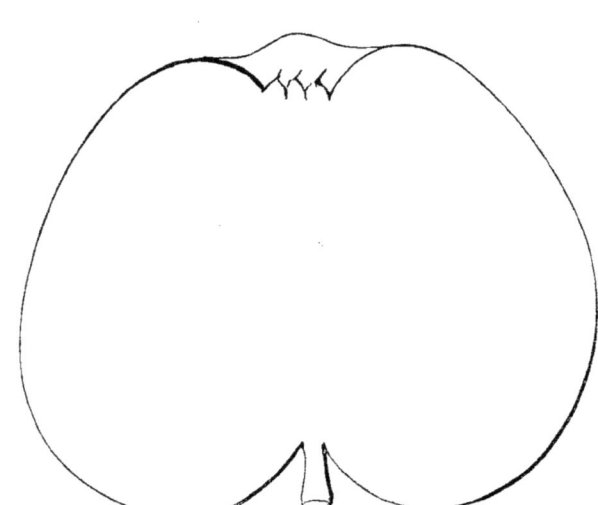

Description du fruit. — *Grosseur :* volumineuse. — *Forme :* conique-raccourcie. — *Pédoncule :* court, fort et cotonneux, légèrement charnu, profondément inséré dans un bassin assez étroit. — *OEil :* grand, mi-clos ou fermé, à courtes sépales, occupant tout le centre d'une cavité plissée et généralement bien développée. — *Peau :* unie, jaune verdâtre, faiblement lavée de rouge violacé à l'insolation, fortement ponctuée de blanc sale et nuancée de gris-roux autour du pédoncule. — *Chair :* blanchâtre, veinée de vert, fine, tendre et quelque peu marcescente. — *Eau :* suffisante, très-sucrée, parfumée, non acidule.

Maturité. — Fin juillet.

Qualité. — Deuxième, mais première pour les amateurs de pommes douces.

Historique. — Je lis dans les *Transactions* de la Société d'Horticulture de Londres, que le 25 mai 1825 M. Michaël Floy, pépiniériste à New-York, fit hommage à cette Compagnie de la pomme Bough, alors appelée *Early Bough*; et même il l'accompagna d'une description reproduite au tome VI, page 415, desdits Procès-Verbaux. Originaire d'Amérique, ce pommier remonte aux premières années de notre siècle. Elliott, en son *Fruit book* (p. 109), apprend que ce fut Coxe qui le fit connaître (1817). Il le nommait, avec raison, *Bough* [à gros bois], mot auquel on ajouta plus tard l'adjectif *sweet* [douce], dénotant le principal caractère des produits de cet arbre, qui sont effectivement dénués de toute saveur acide. Aujourd'hui on lui donne généralement la seule dénomination de Bough. Il est encore fort rare en France, mais beaucoup moins en Allemagne, où les pommes douces sont très-estimées.

70. Pomme BOULE.

Synonyme. — Pomme Kugel (Lucas, *Illustrirtes Handbuch der Obstkunde*, 1859, t. I, p 553, n° 260).

Description de l'arbre. — *Bois :* fort. — *Rameaux :* assez nombreux, étalés, très-gros, de longueur moyenne, coudés, sensiblement cotonneux et rouge-brun ardoisé. — *Lenticelles :* arrondies, grandes, rapprochées. — *Coussinets :* des plus saillants. — *Yeux :* volumineux, ovoïdes, peu duveteux, légèrement écartés du bois — *Feuilles :* grandes, ovales ou arrondies, courtement acuminées, régulièrement et assez profondément dentées. — *Pétiole :* long, gros, carminé, à cannelure bien accusée. — *Stipules :* longues mais étroites.

Pomme Boule.

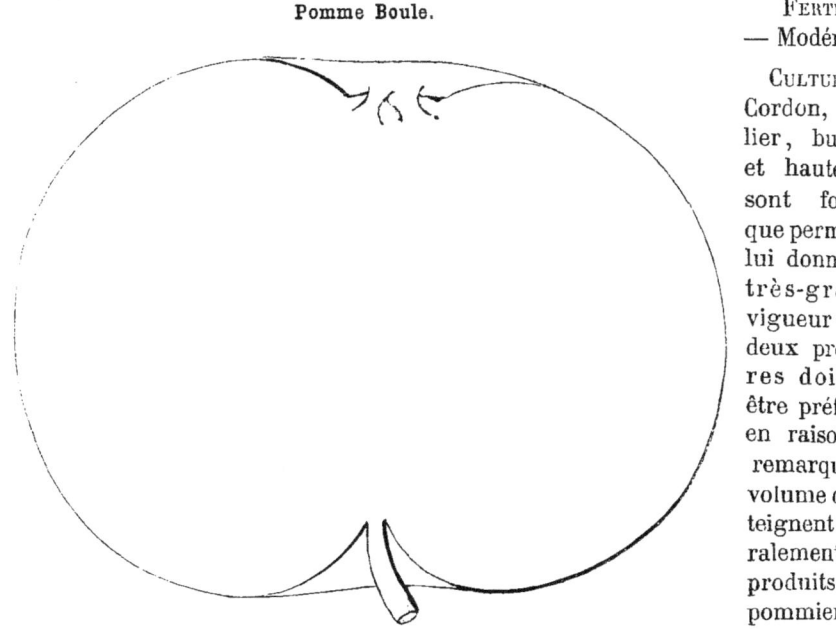

Fertilité. — Modérée.

Culture. — Cordon, espalier, buisson et haute-tige sont formes que permet de lui donner sa très-grande vigueur; les deux premières doivent être préférées en raison du remarquable volume qu'atteignent généralement les produits de ce pommier.

Description du fruit. — *Grosseur :* considérable. — *Forme :* globuleuse assez régulière, quelque peu côtelée vers l'œil et sensiblement plus large que haute. — *Pédoncule :* fort et long, souvent arqué, implanté profondément dans un bassin bien développé. — *Œil :* ouvert ou mi-clos, grand, rarement très-enfoncé, à courtes sépales et à cavité vaste, irrégulière. — *Peau :* lisse, unicolore, jaune clair nuancé de vert, légèrement maculée de brun foncé autour du pédoncule et ponctuée de fauve. — *Chair :* jaunâtre, tendre et mi-fine. — *Eau :* abondante, assez sucrée, sensiblement acidulée, entièrement dénuée de parfum.

Maturité. — Octobre-Janvier.

Qualité. — Deuxième pour le couteau, première pour la cuisson.

Historique. — Ce volumineux fruit m'est venu d'Allemagne en 1866, où généralement on le nomme Kugel, terme répondant à notre mot *boule*. Il appartient à la pomone allemande et semble sorti du Wurtemberg, d'après le passage suivant, que j'emprunte au docteur Lucas, pomologue habitant cet ancien duché :

« Le pommier Kugel — dit-il — se rencontre dans toutes les contrées du Wurtemberg; il y est propagé par des marchands ambulants qui me paraissent tirer leurs arbres des pépinières avoisinant Esslingen, région où les vignerons donnent quelquefois à cette variété, mais bien fautivement, le nom de Reinette. Je ne saurais, quant à son lieu de naissance, l'indiquer avec certitude. » (*Illustrirtes Handbuch der Obstkunde*, 1859, t. I, p. 553, n° 260.)

71. Pomme BOUTEILLE.

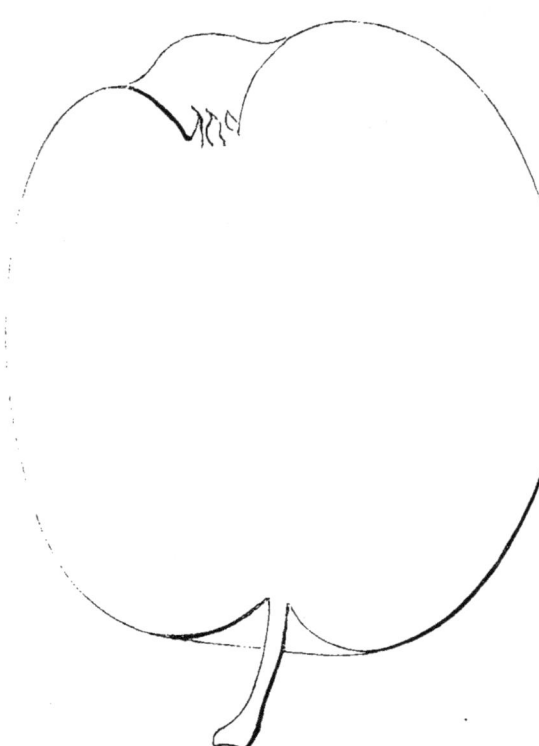

Description de l'arbre. — *Bois :* fort. — *Rameaux :* nombreux, érigés, gros et longs, très-géniculés et très-cotonneux, rouge-grenat foncé. — *Lenticelles :* arrondies, allongées, petites et abondantes. — *Coussinets :* larges et saillants. — *Yeux :* gros, ovoïdes, duveteux et légèrement appliqués contre l'écorce. — *Feuilles :* moyennes ou petites, planes, assez courtement acuminées, bien dentées ou crénelées. — *Pétiole :* peu long, gros, cotonneux, très-carminé, à faible cannelure. — *Stipules :* moyennes.

Fertilité. — Modérée.

Culture. — Il prospère sur toute espèce de sujet et sous quelque forme que ce soit.

Description du fruit. — *Grosseur :* volumineuse. — *Forme :* allongée, sensiblement pentagone et souvent plus renflée près de l'œil qu'à son autre extrémité. — *Pédoncule :* long, mince à son milieu, plus fort aux deux bouts, inséré dans un évasement peu prononcé. — *Œil :* ouvert ou mi-clos, très-grand, à longues sépales, à cavité large, profonde, irrégulière. — *Peau :* blanc jaunâtre sur le côté de l'ombre, jaune brunâtre sur l'autre face, striée et jaspée de rose à l'insolation, ponctuée de brun et de gris. — *Chair :* blanche, fine et très-tendre. — *Eau :* suffisante, sucrée, acidule, légèrement parfumée, fort délicate.

Maturité. — Octobre-Janvier.

Qualité. — Première.

Historique. — Le docteur Diel fit, en 1801, connaître cette curieuse variété allemande, qui pour lors était inédite. Il lui laissa le nom, bien justifié par la forme du fruit, de *Bouteillenapfel* [pomme Bouteille], sous lequel il l'avait reçue; puis, en la décrivant, consigna sur elle les détails ci-après :

« Aucun pomologue — dit-il — n'a encore caractérisé ce pommier. Il m'est venu du Jardin fruitier de Marburg, par l'intermédiaire d'amis, l'horticulteur Wiederstein et le professeur Credé. Dans ma jeunesse, cette belle et vaste pépinière de Marburg (Hesse-Électorale) était regardée, par tout le pays, comme unique pour l'excellence des fruits qu'on y cultivait. » (*Kernobstsorten*, t. IV, p. 37.)

La pomme Bouteille figurait en 1867 à l'exposition horticole de Paris (29 septembre), envoyée par MM. Croux, pépiniéristes à Sceaux. Elle est en France depuis un assez long temps, car le *Catalogue* de l'ancien Jardin fruitier d'Angers la mentionnait dès 1852 sous le n° 263.

Pomme de BOUTIGNÉ. — Synonyme de *Calleville rose*. Voir ce nom.

Pommes : BRABANSCHE BELLE-FLEUR,

— BRABANT BELLE-FLEUR,

Synonymes de pomme *Belle-Fleur de Brabant*. Voir ce nom.

Pomme BRADFORD'S BEST. — Synonyme de pomme *Kentucky red streak*. Voir ce nom.

Pomme BRAUNER MAT. — Synonyme de pomme *de Bohémien*. Voir ce nom.

72. Pomme BREEDON PIPPIN.

Synonymes. — *Pommes* : 1. Breedou's Pepping (Diel, *Verzeichniss der Obstsorten*, 1833, t. II, p. 41, n° 556). — 2. Pippin Breedou's (Dittrich, *Systematisches Handbuch der Obstkunde*, 1839, t. I, p. 303, n° 255). — 3. Pepping von Breedon (le baron de Biedenfeld, *Handbuch aller bekannten Obstsorten*, 1854, t. II, p. 92).

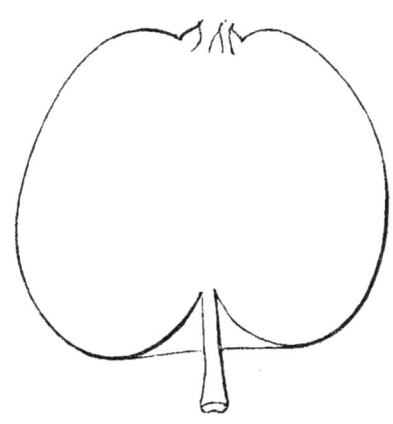

Description de l'arbre. — *Bois :* fort. — *Rameaux :* assez nombreux, arqués, courts, de moyenne grosseur, légèrement coudés, brun olivâtre nuancé de gris-jaune et ayant les mérithalles des plus courts. — *Lenticelles :* allongées, très-blanches, fines, saillantes, clair-semées. — *Coussinets :* presque nuls. — *Yeux :* faiblement écartés du bois, volumineux, coniques ou ovoïdes-pointus, aux écailles roses et bordées de noir. — *Feuilles :* abondantes, grandes, ovales, vert terne en dessus, gris verdâtre en dessous, longuement acuminées, très-profondément dentées, et surdentées. — *Pétiole :* épais et court, carminé en dessous et généralement peu cannelé. — *Stipules :* étroites et longues.

Fertilité. — Grande.

Culture. — Greffé sur doucin ou paradis il fait de beaux cordons et gobelets; on peut aussi en obtenir de vigoureux plein-vent en le greffant au ras de terre et sur franc.

Description du fruit. — *Grosseur :* au-dessous de la moyenne. — *Forme :* ovoïde-arrondie. — *Pédoncule :* gros et long, droit ou arqué, profondément implanté dans une assez vaste cavité. — *Œil :* grand, mi-clos, entouré de plis et placé presque à fleur de fruit. — *Peau :* jaune d'or du côté de l'ombre, jaune brunâtre finement striée de rose sur l'autre face, légèrement marbrée de roux clair et semée de petits mais peu nombreux points fauves. — *Chair :* très-fine, blanchâtre, assez tendre. — *Eau :* suffisante, bien sucrée, délicieusement acidulée et parfumée.

Maturité. — Décembre-Janvier.

Qualité. — Première.

Historique. — Assez répandue en Allemagne, mais presque inconnue en France [je la possède depuis 1868], cette pomme est originaire d'Angleterre, où sa culture date du commencement de notre siècle, ainsi qu'il ressort des renseignements ci-après, extraits des procès-verbaux de la Société d'Horticulture de Londres :

« Le pied-type — dit M. Joseph Sabine — est sorti d'un semis de pepins provenus de marc de cidre, semis fait vers 1800 par le révérend John Symonds Breedon, à Bere-Court, près Pangbourn, dans le Berkshire... L'arbre fructifia très-abondamment dès 1813... Le 3 novembre 1818 M. William Kent présenta plusieurs spécimens de la pomme Breedon aux membres de la Société d'Horticulture de Londres... » (*Transactions*, 1820, t. III, pp. 268-269.)

Pomme BREEDOU'S PEPPING. — Synonyme de pomme *Breedon Pippin*. Voir ce nom.

Pomme BREILLING. — Synonyme de pomme *Cardinal rouge*. Voir ce nom.

Pommes DE BRETAGNE. — Voir *Reinette d'Angleterre* et *Reinette du Canada*, au paragraphe Observations.

Pomme DE BRETAGNE ROUGE. — Synonyme de *Calleville rouge d'Hiver*. Voir ce nom.

Pomme DE BRETON. — Synonyme de pomme *d'Argent*. Voir ce nom.

---

73. Pomme BRETONNEAU.

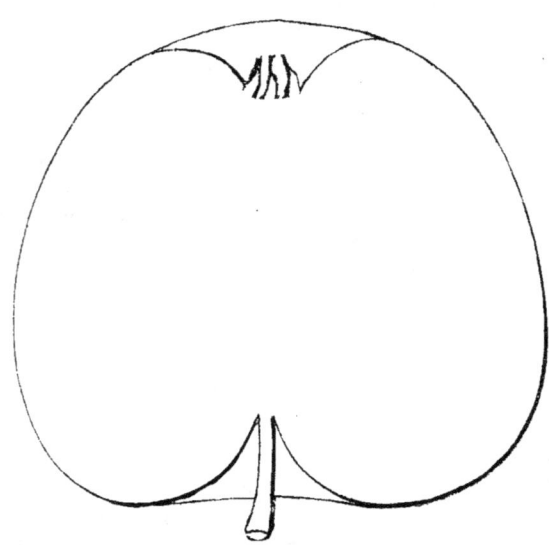

Description de l'arbre. — *Bois :* assez fort. — *Rameaux :* peu nombreux, gros et courts, étalés, sensiblement géniculés, très-duveteux, rouge-brun foncé et lavé de gris. — *Lenticelles :* allongées ou arrondies, grandes, excessivement rapprochées. — *Coussinets :* bien saillants. — *Yeux :* gros et ovoïdes-allongés, légèrement écartés du bois et des plus cotonneux. — *Feuilles :* grandes, ovales-arrondies, vert terne en dessus, gris verdâtre en dessous, épaisses, acuminées, ayant les bords dentés ou crénelés. — *Pétiole :* peu long, épais et cannelé. — *Stipules :* petites.

Fertilité. — Convenable.

CULTURE. — Sa vigueur le rend d'autant plus propre pour le plein-vent, que ses gros rameaux font des tiges très-droites. Greffé sur paradis, on en obtient de beaux cordons ou buissons.

Description du fruit. — *Grosseur :* au-dessus de la moyenne. — *Forme :* conique-arrondie assez régulière, mais parfois aussi complétement conique et légèrement étranglée près du sommet. — *Pédoncule :* long, un peu grêle, renflé au point d'attache, profondément inséré dans un vaste bassin. — *Œil :* moyen, mi-clos ou fermé, à cavité faiblement plissée et très-développée. — *Peau :* jaune terne, nuancée de vert sur le côté de l'ombre, passant au brun jaunâtre sur l'autre face, maculée de fauve autour du pédoncule et ponctuée de marron. — *Chair :* blanchâtre, fine, assez ferme. — *Eau :* suffisante, sucrée, ayant une saveur acidulé et parfumée des plus délicates.

MATURITÉ. — Janvier-Avril.

QUALITÉ. — Première.

Historique. — Le célèbre médecin tourangeau dont ce fruit rappelle le nom, est mort en 1862. Il s'occupait beaucoup de pomologie ; quelques mois avant son décès il m'envoya, innommés, des fruits et des greffes d'un nouveau pommier provenu, je crois, du jardin qu'il possédait à Tours, sur les coteaux de la Loire. L'état de sa santé m'empêcha de connaître l'origine exacte de cette variété. Néanmoins je la multipliai immédiatement, vu ses remarquables qualités, et plus tard la dédiai au savant docteur, en souvenir de l'amitié qui nous avait toujours unis. Pierre Bretonneau était né dans la capitale de la Touraine, en 1771.

74. POMME BRONN.

Synonyme. — *Pomme* REUTLINGER BRONN (Edouard Lucas, *Kernobstsorten Württembergs*, 1854, p. 135).

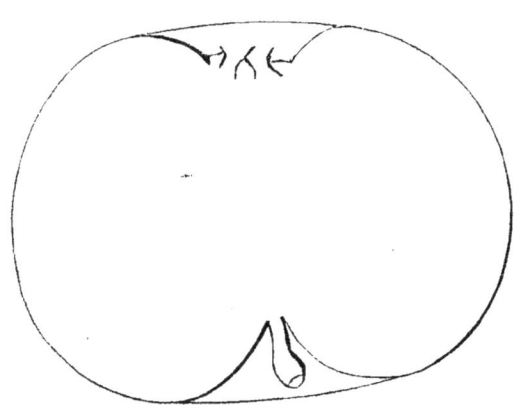

Description de l'arbre. — *Bois :* assez fort. — *Rameaux :* peu nombreux, étalés, courts et gros, sensiblement coudés, très-duveteux, rouge-brun foncé. — *Lenticelles :* plus ou moins allongées, grandes, excessivement rapprochées. — *Coussinets :* ressortis. — *Yeux :* volumineux, ovoïdes-allongés, faiblement écartés du bois et couverts d'un épais duvet. — *Feuilles :* grandes ou moyennes, ovales-arrondies, épaisses, vert terne en dessus, gris verdâtre en dessous, acuminées, dentées ou crénelées. — *Pétiole :* peu long, bien nourri, à cannelure profonde. — *Stipules :* très-petites.

FERTILITÉ. — Satisfaisante.

CULTURE. — Doué d'une bonne vigueur il fait de jolis arbres pour la haute-tige et se comporte non moins bien, greffé sur paradis, soit en buisson ou cordon.

Description du fruit. — *Grosseur :* moyenne. — *Forme :* globuleuse, très-écrasée aux pôles. — *Pédoncule :* de longueur moyenne, arqué, gros, surtout au point d'attache, profondément inséré dans un vaste bassin qui souvent est irrégulier. — *Œil :* grand, mi-clos ou fermé, cotonneux, à cavité unie, large mais rarement bien profonde. — *Peau :* unicolore, blanc jaunâtre, légèrement nuancée de vert, amplement maculée de brun foncé autour du pédoncule, puis ponctuée de gris clair et de roux. — *Chair :* blanche, mi-fine, fort croquante. — *Eau :* suffisante, sucrée, délicieusement acidulée et parfumée.

Maturité. — Janvier-Avril.

Qualité. — Première.

Historique. — Les Allemands la regardent comme appartenant au Wurtemberg, où M. Lucas, un de ses modernes descripteurs (1854), assure qu'on la cultive abondamment, surtout pour le pressoir, dans les contrées de Pfullingen et de Reutlingen (*Kernobstsorten Württembergs*, p. 135). C'est de ce dernier lieu que je l'ai tirée, en 1867.

Observations. — Pour trouver chez ce fruit toute la saveur qui le rend si recommandable, on doit l'attendre jusqu'au mois de février, autrement il paraît médiocre. — Outre la pomme Bronn ici caractérisée il en existe une autre dans la vallée de la Rems (Wurtemberg), mais distinguée de la première par le déterminatif *Kleiner :* petite. Quoique ne possédant pas encore cette Petite Pomme Bronn, je la signale afin d'éviter qu'elle soit, en France, confondue plus tard avec sa congénère.

Pomme BUCKINGHAM. — Synonyme de pomme *Bachelor*. Voir ce nom.

---

75. Pomme BUFF.

Synonyme. — *Pomme* Granny Buff (Charles Downing, *the Fruits and fruit trees of America*, 1863, p. 125).

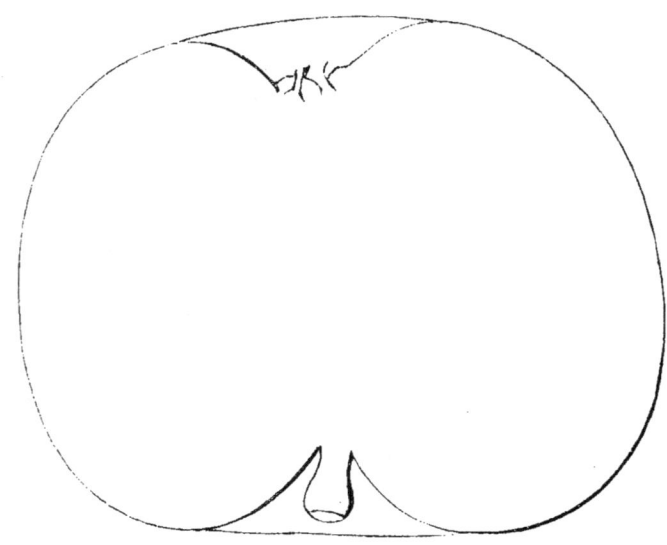

Description de l'arbre. — *Bois :* très-fort. — *Rameaux :* peu nombreux, légèrement étalés, des plus gros, des plus longs, sensiblement coudés, bien duveteux, brun-rouge ardoisé. — *Lenticelles :* allongées ou arrondies, grandes, clair-semées. — *Coussinets :* modérément ressortis. — *Yeux :* assez petits, plats et arrondis, très-cotonneux, entièrement plaqués sur l'écorce. — *Feuilles :*

très-grandes, ovales-arrondies, vert clair, planes, longuement acuminées, à bords profondément dentés. — *Pétiole :* de grosseur et de longueur moyennes, fortement cannelé et carminé. — *Stipules :* excessivement développées.

Fertilité. — Modérée.

Culture. — Le paradis est le sujet que réclame la vigueur peu commune de ce pommier, qui du reste végète admirablement, n'importe sous quelle forme.

Description du fruit. — *Grosseur :* volumineuse. — *Forme :* globuleuse, assez aplatie aux pôles et ayant un côté quelque peu moins renflé que l'autre. — *Pédoncule :* court, charnu, très-gros, surtout au point d'attache, obliquement inséré dans un bassin large et profond. — *Œil :* grand, mi-clos, à cavité unie, vaste et régulière. — *Peau :* légèrement rugueuse, verte, nuancée de jaune, maculée de fauve autour du pédoncule, striée de même vers l'œil et très-abondamment ponctuée de brun. — *Chair :* mi-fine, mi-tendre et d'un blanc fortement verdâtre, surtout auprès des loges. — *Eau :* suffisante, sucrée, aigrelette, possédant un savoureux parfum.

Maturité. — Décembre-Février.

Qualité. — Première.

Historique. — La pomme Buff, dont le pomologue américain Downing ne connaissait pas encore l'origine quand il la décrivit en 1863 (p. 125), provient, dit-il dans son édition de 1869 (p. 111), du comté d'Haywood (États-Unis). Elle est d'assez récente introduction chez nous, mais déjà les Belges la possédaient en 1858, car elle figure à cette date sur le Catalogue des pépinières de la Société Van Mons (t. 1er, p. 204).

76. Pomme BUNCOMBE.

Synonymes. — *Pommes* : 1. Red Winter Pearmain (Charles Downing, *the Fruits and fruit trees of America*, 1863, p. 182). — 2. Red Lady Finger (*Id. ibid.*). — 3. Bunkum (*Idem*, édition de 1869, p. 329). — 4. Jackson's Red (*Id. ibid.*). — 5. Meig's (*Id. ibid.*). — 6. Powers (*Id. ibid.*). — 7. Robertson's Pearmain (*Id. ibid.*). — 8. Southern Fall Pippin (*Id. ibid.*). — 9. Tinson's Red (*Id. ibid.*).

Description de l'arbre. — *Bois :* très-fort. — *Rameaux :* nombreux, généralement presque érigés, peu longs, excessivement gros, bien coudés, des plus duveteux et d'un rouge brillant assez foncé. — *Lenticelles :* grandes, allongées, clair-semées. — *Coussinets :* saillants et à large base. — *Yeux :* volumineux, ovoïdes-pointus, légèrement cotonneux, appliqués en partie contre le bois. — *Feuilles :* grandes, minces, ovales-arrondies, vert clair, très-longuement acuminées, à bords fortement crénelés. — *Pétiole :* long, épais, rigide, carminé, à cannelure bien accusée. — *Stipules :* longues, larges et souvent dentées sur leurs bords.

Fertilité. — Ordinaire.

Culture. — Par la grosseur et le nombre de ses rameaux ce pommier convient beaucoup pour le plein-vent ; il en est peu qui fassent des tiges aussi droites, aussi vigoureuses. Greffé sur doucin ou paradis il acquiert également une forme parfaite, soit comme gobelet, soit comme cordon.

Description du fruit. — *Grosseur :* moyenne et parfois un peu plus volumineuse. — *Forme :* variable, elle est conique-arrondie, régulière et pentagone, ou conique-allongée et très-irrégulière. — *Pédoncule :* long ou moyen, bien nourri, souvent renflé à la base, arqué, profondément implanté dans un vaste bassin. — *Œil :* moyen, mi-clos, mal développé, à courtes sépales, rarement très-enfoncé, toujours fortement bosselé sur les bords. — *Peau :* unie, jaune clair, presque entièrement lavée et striée de rouge lie de vin, parsemée de larges points gris et maculée de brun-fauve autour du pédoncule. — *Chair :* blanchâtre, fine, assez tendre. — *Eau :* suffisante, fortement sucrée, acidule, ayant un parfum peu prononcé mais des plus agréables.

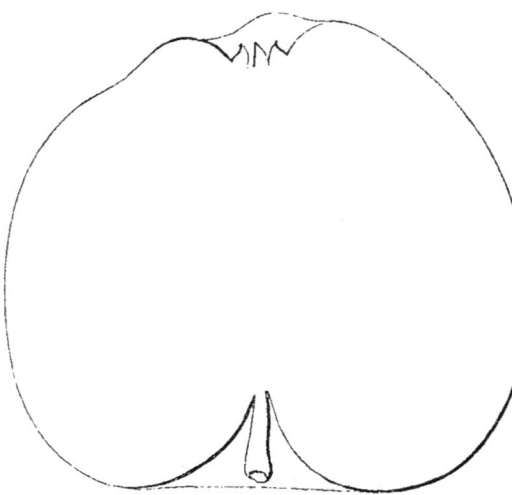

Pomme Buncombe. — *Premier Type.*

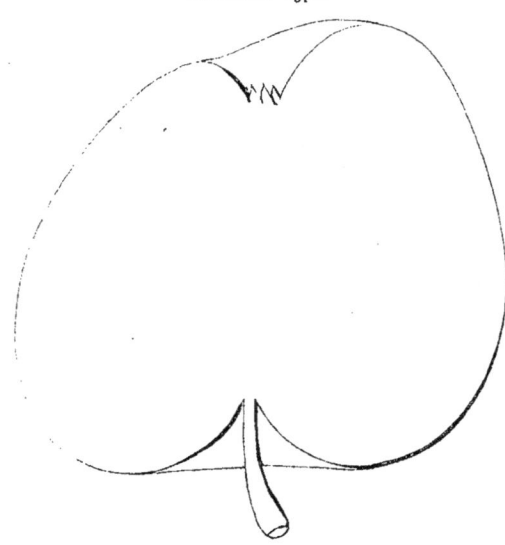

Deuxième Type.

Maturité. — Novembre-Avril.

Qualité. — Première.

Historique. — Elle est regardée comme appartenant aux États-Unis, où Charles Downing la décrivit en 1863 pour la première fois (p. 182), sous le nom *Red Winter Pearmain*. Il lui attribuait les synonymes Red lady Finger et Buncombe, mais ne parlait pas de son lieu d'origine. Six ans plus tard (1869) le même pomologue, dans une nouvelle édition de ses *Fruits and fruit trees of America* (p. 329), déclare ignorer encore la provenance de cette variété, dont les surnoms, toutefois, se sont considérablement accrus. Je vois en effet qu'au lieu de ses deux synonymes de 1863, elle en compte neuf, actuellement, parmi lesquels certains noms d'homme —Pommes : Jackson, Meig, Robertson, Tinson — viennent prouver qu'au moins les pères adoptifs ne lui ont pas manqué !... Pour moi, c'est avec l'étiquette Buncombe qu'en 1864 on me l'expédia d'Amérique, et comme je la lui ai maintenue depuis lors, ne pas l'en dépouiller me paraît sage.

Observations. — *Batchellor* et *Red Vandevere* sont deux faux synonymes de la pomme Buncombe. Le premier s'applique à la Bachelor, variété décrite plus haut (p. 87), et le second au pommier Smokehouse, que nous étudierons quand viendra son rang alphabétique.

Pomme BUNKUM. — Synonyme de pomme *Buncombe*. Voir ce nom.

Pomme BUNTER PRAGER. — Synonyme de pomme *Striée de Prague*. Voir ce nom.

Pomme BURLINGTON GREENING. — Synonyme de pomme *Verte de Rhode-Islande*. Voir ce nom.

Pomme BURSDORFF. — Synonyme de pomme *de Borsdorf*. Voir ce nom.

Pomme BUTTER'S. — Synonyme de pomme *Baldwin*. Voir ce nom.

77. Pomme des BUVEURS.

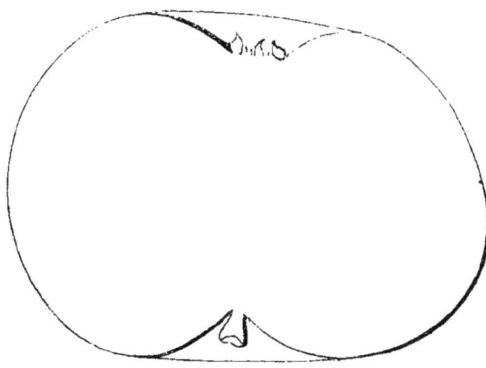

Description de l'arbre. — *Bois* : assez fort. — *Rameaux* : nombreux, presque érigés, gros, de longueur moyenne, très-géniculés et très-duveteux, d'un brun olivâtre légèrement lavé de rouge. — *Lenticelles* : arrondies, clair-semées, petites ou moyennes. — *Coussinets* : aplatis. — *Yeux* : moyens, ovoïdes, sensiblement cotonneux, appliqués contre l'écorce. — *Feuilles* : petites, ovales, planes, courtement acuminées, ayant les bords profondément dentés. — *Pétiole* : de longueur et de grosseur moyennes, tomenteux et largement cannelé. — *Stipules* : peu développées.

Fertilité. — Ordinaire.

Culture. — Greffé sur doucin ou paradis il prospère très-bien et fait de beaux buissons ou cordons; on peut aussi l'élever pour la haute-tige, sa vigueur le permet aisément.

Description du fruit. — *Grosseur* : au-dessous de la moyenne. — *Forme* : arrondie, très-écrasée aux pôles. — *Pédoncule* : court, assez fort, surtout au point d'attache, inséré dans un bassin large mais rarement bien profond. — *Œil* : grand ou moyen, mi-clos ou fermé, uni sur ses bords, faiblement enfoncé, à sépales des plus courtes. — *Peau* : rude au toucher, jaune terne du côté de l'ombre, jaune brunâtre sur l'autre face, maculée de roux dans tout le voisinage de l'œil et parsemée de larges points fauves. — *Chair* : jaunâtre, croquante et mi-ferme. — *Eau :* suffisante, fraîche, très-sucrée, possédant une délicieuse saveur d'anis.

Maturité. — Octobre-Février.

Qualité. — **Première.**

Historique. — C'est dans la collection de l'ancien Jardin fruitier d'Angers, où elle portait le n° 107, qu'en 1848 j'ai pris cette variété; mon *Catalogue* l'annonçait l'année suivante (p. 30, n° 36), et depuis lors on n'a cessé, chez nous, de la multiplier. Il ne m'a pas été possible d'obtenir le moindre renseignement sur son origine.

C

Pomme CADEAU DU GÉNÉRAL. — Synonyme de *Reinette d'Angleterre*. Voir ce nom.

Pomme DE CAEN. — Synonyme de *Reinette du Canada*. Voir ce nom.

Pommes CAILLOT ROSAT. — Synonymes de *Calleville rouge d'Hiver* et de pomme *Cœur-de-Bœuf*. Voir ces noms.

Pommes : CALAMANIA [des Vénitiens],

— CALAMILA [des États-Romains],

— CALAMINE,

} Synonymes de *Court-Pendu gris*. Voir ce nom.

Pomme CALEVILLE. — Voir *Calleville*.

CALLEVILLE. — Sur ce nom générique appliqué à tout un groupe de pommiers à fruits côtelés et plus ou moins allongés, il me semble opportun d'entrer dans quelques détails étymologiques, avant de commencer la description des variétés qui le portent aujourd'hui... A quelle époque apparut-il pour la première fois?... En 1628, cité par le procureur du Roi le Lectier. C'est à la page 23 du *Catalogue* des arbres de son verger d'Orléans, qu'il l'inscrivit, et déjà cet amateur possédait trois différents Calleville : le *Blanc*, le *Rouge*, toujours très-cultivés, puis le *Clair*, qui pourrait bien être notre Rose actuel. L'existence au commencement du xviie siècle, de ces trois pommes, permet nécessairement d'assigner à leur commune appellation une date un peu plus ancienne : celle de 1590 ou 1595, par exemple. Toujours est-il qu'en 1600 Olivier de Serres ne fit mention d'aucun Calleville dans les listes de fruits du *Théâtre d'agriculture;* non plus que ses émules et devanciers, Ruel (1536), Cordus (1544-1561), Daléchamp (1586), Bauhin (1598).

L'étymologie du mot Calleville fut, dès 1650, recherchée par l'érudit Ménage, mais sans le moindre succès :

« L'origine de ce mot — avoue-t-il — ne m'est pas connue. Comme plusieurs poires, le Besie de Héry, la Virgouleuse, la Saint-Lezin…, ont pris leur dénomination du lieu d'où elles nous sont venues, il peut être aussi que les pommes de Calville ayent été ainsi appellées de quelque lieu appellé *Calville*. Et à ce propos il est à remarquer que dans le voisinage de Lyon, du côté de la Bresse, il y a un lieu appellé *Calville*. Les Anciens ont fait mention d'une sorte de noix qu'ils appelloient *noix chauve*,… puis d'une *vigne chauve*… N'auroit-on point aussi appelé les pommes de Calville *poma Calvilla*, par rapport à *mala Cotonea*, qui sont les coins, lesquels sont cotonneux ; et par rapport aux pêches, qui sont velues, dont quelques-unes pour cela s'appellent veloutées ? J'ajoute à ces considérations, que nous avons une sorte de pêche que nous appellons *lices*, et que les pommes de *Calville* étant extrêmement licées, ne représentent pas mal une tête chauve. Il me reste à remarquer que dans le Languedoc on dit *pommes de Calvire*, au lieu de *pommes de Calville*. » (DICTIONNAIRE ÉTYMOLOGIQUE DE LA LANGUE FRANÇAISE.)

On sent aisément que les dernières suppositions émises ici, sont invraisemblables, que la *calvitie* ne fut pour rien dans la dénomination du Calleville. Néanmoins un tel article dut faire prévaloir, pour ce nom, l'orthographe des termes latins *calvus, calvitas, calvitium*, etc. Le Lectier (1628) avait écrit, CALVILLE ; Bonnefond (1653), CALVIL. Merlet (1667, 1675, 1690), toujours très-précis, écrivit CALLEVILLE, et Claude Saint-Etienne (1670) l'imita. Mais ensuite les Chartreux (1722), Duhamel (1768), le Berriays (1785) et autres pomologues, ayant reproduit ce mot d'après Ménage, on lui conserva presque partout cette forme, jusqu'au moment où Louis du Bois, si connu par ses études sur l'agriculture et les arbres fruitiers, crut devoir orthographier Calleville comme au temps de Merlet. Et ce fut en 1845, dans sa traduction de l'agronome romain Columelle, faisant partie de la célèbre collection des classiques latins éditée par Panckoucke, à Paris. Les motifs qu'il invoqua pour légitimer cette modification, me semblent concluants :

« Voici — dit-il — les variétés de pommes désignées par Columelle : elles sont au nombre de huit….. 7° Les *Syriennes*, appelées Syriques par Pline. Il paraît que la Syrie surtout avait fourni aux Romains plusieurs arbres fruitiers très-remarquables, tels que….. les pommiers dont il est ici question….. Quant au nom de Syriennes il signifie aussi, rouges. Le père Hardouin, qui hasarda tant de conjectures, prétend que ce sont nos pommes *de Calleville*, qu'il écrit mal à propos *Calville*, ainsi que font ceux qui parlent de ce bon et excellent fruit, que Bernardin de Saint-Pierre a cru importé jadis en Normandie par les Danois. La Calleville, tant la *Rouge* que la *Blanche*, tire sa dénomination DE LA COMMUNE DE CALLEVILLE, dans le département de l'Eure, comme la Rambure (et non Rambour ni Rambu) provient de Rambure, commune de la Seine-Inférieure. » (*L'Économie rurale de Columelle*, t. II, p. 461, Notes du livre V.)

Les vingt-cinq ans écoulés depuis la publication de ces lignes, ont déjà permis à nombre d'écrivains horticoles et de pépiniéristes — je suis un de ceux-là — de rendre au mot Calleville sa véritable orthographe. Véritable, car les deux plus anciennes pommes de ce nom passent effectivement pour appartenir à la Normandie. Mais le bourg de Calleville les a-t-il vu naître, ou les a-t-on simplement appelées ainsi, parce qu'au XVIe siècle elles étaient, là, moins rares qu'en tout autre lieu ? Cette double question sera traitée plus loin, aux articles *Calleville blanc* et *Calleville rouge d'Hiver*.

POMME DE CALLEVILLE. — Synonyme de *Calleville blanc d'Hiver*. Voir ce nom.

Pomme CALLEVILLE ANANAS DE LIÉGE. — Voir *Ananas*, au paragraphe Observations.

---

78. Pomme CALLEVILLE D'ANGLETERRE.

Synonymes. — *Pommes* : 1. July Flower (Van Mons, *Catalogue descriptif de partie des arbres fruitiers qui de 1798 à 1823 ont formé sa collection*, p. 41, n° 964 ; — et Christopher Hawkins, *Transactions of the horticultural Society of London*, 1813, t. II, p. 74). — 2. Cornish July Flower (John Turner, *Transactions*, etc., 1819, t. III, p. 323). — 3. Cornish Gilliflower (George Lindley, *Guide to the orchard and kitchen garden*, 1831, p. 67, n° 130). — 4. Regelans (Thompson, *Catalogue of fruits cultivated in the garden of the horticultural Society of London*, 1842, p. 16, n° 267). — 5. Julie Flower (Duval, *Histoire du pommier et sa culture*, 1852, p. 55, n° 30). — 6. Cornwalliser Nelken (Lucas, *Illustrirtes Handbuch der Obstkunde*, 1859, t. I, p. 201, n° 85).

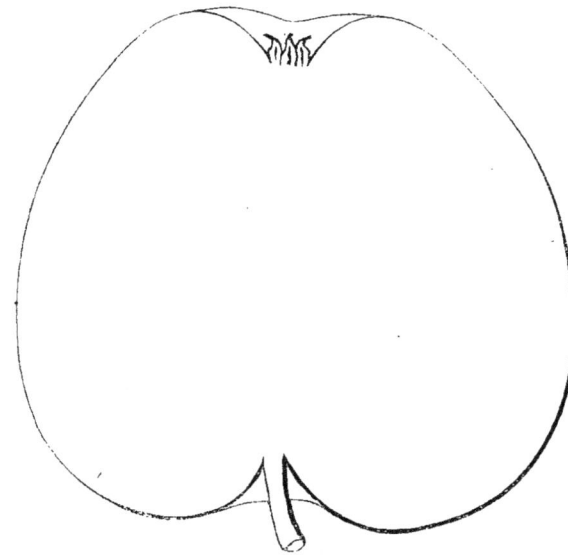

Description de l'arbre. — *Bois* : faible. — *Rameaux* : assez nombreux, étalés, surtout à la partie inférieure de la tige, grêles, longs, flexueux et duveteux, brun olivâtre ou violacé, généralement un peu cendrés à la base, ayant les mérithalles inégaux et très-courts. — *Lenticelles* : petites, arrondies, grises, rapprochées. — *Coussinets* : presque nuls. — *Yeux* : petits, coniques-obtus, aplatis, cotonneux, entièrement adhérents. — *Feuilles* : moyennes ou petites, d'un beau vert en dessus mais d'un gris verdâtre en dessous, minces et assez molles, ovales-allongées ou elliptiques, longuement acuminées, parfois lancéolées, souvent contournées et relevées en gouttière, à bords légèrement dentés. — *Pétiole* : très-long, grêle, peu rigide, carminé à l'attache et sensiblement cannelé. — *Stipules* : petites.

Fertilité. — Médiocre.

Culture. — La haute-tige ne lui convient guère ; les formes gobelet ou cordon, mais surtout cette dernière, lui sont beaucoup plus avantageuses, particulièrement au point de vue de la production.

Description du fruit. — *Grosseur* : volumineuse. — *Forme* : conique assez allongée, quelque peu bosselée et souvent contournée près du sommet. — *Pédoncule* : fort, de longueur moyenne, arqué, inséré profondément dans une vaste cavité. — *OEil* : moyen, mi-clos ou fermé, entouré de plis ou de côtes et placé presque à fleur de chair. — *Peau* : mince, unie, luisante, d'un vert clair jaunissant faiblement à la maturité, finement ponctuée de brun, largement marbrée, et surtout striée, de rouge terne. — *Chair* : verdâtre, fine et tendre. — *Eau* : suffisante, sucrée, agréablement acidulée et possédant un parfum particulier.

Maturité. — Novembre-Février.

Qualité. — Première.

Historique. — Les Anglais sont les propagateurs de cette variété, qui remonte à la fin du siècle dernier. L'origine en est précisée dans les *Transactions of the horticultural Society of London*, page 74 du tome II. Ce fut, y lisons-nous sous la date du 13 mars 1813 et la signature Christophe Hawkins, un gentleman du comté de Cornwall qui l'obtint, vers 1795, dans un verger situé près de Truro.

Observations. — Ne pas confondre cette pomme avec la Winter Quoining, qui d'après Robert Hogg (1859, *the Apple*, p. 209, n° 393) porte le synonyme Calleville d'Angleterre, non plus qu'avec la Summer Gilliflower, mûrissant au début de septembre.

Pomme CALLEVILLE D'ANJOU. — Synonyme de *Calleville rouge d'Hiver*. Voir ce nom.

79. Pomme CALLEVILLE ARCHIDUC FRANÇOIS.

Synonyme. — *Pomme* Erzherzog Franz (Joseph Schmidberger, *Beiträge zur Obstbaumzucht*, 1836, t. IV, p. 145).

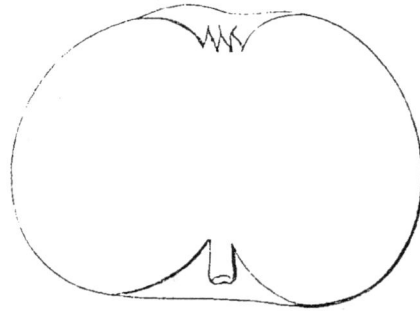

Description de l'arbre. — *Bois* : fort. — *Rameaux* : nombreux, étalés et arqués, gros, courts, peu géniculés, très-duveteux, à mérithalles des plus courts, d'un brun clair verdâtre et lavé de gris. — *Lenticelles* : petites, arrondies ou allongées, clair-semées, bien saillantes. — *Coussinets* : modérément ressortis. — *Yeux* : moyens ou petits, ovoïdes-aplatis, légèrement cotonneux et noyés dans l'écorce. — *Feuilles* : abondantes, assez grandes, vert terne en dessus, vert jaunâtre en dessous, coriaces, ovales-allongées, longuement acuminées, relevées en gouttière, largement mais peu profondément crénelées ou dentées. — *Pétiole* : à peine cannelé, court, assez gros, flasque, très-carminé, surtout en dessous. — *Stipules* : étroites et très-courtes.

Fertilité. — Grande.

Culture. — Greffé sur doucin ou paradis pour buissons ou cordons il réussit parfaitement et fait des arbres irréprochables; sa riche végétation permet aussi de le destiner au plein-vent.

Description du fruit. — *Grosseur* : au-dessous de la moyenne. — *Forme* : sphérique très-écrasée aux pôles. — *Pédoncule* : court, bien nourri, profondément inséré dans un bassin assez développé. — *Œil* : moyen, mi-clos ou fermé, à cavité large, très-plissée mais peu profonde. — *Peau* : unie, jaune clair dans l'ombre, passant au rouge orangé sur le côté du soleil, semée de nombreux et gros points blancs ou bruns, et maculée de fauve autour du pédoncule. — *Chair :* blanchâtre, fine et délicate. — *Eau :* suffisante, sucrée, savoureusement acidulée et parfumée.

Maturité. — Décembre-Février.

Qualité. — Première.

Historique. — La variété ici caractérisée faisait, en septembre 1867, partie des pommes allemandes exposées au grand concours horticole de Paris. Ayant, quelques mois plus tard, apprécié ses qualités, j'ai prié le savant pomologue Oberdieck, superintendant à Jeinsen, près Hanovre, de m'en adresser des greffes, et je la multiplie depuis 1870. Son obtenteur fut, en 1823, le père Joseph Schmidberger, supérieur du monastère de Saint-Florian-lez-Lintz (Haute-Autriche). Il l'a décrite en 1836, et de l'article qu'il lui consacre nous traduisons ces quelques lignes :

« Elle provient — dit-il — d'un semis de pepins de Calleville blanc d'Hiver, fait par moi dans les jardins du couvent.... Je l'ai dédiée en 1824 à l'archiduc François, comme souvenir et remerciement de la visite qu'alors il nous rendit. » (*Beiträge zur Obstbaumzucht*, t. IV, p. 143.)

Cet archiduc François, né le 7 décembre 1802, est le père de l'empereur actuel d'Autriche.

80. Pomme CALLEVILLE AROMATIQUE.

Synonymes. — *Pommes* : 1. Calville Flamense de Zink (Diel, *Kernobstsorten,* 1800, t. III, p. 18). — 2. Calville jaune rayé d'Automne (*Id. ibid.*) — 3. Gewürz-Calville (*Id. ibid.*, 1802, t. V, page 3).

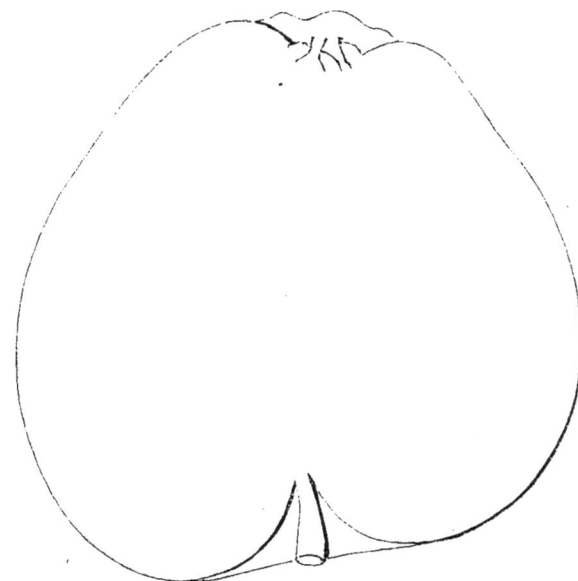

Description de l'arbre. — *Bois :* fort. — *Rameaux :* nombreux, légèrement étalés, gros, assez longs, très-duveteux, bien coudés, brun olivâtre nuancé de rouge. — *Lenticelles :* petites, abondantes, plus ou moins allongées. — *Coussinets :* ressortis. — *Yeux :* moyens, ovoïdes-arrondis, cotonneux, appliqués en partie contre le bois. — *Feuilles :* grandes, ovales, d'un vert assez clair, planes pour la plupart et courtement acuminées, ayant les bords largement dentés ou crénelés. — *Pétiole :* gros, long, flasque, à cannelure profonde. — *Stipules :* longues et généralement très-larges.

Fertilité. — Ordinaire.

Culture. — Tout sujet lui convient, et toute forme également, tant sa vigueur est satisfaisante.

Description du fruit. — *Grosseur :* volumineuse. — *Forme :* conique-allongée, ventrue, irrégulière et fortement côtelée. — *Pédoncule :* gros, de longueur moyenne, arqué, renflé au point d'attache et profondément implanté dans un vaste bassin. — *Œil :* grand ou moyen, mi-clos ou fermé, cotonneux, rarement bien enfoncé, excessivement bosselé et plissé sur ses bords. — *Peau :* lisse, jaune terne, presque entièrement rubanée de carmin vif, parsemée de larges points bruns et maculée de fauve autour du pédoncule. — *Chair :* blanchâtre au centre, rosée sous la peau, mi-fine et mi-tendre. — *Eau :* abondante, sucrée, acidulée, possédant un savoureux parfum.

Maturité. — Octobre-Décembre.

Qualité. — Première.

Historique. — D'origine allemande, ce pommier que je dois à l'obligeance du docteur Lucas, directeur de l'Institut pomologique de Reutlingen (Wurtemberg), est dans mes pépinières depuis 1867. Il remonte à la fin du xviiie siècle. Plusieurs fois décrit dans son pays, on l'y estime infiniment, et avec raison. M. Lucas, l'un des derniers écrivains qui l'ait étudié, en parlait ainsi en 1859 :

« C'est une variété bien connue et assez cultivée. Diel, qui la reçut [avant 1800] de diverses localités — d'Oberlahnstein, de Marbourg, de Trèves — l'a caractérisée sous deux noms différents; en 1800, sous celui de *Calville jaune rayé d'Automne* (Kernobstsorten, t. III, p. 18); en 1802, sous celui de *Calville aromatique* (Ibid., t. V, p. 3); et dans chacun de ces articles il s'est demandé si le *Calville Flamense de Zink* n'était pas identique avec l'une et l'autre desdites pommes. Depuis lors M. Oberdieck, changeant le doute de Diel en certitude, a prouvé sans réplique que les trois noms ci-dessus étaient réellement synonymes. » (*Illustrirtes Handbuch der Obstkunde*, t. I, p. 199, n° 84.)

Pomme CALLEVILLE D'AUTOMNE. — Synonyme de *Calleville rouge d'Automne*. Voir ce nom.

Pomme CALLEVILLE D'AUTOMNE RAYÉ. — Synonyme de pomme *Framboise*. Voir ce nom.

---

81. Pomme CALLEVILLE BARRÉ.

Synonymes. — *Pommes* : 1. Caleville rayé (dom Claude Saint-Étienne, *Nouvelle instruction pour connaître les bons fruits*, 1670, p. 208). — 2. Calville rayé d'Hiver (Dittrich, *Systematisches Handbuch der Obstkunde*, 1841, t. III, p. 7). — 3. Barrée (Charles Downing, *the Fruits and fruit trees of America*, 1869, p. 88).

Description de l'arbre. — *Bois :* fort. — *Rameaux :* peu nombreux et généralement étalés, très-gros, assez longs, sensiblement géniculés, duveteux et d'un rouge-brun ardoisé. — *Lenticelles :* de grandeur moyenne, arrondies, abondantes. — *Coussinets :* modérément ressortis. — *Yeux :* volumineux, arrondis, très-cotonneux, plaqués sur l'écorce. — *Feuilles :* grandes, arrondies ou ovales-arrondies, rarement acuminées, ayant les bords très-profondément dentés. —

Pétiole : peu long, épais, souvent rosé à la base, presque dépourvu de cannelure. — *Stipules :* petites ou moyennes.

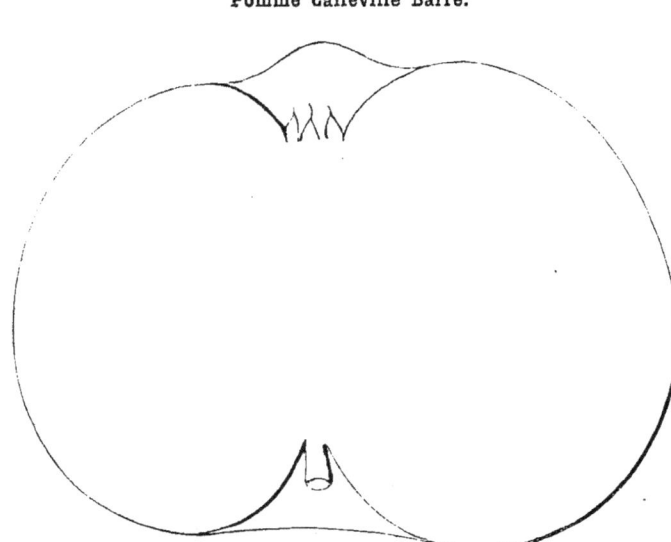

Pomme Calleville Barré.

FERTILITÉ. — Médiocre.

CULTURE. — La greffe sur paradis et la forme cordon ou gobelet lui sont très-profitables ; pour en faire un plein-vent passable il faut, en raison de ses rameaux étalés et si géniculés, le greffer en tête et non point au ras de terre.

Description du fruit. — *Grosseur :* volumineuse. — *Forme :* globuleuse excessivement aplatie aux extrémités et fortement pentagone. — *Pédoncule :* court, peu nourri, implanté dans un bassin vaste et régulier. — *OEil :* moyen, très-ouvert, à cavité large, profonde et entourée de côtes des plus prononcées. — *Peau :* lisse et unicolore, d'un beau jaune clair, semée de points noirâtres et lavée de brun-roux autour du pédoncule. — *Chair :* blanche, mi-fine, assez tendre. — *Eau :* plus ou moins sucrée, abondante et généralement un peu astringente.

MATURITÉ. — Janvier-Juin.

QUALITÉ. — Deuxième.

Historique. — Dom Claude Saint-Étienne, moine feuillant et l'un de nos plus anciens pomologues, décrivit dès 1670 cette pomme en ces termes : « *Caleville rayé* « est comme l'autre [le Blanc d'Hiver], mais blanc dessus, et rayé de rouge. » (*Nouvelle instruction pour connaître les bons fruits*, p. 208.) Ce pommier n'est donc pas, comme l'avaient supposé les Belges, un gain moderne provenu de l'Anjou. Il devait en 1670 avoir rang parmi les nouveautés, car Claude Saint-Etienne fut le premier qui le mentionna. Aujourd'hui on le rencontre assez fréquemment chez nous, et même à l'étranger, quoique la qualité de ses produits laisse souvent à désirer.

Observations. — Knoop, dans sa Pomologie hollandaise, a caractérisé et figuré, en 1760, un Calleville rayé, mais qui, mûrissant dès septembre, ne saurait être le nôtre, mûr seulement en janvier ou février, et se gardant jusqu'en juin.

POMMES : CALLEVILLE BLANC,

— CALLEVILLE BLANC A COTES,

} Synonymes de *Calleville blanc d'Hiver.* Voir ce nom.

82. Pomme CALLEVILLE BLANC D'HIVER.

Synonymes. — Pommes : 1. Blanche de Zurich (Jean Bauhin, *Historia fontis et balnei Bollensis*, 1598, p. 86 ; — et, avant 1613, *Historia plantarum universalis*, édition de 1650, t. I, p. 15). — 2. Grosse-Pomme de Zurich (*Id. ibid.*). — 3. Admirable-Blanche (Idem, *Historia plantarum universalis*, t. I, p. 12). — 4. Blanche des Wurtembergeois (*Id. ibid.*, p. 15). — 5. A Frire (*Id. ibid.*). — 6. Grosse-Pomme Blanche du Wurtemberg (*Id. ibid.*, p. 12). — 7. Weiss Zürich (*Id. ibid.*, p. 15). — 8. Calville blanc (le Lectier, d'Orléans, *Catalogue des arbres cultivés dans son verger et plan*, 1628, p. 23). — 9. Taponelle (*Id. ibid.*; p. 24) — 10. De Calville (Ménage, *Dictionnaire étymologique de la langue française*, 1650). — 11. Calvire [dans le Languedoc] (*Id. ibid.*). — 12. Caleville de Gascogne (dom Claude Saint-Étienne, *Nouvelle instruction pour connaître les bons fruits*, 1670, p. 209). — 13. Caleville tardif (*Id. ibid.*). — 14. De Coing (*Id. ibid.* ; — et Henri Manger, *Systematische Pomologie*, 1783, t. II, p. 68, n° CXXXIII-5°). — 15. Taponnelle (dom Claude Saint-Étienne, *ibid.*, p. 217). — 16. Calleville blanc a côtes (Merlet, *l'Abrégé des bons fruits*, 1690, p. 134). — 17. Calville blanche d'automne (Mayer, *Pomona franconica*, 1776-1801, t. III, p. 76, n° 8). — 18. Calville blanche melonne a côtes (*Id. ibid.*, p. 76). — 19. Calvine (*Id. ibid.*, p. 64). — 20. Fraise d'Hiver (*Id. ibid.*, p. 76). — 21. Framboise d'Hiver (Henri Manger, *Systematische Pomologie*, 1783, t. II, p. 68, n° CXXXIII-5°). — 22. Melonne (*Id. ibid.*). — 23. Taponne (*Id. ibid.*). — 24. Reinette a côtes (Van Mons, *Catalogue descriptif de partie des arbres fruitiers qui de 1798 à 1823 ont formé sa collection*, p. 21, n° 1258 ; — et Pirolle, *l'Horticulteur français ou le Jardinier amateur*, 1824, p. 366). — 25. Bonnet-Carré (de Launay, *le Bon-Jardinier*, 1808, p. 140). — 26. Glace (*Id. ibid.*). — 27. Gros-Rambour a côtes (Thompson, *Catalogue of fruits cultivated in the garden of the horticultural Society of London*, 1842, p. 8, n° 110). — 28. Reinette côtelée [en Normandie] (Victor Paquet, *Traité de la conservation des fruits*, 1844, p. 288). — 29. Niger (Elliott, *Fruit book*, 1854, p. 179). — 30. Cotogna (de Flotow, *Illustrirtes Handbuch der Obstkunde*, 1859, t. I, p. 33, n° 1).

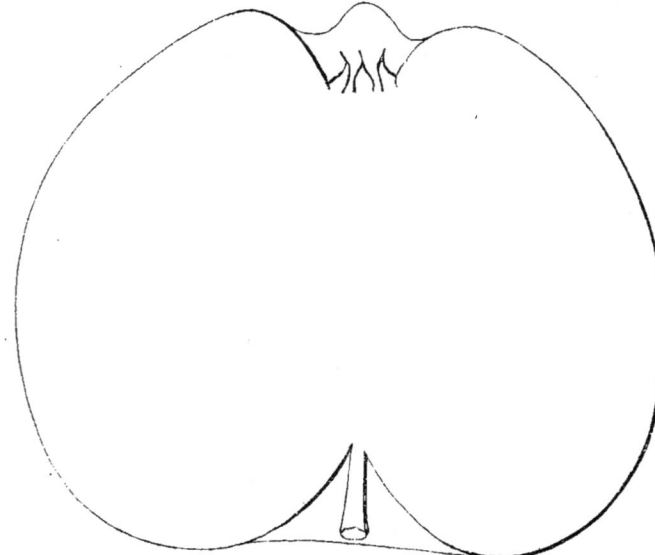

Pomme Calleville blanc d'Hiver. — *Premier Type.*

Description de l'arbre. — *Bois :* de force moyenne. — *Rameaux :* assez nombreux, étalés, gros et longs, géniculés, légèrement duveteux, brun-gris lavé de rouge. — *Lenticelles :* larges, clair-semées, plus ou moins arrondies. — *Coussinets :* peu saillants. — *Yeux :* petits, ovoïdes-aplatis, très-cotonneux et collés sur l'écorce. — *Feuilles :* grandes, coriaces, ovales-allongées, vert-pré en dessus, vert grisâtre en dessous, acuminées, ayant les bords profondément crénelés. — *Pétiole :* long, épais, rougeâtre en dessus, à cannelure bien accusée. — *Stipules :* courtes et larges.

Fertilité. — Abondante.

CULTURE. — La grande fertilité de ce pommier commande de lui donner pour sujet le paradis ou le doucin, et les formes pyramide, espalier, buisson ou cordon. Si néanmoins on désire l'élever pour plein-vent, il faut le greffer en tête; mais alors on voit presque toujours ses rameaux devenir chancreux et amener ainsi progressivement la perte de l'arbre.

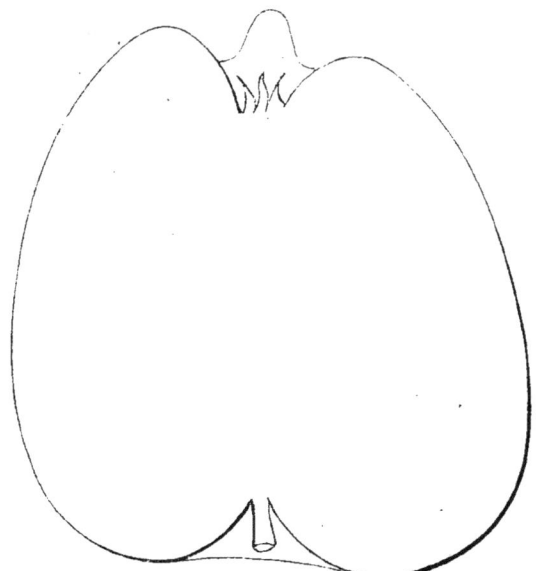

Pomme Calleville blanc d'Hiver. — *Deuxième Type*.

Description du fruit.
— *Grosseur :* volumineuse. — *Forme :* très-inconstante; tantôt conique-ventrue ou irrégulièrement arrondie, tantôt conique-allongée et plus ou moins contournée; toujours sensiblement côtelée; parfois même une ou plusieurs des côtes sont tellement prononcées, que le fruit devient alors triangulaire ou quadrangulaire. — *Pédoncule :* court ou de longueur moyenne, un peu grêle, généralement bien enfoncé dans un bassin de dimensions variables. — *OEil :* grand, mi-clos ou fermé, à cavité très-irrégulière, large, souvent profonde et constamment plissée. — *Peau :* assez onctueuse, mince, brillante, jaune-paille, amplement ponctuée de gris-blanc et maculée de roux, habituellement très-squammeux, dans le bassin pédonculaire; quelquefois recouverte, surtout à la base, d'une légère couche d'un blanc laiteux; puis, parfois aussi, nuancée ou quelque peu striée de rose tendre sur la face exposée au soleil. — *Chair :* jaunâtre, fine et ferme. — *Eau :* abondante, délicieusement sucrée, possédant un aigrelet et un parfum des plus délicats.

MATURITÉ. — Décembre-Mai.

QUALITÉ. — Première.

Historique. — Quatre assertions contraires ont été publiées sur l'origine du Calleville blanc d'Hiver; nous allons les examiner, avant d'émettre notre opinion personnelle; et avec d'autant plus de soin, que cette variété jouit parmi les pommes de la même renommée que possède, parmi les poires, le fameux Bon-Chrétien.

1° Comme pour les plus anciens fruits, on a dit d'abord : Les Romains — Pline entre autres — ont connu cette pomme, et ce dernier l'a même appelée CALVATUM... A ceci, répondre est facile : Pline n'a jamais parlé d'un pommier CALVATUS. Nous renvoyons, pour preuve, les dissidents au chapitre historique placé en tête de ce volume; ils y trouveront, sous le titre *Variétés cultivées chez les Romains*, la nomenclature authentique et complète des pommiers mentionnés dans l'*Historia naturalis* du célèbre savant.

2° Le médecin Jacques Daléchamp, qui fit paraître en 1586, écrite en latin, une volumineuse *Histoire des plantes*, assura que les pommes Taponnes, alors très-répandues, étaient identiques avec les Orthomastia, dont Pline nous a transmis le nom. Or, ces Taponnes ayant été réunies, par divers pomologues estimés, à notre Calleville blanc, il faut donc démontrer que les Orthomastia ne leur peuvent être assimilées, autrement la variété dont nous nous occupons, par cette synonymie remonterait encore jusqu'à Pline. — Depuis Daléchamp, que sont devenues les Taponnes? Au xvii° siècle elles disparaissaient déjà, ce semble, car le Lectier (1628) et Claude Saint-Étienne (1670) furent seuls à les citer. Après eux, j'en perds la trace sur notre sol, soit qu'on les y ait débaptisées ou complètement abandonnées. Pour retrouver, mais seulement de nom, cette espèce, il faut consulter les Allemands Mayer et Manger, qui de 1776 à 1780 l'ont inscrite dans leurs Pomologies au rang des synonymes. Ils sont, du reste, en désaccord assez marqué, puisque Manger après avoir (p. 68) partagé l'opinion de Mayer (t. III, p. 76), qui réunit la Taponne au Calleville blanc, déclare plus loin (p. 24) cette même pomme identique avec la *Ganse* [P. d'Oie] ou *Maidenzizchen* [Petit-Téton de Demoiselle]. Ce dernier surnom m'eût peut-être rallié au sentiment de Daléchamp, voyant dans la Taponne les Orthomastia romaines, si Pline (livre XV, ch. xv), leur descripteur, nous avait offert, comme point possible de comparaison, autre chose que ces trois mots : « *Mammarum effigie Orthomastia :* » les Orthomasties, ressemblant à un sein. S'abstenir ici de tout rapprochement d'espèce, est donc indispensable. Quant à cet autre problème résolu par les mêmes pomologues allemands : « Taponne est « synonyme de Calleville blanc d'Hiver, » j'en accepte la solution sans la pouvoir contrôler, mais en constatant que le nom de ce Calleville, apparu pour la première fois en 1628 (voir pp. 166-167 l'article où je l'établis), est moins ancien que le nom Taponne. Ce dernier, très-connu, nous l'avons dit, à l'époque de Daléchamp (1510-1587), devint dans le siècle suivant la Tapounelle, ou Taponnelle, de le Lectier et de Claude Saint-Étienne, qui citèrent cette pomme concurremment avec le Calleville blanc d'Hiver. Toutefois il n'en faut pas conclure que ces deux fruits sont dissemblables, car nos anciens pomologues — les preuves en fourmillent — enregistraient les noms sans examen préalable de l'identité des variétés.

3° En 1862 M. Eugène Forney, professeur d'arboriculture à Paris, pensant avoir trouvé l'origine du Calleville blanc, l'annonça ainsi dans *le Jardinier fruitier* qu'alors il publiait :

« Nous avons longtemps cherché l'origine de cette pomme ; c'est Boyceau de la Barauderie, directeur du jardin des Tuileries, sous Henri IV, qui l'a fait connaître le premier, dans son *Traité des jardins*..... Il ne dit pas dans quel jardin il l'a trouvée, mais il est probable que c'est dans son jardin des Tuileries, qui était alors un vaste verger. » (T. Ier, p. 283.)

Après lecture du passage où Boyceau de la Barauderie parle de l'obtention d'un nouveau pommier, il m'a fallu rejeter l'opinion exprimée ci-dessus. Rien, effectivement, ne me paraît, en ce passage, concerner le Calleville blanc plutôt que toute autre variété. L'auteur, y traitant des semis, appelle uniquement l'attention sur un fait de physiologie végétale qu'il croit absolu, et à l'appui duquel il cite certain semis de Calleville *rouge* ayant produit un égrasseau qui donna des pommes *blanches*, puis un semis de Pavie *jaune* d'où vinrent d'abord des fruits à peau et à chair *blanches*. Mais voici, comme pièce justificative, le texte de la Barauderie :

« ..... Si vous semez les pepins ou noyaux du fruict d'un arbre qui auroit esté enté sur un sauvageon, le fruict qui proviendra de telle semence, tiendra du sauvageon en partie, et en partie du franc..... C'est ainsi que j'ay veu un pepin de pomme de Calville, laquelle est rouge dedans et dehors, produire un arbre qui a porté fruict devant qu'estre enté ny transplanté. Son fruict estoit de la forme de la Calville, long, fait à douves, et froncé par la teste, mais blanc dedans et dehors, ayant seulement peu de tacheteures rouges sur sa peau luisante. Son goust, son odeur, et la nature de sa chair tenoit en partie de la Calville, et en partie de la Renette, qui est pomme blanche ; estant, ce mélange, provenu de la pomme de Calville entée sur un pommier de Renette, le pepin de laquelle retenoit des qualitez des deux. J'ay encore veu un noyau de Pavie, qui est jaune, le noyau rouge, produire un arbre qui porta, sans estre enté, en sa troisiesme et quatriesme année son fruict blanc dedans et dehors. » (*Traité du jardinage*, 1638, pp. 39-40.)

Maintenant, pour ceux qui dans ces lignes persisteraient à voir l'acte de naissance du Calleville blanc d'Hiver, nous ajouterons un argument décisif : Boyceau de la Barauderie mourut en 1635 ou 1636, et ce Calleville existait en 1600, à Orléans, chez le Lectier, ainsi qu'en fait foi, page 23, le *Catalogue* arboricole de cet amateur, imprimé le 20 décembre 1628. Mais, d'ailleurs, bientôt je vais constater qu'en Franche-Comté, en Suisse et dans le Wurtemberg on cultivait ce même pommier dès le milieu du xvie siècle, alors que la Barauderie n'était pas encore au monde.

4° Une dernière assertion — celle de Louis du Bois — reste présentement à discuter. Très-versé dans l'école des arbres fruitiers de la Normandie, contrée qu'il habitait, ce savant écrivain affirma en 1845 (je l'ai déjà dit page 167) que « la Calleville, tant la *Rouge* que la *Blanche*, tirait sa dénomination DE LA COMMUNE « DE CALLEVILLE, dans le département de l'Eure. » Ce fut parmi les notes de sa traduction des œuvres de l'agronome romain Columelle, que Louis du Bois plaça cette assertion (t. II, p. 461). Elle est, en Normandie surtout, regardée comme certaine, vu le temps immémorial depuis lequel ces deux variétés y sont répandues, notamment dans l'Eure et le Calvados. Mais si je l'adopte en ce qui touche l'origine du nom générique de ces pommiers, je ne saurais admettre que la commune de Calleville ait pu les voir naître. Personne avant 1628, avant le Lectier, n'a signalé, je le répète encore, les Calleville blanc, rouge et clair. Olivier de Serres (1600) ne les connaissait pas, non plus que Daléchamp (1586) ; il est donc évident que l'apparition, dans la nomenclature, de ce mot Calleville, eut lieu à la fin du xvie siècle, au plus tôt. Et pour lors le Calleville *blanc* existait depuis longtemps, sous une autre appellation, chez les Suisses, les Allemands et les Francs-Comtois ; comme aussi le Calleville *rouge* était également cultivé, même sur notre sol ; ce qu'en son article j'aurai soin de bien établir.

C'est le naturaliste Jean Bauhin, auteur de la première Pomologie avec figures, qui va nous fournir la preuve que le Calleville blanc d'Hiver ne doit, au bourg de Calleville, rien que sa dénomination. Il l'a décrit deux fois : en 1598 dans l'*Historia fontis et balnei Bollensis Admirabilis* (p. 86), puis vers 1600 dans une *Historia plantarum universalis*, publiée seulement en 1650, trente-sept ans après la mort de Bauhin. Ce dernier ouvrage étant plus complet, plus surabondant en détails, que l'autre, nous lui empruntons, outre un calque fort exact des types représentés, toute la partie historique et descriptive concernant notre sujet :

« La pomme *Admirable-Blanche*, ou *Grosse-Pomme-Blanche*, provient — dit ce naturaliste — des environs de la fontaine Admirable, au duché de Wurtemberg. Sa forme est inconstante ; aussi en ai-je figuré deux types, pour en bien montrer la variabilité. C'est un fruit irrégulier, arrondi ou turbiné, de couleur blanchâtre, à côtes très-prononcées, à chair acidulée. Il se conserve fort longtemps et n'offre aucune différence avec la variété suivante, appelée Back Apfel, ou *Pomme à frire*, parce que, fricassée dans la poêle, elle fait un délicieux manger. On la cultive à Zell, d'où j'en ai reçu deux volumineux spécimens à peau d'un blanc jaunâtre couvert de quelques taches lactées; leur hauteur excédait six doigts; l'épaisseur allait presque jusqu'à sept, et cependant, assure-t-on, il en existe encore de beaucoup plus grosses... Une pomme de cette sorte a facilement atteint chez moi, saine et bonne, le milieu de mai. Je l'avais cueillie à Montbéliard, » [dans le jardin grand-ducal, à la tête duquel Bauhin fut placé par le prince de Wurtemberg-Montbéliard, dont il était le médecin.] (Tome Ier, pp. 12 et 13.)

Pomme Admirable-Blanche. — *Premier Type.*

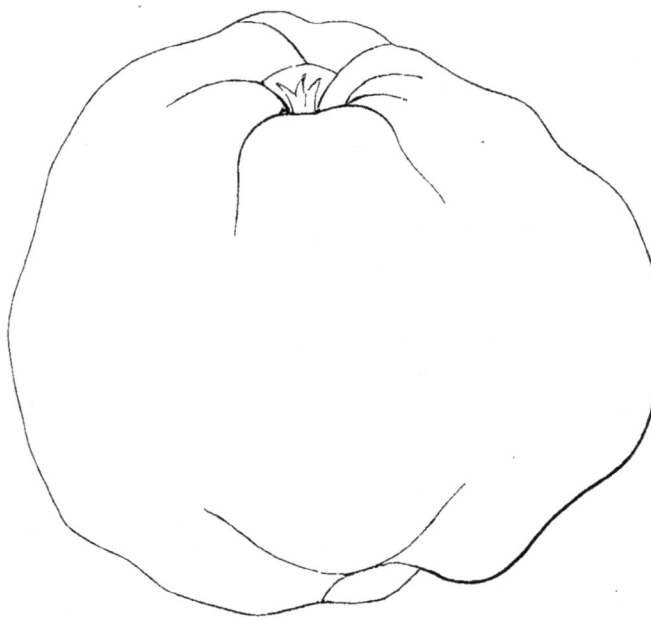

Deuxième Type.

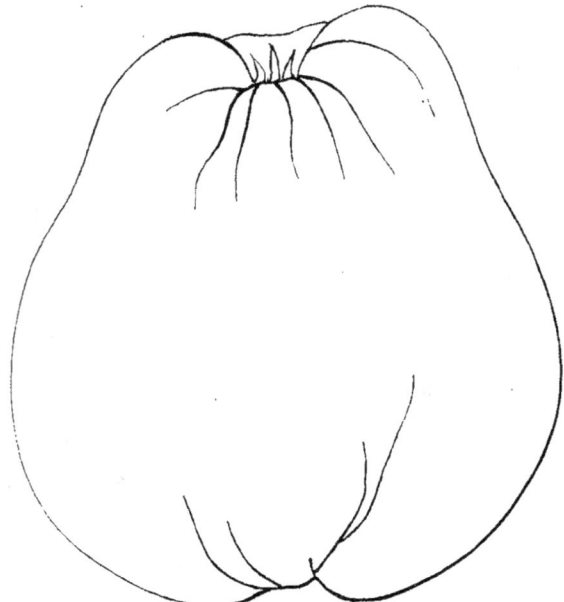

La démonstration, il me semble, ne saurait être plus convaincante. Voilà bien notre Calleville blanc d'Hiver, et Bauhin le caractérisait ainsi, ne l'oublions pas, avant 1598 pour la première fois. On ne peut, néanmoins, du texte ci-dessus dégager l'origine précise de cette pomme, car à la même époque elle y apparaît, sous différents noms, dans le Wurtemberg, d'abord, puis à Montbéliard (Doubs), ainsi qu'à Zell, ville suisse du canton de Zurich. Et là je dois ajouter: Bauhin, page 15, feuillet qui suit celui dont j'ai donné la traduction, constate que la Blanche de Zurich est également identique avec l'Admirable-Blanche des

Wurtembergeois. Tout ceci exposé, les conclusions suivantes seraient donc difficilement combattues :

1° Le Calleville blanc paraît avoir été, chez nous, cultivé primitivement en Normandie, et surtout aux environs d'Évreux, à Calleville, d'où vers 1600 il prit ainsi son nom.

2° Répandue bien avant 1598, sous diverses dénominations locales, dans le duché de Wurtemberg, puis à Montbéliard, qui pour lors relevait de ce duché, et enfin à Zell, près Zurich (Suisse), cette variété a probablement eu pour berceau l'un ou l'autre de ces territoires, tous s'entre-bornant. Le Wurtemberg pourrait même, à certains égards, la réclamer comme sienne, Bauhin affirmant que l'Admirable-Blanche provient de ce pays, renommé de tout temps par le grand nombre et l'excellence de ses pommes.

3° Quant à l'importation en France, de ce fruit exquis, chacun comprend que du comté de Montbéliard, qui se trouvait partiellement enclavé dans la Franche-Comté, la Grosse-Pomme-Blanche des Wurtembergeois put aisément gagner la Normandie.

Observations. — Noisette, en 1839, prétendit dans son *Jardin fruitier* (p. 184) que le Calleville blanc d'Hiver avait eu pour surnom, Blandureau d'Auvergne. J'ignore à quelle source il puisa ce synonyme, dont nul pomologue ne fait mention. Le Blandureau [je l'ai décrit plus haut, page 134] est bien l'un des plus anciens pommiers [on le connaissait dès 1300], mais il n'a rien qui permette de l'assimiler au Calleville blanc; et personne n'a parlé d'un autre Blandureau, dit d'Auvergne. — La pomme de Paris n'est pas davantage identique avec cette variété, on peut s'en assurer à la lettre *P*, où nous la décrivons. — Le nom Fraise figurant parmi les synonymes du Calleville blanc, il est utile de se rappeler qu'il ne s'agit nullement, ici, de la pomme *Fraise d'Hiver*, des Anglais (Winter Strawberry Apple), qui du reste se rencontre très-rarement chez nos pépiniéristes. — Il existe chez les Allemands un *Calleville blanc d'Hiver d'Italie*, de nous inconnu, mais leurs pomologues le déclarent différent du nôtre; ce que nous nous empressons de signaler, car une erreur deviendrait là chose bien facile. — En Allemagne également le vrai Calleville blanc porte, dans quelques provinces, le surnom pomme *de Coing;* nous le disons, afin qu'il n'en soit fait aucune confusion avec l'espèce de ce dernier nom caractérisée ci-après, p. 228. — Enfin je termine ce long article en recommandant aux gourmets la compote de Calleville blanc, la plus exquise que l'on puisse manger; aussi dès 1655 la Varenne en faisait-il grand cas dans son *Cuisinier français* (p. 350).

Pomme CALLEVILLE BLANCHE D'AUTOMNE. — Synonyme de *Calleville blanc d'Hiver*. Voir ce nom.

Pomme CALLEVILLE BLANCHE D'ÉTÉ. — Synonyme de *Passe-Pomme d'Été*. Voir ce nom.

Pomme CALLEVILLE BLANCHE MELONNE A COTES. — Synonyme de *Calleville blanc d'Hiver*. Voir ce nom.

83. Pomme CALLEVILLE BLOND.

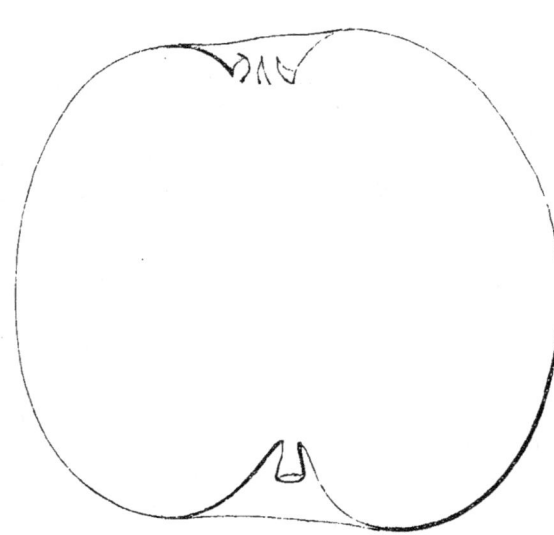

Description de l'arbre. — *Bois :* fort. — *Rameaux :* nombreux, généralement érigés, assez gros, peu longs, légèrement coudés et cotonneux, brun clair du côté du soleil et gris-roux du côté de l'ombre. — *Lenticelles :* petites, allongées, rapprochées et très-apparentes. — *Coussinets :* très-larges et bien ressortis. — *Yeux :* petits ou moyens, ovoïdes, aplatis, collés sur l'écorce, aux écailles mal soudées et des plus duveteuses. — *Feuilles :* grandes, abondantes, minces, vert clair jaunâtre en dessus et blanc verdâtre en dessous, ovales-arrondies ou ovales-allongées, courtement acuminées, irrégulièrement crénelées ou dentées sur leurs bords. — *Pétiole :* gros, long, carminé à la base et profondément cannelé. — *Stipules :* courtes, assez étroites et dentées pour la plupart.

Fertilité. — Grande.

Culture. — Toute forme lui convient, et surtout la haute-tige, tant sa ramification est riche et sa vigueur parfaite.

Description du fruit. — *Grosseur :* au-dessus de la moyenne. — *Forme :* sphérique légèrement allongée et souvent moins volumineuse d'un côté que de l'autre. — *Pédoncule :* court, bien nourri, profondément inséré dans un bassin assez étroit. — *Œil :* grand, très-ouvert, modérément enfoncé, à courtes sépales et à cavité assez large. — *Peau :* mince, lisse, unicolore, d'un beau jaune clair sur lequel se détachent, mais peu nombreux, des points gris ou blanchâtres. — *Chair :* blanche, fine, mi-tendre. — *Eau :* suffisante, sucrée, acidulée, sans saveur ni parfum bien prononcés.

Maturité. — Novembre-Janvier.

Qualité. — Deuxième.

Historique. — Ce pommier, de toute récente obtention, provient d'un semis fait en 1845 par M. Boisbunel, pépiniériste à Rouen. Il a donné ses premiers fruits très-tardivement, en 1865.

---

84. Pomme CALLEVILLE BOISBUNEL.

Description de l'arbre. — *Bois :* peu fort. — *Rameaux :* nombreux et habituellement érigés, de grosseur et longueur moyennes, légèrement coudés, assez duveteux, rouge-brun clair et verdâtre. — *Lenticelles :* grandes, arrondies et rapprochées. — *Coussinets :* aplatis. — *Yeux :* moyens ou petits, coniques, écartés du bois, souvent même formant éperon, ayant les écailles brunes, lisses et faiblement cotonneuses. — *Feuilles :* moyennes, minces, ovales-allongées, luisantes et vert clair en dessus, d'un gris verdâtre en dessous, très-longuement acuminées, à bords ondulés et fortement dentés. — *Pétiole :* long, assez gros mais flasque et peu cannelé. — *Stipules :* étroites et des plus longues.

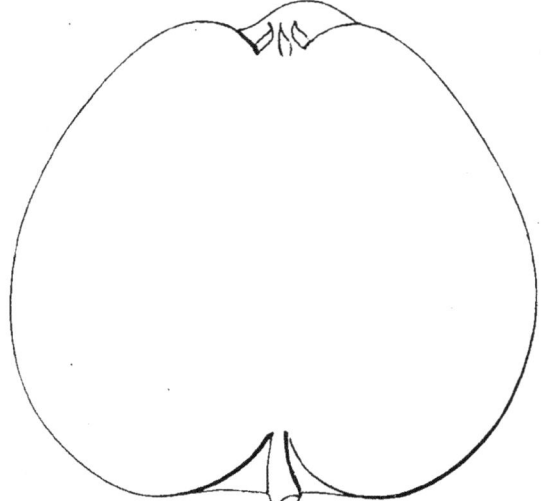

Pomme Calleville Boisbunel.

Fertilité. — Abondante.

Culture. — Sa vigueur modérée demande qu'on le greffe sur paradis ou doucin et le rend particulièrement propre aux formes cordon et gobelet ; on peut toutefois le destiner à la haute tige, mais il faut alors le greffer en tête.

Description du fruit.
— *Grosseur :* au-dessus de la moyenne. — *Forme :* conique, régulière, pentagone au sommet. — *Pédoncule :* de longueur moyenne, bien nourri, renflé à l'attache, arqué, implanté assez profondément dans une cavité en entonnoir. — *OEil :* grand ou moyen, mi-clos ou fermé, placé presque à fleur de fruit et plissé sur ses bords. — *Peau :* assez lisse, jaune clair, plus ou moins nuancée de rouge-brun sur le côté de l'insolation, maculée de fauve autour du pédoncule et toute parsemée de larges points bruns et noirâtres. — *Chair :* jaunâtre, fine et ferme. — *Eau :* suffisante, sucrée, fortement acidulée.

Maturité. — Novembre-Février.

Qualité. — Deuxième.

Historique. — Comme la précédente, cette variété est un gain de M. Boisbunel, pépiniériste à Rouen. Le pied-type, âgé maintenant de vingt-quatre ou vingt-cinq ans, se mit à fruit en 1859 ; on le multiplie depuis 1862.

Pomme CALLEVILLE BUTTER. — Synonyme de pomme *Baldwin*. Voir ce nom.

Pomme CALLEVILLE CŒUR DE BŒUF. — Synonyme de pomme *Cœur de Bœuf*. Voir ce nom.

85. Pomme CALLEVILLE DE DANTZICK.

Synonymes. — *Pommes* : 1. Roode Kant (Herman Knoop, *Pomologie*, 1760, édition allemande, t. I, pp. 9 et 58). — 2. Dantziger Kant (*Id. ibid.* ; — et Van Mons, *Catalogue descriptif de partie des arbres fruitiers qui de 1798 à 1823 ont formé sa collection*, p. 24, n° 72).

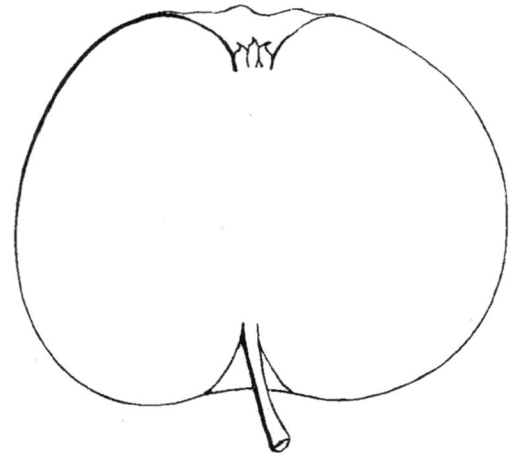

Description de l'arbre.
— *Bois* : assez fort. — *Rameaux* : nombreux, ordinairement étalés, gros et de longueur moyenne, bien coudés, très-duveteux, rouge-brun ardoisé. — *Lenticelles* : arrondies ou allongées, petites mais abondantes. — *Coussinets* : larges et saillants. — *Yeux* : assez petits, arrondis, très-cotonneux et noyés dans l'écorce. — *Feuilles* : moyennes, uniformément ovales-arrondies, légèrement cucullées, très-courtement acuminées et fortement crénelées. — *Pétiole* : court, épais, des plus cotonneux, carminé et faiblement cannelé. — *Stipules* : larges et assez longues.

Fertilité. — Ordinaire.

Culture. — Ne l'ayant destiné, jusqu'ici, qu'à former de beaux pommiers nains greffés sur paradis ou sur doucin, j'ignore s'il peut faire de convenables pleinvent, mais le suppose, eu égard à sa vigueur satisfaisante ainsi qu'à ses nombreux rameaux.

Description du fruit. — *Grosseur* : moyenne et quelquefois beaucoup plus volumineuse. — *Forme* : sphérique, côtelée, régulière, habituellement quelque peu aplatie à ses extrémités. — *Pédoncule* : long, grêle, profondément inséré dans une étroite cavité. — *Œil* : grand, mi-clos ou fermé, à cavité plissée et très-développée. — *Peau* : fine, légèrement onctueuse, jaune verdâtre, amplement lavée et mouchetée de rouge vif, maculée de fauve dans la cavité pédonculaire et semée de quelques points gris-jaune. — *Chair* : blanchâtre, veinée de vert, odorante et très-tendre. — *Eau* : abondante, acidule, sucrée, savoureusement parfumée.

Maturité. — Octobre-Décembre.

Qualité. — Première.

Historique. — J'importai de Prusse en 1862, cet excellent fruit, très-cultivé par toute l'Allemagne. M. de Flotow, qui l'a décrit dans l'*Illustrirtes Handbuch der Obstkunde* (1859, t. Ier, p. 81, n° 25), le dit également fort répandu chez les Hollandais. Je l'y vois, en effet, caractérisé et figuré dès 1760 par Herman Knoop en sa *Pomologie* (t. Ier, p. 9). Comme l'indique son nom, ce Calleville doit provenir, dans la Poméranie, de l'ancienne province polonaise de Dantzick. Avant Knoop aucun auteur ne me l'a montré.

Pomme **CALLEVILLE D'ÉTÉ**. — Synonyme de *Passe-Pomme d'Été*. Voir ce nom.

Pomme **CALLEVILLE D'ÉTÉ (FAUX)**. — Voir *Faux Calleville d'Été*.

Pomme **CALLEVILLE D'ÉTÉ DE NORMANDIE**. — Synonyme de *Calleville rouge d'Été*. Voir ce nom.

Pomme **CALLEVILLE ÉTOILÉ**. — Synonyme de *Reinette rouge étoilée*. Voir ce nom.

---

86. Pomme CALLEVILLE DES FEMMES.

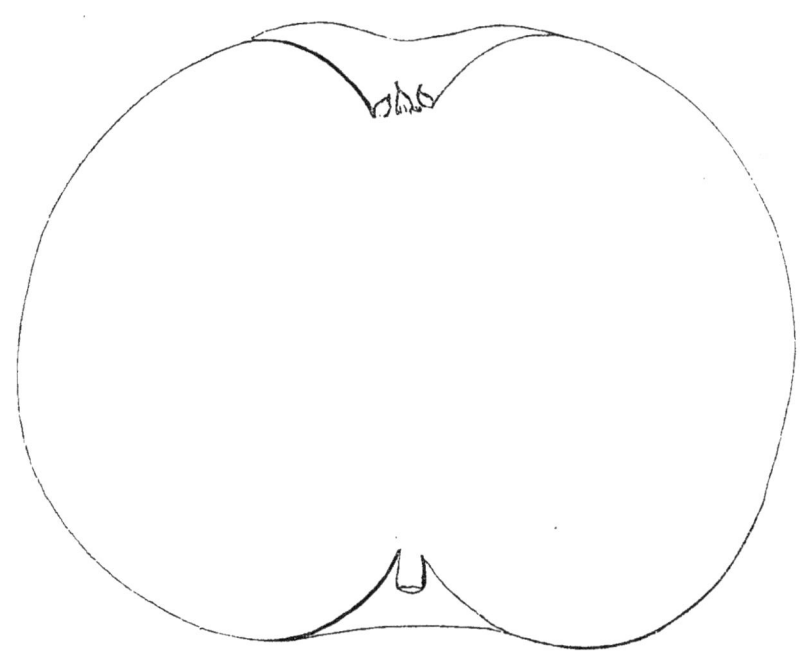

Description de l'arbre. — *Bois :* très-fort. — *Rameaux :* nombreux, légèrement étalés, longs et des plus gros, sensiblement géniculés, bien duveteux et d'un rouge-brun foncé. — *Lenticelles :* arrondies, assez grandes, clair-semées. — *Coussinets :* fortement accusés. — *Yeux :* volumineux, coniques-arrondis, complétement collés sur l'écorce. — *Feuilles :* de moyenne grandeur, ovales, épaisses, vert foncé en dessus, blanc grisâtre en dessous, acuminées, planes et à bords régulièrement dentés. — *Pétiole :* court, très-gros, à peine cannelé. — *Stipules :* moyennes.

Fertilité. — Ordinaire.

Culture. — Il peut être greffé au ras de terre, comme plein-vent, car sa tige pousse droite, grosse, et sa tête touffue s'arrondit parfaitement ; mais le volume de ses fruits, facilement détachés par le vent, conseille plutôt de l'élever pour le gobelet ou le cordon, en le greffant sur paradis. Il est trop vigoureux pour lui donner le doucin, ce sujet nuirait à la fertilité.

Description du fruit. — *Grosseur :* considérable. — *Forme :* arrondie plus ou moins côtelée et se rétrécissant quelque peu vers le sommet. — *Pédoncule :* court ou moyen, droit ou arqué, fort et parfois renflé à son point d'attache, inséré dans un bassin assez étroit, mais profond. — *Œil :* grand ou moyen, souvent mal formé, ouvert ou mi-clos, bien enfoncé, cotonneux, à cavité vaste, gibbeuse et plissée. — *Peau :* épaisse, jaune-paille, passant au jaune un peu plus foncé sur la partie exposée au soleil, où parfois aussi elle est faiblement nuancée de rouge-brun, maculée de fauve autour du pédoncule et abondamment couverte de petits points blancs, ou de bruns cerclés de gris clair. — *Chair :* blanchâtre, fine ou mi-fine, ferme, croquante, montrant de nombreuses fibres verdâtres. — *Eau :* abondante, assez sucrée, acidule, agréable quoique dénuée de parfum.

Maturité. — Janvier-Juin.

Qualité. — Deuxième.

Historique. — J'ai pris en 1850 des greffes de ce pommier, à si volumineux fruits, au Jardin du Comice horticole d'Angers, où l'on n'en possédait qu'un sujet, qui mourut peu après. Mon *Catalogue anglais* de 1852 signala pour la première fois (p. 2, n° 41) cette variété, dont l'origine m'est inconnue. Un célèbre pomologue allemand, M. le superintendant Oberdieck, m'a cru l'obtenteur du Calleville des Femmes, qu'il a décrit en 1869 dans l'*Illustrirtes Handbuch der Obstkunde* (t. VIII, p. 23, n° 553). Non, j'en suis seulement le propagateur. Je dois ajouter que chez nous, n'ayant vu cette pomme mentionnée nulle part, avant l'époque où je la rencontrai au Comice angevin, il ne serait pas impossible qu'alors elle appartînt aux semis de notre ancien Jardin fruitier, dont les archives sont fort incomplètes.

Pomme CALLEVILLE FLAMENSE. — Synonyme de *Calleville rouge d'Hiver*. Voir ce nom.

Pomme CALLEVILLE FLAMENSE DE ZINK. — Synonyme de *Calleville aromatique*. Voir ce nom.

87. Pomme CALLEVILLE GARIBALDI.

Description de l'arbre. — *Bois :* très-fort. — *Rameaux :* peu nombreux et généralement presque érigés, longs, des plus gros, peu géniculés, très-cotonneux et d'un vert herbacé légèrement lavé de rouge-brun. — *Lenticelles :* arrondies, grandes, clair-semées. — *Coussinets :* ressortis. — *Yeux :* volumineux, arrondis et aplatis, excessivement duveteux, plaqués sur l'écorce. — *Feuilles :* très-grandes, elliptiques fort allongées, épaisses mais assez molles, vert clair, rarement acuminées, un peu cotonneuses, à bords uniformément crénelés. — *Pétiole :* long, bien nourri, tomenteux, faiblement cannelé. — *Stipules :* étroites et longues.

Fertilité. — Médiocre.

Culture. — Greffé au ras de terre, comme plein-vent, il donne de jolis arbres à tige très-droite; en le plaçant sur paradis son excessive vigueur se trouve modérée, sa fertilité devient plus grande, et pour lors il fait d'irréprochables cordons ou buissons.

Pomme Calleville Garibaldi.

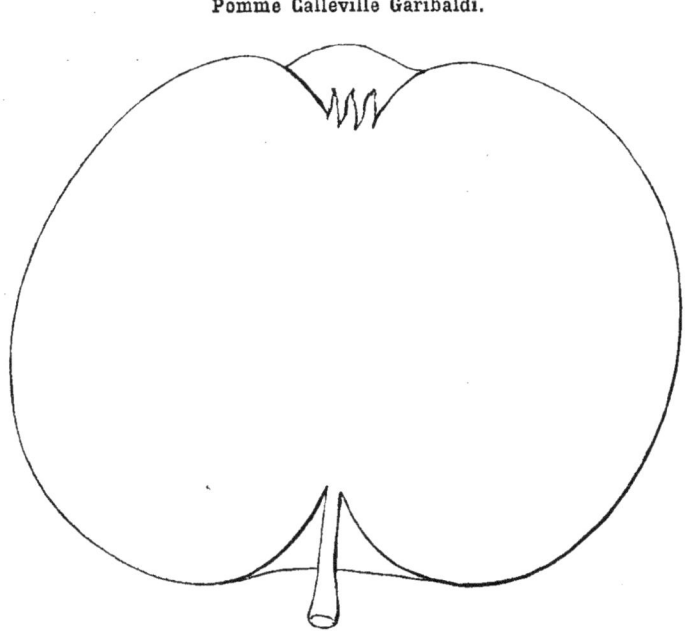

Description du fruit. — *Grosseur :* volumineuse. — *Forme :* sphérique, fortement côtelée, aplatie à la base et quelque peu même au sommet. — *Pédoncule :* long, fort, surtout au point d'attache, inséré dans un bassin assez étroit mais très-profond. — *Œil :* grand, à longues sépales, ouvert ou mi-clos, sensiblement enfoncé dans une cavité rarement très-large. — *Peau :* mince, lisse, jaune clair dans l'ombre, jaune orangé à l'insolation, ponctuée de gris, quelque peu mouchetée de brun et faiblement lavée de fauve dans le bassin ombilical. — *Chair :* blanc jaunâtre, fine et croquante. — *Eau :* abondante, bien sucrée, légèrement parfumée et possédant un aigrelet fort agréable.

MATURITÉ. — Septembre-Octobre.

QUALITÉ. — Première.

Historique. — C'est un gain belge obtenu, en 1860, d'un semis fait en 1842 par M. Fontaine de Ghelin, propriétaire à Mons (Hainaut). Le général italien auquel on l'a dédié, est si connu, qu'il devient inutile de donner sur lui la moindre note biographique.

POMME **CALLEVILLE DE GASCOGNE.** — Synonyme de *Calleville blanc d'Hiver*. Voir ce nom.

POMME **CALLEVILLE GRAFENSTEINER.** — Synonyme de pomme *de Gravenstein*. Voir ce nom.

---

88. POMME CALLEVILLE DE GRUGÉ.

Description de l'arbre. — *Bois :* fort. — *Rameaux :* assez nombreux et légèrement étalés, gros, longs, sensiblement coudés et cotonneux, d'un rouge-brun ardoisé. — *Lenticelles :* grandes, abondantes, arrondies ou allongées. —

Coussinets : larges et ressortis. — *Yeux :* volumineux, ovoïdes très-allongés, duveteux, collés en partie contre le bois. — *Feuilles :* petites, arrondies, planes ou faiblement canaliculées, très-courtement acuminées, ayant les bords profondément dentés. — *Pétiole :* long, assez grêle, roide, bien carminé et quelque peu cannelé. — *Stipules :* longues et habituellement étroites.

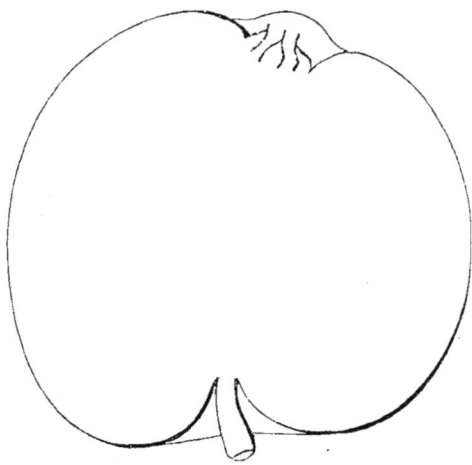

Pomme Calleville de Grugé.

Fertilité. — Satisfaisante.

Culture. — Le plein-vent lui convient, mais il est préférable, après l'avoir greffé sur paradis pour modérer sa végétation, d'en faire des buissons ou des cordons.

Description du fruit. — *Grosseur :* moyenne. — *Forme :* ovoïde-arrondie, irrégulière, sensiblement pentagone et généralement moins volumineuse d'un côté que de l'autre. — *Pédoncule :* court, arqué, bien nourri, surtout à la base, obliquement inséré dans un bassin peu développé. — *Œil :* grand, mi-clos, duveteux, à longues et larges sépales, presque saillant et entouré de gibbosités. — *Peau :* jaune clair, ponctuée de roux, tachée de fauve autour du pédoncule et semée de quelques macules noirâtres. — *Chair :* blanche, fine, ferme et croquante. — *Eau :* suffisante, sucrée, savoureuse, faiblement acidulée.

Maturité. — Février-Mai.

Qualité. — Deuxième.

Historique. — Elle a été propagée par le Comice horticole d'Angers, dans le Jardin duquel l'arbre portait le n° 226. Le pied-type, qui poussa spontanément, fut trouvé vers 1849 sur le territoire de la commune de Grugé-l'Hôpital, près Segré (Maine-et-Loire), et depuis lors le nom de cette localité lui est constamment demeuré.

Pomme CALLEVILLE HATIVE. — Synonyme de *Calleville rouge d'Été*. Voir ce nom.

Pomme CALLEVILLE JAUNE RAYÉ D'AUTOMNE. — Synonyme de *Calleville aromatique*. Voir ce nom.

Pomme CALLEVILLE DE LINDAU. — Synonyme de pomme *Roi-Très-Noble*. Voir ce nom.

Pomme CALLEVILLE LONGUE D'HIVER. — Synonyme de *Calleville rouge d'Hiver*. Voir ce nom.

Pomme CALLEVILLE MALINGRE. — Synonyme de pomme *de Malingre*. Voir ce nom.

89. Pomme CALLEVILLE DE MAUSSION.

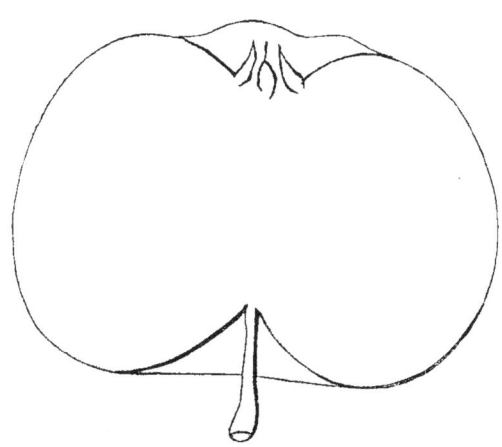

Description de l'arbre. — *Bois :* assez fort. — *Rameaux :* nombreux, étalés, coudés, de grosseur et longueur moyennes, légèrement cotonneux, brun olivâtre quelque peu lavé de rouge. — *Lenticelles :* plus ou moins arrondies, grandes et clair-semées. — *Coussinets :* très-accusés. — *Yeux :* des plus volumineux, ovoïdes-allongés, faiblement duveteux, non-complétement appliqués contre le bois. — *Feuilles :* petites ou moyennes, ovales ou cordiformes, longuement acuminées, à bords fortement crénelés. — *Pétiole :* gros, assez long, sensiblement cannelé. — *Stipules :* très-petites.

Fertilité. — Ordinaire.

Culture. — Sur doucin ou paradis il fait de convenables gobelets et cordons; le plein-vent ne lui est pas non plus désavantageux, mais on doit alors le greffer en tête.

Description du fruit. — *Grosseur :* au-dessous de la moyenne et parfois plus volumineuse. — *Forme :* sphérique, fortement écrasée aux pôles, légèrement côtelée et se rétrécissant quelque peu vers l'œil. — *Pédoncule :* long, assez grêle mais renflé à son point d'attache, planté dans un bassin vaste et profond. — *Œil :* grand, cotonneux, à longues sépales, modérément enfoncé dans une large cavité plissée et à bords très-inégaux. — *Peau :* mince, vert clair blanchâtre, finement ponctuée de gris, maculée de roux foncé autour du pédoncule et parfois recouverte d'une légère couche brunâtre très-transparente. — *Chair :* verdâtre ou jaunâtre, très-tendre, un peu grasse. — *Eau :* abondante, très-sucrée, acidule, agréable, quoiqu'entachée d'un arrière-goût plus ou moins herbacé.

Maturité. — Décembre-Février.

Qualité. — Deuxième.

Historique. — Le Calleville de Maussion m'est venu des pépinières de MM. Galopin, de Liége (Belgique), en 1864; il était alors dans toute sa nouveauté. Interrogés par moi sur sa provenance, mes obligeants confrères m'ont répondu le 16 septembre 1870, qu'ils l'avaient tiré des établissements Jamin, de Paris, et Simon-Louis, de Metz. Nous avons donc là, probablement, une variété française; mais je ne puis pousser plus loin mes recherches, les villes de Metz et de Paris étant actuellement investies par les armées allemandes.

Pomme CALLEVILLE MUSQUÉ. — Synonyme de *Calleville rouge d'Hiver*. Voir ce nom.

---

90. Pomme CALLEVILLE DE NEIGE.

Synonyme. — Pomme SCHNÉE CALVILLE (Diel, *Verzeichniss der Obstsorten*, 1829, t. Ier, p. 3, n° 335).

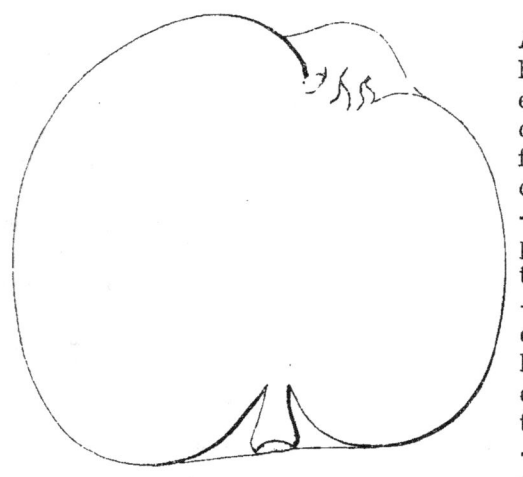

Description de l'arbre. — *Bois :* faible. — *Rameaux :* nombreux, légèrement étalés, courts et assez grêles, à peine géniculés, cotonneux et d'un rouge brun foncé. — *Lenticelles :* petites, plus ou moins arrondies, peu espacées. — *Coussinets :* aplatis. — *Yeux :* petits, coniques-arrondis, duveteux, légèrement écartés du bois. — *Feuilles :* moyennes, ovales et courtement acuminées, ayant les bords largement dentés. — *Pétiole :* de grosseur et longueur moyennes, tomenteux, à cannelure profonde. — *Stipules :* larges mais un peu courtes.

Fertilité. — Abondante.

Culture. — Son manque de vigueur défend presque d'en faire un plein-vent; le greffer sur doucin, pour cordon ou buisson, est de beaucoup préférable.

Description du fruit. — *Grosseur :* moyenne et parfois plus volumineuse. — *Forme :* irrégulièrement globuleuse, fortement côtelée, aplatie à la base et souvent moins ventrue d'un côté que de l'autre. — *Pédoncule :* gros et court, très-charnu, profondément implanté dans un assez large bassin. — *OEil :* grand, bien enfoncé, mi-clos ou complètement fermé, à cavité vaste et très-tourmentée. — *Peau :* lisse, jaune d'or sur la partie exposée au soleil, jaune pâle sur l'autre face, semée de points gris très-peu apparents, généralement nuancée de roux, mais faiblement, dans le bassin ombilical. — *Chair :* très-blanche, fine, tendre et mi-croquante. — *Eau :* suffisante, sucrée, délicieusement acidulée et parfumée.

Maturité. — Janvier-Mars.

Qualité. — Première.

Historique. — C'est en 1867 que j'ai tiré du Wurtemberg ce pommier si digne d'être répandu pour la bonté de ses produits. Les Allemands en ignorent la provenance, et de leurs pomologues Diel est le seul qui l'ait décrit (1829, *Verzeichniss der Obstsorten*, t. Ier, p. 3, n° 335). Van Mons le possédait avant ce dernier, car il figure sous le n° 403 à la page 19 du *Catalogue des arbres fruitiers* qui de 1798 à 1823 formèrent la collection de cet éminent arboriculteur belge. Peut-être même Diel l'avait-il reçu de Van Mons, son correspondant et son ami? Le nom de cette variété nous fait recommander de ne la pas confondre avec notre antique pomme *de Neige*, beaucoup plus précoce, puisqu'elle mûrit vers la fin de l'été.

Pomme **CALLEVILLE NORMANDE.** — Synonyme de pomme *de Malingre*. Voir ce nom.

Pomme **CALLEVILLE PLATE ROUGE D'ÉTÉ.** — Synonyme de *Calleville rouge d'Été*. Voir ce nom.

Pomme **CALLEVILLE PRÉCOCE.** — Synonyme de *Passe-Pomme d'Été*. Voir ce nom.

Pommes : **CALLEVILLE RAYÉ,**

— **CALLEVILLE RAYÉ D'HIVER,**

Synonymes de *Calleville barré*. Voir ce nom.

Pomme **CALLEVILLE DE LA ROCHELLE.** — Synonyme de *Reinette de la Rochelle*. Voir ce nom.

Pomme **CALLEVILLE DU ROI.** — Synonyme de pomme *Citron d'Hiver*. Voir ce nom.

91. Pomme **CALLEVILLE ROSE.**

Synonymes. — *Pommes* : 1. Anguleuse longue (Valerius Cordus, avant 1544, *Historia stirpium*, édition de 1561, t. I, chap. Pommier, n° 21). — 2. Calville de Rose (Diel, *Verzeichniss der Obstsorten*, 1829, t. 1, p. 6, n° 349). — 3. Lothringer bunter Streifling (*Id. ibid.*). — 4. De Boutigné (Alexandre Bivort, *Album de pomologie*, 1847, t. I, p. 64).

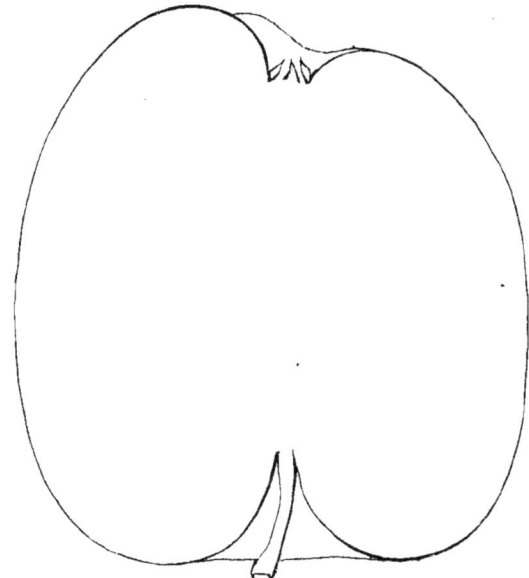

Description de l'arbre. — *Bois :* fort. — *Rameaux :* assez nombreux, légèrement étalés, gros et longs, brun olivâtre, très-géniculés et très-duveteux, surtout au sommet. — *Lenticelles :* petites, allongées et assez clair-semées. — *Coussinets :* des plus saillants. — *Yeux :* moyens, coniques, plaqués sur l'écorce. — *Feuilles :* grandes, ovoïdes-allongées, vert clair en dessus, grises et cotonneuses en dessous, sensiblement contournées sur elles-mêmes et profondément dentées. — *Pétiole :* de grosseur et longueur moyennes, rigide et bien cannelé. — *Stipules :* très-développées.

Fertilité. — Extrême.

Culture. — En le greffant au ras de terre on en obtient de remarquables plein-vent, à tige droite et très-grosse, à tête régulière et touffue; c'est du reste la forme qui lui convient le mieux. Cependant, greffé sur doucin et paradis, il fait également de beaux arbres pour buisson ou cordon.

Description du fruit. — *Grosseur :* au-dessus de la moyenne. — *Forme :* conique-allongée ou cylindrique, pentagone, irrégulière et généralement moins volumineuse d'un côté que de l'autre. — *Pédoncule :* long ou assez court, grêle à son milieu, renflé à ses extrémités, profondément implanté dans un vaste bassin où parfois le comprime une forte gibbosité. — *OEil :* grand ou moyen, mi-clos ou fermé, à cavité large, peu profonde et fortement plissée. — *Peau :* mince, lisse, jaune d'or, toute ponctuée de roux et de brun foncé, amplement lavée et fouettée de rose tendre, et portant quelques petites macules noirâtres. — *Chair :* blanchâtre, fine, tendre et assez croquante. — *Eau :* abondante, sucrée, délicieusement acidulée et parfumée.

Maturité. — Octobre-Février.

Qualité. — Première.

Historique. — Lorsqu'en 1628 le nom Calleville apparut en France pour la première fois, ce fut le Lectier, nous l'avons déjà dit (voir pp. 166, 175 et 176), qui le signala dans le *Catalogue* de son verger d'Orléans (p. 23). — Il en possédait alors trois variétés : le Blanc, décrit plus haut (p. 173), le Rouge, dont je parlerai ci-après (p. 193), et le Clair, que je crois être le Rose ici caractérisé : rose et rouge clair sont en effet deux nuances assez voisines. Comme le Calleville blanc, le Calleville rose nous vint de l'étranger, vers 1600; et je le trouve, sous le nom de *Pomme Anguleūse longue*, décrit en ces termes par Valerius Cordus, célèbre botaniste hessois mort en 1544 :

« La variété Eckapfel, ou autrement *Angulosa longa* — dit-il — doit à sa forme allongée et côtelée, le nom qu'elle porte..... C'est une pomme dont la hauteur atteint trois pouces et l'épaisseur, deux ; parfois, cependant, il s'en rencontre de plus volumineuses. Sa peau jaune d'or, à vergetures carminées, est abondamment ponctuée. Sa chair, tendre et remplie de suc, possède une saveur exquise, où le doux se mêle à l'acidulé. Ce fruit mûrit au commencement de l'automne et va jusqu'en hiver. Il provient de la Hesse; on le cultive aussi dans la Misnie. » (*Historia stirpium*, édition posthume de 1561, t. I, chap. Pommier, n° 21.)

C'est donc à la Hesse, province allemande confinant à la Misnie, que nous sommes redevables du Calleville rose; et la version de Cordus ne saurait être erronée, puisque ce savant naturaliste parle ainsi d'un pommier appartenant à son pays natal. Au reste, il est positif que plus tard les Allemands rebaptisèrent leur Anguleuse longue, car le pomologue Diel nous la montre en 1829, dans le *Verzeichniss der Obstsorten* (t. I, p. 6, n° 349), sous deux autres noms : *Calleville de rose*, puis *Lothringer bunter Streifling*, dernière dénomination donnant à penser que les Lorrains ont également cultivé ce pommier, qui remonte au moins à la fin du XV° siècle. Dans notre Anjou, assez longtemps il a porté le surnom Pomme de Boutigné.

Pomme **CALLEVILLE DE ROSE.** — Synonyme de *Calleville rose.* Voir ce nom.

Pommes : **CALLEVILLE ROUGE,**

— **CALLEVILLE ROUGE D'ANJOU D'HIVER,**

} Synonymes de *Calleville rouge d'Hiver.* Voir ce nom.

92. Pomme CALLEVILLE ROUGE D'AUTOMNE.

Synonymes. — *Pommes :* 1. Calleville d'Automne (dom Claude Saint-Étienne, *Nouvelle instruction pour connaître les bons fruits*, 1670, p. 208 ; — et von Flotow, *Illustrirtes Handbuch der Obstkunde*, 1859, t. I, p. 41, n° 5). — 2. Framboise d'Automne (Henri Manger, *Systematische Pomologie*, 1780, t. I, p. 66, n° CXXXII-2°). — 3. Kant (*Id. ibid.*). — 4. Présent d'Automne (*Id. ibid.*). — 5. Présent de Gelder (*Id. ibid.*). — 6. Violette (de Launay, *le Bon-Jardinier*, 1808, p. 140). — 7. Grelot (Couverchel, *Traité des fruits*, 1852, p. 431). — 8. Sonnette (*Id. ibid.*).

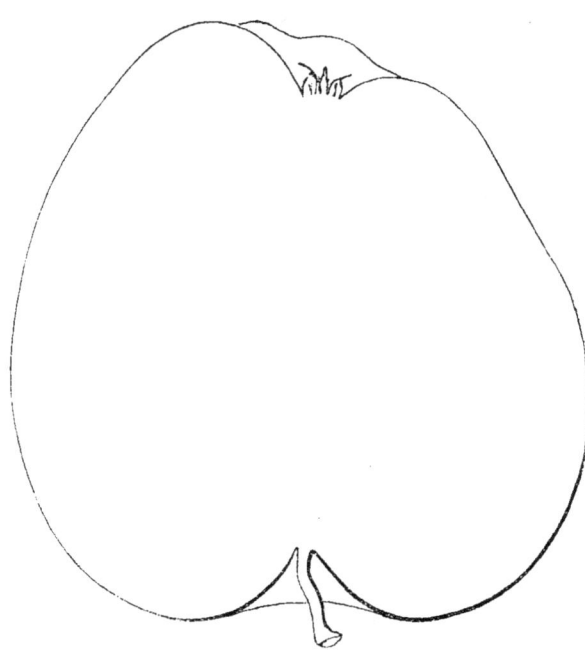

Fertilité. — Remarquable.

Description de l'arbre. — *Bois :* fort. — *Rameaux :* assez nombreux, étalés, gros et longs, rouge brunâtre, légèrement flexueux et très-duveteux, surtout au sommet. — *Lenticelles :* arrondies, moyennes, clair-semées. — *Coussinets :* peu saillants. — *Yeux :* volumineux, coniques-arrondis, collés contre l'écorce. — *Feuilles :* moyennes et arrondies, vert foncé en dessus, gris blanchâtre en dessous, planes, longuement acuminées, régulièrement et faiblement dentées. — *Pétiole :* des plus longs, bien nourri, à cannelure prononcée. — *Stipules :* petites, pour la plupart.

Culture. — En le greffant ras terre, pour plein-vent, il fait de jolies tiges et sa forte ramification lui donne une assez belle apparence ; mais nous préférons généralement le destiner à la basse-tige, sur paradis ou sur doucin, car sous cette forme il ne laisse rien à désirer.

Description du fruit. — *Grosseur :* volumineuse. — *Forme :* conique-allongée, plus ou moins ventrue à la base, légèrement pentagone et plissée au sommet, où souvent elle est fortement déprimée d'un côté. — *Pédoncule :* de longueur moyenne, grêle, parfois contourné, inséré dans un bassin plus large que profond. — *Œil :* moyen ou petit, mi-clos ou fermé, modérément enfoncé ou presque saillant, à cavité irrégulière et côtelée sur les bords. — *Peau :* à fond jaune clair, très-amplement lavée de rose, striée et jaspée de rouge vif, puis ponctuée de gris-blanc. — *Chair :* blanche, tendre, un peu spongieuse, assez odorante, rosée sous la peau et quelquefois, mais exceptionnellement, auprès des loges, dont les pepins sont très-souvent avortés. — *Eau :* suffisante, sucrée, acidule, à parfum légèrement framboisé.

Maturité. — Octobre-Décembre.

Qualité. — Deuxième.

Historique. — En 1670 cette pomme, regardée comme originaire de l'Auvergne, était d'une telle rareté, que le moine Claude Saint-Étienne se trouvait encore le seul qui l'eût signalée [page 208 de sa *Nouvelle instruction pour connaître les bons fruits*]. Un siècle plus tard (1784) nous la cultivions assez abondamment, et M. de la Bretonnerie, pomologue estimé, lui consacrait un curieux article, dont nous allons citer les principaux passages :

« Le *Calville rouge d'Automne* — écrivit-il — est une grosse pomme à côtes, plus longue que ronde, d'un beau rouge cramoisi foncé. Une bonne pomme de Calville rouge doit avoir la chair légère, beaucoup teinte de rouge incarnat, et sentir la violette. Il a passé pour constant, jusqu'à présent, que ce fruit n'est rouge en dedans que sur les vieux arbres plantés dans des terres fortes et fraîches.... Les plus belles et les meilleures de ces pommes, sont en Auvergne, où elles sont des plus communes..... » (*L'École du jardin fruitier*, 1784, t. II, pp. 471-472.)

Observations. — Très-souvent le Calleville rouge d'Automne est confondu avec le Calleville rouge d'Hiver, surtout à cause de la teinte rosée dont se nuance parfois la chair de ces deux fruits. Il existe cependant une très-grande différence entr'eux, tant pour la forme que pour l'époque de maturation et la qualité ; on s'en convaincra en les comparant ici. — Nous disons d'avance qu'il n'y a rien, non plus, de commun entre ce Calleville et le pommier *Roi-Très-Noble*, d'origine allemande, quoique le dernier ait Calleville rouge d'Automne parmi ses synonymes. Et il en est ainsi pour la pomme *de Violette*, variété bien connue, mais dont la dénomination appartient également à la synonymie dudit Calleville. — Couverchel, en son *Traité des fruits* (1852), applique à cette même pomme les surnoms *Grelot* et *Sonnette*, et les justifie de la sorte :

« Ses pepins, lorsqu'ils n'avortent pas, ce qui est rare, sont aigus et renfermés dans de grandes loges, caractère qui distingue tous les Calvilles ; il arrive même souvent que les pepins se détachent et sonnent par l'agitation ; ce qui prouve, contre l'opinion de certains physiologistes, qu'ils sont, relativement au péricarpe, dans un isolement complet..... » (Page 431.)

Couverchel est dans le vrai, quant à l'avortement très-fréquent des pepins du Calleville rouge d'Automne ; mais je suis loin, comme lui, d'avoir remarqué que ces pepins, détachés entièrement du péricarpe, sonnassent lorsqu'on agitait la pomme. Au contraire, j'ai constamment vu les pepins de ce Calleville fortement maintenus, et par suite immobiles dans leurs loges.

Pomme CALLEVILLE ROUGE D'AUTOMNE [des Allemands]. — Synonyme de pomme *Roi-Très-Noble*. Voir ce nom.

Pommes : CALLEVILLE ROUGE D'AUTOMNE ET D'HIVER,

— CALLEVILLE ROUGE COURONNÉE,

— CALLEVILLE ROUGE EN DEDANS ET EN DEHORS,

} Synonymes de *Calleville rouge d'Hiver.* Voir ce nom.

93. Pomme CALLEVILLE ROUGE D'ÉTÉ.

Synonymes. — *Pommes* : 1. Syrique (de Pline, au Iᵉʳ siècle de notre ère, d'après Tournefort, *Institutiones rei herbariæ*, 1700, t. I, p. 635; — et d'après Fée, *Traduction de Pline*, édition Panckoucke, 1831, t. IX, p. 470). — 2. Serique (Daléchamp, *Historia generalis plantarum*, 1586, t. I, p. 242; — Jean Bauhin, *Historia plantarum universalis*, édition posthume de 1650, t. I, pp. 3 et 4; — et Fée, *id. ibid.*). — 3. Suzine (*Iid. iibid.*). — 4. De Suze (Jean Bauhin, *ibid.*). — 5. Framboisée (le Lectier, d'Orléans, *Catalogue des arbres cultivés dans son verger et plant*, 1628, p. 22; — et Bonnefond, *le Jardinier français*, 1653, p. 107). — 6. De Framboise d'Été (Claude Saint-Étienne, *Nouvelle instruction pour connaître les bons fruits*, 1670, p. 211). – 7. Passe-Pomme musquée (*Id. ibid.*, p. 214). — 8. Petit-Calleville d'Été (*Id. ibid.*, p. 208; — et Henri Manger, *Systematische Pomologie*, 1780, t, I, p. 64, n° CXXXII). — 9. Calville d'Été de Normandie (Henri Manger, *ibid.*). — 10. Calville hative (*Id. ibid.*). — 11. Calville plate rouge d'Été (*Id. ibid.*). — 12. Calville royale d'Été (*Id. ibid.*). — 13. Grosse-Passe-Pomme (Louis du Bois, *du Pommier, du Poirier et du Cormier*, 1804, t. I, p. 30, n° 4).

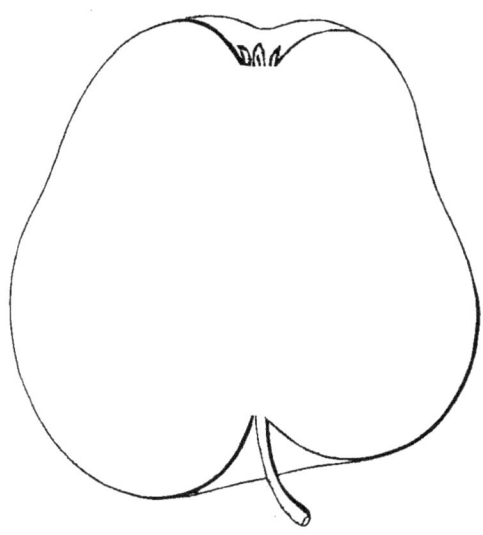

Description de l'arbre. — *Bois :* peu fort. — *Rameaux :* assez nombreux, grêles et légèrement étalés, de longueur moyenne, faiblement géniculés et duveteux, brun rougeâtre lavé de gris. – *Lenticelles :* petites, arrondies et clair-semées. — *Coussinets :* presque nuls. — *Yeux :* moyens, coniques-ventrus, plaqués sur l'écorce. — *Feuilles :* assez grandes, ovales, coriaces, d'un vert sombre, planes ou canaliculées, courtement acuminées, ayant les bords régulièrement et finement dentés. — *Pétiole :* long, épais et roide, carminé à la base et sensiblement cannelé. — *Stipules :* moyennes.

Fertilité. — Abondante.

Culture. — Malgré sa vigueur modérée on peut l'élever pour la haute tige, mais nous le greffons de préférence sur paradis, afin d'en faire des cordons ou des buissons.

Description du fruit. — *Grosseur :* moyenne et parfois moins volumineuse. — *Forme :* conique-obtuse, légèrement étranglée près du sommet, sensiblement côtelée, presque toujours plus grosse d'un côté que de l'autre. — *Pédoncule :* assez long, grêle, profondément implanté dans un large bassin. — *Œil :* moyen ou petit, mi-clos ou fermé, rarement bien enfoncé, à vaste cavité fortement plissée. — *Peau :* jaune-paille, amplement lavée de rouge-cramoisi fouetté de carmin foncé, ponctuée de blanc et de gris, quelque peu tachée de roux verdâtre dans le bassin pédonculaire, puis recouverte d'une légère efflorescence violâtre. — *Chair :*

blanche, rosée près des loges et sous la peau, fine, très-odorante et des plus tendres. — *Eau :* abondante, sucrée, très-savoureusement acidulée et parfumée.

Maturité. — Juillet-Août.

Qualité. — Première.

Historique. — Différents traducteurs de Pline et plusieurs naturalistes, entre autres Daléchamp (1586), Tournefort (1700), Fée (1831), ont affirmé dans des ouvrages mentionnés au sommaire synonymique placé en tête de cet article, que les Romains avaient connu, sous le nom *Pomme Syrique*, le Calleville rouge d'Été. Je rapporte leur assertion, mais ne puis partager leur sentiment, Pline ne disant rien qui soit de nature à permettre l'assimilation de ces deux fruits. Voici son texte : « *Coloris, Syrica;* » qu'on doit traduire : « les Syriques, ainsi appelées de leur couleur. » Le mot *syricum* désignait effectivement, à Rome, une certaine nuance se rapprochant de l'ocre rouge. Toujours est-il que là nous sommes en présence d'une très-ancienne variété également réunie par Daléchamp, d'après la description du naturaliste Curtius (1560), au pommier nommé jadis *de Suse*, chez les Italiens, qui le croyaient originaire de la ville de ce nom, située sur les confins du Piémont. (Voir Curtius, *Hortorum libri trigenta*, 1560, chap. Pommier, n° 28.) En France, on la cultiva d'abord, vers 1600, sous les noms Framboisée ou Framboise d'Été, qui lui vinrent de l'odeur dont elle est fortement imprégnée. Ce fut en 1670 qu'apparut son présent surnom, et nous le rencontrons alors, en voie de formation, dans la *Nouvelle instruction pour connaître les bons fruits*, où l'auteur, dom Claude Saint-Étienne, décrit cette pomme fort exactement : « Le Petit « *Calleville d'Esté* — dit-il — est rondelet, gros environ comme une balle, d'un « rouge violet, et fort fleuri dessus; sent bien la Calleville, et très-bon. » (Page 208.) Enfin, avant 1722 la dénomination Calleville rouge d'Été se trouvait complètement adoptée chez nous, ainsi qu'il résulte du *Traité des jardins* publié à cette date par le jardinier-chef de la princesse de Condé, Saussay, qui le mentionne page 141, parmi dix-neuf variétés de pommier, les seules dont il recommandât la multiplication.

Pommes : CALLEVILLE ROUGE D'ÉTÉ [des Anglais], } Synonymes de *Passe-Pomme d'Été*. Voir ce
— CALLEVILLE ROUGE HATIF, } ce nom.

94. Pomme CALLEVILLE ROUGE D'HIVER.

Synonymes. — *Pommes :* 1. Calville rouge (le Lectier, d'Orléans, *Catalogue des arbres cultivés dans son verger et plant*, 1628, p. 23; — et Merlet, *l'Abrégé des bons fruits*, 1667, p. 148). — 2. Passe-Pomme d'Hiver (Claude Mollet, *Théâtre des jardinages*, 1652, pp. 50 et 51). — 3. De Bretagne rouge (Bonnefond, *le Jardinier français*, 1653, p. 108; — et Merlet, *ibid.*, édition de 1690, p. 132). — 4. Passe-Pomme d'Automne (Merlet, *ibid.*, édition de 1667, p. 145). — 5. Passe-Pomme tardive (*Id. ibid.*). — 6. Calville musqué (dom Claude Saint-Étienne, *Nouvelle instruction pour connaître les bons fruits*, 1670, pp. 208-209; — et Manger, *Systematische Pomologie*, 1780, t. I, p. 66, n° CXXXII-4°). — 7. Caleville sanguinole (*Iid. ibid.*). — 8. La Générale (dom Claude Saint-Étienne, *ibid.*, p. 212; — et les Chartreux de Paris, *Catalogue de leurs pépinières*, 1775, p. 50). — 9. Passe-Pomme rouge dedans (dom Claude Saint-Étienne, *ibid.*, p. 214). — 10. Calville rouge d'Automne et d'Hiver (la Quintinye, *Instructions pour les jardins fruitiers et potagers*, 1690, t. I, p. 390). — 11. D'Outre-Passe (Merlet, *ibid.*, édition de 1690,

p. 132; — et Duhamel, *Traité des arbres fruitiers*, 1768, t. I, p. 278). — 12. Passe-Pomme côtelée (Henri Hessen, *Gartenlust*, 1690, p. 289; — et Manger, *ibid.*, p. 54, n° cvi-1°). — 13. Calville rouge en dedans et en dehors (Herman Knoop, *Pomologie*, 1760, édition allemande, pp. 27 et 57). — 14. Général (Duhamel, *ibid.*, p. 278). — 15. Calville flamense (Manger, *ibid.*, p. 66, n° cxxxii-4°). — 16. Calville longue d'Hiver (*Id. ibid.*). — 17. Calville rouge normand (*Id. ibid.*; — et Congrès pomologique, *Pomologie de la France*, 1867, t. IV, n° 2). — 18. Calville rouge de Normandie (Manger, *ibid.*). — 19. Calville royale d'Hiver (*Id. ibid.*). — 20. Passe-Pomme générale (Manger, *ibid.*, p. 54, n° cvi-1°). — 21. Passe-Pomme soyette (*Id. ibid.*). — 22. Sanguinole (*Id. ibid.*, p. 66, n° cxxxii-4°). — 23. Calleville rouge de Paques (Diel, *Kernobstsorten*, 1819, t. XXI, p. 14). — 24. Roode Paasch (*Id. ibid.*). — 25. Rother Oster-Calvill (*Id. ibid.*). — 26. Calville rouge d'Anjou d'Hiver (Thompson, *Catalogue of fruits cultivated in the garden of the horticultural Society of London*, 1842, p. 9, n° 116). — 27. Calville rouge couronnée (*Id. ibid.*, p. 9, n° 118). — 28. Calville d'Anjou (Pépinières angevines, depuis 1843; — et André Leroy, *Catalogue de cultures*, 1849, p. 30, n° 23). — 29. Rambour turc (Comice Horticole d'Angers, *Catalogue de son Jardin fruitier*, 1852, n° 219). — 30. Calville vraie des Allemands (C. A. Hennau, *Annales de pomologie belge et étrangère*, 1856, t. IV, p. 11). — 31. Caillot rosat (*Id. ibid.*).

Pomme Calleville rouge d'Hiver. — *Premier Type.*

Fertilité. — Extrême.

Description de l'arbre. — *Bois :* assez fort. — *Rameaux :* peu nombreux, généralement étalés, gros et longs, très-géniculés, faiblement cotonneux et d'un rouge-brun foncé. — *Lenticelles :* petites, allongées, assez abondantes. — *Coussinets :* saillants. — *Yeux :* moyens, coniques, duveteux, entièrement collés sur le bois. — *Feuilles :* grandes, minces, vert clair en dessus, d'un blanc grisâtre et duveteux en dessous, ovales-allongées, acuminées, planes ou relevées en gouttière, légèrement repliées sur elles-mêmes et bien dentées sur leurs bords. — *Pétiole :* gros, long, à cannelure peu profonde. — *Stipules :* étroites et longues.

Culture. — Greffé ras de terre sa tige pousse très-droite mais reste grêle; il est donc mieux, pour plein-vent, de le greffer en tête, sa végétation devenant alors plus satisfaisante. En le plaçant sur doucin ou paradis il fait de jolis gobelets ou cordons, toujours d'un très-grand rapport.

Description du fruit. — *Grosseur :* au-dessus de la moyenne et plus volumineuse. — *Forme :* assez inconstante, elle passe le plus habituellement de l'ovoïde-arrondie à la conique-allongée, mais toujours elle est pentagone et moins grosse d'un côté que de l'autre. — *Pédoncule :* long, grêle, renflé au point d'attache, très-profondément implanté dans un bassin irrégulier et de largeur variable. — *OEil :* grand, mi-clos ou fermé, à longues sépales, à cavité vaste ou moyenne, dans laquelle il est quelquefois obliquement placé. — *Peau :* à fond jaune verdâtre, presque entièrement recouverte de rouge clair sur la face exposée à l'ombre, et de carmin foncé à l'insolation, toute ponctuée de gris-blanc et souvent maculée de roux squammeux dans le bassin pédonculaire. — *Chair :* très-blanche, rosée sous la peau et parfois même jusqu'au centre, fine, croquante et tendre. — *Eau :* suffisante, vineuse, sucrée, acidule, douée d'un parfum savoureux mais peu prononcé généralement.

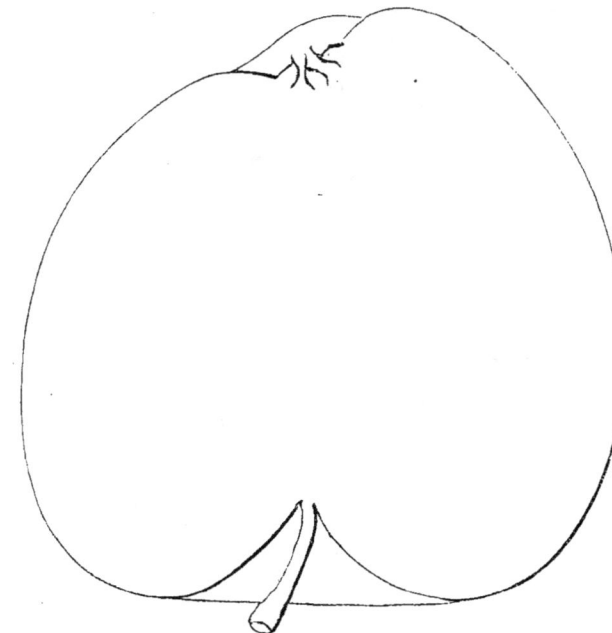

Pomme Calleville rouge d'Hiver. — *Deuxième Type.*

MATURITÉ. — Novembre ou décembre, se prolongeant jusqu'en avril et souvent même beaucoup plus tard.

QUALITÉ. — Deuxième ; quelquefois première, quand la chair est bien parfumée.

Historique. — La dénomination sous laquelle on cultive aujourd'hui ce Calleville, commençait à prendre rang vers 1600, et pour lors était synonyme des noms locaux, et beaucoup plus anciens : *Passe-Pomme d'Automne* ou *d'Hiver*, pommes *de Bretagne rouge*, *d'Outre-Passe*, *de Général*, *Sanguinole*, etc., appellations que l'étude de la synonymie fait aisément retrouver chez nos vieux pomologues, depuis le Lectier (1628) jusqu'à Duhamel (1768). Le nombre si grand des premiers noms du Calleville rouge d'Hiver, fut cause que souvent on confondit cette variété avec d'autres s'en éloignant beaucoup ; notamment avec le Cœur de Bœuf et certaine Passe-Pomme. Tout récemment notre Congrès pomologique formulait dans les termes ci-après, cette même remarque :

« Variété ancienne, mal observée et mal étudiée. Les auteurs qui l'ont décrite plus ou moins sommairement, n'ont pas pris garde qu'elle change de forme, d'aspect, de couleur et de goût, selon l'âge de l'arbre, la nature du sol et celle de l'exposition, et l'ont surbaptisée. » (*Pomologie de la France*, 1867, t. IV, n° 2.)

Cependant dès 1670 Claude Saint-Étienne en donna la description suivante, qui eût rendu de telles erreurs moins fréquentes, si l'on s'était alors astreint à vérifier l'identité des fruits, avant de les mentionner :

« CALEVILLE, dit *Sanguinole* parce qu'il est rouge dessus et dedans — écrivait cet auteur — est longuet et gros quasi une fois plus que celuy d'Esté, et par costes relevées, d'un rouge brun dessus ; excellent. Il y en a qui se garde plus d'un an. » (*Nouvelle instruction pour connaître les bons fruits*, 1670, p. 208.)

J'ai démontré précédemment (pp. 166-167 et 174 à 178) que le nom du Calleville vient d'un bourg ainsi appelé, situé près d'Évreux (Eure), et dans lequel le

Calleville blanc et le rouge ont été, lors de leur importation en Normandie, primitivement cultivés. Il n'y a donc plus à s'occuper de ce point. Mais je dois faire ressortir que Bonnefond signalait en 1652 (*Jardinier français*, p. 108), parmi les variétés de garde, une pomme *de Bretagne rouge* qu'en 1690 Merlet caractérisa de la sorte :

« La Pomme *d'Outre-Passe* est une Passe-Pomme d'Automne d'une médiocre grosseur, *qui vient de Bretagne*, où elle est fort estimée ; sa peau est d'un *rouge vermeil* ; elle est rouge dedans jusqu'au cœur, et est la plus légère des pommes. » (*L'Abrégé des bons fruits*, 3ᵉ édition, p. 132.)

S'il faut le dire, cette pomme de Bretagne rouge dont Bonnefond parlait en 1652, et qu'évidemment les Bretons cultivaient déjà depuis nombre d'années, donne à penser que le Calleville rouge d'Hiver, auquel on l'assimile, pourrait bien être originaire de la Bretagne.

Observations. — La maturité du Calleville rouge d'Hiver est très-capricieuse ; parfois elle commence fin novembre, mais souvent aussi n'a lieu qu'aux derniers jours de décembre, ou même en janvier. Quant à sa durée, il n'est pas rare de la voir se prolonger jusqu'au printemps, et plus tard encore. Pour preuve, j'affirme que le 12 août 1864 je dégustais très-bon, quoiqu'un peu blossi, un de ces Calleville. — Le sol et l'exposition influent notablement sur le parfum et la qualité de cette pomme. Dans l'Anjou, elle est plutôt de second ordre, que de premier, et généralement peu parfumée. Nos pépiniéristes du Midi l'estiment beaucoup, au contraire, et lui accordent un arome prononcé, rappelant celui de la framboise et de la violette. En Hollande, Herman Knoop déclarait en 1771 (*Pomologie*, p. 24) que ses compatriotes la recherchaient infiniment et lui trouvaient le goût du vin du Rhin. Ces appréciations si diverses en disent plus à elles seules, pour montrer combien varie la qualité de ce fruit, que toutes les théories des arboriculteurs-physiologistes ; aussi n'en transcrivons-nous aucune.

Pommes : CALLEVILLE ROUGE NORMAND,

— CALLEVILLE ROUGE DE NORMANDIE,

— CALLEVILLE ROUGE DE PAQUES,

Synonymes de *Calleville rouge d'Hiver*. Voir ce nom.

---

95. Pomme CALLEVILLE ROYAL D'AUTOMNE.

Description de l'arbre. — *Bois* : assez fort. — *Rameaux* : peu nombreux, étalés et souvent arqués, de grosseur et longueur moyennes, très-géniculés et très-cotonneux, brun foncé lavé de rouge sombre. — *Lenticelles* : le plus habituellement allongées, petites, abondantes. — *Coussinets* : aplatis. — *Yeux* : petits, coniques-arrondis, très-duveteux, entièrement plaqués sur l'écorce. — *Feuilles* : grandes, minces, vert jaunâtre en dessus, blanc verdâtre en dessous, elliptiques, légèrement ondulées, ayant les bords faiblement dentés ou crénelés. — *Pétiole* : gros, long, profondément cannelé. — *Stipules* : longues et très-larges.

Fertilité. — Médiocre.

CULTURE. — On peut indistinctement le destiner à la haute ou à la basse-tige, car il se prête à toutes les formes et fait toujours de beaux et réguliers pommiers.

Pomme Calleville royal d'Automne.

Description du fruit. — *Grosseur :* au-dessus de la moyenne. — *Forme :* conique-raccourcie, fortement ventrue à la base et côtelée à son autre extrémité. — *Pédoncule :* court, épais et charnu, implanté dans un bassin assez large et peu profond. — *Œil :* moyen, mi-clos, irrégulier, presque à fleur de fruit. — *Peau :* unie, vert nuancé de jaune pâle, amplement rayée de rouge terne, parsemée de larges points bruns ou gris, et tachée de fauve autour du pédoncule. — *Chair :* fine, compacte, jaunâtre ou verdâtre, surtout auprès du cœur, qui est remarquablement petit. — *Eau :* abondante, bien sucrée, agréablement acidulée et parfumée.

MATURITÉ. — Octobre-Décembre.

QUALITÉ. — Première.

Historique. — Ce Calleville est d'origine anglaise et connu depuis 1729, date à laquelle Langley le figura dans la *Pomone de la Grande-Bretagne* (planche LXXV, n° 6). Son importation chez nous eut lieu vers 1835, et Louis Noisette, en 1839, me paraît être le premier qui l'y ait décrit (*Jardin fruitier*, p. 202).

POMME CALLEVILLE ROYAL D'ÉTÉ. — Synonyme de *Calleville rouge d'Été*. Voir ce nom.

POMME CALLEVILLE ROYAL D'HIVER. — Synonyme de *Calleville rouge d'Hiver*. Voir ce nom.

---

96. POMME CALLEVILLE DE SAINT-SAUVEUR.

Synonymes. — *Pommes* : 1. DE SAINT-SAUVEUR (F. Hérincq, *Revue horticole*, 1848, p. 429). — 2. REINETTE SAINT-SAUVEUR (Congrès pomologique, *Pomologie de la France*, 1867, t. IV, n° 9).

Description de l'arbre. — *Bois :* de force moyenne. — *Rameaux :* nombreux, généralement un peu étalés, gros, assez longs, très-coudés, duveteux et brun clair. — *Lenticelles :* très-petites, allongées et clair-semées. — *Coussinets :* saillants. — *Yeux :* moyens, coniques-arrondis, appliqués contre le bois. — *Feuilles :* petites ou moyennes, ovoïdes, vert clair en dessus, grises et cotonneuses en dessous, courtement acuminées, à bords dentés ou crénelés et légèrement ondulés. —

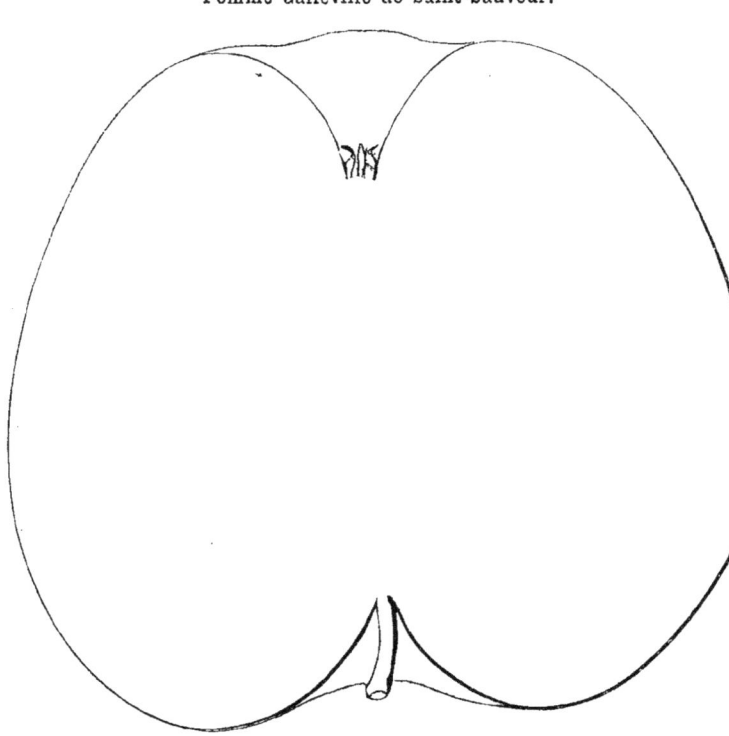

Pomme Calleville de Saint-Sauveur.

Pétiole : de longueur et de grosseur moyennes, à cannelure bien prononcée. — *Stipules :* des plus développées.

Fertilité. — Abondante.

Culture. — En lui donnant pour sujet le paradis ou le doucin, on augmente sa production, surtout sous les formes cordon et buisson; greffé au ras de terre il peut aussi faire de convenables plein-vent, à tige droite, à tête régulière et touffue.

Description du fruit. — *Grosseur :* considérable. — *Forme :* assez variable, elle est toujours pentagone et le plus ordinairement conique-allongée ou cylindro-conique. — *Pédoncule :* de longueur moyenne ou très-court, bien nourri, souvent renflé à la base, et arqué. — *Œil :* grand, mi-clos ou fermé, à longues et larges sépales, à cavité irrégulière, plissée, parfois excessivement profonde. — *Peau :* épaisse, lisse, vert clair jaunâtre, faiblement colorée de rouge-brun tendre sur le côté de l'insolation, maculée de fauve dans le bassin pédonculaire et semée de larges points brunâtres cerclés de vert. — *Chair :* blanche, un peu verdâtre ou jaunâtre auprès des loges, mi-fine et très-tendre. — *Eau :* abondante, sucrée, acidule et vineuse, mais rarement douée d'un parfum prononcé.

Maturité. — Octobre-Décembre.

Qualité. — Deuxième ou première, suivant que la saveur parfumée du fruit s'est plus ou moins bien développée.

Historique. — La provenance de cette pomme si remarquablement belle fut établie en 1863, par M. de Liron d'Airoles, dans le *Journal* de la Société d'Horticulture de Paris :

« Elle a — disait alors ce pomologue — été mise dans le commerce vers 1836 ou 1837 par M. Jamin (Jean-Laurent), pépiniériste à Bourg-la-Reine, près Paris, auquel des greffes avaient été données. Voici ce que nous apprend sur cette variété une note de M. Despréaux de

Saint-Sauveur, membre de la Société : « Un pommier planté dans le jardin de mon père, « sur sa propriété de Saint-Sauveur, commune de Breteuil (Oise), étant venu à s'affranchir « par la mort de la greffe qu'il portait, produisit des fruits qui parurent nouveaux. Tel fut « l'avis de M. Jamin, qui leur donna le nom de *Calville de Saint-Sauveur* en souvenir du lieu « où ils avaient été trouvés. » (Tome IX, n° de mars, pp. 153-154.)

Pomme CALLEVILLE SANGUINOLE. — Synonyme de *Calleville rouge d'Hiver*. Voir ce nom.

Pomme CALLEVILLE TARDIF. — Synonyme de *Calleville blanc d'Hiver*. Voir ce nom.

Pomme CALLEVILLE VRAIE DES ALLEMANDS. — Synonyme de *Calleville rouge d'Hiver*. Voir ce nom.

Pomme DE CALUAU ou CALVAU. — Synonyme de pomme *Api noir*. Voir ce nom.

Pomme CALVILLE. — Voir *Calleville*.

Pommes : CALVINE,

— CALVIRE [dans le Languedoc],

Synonymes de *Calleville blanc d'Hiver*. Voir ce nom.

Pomme CAMBOUR DES LORRAINS. — Synonyme de *Rambour d'Été*. Voir ce nom.

Pomme CAMBRIDGE PIPPIN. — Synonyme de pomme *Bedfordshire foundling*. Voir ce nom.

Pomme CAMIÈRE. — Synonyme de *Pigeonnet blanc d'Hiver*. Voir ce nom.

Pommes : CAMOISAS DU ROI D'ESPAGNE,

— CAMOISE BLANCHE,

— CAMOISÉE BLANCHE,

— CAMUEZAS,

— CAMUZAR,

Synonymes de *Reinette d'Espagne*. Voir ce nom.

Pomme du CANADA. — Synonyme de *Reinette du Canada*. Voir ce nom.

Pomme CANADA GRIS. — Synonyme de *Reinette grise du Canada*. Voir ce nom.

97. Pomme de CANNELLE.

Synonyme. — *Pomme* Zimmet (Herman Knoop, *Pomologie*, édition allemande, 1760, t. II, pl. xi, n° 84).

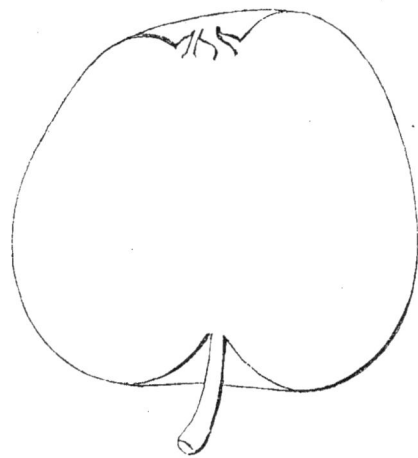

Description de l'arbre. — *Bois* : fort. — *Rameaux* : nombreux, faiblement étalés, longs, assez gros, bien coudés, légèrement cotonneux, brun rougeâtre clair. — *Lenticelles* : plus ou moins arrondies, grandes et abondantes. — *Coussinets* : presque nuls. — *Yeux* : moyens, ovoïdes, duveteux, collés en partie contre le bois. — *Feuilles* : petites, ovales, planes, courtement acuminées, à bords régulièrement dentés. — *Pétiole* : de grosseur et de longueur moyennes, profondément cannelé, roide et tenant la feuille bien érigée. — *Stipules* : de dimension variable, mais souvent larges et longues.

Fertilité. — Ordinaire.

Culture. — Jusqu'ici je l'ai constamment destiné à former des pommiers nains; j'ignore donc comment il se comporte en plein-vent; la vigueur dont il est doué doit toutefois permettre de l'employer ainsi sans désavantage.

Description du fruit. — *Grosseur* : au-dessous de la moyenne. — *Forme* : conique légèrement ventrue et souvent moins volumineuse d'un côté que de l'autre. — *Pédoncule* : long, assez fort, surtout au point d'attache, profondément inséré dans un vaste bassin. — *Œil* : presque à fleur de fruit, grand, mi-clos, légèrement duveteux, à longues et larges sépales. — *Peau* : jaune terne, semée çà et là de quelques petits points gris peu visibles, puis très-amplement marbrée et striée de rouge lie de vin. — *Chair* : blanchâtre, fine et mi-tendre. — *Eau* : suffisante, très-sucrée, à peine acidulée, possédant une saveur aromatique qui rappelle assez bien le goût de la cannelle.

Maturité. — Courant de septembre et gagnant aisément le mois de décembre.

Qualité. — Première.

Historique. — En 1760 la pomme de Cannelle fut signalée par le Hollandais Herman Knoop dans l'édition allemande de sa *Pomologie* (t. II, pl. xi, n° 84). C'est le premier auteur qui nous l'ait montrée. Il ne dit pas s'il la regarde comme un fruit appartenant à son pays. Elle est très-connue chez les Allemands, desquels je l'ai reçue en 1867. M. Oberdieck, un de leurs principaux pomologues, la décrivait en 1869 (*Illustrirtes Handbuch der Obstkunde*, t. I, p. 231, n° 100) et pensait qu'elle était originaire de France. Cette opinion me paraît hasardée, nos anciens écrivains horticoles n'ayant jamais parlé d'une pomme de ce nom. Pour moi, je la croirais plutôt née chez les Hollandais, où Knoop, avant 1760, s'en occupait déjà.

98. Pomme de CANTERBURY.

Synonymes. — *Pommes* : 1. Reinette de Cantorbery (F. Hérincq, *Revue horticole*, de Paris, 1848, t. II, p. 26). — 2. De Cantorbury (J. L. Jamin, *Note sur l'arboriculture fruitière*, insérée dans les *Annales* de la Société d'Horticulture de Paris, 1852, p. 316). — 3. De Cantorbery (C. A. Hennau, *Annales de pomologie belge et étrangère*, 1853, t. I, p. 109). — 4. Reinette de Canterbury (Jahn, *Illustrirtes Handbuch der Obstkunde*, 1862, t. IV, p. 129, n° 327). — 5. Melon (Congrès pomologique, *Pomologie de la France*, 1867, t. IV, n° 33).

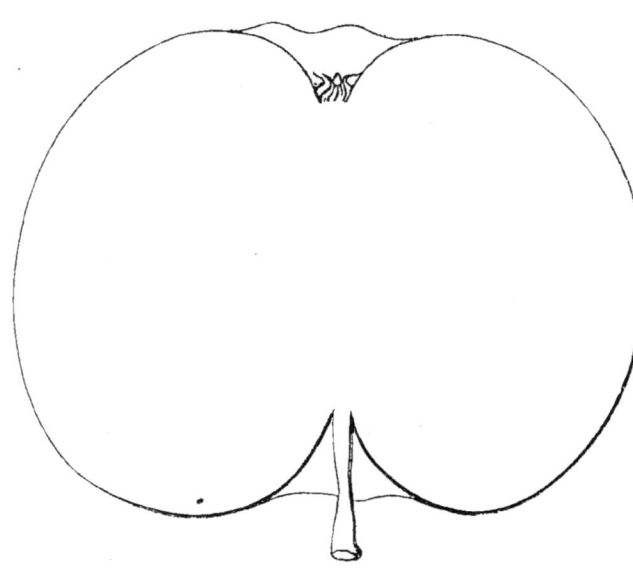

Description de l'arbre. — *Bois :* fort. — *Rameaux :* assez nombreux, étalés, très-gros, de longueur moyenne, peu géniculés, bien cotonneux et d'un rouge-brun ardoisé. — *Lenticelles :* plus ou moins arrondies, petites et clair-semées. — *Coussinets :* modérément ressortis. — *Yeux :* gros et coniques-obtus, duveteux, appliqués sur le bois. — *Feuilles :* épaisses et coriaces, moyennes, ovales, acuminées, ayant les bords sensiblement crénelés. — *Pétiole :* bien nourri, assez court, faiblement cannelé. — *Stipules :* moyennes.

Fertilité. — Abondante.

Culture. — Quoiqu'il puisse faire de passables plein-vent, même en le greffant au ras de terre, il est préférable, pour en obtenir d'irréprochables, de le greffer en tête ; placé sur paradis il prospère admirablement, sous quelque forme que ce soit.

Description du fruit. — *Grosseur :* volumineuse. — *Forme :* sphérique, fortement aplatie aux pôles, généralement bien pentagone dans toute sa partie supérieure. — *Pédoncule :* long, grêle à son milieu, renflé à ses extrémités, profondément inséré dans un vaste bassin. — *Œil :* moyen ou petit, mi-clos ou fermé, à longues sépales, régulier et modérément enfoncé dans une large cavité. — *Peau :* jaune, mince, brillante et lisse, à reflet légèrement verdâtre et portant quelques points gris peu visibles et très-espacés. — *Chair :* blanche, tendre, mi-fine, assez croquante. — *Eau :* abondante et sucrée, mais douceâtre et presque dénuée de parfum.

Maturité. — Novembre-Février.

Qualité. — Deuxième.

Historique. — M. Jamin (Jean-Laurent), pépiniériste à Paris et depuis longtemps dévoué aux études pomologiques, semble nous avoir conservé, en partie du moins, l'état-civil de cette variété. Elle est de provenance anglaise et son importation chez nous date de 1838, disait-il dans un travail intitulé *Note sur l'arboriculture fruitière,* qu'il fit paraître en 1852 au tome XLIII des *Annales* de la Société d'Horticulture de Paris (pp. 307 à 321). Voulant compléter ces renseignements, j'ai feuilleté les Pomologies anglaises, mais sans y rencontrer même le nom de la pomme de Canterbury. Je ne saurais donc, devant ce silence absolu, affirmer que cette dernière ville, sise au comté de Kent, ait vu naître le volumineux fruit ici décrit. Son mérite n'a rien, je le sais, qui puisse sérieusement engager nos voisins d'outre-Manche à le réclamer, car il prend rang, et assez bas, parmi les pommes de second ordre. Cependant je n'en suis pas moins étonné que les Anglais, si réellement tel est leur droit, se soient abstenus jusqu'alors de l'inscrire comme un de leurs gains. J'ajoute que longtemps il a porté la dénomination générique de *Reinette,* et bien à tort, sa chair et son eau ne possédant aucune des qualités qui distinguent les produits du nombreux groupe de pommiers ainsi appelé.

Pommes : de CANTORBERY,
— de CANTORBURY, } Synonymes de pomme de *Canterbury.* Voir ce nom.

Pommes : de CAPENDU,
— CAPENDU-REINETTE, } Synonymes de *Court-Pendu gris.* Voir ce nom.

Pomme a CARACTÈRES. — Synonyme de *Reinette marbrée.* Voir ce nom.

Pomme de CARACTÈRES. — Synonyme de *Fenouillet jaune.* Voir ce nom.

Pomme CARAWAY RUSSET. — Synonyme de *Fenouillet gris.* Voir ce nom.

Pomme de CARDINAL. — Synonyme de pomme *d'Api.* Voir ce nom.

99. Pomme CARDINAL ROUGE.

Synonymes. — Pommes : 1. Rother Back (Jean Bauhin, *Historia fontis et balnei Bollensis,* 1598, p. 79 ; — et Lucas, *Illustrirtes Handbuch der Obstkunde,* 1859, t. I, p. 111, n° 40). — 2. Rouge a Frire (Bauhin, avant 1613, *Historia plantarum universalis,* édition de 1650, t. I, p. 18). — 3. Rother Cardinal (Diel, *Kernobstsorten,* 1800, t. III, p. 94). — 4. Breitling (Lucas, *ibid.*).

Description de l'arbre. — *Bois :* fort. — *Rameaux :* assez nombreux, généralement étalés, longs, gros, bien coudés, cotonneux, d'un rouge-brun légèrement lavé de gris. — *Lenticelles :* plus ou moins allongées, grandes et rapprochées. — *Coussinets :* larges mais peu saillants. — *Yeux :* moyens, coniques, faiblement duveteux et entièrement collés sur l'écorce. — *Feuilles :* moyennes, ovales, très-allongées, longuement acuminées, planes ou ondulées, à bords correctement crénelés. — *Pétiole* : très-gros, de longueur moyenne, à cannelure profonde. — *Stipules* : moyennes.

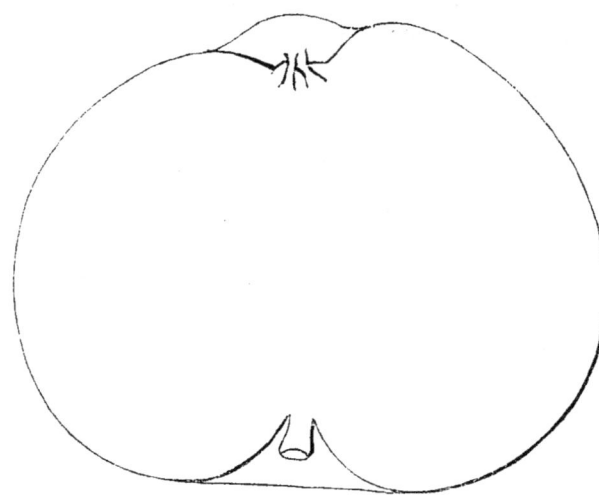

Pomme Cardinal rouge.

Fertilité. — Ordinaire.

Culture. — Je n'en ai fait encore que des pommiers nains de diverses formes, et tous ont très-bien réussi. Il devrait également, en raison de sa grande vigueur, parfaitement convenir pour le plein-vent.

Description du fruit. — *Grosseur* : au-dessus de la moyenne. — *Forme* : conique très-raccourcie, ventrue et sensiblement plus large que haute. — *Pédoncule* : court ou de longueur moyenne, bien nourri, assez profondément inséré dans un vaste bassin. — *Œil* : grand, mi-clos ou fermé, modérément enfoncé, à cavité large, très-irrégulière et habituellement côtelée. — *Peau* : unie, à fond jaunâtre, presque entièrement lavée et striée de rouge foncé, légèrement maculée de fauve autour du pédoncule et régulièrement semée de points blancs beaucoup plus apparents sur le côté de l'insolation que sur l'autre face. — *Chair* : un peu jaunâtre, mi-fine et mi-tendre. — *Eau* : suffisante, sucrée, acidule et vineuse, mais faiblement parfumée.

Maturité. — Novembre-Janvier.

Qualité. — Deuxième.

Historique. — Le pommier Cardinal rouge est depuis longtemps très-répandu sous ce nom et sous celui de *Rother Back*, dans le Wurtemberg, disait en 1859 le pomologue Lucas au tome Ier de l'*Illustrirtes Handbuch der Obstkunde* (p. 111, n° 40). Je puis ajouter que déjà même on l'y rencontrait, ainsi que dans les contrées avoisinantes, au siècle du naturaliste Jean Bauhin, médecin avant 1594 du duc de Wurtemberg-Montbéliard. Les lignes suivantes, traduites de l'*Historia plantarum universalis* de ce savant renommé, vont le prouver :

« Rother Backapfel, c'est-à-dire la Pomme Rouge a Frire [*quasi Rubrum Frixorium dicas*], est un fruit bigarré, rouge et strié pour la plus grande partie, puis blanc jaunâtre en quelques endroits. Légèrement anguleux, il a le pédoncule court, l'œil enfoncé, la chair acidule, d'un goût agréable et vineux. Frit, il devient si délicat qu'on le sert ainsi, avec empressement, sur les tables les plus somptueuses, surtout à Bâle (Suisse), où cette variété jouit d'une très-grande vogue, et même où elle a reçu, je crois pouvoir l'affirmer, son nom de Rother Back. A Montbéliard (Franche-Comté) j'ai récolté de ces pommes qui se sont conservées jusqu'en décembre. On me dit qu'à Boll (Suisse) plusieurs ont atteint la Quadragésime. » (Tome Ier, p. 13.)

Bauhin, qui mourut en 1613, ne vit pas la publication de son *Histoire des plantes*, imprimée seulement en 1650. En 1598 il avait fait paraître une assez volumineuse Pomologie, contenue dans l'*Historia fontis et balnei Bollensis*, et déjà s'y était occupé (p. 79), mais d'une façon beaucoup moins détaillée que ci-dessus, du pommier *Rother Back*, ou Cardinal rouge. On peut donc, en toute certitude, dire de ce pommier que les Wurtembergeois, les Suisses et les Franc-Comtois le cultivaient au xvie siècle. Le connurent-ils plus tôt? Est-il né chez l'un d'eux?... Je n'en sais absolument rien. Toutefois il me semble probable que de Montbéliard (Doubs), où Bauhin nous l'a montré en 1598, il dut se répandre assez vite dans le centre de la France, car en 1628 le Lectier signalait à Orléans, page 24 du *Catalogue de son verger*, parmi les fruits de garde une pomme de Cardinal qui m'a bien l'air d'être notre Cardinal rouge. En terminant je crois utile, pour éviter quelque confusion, de rappeler que les Wurtembergeois donnèrent à deux variétés fort différentes le surnom de *Pomme à Frire :* à celle-ci, puis au Calleville blanc d'Hiver, comme nous l'avons, du reste, rapporté un peu plus haut, page 177.

POMME CARDINALE D'ÉTÉ. — Synonyme de pomme *Api d'Été*. Voir ce nom.

POMME CARDINALE D'HIVER. — Synonyme de pomme *d'Api*. Voir ce nom.

POMME CARMELITER-REINETTE. — Synonyme de *Reinette des Carmes*. Voir ce nom.

POMME CARMIN DE JUIN [ou VERMILLON D'ÉTÉ]. — Synonyme de pomme *d'Astracan rouge*. Voir ce nom.

Nota. — C'est par oubli que ce synonyme, signalé dans mes *Catalogues* dès 1852 (p. 31, n° 210), et dont j'ai maintes fois vérifié l'authenticité, n'a pas été inscrit dans le sommaire synonymique de la pomme *d'Astracan rouge* (p. 82). On voudra bien l'y porter ou du moins en tenir compte.

POMME CAROLINA GREENING. — Synonyme de pomme *Green Cheese*. Voir ce nom.

POMME CAROLINA RED STREAK. — Synonyme de pomme *Ben Davis*. Voir ce nom.

POMMES : CAROLINA SPICE,

— CAROLINE,

} Synonymes de pomme *Nickajack*. Voir ce nom.

100. POMME CAROLINE-AUGUSTE.

Description de l'arbre. — *Bois :* assez fort. — *Rameaux :* nombreux, légèrement étalés, gros et peu longs, à peine géniculés, très-duveteux, vert herbacé. — *Lenticelles :* grandes, allongées, des plus abondantes. — *Coussinets :* aplatis. — *Yeux :* moyens, ovoïdes, complétement collés sur l'écorce et couverts d'un épais duvet. — *Feuilles :* assez grandes, d'un vert peu foncé, ovales ou elliptiques, acuminées, ondulées et profondément dentées. — *Pétiole :* gros, long, flasque, laissant retomber la feuille et presque dépourvu de cannelure. — *Stipules :* larges et très-longues.

FERTILITÉ. — Ordinaire.

CULTURE. — Il fait de convenables sujets pour le plein-vent et prospère non moins bien sur doucin que sur paradis, soit comme cordon, soit comme gobelet.

Pomme Caroline-Auguste.

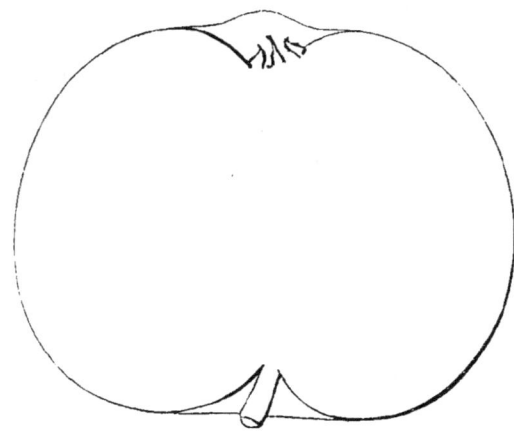

Description du fruit. — *Grosseur :* moyenne et souvent plus volumineuse. — *Forme :* sphérique, aplatie à ses extrémités, régulière et assez fortement côtelée, surtout près du sommet. — *Pédoncule :* court, arqué, bien nourri, obliquement inséré dans un bassin assez étroit. — *Œil :* moyen ou petit, généralement clos, modérément enfoncé, à cavité dont les bords sont très-accidentés. — *Peau :* épaisse, lisse, légèrement brillante, jaune clair, faiblement ponctuée de gris-roux, plus ou moins tachée de fauve dans le bassin pédonculaire, nuancée de rouge sombre et fouettée de rose vif sur la partie exposée au soleil. — *Chair :* blanche, mi-fine, un peu rosée, assez tendre quoique bien croquante. — *Eau :* suffisante, sucrée, acidule, délicatement parfumée.

MATURITÉ. — Août-Septembre.

QUALITÉ. — Première.

Historique. — Cette variété allemande, que j'ai reçue de l'Institut pomologique de Reutlingen (Wurtemberg) il y a quelques années seulement, est à peine connue de nos pépiniéristes. M. de Flotow l'ayant décrite en 1859 dans l'*Illustrirtes Handbuch der Obstkunde* (t. I, p. 91, n° 30), cita le père Joseph Schmidberger, supérieur du monastère de Saint-Florian-lez-Linz (Haute-Autriche), comme son obtenteur. Pomologue distingué, ce religieux la vit mûrir en 1818 pour la première fois, sur le pied-type, provenu d'un semis, fait en 1802, de pepins de la pomme Rose striée [*Gestreifter Rosen-Apfel*]. Le nom qu'elle porte est celui d'une princesse de Bavière qui, née en 1792, devint impératrice d'Autriche au mois de novembre 1816.

Observations. — Ne pas confondre ce fruit avec la pomme *Caroline d'Angleterre*, beaucoup plus ancienne, mais qu'on rencontre cependant très-rarement dans les jardins français (elle va d'octobre en décembre).

POMME DE CARPENDU. — Synonyme de *Court-Pendu gris*. Voir ce nom.

---

101. POMME CARPENTIN.

Synonymes. — Pommes : 1. PETITE-REINETTE GRISE (Sickler, *Teutsches Obstgärtner*, 1798, t. IX, p. 413). — 2. REINETTE CARPENTIN (Diel, *Kernobstsorten*, 1799, t. I, p. 174).

Description de l'arbre. — *Bois :* de force moyenne. — *Rameaux :* nombreux, étalés, longs, assez gros, à peine géniculés, duveteux, brun-rouge ardoisé. — *Lenticelles :* petites, arrondies, rapprochées. — *Coussinets :* presque nuls. — *Yeux :*

petits, ovoïdes-arrondis, aplatis, fortement collés sur le bois et quelque peu cotonneux. — *Feuilles :* petites, ovales ou arrondies, courtement acuminées, planes mais souvent cucullées en sens inverse, ayant les bords légèrement crénelés. — *Pétiole :* de longueur et grosseur moyennes, cotonneux, faiblement cannelé. — *Stipules :* des plus petites ou nulles.

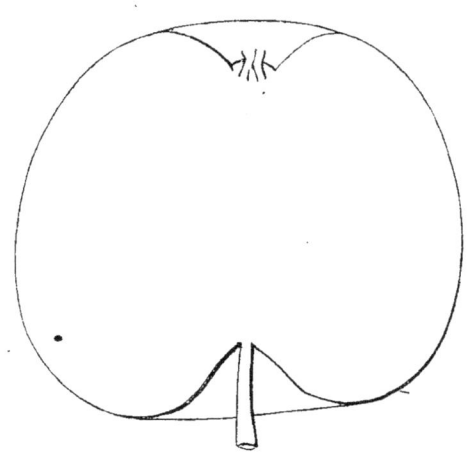

Pomme Carpentin.

Fertilité. — Abondante.

Culture. — Je destine généralement ce pommier aux diverses formes naines, lui convenant beaucoup mieux que le plein-vent, pour lequel on peut néanmoins l'élever, mais alors greffé en tête.

Description du fruit. — *Grosseur :* moyenne. — *Forme :* variant de l'ovoïde-arrondie à la globuleuse bien écrasée aux pôles. — *Pédoncule :* long ou très-long, grêle, renflé à la base, très-profondément inséré dans un vaste bassin dont l'intérieur est souvent sensiblement gibbeux. — *Œil :* moyen ou petit, fermé, à cavité unie, large, assez profonde. — *Peau :* rugueuse, à fond jaune d'or, presque entièrement lavée et striée de rouge plus ou moins vif, semée de quelques points blanchâtres, puis marbrée et réticulée de brun, surtout auprès du pédoncule. — *Chair :* blanchâtre, tendre, fine ou mi-fine. — *Eau :* suffisante, bien sucrée, délicieusement acidulée et parfumée.

Maturité. — Novembre-Février.

Qualité. — Première.

Historique. — Le pommier Carpentin fait partie des variétés de ce genre qu'en 1867 j'importai d'Allemagne, où depuis plus d'un siècle il est abondamment cultivé. En 1799 le docteur Diel en parla dans les termes suivants : « Excepté « Sickler — dit-il — qui l'an dernier [1798] a caractérisé cette variété, aucun « pomologue n'en avait encore parlé. Elle est très-commune sur les bords du « Rhin ; chacun l'y recherche comme une des meilleures que l'on puisse utiliser « pour la fabrication du cidre. » (*Kernobstsorten*, t. I, pp. 174-177.)

Observations. — Les Américains ont une pomme *Carpenter* dont le nom pourrait peut-être amener quelque méprise avec la Carpentin des Allemands. On évitera de les confondre en se rappelant que la variété américaine, de trois mois plus tardive que l'autre, en diffère aussi par sa peau huileuse et largement nuancée de jaune.

Pomme CARRÉE D'AUTOMNE. — Synonyme de pomme *d'Aunée*. Voir ce nom.

Pomme CARRÉE D'HIVER. — Synonyme de pomme *Api étoilé*. Voir ce nom.

Pomme CARSE OF GOWRIE. — Synonyme de pomme *Tour de Glammis*. Voir ce nom.

Pomme CARTER OF ALA. — Synonyme de pomme *Mangum*. Voir ce nom.

102. Pomme CARTER'S BLUE.

Synonyme. — Pomme Lady Fitzpatrick (Charles Downing, *the Fruits and fruit trees of America*, 1869, p. 120).

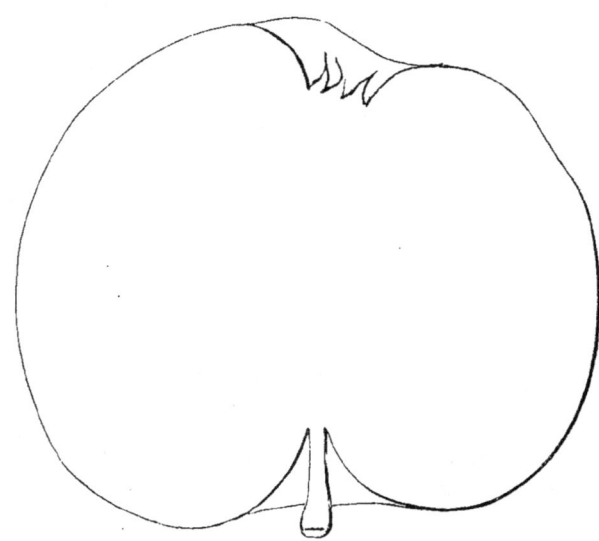

Description de l'arbre. — *Bois :* fort. — *Rameaux :* nombreux, érigés au sommet, étalés à la base, gros, longs, sensiblement coudés, bien duveteux et d'un rouge-brun des plus ardoisés. — *Lenticelles :* petites, abondantes, plus ou moins arrondies.— *Coussinets :* larges et saillants. — *Yeux :* moyens, ovoïdes, cotonneux, légèrement appliqués contre le bois. — *Feuilles :* moyennes, ovales-allongées, longuement acuminées, profondément dentées sur leurs bords. — *Pétiole :* long, assez grêle, flasque, cannelé. — *Stipules :* de moyenne grandeur.

Fertilité. — Médiocre.

Culture. — Sa grande vigueur le rend très-propre à la haute-tige ; greffé sur doucin ou paradis il prend d'une façon convenable telle forme naine qu'on veut lui donner.

Description du fruit. — *Grosseur :* volumineuse. — *Forme :* globuleuse, habituellement un peu aplatie à la base et mamelonnée au sommet. — *Pédoncule :* long et gros, surtout au point d'attache, profondément inséré dans un assez vaste bassin. — *Œil :* grand ou moyen, mi-clos ou fermé, à cavité irrégulière et rarement bien prononcée. — *Peau :* lisse, mince, jaune verdâtre, maculée de fauve olivâtre autour du pédoncule, semée de larges points gris, amplement marbrée et fouettée, à l'insolation, de carmin terne, et recouverte d'une épaisse efflorescence bleuâtre. — *Chair :* blanchâtre, quelque peu nuancée de jaune et de vert, mi-fine et légèrement croquante. — *Eau :* suffisante, sucrée, faiblement acidulée et parfumée.

Maturité. — Octobre-Novembre.

Qualité. — Deuxième.

Historique. — Le pommier Carter's Blue appartient aux États-Unis, d'où je l'ai tiré en 1857, comme une nouveauté. Charles Downing, dans ses *Fruits and fruit trees of America*, édition de 1869, dit (p. 120) que cette variété est originaire du mont Meigs, près Montgomery (Alabama). Son nom, pomme *Bleue de Carter*, lui vient de l'efflorescence azurée dont elle est si fortement recouverte.

Observations. — Il existe encore en Amérique deux autres pommes Carter : la *Carter's Winter*, identique avec la Mangum, décrite ci-après ; puis la *Carter* ou *Royal Pippin*, de nous inconnue. Je les signale pour éviter, s'il est possible, toute confusion entre ces trois fruits de même nom.

Pomme CARTER'S WINTER. — Synonyme de pomme *Mangum*. Voir ce nom.

Pomme DE CAS-PENDU. — Synonyme de *Court-Pendu gris*. Voir ce nom.

Pomme CASSEL REINETTE. — Synonyme de *Reinette des Carmes*. Voir ce nom.

Pomme DE CASTEGNIER. — Synonyme de pomme *de Châtaignier*. Voir ce nom.

Pomme DE CASTELET. — Synonyme de pomme *Coing d'Hiver*. Voir ce nom.

103. Pomme CATAWBA.

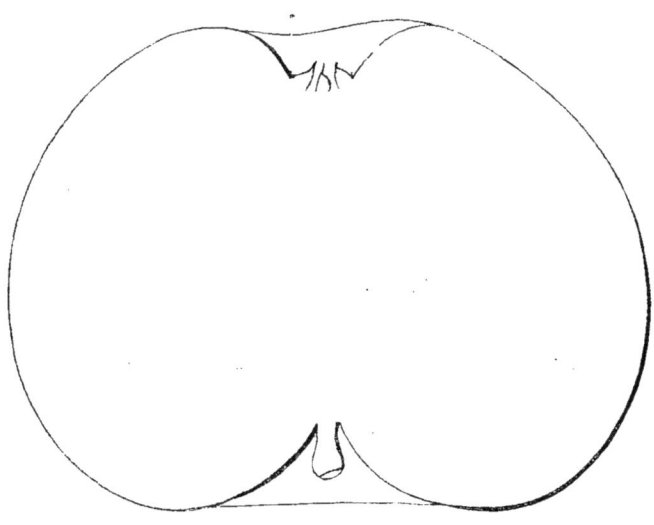

Description de l'arbre. — *Bois :* faible. — *Rameaux :* peu nombreux, érigés, grêles, assez longs, à peine coudés, brun jaunâtre fortement violacé autour des coussinets. — *Lenticelles :* arrondies, rapprochées, de grandeur variable. — *Coussinets :* presque nuls. — *Yeux :* des plus petits, ovoïdes, duveteux, légèrement adhérents au bois. — *Feuilles :* abondantes, très-petites, minces, vert jaunâtre en dessus, vert grisâtre en dessous, ovales-allongées ou elliptiques, longuement acuminées, ayant les bords irrégulièrement dentés. — *Pétiole :* court et grêle, à cannelure assez profonde et nuancée de violet. — *Stipules :* petites.

Fertilité. — Satisfaisante.

Culture. — Les formes buisson et cordon sont celles qui conviennent le mieux à ce pommier, dont la vigueur est très-modérée. On peut cependant l'élever aussi pour le plein-vent, mais il faut alors le greffer en tête, et non à ras de terre, autrement ses tiges seraient des plus chétives.

Description du fruit. — *Grosseur :* volumineuse. — *Forme :* arrondie, assez aplatie à la base et sensiblement rétrécie près du sommet. — *Pédoncule :* court ou très-court, gros, légèrement charnu, implanté dans un bassin vaste et profond. — *Œil :* moyen, mi-clos, à cavité de dimension moyenne et dont les bords sont presque unis. — *Peau :* mince, jaune clair et verdâtre, amplement ponctuée de gris-roux, portant généralement quelques larges taches brunâtres et squammeuses. — *Chair :* blanche au centre, verdâtre sous la peau, fine et tendre. — *Eau :* abondante, sucrée, acidule, douée d'un parfum délicieux et prononcé.

MATURITÉ. — Février-Avril.

QUALITÉ. — Première.

Historique. — En 1857 ce pommier, dont les produits sont d'une grande bonté, me fut, avec plusieurs autres variétés, expédié d'Amérique par M. Berckmans, horticulteur à Augusta (Géorgie). Depuis lors je n'ai rien pu découvrir sur son âge, son lieu de naissance, son obtenteur. Non-seulement les pomologues ne l'ont pas décrit, mais il ne figure même dans aucun des Catalogues des principaux pépiniéristes américains.

POMMES : CATSHEAD,

— CATSHEAD GREENING,

} Synonyme de pomme *Tête de Chat.* Voir ce nom.

POMME CAYUGA RED STREAK. — Synonyme de pomme de *Dix-Huit Onces.* Voir ce nom.

104. POMME CHAILLEUX.

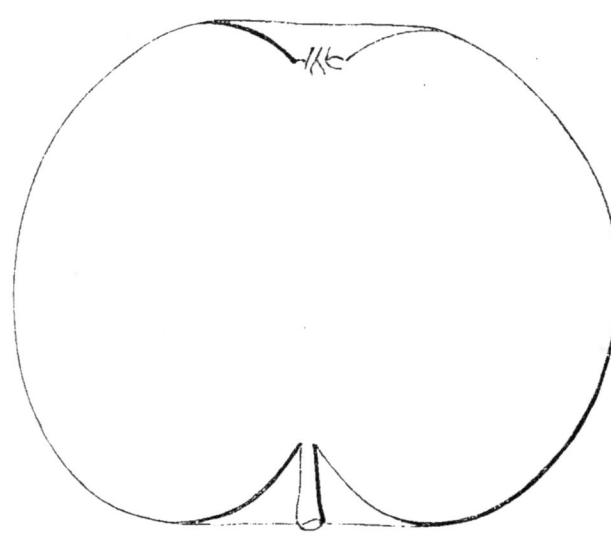

Description de l'arbre. — *Bois :* très-fort. — *Rameaux :* nombreux, érigés, longs, des plus gros, peu géniculés, légèrement duveteux, d'un brun olivâtre sensiblement lavé de rouge terne. — *Lenticelles :* abondantes, allongées, grandes ou moyennes. — *Coussinets :* larges et aplatis. — *Yeux :* moyens, coniques-raccourcis et faiblement cotonneux, entièrement collés sur l'écorce. — *Feuilles :* assez grandes, ovales, longuement acuminées, à bords modérément dentés ou crénelés. — *Pétiole* : long, bien nourri, rigide et non cannelé. — *Stipules* : longues, mais étroites.

Fertilité. — Remarquable.

Culture. — C'est un des pommiers les plus avantageux pour le verger ; il fait d'admirables plein-vent et se prête en outre à toutes les formes naines qu'on désire lui donner.

Description du fruit. — *Grosseur* : volumineuse. — *Forme* : globuleuse assez régulière. — *Pédoncule* : de longueur moyenne, bien nourri, surtout au point d'attache, inséré très-profondément dans un vaste bassin. — *Œil* : moyen, mi-clos ou fermé, à cavité unie, assez large et généralement peu profonde. — *Peau* : jaune d'or, fouettée et réticulée de carmin terne sur le côté de l'insolation, marbrée de roux squammeux près l'œil et le pédoncule, puis fortement ponctuée de gris et de brun. — *Chair* : fine, tendre, d'un blanc quelque peu jaunâtre. — *Eau* : suffisante, très-sucrée, ayant un parfum savoureux aiguisé d'une agréable acidité.

Maturité. — Octobre-Janvier.

Qualité. — Première.

Historique. — Je dois depuis trois ans la possession de ce fruit, aussi beau que bon, à l'honorable directeur de l'École d'Agriculture de Grand-Jouan (Loire-Inférieure), M. Jules Rieffel. C'est une variété qu'il faut, à tous égards, s'empresser de cultiver. Je n'en connais aucune description et m'étonne de l'oubli où elle est restée si longtemps. Recherchée sur les marchés de Nantes, on l'y vend très-avantageusement. Son berceau me paraît être Nozay ou ses environs, dans l'arrondissement de Châteaubriant. En m'adressant des greffes de ce pommier, M. Rieffel me disait effectivement : « J'ignore l'origine du nom Chailleux, mais « dans tout le canton de Nozay il existe, ainsi appelés, de vieux arbres grands « comme des chênes ; et cela dans les jardins et les champs. On ne les soumet « à aucune taille ; en certaines années ils sont couverts d'une prodigieuse quantité « de fruits. » La Société d'Horticulture de Paris et le Congrès pomologique, auxquels cette pomme fut soumise en 1869, l'ont, comme nous, particulièrement recommandée. (Voir *Procès-Verbaux* du Congrès, 14ᵉ session ; et *Journal* de ladite Société de Paris, 2ᵉ série, t. III, p. 690.)

Pomme CHAMPLAIN. — Synonyme de pomme *Summer Pippin*. Voir ce nom.

Pomme CHANCE. — Synonyme de *Reinette jaune sucrée*. Voir ce nom.

Pomme CHAPEAU. — Synonyme de *Pigeonnet blanc d'Hiver*. Voir ce nom.

Pommes : CHARACTER,

— CHARACTER OF DRAP D'OR,

— CHARACTER REINETTE,

} Synonymes de *Reinette marbrée*. Voir ce nom.

Pomme de CHARBON. — Synonyme de pomme *de Bohémien*. Voir ce nom.

105. Pomme CHARLAMOWSKI D'HIVER.

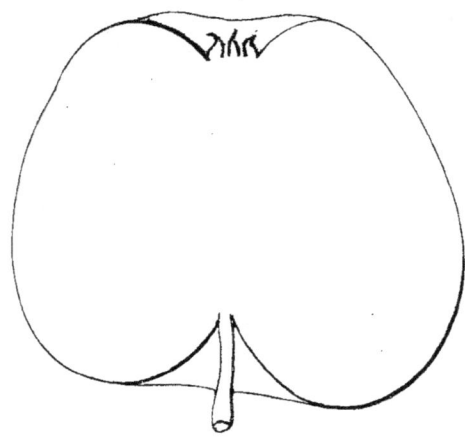

Description de l'arbre. — *Bois :* de moyenne force. — *Rameaux :* assez nombreux, légèrement étalés, longs et gros, à peine géniculés, très-cotonneux, brun olivâtre lavé de rouge terne. — *Lenticelles :* allongées, grandes, des plus abondantes. — *Coussinets :* presque nuls. — *Yeux :* moyens, ovoïdes, non entièrement collés sur le bois et couverts d'un épais duvet. — *Feuilles :* grandes ou moyennes, ovales, courtement acuminées, à bords faiblement crispés et profondément dentés. — *Pétiole :* fort et assez long, duveteux, à peine cannelé. — *Stipules :* longues et peu larges.

Fertilité. — Satisfaisante.

Culture. — Les formes buisson et cordon lui conviennent avant tout, en raison de sa vigueur modérée ; elles le rendent aussi plus productif. Comme plein-vent il ne réussit bien que greffé à tige.

Description du fruit. — *Grosseur :* au-dessous de la moyenne. — *Forme :* conique-raccourcie, aplatie à ses extrémités et souvent plus volumineuse d'un côté que de l'autre. — *Pédoncule :* long, grêle, renflé à la base, profondément implanté dans un vaste bassin. — *Œil :* grand, bien ouvert, modérément enfoncé, à cavité unie ou légèrement bosselée sur les bords. — *Peau :* jaune d'or, lavée d'un beau rouge orangé sur la partie exposée au soleil, amplement maculée de brun clair olivâtre autour du pédoncule et parsemée de gros et très-nombreux points gris-roux, formant étoile. — *Chair :* blanchâtre ou jaunâtre, fine, compacte, assez ferme. — *Eau :* suffisante ou abondante, acidulée, très-sucrée, douée du parfum le plus exquis.

Maturité. — Janvier-Mars.

Qualité. — Première.

Historique. — M. Acher, propriétaire à Yvetot (Seine-Inférieure) et grand amateur d'arboriculture fruitière, m'a fait connaître cette pomme en 1866. La dénomination qu'elle porte figure au nombre des synonymes de la variété russe Borowicki, décrite plus haut (p. 148), mais il est impossible de confondre ces deux fruits, vu leur dissemblance très-marquée. M. Acher n'a pu dire d'où provenait la Charlamowski d'Hiver. Quelques pomologues allemands caractérisent un pommier ainsi appelé, dont les produits mûrissent au mois d'août. Alors ce n'est pas le nôtre. Seulement la similitude du nom porte à penser que l'Allemagne pourrait bien avoir certains droits de paternité sur cette pomme tardive, qui prend rang parmi nos espèces les plus savoureuses.

Pommes : CHARLAMOWSKIRCHER NALLEOID,

— CHARLAMOWSKY D'AUTOMNE,

Synonymes de pomme *Borowicki*. Voir ce nom.

Pomme CHARMANT BLANC. — Synonyme de *Rambour d'Été*. Voir ce nom.

Pomme de CHASTIGNIER. — Synonyme de pomme *de Châtaignier*. Voir ce nom.

106. Pomme de CHATAIGNIER.

Synonymes. — Pommes : 1. De Castegnier (*Registres du tabellionnage de Rouen*, années 1370 à 1423, t. III, f° 57; t. V, f° 300; t. XX, f° 208 verso; publiés par M. Robillard de Beaurepaire, archiviste de la Seine-Inférieure). — 2. De Chastignier (Charles Estienne, *Seminarium et plantarium fructiferarum præsertim arborum quæ post hortos conseri solent*, 1540, p. 55). — 3. Chastaignier d'Hiver (Bonnefond, *le Jardinier français*, 1653, p. 108). — 4. De Chatinier (Merlet, *l'Abrégé des bons fruits*, 1667, p. 150). — 5. Martrange (Claude Saint-Étienne, *Nouvelle instruction pour connaître les bons fruits*, 1670, p. 213; — et la Quintinye, *Instructions pour les jardins fruitiers et potagers*, 1690, t. I, p. 393). — 6. Maltranche rouge (Louis Noisette, *le Jardin fruitier*, 1839, t. I, p. 201).

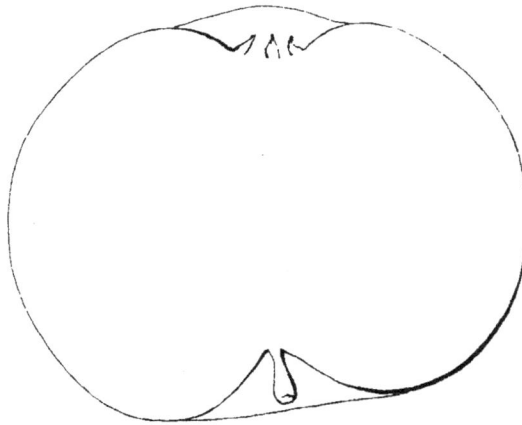

Description de l'arbre. — *Bois :* assez fort. — *Rameaux :* nombreux, étalés, gros et de longueur moyenne, très-géniculés, duveteux, marron clair lavé de gris, ayant les mérithalles des plus courts. — *Lenticelles :* petites, allongées, clair-semées et d'une couleur roussâtre qui les rend peu visibles. — *Coussinets :* des plus saillants et formant trois arêtes dont le prolongement est très-marqué. — *Yeux :* légèrement écartés du bois, gros, ovoïdes-arrondis, sensiblement cotonneux, aux écailles bien soudées. — *Feuilles :* abondantes, petites et coriaces, arrondies, courtement acuminées, vert blanchâtre en dessus, blanc verdâtre en dessous, à bords profondément dentés. — *Pétiole :* court, grêle, roide, plus ou moins rosé et faiblement cannelé. — *Stipules :* presque toujours étroites et de grandeur inégale.

Fertilité. — Remarquable.

Culture. — Sa place est surtout au verger, en haute tige; mais comme il ne pousse pas très-vigoureusement, on doit l'y greffer en tête sur de forts sujets. Pour les formes naines, lui donner le doucin plutôt que le paradis, afin d'activer sa végétation.

Description du fruit. — *Grosseur :* moyenne. — *Forme :* sphérique, aplatie à la base et sensiblement plus large que haute; mais parfois, aussi, ovoïde-arrondie. — *Pédoncule :* court, peu fort, renflé à son point d'attache, inséré profondément dans un vaste bassin. — *Œil :* grand ou moyen, mi-clos ou fermé, à cavité unie ou quelque peu bosselée sur les bords, et rarement bien prononcée. — *Peau :* mince, lisse, à fond jaune verdâtre, presque entièrement lavée de rouge pâle qui, du côté de l'insolation, passe au rouge mat foncé, sur lequel se détachent de larges raies carminées ; elle est en outre maculée de fauve dans la cavité pédonculaire et ponctuée de gris-roux. — *Chair :* blanche, faiblement nuancée de jaune auprès des loges, fine, cassante et croquante. — *Eau :* peu abondante, assez sucrée, sans parfum, entachée d'une âcreté plus ou moins prononcée.

Maturité. — Décembre-Avril.

Qualité. — Deuxième pour le couteau ; première pour les beignets, tartes, compotes, etc.

Historique. — La pomme de Châtaignier ayant été mentionnée par tous les anciens pomologues, il semble qu'alors elle devrait avoir un état-civil très-régulier. Le contraire seul existe, et même peu de fruits ont une histoire aussi embrouillée. Sur son nom, sur la contrée d'où elle est sortie, plusieurs versions se sont produites, dont l'invraisemblance laisse généralement beaucoup à critiquer. Voyons d'abord celles relatives au lieu de naissance : En 1628 le Lectier parla dans le *Catalogue* de son verger d'Orléans, « d'un pommier Chastignier « tardif, de Bourgongne (p. 25). » En 1776 le pomologue allemand Mayer, décrivant cette variété, la dit « originaire d'Anjou » (*Pomona franconica*, t. III, p. 158), sans doute d'après ce passage, écrit avant 1690 par la Quintinye : « Les pommes « de Châtaigner sont appelées Martrange, en Anjou. » (*Instructions pour les jardins fruitiers et potagers*, t. I, p. 393.) Ces différents écrivains n'avaient pas fouillé, comme on l'a fait depuis, nos dépôts d'archives pour y trouver des renseignements sur l'état de l'agriculture au moyen âge, autrement ils eussent acquis la certitude que dès 1300 la pomme de Châtaignier abondait en Normandie. Ceci, constaté récemment (1865) par M. Robillard de Beaurepaire, archiviste de la Seine-Inférieure, résulte du dépouillement des *Registres de l'ancien tabellionnage de Rouen*, lesquels citent souvent, de 1370 à 1423, ce même pommier. Ainsi l'on sait par eux qu'en cette province lesdites pommes étaient mises en vente « au pardon Saint-« Romain » [le 28 février], puis cultivées surtout dans les localités suivantes, appartenant à la Seine-Inférieure : Boisguillaume, Neuville-Chant-d'Oisel, Quevillon et Saint-Pierre-de-Manneville. Il est donc évident que la Haute-Normandie, où le pommier de Châtaignier existait au moins en 1200, possède tous les droits voulus pour le croire né chez elle ; et qu'on n'en saurait dire autant de la Bourgogne ni de l'Anjou, qui nous le montrent seulement à partir du xviie siècle ou du xvie. — Examinons maintenant la question d'étymologie. Mayer (1776), cité plus haut, laisse entendre que la peau, « presque couleur de châtaigne, » de ce fruit, a pu lui valoir son nom. Ici, rien d'exact, on l'a vu par notre description. Mais combien l'est moins encore cette assertion émise en 1808 par de Launay, dans *le Bon-Jardinier* (p. 140), et reproduite en 1821 par Louis Noisette, en son *Jardin fruitier* (p. 130) : « Le pommier de Châtaignier, ainsi nommé à cause de la ressem-« blance qu'on a cru lui trouver par son port avec le châtaignier (!!). » Facile était, pourtant, de retrouver la véritable origine de ce nom, puisque Ruel (1536), Charles Estienne (1540), B. Curtius (1560), Daléchamp (1586) et J. Bauhin (1613), l'avaient successivement et logiquement donnée dans leurs écrits sur les plantes, les arbres, etc. Les Pommes de Châtaignier — disaient-ils — oblongues, de moyenne grosseur, d'une âpreté marquée, ont la chair ferme comme celle de la châtaigne, d'où vient qu'on les a nommées ainsi : [« Mala Castiniana gustu

« austeriore, oblonga, mediocri magnitudine, dura, ut castaneæ cartilagine, unde
« nomen sumpserunt. »] (B. Curtius, *Hortorum libri trigenta, in quibus continetur
Arborum Historia*, chap. Pommier, n° 21.)

Observations. — Au XVII° siècle nos jardiniers cultivaient deux pommiers de Châtaignier, l'un très-tardif, que je viens de caractériser, et l'autre assez précoce et qui portait les noms de *Rayé* ou *Musqué*. Merlet signala de la sorte ce dernier, en 1667 : « Le CHATINIER MUSQUÉ est blanc et rayé, mais très-petite pomme, qui
« charge bien, dure très-longtemps, et d'un suc fort sucré et relevé ; et est des plus
« rares et excellentes pommes. » (*L'Abrégé des bons fruits*, pp. 150-151.) J'ignore si cette variété se cache aujourd'hui sous quelqu'autre dénomination ; je l'ai cherchée sans résultat dans mon département, où Pierre Leroy, mon grand-père, la possédait encore en 1790, à Angers (voir son *Catalogue*, p. 26). Je serais heureux que ces quelques mots pussent aider à la retrouver. — On confond souvent ensemble les pommes *Impériale ancienne* et de Châtaignier, ainsi que leurs synonymes ; la similitude de leur peau, et même de leur forme, rend du reste assez facile une telle méprise ; cependant elles sont loin de se ressembler pour la bonté, la première étant de beaucoup supérieure à la seconde ; comme aussi leurs arbres n'ont pas le moindre rapport et se distinguent sans nulle hésitation. — Un pomologue allemand, Henri Manger, a rangé en 1780 le nom *Violette* parmi les synonymes de cette variété ; je l'ai rejeté, rien ne le justifiant et personne, depuis lors, ne l'ayant reproduit.

POMME DE CHATAIGNIER D'HIVER. — Synonyme de pomme *de Châtaignier*. Voir ce nom.

POMME DE CHATAIGNIER MUSQUÉ. — Voir pomme *de Châtaignier*, au paragraphe OBSERVATIONS.

POMMES DE CHATENON *et* CHATENOU. — Synonymes de pomme *Lanterne*. Voir ce nom.

POMME DE CHATINIER. — Synonyme de pomme *de Châtaignier*. Voir ce nom.

POMME CHATRÉE. — Synonyme de *Passe-Pomme d'Été*. Voir ce nom.

---

107. POMME DE CHAZÉ.

Description de l'arbre. — *Bois* : faible. — *Rameaux* : nombreux, étalés, courts et grêles, sensiblement coudés, assez cotonneux, d'un beau brun légèrement lavé de rouge. — *Lenticelles* : petites, abondantes et plus ou moins allongées. — *Coussinets* : presque nuls. — *Yeux* : petits, ovoïdes-arrondis, très-duveteux, un peu écartés du bois. — *Feuilles* : très-petites, ovales-allongées, généralement non acuminées, planes ou canaliculées, à bords finement dentés ou crénelés. — *Pétiole* : de longueur moyenne, peu fort mais rigide, presque toujours dépourvu de cannelure. — *Stipules* : des plus petites et souvent faisant défaut.

FERTILITÉ. — Remarquable.

Culture. — Les formes naines, sur doucin ou paradis, sont celles qui lui conviennent le mieux ; si on le destine au plein-vent, il faut alors le greffer à tige pour avoir des sujets passables.

Pomme de Chazé.

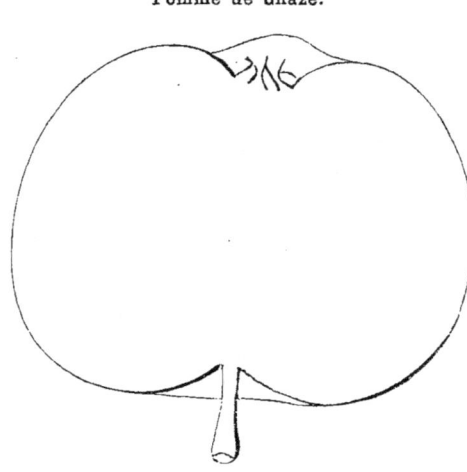

Description du fruit. — *Grosseur :* au-dessous de la moyenne. — *Forme :* arrondie, aplatie à la base et légèrement anguleuse. — *Pédoncule :* assez long, menu, implanté dans un faible évasement. — *OEil :* petit, contourné, mi-clos, peu enfoncé, à cavité côtelée. — *Peau :* jaune verdâtre, ponctuée, marbrée de fauve et lavée de rose tendre sur la face exposée au soleil. — *Chair :* blanchâtre, fine, tendre et croquante. — *Eau :* abondante, fraîche, sucrée, acidule et savoureusement parfumée.

Maturité. — Octobre-Janvier.

Qualité. — Première.

Historique. — La pomme de Chazé, regardée comme originaire de l'une des deux communes de ce nom situées dans le département de Maine-et-Loire, faisait partie dès 1848, sous le n° 244, de la collection du Comice horticole d'Angers. Ces renseignements sont les seuls qu'il m'ait été possible de rencontrer sur cet excellent fruit.

Pomme CHEESE. — Synonyme de pomme *Mangum*. Voir ce nom.

Pommes : CHEMISE DE SOIE,

— CHEMISE DE SOIE BLANCHE,

} Synonymes de pomme *Chemisette blanche*. Voir ce nom.

---

108. Pomme CHEMISETTE BLANCHE.

Synonymes. — Pommes : 1. De Demoiselle (Jean Bauhin, *Historia fontis et balnei Bollensis*, 1598, p. 64 ; — et du même, avant 1613, *Historia plantarum universalis*, édition de 1650, t. I, p. 10). — 2. Chemisette de Soie (Herman Knoop, *Pomologie*, 1760, édition allemande, p. 7, tabl. III; et 1771, édition française, p. 21). — 3. Zijden Hemdje (*Id. ibid.*). — 4. Chemise de Soie (Mayer, *Pomona franconica*, 1776-1801, t. III, p. 164, n° 64). — 5. De Dames (*Id. ibid.*). — 6. Rose Soyeuse (*Id. ibid.*). — 7. De Soie (*Id. ibid.*). — 8. Soyette (*Id. ibid.*). — 9. Chemise de Soie blanche (Thompson, *Catalogue of fruits cultivated in the garden of the horticultural Society of London*, 1842, p. 10).

Description de l'arbre. — *Bois :* fort. — *Rameaux :* assez nombreux, érigés, sensiblement coudés, gros et peu longs, très-duveteux, vert olivâtre. — *Lenticelles :* grandes ou moyennes, arrondies, clair-semées. — *Coussinets :* larges et saillants. — *Yeux :* volumineux, ovoïdes, cotonneux, souvent un peu écartés du bois. — *Feuilles :* moyennes, ovales, vert clair, assez longuement acuminées, planes ou légèrement cucullées, ayant les bords fortement dentés. — *Pétiole :* gros, de longueur moyenne, flasque et faiblement cannelé. — *Stipules :* bien développées.

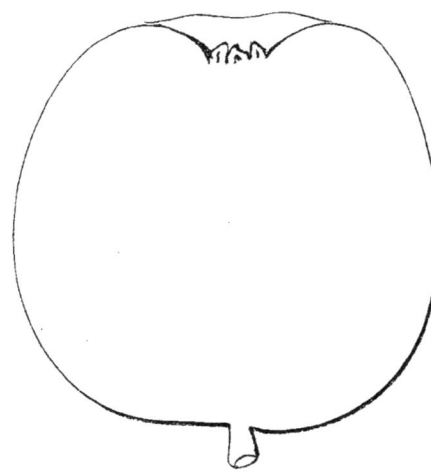

Pomme Chemisette blanche.

Fertilité. — Ordinaire.

Culture. — Nous le destinons uniquement aux formes gobelet ou cordon, et le greffons sur paradis ou doucin ; sa riche végétation peut néanmoins permettre de l'employer comme plein-vent ; il fait même, ainsi, de beaux sujets.

Description du fruit. — *Grosseur :* au-dessous de la moyenne. — *Forme :* cylindrique, côtelée au sommet, légèrement arrondie à la base et parfois moins volumineuse d'un côté que de l'autre. — *Pédoncule :* court et gros, charnu, inséré à fleur de peau ou dans un bassin peu prononcé. — *OEil :* grand, clos, cotonneux, à larges et courtes sépales, à cavité irrégulière et assez vaste. — *Peau :* mince, brillante, jaune clair, plus ou moins nuancée de rose tendre sur la face exposée au soleil, maculée de fauve autour du pédoncule, ponctuée de gris-blanc et quelquefois faiblement tachetée de roux. — *Chair :* blanche, veinée de vert auprès des loges, fine, croquante et mi-tendre. — *Eau :* suffisante, acidule et sucrée, ayant un arome particulier très-agréable.

Maturité. — Novembre-Février.

Qualité. — Première.

Historique. — Bauhin, qui l'appelait *Pomum Virgineum*, la décrivit très-exactement, dès 1598, en son *Historia fontis et balnei Bollensis* (p. 61), comme une des variétés étudiées par lui dans le Wurtemberg et la Suisse. Plus tard Herman Knoop (1760) et Mayer (1776), le premier en Hollande, le second en Franconie (Allemagne), la caractérisèrent à leur tour, la surnommant Chemisette de Soie, pomme de Dames, etc., mais aucun d'eux ne formula d'opinion sur son origine. De ces contrées elle a fini par gagner nos jardins, où je crois avoir été le premier à la propager, l'ayant fait venir du Wurtemberg en 1866.

Pomme CHEMISETTE DE SOIE. — Synonyme de pomme *Chemisette blanche*. Voir ce nom.

109. Pomme CHESTATÉE.

l'arbre. — *Bois :* peu fort. — *Rameaux :* nombreux, étalés sommet, longs, grêles, sensiblement coudés, légèrement é de gris et ayant les méritalles courts. — *Lenticelles :*

très-petites, allongées, excessivement abondantes. — *Coussinets* : peu saillants. — *Yeux* : petits, coniques-obtus, plaqués sur l'écorce, aux écailles mal soudées et des plus duveteuses. — *Feuilles* : peu nombreuses, petites, coriaces, ovales, vert jaunâtre en dessus, vert grisâtre en dessous, courtement acuminées, ondulées, à bords régulièrement dentés et surdentés. — *Pétiole* : court, assez gros, flexible, légèrement carminé à la base et profondément cannelé. — *Stipules* : variables, mais le plus habituellement courtes, larges et presque toujours dentées.

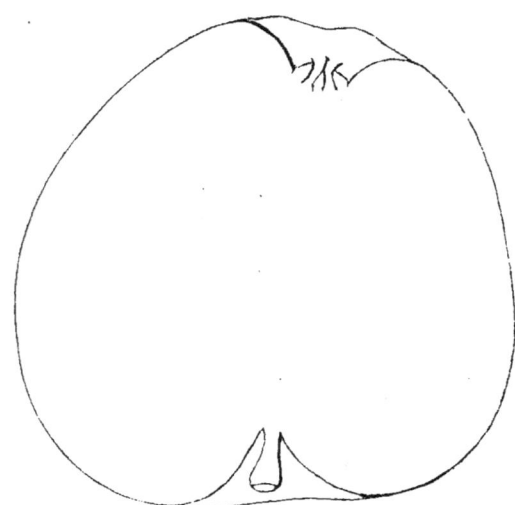

Pomme Chestatée.

Fertilité. — Médiocre.

Culture. — Greffé sur doucin il donne d'assez vigoureux sujets pour les formes cordon, buisson, pyramide, espalier; comme plein-vent, ses rameaux trop grêles n'en font pas un bel arbre.

Description du fruit. — *Grosseur* : moyenne et parfois plus volumineuse. — *Forme* : conique irrégulière, assez ventrue vers la base et fortement côtelée au sommet. — *Pédoncule* : mince à la partie supérieure, renflé à l'autre extrémité, généralement un peu court, inséré dans un vaste et profond bassin. — *Œil* : grand ou moyen, ouvert, irrégulier, enfoncé, à cavité assez considérable. — *Peau* : jaune clair, semée de points gris et bruns et maculée de roux autour du pédoncule. — *Chair* : blanchâtre, fine et fondante. — *Eau* : suffisante, sucrée, délicatement acidulée et parfumée.

Maturité. — Novembre-Janvier.

Qualité. — Première.

Historique. — C'est un pommier américain, que je cultive depuis cinq ans seulement. Charles Downing, son premier descripteur, le disait en 1869 provenu de l'Amérique du Sud, mais sans pouvoir indiquer de quelle localité (*Fruits and fruit trees of America*, p. 125).

110. Pomme de CHESTER.

Synonyme. — *Pomme* Chester Pearmain (Sickler, *Teutsches Obstgärtner*, 1801, t. XV, p. 175).

Description de l'arbre. — *Bois* : assez faible. — *Rameaux* : nombreux, étalés, gros, peu longs, légèrement coudés, duveteux, brun olivâtre sensiblement lavé de rouge ardoisé. — *Lenticelles* : allongées ou arrondies, de grandeur variable, assez abondantes. — *Coussinets* : bien développés. — *Yeux* : moyens, arrondis, très-cotonneux, un peu écartés du bois. — *Feuilles* : petites, ovales et des plus longuement acuminées, planes ou ondulées, ayant les bords profondément dentés. — *Pétiole*. grêle, très-long et très-flasque, tomenteux, à cannelure prononcée. — *Stipules :* étroites mais assez longues.

Pomme de Chester.

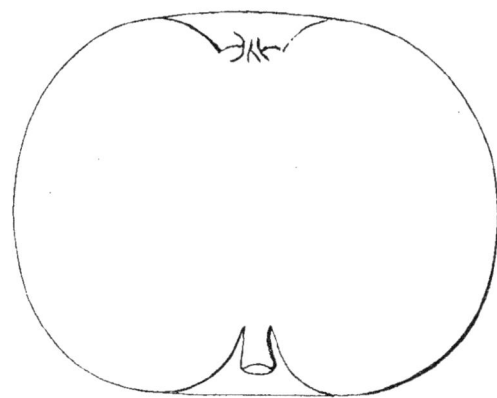

FERTILITÉ. — Satisfaisante.

CULTURE. — Les formes buisson et cordon, sur doucin ou paradis, sont celles qui lui sont le plus avantageuses, même sous le rapport de la production ; son manque de vigueur veut qu'on le greffe en tête, si l'on désire l'utiliser comme plein-vent.

Description du fruit. — *Grosseur :* au-dessous de la moyenne et parfois plus volumineuse. — *Forme :* globuleuse, fortement écrasée aux extrémités. — *Pédoncule :* court, très-gros, charnu, planté dans un bassin assez profond mais peu large. — *Œil :* grand ou moyen, fermé, à cavité régulière et rarement bien prononcée. — *Peau :* légèrement rugueuse, jaune ou jaune verdâtre, nuancée de rouge-brun terne sur le côté de l'insolation et semée de gros et nombreux points fauves. — *Chair :* jaunâtre, tendre et mi-fine. — *Eau :* abondante, très-sucrée, faiblement acidulée et presque dénuée de parfum.

MATURITÉ. — Novembre-Février.

QUALITÉ. — Deuxième.

Historique. — D'origine anglaise, elle provient des environs de Chester et remonte aux dernières années du xviiie siècle. En 1801 les Allemands la connaissaient déjà, car à cette date le pomologue Sickler lui consacrait un assez long article dans sa volumineuse Pomologie, publiée à Weimar (t. XV, p. 175). Cette variété n'est dans les cultures françaises que depuis cinq ou six ans.

Observations. — Dans le *Catalogue descriptif* de partie des arbres fruitiers qui de 1798 à 1823 formaient la collection du célèbre semeur belge Van Mons, je remarque page 36, n° 470, une *Englische Chester Reinette* que je suppose identique avec la Chester ici décrite. — Il existe aussi parmi les pommiers américains deux variétés dont le nom pourrait prêter à quelque confusion avec ce même fruit : je veux parler des pommes *Chester red streak* et *Chester Spitzenbergh ;* toutefois l'erreur ne serait pas de longue durée, car elles diffèrent entièrement de la Chester des Anglais.

POMME CHESTER PEARMAIN. — Synonyme de pomme *de Chester*. Voir ce nom.

POMME DE CINQ QUARTERONS. — Synonyme de pomme *de Livre*. Voir ce nom.

POMME CITRON. — Synonyme de *Reinette jaune sucrée*. Voir ce nom.

POMME CITRON DES CARMES. — Synonyme de *Reinette jaune hâtive*. Voir ce nom.

111. POMME CITRON D'ÉTÉ.

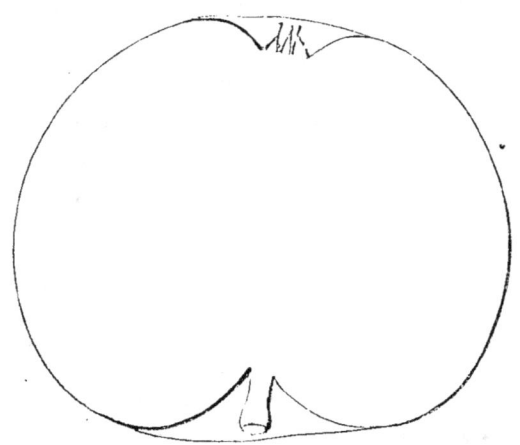

Description de l'arbre.
— *Bois* : très-fort. — *Rameaux* : peu nombreux, étalés, très-gros, assez longs, des plus coudés, cotonneux, vert olivâtre nuancé de jaune. — *Lenticelles* : grandes, arrondies, clair-semées. — *Coussinets* : très-développés. — *Yeux* : moyens, ovoïdes-arrondis, excessivement duveteux, collés entièrement sur l'écorce. — *Feuilles* : grandes, arrondies, vert clair, assez épaisses, courtement acuminées, planes, à bords très-profondément crénelés. — *Pétiole* : gros, peu long, légèrement cannelé. — *Stipules* : moyennes.

FERTILITÉ. — Ordinaire.

CULTURE. — L'extrême vigueur de ce pommier le rend propre à toutes les formes.

Description du fruit. — *Grosseur* : moyenne. — *Forme* : très-constante, globuleuse, généralement un peu moins large au sommet qu'à la base. — *Pédoncule* : court, bien nourri, renflé au point d'attache, implanté dans un vaste et profond bassin. — *Œil* : moyen, fermé, uni sur ses bords, faiblement enfoncé. — *Peau* : jaune-citron, légèrement nuancée de vert, ponctuée de rouge à l'insolation et finement marbrée de gris auprès du pédoncule, dont le bassin est tapissé de fauve. — *Chair* : blanchâtre, fine, mi-tendre et croquante. — *Eau* : abondante, sucrée, ayant une saveur acidulée très-marquée mais des plus agréables.

MATURITÉ. — Septembre-Octobre.

QUALITÉ. — Première.

Historique. — Cette variété provient d'Italie; elle fut, de 1838 à 1840, importée chez nous, de Modène, par M. Gaëtan Moreali, alors professeur de langue italienne au lycée de Rouen. Prévost, l'auteur si justement estimé de la *Pomologie de la Seine-Inférieure*, m'en procura des greffes, et dès 1846 mon Catalogue la signalait (p. 12). Le nom qu'on lui a donné vient autant de la couleur de sa peau que de l'acidité particulière de son eau.

Observations. — Les anciens pomologues, notamment Bauhin (1598-1650), Knoop (1760-1771) et Mayer (1776-1804), ont décrit et figuré une pomme *Citron fugace* ou *Citron d'Été*, mais qui n'est pas celle ici caractérisée. C'est un fruit allongé, très-côtelé, étranglé près du sommet, jaune et parfois nuancé de rouge, mûrissant d'août en septembre et de fort médiocre qualité. J'ignore ce qu'il a pu devenir; en tout cas on voit qu'il serait impossible de le confondre avec la variété de même nom dont nous sommes redevables aux Italiens.

Pomme CITRON FUGACE. — Voir *Citron d'Été*, au paragraphe Observations.

112. Pomme CITRON D'HIVER.

Synonymes. — *Pommes* : 1. Calleville du Roi (Pépinières d'Angers, de 1852 à 1865). — 2. Reinette du Roi (Oberdieck, *Illustrirtes Handbuch der Obstkunde*, 1859, t. I, p. 191, n° 80). — 3. Reinette Citron (Charles Downing, *the Fruits and fruit trees of America*, 1869, p. 126).

Premier Type.

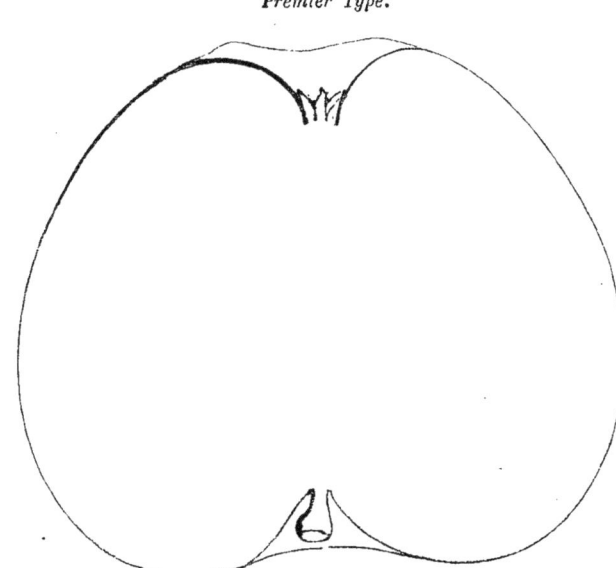

Description de l'arbre. — *Bois :* assez fort. — *Rameaux :* nombreux, érigés ou légèrement étalés, gros et longs, à peine géniculés, très-duveteux, brun olivâtre quelque peu nuancé de rouge. — *Lenticelles :* allongées, abondantes et larges. — *Coussinets :* des plus saillants. — *Yeux :* moyens, arrondis, noyés dans l'écorce. — *Feuilles :* petites, ovales-allongées, vert jaunâtre en dessus, gris verdâtre en dessous, non acuminées, à bords très-faiblement dentés. — *Pétiole :* gros, de moyenne longueur, à cannelure assez profonde. — *Stipules :* courtes et larges.

Fertilité. — Moyenne.

Culture. — La forme plein-vent lui est des plus avantageuses, sa tige grossit vite et pousse très-droite ; greffé sur doucin ou paradis il fait également de jolis arbres nains.

Description du fruit. — *Grosseur :* volumineuse. — *Forme :* conique assez allongée ou globuleuse plus ou moins écrasée aux pôles, mais toujours sensiblement côtelée dans toute sa partie supérieure. — *Pédoncule :* court et formant bourrelet à la base, ou assez long et de moyenne force, profondément implanté dans un bassin dont la dimension varie beaucoup. — *OEil :* grand, mi-clos ou fermé, bien enfoncé, à cavité irrégulière et généralement prononcée. — *Peau :* mince, lisse, d'un beau jaune-citron passant au jaune-brun sur le côté de l'insolation, où parfois elle est faiblement nuancée de rouge terne ; elle porte en outre de nombreux petits points grisâtres, rarement très-apparents, puis une large tache fauve et frangée sort du bassin pédonculaire. — *Chair :* jaunâtre, fine ou mi-fine, assez ferme et croquante. — *Eau :* abondante, aigrelette quoique bien sucrée, possédant un parfum marqué des plus délicats.

Pomme Citron d'Hiver. — *Deuxième Type.*

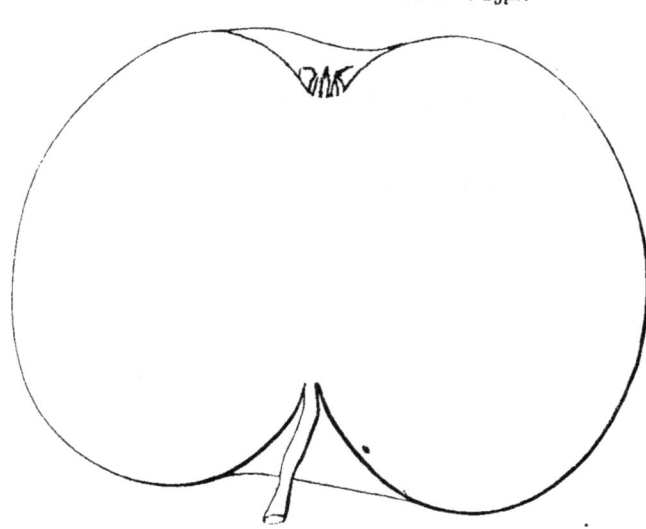

MATURITÉ. — Novembre-Mars.

QUALITÉ. — Première.

Historique. — Quelques pomologues modernes ont pensé que ce fruit appartenait à l'Allemagne. Je ne saurais adopter leur opinion, en le voyant dès 1628 cultivé à Orléans dans le verger du procureur du roi le Lectier, qui, page 24 de son *Catalogue*, le cite parmi les variétés de garde. Puis en 1670 Claude Saint-Étienne le décrivait dans la *Nouvelle instruction pour connaître les bons fruits* (p. 210). Tandis qu'à l'étranger il apparaît seulement en 1760, page 19 de la *Pomologie* du Hollandais Herman Knoop, et peu après (1776) chez l'Allemand Jean Mayer (*Pomona franconica*, t. III, p. 97). Comme la variété Citron d'Été, caractérisée dans l'article précédent, cette pomme a tiré son nom de la saveur de sa chair et de la couleur de sa peau, ainsi que Mayer le montre en ce passage : « Sa peau — dit-il — est d'un beau jaune-citron........ La chair..... « contient une eau qui paraît avoir quelque chose de l'aigrelet, de l'âpreté, et même « de l'odeur du citron, surtout lorsqu'on la mange vers Noël, au commencement « de sa maturité..... »

Observations. — Ce pommier n'a de commun que le synonyme Reinette du Roi, avec la *Reinette rouge*, dont nous parlons plus loin.

---

113. POMME CLARKE.

Description de l'arbre. — *Bois :* assez fort. — *Rameaux :* nombreux, érigés au sommet, où ils sont en outre légèrement duveteux, étalés à la base, gros et longs, peu coudés, olivâtres, lavés de marron clair du côté de l'ombre, à mérithalles assez courts et bien réguliers. — *Lenticelles :* habituellement allongées et petites, saillantes, très-rapprochées. — *Coussinets :* presque nuls. — *Yeux :* entièrement appliqués contre l'écorce, petits, coniques-pointus, aplatis, aux écailles disjointes et quelque peu noirâtres. — *Feuilles :* abondantes, de moyenne grandeur, ovales-arrondies, vert terne en dessus, vert grisâtre en dessous, planes, courtement acuminées, finement mais profondément dentées. — *Pétiole :* gros, assez long, roide, lavé de carmin foncé à la base et sensiblement cannelé. — *Stipules* larges, longues, et, pour la plupart, dentées ou crénelées.

Pomme Clarke.

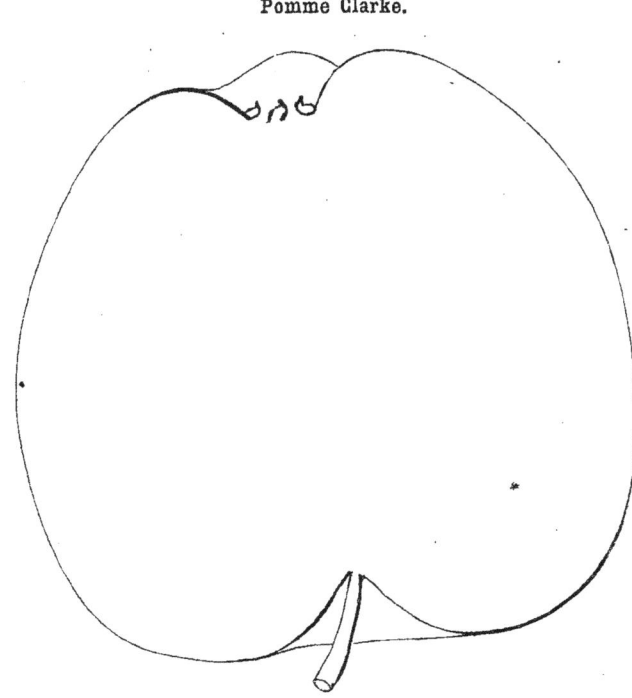

FERTILITÉ. — Satisfaisante.

CULTURE. — Buisson, cordon, espalier, pyramide, sous chacune de ces formes il fait des pommiers de toute beauté. Comme plein-vent sa tige pousse assez droite, mais grossit peu ; pour remédier à cet inconvénient il faut le greffer en tête, sur des sauvageons de grande vigueur.

Description du fruit. — *Grosseur :* volumineuse. — *Forme :* conique-allongée, irrégulière et fortement pentagone. — *Pédoncule :* long, de moyenne force et profondément implanté dans un bassin assez étroit. — *OEil :* grand, très-ouvert, à courtes sépales, bien enfoncé, à cavité des plus accidentées sur les bords. — *Peau :* jaune terne, semée de nombreux points fauves cerclés de gris, marbrée, lavée et légèrement fouettée, surtout du côté exposé au soleil, de rouge-brun plus ou moins clair. — *Chair :* jaunâtre, nuancée de vert, fine et mi-tendre. — *Eau :* abondante, acidulée, fort agréable, mais parfois faiblement sucrée.

MATURITÉ. — Novembre-Janvier.

QUALITÉ. — Deuxième, et quelquefois première quand la saveur sucrée de la chair s'est parfaitement développée.

Historique. — C'est un pommier que j'ai reçu des États-Unis en 1864 ; sa propagation commençait alors. Charles Downing l'a décrit en 1869 dans ses *Fruits and fruit trees of America* (p. 127), où je lis qu'il fut gagné par J. N. Clarke, de Naples, dans l'état de New-York. Il porte donc le nom de son obtenteur.

Observations. — Ne pas confondre cette variété avec deux autres, de même dénomination, également caractérisées par Charles Downing : *Clarke's Delaware* et *Clarke pearmain*, ou Gloucester Pearmain. Elles ne sont pas encore, que je sache, dans les pépinières françaises, mais il se peut qu'on les y introduise un jour ou l'autre.

POMME CLAUDINE DE PROVENCE. — Synonyme de pomme *Cœur de Bœuf*. Voir ce nom.

---

114. Pomme CLOCHE.

Synonyme. — Pomme ANANAS (Pépinières d'Angers, vers 1847).

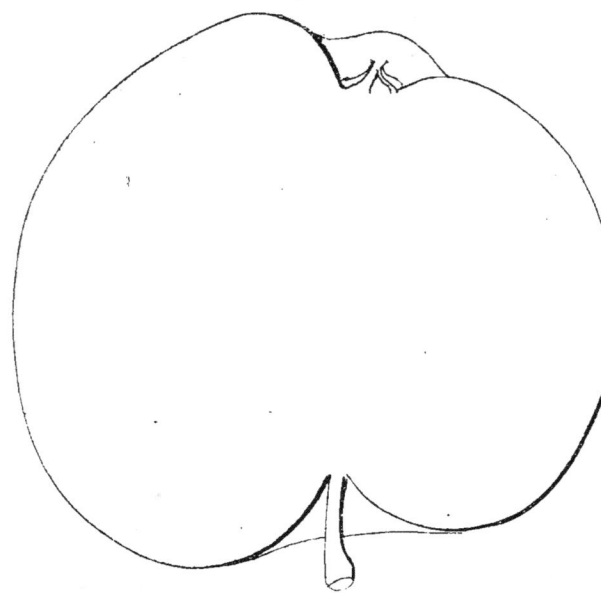

Description de l'arbre. — *Bois :* assez fort. — *Rameaux :* peu nombreux, érigés, grêles et de longueur moyenne, coudés, duveteux au sommet, brun clair quelque peu lavé de rouge auprès des yeux. — *Lenticelles :* petites, allongées, très-abondantes. — *Coussinets :* aplatis. — *Yeux :* noyés dans l'écorce, gros ou moyens, ovoïdes, aux écailles jaunes et légèrement cotonneuses. — *Feuilles :* petites ou moyennes, ovales-allongées, acuminées et profondément dentées. — *Pétiole :* long, grêle, rigide, rarement cannelé. — *Stipules :* peu longues et très-larges.

Fertilité. — Satisfaisante.

Culture. — Sur paradis ou sur doucin il fait de beaux gobelets et cordons ; les formes naines lui sont, du reste, plus avantageuses que le plein-vent, auquel il ne se prête convenablement que greffé en tête.

Description du fruit. — *Grosseur :* volumineuse. — *Forme :* conique, côtelée au sommet, ventrue, beaucoup moins grosse d'un côté que de l'autre. — *Pédoncule :* long, bien nourri, arqué, inséré dans un bassin large et profond. — *Œil :* grand, fermé, à longues sépales, à cavité de moyenne dimension. — *Peau :* lisse, mince, jaune clair grisâtre, nuancée de vert, maculée de fauve autour du pédoncule, ponctuée de brun et portant quelques traces de rose pâle sur la face exposée au soleil. — *Chair :* tendre et fine, blanchâtre ou jaunâtre, surtout auprès des loges, qui sont fort grandes et dans lesquelles, à la maturité, les pepins remuent aisément. — *Eau :* suffisante, sucrée, vineuse, faiblement acidulée, assez savoureuse.

Maturité. — Décembre-Février.

Qualité. — Deuxième.

Historique. — Le Comice horticole d'Angers possédait ce pommier avant 1847, et c'est de sa collection qu'à cette date j'en ai tiré des greffes. Je le propage depuis 1849. Alors on l'appelait aussi pommier *Ananas*, et très-improprement, ses produits n'ayant rien de l'exquise saveur particulière aux ananas. Le nom Cloche leur convient mieux, et même est justifié par le bruit que les pepins font dans les loges lorsqu'on agite, bien mûr, un de ces fruits. Plusieurs variétés de pommes Cloche, Sonnette, Grelot, etc., ont été, depuis le xviie siècle, signalées par nos pomologues, mais sans description suffisante, généralement, pour les reconnaître aujourd'hui. Je ne sais donc si la mienne est identique avec l'une d'entre elles. Je le suppose, cependant, car sa forme rappelle exactement celle du Calleville, et Mayer, dans sa *Pomona franconica*, écrivait en 1776 : « Toutes les « pommes sonnantes appartiennent à la famille des Callevilles. » (T. III, p. 84.) En tout cas cette Cloche d'Hiver s'éloigne complétement de la mieux caractérisée, de la plus répandue de ces anciennes variétés. Je veux parler de la pomme Lanterne, ou Loquette, ou Cloche d'Automne, etc., d'une forme cylindro-conique très-allongée. Et ceci constaté je renvoie pour plus amples détails à son article, classé ci-après, lettre *L*.

POMME DE CLOCHE. — Synonyme de pomme *Lanterne*. Voir ce nom.

---

115. Pomme CLOUD.

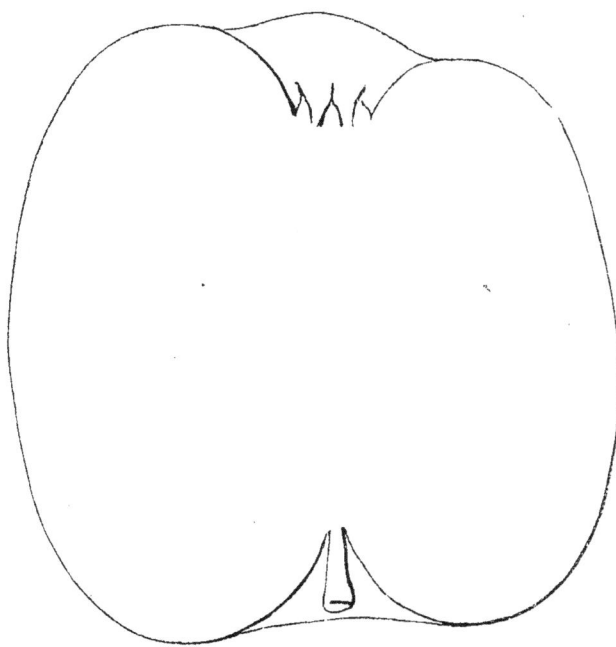

Description de l'arbre. — *Bois :* fort. — *Rameaux :* assez nombreux, légèrement étalés, gros et longs, bien géniculés, très-cotonneux, brun olivâtre foncé lavé de gris et de rouge. — *Lenticelles :* allongées ou arrondies, grandes, abondantes. — *Coussinets :* larges et ressortis. — *Yeux :* gros ou moyens, ovoïdes, peu duveteux, faiblement écartés du bois. — *Feuilles :* moyennes, ovales-allongées et longuement acuminées, à bords ondulés et très-profondément dentés. — *Pétiole :* long, assez grêle et carminé, à cannelure toujours des plus prononcées. — *Stipules :* excessivement développées.

Fertilité. — Médiocre.

Culture. — Sa riche végétation le rend propre à toute espèce de forme et de greffe.

Description du fruit. — *Grosseur :* considérable. — *Forme :* cylindrique quelque peu pentagone. — *Pédoncule :* fort, de longueur moyenne, implanté dans un vaste bassin. — *Œil :* très-grand et très-ouvert, à cavité des plus prononcées

— *Peau* : unicolore, d'un jaune brillant et assez clair, toute parsemée de larges points bruns. — *Chair* : blanche, tendre et mi-fine. — *Eau* : suffisante, sucrée, ayant une saveur acidulée très-délicate.

Maturité. — Février-Mai.

Qualité. — Première.

Historique. — Peu commune en France, la pomme Cloud m'est venue d'Augusta, des pépinières de M. Berckmans, dans l'état de Georgie (Amérique). Je la cultive depuis 1862. D'après le pomologue Warder (1867, p. 715), elle est originaire de l'Amérique du Sud. Ce fruit remonte au plus à 1840.

116. Pomme CLUDIUS D'AUTOMNE.

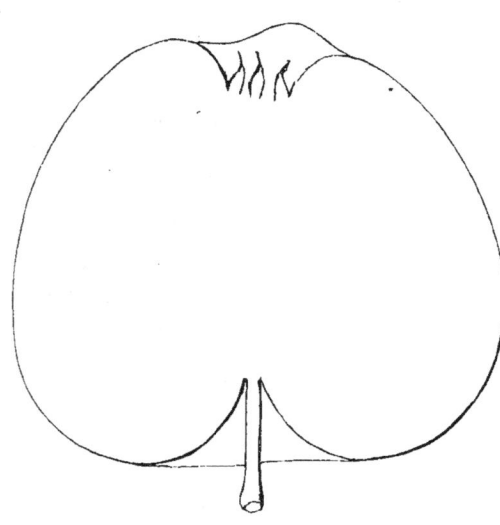

Description de l'arbre. — *Bois* : assez faible. — *Rameaux* : peu nombreux, étalés, longs et grêles, fortement coudés, très-duveteux, rouge-brun ardoisé. — *Lenticelles* : grandes, abondantes et plus ou moins allongées. — *Coussinets* : peu saillants. — *Yeux* : moyens ou petits, ovoïdes, collés contre l'écorce et couverts d'un épais duvet. — *Feuilles* : petites, arrondies, assez courtement acuminées, ayant les bords profondément dentés ou crénelés. — *Pétiole* : de longueur et grosseur moyennes, à peine cannelé. — *Stipules* : étroites et souvent nulles.

Fertilité. — Grande.

Culture. — Nous le destinons uniquement aux formes naines, son manque de vigueur et sa pauvre ramification le rendant peu propre à la haute-tige.

Description du fruit. — *Grosseur* : moyenne. — *Forme* : conique-raccourcie, bien ventrue vers la base et côtelée au sommet. — *Pédoncule* : long, grêle, planté dans un bassin de dimension variable, mais généralement assez profond. — *Œil* : grand, mi-clos ou fermé, duveteux, à cavité plissée, irrégulière et souvent très-développée. — *Peau* : lisse, unicolore, d'un jaune clair légèrement nuancé de vert, lavée de brun dans le bassin pédonculaire et semée de petits points blancs parfois cerclés de rouge sur le côté de l'insolation. — *Chair* : blanche, fine et tendre. — *Eau* : abondante, très-sucrée, faiblement acidulée, douée d'un parfum des plus savoureux.

Maturité. — Septembre-Décembre.

Qualité. — Première.

Historique. — Elle est originaire du Hanovre, où l'obtint au commencement de ce siècle le superintendant Cludius, d'Hildesheim, personnage bien connu des pomologues allemands par le gain de différents fruits exquis. (Voir Oberdieck, *Illustrirtes Handbuch der Obstkunde*, 1862, t. IV, p. 537, n° 539; et 1863, t. V, p. 69, n° 285.) Je multiplie cette variété depuis 1860.

Observations. — Il existe en Allemagne deux autres pommes sorties également des semis de ce même Cludius, et portant aussi son nom, la *Cludius Sommer-Quitten* et la *Cludius Borsdorfer*. On doit donc veiller à ne les pas confondre avec celle ici décrite, que les Hanovriens nomment *Cludius Herbst*, c'est-à-dire Cludius d'Automne. — Une variété allemande qui pourrait encore amener quelque méprise avec cette dernière, c'est la *Claudius*, mûrissant beaucoup plus tard, en novembre; mais je crois qu'aucun de ces trois pommiers n'est cultivé par nos pépiniéristes.

Pomme COBBETT'S FALL PIPPIN. — Synonyme de *Reinette d'Espagne*. Voir ce nom.

Pomme COE'S GOLDEN DROP. — Synonyme de pomme *Goutte d'Or de Coe*. Voir ce nom.

Pomme CŒUR-BŒUF. — Synonyme de pomme *Cœur de Bœuf*. Voir ce nom.

---

117. Pomme CŒUR DE BŒUF.

Synonymes. — Pommes : 1. De Rouviau (*Dit des cris de Paris*, aux vers 50 et 51, manuscrit du XIII° siècle cité par Symphorien Champier avant 1533; — et Mayer, *Pomona franconica*, 1776-1801, t. III, p. 89, n° 17). — 2. De ou Du Rouveau (Charles Estienne, *Seminarium et plantarium fructiferarum præsertim arborum quæ post hortos conseri solent*, 1540, p. 55). — 3. Grosse-Pomme Rouge (Jean Bauhin, *Historia plantarum universalis*, 1613-1650, t. I, p. 3; — et Daléchamp, *Histoire générale des plantes*, édition de 1653, t. I, p. 242). — 4. Sanguine (Bauhin, *ibid.*). — 5. Couchine (Olivier de Serres, *le Théâtre d'agriculture et ménage des champs*, 1608, p. 626). — 6. De Caillot rosat (dom Claude Saint-Etienne, *Nouvelle instruction pour connaître les bons fruits*, 1670, p. 210 ; — et Henri Manger, *Systematische Pomologie*, 1780, p. 66, n° CXXXII-5°). — 7. Cœur-Bœuf (Duhamel, *Traité des arbres fruitiers*, 1768, t. I, p. 281). — 8. Sanguinole (Mayer, *Pomona franconica*, 1776-1801, t. III, p. 89). — 9. Calville Cœur de Bœuf (Poiteau, *Pomologie française*, 1846, t. IV, n° 24). — 10. Couchine rouge (Couverchel, *Traité des fruits*, 1852, p. 435). — 11. Paradis rouge (*Id. ibid.*). — 12. Couchine de Provence (Comice horticole d'Angers avant 1850, *Catalogue*, n° 270). — 13. Claudine de Provence (Pépinières d'Angers, depuis 1852).

Description de l'arbre. — *Bois :* fort. — *Rameaux :* très-peu nombreux, généralement étalés, gros, assez longs, à peine coudés, des plus duveteux et d'un rouge foncé amplement lavé de gris. — *Lenticelles :* arrondies, grandes, clair-semées. — *Coussinets :* saillants. — *Yeux :* volumineux, ovoïdes-arrondis, presque entièrement collés contre l'écorce et assez duveteux. — *Feuilles :* très-grandes, ovales, luisantes et vert clair en dessus, d'un gris verdâtre en dessous, rarement acuminées, à bords légèrement crénelés ou dentés. — *Pétiole :* gros, court, presque dépourvu de cannelure. — *Stipules :* petites et souvent faisant défaut.

Fertilité. — Abondante.

Culture. — Ce pommier, par sa remarquable croissance, est un des plus avantageux à faire comme tige; il pousse droit et rapidement. Greffé sur paradis, on en obtient de beaux gobelets ou cordons, toujours d'une grande fertilité.

Pomme Cœur de Bœuf.

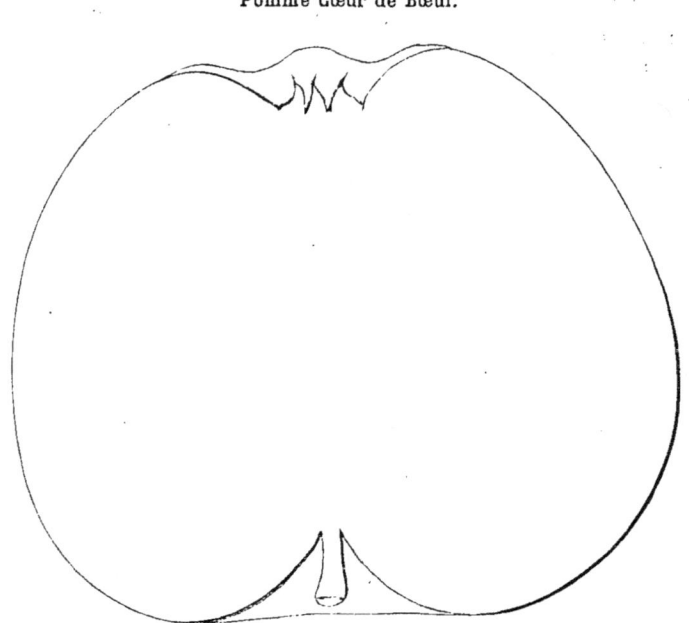

Description du fruit. — *Grosseur :* considérable. — *Forme :* variable, passant le plus habituellement de la conique-arrondie à l'ovoïde-arrondie, mais toujours assez sensiblement côtelée au sommet. — *Pédoncule :* de longueur moyenne ou très-court, bien nourri, surtout à la base, et profondément inséré dans un vaste bassin. — *OEil :* mi-clos ou fermé, très-grand, à cavité prononcée et parfois irrégulière. — *Peau :* lisse, un peu épaisse, vert clair jaunâtre ou grisâtre, finement ponctuée de gris, presque entièrement lavée de rouge lie de vin fortement violacé, fouettée de carmin foncé sur le côté de l'insolation, où elle est en outre recouverte d'une épaisse efflorescence tirant sur le bleu ardoisé. — *Chair :* verdâtre, spongieuse et assez ferme. — *Eau :* suffisante, sucrée, légèrement acidulée, presque dénuée de parfum et fréquemment entachée d'un arrière-goût plus ou moins herbacé.

Maturité. — Novembre-Mars.

Qualité. — Deuxième pour le couteau, première pour la cuisson.

Historique. — Il est constant d'après Mayer (1776), le plus érudit des pomologues allemands, que les noms primitifs de la pomme actuellement appelée Cœur de Bœuf, furent Sanguine ou Sanguinole, et Rouveau (*Pomona franconica*, t. III, p. 89). Pline, au premier siècle de notre ère, ayant parlé dans son *Historia naturalis* d'un pommier à fruits couleur de sang, certains commentateurs — Fée entr'autres — l'ont réuni à la variété qui nous occupe. Le texte du savant Romain semble cette fois leur donner raison, malgré sa brièveté; en voici la traduction :
« Parmi les pommes Pulmonées, d'un gros volume et à chair spongieuse, on
« distingue les *Sanguines*, qui doivent à la greffe sur mûrier, leur couleur de
« sang. » (Livre XV, chap. xv.) Les principaux caractères du Cœur de Bœuf — la chair peu serrée, la peau rouge foncé — sont bien indiqués par Pline; nous le reconnaissons, et nous bornons seulement à relever l'opinion émise ici au sujet des effets de la greffe du pommier sur le mûrier; fausse croyance ayant régné de si longs siècles, qu'en 1690 les jardiniers français eux-mêmes la partageaient

encore. Mais une chose beaucoup mieux démontrée que la culture du Rouveau, ou Cœur de Bœuf, chez les Romains, c'est sa présence chez nous avant 1200. Elle se trouve authentiquement établie dans une pièce assez peu connue, reproduite en 1865 par M. Robillard de Beaurepaire, archiviste de la Seine-Inférieure, page 50 de son livre intitulé : *Notes et documents concernant l'état des campagnes de la Haute Normandie aux derniers temps du moyen âge.* C'est à propos de la pomme Blanc-Dureau, que cette pièce est citée, et dans les termes suivants :

« Le Blandurel d'Auvergne, le même sans doute que le Blandurel de Normandie, était célèbre dès le xiiie siècle. Champier [1472-1533] remarque qu'il est souvent mentionné dans les chansons de jeunes filles :

« Primes ai pommes de Rouviau
« Et d'Auvergne le Blanc-Duriau. »
(*Dit des cris de Paris*, vers 50 et 51.)

Rouveau, qui dans la langue romane signifiait rouge, était donc un terme parfaitement synonyme de Sanguine, premier nom du Cœur de Bœuf. Quant à ce dernier, il date seulement du xviiie siècle, et personne avant Duhamel (1768), je le crois du moins, ne l'avait inscrit dans une Pomologie. Il vient évidemment de la couleur, puis du faciès du fruit, qui, posé sur l'œil, peut à la rigueur passer pour cordiforme. Toutefois, sous ce rapport, la forme inconstante de cette pomme rend souvent inexacte une telle dénomination.

Observations. — Différents pomologues se sont mépris, en assimilant au Cœur de Bœuf le Calleville rouge normand ; c'est au Calleville rouge d'Hiver que celui-ci se rapporte. Déjà Duhamel, dans le *Traité des arbres fruitiers* (1768, t. I, p. 281), le laissait entendre ; Manger, en 1780, l'affirma page 66 de sa *Systematische Pomologie* ; et depuis on a formellement reconnu qu'il en était ainsi, notamment notre Congrès pomologique (1867, t. IV, n° 2). Du reste, le Calleville rouge d'Hiver, lui-même, a souvent été confondu avec le Cœur de Bœuf.

Pomme CŒUR DE PIGEON. — Synonyme de *Pigeonnet-Jérusalem.* Voir ce nom.

Pomme CŒUR DE PIGEON BLANC. — Synonyme de *Pigeonnet blanc d'Hiver.* Voir ce nom.

Pomme DE COIGNE. — Synonyme de pomme *Coing d'Hiver.* Voir ce nom.

Pomme DE COING. — Synonyme de *Calleville blanc d'Hiver.* Voir ce nom.

---

118. Pomme COING D'HIVER.

Synonymes. — *Pommes*: 1. D'Assiette (Mayer, *Pomona franconica*, 1776-1801, t. III, p. 81, n° 11). — 2. De Castelet (*Id. ibid.*). — 3. De Livre (*Id. ibid.*). — 4. De Romarin (*Id. ibid.*). — 5. Sonnante (*Id. ibid.*). — 6. Vineuse (*Id. ibid.*). — 7. Englischer Winter Quitten (Diel, *Vorz. Kernobstsorten*, 1823, t. II, p. 21). — 8. Quince (*Id. ibid.*). — 9. De Coigne (Biedenfeld, *Handbuch aller bekannten Obstsorten*, 1854, p. 127). — 10. Reinette-Coing française (Lucas, *Illustrirtes Handbuch der Obstkunde*, 1859, t. I, p. 71, n° 20). — 11. Winter Quitten (*Id. ibid.*).

Description de l'arbre. — *Bois :* peu fort. — *Rameaux :* nombreux, étalés, assez courts, de moyenne grosseur, sensiblement coudés, duveteux, brun clair olivâtre souvent lavé de rouge. — *Lenticelles* : grandes, arrondies, excessivement clair-semées. — *Coussinets* : peu développés. — *Yeux* : assez petits, ovoïdes, légèrement cotonneux, plaqués sur l'écorce. — *Feuilles* : petites, ovales, acuminées, planes, bien dentées sur leurs bords. — *Pétiole* : de longueur et de force moyennes, tomenteux et faiblement cannelé. — *Stipules* : courtes.

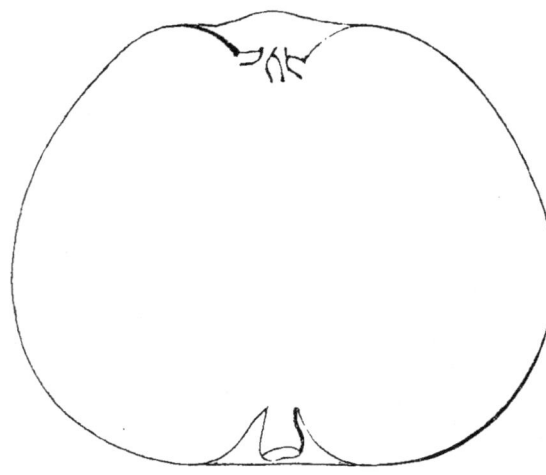

Pomme Coing d'Hiver.

FERTILITÉ. — Satisfaisante.

CULTURE. — Nous l'avons constamment destiné aux formes naines, car il laisse trop à désirer comme plein-vent.

Description du fruit. — *Grosseur* : au-dessus de la moyenne et souvent plus volumineuse. — *Forme* : conique-arrondie, très-large à la base et plus ou moins côtelée au sommet. — *Pédoncule* : court, gros, charnu, inséré dans un bassin étroit et généralement peu profond. — *Œil* : moyen, mi-clos, à cavité régulière et de moyenne dimension. — *Peau* : unicolore ou presque unicolore, jaune-citron, très-faiblement nuancée, parfois, de rouge sombre sur le côté du soleil, maculée de brun squammeux dans le bassin pédonculaire et ponctuée de gris-blanc et de marron. — *Chair* : blanchâtre, ferme et mi-fine. — *Eau* : suffisante, sucrée, aigrelette, possédant un léger parfum qui rappelle assez bien celui du coing.

MATURITÉ. — Janvier-Mars.

QUALITÉ. — Deuxième.

Historique. — Le pomologue allemand Mayer a longuement décrit en 1776 cette variété, page 81 du troisième volume de la *Pomona franconica*, mais c'est fautivement qu'il l'assimile à la Vineuse blanche de Bliensbach (Suisse), caractérisée par Bauhin, antérieurement à 1613, dans son *Historia plantarum universalis* (t. I, p. 11). Comment, en effet, croire identiques deux fruits dont le premier se mange de janvier à mars, tandis que l'autre — celui de Bauhin — mûrit en septembre et disparaît vers la mi-octobre?... Par son nom et ses plus anciens synonymes, la pomme Coing d'Hiver me semble indigène à la France, où dès 1670, un siècle avant Mayer, dom Claude Saint-Étienne la signalait ainsi : « Pomme « DE COING est longuette, grosse comme Grosse Rainette, toute jaune. » (*Nouvelle instruction pour connaître les bons fruits*, p. 209.)

Observations. — Mayer affirme que cette variété atteint d'énormes proportions. « Elle a souvent, dit-il, plus de 4 pouces de diamètre et pèse jusqu'à 12 ou « 13 onces. » (*Ibid.*) Dans l'Anjou, jamais je ne lui ai vu prendre un tel développement, ni mériter le surnom Pomme de Livre, que jadis on lui donna. Le volume considérable dont Mayer parle, lui venait sans doute du genre de culture adopté par cet habile jardinier, pour ses pommiers, qu'il plaçait généralement en espalier. — Vers 1826 Louis Noisette, le pépiniériste si connu, propagea une pomme Coing fort curieuse, mais probablement déjà perdue, car j'ai vainement essayé de me la procurer. Elle ressemblait, assurait-il en 1839 dans son *Jardin fruitier* (p. 204), au Coing de Portugal. On le voit, ce n'est pas la variété séculaire ici caractérisée. J'en retrouve une description complète dans la *Revue horticole*, de Paris, année 1835 (p. 68), et crois opportun de la reproduire, pour le cas où quelque confrontation deviendrait possible :

« Elle est d'une forme si allongée, qu'on a de la peine à la reconnaître pour une pomme. Sa chair est blanche, fondante, sucrée, relevée d'un acide agréable. La peau reste jaune dans l'ombre et se lave d'un beau rouge du côté du soleil. Elle provient, dit-on, de la Reinette d'Angleterre et en a conservé les bonnes qualités. On l'a figurée dans les *Annales de Flore et de Pomone*, numéro de décembre 1834. »

Pomme COLEMAN. — Synonyme de pomme *de Dix-Huit Onces*. Voir ce nom.

119. Pomme COMTE ORLOFF.

Synonymes : Transparente rouge, Transparente verte, Vineuse rouge (Pépinières d'Angers).

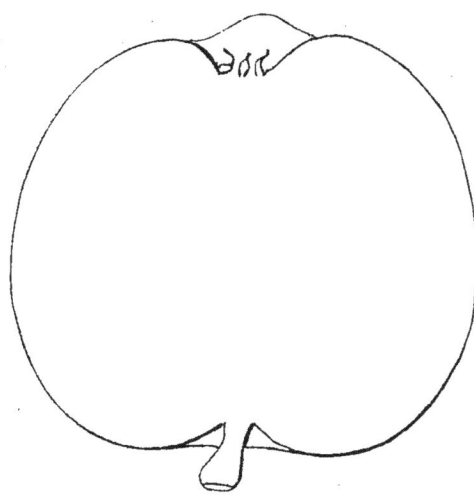

Description de l'arbre. — *Bois :* fort. — *Rameaux :* nombreux, étalés, gros, assez longs, bien géniculés, cotonneux, rouge-brun clair. — *Lenticelles :* arrondies ou allongées, grandes, très-espacées. — *Coussinets :* assez saillants. — *Yeux :* moyens, arrondis, très-duveteux, noyés dans l'écorce. — *Feuilles :* moyennes, ovales-allongées, vert luisant et foncé en dessus, gris verdâtre en dessous, courtement acuminées, planes et finement crénelées. — *Pétiole :* gros, assez long, carminé et sensiblement cannelé. — *Stipules :* très-petites et souvent nulles.

Fertilité. — Abondante.

Culture. — Comme tige, en pépinière, cette variété se ramifie bien mais fait des sujets de grosseur excessivement inégale, presque toujours forts à la base et grêles au sommet ; il faut donc la greffer en tête pour en obtenir de convenables plein-vent. Les formes gobelet et cordon lui sont, sur paradis ou doucin, très-profitables, particulièrement sous le rapport de la fertilité.

Description du fruit. — *Grosseur :* moyenne. — *Forme :* cylindro-globuleuse ou irrégulièrement arrondie, parfois se rétrécissant beaucoup auprès de l'œil, où généralement elle offre de fortes gibbosités. — *Pédoncule :* court, très-nourri, arqué, obliquement implanté dans un bassin peu développé. — *Œil :* grand, à longues sépales, mi-clos ou fermé, à cavité de dimension variable mais dont les bords sont toujours plus ou moins accidentés. — *Peau* : lisse et mince, vert clair et ponctuée de blanc du côté de l'ombre; sur l'autre face, blanc-verdâtre et très-légèrement striée et ponctuée de rose tendre; elle est en outre quelque peu maculée de fauve dans le bassin pédonculaire. — *Chair* : blanche, tendre, mi-fine, assez transparente en plusieurs endroits, surtout vers le centre. — *Eau* : abondante, sucrée, faiblement parfumée, possédant une saveur acide des plus rafraîchissantes.

Maturité. — Vers la mi-juillet et dépassant bien rarement la fin de ce mois.

Qualité. — Deuxième.

Historique. — Elle appartient à la Russie d'Europe, comme ses congénères l'Astracan blanc et l'Astracan rouge, dont elle possède l'extrême précocité. Je la cultive depuis 1850, mais ne la crois pas très-répandue chez nous, ni même à l'étranger, n'ayant pu trouver un pomologue qui l'ait décrite. Le personnage auquel on l'a dédiée, le comte Orloff (Alexis), né en 1787, fut un des généraux et des diplomates les plus marquants de l'empire russe, sous le règne de Nicolas Ier.

Pomme COMTE WORONZOFF. — Synonyme de pomme *Grand-Alexandre*. Voir ce nom.

Pomme CONCOMBRE. — Synonyme de pomme *Glace d'Hiver*. Voir ce nom.

Pomme CONCOMBRE ANCIEN. — Synonyme de *Reinette d'Espagne*. Voir ce nom.

120. Pomme de CONDOM.

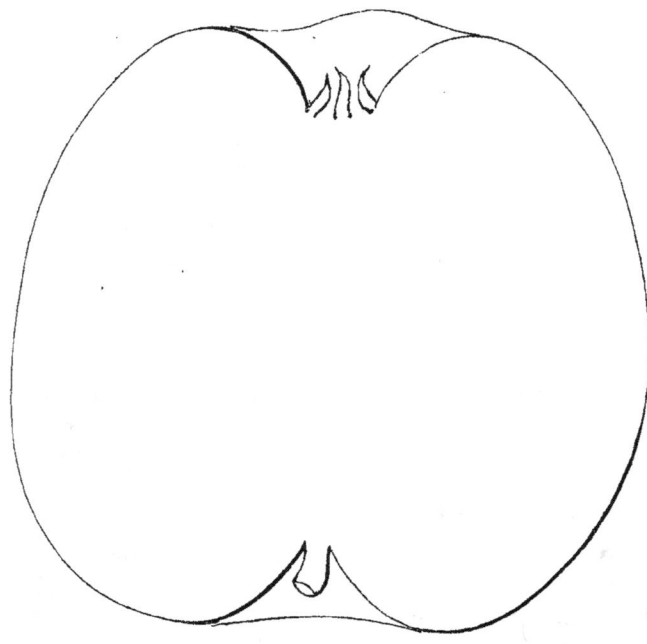

Description de l'arbre. — *Bois* : très-fort. — *Rameaux* : peu nombreux, généralement étalés, bien coudés, très-gros, longs, des plus duveteux et brun-rouge amplement lavé de gris. — *Lenticelles* : grandes, arrondies, assez rapprochées. — *Coussinets* : saillants. — *Yeux* : volumineux, ovoïdes-arrondis, fortement cotonneux, plaqués sur le bois. — *Feuilles* : très-grandes, ovales-arrondies, vert foncé en dessus, blanc grisâtre en dessous, acuminées pour la plupart et profondément dentées sur leurs bords. — *Pétiole :* de longueur moyenne, excessivement nourri, à peine cannelé. — *Stipules :* longues et très-larges.

Fertilité. — Médiocre.

Culture. — Par sa remarquable vigueur ce pommier, greffé en tête, fait de convenables plein-vent ; on peut même le donner comme sujet aux variétés d'une faible végétation. Placé sur paradis il se prête parfaitement à toute espèce de forme naine.

Description du fruit. — *Grosseur :* volumineuse. — *Forme :* ovoïde ou cylindro-ovoïde un peu allongée et fortement pentagone. — *Pédoncule :* très-court, gros, arqué, planté dans une large et profonde cavité en entonnoir. — *Œil :* grand, mi-clos, à sépales souvent très-longues, à cavité bordée de plis et des plus prononcées. — *Peau :* jaune, nuancée de vert, fouettée presqu'entièrement de rouge terne, parsemée de gros points brunâtres et maculée de fauve squammeux dans le bassin pédonculaire. — *Chair :* légèrement jaunâtre près des loges, verdâtre sous la peau, fine, croquante et mi-tendre. — *Eau :* abondante, sucrée, bien parfumée et relevée par une acidité des plus rafraîchissantes.

Maturité. — Octobre-Décembre.

Qualité. — Première.

Historique. — Elle est dans mes pépinières depuis 1849 et fut, cette même année, inscrite à la page 30 de mon *Catalogue* sous le nom très-défiguré de Coudonne, ainsi fautivement écrit dans la collection du Comice horticole d'Angers, d'où je l'avais tirée. Je ne connais aucune description de cette remarquable pomme, que sa véritable dénomination semble rattacher à la ville de Condom, du département du Gers.

Pomme COPMANTHORPE CRAB. — Synonyme de *Reinette de Caux.* Voir ce nom.

Pomme CORAIL. — Synonyme de pomme *Grand-Alexandre.* Voir ce nom.

Pommes : CORIANDRA ROSE,

— CORIANDRE ROSE,

} Synonymes de *Court-Pendu rouge.* Voir ce nom.

Pommes : CORNISH GILLIFLOWER,

— CORNISH JULY FLOWER,

— CORNWALLISER NELKEN,

} Synonymes de *Calleville d'Angleterre.* Voir ce nom.

Pomme CORPS-PENDANT. — Synonyme de *Court-Pendu rouge.* Voir ce nom.

Pomme COS ORANGE. — Synonyme de pomme *Orange de Cox.* Voir ce nom.

Pomme COTOGNA. — Synonyme de *Calleville blanc d'Hiver.* Voir ce nom.

Pommes : COUCHINE,

— COUCHINE DE PROVENCE,

— COUCHINE ROUGE,

} Synonymes de pomme *Cœur de Bœuf.* Voir ce nom.

Pomme COULEUR DE CHAIR. — Synonyme de *Passe-Pomme d'Été.* Voir ce nom.

Pomme de COURT-PENDU. — Synonyme de *Court-Pendu gris.* Voir ce nom.

Pomme COURT-PENDU BARDIN. — Synonyme de *Fenouillet rouge.* Voir ce nom.

Pommes COURT-PENDU BLANC. — Synonymes de *Fenouillet jaune* et de *Reinette d'Orléans.* Voir ces noms.

Pommes COURT-PENDU DORÉ. — Synonymes de *Court-Pendu gris* et de pomme *Princesse noble.* Voir ces noms.

Pomme COURT-PENDU DOUCE. — Synonyme de *Court-Pendu doux.* Voir ce nom.

121. Pomme COURT-PENDU DOUX.

Synonymes. — *Pommes :* 1. Court-Pendu douce (Henri Manger, *Systematische Pomologie*, 1780, p. 28, n° xi-1°). — 2. Court-Pendu de France (dans l'Aisne; — et André Leroy, *Catalogue descriptif et raisonné des arbres fruitiers et d'ornement*, 1868, p. 46, n° 113).

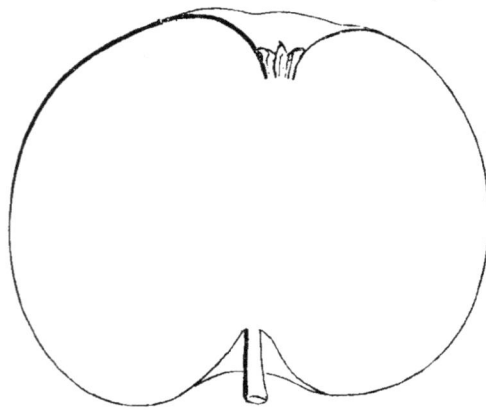

Description de l'arbre. — *Bois :* assez fort. — *Rameaux :* peu nombreux, érigés, courts, de moyenne grosseur, légèrement coudés, très-duveteux, brun clair, ayant les mérithalles des plus courts. — *Lenticelles :* petites, allongées, abondantes, saillantes et bien apparentes. — *Coussinets :* presque nuls. — *Yeux :* petits, obtus, aplatis, cotonneux, noyés dans l'écorce. — *Feuilles :* petites ou moyennes, ovales-arrondies, vert terne en dessus, gris verdâtre en dessous, épaisses et coriaces, courtement acuminées, régulièrement et peu profondément crénelées.

— *Pétiole :* de grosseur et longueur moyennes, très-carminé en dessous et fortement cannelé. — *Stipules :* très-petites.

Fertilité. — Médiocre.

Culture. — En pyramide, gobelet ou cordon, il fait des arbres irréprochables; on peut également le destiner à la haute-tige, mais il faut alors le greffer en tête.

Description du fruit. — *Grosseur :* au-dessous de la moyenne et parfois plus volumineuse. — *Forme :* arrondie, écrasée aux pôles et généralement moins renflée d'un côté que de l'autre. — *Pédoncule :* court, assez mince, profondément implanté dans un bassin assez irrégulier et de dimension variable. — *Œil :* moyen ou petit, mi-clos ou fermé, duveteux, à cavité large et fortement bosselée ou plissée sur les bords. — *Peau :* fine, un peu grasse, vert herbacé légèrement jaunâtre, ponctuée de gris, très-faiblement lavée de rouge sale, sur la partie exposée au soleil, et souvent striée de brun rougeâtre autour du pédoncule. — *Chair :* blanchâtre, mi-fine, croquante, assez marcescente et très-verdâtre sous la peau. — *Eau :* abondante, sucrée, très-douce, sans parfum mais néanmoins agréable.

Maturité. — Janvier-Mars.

Qualité. — Deuxième.

Historique. — Cette variété m'a été donnée en 1863, sous le nom Court-Pendu de France, par M. Matton-Gaillard, de Vervins (Aisne). J'ignore si réellement elle est originaire de notre pays, mais je sais qu'elle offre une entière ressemblance avec le Court-Pendu doux, figuré et décrit dans les termes ci-après, en 1766, par Herman Knoop, pomologue hollandais :

« Cette pomme — dit-il — est de moyenne grosseur; sa forme est ronde et assez plate. L'œil ainsi que la queue, qui est très-courte, sont tant soit peu enfoncés. Sa peau est unie; sa couleur, lorsque la pomme est mûre, d'un jaune verdâtre et nuancée sur l'un des côtés d'un rouge-brun, et quelquefois aussi rayée d'un rouge-brun pâle. La chair en est un peu ferme, d'un goût doux, savoureux et très-agréable. C'est pourquoi ce fruit doit être rangé parmi les bonnes sortes de pommes douces. » (*Pomologie*, p. 46.)

Knoop fut le premier descripteur de ce pommier, dont les produits reçurent le nom de Court-Pendu pour l'analogie de leur forme avec celle du type de la tribu ainsi appelée, l'antique Court-Pendu gris. Quant au déterminatif *doux*, il le mérite parfaitement et permet de ne pas le confondre avec ses congénères, le Court-Pendu rouge, à chair acidulée, et le Court-Pendu gris, si fortement anisé.

Pommes : COURT-PENDU DUR,

— COURT-PENDU EXTRA,

} Synonymes de *Court-Pendu rouge.* Voir ce nom.

Pomme COURT-PENDU DE FRANCE. — Synonyme de *Court-Pendu doux*. Voir ce nom.

---

122. Pomme COURT-PENDU GRIS.

Synonymes. — *Pommes* : 1. De Capendu (*Registres du Tabellionnage de Rouen*, année 1423, t. XX, f° 71, publiés par M. Robillard de Beaurepaire, dans ses *Notes et documents concernant l'état des campagnes de la Haute-Normandie au moyen âge*, 1865, pp. 48 et 51). — 2. De Carpendu (*Id. ibid.*, p. 51, texte et note 2ᵉ). — 3. De Romeau (*Id. ibid.*). — 4. De Quapendu (Chartrier de Thouars, pièce originale de 1498, communiquée par M. Paul Marchegay, de l'École des Chartes). — 5. Calamania [des Vénitiens] (Charles Estienne, *Seminarium et plantarium fructiferarum præsertim arborum quæ post hortos conseri-solent*, 1540, p. 53; — et Agostino Gallo, *le Vinti giornate dell' agricoltura*, 1575, p. 108). — 6. Calamila [à Rome et à Bologne] (Charles Estienne, *ibid.*). — 7. De Courpendu (*Id. ibid.*). — 8. Calamine (Olivier de Serres, *le Théâtre d'agriculture et ménage des champs*, 1608, p. 626). — 9. Gros-Courtpendu (Jean Bauhin, avant 1613, *Historia plantarum universalis*, édition posthume de 1650, t. I, p. 21; et Henri Manger, *Systematische Pomologie*, 1780, p. 26, n° IX). — 10. Petit-Courtpendu (*Iid. ibid.*). — 11. Courpendu roux (le Lectier, d'Orléans, *Catalogue des arbres cultivés dans son verger et plant*, 1628, p. 24). — 12. De Cas-Pendu (Gilles Ménage, *Observations sur la langue française*, 1675, p. 382; — et Charles Nodier, *Examen critique des Dictionnaires de la langue française*, 1829, p. 93). — 13. Reinette Courtpendu (Herman Knoop, *Pomologie*, édition allemande, 1760, pp. 23 et 57; — et Henri Manger, *ibidem*). — 14. Capendu Reinette (Louis du Bois, *du Pommier, du Poirier et du Cormier*, 1804, t. I, p. 52). — 15. Court-Pendu doré (C. A. Hennau, *Annales de pomologie belge et étrangère*, 1854, t. II, p. 25, n° 3).

Premier Type.

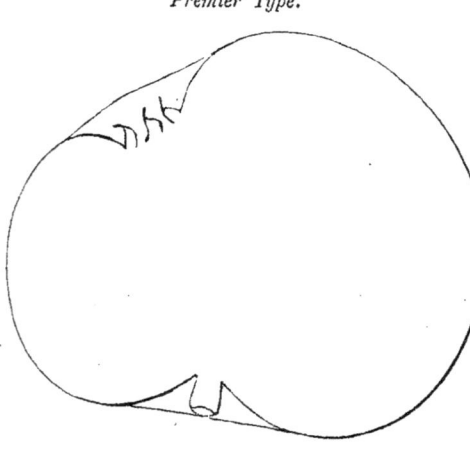

Deuxième Type.

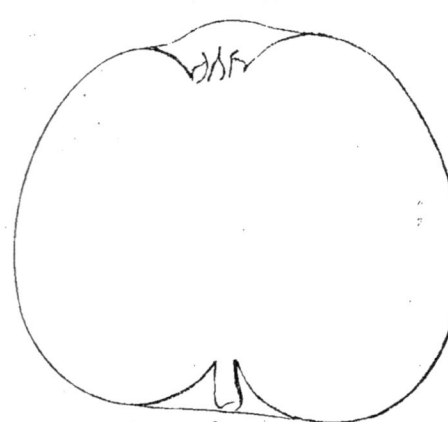

Description de l'arbre. — *Bois* : fort. — *Rameaux* : nombreux, légèrement étalés, gros, assez courts, à peine géniculés, très-cotonneux, d'un brun foncé quelque peu lavé de rouge. — *Lenticelles* : plus ou moins arrondies, petites, excessivement rapprochées. — *Coussinets* : aplatis. — *Yeux* : moyens, arrondis, faiblement duveteux, incomplètement collés sur le bois. — *Feuilles* : petites, ovales-arrondies, coriaces, acuminées, ayant les bords assez profondément dentés ou crénelés. — *Pétiole* : de grosseur et longueur moyennes, rigide, carminé, à cannelure presque nulle. — *Stipules* : étroites et longues.

Fertilité. — Abondante.

Culture. — Il est propre, par sa vigueur et sa belle ramification, à la haute-tige ainsi qu'à toute espèce de forme naine.

Description du fruit. — *Grosseur* : assez variable, mais plutôt au-dessous de la moyenne, que moyenne. — *Forme* : irrégulièrement globuleuse ou conique-arrondie, ayant presque toujours un côté moins volumineux que l'autre. — *Pédoncule* : court ou très-court, gros, droit ou arqué, planté dans un bassin large et peu profond. — *Œil :* grand, mi-clos ou fermé, duveteux, à cavité irrégulière, assez vaste et légèrement accidentée sur les bords. — *Peau :* rugueuse, jaune roussâtre, tachetée de gris-brun fortement squammeux, surtout vers l'œil et le pédoncule, puis semée de larges mais peu nombreux points gris clair, rarement bien apparents. — *Chair :* jaunâtre, ferme, odorante, très-fine et très-croquante. — *Eau :* suffisante, très-sucrée, acidulée, douée d'un délicieux parfum de cannelle faiblement anisé.

Maturité. — Novembre-Avril.

Qualité. — Première.

Historique. — Il s'agit ici de l'antique *Capendu*, le plus ancien, le véritable type des divers pommiers de Court-Pendu. Sa réputation était déjà fort grande avant 1400, et presque universelle ; aussi le trouve-t-on soigneusement décrit chez les pomologues ou botanistes du xvie siècle. Je m'en félicite, car Duhamel ayant erronément caractérisé en 1768 (t. I, p. 345), sous le nom Capendu, une pomme « à queue assez longue, à peau rouge noirâtre et rouge pourpre, » il me faut maintenant, cette erreur s'étant généralement propagée, invoquer le témoignage de nos premiers maîtres pour prouver que le Capendu n'avait pas la peau rouge, mais entièrement jaune roussâtre ou grisâtre ; d'où vient que plus tard, afin de le distinguer de ses congénères, on le surnomma Court-Pendu *roux*, puis Court-Pendu *gris*.

Avant tous autres, Ruel, en 1536, le signalait dans son ouvrage intitulé *de Natura stirpium ;* voici, traduit littéralement, l'article qu'il lui consacra :

« Les pommes qu'en France on place au premier rang, sont celles vulgairement appelées *Capendu* [Capendua]. Leur saveur est tellement exquise, qu'elles se vendent au poids de l'or et s'expédient jusqu'au delà des mers. Il n'en existe pas, je crois, dont le transport soit aussi fréquent, et elles le supportent sans rien perdre de leur extrême bonté. Ces fruits, de moyenne grosseur et *jaunâtres à la maturité*, dégagent une odeur suave qui, quoique peu prononcée, plaît néanmoins infiniment. Ils ont la chair ferme et peuvent se conserver un an, souvent même deux, comme je l'ai constaté. » (Chapitre Pommier, n° 1.)

En 1540, quatre ans après Ruel, Charles Estienne fit paraître le *Seminarium*, étude sur les arbres fruitiers, et s'empressa d'y mentionner cette variété ; il est le premier qui lui ait appliqué le nom Court-Pendu :

« De toutes les pommes que nous possédons — écrivait-il — les plus méritantes sont, sans contredit, celles communément nommées Capenduta, *de Courpendu*, peut-être à cause de leur pédoncule, si court qu'elles semblent adhérer à l'arbre et sortir des rameaux privées de tout appendice. Les Italiens les appellent *Calamila* pour leur préexcellence, particulièrement aux environs de Rome et de Bologne ; puis, à Venise, *Calamania*, mais fautivement. Elles possèdent une saveur très-agréable, un parfum des plus suaves et se conservent longtemps en parfaite qualité. Leur grosseur est moyenne et leur *peau, jaunâtre*, quand elles sont entièrement mûres. » (*Seminarium et plantarium fructiferarum præsertim arborum quæ post hortos conseri solent*, p. 53.)

Enfin Bauhin, dont l'*Historia plantarum universalis* est antérieure à 1613, fournit dans cet ouvrage des renseignements sur un *Gros* et un *Petit* Court-Pendu « à peau rugueuse et safranée, » qui ne sont bien, comme Henri Manger (1780) l'affirmait avant moi, qu'une seule et même pomme, le volume et la forme du Court-Pendu gris variant sensiblement. Je reproduis tout l'article de Bauhin, car il complète essentiellement, par certains détails, l'histoire de cet intéressant fruit :

« *Pomme* Court-Pendu [*Curtipendulum*]. — Cette sorte est la plus renommée de toute l'Europe ; elle tire son nom de l'exiguïté du pédoncule qui l'attache à l'arbre. Plus haut il en existe déjà, extraite de Ruel et sous le nom *Capendu*, une description, mais seulement de la Petite variété. A Montbéliard nous possédons effectivement deux Court-Pendu, le Gros et le Petit.

« Le *Gros*, large de trois pouces, haut de deux, sessile et moins comprimé que le Petit, a toute la *peau légèrement safranée, rugueuse et abondamment tachetée*. Il sent fort bon. Sa chair jaunâtre, dont la saveur particulière le rend très-recommandable, n'a pas toutefois une aussi grande fermeté que celle du Petit-Court-Pendu. On le conserve facilement d'un automne à l'autre en le cueillant et plaçant au fruitier de bonne heure. Je sais même que, surveillé avec soin, il se garde deux ans ; durée n'ayant, à Bâle, rien d'extraordinaire.

« Le *Petit-Court-Pendu* est cette pomme que B. Curtius (1560) appelait Capendu, et qui chez les Français jouit d'une si grande estime. D'aucuns veulent qu'elle soit la Matienne des Romains, comme, d'après Athénée, le rapporte Daléchamp ; et d'autres, la Sestienne. Dans les jardins de Montbéliard on la cultive précieusement, surtout dans celui du prince, puis à Bâle et Montpellier, ainsi qu'en Italie. » (Tome Ier, p. 21.)

Toutes ces curieuses citations l'ont démontré, notre séculaire Court-Pendu gris n'est pas le fruit rouge-pourpre décrit et figuré sous le nom Capendu, par Duhamel. Mais Bauhin en donne une preuve encore plus formelle que celles ici rapportées, lorsque, parlant d'une pomme jaune et rouge à courte queue, il dit à la suite de l'alinéa qu'on vient de lire : « Elle n'est pas le Capendu, car cette « espèce, que j'ai bien étudiée, n'a jamais la peau nuancée de rouge. »

L'origine du Court-Pendu gris devient difficile à préciser, puisqu'avant 1500 nous voyons ce pommier déjà cultivé chez les Français, les Italiens et les Suisses. Que les Romains l'aient possédé, personne ne peut l'affirmer, leurs agronomes n'ayant fait aucune description des variétés Matienne, Petisienne et Sestienne, auxquelles on a tenté, mais rarement, de le rattacher. Quant à moi, je le crois né sur notre sol, et peut-être même en Normandie, où dès 1400, grâce aux récentes recherches de l'archiviste de la Seine-Inférieure, M. Robillard de Beaurepaire, je le rencontre pour la première fois dans plusieurs localités : en 1423, aux Andelys, à Anneville-sur-Seine, à Rouen ; puis en 1428 à l'abbaye de Montivilliers, où la supérieure en achète deux corbeilles pour 7 sous 6 deniers. A ces dates si reculées, Rouen apparaît du reste comme le grand entrepôt du Capendu ; témoin ce passage, que j'emprunte également à M. Robillard de Beaurepaire :

« Au XIVe siècle, en 1300 — dit ce paléographe — le Capendu n'était pas connu aux environs de Rouen ; ou, s'il l'était, il n'y jouissait que d'une faible considération. Nous n'en avons pas, en effet, trouvé une seule mention dans les textes de cette époque. Au siècle suivant, au contraire, il est non-seulement connu, mais renommé. On en expédie chaque année, de Rouen à Paris, des provisions considérables. » (*Notes et documents concernant l'état des campagnes de la Haute-Normandie au moyen âge*, 1865, pp. 48, 51, 55, 57 et 381.)

Et pour appuyer son texte, cet archiviste relate quelques acquisitions alors faites, de ces fruits :

« 1° En 1423, à Noël et après, un quarteron de pommes de Romeau ou de Carpendu, 4 deniers. — 2° Le 11 mars 1453, à Anneville, 36 mines (1) de pommes de Capendu, qui coustent, tant en premier achat comme en frais, 80 livres 8 sous parisis. — 3° Le 30 avril 1454, à Rouen, 9 queues (2) de Capendu achetées 56 écus d'or 6 deniers parisis. » (*Ibidem*, p. 51, note 2°.)

A ces documents si précieux pour l'histoire de la pomologie, j'en puis ajouter

---

(1) La *mine* répond au demi-setier, ou encore à six boisseaux.
(2) La *queue* s'entendait d'une futaille contenant un muid et demi.

un, complétement inédit, que je dois, avec plusieurs autres déjà utilisés dans cet ouvrage, à mon érudit ami Paul Marchegay, de l'École des Chartes. Il est de 1498 et concerne le Poitou ; je le reproduis d'après l'original :

« Je Symon Girauldeau, marchent, demorent en la parroisse de Sossay [Vienne], confesse avoir receçu de Michellet de la Vau, recepveur de Monseigneur de Thuré [près Châtellerault, Vienne], la somme de cinquante et cinq solz, a cause d'une somme (1) de pommes de Quapendu et d'Estorneau, que j'é vendues audit recepveur, dont je quipte ledit recepveur et tous aultres par ses presentes, signées du seing manuel du notaire dessoubz escript, le xxe jour de fevrier, l'an mil CCCC iiij^{xx}xviij.

« J. Bergier, à la requeste dudit Girauldeau. »
(Chartrier de Thouars. Original en papier.)

Par tout ce qui précède on a vu que la dénomination primitive de cette variété, fut bien *Capendu*, ou *Carpendu*, vieux terme dont le sens — dit Ménage dans ses *Observations sur la langue française* (1675, p. 382) — ne différait nullement de la signification du mot Court-Pendu, qu'on lui a substitué. Il faut donc rejeter l'étrange étymologie que certains pomologues modernes ont donnée du nom Court-Pendu : « La pomme de Court-Pendu, ou Corps-Pendant — prétendent-« ils — tire son nom de ce qu'elle pend toujours en bas. » Mais le nom de Ménage me rappelle que ce savant proposa en 1694, pour ces mêmes mots, une origine tout aussi inacceptable : « Au diocèse de Carcassonne — rapporte-t-il — existait un « château nommé *Canis suspensus* [du Chien pendu] dans les Chroniques du moine « de Valsernay ; il pourroit être que les pommes de *Capendu* auroient pris de là « leur dénomination. » (*Dictionnaire étymologique de la langue française*.) Le désir de tout expliquer mit ici Ménage en défaut. Qui donc admettra que *Cas*, synonyme de *Court*, soit venu de Canis, chien?...

Pour en finir avec le fruit que nos pères eurent en si haute estime, il me reste à montrer, afin de mieux justifier cet engouement, qu'outre sa réelle bonté, cuit et cru, ils lui attribuaient encore de grandes vertus médicinales. Ainsi Charles Estienne et Jean Liébault écrivirent ce qui suit en 1589 :

« Et tant est recommandable l'odeur du *Court-Pendu*, que pour faire parfums odorans en temps de pestilence, nous ne trouvons rien meilleur que l'escorce d'icelle pomme mise sur les charbons. Cette pomme a encores en soy une propriété plus signalée, car estant vuidée de ses pepins, et au lieu d'iceux remplie de fin encens, puis rejointe et bien serrée, et cuitte sous les cendres chaudes sans estre bruslée, apporte un dernier remede à ceux qui ont la pluresie, leur estant donnée à manger. » (*L'Agriculture et Maison rustique*, livre III, pp. 214 et 215.)

Puis en 1683 le docteur Venette, de la Rochelle, la vantait en ces termes :

« Dans les maladies qui sont accompagnées d'une chaleur et d'une soif considérables, elle est d'un grand secours si l'on en mange un peu de crué, ou de cuite, ou que l'on en mette dans de l'eau ; et je m'étonne de ce qu'en France l'on se donne tant de peine à chercher des Oranges et des Citrons pour nos malades, quand on a de ces pommes. » (*L'Art de tailler les arbres fruitiers*, 2e partie, pp. 56-57.)

Observations. — Quelques pomologues du xviiie siècle, Mayer entr'autres (t. III, p. 150), ont fautivement réuni le Court-Pendu gris au *Fenouillet gris*, décrit plus loin, et même au *Fenouillet rouge*, par suite de l'erreur de Duhamel qui, nous l'avons dit, caractérisa (t. I, p. 315) sous la dénomination Capendu, le Court-Pendu *rouge*, au lieu du *gris*. Il est donc essentiel, en consultant ces auteurs, de ne

---

(1) La *somme* équivaut au fardeau que peut porter un cheval.

pas retomber dans la double méprise que nous signalons. — En Normandie on cultive assez généralement sous les noms Courte-Queue, Cul-Noué, Capendu, Court-Pendu, un pommier qui n'a rien de commun avec notre Court-Pendu gris, car ses produits sont uniquement propres à la fabrication du cidre.

Pomme COURT-PENDU JAUNE. — Synonyme de *Fenouillet jaune.* Voir ce nom.

Pommes : COURT-PENDU PLAT,

— COURT-PENDU PLAT ROUGEATRE,

} Synonymes de *Court-Pendu rouge.* Voir ce nom.

Pomme COURT-PENDU DE LA QUINTINYE. — Synonyme de *Fenouillet rouge.* Voir ce nom.

Pommes : COURT-PENDU REINETTE,

— COURT-PENDU ROSE,

} Synonymes de *Court-Pendu rouge.* Voir ce nom.

123. Pomme COURT-PENDU ROUGE.

Synonymes. — *Pommes* : 1. Courte-Queue (Jean Bauhin, avant 1613, *Historia plantarum universalis*, édition posthume de 1651, t. I, p. 21). — 2. Court-Pendu dur (le Lectier, d'Orléans, *Catalogue des arbres cultivés dans son verger et plant*, 1628, p. 24). — 3. De Belin (Merlet, *l'Abrégé des bons fruits*, 1667, p. 150; — et Thompson, *Catalogue of fruits cultivated in the garden of the horticultural Society of London*, 1842, pp. 6 et 11, n° 185). — 4. Courpendu rouge musqué (*Id. ibid.*). — 5. Courpandu vermeil. (dom Claude Saint-Etienne, *Nouvelle instruction pour connaître les bons fruits*, 1670, p. 209). — 6. Courpendu Reinette (Louis Liger, *Culture parfaite des jardins fruitiers et potagers*, 1714, p. 455; — et Henri Manger, *Systematische Pomologie*, 1780, p. 26, n° IX). — 7. Courpendu musqué (Saussay, *Traité des jardins*, 1722, p. 20; — et Thompson, *ibidem*). — 8. Court-Pendu sanguin (la Rivière et du Moulin, *Méthode pour bien cultiver les arbres à fruit*, 1738, p. 268). — 9. Reinette Court-Pendu rouge (Herman Knoop, *Pomologie*, édition allemande, 1760, pp. 24 et 58). — 10. Gros-Capendu rouge (les Chartreux de Paris, *Catalogue de leurs pépinières*, 1775, p. 55). — 11. Reinette de Capendu (Jean Mayer, *Pomona franconica*, 1776-1801, t. III, p. 142). — 12. Court-Pendu rouge royal (Diel, *Kernobstsorten*, 1804, t. VI, p. 146; — et Lucas, *Illustrirtes Handbuch der Obstkunde*, 1859, t. I, p. 167, n° 68). — 13. Corps-Pendant (William Forsyth, *Traité de la culture des arbres fruitiers*, traduction de Pictet-Mallet, 1805, p. 87, n° 2). — 14. Court-Pendu plat (Lindley, *Guide to the orchard and kitchen garden*, 1831, p. 43, n° 80). — 15. De Garnon (*Id. ibid.*). — 16. Coriandra rose (Thompson, *Catalogue of fruits cultivated in the garden of the horticultural Society of London*, 1842, p. 11, n° 185). — 17. Court-Pendu extra (*Id. ibid.*). — 18. Court-Pendu plat rougeatre (*Id. ibid.*). — 19. Court-Pendu rose (*Id. ibid.*). — 20. Princesse noble zoete (*Id. ibid.*). — 21. Russian (*Id. ibid.*). — 22. Wollaton Pippin (*Id. ibid.*). — 23. Belle de Senart (d'Albret, *Cours théorique et pratique de la taille des arbres fruitiers*, 1851, p. 333). — 24. Reinette de Hongrie (*Id. ibid.*). — 25. De Spitzemberg (*Id. ibid.*). — 26. Reinette des Belges (Pépinières angevines, en 1852). — 27. Reinette de la Russie tempérée (Comice horticole d'Angers, *Catalogue de son Jardin fruitier*, 1852, p. 9, n° 51). — 28. Veuve Leroy (pépiniéristes de la Manche, en 1853; — et André Leroy, *Catalogue descriptif et raisonné des arbres fruitiers et d'ornement*, années 1855 à 1865). — 29. Wize (Lucas, *Illustrirtes Handbuch der Obstkunde*, 1859, t. I, p. 167, n° 68). — 30. Reinette de Portugal (Société horticole de Paris, *Dégustations du Comité pomologique*, 15 janvier 1863). — 31. Coriandre rose (Charles Downing, *the Fruits and fruit trees of America*, 1869, p. 134).

Description de l'arbre. — *Bois :* de force moyenne. — *Rameaux :* très-nombreux, étalés à la base, érigés au sommet, courts, assez gros, peu coudés, excessivement duveteux, d'un brun verdâtre et ayant les mérithalles très-courts. — *Lenticelles :* petites, arrondies, très-espacées. — *Coussinets :* larges et des plus saillants. — *Yeux :* arrondis, gros, plaqués sur l'écorce et sensiblement cotonneux. — *Feuilles :* petites, arrondies, vert foncé en dessus, duveteuses et blanc grisâtre en dessous, longuement acuminées, fortement contournées sur elles-mêmes et profondément dentées. — *Pétiole :* gros, peu long, à peine cannelé. — *Stipules :* étroites et de moyenne longueur.

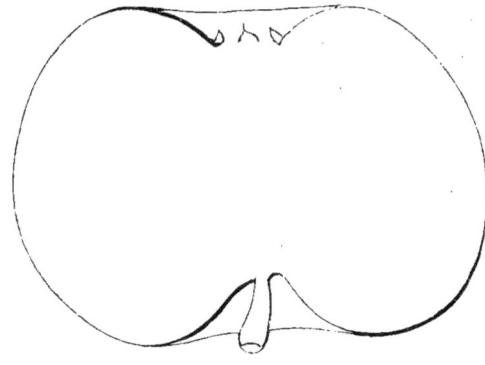

Pomme Court-Pendu rouge. — *Premier Type.*

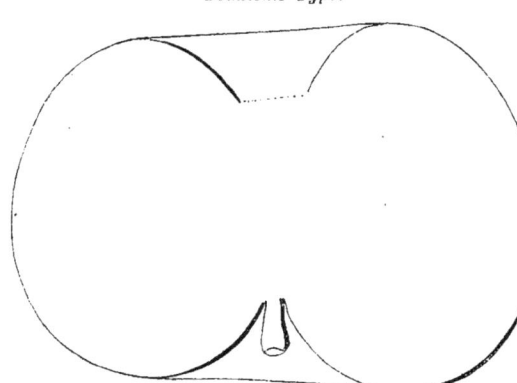

Deuxième Type.

FERTILITÉ. — Médiocre.

CULTURE. — Greffée au ras de terre, pour plein-vent, cette variété donne, malgré sa croissance peu rapide, d'assez belles tiges; il est mieux, cependant, de la greffer en tête, car on obtient alors des arbres très-réguliers. Les formes naines lui conviennent également, mais en la plaçant sur doucin et non sur paradis.

Description du fruit. — *Grosseur :* variable, mais le plus habituellement, moyenne. — *Forme:* globuleuse, généralement très-écrasée aux pôles. — *Pédoncule :* de longueur moyenne ou court, assez fort, implanté dans un profond bassin formant entonnoir. — *Œil:* grand, bien ouvert, à sépales très-courtes et souvent même faisant défaut, à cavité des plus développées et dont les bords ne sont nullement accidentés. — *Peau :* légèrement rugueuse, à fond jaune verdâtre ou jaune clair du côté de l'ombre, amplement lavée, marbrée et striée, à l'insolation, de rouge plus ou moins brunâtre; elle est en outre régulièrement et fortement ponctuée de blanc grisâtre et de roux, puis très-maculée de fauve autour du pédoncule. — *Chair :* jaunâtre, un peu verdâtre auprès des loges, ferme, fine et croquante. — *Eau :* suffisante, bien sucrée, acidule, douée d'un arrière-goût anisé-musqué parfumant délicieusement la bouche.

MATURITÉ. — Novembre-Mars.

QUALITÉ. — Première.

Historique. — C'est là le fruit qu'en 1768 Duhamel (t. I, p. 315), ainsi que je l'ai démontré ci-dessus (pages 236-237), décrivit erronément sous l'antique nom *Capendu*, ou Court-Pendu gris. Les trente et un synonymes qu'il m'a été possible de lui retrouver, témoignent à la fois de son mérite et de la généralité de sa culture, mais prouvent également qu'il est de beaucoup le cadet de cette dernière variété. Bauhin, peu avant 1613, fut effectivement son premier descripteur, l'appela *Courte-Queue* [Curtipedaneum] et fournit des renseignements très-précis sur ce pommier :

« Par leur forme, leur goût — disait-il — ses pommes offrent certains rapports avec celles du Court-Pendu [*gris*]; cependant elles sont plus grosses, plus jolies; car si quelques-unes ont la peau entièrement jaune d'or, les autres sont parées d'un coloris rouge que je n'ai jamais observé chez le Court-Pendu [*gris*]. L'ombilic est grand, profond, et le pétiole trop court pour que les doigts le puissent saisir. Leur maturité va jusqu'en mars ou avril. Leur chair jaunâtre, ferme, possède une agréable saveur acidule et vineuse. Elles sortent d'Epamanduodurum, dans le comté de Montbéliard, très-ancienne cité des ruines de laquelle on a maintenant formé un village. » (*Historia plantarum universalis*, t. I, p. 21.)

D'Epamanduodurum, aujourd'hui Mandeure, le Court-Pendu rouge ou Courte-Queue dut se répandre rapidement dans diverses autres parties de la France, puisque de 1628 à 1775 nos pomologues l'ont fréquemment caractérisé, et prôné; surtout Claude Mollet, dont l'édition de 1678 contient ces lignes :

« Le pommier de *Courpendu rouge* est la meilleure espèce de tous les Courpendus : il rapporte une grande quantité de fruit qui a le goust plus relevé, et la chair plus ferme. Si vous le faites greffer sur le pommier de Châtaignier, il sera encore plus excellent, croistra et profitera parfaitement. » (*Théâtre des jardinages*, p. 52.)

Les Anglais, les Allemands et les Belges l'ont aussi en haute estime. Chez ces derniers, où il est excessivement commun, on l'a même surnommé *Reinette des Belges*, comme dès 1852 le constatait mon *Catalogue* (p. 28, n° 50).

Observations. — En 1853 certain pommier *Veuve Leroy*, dont le nom m'avait été signalé, me fut envoyé de Montsurvent (Manche) par M. Germain, pépiniériste. C'était le Court-Pendu rouge. Je le multipliai et propageai, comme variété, jusqu'en 1866, époque où je pus enfin découvrir l'erreur et rejeter parmi les synonymes, cette fausse variété. — Les noms *Reinette d'Espagne*, pomme *Rosat*, ont été quelquefois, mais bien à tort, je l'ai vérifié, donnés pour synonymes au Court-Pendu rouge. Ce sentiment est aussi celui de la Société d'Horticulture de Paris, ainsi qu'il m'a été permis de le reconnaître en consultant les archives de son Comité pomologique (*Dégustations*, séance du 19 mai 1864).

Pomme COURT-PENDU ROUGE (GROS-). — Voir *Gros-Court-Pendu rouge*.

Pommes : COURT-PENDU ROUGE MUSQUÉ,

— COURT-PENDU ROUGE ROYAL,

} Synonymes de *Court-Pendu rouge*. Voir ce nom.

Pomme COURT-PENDU ROUX. — Synonyme de *Court-Pendu gris*. Voir ce nom.

Pomme COURT-PENDU SANGUIN. — Synonyme de *Court-Pendu rouge*. Voir ce nom.

Pomme COURT-PENDU DE TOURNAY. — Synonyme de *Reinette d'Orléans*. Voir ce nom.

Pomme COURT-PENDU VERMEIL. — Synonyme de *Court-Pendu rouge*. Voir ce nom.

124. Pomme COURT DE WICK.

Synonymes. — *Pommes :* 1. Court of Wick Pippin (Joseph Sabine, *Transactions of the horticultural Society of London*, 1819, t. III, p. 269). — 2. Court of Wick (George Steuart Mackenzie, *ibid.*, 1827, t. VII, p. 335). — 3. Fry's Pippin (George Lindley, *Guide to the orchard and kitchen garden*, 1831, p. 42, n° 79). — 4. Golden drop (*Id. ibid.*). — 5. Knigthwich Pippin (*Id. ibid.*). — 6. Phillips's Reinette (*Id. ibid.*). — 7. Wood's Huntingdon (*Id. ibid.*). — 8. Wood's Transparent (*Id. ibid.*). — 9. Yellow (Thompson, *Catalogue of fruits cultivated in the garden of the horticultural Society of London*, 1842, p. 12, n° 187). — 10. Transparent Pippin (A. J. Downing, *the Fruits and fruit trees of America*, 1849, p. 132). — 11. Barlow (Elliott, *Fruit book*, 1854, p. 128). — 12. Rival Golden Pippin (*Id. ibid.*). — 13. Kingswick Pippin (Robert Hogg, *the Apple and its varieties*, 1859, p. 63, n° 84). — 14. Wick's Pippin (*Id. ibid.*).

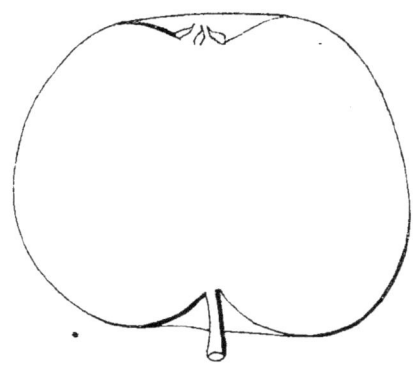

Description de l'arbre. — *Bois :* fort. — *Rameaux :* nombreux, légèrement étalés, gros, longs, coudés et cotonneux, d'un rouge-brun lavé de gris, particulièrement à la base. — *Lenticelles :* très-rapprochées, allongées, et, même, presque linéaires. — *Coussinets :* larges et saillants. — *Yeux :* volumineux, aplatis, noyés dans l'écorce, ayant les écailles des plus duveteuses. — *Feuilles :* moyennes, ovales-allongées, vert clair dessus, gris verdâtre en dessous, longuement acuminées, à bords assez profondément dentés. — *Pétiole :* bien nourri, court et faiblement cannelé. — *Stipules :* de longueur et largeur moyennes.

Fertilité. — Satisfaisante.

Culture. — Il peut faire d'assez jolis plein-vent, même greffé ras terre, tant sa croissance est vigoureuse. Comme espalier, buisson, cordon ou pyramide, il ne laisse rien à désirer, surtout s'il a pour sujet, préférablement au franc, le paradis ou le doucin.

Description du fruit. — *Grosseur :* au-dessous de la moyenne. — *Forme :* parfois presque cylindrique, mais généralement plus arrondie d'un côté que de l'autre et légèrement aplatie aux extrémités. — *Pédoncule :* assez court, grêle à la base, renflé au point d'attache, inséré dans un évasement de profondeur moyenne. — *Œil :* uni sur ses bords, grand, très-ouvert, à courtes sépales, régulièrement placé dans une vaste mais peu profonde cavité. — *Peau :* assez rugueuse, jaune d'or, faiblement striée de carmin sur la partie exposée au soleil, semée de larges points grisâtres formant étoile, plus ou moins tachée de fauve autour du pédoncule et presque toujours couverte de quelques macules noirâtres. — *Chair :* jaunâtre, nuancée de vert auprès des loges, compacte, ferme et croquante. — *Eau :* abondante, acidulée et très-sucrée, à parfum des plus savoureux.

Maturité. — Novembre-Février.

Qualité. — Première.

Historique. — Le 5 janvier 1819 Joseph Sabine, secrétaire de la Société d'Horticulture de Londres, citait en séance, ce fruit, à propos des rapports extérieurs assez marqués qu'il offre réellement avec le *Breedon Pippin*, variété ci-dessus caractérisée (p. 158). C'est, je crois, la première mention qui en ait été faite (*Transactions*, t. III, p. 269). Plus tard, le 20 mars 1827 et dans ces mêmes *Transactions* (t. VII, p. 335), on voit sir George Steuart Mackenzie le présenter au bureau, puis le décrire, mais, non plus que son prédécesseur, sans en révéler l'origine. Lindley fut moins concis. Il nous apprend en 1831 que cette charmante et délicieuse pomme provient d'un semis de Golden Pippin fait dans le comté de Somerset, à Court de Wick, lieu dont le nom devint immédiatement celui de ce nouveau pommier, qui remonte au commencement de notre siècle (voir *Guide to the orchard and kitchen garden*, pp. 42-43, n° 79). Son introduction chez nous date seulement d'une vingtaine d'années. Les Belges le cultivèrent beaucoup plus tôt; cela ressort du *Catalogue général* des pépinières du semeur Van Mons, s'arrêtant à 1823, et dans lequel il figure, page 41, sous le n° 957.

Observations. — La pomme Court de Wick possédant le synonyme Golden drop, il faut éviter de la confondre avec la *Coe's Golden drop* [Goutte d'or de Coe], petit fruit allongé mûrissant à la même époque qu'elle, et dont nous donnons également la description.

Pommes : COURT OF WICK,

— COURT OF WICK PIPPIN,

} Synonymes de pomme *Court de Wick*. Voir ce nom.

Pomme COURTE-QUEUE. — Synonyme de *Court-Pendu rouge*. Voir ce nom.

125. Pomme COURTIN.

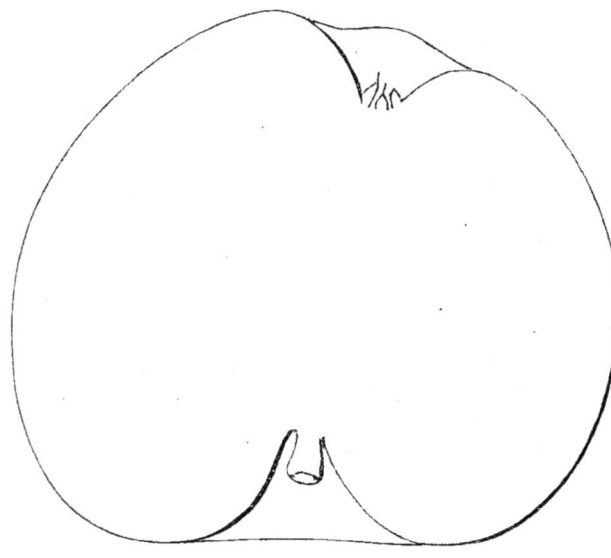

Description de l'arbre. — *Bois :* vigoureux. — *Rameaux :* assez nombreux, longs, gros, cotonneux, presque érigés et légèrement flexueux, d'un brun olivâtre faiblement lavé de rouge. — *Lenticelles :* de grandeur moyenne, arrondies, clair-semées. — *Coussinets :* aplatis. — *Yeux :* moyens ou petits, arrondis, très-duveteux et fortement collés sur l'écorce. — *Feuilles :* grandes, ovales-arrondies, courtement acuminées, ayant les bords assez profondément dentés. — *Pétiole :* cotonneux, court et gros, largement cannelé. — *Stipules :* moyennes.

Fertilité. — Modérée.

CULTURE. — Greffé au ras de terre, il fait de fortes et jolies tiges. Les formes buisson, cordon, espalier, lui conviennent, mais en lui donnant pour sujet le paradis, qui contient sa végétation et le rend plus productif.

Description du fruit. — *Grosseur :* volumineuse. — *Forme :* conique plus ou moins arrondie, souvent fortement anguleuse, très-large et très-aplatie à la base, et généralement ayant un côté plus développé que l'autre. — *Pédoncule :* excessivement court, bien nourri, implanté dans un bassin considérable. — *Œil :* moyen, irrégulier, resserré dans une étroite cavité assez profonde et qu'entourent des gibbosités très-prononcées. — *Peau :* jaune clair, toute couverte de points bruns et de points gris, puis amplement maculée de roux squammeux autour du pédoncule. — *Chair :* blanche, fine, croquante, très-ferme. — *Eau :* abondante, fraîche, sucrée, plaisant surtout par son parfum et son acidité.

MATURITÉ. — Décembre-Février.

QUALITÉ. — Première.

Historique. — Nous avons là, dans ce volumineux et bon fruit, un gain provenu vers 1860 des semis de M. Courtin, propriétaire à Saint-Lambert-du-Lattay (Maine-et-Loire). Chargé le 3 décembre 1863 de déguster cette variété, je lui donnai le nom de son obtenteur et la propageai sans retard. Comme singularité homonymique, j'ajoute qu'une pomme CURTIN fut citée dès 1608 par Olivier de Serres en son *Théâtre d'agriculture* (p. 626); mais nul danger qu'on la puisse confondre avec la mienne, n'existe pour les pomologues, car cet auteur est le seul qui jusqu'ici m'ait parlé du pommier Curtin.

POMMES : COUSINET D'ÉTÉ,
— COUSINOTTE,
— COUSINOTTE D'ÉTÉ,
} Synonymes de *Passe-Pomme d'Été*. Voir ce nom.

POMME COUSINOTTE D'HIVER (PETITE-). — Synonyme de pomme *Cousinotte rouge d'Hiver*. Voir ce nom.

126. POMME COUSINOTTE ROUGE D'HIVER.

Synonymes. — *Pommes :* 1. PURPURROTHER WINTER COUSINOT (Herman Knoop, *Pomologie*, 1766, édition allemande, p. 16, pl. VII; — et Jean Mayer, *Pomona franconica*, 1776-1801, t. III, p. 71, n° 1). — 2. PETITE-COUSINOTTE D'HIVER (Jean Mayer, *ibidem*). — 3. PRETIOSA (Oberdieck, *Illustrirtes Handbuch der Obstkunde*, 1862, t. IV, p. 243, n° 383). — 4. ROTHER TAFFET (*Id. ibid.*). — 5. COUSINOTTE ROUGE-POURPRE (Mas, *le Verger*, Pommes tardives, 1870, t. IV, p. 133, n° 65). — 6. TAFFETAS ROUGE (*Id. ibid.*).

Description de l'arbre. — *Bois :* fort. — *Rameaux :* assez nombreux, érigés, gros, longs et coudés, duveteux, d'un brun olivâtre ou cendré, à mérithalles longs et réguliers. — *Lenticelles :* petites, arrondies, très-rares. — *Coussinets :* ressortis, à arête décurrente bien prolongée. — *Yeux :* moyens, coniques, cotonneux, gris, entièrement adhérents. — *Feuilles :* grandes, peu abondantes, lisses, vert pâle, ovales ou arrondies, longuement acuminées, rarement contournées, à bords irrégulièrement et fortement dentés. — *Pétiole :* de longueur moyenne, menu, roide, violacé, à faible cannelure. — *Stipules :* petites.

Fertilité. — Extrême.

Culture. — Sa bonne végétation permet, s'il est greffé en tête, d'en faire de convenables plein-vent. L'ayant destiné aux formes naines, il m'a donné des cordons et buissons irréprochables.

Pomme Cousinotte rouge d'Hiver.

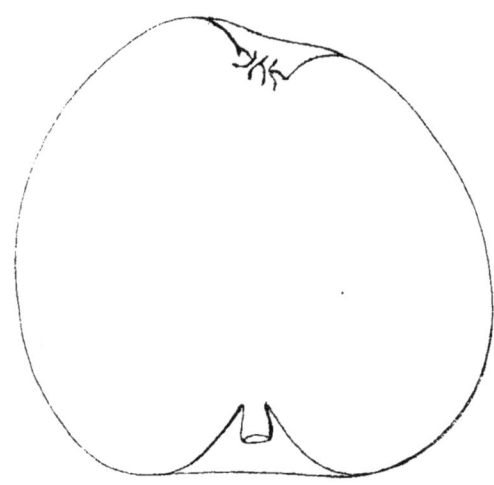

Description du fruit. — *Grosseur :* moyenne et parfois moins volumineuse. — *Forme :* conique légèrement ventrue, ayant fréquemment un côté moins développé que l'autre. — *Pédoncule :* gros, très-court, assez charnu, inséré dans une cavité prononcée. — *Œil :* grand, mi-clos ou fermé, cotonneux, à bassin plissé, étroit et peu profond. — *Peau :* plus ou moins rugueuse, à fond jaune verdâtre, toute lavée et rubannée de rouge-pourpre, amplement marbrée de fauve, surtout autour du pédoncule, et parsemée de très-larges points grisâtres faits généralement en étoile. — *Chair :* verdâtre ou jaunâtre, quoiqu'un peu rosée, fine, ferme, fort croquante. — *Eau :* suffisante, acidule, sucrée, richement parfumée, exquise.

Maturité. — Décembre-Mars.

Qualité. — Première, cuite ou crue.

Historique. — Nous sommes redevables à l'Allemagne, depuis cinq ou six ans seulement, de cette variété hors ligne, que l'arboriculteur hollandais Herman Knoop fit connaître en 1766 (*Pomologie*, p. 16, pl. vii) comme une des plus estimées de son pays, dont je la crois originaire. Diverses pommes Cousinette, ou Cousinotte, sont bien citées, décrites même par nos anciens écrivains horticoles, mais toutes appartiennent aux fruits précoces, et portent maintenant le nom *Passe-Pomme d'Été* (voir cet article). Donc, impossible de les supposer identiques avec la Cousinotte rouge d'Hiver, rarement mûre avant décembre, et très-bonne encore en février. J'insiste sur ce point, vu l'erreur commise à cet égard par Mayer, en 1801, dans la *Pomona franconica* (t. III, p. 70). Du reste les Allemands, peu après la propagation de ce pommier, contribuèrent à embrouiller son histoire par les différents surnoms sous lesquels ils le cultivèrent. A tel point qu'en 1828 le docteur Diel, un de leurs pomologues les plus exercés, avouait (*Vorz. Kernobstsorten*, t. V, p. 30) l'avoir reçu de Landsberg-sur-Warthe (Brandebourg, Prusse), étiqueté *Reinette rouge*. Mais n'ayant pas tardé à reconnaître là un véritable Cousinot rouge, il le multiplia sous cette dénomination, qui, nous l'avons dit d'après Knoop, lui appartenait déjà depuis 1766. L'étymologie de ce nom, ainsi appliqué en France, dès le XVIᵉ siècle, à tout un groupe de pommiers, me semble assez logiquement présentée par Mayer :

« *Cousinottes.* — Quelques-uns [assure-t-il] traduisent *Polsterapfel*, comme s'il y avait pomme Coussin. Manger les croit proches parentes, *cousines*, des Passe-Pommes. Dans les anciens Catalogues on trouve Cuisinottes, et c'est peut-être là leur vrai nom, la plupart d'entre elles étant plus propres pour la cuisine, que pour la table. » (*Pomona franconica*, 1776-1801, t. III, p. 70.)

Pomme COUSINOTTE ROUGE-POURPRE. — Synonyme de pomme *Cousinotte rouge d'Hiver*. Voir ce nom.

---

127. Pomme de COUTRAS.

Synonymes. — *Pommes* : 1. Coutras de Montagne, — 2. Coutras des Pyrénées (pépiniéristes de la Haute-Garonne et des départements pyrénéens).

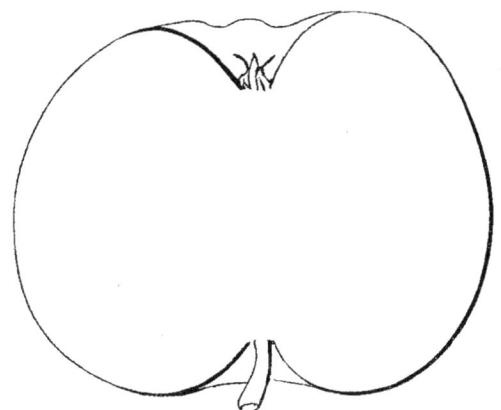

Description de l'arbre. — *Bois* : assez fort. — *Rameaux* : nombreux, habituellement étalés, longs, de grosseur moyenne, sensiblement coudés, à mérithalles courts, cotonneux au sommet, vert olivâtre nuancé de fauve auprès des yeux. — *Lenticelles* : allongées ou arrondies, petites, abondantes. — *Coussinets* : renflés, à arête décurrente souvent prolongée. — *Yeux* : moyens, ovoïdes-allongés, duveteux, fortement adhérents, ayant les écailles noirâtres et mal soudées. — *Feuilles* : grandes ou moyennes, ovales, acuminées, vert jaunâtre en dessus, vert grisâtre en dessous, faiblement crénelées sur leurs bords. — *Pétiole* : court, gros et roide, légèrement rosé, à cannelure peu profonde. — *Stipules* : étroites et courtes.

Fertilité. — Remarquable.

Culture. — Sa végétation assez rapide permet de l'élever pour plein-vent. Il est bon, pour avoir de gros arbres, de le greffer en tête plutôt qu'au ras de terre. Sur doucin et paradis, soit en cordon, buisson ou espalier, il croît fort bien aussi.

Description du fruit. — *Grosseur* : moyenne. — *Forme* : sphérique plus ou moins aplatie aux pôles, côtelée au sommet et légèrement pentagone. — *Pédoncule* : assez court, de force moyenne, souvent arqué, inséré dans un bassin peu profond et régulier. — *Œil* : grand, ouvert ou mi-clos, à longues sépales, occupant le centre d'une cavité prononcée et dont les bords sont généralement gibbeux. — *Peau* : jaune-paille, très-brillante, faiblement lavée de rose sur le côté du soleil, parsemée de points blanchâtres peu apparents; souvent aussi ayant quelques petites macules noirâtres et squammeuses. — *Chair* : blanchâtre, des plus fines, tendre et croquante. — *Eau :* suffisante, douce, bien sucrée, possédant un léger goût de fenouillet qui la rend très-savoureuse.

MATURITÉ. — Janvier-Juillet.

QUALITÉ. — Première.

Historique. — Je dois la possession de cette pomme, et de plusieurs qui manquaient également à ma collection, à M. le comte de Castillon, habitant le château de Castelnau-Picampau, près le Fousseret (Haute-Garonne). Il me les envoya au mois d'avril 1870, et, pomologue zélé, me transmit en même temps les renseignements de nature à m'en permettre la propagation et la description. Voici ceux ayant trait à la variété qui nous occupe :

« La pomme *de Coutras* (Gironde) — m'écrivait-il — cultivée de temps immémorial dans les Pyrénées et le bassin sous-pyrénéen, y est l'objet d'un commerce excessivement étendu. Sa très-longue conservation — elle va parfois d'une récolte à l'autre — fait qu'avec la Reinette de Brives c'est la dernière pomme qui paraisse sur le marché de Toulouse, notamment. Variété des plus convenables pour le verger, elle supporte parfaitement le transport et jouit d'une extrême fertilité. » (*Lettre du 2 avril* 1870.)

POMMES : COUTRAS DE MONTAGNE,

— COUTRAS DES PYRÉNÉES,

} Synonymes de pomme *de Coutras.* Voir ce nom.

128. POMME COUTURÉE.

Synonyme. — *Pomme* NATH (en Suisse).

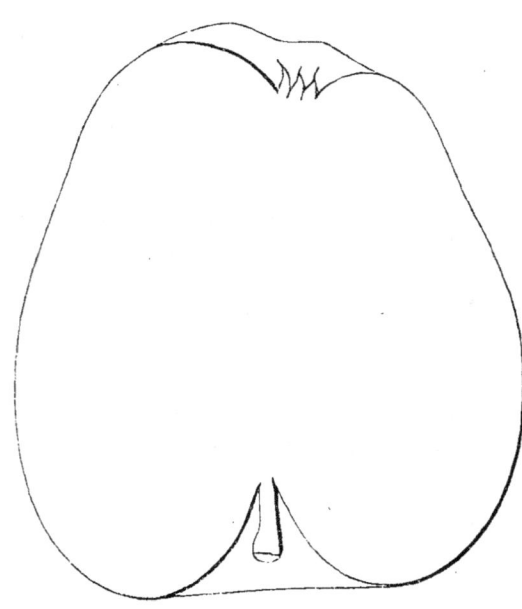

Description de l'arbre. — *Bois :* un peu faible. — *Rameaux :* assez nombreux et assez courts, minces, géniculés, légèrement duveteux, brun noirâtre et violacé, à mérithalles courts mais réguliers. — *Lenticelles :* petites, arrondies, grises, très-espacées. — *Coussinets :* bien accusés, ayant l'arête médiaire saillante et prolongée. — *Yeux :* petits, ovoïdes, cotonneux, entièrement collés sur l'écorce, aux écailles grises et disjointes. — *Feuilles :* grandes, peu abondantes, épaisses et rugueuses, ovales-arrondies, vert pâle, acuminées, faiblement ondulées, souvent contournées, à bords relevés et irrégulièrement dentés. — *Pétiole :* court, très-rigide, assez gros, amplement lavé de carmin, surtout à la base. — *Stipules :* peu développées.

FERTILITÉ. — Inconnue.

Culture. — Je puis seulement assurer, vu sa très-récente introduction dans mes pépinières, qu'il me paraît fort convenable pour le cordon et l'espalier. Nous l'avons greffé sur doucin et paradis.

Description du fruit. — *Grosseur :* volumineuse. — *Forme :* ovoïde-allongée, moins développée d'un côté que de l'autre, légèrement côtelée et bosselée près du sommet. — *Pédoncule :* de force et longueur moyennes, implanté dans un bassin considérable. — *Œil :* grand ou moyen, mi-clos, à cavité large mais peu profonde et très-irrégulière. — *Peau :* mince, unie, d'un beau jaune pâle, souvent carminée à l'insolation, semée de petits points gris peu apparents et maculée de fauve autour du pédoncule. — *Chair :* blanche, tendre, assez fine. — *Eau :* suffisante, sucrée, un peu acidulée, faiblement mais agréablement parfumée.

Maturité. — Novembre-Février.

Qualité. — Deuxième.

Historique. — C'est une variété suisse, que nous avons là ; j'en suis redevable à l'obligeance d'un écrivain horticole bien connu, M. J. Gut, propriétaire à Langenthal (canton de Berne). Il me la fit parvenir, greffes et fruit, en décembre 1868. Le nom qu'elle porte, Nathapfel, pomme *Couturée* en notre langue, me semble étrange, n'ayant rien vu dans les caractères extérieurs de cette variété qui le puisse justifier. Inconnue de nos pomologues, il ne m'a pas été possible, non plus, de la rencontrer décrite à l'étranger. Je dois dire, cependant, que cette Nathapfel m'a paru se rapprocher beaucoup d'une *Usterapfel*, caractérisée et figurée par le docteur Ed. Lucas, dans le recueil intitulé : *Illustrirte Monatshefte für Obst- und Weinbau*, année 1866, p. 193. Dans l'impossibilité de comparer chez moi ces deux pommiers, je soumets mon doute aux savants rédacteurs de l'ouvrage ci-dessus, certain qu'ils sauront bien l'éclaircir.

Pommes : COX'S ORANGE,

— COX'S ORANGE PIPPIN,

} Synonymes de pomme *Orange de Cox*. Voir ce nom.

---

129. Pomme COX'S POMONA.

Synonyme. — *Pomme* Dean's Codlin (Jamin et Durand, *Catalogue descriptif d'arbres fruitiers*, etc., 1869, p. 133).

Description de l'arbre. — *Bois :* très-faible. — *Rameaux :* assez nombreux, presque érigés, courts, un peu grêles, à peine coudés, duveteux, brun clair verdâtre. — *Lenticelles :* allongées, grandes, très-abondantes. — *Coussinets :* bien accusés. — *Yeux :* moyens, ovoïdes-allongés, légèrement cotonneux, quelque peu écartés du bois. — *Feuilles :* très-petites, ovales-arrondies, acuminées, finement dentées ou crénelées sur leurs bords. — *Pétiole :* court, grêle, cotonneux, à cannelure profonde.

Fertilité. — Ordinaire.

Culture. — On doit le destiner aux formes naines, plutôt qu'à la haute-tige, tant sa croissance est lente; cependant, greffé en tête il peut encore faire de passables plein-vent.

Description du fruit. — *Grosseur :* au-dessus de la moyenne. — *Forme :* cylindro-conique ou globuleuse-allongée. — *Pédoncule* : très-court, très-gros et très-charnu, implanté dans un faible évasement. — *OEil :* grand ou moyen, mi-clos ou fermé, à cavité peu prononcée et bordée de légers plis. — *Peau :* mince, unie, jaune clair verdâtre passant au jaune brillant sur le côté du soleil, ponctuée de brun et portant çà et là de petites taches noirâtres. — *Chair :* blanchâtre, mi-fine, très-tendre. — *Eau :* abondante, acidulée, faiblement sucrée, ayant un goût légèrement herbacé.

MATURITÉ. — Octobre-Décembre.

QUALITÉ. — Deuxième, mais surtout pour la cuisson.

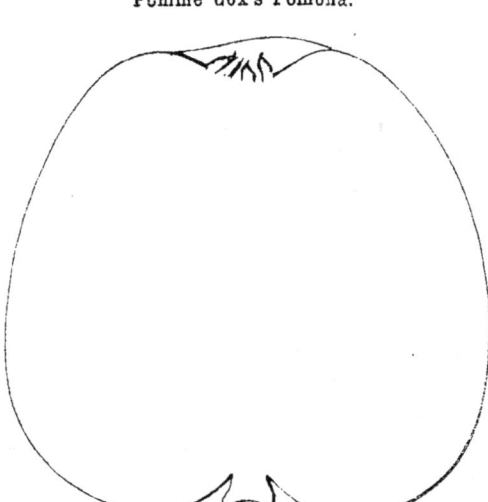

Pomme Cox's Pomona.

Historique. — M. Von Bose, pomologue allemand, caractérisait en 1867 ce fruit dans le *Monathshefte für Obst-und Weinbau* (p. 67), et le disait « obtenu de « semis, assez récemment, à Colnbrooklawn, près Colnbrook, entre Windsor et « Londres, par M. H. Cox. » C'est donc bien une variété anglaise; ainsi, du reste, que Charles Downing le reconnaissait également, deux ans plus tard, page 135 de ses *Fruits and fruit trees of America*.

Observations. — MM. Jamin et Durand, pépiniéristes à Bourg-la-Reine, près Paris, m'offrirent en 1865 un pommier *Dean's Codlin* sur lequel je cherchai vainement des renseignements dans les Pomologies américaines, qui pourtant mentionnent déjà un Dean's Crab et un Dean's Sweeting. Aujourd'hui, plus éclairé, j'ai reconnu non-seulement chez moi, mais encore au Jardin des Plantes de Caen, la complète identité de ce Dean's Codlin avec le Cox's Pomona.

POMME CREDE'S BLUTROTHER WINTERTÄUBLING. — Synonyme de *Pigeonnet Credé*. Voir ce nom.

POMME CREDE'S QUITTENREINETTE. — Synonyme de *Reinette Coing de Credé*. Voir ce nom.

POMME CREDE'S TAUBEN. — Synonyme de *Pigeonnet Credé*. Voir ce nom.

POMME CRILLAUT. — Synonyme de pomme *Lanterne*. Voir ce nom.

Pomme CROTTE. — Synonyme de pomme *Belle-Fleur longue.* Voir ce nom.

Pomme de CUIR. — Synonyme de *Reinette grise.* Voir ce nom.

Pommes : CUISINOT TULPÉ,

— CUISINOTTE D'ÉTÉ,

Synonymes de *Passe-Pomme d'Été.* Voir ce nom.

130. Pomme CULLASAGA.

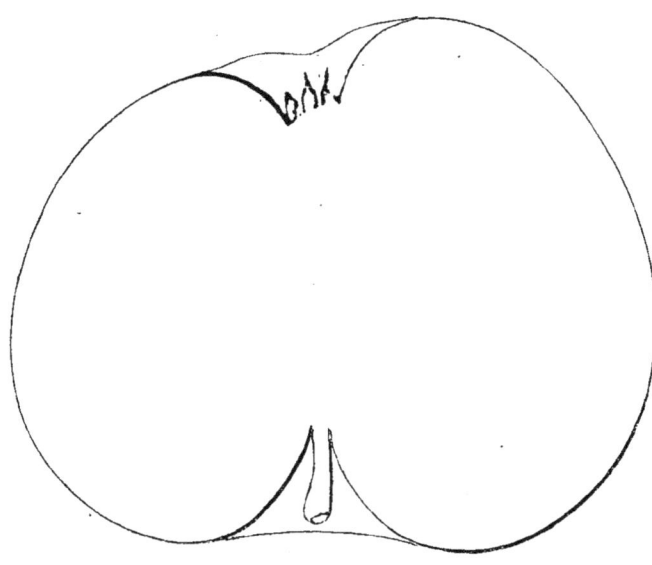

Description de l'arbre. — *Bois :* très-vigoureux. — *Rameaux :* nombreux, légèrement étalés et parfois arqués, gros, peu coudés, fortement cotonneux et d'un rouge-brun foncé lavé de gris. — *Lenticelles :* grandes, abondantes, plus ou moins arrondies. — *Coussinets :* presque nuls. — *Yeux :* très-développés et très-duveteux, arrondis, plaqués sur l'écorce. — *Feuilles :* très-grandes, ovales-allongées, longuement acuminées, à bords des plus profondément dentés. — *Pétiole :* assez court, très-fort, carminé à la base, faiblement cannelé. — *Stipules :* étroites et longues.

Fertilité. — Ordinaire.

Culture. — Il fait de remarquables plein-vent et des tiges très-droites. Toutes les formes naines lui conviennent également.

Description du fruit. — *Grosseur :* assez volumineuse. — *Forme :* conique-raccourcie ou globuleuse irrégulière, côtelée, souvent bosselée et presque toujours moins développée d'un côté que de l'autre. — *Pédoncule :* grêle, court ou de longueur moyenne, planté dans un bassin bien prononcé. — *Œil :* très-grand et très-ouvert, entouré de petits plis, placé généralement un peu de travers dans une vaste cavité à bords très-gibbeux. — *Peau :* unie, lisse, huileuse, vert clair, presque entièrement lavée et fouettée de rouge-brun, tachée de fauve autour du pédoncule et couverte de larges points grisâtres. — *Chair :* jaunâtre ou verdâtre, assez poreuse mais très-ferme. — *Eau :* abondante, sucrée, douce, faiblement parfumée, ayant un arrière-goût herbacé.

Maturité. — Décembre-Février.

Qualité. — Deuxième pour les amateurs de pommes douces.

Historique. — Très-peu connu de nos pépiniéristes, ce pommier provient des États-Unis, où d'après Charles Downing (*Fruits and fruit trees of America*, 1863, p. 126) il fut obtenu par Miss Ann Bryson, du comté de Macon (Caroline du Nord). Cet auteur, le seul qui pour lors (1863) eût décrit cette variété, ne dit pas à quelle époque on l'a gagnée. L'édition 1849 de Downing n'en parlait pas encore; les Catalogues américains commencèrent à la mentionner en 1858; celui de Berckmans, notamment (p. 6).

---

131. Pomme CULLAWHÉE.

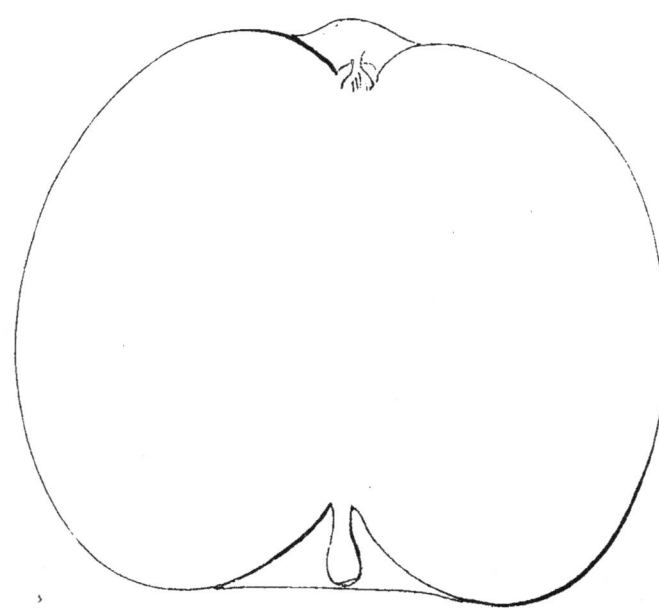

Description de l'arbre. — *Bois :* fort. — *Rameaux :* assez nombreux, étalés, de grosseur et longueur moyennes, légèrement flexueux, très-cotonneux et brun clair. — *Lenticelles :* petites, allongées, peu apparentes et des plus espacées. — *Coussinets :* aplatis. — *Yeux :* moyens ou petits, coniques et sensiblement duveteux, entièrement adhérents. — *Feuilles :* petites, ovales-arrondies, vert clair en dessus, blanc verdâtre en dessous, courtement acuminées, planes ou ondulées, ayant les bords régulièrement dentés. — *Pétiole :* gros, court et roide, à cannelure presque nulle. — *Stipules :* assez bien développées.

Fertilité. — Satisfaisante.

Culture. — Lui donner le paradis pour les formes cordon, buisson ou espalier, afin d'en contenir la végétation et de le rendre plus productif. Comme plein-vent, c'est un bel arbre, mais qui fait de petites tiges s'il n'est greffé en tête.

Description du fruit. — *Grosseur :* considérable. — *Forme :* sphérique, plus large au sommet qu'à la base, sensiblement pentagone, quoiqu'à côtes peu prononcées. — *Pédoncule :* court et fort, surtout au point d'attache, obliquement inséré dans un vaste bassin. — *OEil :* moyen, mi-clos, régulier, à cavité peu profonde et faiblement plissée. — *Peau :* mince, vert clair, marbrée de gris, particulièrement auprès du pédoncule, légèrement nuancée de rose à l'insolation et parsemée de points bruns variant de forme et de grosseur. — *Chair :* très-blanche, tendre, compacte. — *Eau :* abondante, sucrée, assez acidulée, ayant un parfum particulier qui rappelle celui de la rose.

Maturité. — Septembre-Novembre.

Qualité. — Première.

Historique. — La pomme Cullawhée, d'origine américaine comme la précédente, est depuis six ans dans mes pépinières. Charles Downing ne l'a décrite qu'en 1869 (*Fruits and fruit trees of America*, p. 139) et nous apprend que l'arbre qui produit ce remarquable fruit, poussa spontanément dans une petite forêt des États du Sud. On la cultive depuis une quinzaine d'années environ. Downing la fait mûrir en décembre et disparaître en mars. Chez moi, elle est beaucoup plus précoce. En 1867 on l'y mangeait le 22 septembre; en 1868, le 9 août, et parfaitement bonne; quant à sa durée, la mi-novembre m'a paru son point extrême de conservation.

Pomme CULOTTE SUISSE. — Synonyme de pomme *Suisse panachée.* Voir ce nom.

Pomme de CURÉ. — Synonyme de pomme *Gros-Hôpital.* Voir ce nom.

D

Pomme DACOTON NONPAREIL. — Synonyme de *Pigeonnet blanc d'Hiver*. Voir ce nom.

---

132. Pomme DAHLONEGA.

Synonyme. — *Pomme* Dahlongea (Charles Downing, *the Fruits and fruit trees of America*, 1869, p. 141).

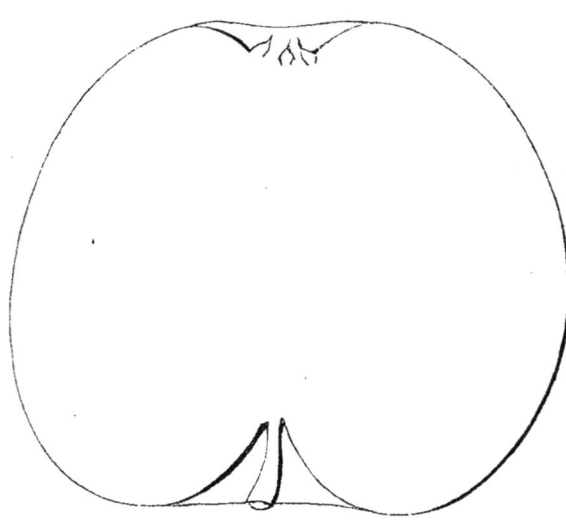

Description de l'arbre. — *Bois* : fort. — *Rameaux* : nombreux, érigés au sommet, étalés et arqués à la base, très-gros, assez longs, sensiblement coudés, bien cotonneux et d'un vert-brun nuancé de rouge terne. — *Lenticelles* : moyennes, arrondies, fort abondantes. — *Coussinets* : saillants. — *Yeux* : très-volumineux, coniques, faiblement adhérents et des plus cotonneux. — *Feuilles* : grandes, ovales, longuement acuminées, souvent canaliculées, à bords fortement dentés. — *Pétiole* : de longueur moyenne, assez gros, tenant la feuille érigée, duveteux, rosé, peu cannelé. — *Stipules* : longues et étroites.

Fertilité. — Modérée.

Culture. — Il fait des tiges très-droites et sa tête devient d'une grande régularité. Pour les formes naines, il est urgent de le greffer sur paradis, sujet qui en diminuera la vigueur et le rendra plus productif.

Description du fruit. — *Grosseur* : volumineuse. — *Forme* : plus ou moins conique et ventrue. — *Pédoncule* : de longueur moyenne ou long, mince à sa partie supérieure, renflé au point d'attache, profondément inséré dans un bassin formant entonnoir. — *Œil* : de grandeur variable, mi-clos, à cavité peu prononcée, irrégulière, gibbeuse et plissée. — *Peau* : assez unie, vert herbacé ou vert jaunâtre, fortement ponctuée de gris et de blanc, surtout vers l'œil, tachée de fauve dans le bassin pédonculaire et légèrement brunie à l'insolation, où elle est en outre striée, fouettée, et parfois faiblement marbrée, de rouge lie de vin. — *Chair :* un peu verdâtre, fine, ferme, croquante. — *Eau :* suffisante, sucrée, faiblement acidulée, ayant un goût particulier assez savoureux.

Maturité. — Janvier-Avril.

Qualité. — Deuxième.

Historique. — J'ai reçu d'Amérique, en 1861, le pommier Dahlonega, qui pour lors y était des plus nouveaux. Charles Downing l'a décrit en 1869; il l'appelle, un peu fautivement, *Dahlongea*, le dit originaire des États du Sud, mais ignore de quelle localité, ainsi que le nom de l'obtenteur (voir *the Fruits and fruit trees of America*, 1869, p. 140).

Pomme DAHLONGEA. — Synonyme de pomme *Dahlonega*. Voir ce nom.

Pomme DAINTY. — Synonyme de pomme *Hoary Morning*. Voir ce nom.

Pommes de DAME. — Synonymes de pommes *de Bohémien* et *Chemisette de Soie*. Voir ces noms.

---

133. Pomme DAME-JEANNETTE.

Synonyme. — *Pomme* Reinette de Jeannette (Diel, *Verzeichniss der Obstsorten*, 1833, t. II, p. 46, n° 564 ; — et Charles Downing, *the Fruits and fruit trees of America*, 1869, p. 140).

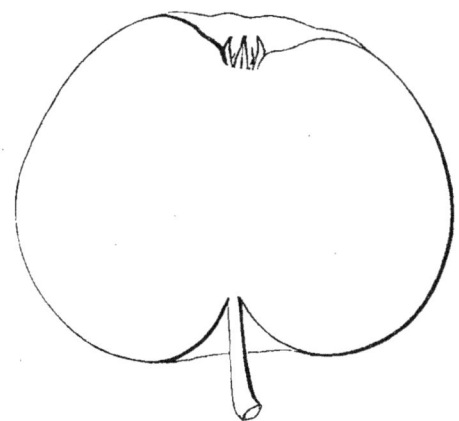

Description de l'arbre. — *Bois :* assez faible. — *Rameaux :* nombreux, érigés, grêles et courts, très-géniculés, cotonneux, vert clair légèrement nuancé de fauve. — *Lenticelles :* de grandeur moyenne, très-espacées, allongées ou arrondies. — *Coussinets :* aplatis. — *Yeux :* petits ou moyens, ovoïdes, peu duveteux, noyés dans l'écorce. — *Feuilles :* petites, abondantes, ovales ou ovales-arrondies, courtement acuminées, planes ou arquées, ayant les bords fortement dentés. — *Pétiole :* long, assez mince, rigide, bien cannelé. — *Stipules :* généralement peu développées.

Fertilité. — Peu commune.

Culture. — Variété de choix pour le verger, ce pommier prospère admirablement en haute tige, greffé sur franc; toute autre forme lui convient aussi, en lui donnant comme sujet le paradis ou le doucin.

Description du fruit. — *Grosseur :* au-dessous de la moyenne. — *Forme :* conique-raccourcie, régulière, plus ou moins ventrue à son milieu. — *Pédoncule :* assez long, mince, généralement renflé à l'attache, implanté dans un bassin de profondeur variable. — *Œil :* grand, bien ouvert, à longues sépales, faiblement enfoncé dans une large cavité bordée de côtes peu développées. — *Peau :* unicolore, jaune-citron, légèrement brunâtre à l'insolation, ponctuée de roux clair, maculée de même autour du pédoncule. — *Chair :* jaunâtre, fine, assez tendre, peu croquante. — *Eau :* suffisante, sucrée, agréablement acidulée et parfumée.

Maturité. — Janvier-Mars.

Qualité. — Deuxième.

Historique. — Cette pomme n'appartient pas à notre pays, ainsi que le supposait assez récemment un arboriculteur fort distingué ; elle nous vient de Belgique, où le semeur Van Mons l'obtint à Bruxelles avant 1819, date à laquelle il dut quitter cette ville, pour Louvain. Il le constate en termes très-concis, mais formels, dans son *Catalogue descriptif*, remontant à 1798 et publié en 1823 : « *Dame-Jeannette*, pomme ; gagnée par nous, » y lit-on page 30, sous le n° 106. — Olivier de Serres, en 1608, citait une pomme « Dame-Jane ». Une variété de ce nom existe, paraît-il, parmi les plus anciens pommiers à cidre. Je ne la connais pas. Il se peut qu'elle soit celle dont parle cet auteur. Si la chose est supposable, rien ne permet toutefois de réunir, uniquement pour une certaine ressemblance de nom, la Dame-Jane de 1608 à la Dame-Jeannette de notre époque, en présence, surtout, du renseignement fourni par Van Mons.

Pomme DAMERET. — Synonyme de pomme *Belle-Fille normande*. Voir ce nom.

---

134. Pomme des DAMES.

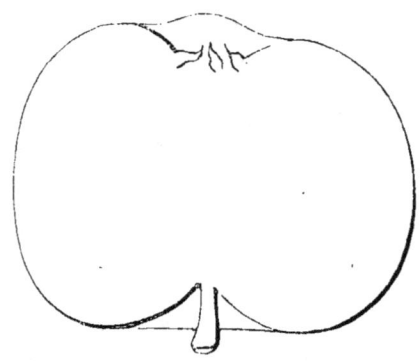

Description de l'arbre. — *Bois :* peu fort. — *Rameaux :* nombreux, légèrement étalés, grêles, assez longs, sensiblement coudés, très-duveteux et d'un brun olivâtre. — *Lenticelles :* grandes, allongées, assez abondantes. — *Coussinets :* bien accusés. — *Yeux :* volumineux, ovoïdes, pointus, très-allongés et très-cotonneux, non-complétement collés sur l'écorce. — *Feuilles :* petites, arrondies, rarement acuminées, relevées en gouttière, ayant les bords irrégulièrement dentés. — *Pétiole :* court, très-gros, duveteux, presque dépourvu de cannelure. — *Stipules :* assez longues mais étroites.

Fertilité. — Grande.

Culture. — Il croît lentement, aussi le greffons-nous constamment sur doucin, pour formes naines, celles qui lui sont le plus profitables.

Description du fruit. — *Grosseur :* au-dessous de la moyenne et parfois plus volumineuse. — *Forme :* sphérique, fortement aplatie aux extrémités. — *Pédoncule :* court, mince, renflé au point d'attache, planté dans un évasement peu profond. — *Œil :* grand ou moyen, mi-clos, irrégulier, assez enfoncé, entouré de gibbosités. — *Peau :* jaune verdâtre, ponctuée de gris, maculée de fauve dans le bassin pédonculaire et largement nuancée de même sur le côté du soleil. — *Chair :* blanchâtre, fine, tendre, un peu croquante. — *Eau :* suffisante, acidule, délicieusement sucrée et parfumée.

MATURITÉ. — Novembre-Janvier.

QUALITÉ. — Première.

Historique. — Il y a bientôt un demi-siècle que je connais le pommier des Dames, sans pouvoir assurer, cependant, que l'Anjou soit son berceau. Dès l'organisation de l'ancien Comice horticole d'Angers (1833) on le voyait occuper le n° 242 du Catalogue des arbres du Jardin fruitier de cette Société, mais aucune note ne m'est apparue sur lui, tant dans les archives de notre Comice, que chez les pomologues les plus en renom.

Observations. — J'ai longtemps possédé, venant également du Comice horticole (n° 125 du Catalogue), un autre pommier dont le nom paraîtrait synonyme de celui de la variété que je viens de décrire, si je n'affirmais pas qu'il n'en est rien. Je veux parler de la pomme dite *des Femmes*, fruit de second ordre, conique-allongé, un peu côtelé, à peau rouge-cerise; tous caractères l'éloignant, on le voit, de la pomme des Dames. Je signale ici cette non-identité, faute de pouvoir, plus loin, consacrer un article au pommier des Femmes, récemment mort dans mon école, et que je n'ai pu retrouver, la précieuse collection du Jardin fruitier d'Angers ayant malheureusement été détruite ces dernières années.

POMME DE DAMOISELLE [DANS L'ORNE]. — Synonyme de pomme *Belle-Fille normande.* Voir ce nom.

POMME DANIEL'S ROTHE WINTERREINETTE. — Synonyme de *Reinette Daniel.* Voir ce nom.

POMME DANTZIGER KANT. — Synonyme de *Calleville de Dantzick.* Voir ce nom.

---

135. POMME DEAL.

Synonyme. — Pomme DEAL'S RED (John Warder, *American pomology*, Apples, 1867, p. 716).

Description de l'arbre. — *Bois :* faible. — *Rameaux :* nombreux, généralement étalés, assez courts, peu forts, excessivement géniculés, bien cotonneux et brun verdâtre clair. — *Lenticelles :* arrondies, très-petites, très-espacées. — *Coussinets :* des plus saillants. — *Yeux :* moyens, ovoïdes-arrondis, duveteux, non entièrement appliqués sur le bois. — *Feuilles :* très-petites, ovales, planes, longuement acuminées et profondément dentées. — *Pétiole :* long, grêle, sensiblement cannelé. — *Stipules :* étroites, assez longues.

FERTILITÉ. — Convenable.

CULTURE. — Sa vigueur très-modérée le rend surtout propre aux formes cordon, buisson, espalier, les seules auxquelles nous l'ayons encore soumis, après l'avoir greffé sur doucin.

Description du fruit. — *Grosseur* : au-dessus de la moyenne. — *Forme* : assez irrégulière, mais le plus habituellement conique-arrondie. — *Pédoncule* : de longueur moyenne, bien nourri, surtout au point d'attache, arqué et obliquement inséré dans un vaste bassin. — *Œil* : grand, complétement ouvert, à courtes sépales, à cavité unie, large, peu profonde. — *Peau* : à fond jaune verdâtre, en grande partie lavée et marbrée de rouge-brun clair, fouettée de carmin terne, fortement maculée de fauve autour du pédoncule, et semée de larges et nombreux points gris.

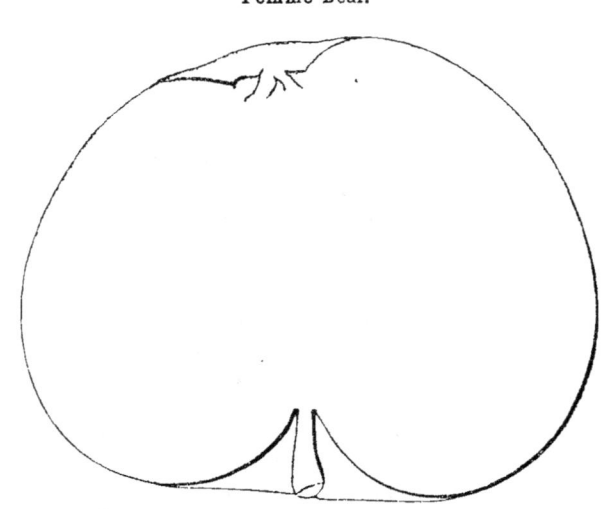

Pomme Deal.

— *Chair* : blanc verdâtre, fine, peu ferme. — *Eau* : suffisante, savoureusement acidulée et sucrée, mais dénuée de parfum.

Maturité. — Décembre-Février.

Qualité. — Deuxième.

Historique. — Le pommier Deal me fut envoyé de New-York en 1865. Jusqu'ici je ne l'ai vu décrit dans aucun recueil français ou étranger. Seul, le docteur John Warder l'a catalogué en 1867, page 716 de son *American Pomology*. Il le dit originaire de la province d'Indiana (États du Sud), en classe les produits parmi les pommes d'hiver à peau rouge, puis se demande s'ils sont, ou non, de bonne qualité; ce qui montre bien que cette variété lui était encore inconnue.

Pomme DEAL'S RED. — Synonyme de pomme *Deal*. Voir ce nom.

Pomme DEAN'S CODLIN. — Synonyme de pomme *Cox's Pomona*. Voir ce nom.

---

136. Pomme DEAN'S CRAB.

Description de l'arbre. — *Bois* : assez vigoureux. — *Rameaux* : nombreux, habituellement très-étalés, de longueur et grosseur moyennes, bien géniculés, sensiblement duveteux et brun verdâtre. — *Lenticelles* : arrondies ou allongées, grandes, brunes, abondantes. — *Coussinets* : larges mais peu ressortis. — *Yeux* : moyens, ovoïdes, brunâtres, légèrement écartés du bois. — *Feuilles* : très-lisses, moyennes, ovales ou arrondies, vert-brun, rarement acuminées, faiblement dentées ou crénelées. — *Pétiole :* long, de force moyenne, peu rigide, à peine cannelé. — *Stipules :* courtes et des plus étroites.

FERTILITÉ. — Ordinaire.

CULTURE. — Il prospère convenablement sous toute forme et sur tout sujet.

Pomme Dean's Crab.

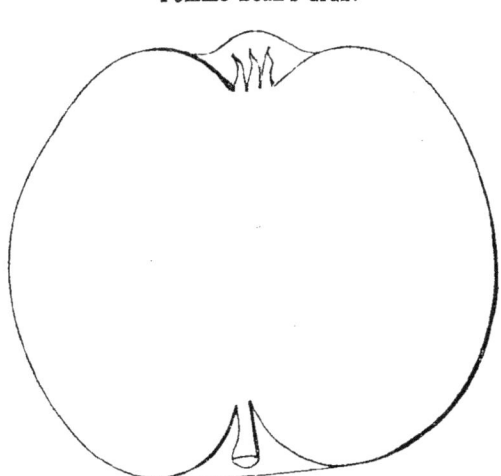

Description du fruit. — *Grosseur :* souvent au-dessus de la moyenne. — *Forme :* cylindro-conique ou conique-allongée, fortement côtelée au sommet. — *Pédoncule :* court ou de longueur moyenne, assez faible, planté dans un large bassin formant entonnoir. — *Œil :* grand ou moyen, ouvert ou mi-clos, à cavité peu profonde mais entourée de gibbosités très-prononcées. — *Peau :* unie, jaune d'or, légèrement striée de rose tendre sur la face exposée au soleil, tachée de roux squammeux dans le bassin pédonculaire et fortement ponctuée de brun. — *Chair :* blanchâtre, tendre et fine, quoique peu compacte. — *Eau :* suffisante, bien acidulée, assez sucrée, sans parfum appréciable.

MATURITÉ. — Septembre-Novembre.

QUALITÉ. — Deuxième.

Historique. — Ce fut M. Berckmans, pépiniériste à Augusta (Amérique), qui m'envoya cette variété en 1862. Son Catalogue de 1858 l'avait déjà signalée (p. 7) comme nouveauté et comme fruit excellent; dernier point qui dans notre sol a manqué d'exactitude. Les principaux recueils horticoles des États-Unis ne mentionnent pas la Dean's Crab, ou pomme Sauvage de Dean, mais l'*American Pomology* de John Warder parle (1867, p. 716) d'une Dean's Sweeting [pomme Douce de Dean], originaire, assure-t-il, de l'état d'Indiana; ce qui me fait croire que le pommier Dean's Crab, vu son nom, doit appartenir aussi à cette même contrée. Quoi qu'il en soit, il est urgent de ne pas confondre ces deux variétés, dont les dénominations indiquent si formellement la dissemblance.

POMME DEBRICHY. — Synonyme de pomme *Joseph de Brichy*. Voir ce nom.

POMME DEFAYS-DUMONCEAU. — Synonyme de pomme *Président Defays-Dumonceau*. Voir ce nom.

137. Pomme DÉFIANCE.

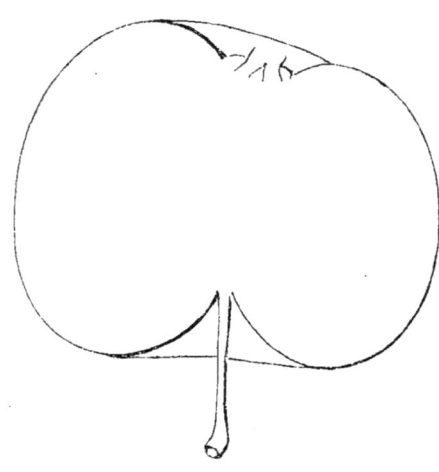

Description de l'arbre. — *Bois :* de moyenne force. — *Rameaux :* peu nombreux, généralement étalés, gros, assez courts, sensiblement géniculés, cotonneux, brun olivâtre foncé. — *Lenticelles :* moyennes, arrondies, très-abondantes. — *Coussinets :* larges et des plus saillants. — *Yeux :* petits, ou moyens, ovoïdes, duveteux, collés en partie sur le bois. — *Feuilles :* grandes, ovales, longuement acuminées, profondément dentées sur leurs bords. — *Pétiole :* peu long, épais, largement cannelé. — *Stipules :* bien développées.

Fertilité. — Ordinaire.

Culture. — La forme naine, pour cordon, la seule sous laquelle nous le cultivons, lui est très-favorable, tant sur doucin que paradis.

Description du fruit. — *Grosseur :* moyenne. — *Forme :* conique ou globuleuse, et presque toujours beaucoup moins renflée d'un côté que de l'autre. — *Pédoncule :* long, menu, plus fort à son point d'attache, profondément inséré dans un vaste bassin triangulaire. — *Œil :* grand ou moyen, ouvert ou fermé, à courtes sépales, à cavité large et peu profonde. — *Peau :* épaisse, unie, vert herbacé ou jaune clair olivâtre, maculée de roux autour du pédoncule, abondamment et fortement ponctuée de gris, puis lavée, sur la partie exposée au soleil, de rouge-brun clair largement strié de rouge terne. — *Chair :* un peu verdâtre ou jaunâtre, fine, compacte, plus ou moins marcescente et très-ferme. — *Eau :* suffisante, sucrée, à peine acidulée et presque dénuée de parfum.

Maturité. — Novembre-Janvier.

Qualité. — Deuxième et souvent troisième, quand la marcescence de la chair est très-prononcée.

Historique. — Les Américains sont les propagateurs de cette pomme, dont l'introduction chez nous remonte au plus à 1860. Charles Downing, qui l'a décrite en 1869 (*Fruits of America*, p. 143), annonce qu'elle est sortie d'un semis de pepins de la Pryor's Red [Rouge de Pryor], fait par M.r H. N. Gillett, habitant de l'Ohio. Downing accorde à l'eau de cette variété un savoureux arome particulier. Pour moi, comme en témoigne la dégustation ci-dessus, j'ai toujours trouvé marcescente, douceâtre, insipide, la pomme Défiance. Aussi croyais-je sincèrement qu'en lui donnant un tel nom, l'obtenteur n'avait eu qu'un but : avertir le public que la bonté de ce fruit ne répondait pas à ses charmants dehors...

Pomme de DEMOISELLE. — Synonyme de pomme *Chemisette blanche.* Voir ce nom.

Pomme de DEUX ANS. — Synonyme de pomme *de Fer*. Voir ce nom.

Pommes DIELS GROSSE ENGLISCHE REINETTE,

— DIETZER GOLDREINETTE,

} Synonymes de *Reinette de Dietz*. Voir ce nom.

Pomme DIETZER MANDELREINETTE. — Synonyme de *Reinette Amande*. Voir ce nom.

Pommes : DIETZER ROTHE MANDELREINETTE,

— DIETZER WINTERGOLDREINETTE,

} Synonymes de *Reinette de Dietz*. Voir ce nom.

Pomme DIEU. — Synonyme de pomme *Gros-Api*. Voir ce nom.

---

138. Pomme DISHAROON.

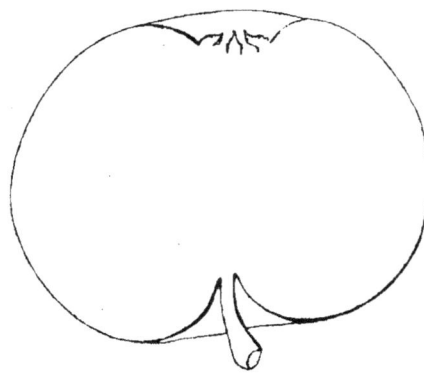

Description de l'arbre. — *Bois :* très-vigoureux. — *Rameaux :* assez nombreux, habituellement étalés, gros, longs, fortement flexueux et cotonneux, brun olivâtre foncé lavé de rouge ardoisé. — *Lenticelles :* grandes, arrondies ou allongées, très-abondantes. — *Coussinets :* larges et bien ressortis. — *Yeux :* moyens, ovoïdes, sensiblement duveteux, presqu'entièrement adhérents au bois. — *Feuilles :* grandes, ovales-arrondies, rarement acuminées, généralement planes, à bords assez profondément dentés. — *Pétiole :* de moyenne longueur, très-nourri, cotonneux, largement carminé, presque toujours dépourvu de cannelure. — *Stipules :* moyennes.

Fertilité. — Ordinaire.

Culture. — Comme haute-tige ce pommier ne laisse rien à désirer. Il fait aussi, soit en cordon, buisson ou espalier, des arbres de belle apparence, mais on doit alors le greffer sur paradis, plutôt que sur doucin.

Description du fruit. — *Grosseur :* au-dessous de la moyenne et parfois un peu plus volumineuse. — *Forme :* sphérique, sensiblement plus large que haute. — *Pédoncule :* de longueur et force moyennes, arqué, généralement inséré de côté dans un bassin assez peu développé. — *OEil :* grand, mi-clos, à cavité régulière, vaste et unie. — *Peau :* unicolore, vert clair jaunâtre, lavée de brun-gris olivâtre dans tout le voisinage du pédoncule et fortement et abondamment ponctuée de marron. — *Chair :* verdâtre, fine, tendre. — *Eau :* rarement suffisante, acidulée, assez sucrée, mais sans parfum.

Maturité. — Janvier-Avril.

Qualité. — Troisième; et quelquefois deuxième, lorsque son eau n'est pas insuffisante.

Historique. — La Disharoon est encore une de ces pommes qui, réputées bonnes dans leur pays natal, l'Amérique, semblent avoir perdu, chez moi du moins, presque toute espèce de mérite en passant à l'étranger. Selon Downing, son descripteur le plus connu (*Fruits of America*, 1863, p. 135), cette variété provient du comté d'Habersham, en Georgie. Les pépiniéristes français la cultivent peu, et seulement depuis une dixaine d'années.

---

139. Pomme de DIX-HUIT ONCES.

Synonymes. — *Pommes :* 1. Eighteen Ounce (A. J. Downing, *Fruits and fruit trees of America*, 1849, p. 140, n° 165). — 2. Twenty Ounce (*Id. ibid.*). — 3. Cayuga red streak (Elliott, *Fruit book*, 1854, p. 126). — 4. Aurora (Alexandre Bivort, *Annales de pomologie belge et étrangère*, 1858, t. VI, p. 19). — 5. Coleman (*Id. ibid.*). — 6. Lima (*Id. ibid.*). — 7. Morgan's Favourite (*Id. ibid.*). — 8. De Vin du Connecticut (Charles Downing, *the Fruits and fruit trees of America*, 1869, p. 388).

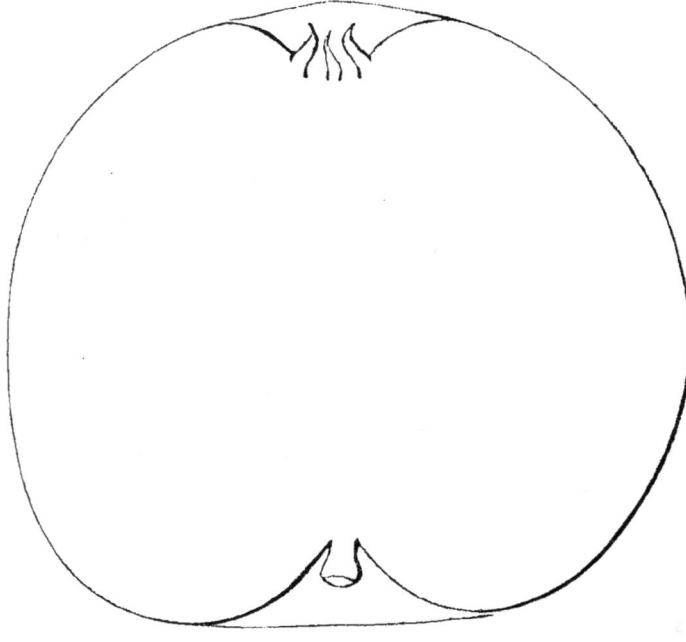

Description de l'arbre. — *Bois :* fort. — *Rameaux :* nombreux, érigés, gros, peu longs, très-cotonneux, à peine géniculés, brun olivâtre assez clair.—*Lenticelles :* petites, plus ou moins arrondies, très-espacées.—*Coussinets :* larges mais faiblement accusés.—*Yeux :* très-petits, arrondis et plats, bien duveteux, entièrement plaqués sur l'écorce. — *Feuilles :* petites, ovales-allongées, vert clair et brillant, rarement acuminées, légèrement contournées, à bords faiblement crénelés. — *Pétiole :* long, assez gros, flasque, presque dépourvu de cannelure. — *Stipules :* petites ou nulles.

Fertilité. — Satisfaisante.

Culture. — On peut lui donner toute espèce de forme et de sujet, sa vigueur le permet sans inconvénient. Seulement, le volume considérable qu'atteignent ses fruits, semble recommander de le disposer en cordon ou de le placer en espalier.

Description du fruit. — *Grosseur* : énorme. — *Forme* : conique-arrondie ou régulièrement globuleuse. — *Pédoncule* : court, bien nourri, obliquement inséré dans un vaste bassin. — *Œil* : grand, mi-clos ou fermé, à cavité légèrement plissée et peu développée. — *Peau* : unie, onctueuse, à fond vert herbacé, nuancée de jaune, striée et mouchetée de carmin terne sur le côté exposé au soleil, tachée de fauve grisâtre autour du pédoncule et irrégulièrement semée d'assez gros et assez nombreux points roux. — *Chair* : blanchâtre ou jaunâtre, fine et ferme. — *Eau* : suffisante, bien sucrée, légèrement acidulée, possédant un savoureux parfum.

MATURITÉ. — Septembre-Décembre.

QUALITÉ. — Première comme fruit à couteau et comme fruit à compote.

Historique. — Cette pomme, vraiment admirable, est la plus volumineuse, la meilleure, selon moi, de celles que nous tenons des Américains, qui la nomment généralement *Twenty* ou *Eighteen Ounce* [DE VINGT ou DE DIX-HUIT ONCES]. Leurs pomologues ne sont pas complétement d'accord sur sa provenance. A. J. Downing, en 1849, la disait bien connue dans le comté de Cayuga (état de New-York) et pensait qu'elle en était originaire. Elliott, en 1854, assurait simplement qu'on l'avait obtenue dans la partie ouest de l'état de New-York. Enfin Charles Downing, tout récemment (1869), déclarait que, quoique très-cultivée dans la région du Cayuga, il la regardait comme un ancien fruit du Connecticut, état limitant celui de New-York. Ainsi, sauf cette indécision sur son lieu natal, il reste acquis que la pomme de Dix-Huit Onces appartient à l'Amérique. Importée en France depuis huit ou dix ans, elle y parut d'abord sous le surnom *Morgan's Favorite*, abandonné ensuite, sur l'exemple des Belges, pour sa dénomination actuelle, traduction, je l'ai dit, de l'un de ses noms américains les plus anciennement répandus.

Observations. — Il existe une variété de pommier appelée *Twenty Ounce Pippin* [PÉPIN DE VINGT ONCES], peu connue de nos jardiniers, et dont les produits, mauvais crus, sont à peine bons pour la cuisson. On doit donc s'attacher à ne pas les confondre avec ceux du Twenty ou Eighteen Ounce ici décrit, car une telle méprise serait sans la moindre compensation.

POMME DE DIX-HUIT POUCES. — Synonyme de *Rambour de Flandre*. Voir ce nom.

POMME DODONNE. — Synonyme de *Reinette de Lunéville*. Voir ce nom.

POMME DŒSJE. — Synonyme de pomme *Doux-Blanc*. Voir ce nom.

140. Pomme DOMINISKA.

Synonyme. — *Pomme* De Moldavie (Comice horticole d'Angers, *Annales*, 1853, p. 196; — et Catalogue de la Société Van Mons, 1860, t. I, p. 270).

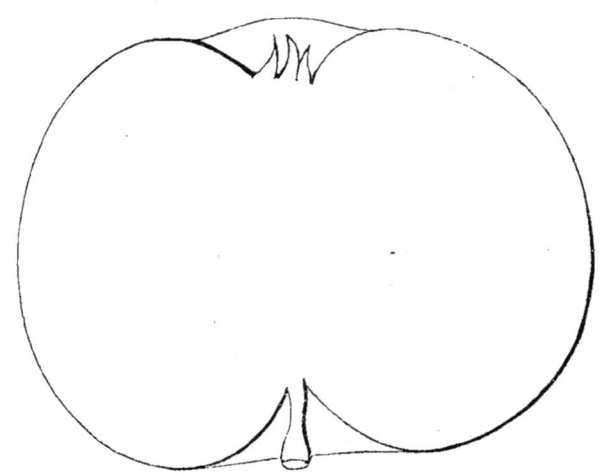

Description de l'arbre. — *Bois :* assez fort. — *Rameaux :* peu nombreux, étalés, gros, des plus courts, bien coudés, duveteux, rouge-brun légèrement lavé de gris, ayant de très-courts mérithalles. — *Lenticelles :* grandes, arrondies, abondantes. — *Coussinets :* aplatis. — *Yeux :* moyens, arrondis, sensiblement cotonneux, collés sur l'écorce à la partie supérieure du rameau, mais sortis en éperon à la base. — *Feuilles :* moyennes, ovales-arrondies, acuminées, vert terne en dessus, gris verdâtre en dessous, à bords bien dentés. — *Pétiole :* gros, de longueur moyenne, carminé, fortement cannelé. — *Stipules :* assez grandes.

Fertilité. — Abondante.

Culture. — Greffé ras terre il arrive à donner de beaux pommiers haute-tige; toutefois sa croissance est trop lente pour encourager les pépiniéristes à le traiter ainsi; la greffe en tête est de beaucoup préférable. En cordon, buisson ou espalier, ses arbres, sur toute espèce de sujet, sont gros mais de médiocre taille.

Description du fruit. — *Grosseur :* assez volumineuse. — *Forme :* sphérique, généralement assez aplatie aux pôles. — *Pédoncule :* de longueur et force moyennes, duveteux, implanté dans un vaste évasement triangulaire. — *Œil :* grand, mi-clos, peu enfoncé, plissé ou bosselé sur ses bords. — *Peau :* unicolore, jaune clair, très-finement ponctuée de roux, surtout au sommet, largement maculée de fauve à la base, semée de quelques taches brun clair et parfois aussi de pustules noirâtres. — *Chair :* blanche, fine, ferme et croquante. — *Eau :* des plus abondantes, fraîche, sucrée, d'une saveur aigrelette fort agréable.

Maturité. — Mars-Juin.

Qualité. — Première.

Historique. — Le pomologue allemand Dittrich fit connaître en 1839 la provenance de cette variété :

« Assez généralement cultivée par les Allemands — écrivait-il alors — elle est originaire de Jassy. Le voyageur Hacquet l'a signalée en rendant compte, il y a quelque temps déjà, de son exploration des monts Carpathes, en Dacie et Sarmatie. C'est donc probablement lui qui l'aura apportée, puis propagée. » (*Systematisches Handbuch der Obstkunde*, 1839, t. I, p. 264, n° 202.)

Ainsi la pomme Dominiska, que dans l'Anjou nous possédons depuis vingt ans au moins, sous ce nom et sous celui de pomme de Moldavie, sort de la ville de Jassy ou Iassy, capitale du petit état moldave, situé entre la partie méridionale de l'Autriche et de la Russie d'Europe. Les Allemands, toujours très-précis dans leurs travaux pomologiques, ont commis cependant à l'égard de ce fruit une erreur que l'on doit signaler : voulant germaniser son nom, ils le traduisirent par *Gotterapfer* et *Hernapfel*, signifiant pomme de Seigneur. Mais Dominiska ne peut être pris pour l'adjectif latin *dominica*; la terminaison en *ski* et en *ska* vient parfaitement démontrer, ici, que cette pomme moldave porte le nom d'une famille d'origine slave, comme il s'en rencontre tant sur les confins de l'Allemagne.

Pomme DONAUERS REINETTE. — Synonyme de *Reinette Donaüers*. Voir ce nom.

Pomme DONCKLAER. — Synonyme de pomme *Wellington*. Voir ce nom.

Pomme DOPPELTER GOLDPIPPING. — Synonyme de *Reinette de Breda*. Voir ce nom.

Pomme DORÉE DE KEW. — Synonyme de pomme *Admirable de Kew*. Voir ce nom.

Pomme DOUBLE-AGATHE. — Voir pomme *Belle-Agathe*, au paragraphe Observations.

141. Pomme DOUBLE-AMPHORETTE.

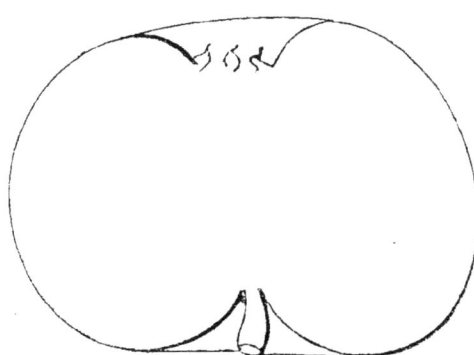

Description de l'arbre. — *Bois:* de moyenne force. — *Rameaux:* assez nombreux, plus ou moins érigés, gros et peu longs, faiblement géniculés, sensiblement cotonneux, brun olivâtre, ayant de très-courts mérithalles. — *Lenticelles:* petites, arrondies pour la plupart et très-espacées. — *Coussinets:* larges, ressortis. — *Yeux:* volumineux, ovoïdes, légèrement écartés du bois, à écailles excessivement duveteuses. — *Feuilles:* moyennes, ovales ou elliptiques, épaisses, acuminées, planes ou canaliculées, à bords fortement dentés ou crénelés. — *Pétiole:* court, des plus gros, duveteux et non cannelé. — *Stipules:* longues et étroites.

Fertilité. — Satisfaisante.

Culture. — Les formes buisson ou cordon lui sont très-favorables ; il fait aussi, greffé sur franc, d'assez jolis arbres haute-tige à tête régulière et bien fournie.

Description du fruit. — *Grosseur :* moyenne. — *Forme :* globuleuse, fortement aplatie à ses extrémités. — *Pédoncule :* assez court, bien nourri, arqué, planté dans un bassin rarement très-prononcé. — *Œil :* grand, mi-clos ou complétement ouvert, à cavité unie, très-large et assez profonde. — *Peau :* légèrement rugueuse, jaune d'or intense, carminée à l'insolation, amplement marbrée de roux squammeux vers l'œil et le pédoncule, puis abondamment semée de points bruns en étoile. — *Chair :* jaunâtre, fine, ferme et compacte. — *Eau :* suffisante, bien sucrée, douée d'un aigrelet très-rafraîchissant et d'une délicieuse saveur anisée.

Maturité. — Décembre-Mai.

Qualité. — Première.

Historique. — Je cultive la Double-Amphorette depuis 1864 et l'ai tirée de Belgique, des pépinières royales de Vilvorde-lez-Bruxelles, alors exploitées par la veuve et le fils de M. Laurent de Bavay, qui, mort en 1855, fut un arboriculteur, un pomologue distingué. Cette pomme est-elle belge ou française? On n'a pu me renseigner à son égard, et je ne la vois décrite ou citée dans aucun des nombreux recueils composant ma bibliothèque. Son nom même reste inexplicable pour moi, car ce fruit de forme aplatie ne rappelle en rien ces vases allongés, à deux anses, que les Romains nommaient amphores. Peut-être, aussi, y aura-t-il eu erreur dans l'envoi qu'on m'a fait de cette variété.

Pomme DOUBLE-API. — Synonyme de pomme *Gros-Api*. Voir ce nom.

Pomme DOUBLE-BELLE-FLEUR. — Synonyme de pomme *Belle-Fleur longue*. Voir ce nom.

Pomme DOUBLE-PEPIN D'OR. — Synonyme de *Reinette de Breda*. Voir ce nom.

Pomme DOUBLE-REINETTE DE CASSEL. — Synonyme de pomme *Grosse-Reinette de Cassel*. Voir ce nom.

Pomme DOUBLE-REINETTE DE MACON. — Synonyme de *Reinette de Mâcon*. Voir ce nom.

. Pomme DOUCE. — Synonyme de pomme *Doux-Blanc*. Voir ce nom.

Pomme DOUCE SONNANTE. — Synonyme de pomme *Lanterne*. Voir ce nom.

Pommes : DOUCETTE,

— DOUCHE [Douce],

Synonymes de pomme *Doux-Blanc*. Voir ce nom.

Pomme DOUSE. — Synonyme de pomme *Hawley*. Voir ce nom.

Pomme DOUX. — Synonyme de pomme *Doux-Blanc*. Voir ce nom.

Pomme DOUX D'ANGERS. — Synonyme de pomme *Doux d'Argent*. Voir ce nom.

142. Pomme DOUX D'ARGENT.

Synonymes. — *Pommes* : 1. Doux d'Angers (Louis Noisette, *le Jardin fruitier*, 1839, p. 208). — 2. Doux commun (André Leroy, *Catalogue de cultures*, 1846, p. 12). — 3. Ostogate (*Id. ibid.*; — et C. A. Hennau, *Annales de pomologie belge et étrangère*, 1857, t. V, p. 23). — 4. De Général d'Hiver (Comice horticole d'Angers, *Annales*, 1853, t. IV, p. 198). — 5. D'Ève (Charles Downing, *the Fruits and fruit trees of America*, 1869, p. 148).

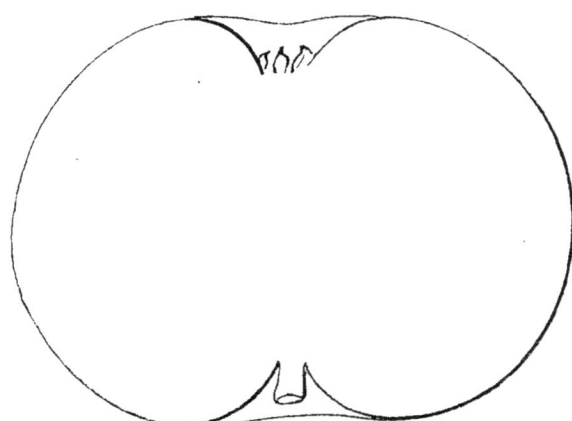

Description de l'arbre. — *Bois* : assez fort. — *Rameaux* : nombreux, érigés au sommet, étalés et arqués à la base, gros, de longueur moyenne, à courts mérithalles, peu duveteux, rouge-brun clair et verdâtre. — *Lenticelles* : petites, très-espacées. — *Coussinets* : presque nuls. — *Yeux* : moyens, aplatis, cotonneux, bien plaqués sur l'écorce. — *Feuilles* : abondantes, petites, ovales-allongées, vert blanchâtre en dessus, gris verdâtre en dessous, à bords des plus largement crénelés. — *Pétiole* : court, épais, ponctué de rose. — *Stipules* : petites.

Fertilité. — Peu commune.

Culture. — Il est très-avantageux d'élever sur doucin ou paradis, ce pommier, car il y prospère admirablement sous toute espèce de forme naine. Greffé au ras de terre, pour plein-vent, il croît également bien ; sa tige pousse forte, droite, et peu d'arbres l'emportent sur lui, quant à la fertilité.

Description du fruit. — *Grosseur* : au-dessus de la moyenne, ou moyenne. — *Forme* : sphérique, comprimée aux extrémités. — *Pédoncule* : très-court et très-gros, inséré dans un large mais peu profond bassin. — *Œil* : grand ou moyen, mi-clos, à cavité régulière, unie, assez développée. — *Peau* : très-mince, très-résistante, d'un beau jaune clair, parsemée de points bruns, souvent striée ou mouchetée de roux dans les cavités ombilicale et pédonculaire ; et parfois aussi, mais très-légèrement, nuancée de rose tendre à l'insolation. — *Chair* : d'un blanc éclatant, fine, presque fondante. — *Eau* : abondante, douce, ayant une délicieuse saveur sucrée que rend plus agréable encore certain arrière-goût faiblement acidule, vineux et parfumé.

Maturité. — Octobre-Février.

Qualité. — Première.

Historique. — Depuis un temps immémorial le Doux d'Argent se rencontre dans l'Anjou ; avant 1790 il figurait déjà dans le *Catalogue des pépinières de Pierre Leroy*, mon grand-père, alors situées sur la lisière du faubourg Saint-Michel d'Angers. Je le crois originaire des campagnes environnant cette ville, et non-seulement c'était l'opinion de Louis Noisette, qui dès 1839 (*Jardin fruitier*, p. 208) l'appelait *Doux* d'ANGERS, mais celle encore de M. Millet, fondateur du Comice horticole de Maine-et-Loire. Ce savant naturaliste, actuellement octogénaire, le comprenait effectivement, en 1835, dans la *Description des fleurs et des fruits nés sur le sol angevin*, et disait :

« C'est un très-bon fruit à couteau, cultivé aux environs d'Angers, de Segré, etc., et qu'on emploie aussi avec avantage dans la confection du *pommé*, sorte de préparation très-usitée dans les fermes de l'arrondissement de Segré.... Le *Bon-Jardinier*, ainsi que M. Noisette, le nomment Doux d'Angers. » (*Mémoires de la Société d'Agriculture, Sciences et Arts d'Angers*, t. III, p. 113.)

---

143. Pomme DOUX-BLANC.

Synonymes. — *Pommes* : 1. DOUCHE (Robillard de Beaurepaire, *Registres de l'ancien tabellionnage de Rouen*, aux archives de la Seine-Inférieure, 1397, t. VII, fos 7 et 9). — 2. DOULCE (Ruel, *de Natura stirpium*, 1536, n° 5). — 3. PRÉCIEUSE (Bauhin, *Historia fontis et balnei Bollensis*, 1598, p. 64 ; et le même, *Historia plantarum universalis*, édition posthume de 1650, t. I, p. 20). — 4. Süs et SÜSSLING (*Id. ibid.*). — 5. BLANC-DOUX (Olivier de Serres, *le Théâtre d'agriculture et ménage des champs*, 1608, p. 626 ; — et Couverchel, *Traité des fruits*, 1852, p. 453). — 6. GROS-BLANC (le Lectier, *Catalogue des arbres cultivés dans son verger et plant*, 1628, p. 24 ; — et Odolant-Desnos, *Traité de la culture des pommiers et poiriers*, 1829, p. 107). — 7. DE BLANC (dom Claude Saint-Étienne, *Nouvelle instruction pour connaître les bons fruits*, 1670, p. 207). — 8. DOUCETTE (*Id. ibid.*, p. 210 ; — et Manger, *Systematische Pomologie*, 1780, 1re partie, p. 56, n° CIX). — 9. DOUX (Duhamel, *Traité des arbres fruitiers*, 1768, t. I, p. 304). — 10. DOUX A TROCHET (*Id. ibid.*). — 11. GROS-DOUX (*Id. ibid.*). — 12. PETIT-DOUX (*Id. ibid.*). — 13. GRAND-DOUX (Mayer, *Pomona franconica*, 1776-1801, t. III, p. 94). — 14. DŒSJE (Manger, *Systematische Pomologie*, 1780, 1re partie, p. 56, n° CIX). — 15. BLANCHET (Odolant-Desnos, *Traité de la culture des pommiers et poiriers*, 1829, p. 107). — 16. DOUX DE LA LANDE (*Id. ibid.*).

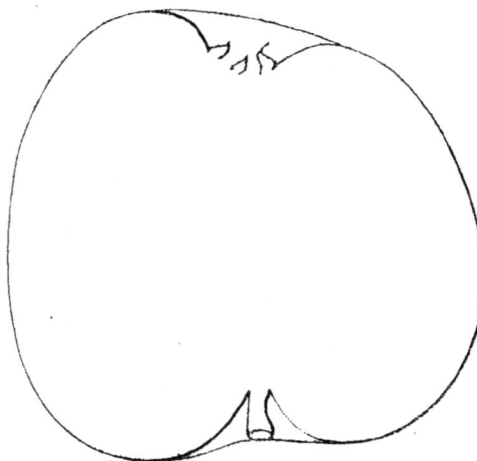

Description de l'arbre. — *Bois :* très-fort. — *Rameaux* : assez nombreux, légèrement étalés, des plus longs et des plus gros, bien flexueux, peu duveteux, rouge-brun ardoisé. — *Lenticelles :* grandes, abondantes, allongées ou arrondies. — *Coussinets :* larges et saillants. — *Yeux :* volumineux, ovoïdes-allongés, excessivement cotonneux, collés sur le bois. — *Feuilles :* généralement grandes, ovales ou elliptiques, longuement acuminées, ayant les bords irrégulièrement dentés, crénelés ou surdentés. — *Pétiole :* de longueur moyenne, bien nourri, sensiblement cannelé. — *Stipules :* moyennes.

FERTILITÉ. — Extrême.

Culture. — Parmi les arbres de plein-vent, c'est une des variétés les plus avantageuses par la richesse de sa végétation, et surtout pour les pépiniéristes, sa tige poussant toujours droite, forte, régulière. Il n'est pas rare d'en trouver des pieds de trois ans d'écusson dont le tronc mesure déjà, à un mètre au-dessus du sol, douze centimètres de circonférence. Nous ne la destinons jamais aux formes naines. On l'utilise aussi comme sujet pour greffer à tige des pommiers peu vigoureux.

Description du fruit. — *Grosseur :* assez variable, mais plutôt moyenne que petite. — *Forme :* conique plus ou moins régulière, généralement un peu ventrue à la base et quelquefois faiblement côtelée au sommet. — *Pédoncule :* court, de moyenne force, droit ou arqué, implanté dans un bassin étroit formant entonnoir. — *Œil :* grand ou moyen, ouvert ou mi-clos, à cavité large, assez profonde et légèrement bosselée et plissée. — *Peau :* lisse, unicolore, jaune blanchâtre, maculée de brun clair autour du pédoncule, parsemée de points fauves rarement bien apparents; quelquefois aussi, mais très-exceptionnellement, portant sur le côté du soleil de légères stries d'un rouge terne et presque transparent. — *Chair :* très-blanche, ferme et mi-fine. — *Eau :* suffisante, douce, agréablement sucrée, et savoureuse quoiqu'ayant un faible arrière-goût d'amande amère.

Maturité. — Septembre-Novembre.

Qualité. — Deuxième.

Historique. — « Cette pomme, commune en Normandie, est trop rare « ailleurs, » disait, il y a déjà plus d'un siècle, Duhamel en la décrivant (*Traité des arbres fruitiers*, 1768, t. I, p. 304). Sa culture est effectivement générale, dans ce pays du cidre par excellence, mais le pressoir l'y réclame plutôt que la table, tant les qualités de son eau ajoutent au mérite de cette forte et nourrissante boisson. On l'y connaît sous différents noms ; Doux, Douce, Blanchet, Blanc-Doux sont les plus anciens. L'archiviste actuel de la Seine-Inférieure, M. Robillard de Beaurepaire (*État des campagnes de la haute Normandie à la fin du moyen âge*, pp. 48, 55, 57), nous la montre dès 1397 cultivée sur divers points de ce département, à Montigny, puis à Blosseville et à Bonsecours. Peut-être appartient-elle au sol normand, qui spontanément a vu naître un si grand nombre de pommiers à cidre? Ruel fut en 1536 son premier descripteur (*de Natura stirpium*, n° 5) et la caractérisa assez bien, mais le nom qu'il lui donne, *Dulcium* [Douce], et la saveur mielleuse qu'il reconnaît à son eau, le font se demander si ce fruit ne serait pas la pomme *Melimela* [de Miel] des Romains. Comme aucun point de comparaison n'existe pour trancher une telle question, Ruel n'a pu la résoudre ; seulement il nous fournit ainsi la preuve qu'au XVIe siècle on ignorait non moins qu'aujourd'hui l'origine de cette variété. La pomme Doux-Blanc tire sa dénomination de la douceur de son eau, puis de la couleur blanchâtre de sa peau. Ce serait une erreur de croire, avec Duhamel, qu'elle est rare ailleurs qu'en Normandie, car on la rencontre dans tous les départements où le cidre remplace la bierre ou le vin.

Observations. — Nos anciens pomologues crurent à l'existence d'une sous-variété de Doux-Blanc ; de là les noms Gros-Doux, Petit-Doux, Gros-Blanc, etc., qui longtemps eurent cours dans la nomenclature. Le professeur Louis Bosc, du Jardin des Plantes de Paris, fut un des premiers à signaler cette méprise : « Le « *Doux* ou *Doux à trochets* — écrivit-il en 1809 — est une pomme tantôt grosse, « tantôt petite, selon les arbres ; ce qui avait fait croire qu'elle offrait deux « variétés. » (*Nouveau cours d'agriculture*, t. X, p. 323.) — Le surnom Doux à *trochet* exige aussi, ajouterai-je, une rectification : la fertilité du pommier Doux-Blanc est si grande, que ses fruits sont excessivement rapprochés sur chaque branche, à tel point qu'on les dirait attachés par masse à un seul pédoncule. Il n'en est rien, cependant; ce qui détruit complétement la signification que comportait le synonyme Doux à trochet. — Une dernière remarque est nécessaire : Henri Manger, auteur allemand, a réuni dans sa *Systematische Pomologie* (1780, 1re partie, p. 56, n° 109), au Doux-Blanc ici décrit, la pomme Douce publiée en 1771 par le Hollandais Knoop. Très-évidemment ce fut à tort, puisque Knoop donne à sa pomme Douce les caractères suivants, n'appartenant aucunement à la nôtre :

« Petite, ronde et tant soit peu plate, sa couleur est tout à fait d'un gris tirant sur le brun, comme celle de la *Reinette grise*, et souvent aussi d'un petit vermeil. La peau en est dure et épaisse; la chair, d'une douceur fort agréable. C'est pourquoi c'est une bonne sorte de pommes douces pour la cuisine. » (*Fructologie*, 2e partie, p. 27.)

Pomme DOUX COMMUN. — Synonyme de pomme *Doux d'Argent*. Voir ce nom.

Pommes : DOUX DE LA LANDE,

— DOUX A TROCHET,

} Synonymes de pomme *Doux-Blanc*. Voir ce nom.

144. Pomme de DOWNTON.

Synonymes. — Pommes : 1. Downton Pippin (Van Mons, *Catalogue descriptif de partie des arbres fruitiers qui de 1798 à 1823 ont formé sa collection*, p. 37, n° 533). — 2. Elton Pippin (George Lindley, *Guide to the orchard and kitchen garden*, 1831, p. 28). — 3. Knight's Pippin (*Id. ibid.*). — 4. Elton Golden Pippin (Thompson, *Catalogue of fruits cultivated in the garden of the horticultural Society of London*, 1842, p. 13, n° 217). — 5. Knight's Golden Pippin (*Id. ibid.*). — 6. Saint-Mary's Pippin (*Id. ibid.*). — 7. Downton Golden Pippin (A. J. Downing, *the Fruits and fruit trees of America*, 1849, p. 82). — 8. Downton Nonpareille (d'Albret, *Cours théorique et pratique de la taille des arbres fruitiers*, 1851, p. 332).

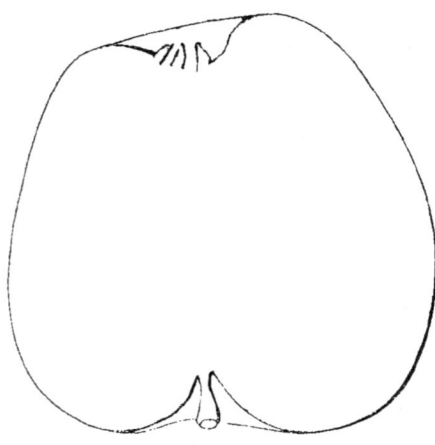

Description de l'arbre. — *Bois :* de moyenne force. — *Rameaux :* assez nombreux, légèrement étalés, de grosseur et longueur moyennes, peu géniculés, cotonneux, rouge-brun foncé. — *Lenticelles :* arrondies, grandes et blanchâtres, bien clair-semées. — *Coussinets :* modérément accusés. — *Yeux :* petits, ovoïdes, plats, duveteux, fortement collés sur l'écorce. — *Feuilles :* moyennes, ovales ou elliptiques, courtement acuminées, planes ou arquées et ondulées, finement dentées sur leurs bords. — *Pétiole :* court, grêle, rigide et généralement très-cannelé. — *Stipules :* étroites, assez longues.

Fertilité. — Satisfaisante.

Culture. — Il se prête convenablement à toutes les formes qu'on veut lui donner, mais fait surtout de beaux plein-vent et de remarquables buissons.

Description du fruit. — *Grosseur :* au-dessous de la moyenne. — *Forme :* cylindro-conique. — *Pédoncule :* gros, très-court, renflé à son point d'attache, inséré dans un évasement peu prononcé. — *Œil :* grand, souvent mi-clos, placé presque à fleur de fruit et bordé de légers plis. — *Peau :* unicolore, faiblement rugueuse, jaune-citron plus foncé à l'insolation que sur l'autre face, quelque peu réticulée de brun et abondamment ponctuée de gris-roux. — *Chair :* jaunâtre, fine, compacte. — *Eau :* suffisante, sucrée, savoureusement acidulée et parfumée.

Maturité. — Janvier-Mars.

Qualité. — Première.

Historique. — Le 11 mars 1811 Thomas-André Knight, alors président de la Société d'Horticulture de Londres, présentait en séance, à ses collègues, cette délicieuse pomme dont il est l'obtenteur, et rappelait qu'antérieurement il leur en avait donné une première description. Ce fruit remonte donc au plus à 1808. Knight ajoutait l'avoir obtenue à Wormsley-Grange, dans le comté d'Hereford, d'un semis de la variété Orange Pippin fécondée par le pollen du Golden Pippin (voir *Transactions of the horticultural Society of London*, t. I, pp. 226 et 228). Quant à la dénomination de ce pommier, elle s'explique aisément. Downton était la résidence habituelle de Knight; c'est donc là surtout que le célèbre arboriculteur aura multiplié, puis propagé, son nouveau gain, auquel le nom en sera ainsi demeuré dès le début, malgré que le pied-type n'en soit pas originaire. Les Anglais, et à juste titre, font un très-grand cas de la pomme de Downton, soit pour la table, le pressoir ou la cuisine. Les Allemands et les Belges la connaissaient bien avant nous, mais depuis une dixaine d'années elle commence à se généraliser chez nos pépiniéristes.

Observations. — Le semeur belge Van Mons gagna, vers 1800, une pomme qu'il nomma *Pepin Knight;* elle figure, sous le n° 490, à la page 36 de son *Catalogue descriptif,* commencé en 1798 et publié en 1823. J'ignore ce qu'elle est devenue, mais la signale afin qu'à l'occasion on ne la confonde pas avec le pommier de Downton, appelé aussi *Knight's Pippin,* qui fut également cultivé par Van Mons et enregistré dans ce même *Catalogue* (p. 37, n° 533).

Pomme DOWNTON BRISSET. — Synonyme de pomme *Downton Russet.* Voir ce nom.

Pommes : DOWNTON GOLDEN PIPPIN,

— DOWNTON NONPAREILLE,

— DOWNTON PIPPIN,

} Synonymes de pomme de *Downton.* Voir ce nom.

---

145. Pomme DOWNTON RUSSET.

Synonyme. — Pomme Downton Brisset (André Leroy, *Catalogue descriptif,* édition anglaise, 1851, p. 5, n° 141).

Description de l'arbre. — *Bois :* de moyenne force. — *Rameaux :* nombreux, étalés, gros, assez courts, légèrement flexueux et duveteux, brun olivâtre quelque peu lavé de rouge. — *Lenticelles :* plus ou moins arrondies, grandes et abondantes. — *Coussinets :* aplatis. — *Yeux :* volumineux, ovoïdes, très-cotonneux, faiblement écartés du bois. — *Feuilles :* moyennes, ovales, épaisses, vert foncé rougeâtre et luisant en dessus, gris verdâtre en dessous, bien acuminées et ayant les bords régulièrement et modérément dentés. — *Pétiole :* gros, court, duveteux, à peine cannelé. — *Stipules :* moyennes ou peu développées.

Pomme Downton Russet.

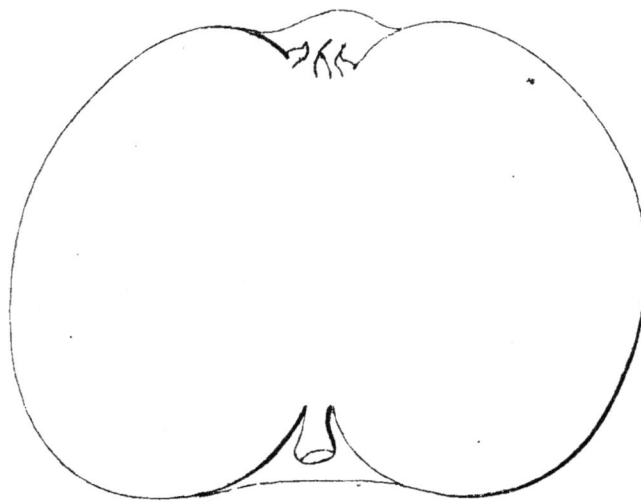

Fertilité. — Ordinaire.

Culture. — Sa vigueur modérée exige, quand on veut le destiner au plein-vent, qu'il soit greffé en tête ; alors il fait des arbres assez convenables. Généralement nous le multiplions, sur doucin ou paradis, pour buissons, cordons ou espaliers, formes qui lui sont toujours très-avantageuses.

Description du fruit. — *Grosseur :* volumineuse. — *Forme :* conique-arrondie, très-large et fortement ventrue, ayant le sommet plus ou moins côtelé. — *Pédoncule :* court, très-nourri, implanté dans un assez vaste bassin. — *OEil :* grand, bien ouvert ou mi-clos, à cavité fortement irrégulière, bosselée et très-développée. — *Peau :* épaisse, rugueuse, fond jaune d'or, amplement lavée de rouge-brun foncé sur le côté du soleil, fortement marbrée et réticulée de gris-brun, puis semée de quelques points roux très-prononcés. — *Chair :* légèrement verdâtre ou jaunâtre, tendre et mi-fine. — *Eau :* suffisante, agréablement sucrée et acidulée.

Maturité. — Octobre-Décembre.

Qualité. — Deuxième.

Historique. — Par suite d'une mauvaise lecture d'étiquette, lorsqu'en 1849 ce pommier me fut envoyé d'Angleterre, je le multipliai sous le nom Downton Brisset, au lieu de *Russet*, que lui vaut si justement le large coloris rouge-brun de ses fruits. Je l'ai signalé pour la première fois en 1854, dans l'édition anglaise de mon *Catalogue descriptif* (p. 5, n° 141), mais depuis lors il ne m'a pas été possible de trouver sur lui le moindre renseignement.

Pomme DOWNY. — Synonyme de pomme *Hoary Morning.* Voir ce nom.

Pomme DOW'S. — Synonyme de pomme *Hawley.* Voir ce nom.

146. Pomme DRAP D'OR.

Synonymes. — *Pommes* : 1. Drap d'Or de Bretagne (le Lectier, d'Orléans, *Catalogue des arbres cultivés dans son verger et plant*, 1628, p. 24; — et de Bonnefond, *le Jardinier français*, 1653, p. 109). — 2. D'Or (dom Claude Saint-Étienne, *Nouvelle instruction pour connaître les bons fruits*, 1670, p. 214). — 3. Vrai Drap d'Or (Duhamel, *Traité des arbres fruitiers*, 1768, t. I, p. 290). — 4. Bay (Thompson, *Catalogue of fruits cultivated in the garden of the horticultural Society of London*, 1842, p. 13, n° 219). — 5. Bonne de Mai (*Id. ibid.*).

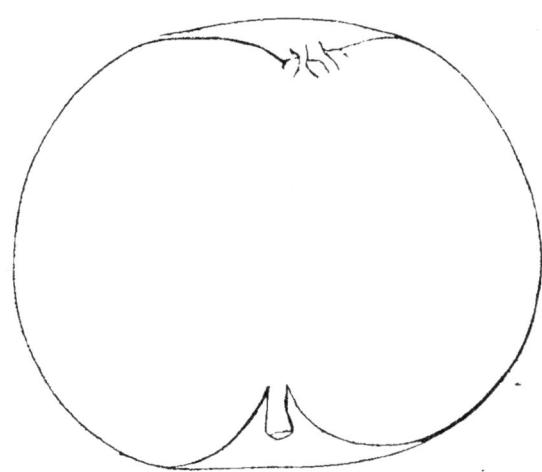

Description de l'arbre. — *Bois* : très-fort. — *Rameaux* : nombreux, sensiblement étalés, des plus longs et des plus gros, peu géniculés, excessivement duveteux, rouge-brun ardoisé. — *Lenticelles* : arrondies, assez grandes, clair-semées. — *Coussinets* : larges et ressortis. — *Yeux* : moyens ou petits, arrondis, très-cotonneux, bien plaqués sur l'écorce. — *Feuilles* : moyennes, ovales-allongées, longuement acuminées, souvent presque lancéolées, à bords fortement dentés. — *Pétiole* : long, assez gros, carminé, à cannelure prononcée. — *Stipules* : petites.

Fertilité. — Satisfaisante.

Culture. — La haute-tige convient avant tout à ce pommier. Comme plein-vent il rapporte beaucoup et fait de jolis arbres. Sous forme naine sa végétation est tellement rapide, même sur paradis, qu'alors on l'amène difficilement à donner quelques produits.

Description du fruit. — *Grosseur* : au-dessus de la moyenne. — *Forme* : globuleuse plus ou moins régulière. — *Pédoncule* : court, assez fort, planté dans un bassin considérable. — *Œil* : moyen, irrégulier, mi-clos ou fermé, à cavité plissée, bosselée, large mais peu profonde. — *Peau* : unie, jaune pâle du côté de l'ombre, jaune plus foncé et brillant sur l'autre face, légèrement marbrée de brun clair, ponctuée de roux et portant quelques petites taches noirâtres. — *Chair* : blanc jaunâtre, fine, ferme, assez croquante. — *Eau* : suffisante, bien sucrée, délicieusement acidulée et parfumée.

Maturité. — Décembre-Mars.

Qualité. — Première.

Historique. — Presque tous les pomologues ont regardé, depuis plus d'un siècle, cet excellent fruit comme appartenant à la France. Ils ont eu raison, et si le rarissime *Catalogue* de l'immense verger créé à Orléans, vers 1598, par le procureur du roi le Lectier, leur eût été connu, ils auraient pu nous indiquer d'une façon précise la provenance du pommier Drap d'Or. Cet amateur d'arboriculture fruitière signale effectivement cette variété (page 24), la classe parmi les pommes tardives, et la dit originaire de Bretagne. Ce fut en 1628 que parut le *Catalogue* dont il s'agit; comme antérieurement à cette date nous n'avons rencontré aucune mention de la pomme Drap d'Or, il est donc assez probable qu'elle remonte à la fin du XVIe siècle ou au commencement du XVIIe. On l'a toujours fort estimée chez nous, à ce point qu'en 1792, alors qu'André Thoüin, directeur du Jardin des Plantes de Paris, reçut du ministre Roland l'ordre de choisir dans les pépinières des Chartreux, qu'on allait détruire, les arbres fruitiers nécessaires pour former une École publique, eut grand soin de ne pas oublier d'y choisir deux sujets de cette variété. Je puise ce dernier renseignement dans un duplicata du procès-verbal qui fut alors dressé par André Thoüin, pièce inédite que j'aurai souvent encore à citer, et dont m'a fait hommage la famille de ce savant botaniste.

Observations. — Duhamel, dans son *Traité des arbres fruitiers*, fit en 1768 la remarque suivante, au sujet de la variété appelée Drap d'Or :

« On trouve en Normandie — dit-il — une pomme qui lui ressemble beaucoup; elle a un peu d'aigrelet et se conserve plus longtemps; le terrain seul pourroit faire ces différences : on la nomme *Pomme de Julien* ou de *Saint-Julien*. » (T. Ier, p. 292.)

Le fruit que Duhamel supposait ainsi identique, ou presque identique, avec la pomme Drap d'Or, ne saurait lui être réuni, mais bien à la *Reinette marbrée*, comme je l'ai constaté d'après Manger (1780) et Thompson (1842). Du reste, cette Reinette pourra bien, de son côté, prêter aussi à quelque confusion avec le Drap d'Or, car les Hollandais lui ont souvent appliqué ce dernier nom. — Ce fut à tort, également, que Poiteau (*Pomologie française*, t. IV, n° 38) assimila en 1846 la *Reinette blanche hâtive* qu'il décrivit, au Drap d'Or de Duhamel, ou mieux au nôtre. On restera convaincu de son erreur, quand nous aurons dit que cette Reinette blanche, de l'aveu même de ce pomologue, mûrit à la mi-août, plus de trois mois avant la pomme Drap d'Or.

Pomme DRAP D'OR [DES HOLLANDAIS]. — Synonyme de *Reinette marbrée*. Voir ce nom.

Pomme DRAP D'OR DE BRETAGNE. — Synonyme de pomme *Drap d'Or*. Voir ce nom.

Pomme DRUE PERMEIN D'ANGLETERRE. — Synonyme de pomme *Pearmain d'Hiver*. Voir ce nom.

Pommes : DRUE PERMEIN,

— DRUË SUMMER PEARMAIN,

Synonymes de pomme *Pearmain d'Été*. Voir ce nom.

Pomme DUC D'ARSEL. — Synonyme de pomme *Non-Pareille ancienne*. Voir ce nom.

---

147. Pomme DUC BERNARD.

Synonymes. — *Pommes* : 1. Herzog Bernhard (Dittrich, *Systematisches Handbuch der Obstkunde*, 1839, t. I, p. 131, n° 44). — 2. Ananas d'Hiver (Jahn, *Illustrirtes Handbuch der Obstkunde*, 1862, t. IV, p. 9, n° 267).

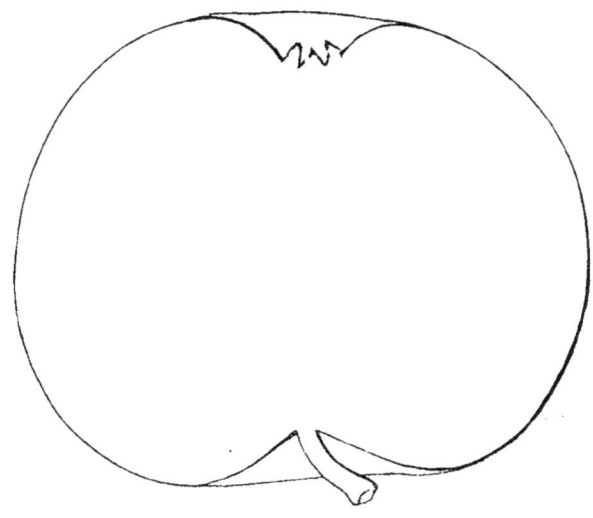

Description de l'arbre. — *Bois :* fort. — *Rameaux :* nombreux, généralement très-étalés, de moyenne grosseur mais des plus longs, bien géniculés, assez cotonneux, rouge-brun ardoisé, à très-longs mérithalles. — *Lenticelles :* abondantes, petites, plus ou moins arrondies. — *Coussinets :* saillants et larges. — *Yeux :* moyens, ovoïdes-arrondis, duveteux, entièrement collés sur le bois. — *Feuilles :* grandes, arrondies, longuement acuminées, planes, bien dentées sur leurs bords. — *Pétiole :* peu long, très-gros, largement canaliculé. — *Stipules :* petites et souvent faisant défaut.

Fertilité. — Ordinaire.

Culture. — Les formes naines sont les seules auxquelles nous l'ayons encore soumis; toutefois la vigueur satisfaisante qu'il montre sur paradis, est un indice qu'il devrait faire de beaux plein-vent.

Description du fruit. — *Grosseur :* au-dessus de la moyenne. — *Forme :* sphérique assez régulière. — *Pédoncule :* de longueur moyenne, bien nourri, obliquement implanté dans un large bassin de profondeur variable. — *Œil :* grand ou moyen, ouvert ou mi-clos, à cavité légèrement plissée et rarement très-développée. — *Peau :* unie, à fond jaune terne verdâtre, abondamment et fortement ponctuée de gris, puis presque complétement lavée et marbrée de rouge lie de vin. — *Chair :* excessivement blanche, peu croquante, mi-fine et tendre. — *Eau :* suffisante, bien sucrée, faiblement parfumée, presque dénuée d'acidité.

Maturité. — Janvier-Mars.

Qualité. — Deuxième.

Historique. — Cette pomme, que j'ai reçue de Prusse en 1867, où elle est très-estimée, n'a mérité chez moi que le deuxième rang. Les pomologues allemands la réclament comme un gain national, mais sont en désaccord sur son nom primitif, ainsi que sur l'époque et le lieu de sa naissance. Dittrich, le premier qui nous la montre, disait en 1839 :

« Elle fut trouvée dans le jardin du bourguemestre Johannes, à Meiningen, capitale du duché de Saxe-Meiningen, et sa bonté porta les amis de la pomologie à la dédier au duc régnant. » (*Systematisches Handbuch der Obstkunde*, t. I, p. 131, n° 44.)

Voici maintenant une autre version, empruntée au docteur Jahn; elle est de 1862 et détruit en partie, nous le répétons, celle de Dittrich :

« La pomme Duc Bernard — écrit Jahn — est connue depuis un bien long temps déjà dans les environs de la ville de Meiningen, et cultivée sous le nom WINTER ANANAS [Ananas d'Hiver]. » (*Illustrirtes Handbuch der Obstkunde*, t. IV, p. 9, n° 267.)

J'ignore lequel des deux auteurs est dans le vrai, sur ce point historico-pomologique, mais je sais qu'au moins ils s'entendent pour maintenir audit fruit son nom princier. J'ajoute, alors, que le duc Bernard dont il s'agit ici, naquit en 1800 et fut dès sa troisième année appelé à monter sur le trône ducal.

POMME DUC DE WELLINGTON. — Synonyme de pomme *Wellington*. Voir ce nom.

148. POMME DUCHATEL.

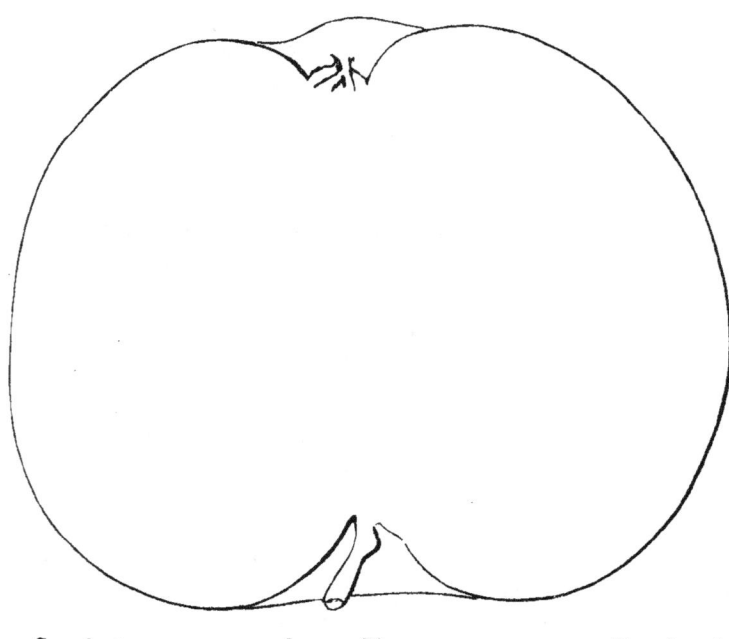

Description de l'arbre. — *Bois :* de moyenne force. — *Rameaux :* nombreux, légèrement étalés, peu longs, assez gros, à peine géniculés, très-cotonneux et d'un rouge-brun plus ou moins foncé. — *Lenticelles :* arrondies, petites ou moyennes, bien clair-semées. — *Coussinets :* presque nuls. — *Yeux :* moyens, arrondis, duveteux, fortement collés sur l'écorce. — *Feuilles :* moyennes, ovales-arrondies, longuement acuminées, vert luisant en dessus, blanc grisâtre en dessous et profondément dentées sur leurs bords. — *Pétiole :* peu long, gros, faiblement cannelé. — *Stipules :* généralement assez courtes.

FERTILITÉ. — Abondante.

CULTURE. — Ce pommier s'élève très-bien pour plein-vent, comme il fait aussi, greffé sur doucin ou paradis, de beaux cordons, gobelets ou pyramides.

Description du fruit. — *Grosseur :* considérable. — *Forme :* globuleuse assez régulière et sensiblement pentagone. — *Pédoncule :* de moyenne longueur, bien nourri, souvent coudé près son point d'insertion et généralement oblique dans son large et profond bassin. — *OEil :* grand ou moyen, mi-clos ou fermé, duveteux, à cavité plus ou moins développée mais toujours plissée et bordée de fortes gibbosités. — *Peau :* épaisse, vert herbacé du côté de l'ombre, jaune-citron sur l'autre face, faiblement maculée de fauve autour du pédoncule, ponctuée de brun et de gris et portant quelques petites taches noirâtres. — *Chair :* blanchâtre, tendre et peu serrée. — *Eau :* suffisante, bien sucrée, très-légèrement acidulée, sans parfum appréciable.

MATURITÉ. — Octobre-Décembre.

QUALITÉ. — Deuxième.

Historique. — Il est regrettable que ce beau fruit soit, pour moi du moins, complétement dépourvu d'état civil. En 1851 je le signalais comme variété nouvelle dans l'édition anglaise de mon *Catalogue* (p. 5, n° 196), mais sous la dénomination *Reinette Duchâtel*, dont j'ai dû, plus tard, supprimer le premier terme, cette pomme n'ayant rien qui rappelle la saveur et la chair d'une Reinette. Lors de la réception de ce pommier on a malheureusement oublié, dans mes pépinières, de prendre note du nom de l'expéditeur, d'où suit que je ne saurais indiquer avec certitude de quel endroit on me l'envoya. Cependant il me semble que ce fut des environs de Paris. Quant à la personne dont il porte le nom, rien n'empêche de penser que ce puisse être le comte Duchâtel, si longtemps ministre sous le règne de Louis-Philippe Ier.

Observations. — L'arbre de cette variété se rapproche assez du pommier Locy, mais leurs produits sont trop dissemblables pour les réunir, puisque la pomme Locy, par exemple, mûrit près de trois mois après la Duchâtel.

149. Pomme DUCHESSE DE BRABANT.

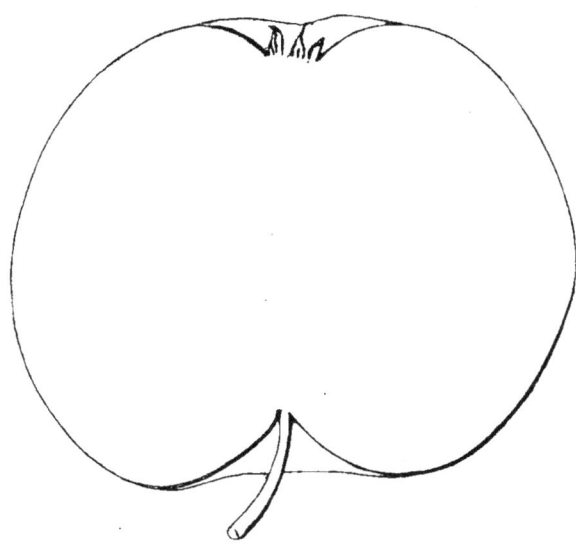

Description de l'arbre. — *Bois :* fort. — *Rameaux :* nombreux, étalés à la base, érigés et duveteux au sommet, gros, assez longs, bien flexueux, vert-brun plus ou moins olivâtre. — *Lenticelles :* arrondies ou allongées, larges et abondantes. — *Coussinets :* saillants. — *Yeux :* petits, coniques, cotonneux, plaqués sur le bois. — *Feuilles :* grandes, ovales-allongées, vert clair en dessus, vert légèrement grisâtre en dessous, courtement acuminées, à bords régulièrement dentés. — *Pétiole :* long, épais, ponctué de rouge en dessous et faiblement cannelé. — *Stipules :* très-développées.

FERTILITÉ. — Satisfaisante.

Culture. — Greffé ras terre, pour plein vent, il prospère convenablement, mais mieux encore, peut-être, sous les formes gobelet, pyramide ou cordon.

Description du fruit. — *Grosseur :* au-dessus de la moyenne. — *Forme :* globuleuse ou conique assez ventrue, habituellement moins renflée d'un côté que de l'autre et presque toujours légèrement côtelée au sommet. — *Pédoncule :* long ou un peu court, assez mince mais plus fort au point d'attache, implanté dans un bassin de dimensions variables. — *Œil :* grand, mi-clos ou très-ouvert, placé presque à fleur de fruit et entouré de plis bien prononcés. — *Peau :* unie, lisse, finement ponctuée de brun et de gris, d'un beau jaune sur la partie exposée à l'ombre, brun jaunâtre sur l'autre face, où elle est en outre amplement mouchetée, lavée et striée de carmin ; parfois on lui trouve aussi quelques faibles macules noirâtres. — *Chair :* blanchâtre, fine et tendre. — *Eau :* suffisante, délicieusement acidulée et sucrée, possédant un délicat parfum.

Maturité. — Octobre-Février.

Qualité. — Première.

Historique. — Ce fruit appartient à la pomone belge et fut, en 1858, décrit par son obtenteur M. Gailly, jardinier du palais de Laeken, près Bruxelles. Voici dans quels termes il en précisa l'origine :

« Cette pomme — dit-il — dédiée à S. A. R. et I. Mme la duchesse de Brabant, a été trouvée à Ittre, arrondissement de Nivelles, au milieu d'un semis de sujets destinés à être greffés en haut-vent, comme cela se pratique pour la plantation de nos vergers ; elle dut à l'apparition précoce de son fruit d'être exemptée du sort commun. » (*Annales de pomologie belge et étrangère*, 1858, t. VI, p. 63.)

Observations. — Par son nom, cette variété pourrait être aisément confondue avec la *Reinette Duchesse de Brabant*, que gagnait en 1855 M. Loisel, propriétaire à Fauquemont (Limbourg néerlandais). On évitera une telle méprise en se rappelant que ce dernier fruit, à peau complètement jaune-paille, est plus précoce que la pomme Duchesse de Brabant et ne prend jamais, comme elle, l'ample et beau coloris carminé mentionné plus haut dans notre description. — La *Reine des Reinettes*, ou *Vermillon rayé*, se rapproche beaucoup, par exemple, de la Duchesse de Brabant, mais uniquement par les caractères extérieurs du fruit ; pour le reste, ce sont deux espèces bien différentes. On le verra en comparant ici les articles qui les concernent.

Pomme DUCHESSE D'OLDENBOURG. — Synonyme de pomme *Borowicki*. Voir ce nom.

Pomme DUITSCH MIGNONNE. — Synonyme de *Reinette de Caux*. Voir ce nom.

Pommes : DUMELOW'S CRAB,

— DUMELOW'S PIPPIN,

— DUMELOW'S SEEDLING,

— DUNCLAERS SEEDLING,

Synonymes de pomme *Wellington*. Voir ce nom.

Pomme DUNDEE. — Synonyme de pomme *Princesse noble*. Voir ce nom.

150. Pomme DUQUESNE.

Synonymie. — *Pomme* Pepin Duquesne (Van Mons, *Catalogue descriptif de partie des arbres fruitiers qui de 1798 à 1823 ont formé sa collection*, p. 36, n° 495).

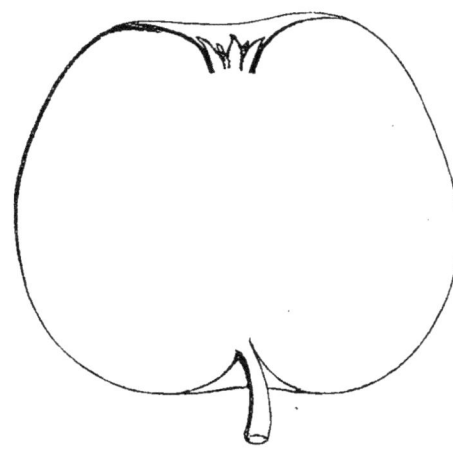

Description de l'arbre. — *Bois:* assez fort. — *Rameaux :* nombreux, habituellement érigés, longs, de moyenne grosseur, un peu coudés, légèrement cotonneux, rouge-brun lavé de gris. — *Lenticelles :* grandes, plus ou moins allongées, très-abondantes. — *Coussinets :* larges et bien accusés. — *Yeux :* petits, arrondis, à peine duveteux, entièrement adhérents. — *Feuilles :* petites, ovales-allongées, courtement acuminées, ayant les bords uniformément dentés. — *Pétiole :* long, grêle, rigide, marbré de carmin et sensiblement cannelé. — *Stipules :* longues et assez larges.

Fertilité. — Abondante.

Culture. — Sa croissance sur doucin et paradis étant parfaite, il peut être élevé pour plein-vent ; cependant il donnerait des arbres plus réguliers, plus vigoureux, si on le greffait en tête.

Description du fruit. — *Grosseur :* moyenne. — *Forme :* passant de la conique-ventrue à la globuleuse-allongée. — *Pédoncule :* de force et longueur moyennes, souvent arqué, inséré dans un bassin très-peu prononcé. — *Œil :* grand ou moyen, ouvert ou mi-clos, faiblement enfoncé, plissé sur ses bords. — *Peau :* unie, jaune brillant, largement lavée de rose fouetté de carmin foncé sur le côté du soleil, fortement ponctuée de brun, striée de même autour de l'œil et tachée de fauve dans la cavité pédonculaire. — *Chair :* blanc jaunâtre, fine, serrée mais assez tendre. — *Eau :* abondante ou suffisante, sucrée, faiblement acidulée, ayant un arome exquis.

Maturité. — Janvier-Mai.

Qualité. — Première.

Historique. — La pomme Duquesne, qui m'est venue de Belgique en 1862, a beaucoup intrigué, sous le rapport de son origine, les pomologues allemands, et notamment M. Oberdieck, dans le recueil duquel je lis ce passage :

« J'ai reçu — disait-il en 1859 — le délicieux *Pepin Duquesne*, de M. Urbaneck, pasteur à Majthény, qui le tenait, lui, de la Société d'Horticulture de Londres. Dans le *Catalogue* de cette Société il existe une pomme Duquesnay, la même que celle-ci, probablement ; mais je ne sais si c'est à l'abbé Duquesne, de Belgique, ou à tout autre personnage de ce nom, qu'on l'a dédiée. » (*Illustrirtes Handbuch der Obstkunde*, t. I, p. 347, n° 158.)

La supposition de M. Oberdieck reste ici sans fondement, en ce qui touche la provenance de cette variété, qui ne fut pas gagnée chez les Anglais, mais bien chez les Belges. Van Mons en est l'obtenteur ; il l'affirme en 1823, dans son *Catalogue descriptif*, où figure page 36, et sous le n° 495, le nom du Pepin Duquesne, suivi de la note « obtenu par nous. » Je peux également lever l'incertitude des Allemands sur l'ecclésiastique dont ce fruit rappelle le nom. C'était un pomologue d'Enghien (Belgique), correspondant et ami de Van Mons, auquel, en 1808, il avait dédié l'énorme poire Gros-Colmar Van Mons, cultivée maintenant sous le surnom Colmar des Invalides (voir notre tome II, *Poires*, p. 585).

Pomme DURABLE TROIS ANS. — Synonyme de pomme *E'iser rouge*. Voir ce nom.

Pomme DURE. — Synonyme de pomme *de Fer*.

Pomme DURE-BLANCHE. — Synonyme de pomme *Blanc-Dureau*. Voir ce nom.

Pomme DUTCH MIGNONNE. — Synonyme de *Reinette de Caux*. Voir ce nom.

E

Pomme EARLY BOUGH. — Synonyme de pomme *Bough*. Voir ce nom.

Pomme EARLY NONPAREIL. — Synonyme de pomme *Nonpareille nouvelle*. Voir ce nom.

Pomme EARLY RED MARGARET. — Synonyme de pomme *Marguerite*. Voir ce nom.

Pomme EARLY STRAWBERRY. — Synonyme de pomme *Fraise*. Voir ce nom.

Pomme ÉCARLATE. — Synonyme de pomme *Écarlate d'Hiver*. Voir ce nom.

---

151. Pomme ÉCARLATE D'ÉTÉ.

Synonymes. — Pommes : 1. SCARLET PEARMAIN (Diel, *Kernobstsorten*, 1809, t. X, p. 111; — et Lindley, *Guide to the orchard and kitchen garden*, 1831, p. 33, n° 62). — 2. SCHARLACHROTHE PARMANE (Diel, *ibid.*). — 3. OXFORD'S PEACH (Elliott, *Fruit book*, 1854, p. 157).

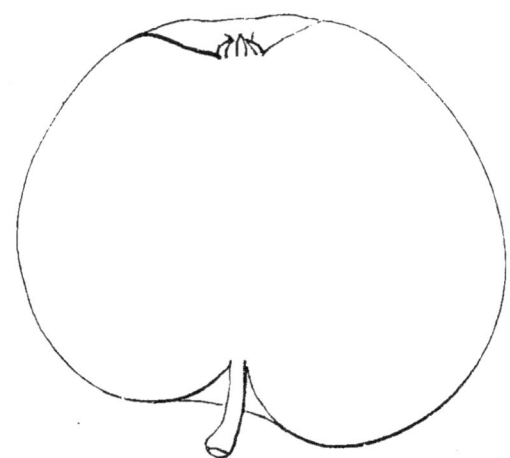

Description de l'arbre. — *Bois :* peu fort. — *Rameaux :* nombreux, étalés et souvent arqués, de grosseur et longueur moyennes, bien coudés, légèrement duveteux, brun olivâtre sensiblement lavé de rouge terne, surtout au sommet. — *Lenticelles :* grandes, allongées, assez nombreuses. — *Coussinets :* peu saillants. — *Yeux :* moyens, coniques-arrondis, très-duveteux, complétement collés sur le bois. — *Feuilles :* de grandeur moyenne, ovales ou elliptiques, vert clair en dessus, gris verdâtre en dessous, rarement acuminées, ayant les bords assez profondément dentés ou crénelés. — *Pétiole :* long, gros, généralement rosé, surtout à la base, et fortement cannelé. — *Stipules :* très-petites ou faisant défaut.

Fertilité. — Abondante.

Culture. — Sa croissance assez lente permet difficilement de le destiner au plein-vent, même en le greffant en tête sur un sujet très-vigoureux; mais, sur doucin, il fait des pyramides, cordons et buissons de force moyenne.

Description du fruit. — *Grosseur :* moyenne. — *Forme :* conique, ayant généralement un côté moins volumineux que l'autre. — *Pédoncule :* de force et longueur moyennes, inséré dans un bassin étroit et assez profond. — *Œil :* moyen, ouvert ou mi-clos, à vaste cavité bordée de plis rarement bien prononcés. — *Peau :* unie, ponctuée de gris, à fond jaunâtre, presque entièrement nuancée de rouge sombre sur la partie exposée à l'ombre et de rouge-cramoisi brillant sur l'autre face. — *Chair :* blanchâtre, fine et croquante. — *Eau :* abondante, sucrée, agréable.

Maturité. — Août-Septembre.

Qualité. — Deuxième.

Historique. — L'Écarlate d'Été, d'origine anglaise, remonte à la fin du xviii° siècle. Si l'on s'appuie sur le surnom *Apple Oxford's Peach*, Pomme-Pêche d'Oxford, qui lui fut ensuite donné, il sera permis de la croire sortie de cette dernière ville ou des localités l'avoisinant. Dès 1809 le docteur Diel la signalait aux Allemands dans le *Kernobstsorten*, remarquable recueil consacré à l'étude des fruits à pepin. Elle ne passa chez nous que beaucoup plus tard et n'y jouit d'aucune vogue ; souvent même on l'y confondit avec sa congénère, notre antique *Écarlate d'Hiver;* méprise dans laquelle sont tombés presque tous les pomologues étrangers.

---

152. Pomme ÉCARLATE D'HIVER.

Synonymes. — *Pommes* : 1. Escarlatine (Olivier de Serres, *Théâtre d'agriculture et ménage des champs*, 1608, p. 626). — 2. Écarlate (le Lectier, d'Orléans, *Catalogue des arbres cultivés dans son verger et plant*, 1628, p. 23). — 3. Bell's Scarlet (George Lindley, *Guide to the orchard and kitchen garden*, 1831, p. 33, n° 62).

Description de l'arbre. — *Bois :* de moyenne force. — *Rameaux :* assez nombreux, étalés, gros, un peu courts, bien coudés, excessivement duveteux, brun olivâtre légèrement lavé de rouge ardoisé. — *Lenticelles :* moyennes ou petites, jaunâtres, plus ou moins arrondies, très-abondantes. — *Coussinets :* larges et ressortis. — *Yeux :* très-volumineux, ovoïdes, fortement cotonneux et presque écartés du bois. — *Feuilles :* assez petites, ovales-allongées, acuminées, à bords sensiblement dentés. — *Pétiole :* long, de moyenne force, très-duveteux, rarement cannelé. — *Stipules :* petites.

Fertilité. — Satisfaisante.

Culture. — Sous formes naines, et greffé sur paradis, il fait de beaux arbres. En le greffant en tête, pour haute-tige, on en obtient aussi des pommiers non moins productifs que réguliers.

Description du fruit. — *Grosseur :* moyenne. — *Forme :* conique-arrondie, généralement bien régulière. — *Pédoncule :* de force et longueur moyennes, arqué, implanté dans un vaste bassin. — *Œil :* grand, mi-clos, à cavité unie, large, mais peu profonde. — *Peau :* mince, lisse, à fond jaune d'or, en grande partie lavée de rouge-brun clair et striée de carmin foncé, surtout à l'insolation, puis finement ponctuée de brun et de blanc. — *Chair :* blanchâtre au centre, sensiblement rosée sous la peau, fine et assez ferme. — *Eau :* suffisante, sucrée, agréablement acidulée, ayant un parfum délicat, mais qui souvent n'est pas suffisamment prononcé.

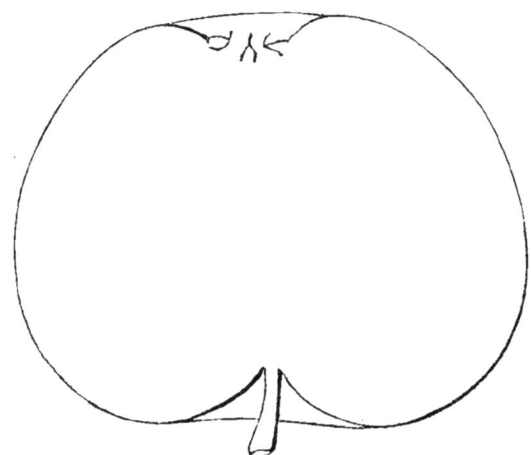

Pomme Écarlate d'Hiver.

Maturité. — Janvier-Mars.
Qualité. — Deuxième, et quelquefois première, quand le parfum de ce fruit a pu prendre tout son développement.

Historique. — Le moine dom Claude Saint-Étienne, de l'ordre des Feuillants, fut celui qui le premier mentionna cette pomme sous la dénomination qu'on lui donne encore aujourd'hui. Il le fit en 1670, page 211 de sa *Nouvelle instruction pour connaître les bons fruits*, mais sans joindre, comme à nombre des espèces qu'il enregistre, le moindre détail historique ou descriptif aux mots « Écarlate « d'Hyver. » On peut assurer, cependant, qu'alors ce pommier existait en France depuis un long temps déjà. Ainsi Olivier de Serres (1608) cite une pomme Escarlatine, et le Lectier (1628), page 23 du *Catalogue* de son verger d'Orléans, une Écarlate, qu'il classe, pour la maturité, avec les variétés Calleville blanc et Châtaignier; d'où suit qu'elle est bien notre Écarlate d'Hiver.

Observations. — Les Anglais ont une pomme *Écarlate de Kirke*, à maturité très-tardive; je la signale, mais comme on l'utilise uniquement pour la cuisson, il me semble assez difficile de la confondre avec celle ici décrite. — En raison de l'erreur où sont tombés quelques pomologues étrangers, au sujet des variétés Écarlate d'Hiver, Écarlate d'Été, fréquemment le surnom *Bell's Scarlet* [Écarlate de Bell] a été réuni, par eux, à cette dernière. Je l'ai rendu à la première, qui seule peut y avoir droit, puisque la Bell's Scarlet se garde, affirme-t-on, jusqu'en hiver, contrairement à l'Écarlate d'Été, que le mois de septembre voit toujours disparaître.

Pomme ÉCARLATE SANS PAREILLE. — Synonyme de pomme *Non-Pareille écarlate*. Voir ce nom.

Pomme ECHTER WINTERSTREIFLING. — Synonyme de pomme *Rayée d'Hiver*. Voir ce nom.

---

153. Pomme d'Éclat.

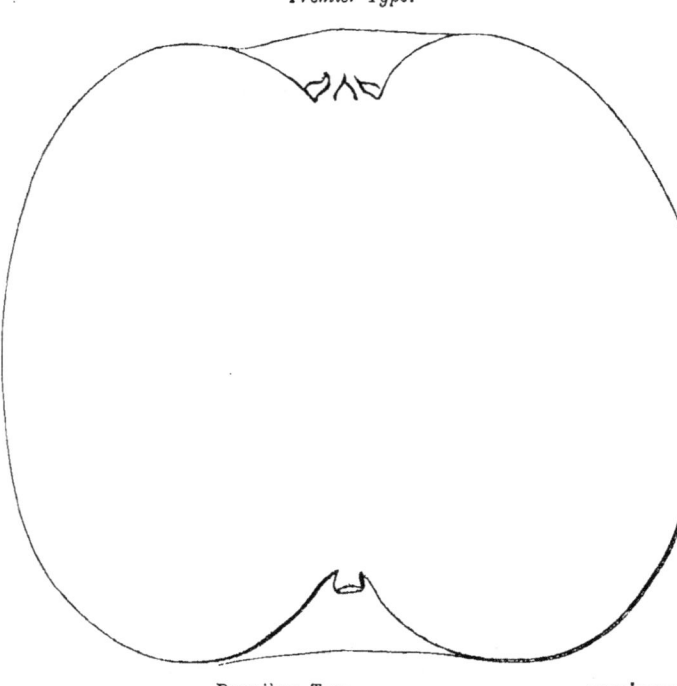

Premier Type.

Deuxième Type.

Description de l'arbre. — *Bois :* très-fort. — *Rameaux :* assez nombreux, généralement un peu étalés, des plus longs et des plus gros, légèrement géniculés, sensiblement cotonneux, rouge-brun ardoisé. — *Lenticelles :* clair-semées, grandes, arrondies ou allongées. — *Coussinets :* bien accusés. — *Yeux :* gros, ovoïdes-arrondis, excessivement duveteux et noyés dans l'écorce. — *Feuilles :* grandes, arrondies, acuminées, généralement planes, à bords profondément dentés. — *Pétiole :* assez long, très-gros, tomenteux, à peine cannelé. — *Stipules :* duveteuses et bien développées.

Fertilité. — Abondante.

Culture. — Sa remarquable vigueur lui permet de faire, même greffé au ras de terre, de très-beaux plein-vent. Le placer sur paradis pour en obtenir des cordons, espaliers ou buissons, est avantageux, ce sujet en modérant beaucoup la végétation et le rendant encore plus productif.

Description du fruit. — *Grosseur :* considérable et souvent énorme. —

Forme : cylindrique-arrondie ou allongée, et presque toujours plus ou moins pentagone. — *Pédoncule :* très-court, assez fort, implanté dans un vaste bassin. — *Œil :* très-grand, mi-clos ou fermé, côtelé ou plissé sur ses bords, à cavité irrégulière et généralement assez large et profonde. — *Peau :* épaisse, unie, jaune-citron, faiblement lavée, à l'insolation, de rouge orangé, nuancée de vert à la base, de fauve dans la cavité pédonculaire, et abondamment ponctuée de roux clair. — *Chair :* blanc jaunâtre, veinée de vert auprès des loges, mi-fine, tendre et très-croquante. — *Eau :* abondante, sucrée, vineuse, savoureusement acidulée et parfumée.

Maturité. — Octobre-Décembre.

Qualité. — Première, tant pour le couteau que pour marmelade ou compote.

Historique. — Cette variété, l'une des plus remarquables qui soient dans la culture, fait partie de ma collection depuis 1865. Je la dois à M. Toutin-Godefroy, pépiniériste à Saint-Aubin, près le Havre. Très-commune dans tout le pays de Caux, elle passe pour en être originaire. M. Boisbunel, de Rouen, mon confrère et obligeant correspondant, consulté par moi à ce sujet, me répondit le 22 septembre 1866, que « de temps immémorial on possède et multiplie la pomme d'Éclat « sur les bords de la Seine, du côté du Havre, et chez les agriculteurs de la plaine « appelée pays de Caux. » La Seine-Inférieure semble donc, décidément, en droit de réclamer pour sa pomone, ce fruit énorme, demeuré jusqu'ici localisé dans la haute Normandie, et que nos pomologues n'avaient pas encore caractérisé. Le nom qu'il porte — assez bizarre, mais justifié — lui fut évidemment donné pour l'ensemble des qualités qui le distinguent.

Pomme EDEL BÖHMER — Synonyme de pomme *Passe-Böhmer*. Voir ce nom.

Pomme EDELBORSDORFER. — Synonyme de pomme *de Borsdorf*. Voir ce nom.

Pomme EDELKÖNIG. — Synonyme de pomme *Roi Très-Noble*. Voir ce nom.

Pomme EDELREINETTE. — Synonyme de *Reinette franche*. Voir ce nom.

Pomme EDELROTHER. — Synonyme de pomme *Noble rouge*. Voir ce nom.

Pomme EDLER ROSENSTREIFLING. — Synonyme de *Passe-Rose striée*. Voir ce nom.

Pomme EDLER WINTERBORSTORFER. — Synonyme de pomme *de Borsdorf*. Voir ce nom.

Pomme EIGHTEEN OUNCE. — Synonyme de pomme *de Dix-Huit Onces*. Voir ce nom.

154. Pomme EISER ROUGE.

Synonymes. — *Pommes* : 1. Durable trois ans (Diel, *Kernobstsorten*, 1802, t. V, p. 175). — 2. Rouge rayée (*Id. ibid.*). — 3. Rother Eiser (Oberdieck, *Illustrirtes Handbuch der Obstkunde*, 1865, t. IV, p. 353, n° 438).

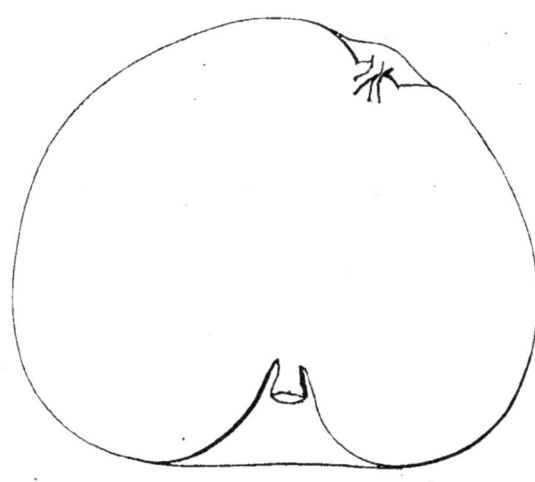

Description de l'arbre.
— *Bois* : fort. — *Rameaux* : nombreux, gros, longs, à peine coudés, très-cotonneux, rouge-brun ardoisé. — *Lenticelles* : assez petites, arrondies, peu abondantes. — *Coussinets :* aplatis. — *Yeux :* moyens, ovoïdes, sensiblement duveteux, complétement plaqués sur le bois. — *Feuilles* : grandes, ovales, acuminées, planes, ayant les bords profondément dentés. — *Pétiole :* court, très-gros, tomenteux, amplement carminé en dessous et presque dépourvu de cannelure. — *Stipules :* longues et assez larges.

Fertilité. — Satisfaisante.

Culture. — Ce pommier doit être surtout élevé pour plein-vent, forme sous laquelle il prend un très-beau développement. Si l'on préfère l'utiliser comme pyramide, cordon ou buisson, il prospèrera également bien, mais alors le paradis est le sujet qui lui conviendra le mieux, particulièrement au point de vue d'accroître sa fertilité.

Description du fruit. — *Grosseur :* moyenne. — *Forme :* conique-ventrue et généralement un peu écrasée, souvent irrégulière et contournée au sommet. — *Pédoncule :* fort, très-court, planté dans un bassin des plus développés. — *OEil :* grand ou moyen, mi-clos ou fermé, presque à fleur de fruit mais entouré de plis et de gibbosités. — *Peau :* à fond invisible, lavée complétement de rouge-brun clair, partout abondamment fouettée de carmin foncé, très-maculée de roux squammeux autour du pédoncule et régulièrement semée de larges et d'assez nombreux points gris. — *Chair :* blanche ou légèrement jaunâtre, fine ou mi-fine, bien croquante. — *Eau :* suffisante, sucrée, délicatement acidulée et parfumée.

Maturité. — Commencement de février et se prolongeant plus d'une année.

Qualité. — Première.

Historique. — L'Eiser rouge est une des plus jolies pommes que l'on puisse voir, et sa bonté ne le cède en rien à sa beauté, ce qui a bien son importance. Je l'ai fait venir d'Allemagne, dont elle est originaire, au mois de mars 1868. Diel, un de ses premiers descripteurs, en parla longuement, en 1802, dans l'ouvrage intitulé *Kernobstsorten* (t. V, p. 175). Cette variété remonte à la fin du dernier siècle. Le pomologue Christ fut un de ceux qui contribuèrent le plus à sa propagation. C'était le professeur Credé, de Marbourg (Autriche), qui lui en avait envoyé des greffes. M. Oberdieck, étudiant assez récemment (1865) ce fruit, le disait très-répandu dans les environs de Gothe (Saxe) et affirmait qu'il pouvait, sur les tablettes d'un fruitier bien organisé, se conserver plusieurs années. Le possédant depuis trois ans seulement, il ne m'a pas encore été possible de m'assurer d'un fait aussi exceptionnel. Je dois toutefois certifier qu'une de ces pommes, rapportée par moi de l'exposition internationale de Paris, fin septembre 1867, n'avait rien perdu de ses qualités en juillet 1868, date à laquelle je la dégustai.

Pomme ÉLISABETH. — Synonyme de pomme *Princesse noble*. Voir ce nom.

Pommes : ELTON GOLDEN PIPPIN,

— ELTON PIPPIN,

Synonymes de pomme *de Downton*. Voir ce nom.

Pommes : EMPEREUR ALEXANDRE Ier,

— EMPEREUR ALEXANDRE DE RUSSIE,

— EMPEREUR DE RUSSIE,

Synonymes de pomme *Grand-Alexandre*. Voir ce nom.

Pomme d'ENFER. — Synonyme de pomme *de Bohémien*. Voir ce nom.

Pomme ENGLISCHE ROTHE LIMONENREINETTE. — Synonyme de *Reinette Limon*. Voir ce nom.

Pomme ENGLISCHE SPITALSREINETTE. — Synonyme de pomme *Syke-House*. Voir ce nom.

Pomme ENGLISCHE WINTER GOLDPARMÄNE. — Synonyme de pomme *Pearmain dorée*. Voir ce nom.

Pomme ENGLISCHER GEWÜRZ. — Synonyme de pomme *Spicé*. Voir ce nom.

Pomme ENGLISCHER GOLDPEPPING. — Synonyme de pomme *d'Or d'Angleterre*. Voir ce nom.

Pomme ENGLISCHER KÖNIGS. — Synonyme de pomme *Royale d'Angleterre*. Voir ce nom.

Pomme ENGLISCHER WINTER QUITTEN. — Synonyme de pomme *Coing d'Hiver*. Voir ce nom.

Pomme ENGLISH GOLDEN PIPPIN. — Synonyme de pomme *d'Or d'Angleterre*. Voir ce nom.

Pomme ENGLISH NONPAREIL. — Synonyme de pomme *Non-Pareille ancienne*. Voir ce nom.

Pomme ENGLISH PIPPIN. — Synonyme de pomme *Princesse noble*. Voir ce nom.

Pomme ENGLISH SWEET. — Synonyme de pomme *de Ramsdell*. Voir ce nom.

Pomme ENGLISH WINTER PEARMAIN. — Synonyme de pomme *Pearmain d'Hiver*. Voir ce nom.

Pomme D'ÉPICE D'HIVER. — Synonyme de *Fenouillet gris*. Voir ce nom.

Pomme D'ÉPIRE. — Synonyme de pomme *Rosat blanc*. Voir ce nom.

Pomme ÉPISCOPALE. — Synonyme de *Reinette d'Espagne*. Voir ce nom.

Pomme ERZHERZOG ANTON. — Synonyme de pomme *Archiduc Antoine*. Voir ce nom.

Pomme ERZHERZOG FRANZ. — Synonyme de *Calleville Archiduc François*. Voir ce nom.

Pomme ERZHERZOG JOHANN. — Synonyme de pomme *Archiduc Jean*. Voir ce nom.

Pomme ERZHERZOGIN SOPHIE. — Synonyme de pomme *Archiduchesse Sophie*. Voir ce nom.

Pomme ESCARLATINE. — Synonyme de pomme *Écarlate d'Hiver*. Voir ce nom.

Pomme ESOPUS SPITZENBURGH. — Voir *Æsopus Spitzenburgh*.

Pomme D'ESPAGNE. — Synonyme de *Reinette d'Espagne*. Voir ce nom.

Pomme D'ESTRANGUILLON. — C'est la pomme *Sauvage*, si commune dans les bois et forêts de nos départements montagneux, et de laquelle sont sorties toutes les variétés de pommier actuellement cultivées au jardin et au verger. Elle est trop connue, trop immangeable, pour obtenir ici autre chose qu'une simple mention. Jadis on fut moins concis à son égard; Charles Estienne, par exemple, qui lui consacra dès 1540 un article dans son *Seminarium*. Mais il ne la flattait pas, la nommant pomme D'ESTRANGUILLON et la disant tellement acerbe et acide, qu'à la couper tout couteau perdait son tranchant. Plus tard (1565), en sa *Maison rustique*, il indiqua cependant les ressources qu'on en pouvait tirer :

« Les Estranguillons, appellées ainsi — écrivait-il — à raison qu'elles sont fort revesches au manger, servans de pasture aux pourceaux. De telles pommes l'on fera du verjus si on les pressure en pressoir de cidre..... L'on en fait aussi vinaigre en ceste sorte : Faut mettre par monceaux, ces pommes, et les laisser despeçées par l'espace de trois jours, puis les jetter dans un tonneau avec suffisante quantité d'eau de pluye ou de fontaine; après, estoupper le vaisseau et le laisser là l'espace de trente jours, sans y toucher. Au bout duquel temps en tirerez le vinaigre, et y remettrez autant d'eau qu'on aura tiré de vinaigre. L'on fait aussi avec telles pommes une sorte de boisson que les Picards appellent *piquette*, dont ils se servent au lieu de vin. » (Livre III, p. 214, verso.)

Estranguillon n'est pas le plus ancien nom de ce fruit. Au moyen âge on lui donna celui de pomme *de Bosc*, du mot BOSCUM [bois], appartenant à la basse latinité. Elle fut aussi connue, en ces temps reculés, sous les surnoms pomme *de Bosquet* et *de Bois*.

Pommes : D'ÉTOILE,

— EN ÉTOILE,

— D'ÉTOILE A LONGUE QUEUE,

— ÉTOILÉE,

Synonymes de pomme *Api étoilé*. Voir ce nom.

Pomme ÉTOILÉE. — Synonyme de *Reinette rouge étoilée*. Voir ce nom.

Pomme D'ÉTOURNEAU. — Au XVe siècle on cultivait dans le Poitou certain pommier *d'Estorneau* dont les produits semblaient aussi prisés que ceux du fameux Court-Pendu gris. Cela résulte d'un document inédit, de 1498, que j'ai publié plus haut (p. 238) et auquel je renvoie, pour éviter toute redite. Il eût été très-désirable de retrouver sous son nom moderne, cette antique variété. Je l'ai tenté, mais inutilement, faute surtout d'une description quelconque du fruit cherché.

Pommes D'ÈVE. — Synonymes de pommes *Doux d'Argent*, *Marguerite* et *Mirabelle*. Voir ces noms.

Pomme EZOPUS SPITZENBURGH. — Voir *Æsopus Spitzenburgh*.

F

Pomme FACHINGER GLAS. — Synonyme de pomme *Glace de Fachingen*. Voir ce nom.

Pomme FAIL-ME-NEVER. — Synonyme de *Reinette musquée*. Voir ce nom.

Pomme FALL PIPPIN. — Synonyme de *Reinette d'Espagne*. Voir ce nom.

Pomme FAMEUSE. — Synonyme de pomme *de Neige*. Voir ce nom.

Pomme FARRAR'S SUMMER. — Synonyme de pomme *Robinson superbe*. Voir ce nom.

Pomme FAUX-CALLEVILLE D'ÉTÉ. — Synonyme de pomme *de Madeleine*. Voir ce nom.

Pomme FAUX-DRAP D'OR. — Synonyme de *Fenouillet jaune*. Voir ce nom.

Pomme FAUX-NELGUIN [DE MAYER]. — Synonyme de pomme *Petit-Bon*. Voir ce nom.

---

155. Pomme de FEARN.

Synonymes. — *Pommes* : 1. Pepin de Fearn (William Forsyth, *Treatise on the culture and management of fruit trees*, 1802, n° 42). — 2. Fearn's Pippin (Robert Hogg, *the Apple and its varieties*, 1859, p. 82, n° 119). — 3. Ferris Pippin (Charles Downing, *Fruits and fruit trees of America*, 1869, p. 174). — 4. Florence Pippin (*Id. ibid.*).

Description de l'arbre. — *Bois* : de moyenne force. — *Rameaux* : assez nombreux, légèrement étalés, gros, longs, bien géniculés, très-cotonneux, rouge-brun ardoisé. — *Lenticelles* : grandes, plus ou moins allongées, très-abondantes. — *Coussinets* : fortement accusés. — *Yeux* : petits, arrondis et aplatis, excessivement duveteux, noyés dans l'écorce. — *Feuilles* : petites, ovales-allongées et rarement acuminées, assez régulièrement dentées ou crénelées sur leurs bords. — *Pétiole* : long, gros, tomenteux, à peine cannelé. — *Stipules* : moyennes.

Fertilité. — Abondante.

CULTURE. — Pour en obtenir de beaux plein-vent il faut le greffer en tête, car greffé ras terre il n'a jamais une bien grosse tige. Sur doucin ou paradis il prend au mieux telle forme naine qu'on veut lui donner.

Pomme de Fearn.

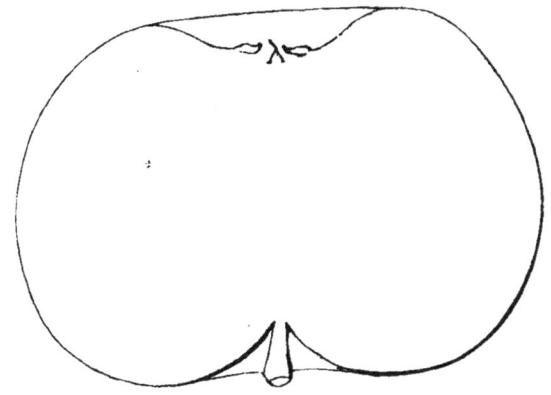

Description du fruit. — *Grosseur :* moyenne et quelquefois un peu plus volumineuse. — *Forme :* sphérique très-fortement comprimée aux pôles. — *Pédoncule :* court ou de longueur moyenne, bien nourri, renflé à l'attache, souvent charnu, planté dans un bassin modérément développé. — *Œil :* grand ou moyen, mi-clos ou fermé, à cavité unie, très-large et assez profonde. — *Peau :* jaune clair ou jaune d'or, presque entièrement lavée, et surtout fouettée, de rose tendre sensiblement plus foncé à l'insolation, maculée de fauve verdâtre autour du pédoncule, puis abondamment et fortement ponctuée de gris squammeux. — *Chair :* blanc jaunâtre, serrée, fine, assez tendre. — *Eau :* suffisante, délicieusement sucrée, acidulée et parfumée.

MATURITÉ. — Novembre-Février.

QUALITÉ. — Première pour le couteau et pour marmelade ou compote.

Historique. — En mars 1864 le pommier de Fearn me fut envoyé de Londres, des environs duquel il est originaire. Mal lu sur l'étiquette, son nom, chez moi, se trouva métamorphosé en *Gearn*. Et comme l'année suivante je publiai cinq éditions de mon *Catalogue général* [allemande, italienne, anglaise, espagnole, française], il s'ensuivit qu'à leur aide ce nom fit, ainsi défiguré, positivement le tour de l'Amérique et de l'Europe. C'est là, je l'avoue, une des erreurs qui se produisent le plus fréquemment dans les pépinières, et qu'on n'y peut guère éviter, quoique souffrant beaucoup des méprises qu'elles occasionnent. La pomme de Fearn compte près d'un siècle d'existence. Le 3 février 1807 M. Arthur Biggs rappelait à la Société d'Horticulture de Londres, qu'à l'exposition du 2 décembre 1806 elle faisait partie, comme variété nouvelle, d'un lot de fruits provenant du verger d'un M. Swainson (voir *Transactions*, t. I, p. 67). William Forsyth, en 1802, l'avait déjà sommairement décrite dans son ouvrage sur les arbres fruitiers (n° 42); mais, avant lui, je ne l'ai vue mentionnée nulle part.

POMME FEARN'S PIPPIN. — Synonyme de pomme *de Fearn*. Voir ce nom.

POMME FEDERAL PEARMAIN. — Synonyme de pomme *Fédérale*. Voir ce nom.

156. Pomme FÉDÉRALE.

Synonymes. — 1. Federal Pearmain (Diel, *Verzeichniss der Obstsorten*, 1833, p. 58). — 2. Staatenparmäne (*Id. ibid.*).

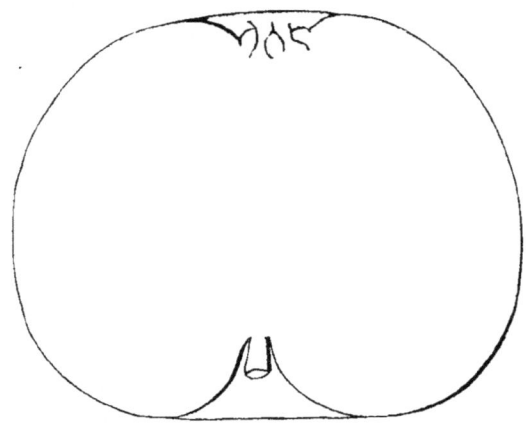

Description de l'arbre. — *Bois* : fort. — *Rameaux* : nombreux, gros, assez longs, très-géniculés et très-duveteux, rouge-brun ardoisé légèrement nuancé de vert. — *Lenticelles* : grandes, abondantes, plus ou moins arrondies. — *Coussinets* : peu saillants. — *Yeux* : gros, ovoïdes, sensiblement cotonneux, faiblement écartés du bois. — *Feuilles* : moyennes, arrondies pour la plupart, acuminées, planes, ayant les bords profondément dentés. — *Pétiole* : de grosseur et longueur moyennes, carminé, à cannelure profonde. — *Stipules* : très-longues, assez larges, souvent dentées.

Fertilité. — Ordinaire.

Culture. — Sur paradis, ce pommier prend un beau développement; aussi fait-il, greffé sur franc pour plein-vent, des arbres irréprochables.

Description du fruit. — *Grosseur* : moyenne. — *Forme* : globuleuse, quelque peu comprimée aux extrémités et parfois moins volumineuse d'un côté que de l'autre. — *Pédoncule* : très-court, bien nourri, inséré dans un bassin des plus développés. — *Œil* : grand, mi-clos ou fermé, à cavité peu profonde et finement plissée. — *Peau* : légèrement rugueuse, vert herbacé, presque entièrement nuancée de brun rougeâtre, fouettée de carmin, tachée de roux dans les cavités ombilicale et pédonculaire, puis semée de points roux clair. — *Chair* : blanc verdâtre, fine, croquante. — *Eau* : suffisante, bien sucrée, savoureusement acidulée et parfumée.

Maturité. — Février-Avril.

Qualité. — Première.

Historique. — La pomme Fédérale, nous dit le pomologue américain Downing (1869, p. 174), appartient à l'Angleterre, et c'est une variété assez ancienne. En effet, je la trouve mentionnée par Thompson dans le *Catalogue de la Société horticole de Londres*, édition de 1842, seulement aucun auteur anglais n'en signale l'origine précise. Pour moi, je dois la possession de cet excellent fruit au docteur Koch, de Berlin; il me l'offrit en 1867. Alors on ne connaissait pas encore, chez nous, l'arbre qui le produit, mais les Allemands, qui le croyaient américain, le cultivaient déjà en 1833, époque à laquelle Diel le décrivit, page 58 du *Verzeichniss der Obstsorten*.

Pomme FELCH. — Synonyme de pomme *Baldwin*. Voir ce nom.

Pomme des FEMMES. — Voir pomme *des Dames*, au paragraphe Observations.

Pommes : FENOUILLET,

— FENOUILLET ANISÉ,

} Synonymes de *Fenouillet gris*. Voir ce nom.

Pomme FENOUILLET BLANC. — Synonyme de *Fenouillet jaune*. Voir ce nom.

Pomme FENOUILLET BOSSOREILLE. — Synonyme de pomme *de la Rouairie*. Voir ce nom.

157. Pomme FENOUILLET DE LA CHINE.

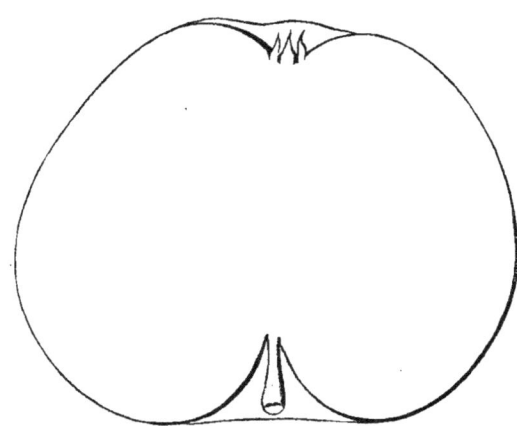

Description de l'arbre.
— *Bois :* de moyenne force. — *Rameaux :* très-nombreux, érigés au sommet, légèrement étalés à la base, longs, grêles, des plus géniculés, peu duveteux, rouge-brun vif. — *Lenticelles :* grandes, allongées, excessivement abondantes. — *Coussinets :* saillants. — *Yeux :* moyens, arrondis, cotonneux, plaqués sur l'écorce. — *Feuilles :* de grandeur moyenne, ovales, vert terne en dessus, gris verdâtre en dessous, acuminées pour la plupart, souvent canaliculées, à bords profondément dentés. — *Pétiole :* long, menu, à cannelure prononcée. — *Stipules :* petites ou moyennes.

Fertilité. — Modérée.

Culture. — Très-vigoureuse en pépinière, cette variété y fait des tiges bien droites, à large tête, mais son bois reste souvent grêle, parce qu'elle s'élance trop vite. Le paradis est le sujet qu'il faut lui donner lorsqu'on veut la destiner aux formes cordon, buisson ou pyramide.

Description du fruit. — *Grosseur :* moyenne. — *Forme :* conique-arrondie, généralement bien régulière. — *Pédoncule :* de force et longueur moyennes, implanté dans un bassin étroit et assez profond. — *Œil :* moyen, mi-clos ou fermé, faiblement enfoncé, uni sur ses bords ou très-légèrement plissé. — *Peau :* unicolore, rugueuse, roux grisâtre, marquée de quelques lignes ou veinules argentées, et de petits points jaunâtres très-peu apparents. — *Chair :* blanchâtre, fine, dure et croquante. — *Eau :* suffisante, sucrée, douce, ayant un parfum fenouillé assez agréable.

Maturité. — Décembre-Avril.

Qualité. — Deuxième.

Historique. — Peu après 1833, alors que le Jardin fruitier du Comice horticole d'Angers commençait à se garnir de variétés venues de la France et de l'étranger, j'y remarquai, pour son nom surtout, le pommier Fenouillet de la Chine, et m'occupai de le propager. Doit-on prendre au sérieux sa dénomination ? Est-il vraiment sorti du Céleste-Empire ? Pour ma part, j'en doute fort ; les végétaux importés de si loin ont ordinairement un historien : le voyageur qui les a découverts, lequel a généralement soin de consigner le fait, soit dans un ouvrage particulier, soit dans un recueil périodique. Or, aucun des principaux pomologues ne cite même cette pomme, comme aussi nos Revues spéciales sont muettes sur elle. J'en conclus donc qu'à l'exemple du Fenouillet gris, du Fenouillet jaune, du Fenouillet long et du Fenouillet de Ribou, tous spontanément poussés dans l'Anjou, le Fenouillet de la Chine peut parfaitement être né en terre angevine, ou tout au moins française, et n'avoir ainsi de chinois, que le nom.

Pommes : FENOUILLET DORÉ,

— FENOUILLET DRAP D'OR,

Synonymes de *Fenouillet jaune*. Voir ce nom.

158. Pomme FENOUILLET GRIS.

Synonymes. — *Pommes* : 1. D'ÉPICE D'HIVER (Olivier de Serres, *Théâtre d'agriculture*, 1608, p. 626 ; — et Manger, *Systematische Pomologie*, p. 46, n° LXXVII). — 2. FENOUILLET ROUX (le Lectier, d'Orléans, *Catalogue des arbres cultivés dans son verger et plant*, 1628, p. 23 ; — et de Bonnefond, *le Jardinier français*, 1653, p. 109). — 3. FENOUILLET (Claude Mollet, *Théâtre des jardinages*, 1652, p. 54 ; — et la Quintinye, *Instruction pour les jardins fruitiers et potagers*, 1690, t. I, p. 390). — 4. D'ANIS ou D'ANNIS (Merlet, *l'Abrégé des bons fruits*, 1667, p. 152). — 5. D'ANNY (dom Claude Saint-Étienne, *Nouvelle instruction pour connaître les bons fruits*, 1670, p. 207). — 6. DU RONDURAUT (*Id. ibid.*). — 7. GORGE DE PIGEON (Herman Knoop, *Pomologie*, édition allemande, 1760, pp. 20 et 58). — 8. ANIZIER (Pierre Leroy, d'Angers, *Catalogue de ses jardins et pépinières*, 1790, p. 26). — 9. GROS-FENOUILLET (Calvel, *Traité complet sur les pépinières*, 1805, t. III, p. 37, n° 17). — 10. PETIT-FENOUILLET (*Id. ibid.*). — 11. AROMATIC RUSSET (George Lindley, *Guide to the orchard and kitchen garden*, 1831, p. 89, n° 169). — 12. CARAWAY RUSSET (*Id. ibid.*, p. 88). — 13. SPICE (*Id. ibid.*). — 14. FENOUILLET ANISÉ (Comice horticole d'Angers, *Catalogue de son Jardin fruitier*, 1833-1852, n° 253). — 15. GROS-FENOUILLET D'OR (Thompson, *Catalogue of fruits cultivated in the garden of the horticultural Society of London*, 1842, p. 15, n° 246). — 16. FENOUILLET GRIS ANISÉ (Congrès pomologique, *Pomologie de la France*, 1867, t. IV, n° 4).

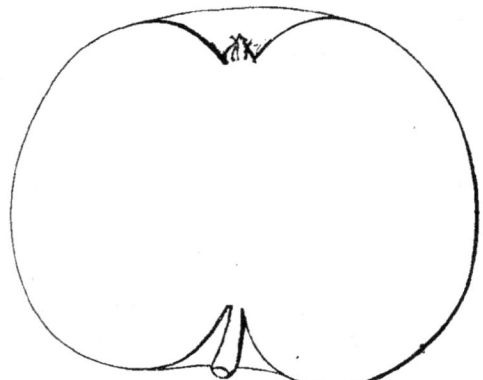

Description de l'arbre. — *Bois* : assez fort. — *Rameaux* : peu nombreux, étalés à la base, érigés au sommet, gros et longs, géniculés, bien cotonneux, brun clair cendré. — *Lenticelles* : allongées, de grandeur variable, clairsemées. — *Coussinets* : larges, saillants, ayant l'arête décurrente très-prolongée. — *Yeux* : moyens ou petits, ovoïdes-obtus, légèrement duveteux, fortement collés sur l'écorce. — *Feuilles* : moyennes ou petites, ovales-allongées ou lancéolées, vert jaunâtre en dessus, blanc verdâtre en dessous, très-longuement acuminées, à bords relevés et régulièrement dentés et surdentés. — *Pétiole :* court, gros et roide, carminé à la base, peu cannelé, tenant la feuille bien érigée. — *Stipules :* excessivement petites.

Fertilité. — Satisfaisante.

Culture. — Le plein-vent lui convient assez, mais greffé en tête, et non ras terre, autrement sa tige reste des plus faibles. Sous formes naines, sur doucin ou paradis, il est beaucoup plus fertile qu'en plein-vent et fait des arbres d'une grande régularité.

Description du fruit. — *Grosseur :* moyenne. — *Forme :* globuleuse plus ou moins régulière et légèrement bosselée. — *Pédoncule :* court et peu fort, mais généralement renflé à son point d'attache, planté dans un bassin de dimension variable. — *OEil :* petit ou moyen, mi-clos ou fermé, à cavité unie et modérément développée. — *Peau :* rugueuse, à fond jaune sombre, entièrement lavée et réticulée de gris roussâtre, et fortement ponctuée de gris cendré. — *Chair :* blanche, jaunissant vite à l'air, assez tendre, inodore, croquante et des plus fines. — *Eau :* suffisante, très-sucrée, sans aucune acidité, mais douée d'un parfum anisé-musqué aussi délicat que bien prononcé.

Maturité. — Décembre-Avril.

Qualité. — Première.

Historique. — En décrivant cet ancien fruit, presque tous les pomologues étrangers l'ont regardé comme appartenant à la France. Leur supposition était fondée. Il sort de l'Anjou, ainsi, du reste, que la majeure partie des autres Fenouillets. Celui-ci remonte au plus à la fin du XVIe siècle. On l'appela d'abord pomme d'Épice, puis Fenouillet roux, par opposition au Fenouillet blanc, ou jaune, son contemporain. Le Lectier, dans le *Catalogue de son verger* d'Orléans, cite en 1628 ces deux pommiers (p. 23); c'est la première mention que nous ayons rencontrée du nom Fenouillet. On voit aussi, par là, qu'à cette époque le Fenouillet gris n'était déjà plus uniquement cultivé dans l'Anjou. Merlet fut, en 1667, l'auteur qui le fit connaître sous ce qualificatif *gris* (p. 152), dont il est encore en possession. Cette variété dut, vers le même temps, paraître aux environs de la Capitale, puisqu'en 1694 Ménage écrivait ces mots : « Le Fenouillet gris, « sorte de pomme venue d'Anjou à Paris, est ainsi appelée du goût de son eau. » (*Dictionnaire étymologique*, t. Ier.)

Observations. — Sous la différence des sols et de la culture, les produits d'un arbre fruitier varient fréquemment dans leur volume. Ce fut à cette cause que l'on dut anciennement la croyance erronée qu'il existait deux Fenouillets gris : un Gros et un Petit. Calvel, dès 1805, s'éleva contre cette opinion dans son *Traité sur les pépinières* (t. III, p. 38). De nos jours, elle n'est plus acceptée. C'est donc un motif de plus pour affirmer ici qu'un *Gros-Fenouillet gris* a réellement droit au rang de variété; mais il n'a rien, par exemple, qui permette de le rattacher au Fenouillet gris ou pomme d'Anis, son eau, très-douce, n'étant nullement anisée ou musquée. Sa forme, sa peau, sa chair lui ont seuls valu le nom qu'il porte; on le verra en consultant l'article que nous lui consacrons, lettre G. — La *Pomologie française* publiée par Poiteau en 1846, renferme, décrite et figurée sous le nom *Fenouillet gris*, une pomme qui certes n'est pas ce fruit, si bien caractérisé, pourtant, par Duhamel (1768), Noisette (1839) et notre Congrès pomologique (1867). Je signale ce fait, car, méconnu, il pourrait occasionner de sérieuses méprises. — Le synonyme *Gorge de Pigeon*, datant de 1760 et provenant du recueil publié par le Hollandais Knoop, ayant été reproduit généralement, chez nous, parmi ceux du Fenouillet gris, j'ai dû l'accepter. Cependant il me paraît plus qu'inexact, car jamais le ton gris roussâtre de la peau de cette pomme, n'a montré ces reflets bleuâtres, argentés et ardoisés, que l'on appelle nuance gorge-pigeon. — Quelques pomologues du xviiie siècle ont réuni le *Court-Pendu gris* au Fenouillet gris. Cette erreur, actuellement, ne doit plus être partagée ; il est bien difficile, en effet, de confondre longtemps deux pommes dont l'une, le Court-Pendu, possède une saveur franchement acidulée, tandis que l'autre est complétement douce. — Duhamel fit remarquer en 1768 (t. I, p. 286) qu'on trouvait en Normandie un Gros et un Petit-Rêtel fort semblables au Fenouillet gris, pour la grosseur et la couleur. Cet auteur eut alors sous les yeux un fruit mal nommé, ou qui depuis a reçu quelque surnom, car la pomme *Rethel*, très-commune dans la Seine-Inférieure, est odorante et jaune, et ne se rapproche aucunement du Fenouillet gris.

Pomme FENOUILLET GRIS ANISÉ. — Synonyme de *Fenouillet gris*. Voir ce nom.

Pomme FENOUILLET GRIS (GROS-). — Voir *Gros-Fenouillet gris*.

159. Pomme FENOUILLET JAUNE.

Synonymes. — *Pommes* : 1. Fenouillet blanc (le Lectier, d'Orléans, *Catalogue des arbres cultivés dans son verger et plant*, 1628, p. 23 ; — et Merlet, *l'Abrégé des bons fruits*, 1667, p. 152). — 2. Court-Pendu blanc (dom Claude Saint-Étienne, *Nouvelle instruction pour connaître les bons fruits*, 1670, p. 209 ; — et Manger, *Systematische Pomologie*, 1780, 1re partie, p. 46, n° LXXIX). — 3. Fenouillet drap d'or (Duhamel, *Traité des arbres fruitiers*, 1768, t. I, p. 290). — 4. Court-Pendu jaune (Mayer, *Pomona franconica*, 1776-1801, t. III, p. 155). — 5. Faux Drap d'or (*Id. ibid.*). — 6. De Caractères (de Launay, *le Bon-Jardinier*, 1808, p. 140). — 7. D'Anis hative (Congrès pomologique, *Pomologie de la France*, 1867, t. VI, p. 54). — 8. Fenouillet doré (*Id. ibid.*).

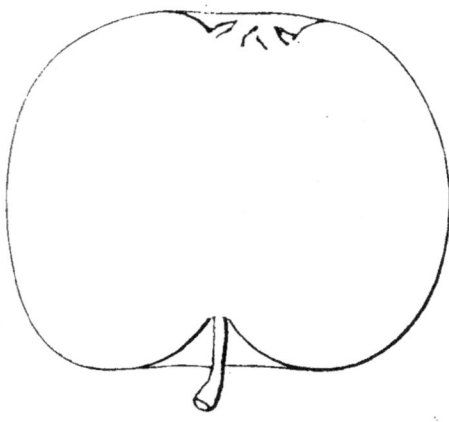

Description de l'arbre. — *Bois :* de moyenne force. — *Rameaux :* assez nombreux, érigés, de grosseur et longueur moyennes, à peine géniculés, rarement bien duveteux, rouge-brun nuancé de gris. — *Lenticelles :* petites, fines, arrondies et clair-semées, peu apparentes. — *Coussinets :* modérément ressortis. — *Yeux :* moyens ou petits, ovoïdes-obtus, très-plats, noyés dans l'écorce. — *Feuilles :* moyennes, épaisses, vert clair en dessus, cotonneuses et vert grisâtre en dessous, ovales-allongées ou lancéolées, courtement acuminées, planes ou relevées en gouttière, ayant les bords fortement dentés et surdentés. — *Pétiole :* gros, assez long, rouge foncé, presque dépourvu de cannelure. — *Stipules :* peu développées.

Fertilité. — Abondante.

Culture. — Sa croissance étant assez lente, il faut le greffer à hauteur de tige si on le destine au plein-vent, car en le faisant ras terre son tronc serait trop faible pour supporter sa tête. Sur paradis, c'est un bel arbre pour toute forme naine et plus fertile que sur doucin.

Description du fruit. — *Grosseur* : au-dessous de la moyenne. — *Forme* : irrégulièrement arrondie, souvent moins volumineuse d'un côté que de l'autre, et comprimée à ses extrémités. — *Pédoncule* : assez court et assez gros, surtout au point d'attache, implanté dans un bassin étroit et peu profond. — *Œil* : grand, mal formé, ouvert, à courtes sépales, ayant la cavité rarement bien prononcée et bordée de quelques gibbosités. — *Peau* : épaisse, rude au toucher et généralement verruqueuse, jaune grisâtre ou blanchâtre, en partie recouverte d'une couche roussâtre très-transparente, sous laquelle apparaissent de nombreux réseaux et linéaments dorés, entremêlés de larges points gris foncé. — *Chair* : fine, assez tendre, croquante, odorante et très-blanche, mais prenant vite à l'air une teinte roux verdâtre. — *Eau* : suffisante, douce, excessivement sucrée, ayant un parfum de fenouil des plus agréables.

Maturité. — Décembre-Mars.

Qualité. — Première.

Historique. — Je l'ai dit ci-dessus, en établissant l'origine du Fenouillet gris, le Fenouillet jaune fut contemporain de ce dernier, et comme lui signalé pour la première fois en 1628 par le Lectier, d'Orléans. Au début de sa culture, on lui donna presque simultanément les déterminatifs *blanc* et *jaune*, tous les deux assez mérités, car la peau de ce fruit prend généralement ces teintes pâles, et ne devient sensiblement lavée de roux qu'à une exposition très-chaude, très-éclairée. Cette variété, affirmait en 1835 le naturaliste Millet, provient des environs d'Angers (*Description des fleurs et des fruits nés dans le département de Maine-et-Loire*, p. 117). Il existe effectivement, dans nombre de fermes peu distantes de cette ville, de ces pommiers qui sont plus que séculaires ; aussi le Fenouillet jaune abonde-t-il habituellement sur notre marché.

Observations. — Le synonyme *Reinette douce et grise* n'appartient pas, comme l'a supposé le Congrès pomologique (t. VI, n° 54), au Fenouillet jaune, mais bien, depuis 1771, à la Reinette musquée. — On a souvent dit que le Fenouillet jaune dépassait difficilement le mois de janvier. C'est une erreur ; seulement il arrive parfois, selon les fruitiers, qu'il se fane quand vient cette époque. Mais pour obvier à cet inconvénient il suffit d'enfouir ces pommes dans de la mousse bien sèche et très-douce ; on est certain alors, plusieurs semaines après, de les retrouver aussi fraîches qu'à leur sortie de l'arbre.

---

160. Pomme FENOUILLET LONG.

Description de l'arbre. — *Bois* : très-fort. — *Rameaux* : assez nombreux, étalés, quelquefois arqués, des plus gros et des plus longs, très-flexueux, duveteux et brun verdâtre lavé de rouge ardoisé. — *Lenticelles* : grandes, arrondies, abondantes. — *Coussinets* : excessivement larges et saillants. — *Yeux* : gros, coniques, sensiblement cotonneux, appliqués sur l'écorce. — *Feuilles* : grandes, ovales ou elliptiques, courtement accuminées, à bords profondément crénelés. — *Pétiole :* de grosseur et longueur moyennes, fortement cannelé et tenant la feuille bien érigée. — *Stipules :* assez longues mais très-étroites.

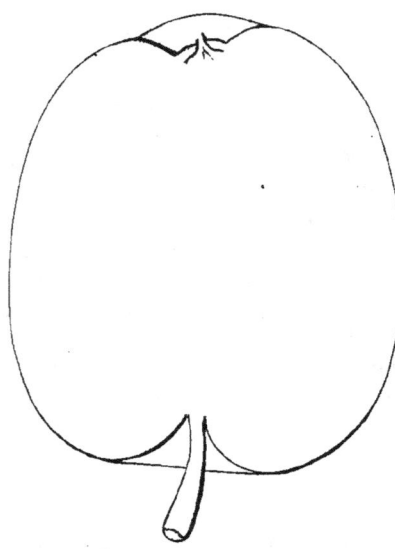

Pomme Fenouillet long.

Fertilité. — Ordinaire.

Culture. — Le plein-vent lui est favorable ; même écussonné ras terre il fait des troncs gros, droits, et de régulières têtes. Les formes naines, sur paradis, lui sont également avantageuses, surtout comme surcroît de production.

Description du fruit. — *Grosseur :* moyenne. — *Forme :* presque cylindrique ou ovoïde-allongée. — *Pédoncule :* long et bien nourri, renflé au point d'attache, inséré dans un bassin peu considérable. — *Œil :* moyen ou petit, mi-clos ou fermé, placé presque à fleur de fruit. — *Peau :* légèrement rugueuse, à fond jaunâtre entièrement lavé de brun mat et faiblement ponctué de gris-blanc. — *Chair :* blanchâtre, serrée, tendre. — *Eau :* suffisante, bien sucrée, à peine acidulée, mais possédant un délicieux parfum musqué-anisé rappelant celui de certaines poires.

Maturité. — Novembre-Février.

Qualité. — Première.

Historique. — J'ai rencontré ce nouveau Fenouillet en 1865, dans un champ faisant partie d'une succursale de mes pépinières établie à Saulgé-l'Hôpital, près Brissac (arrondissement d'Angers). Le pied-type, évidemment semé par le hasard, existe encore et paraît âgé d'une centaine d'années. La forme si particulière de ce fruit, jointe aux qualités de son eau, de sa chair, ainsi qu'à la couleur de sa peau, m'ont engagé à le nommer Fenouillet long.

Pomme FENOUILLET DE RIBOU. — Synonyme de pomme *de la Rouairie*. Voir ce nom.

---

161. Pomme FENOUILLET ROUGE.

Synonymes. — *Pommes* : 1. Bardin (Merlet, *l'Abrégé des bons fruits*, 1667, p. 151). — 2. Fenouillet rouge musqué (*Id. ibid.*). — 3. Court-Pendu de la Quintinye (la Quintinye, *Instruction pour les jardins fruitiers et potagers*, 1690, t. I, p. 391 ; — et Duhamel, *Traité des arbres fruitiers*, 1768, t. I, p. 289). — 4. Azeroly (de Launay, *le Bon-Jardinier*, 1808, p. 140). — 5. Court-Pendu Bardin (C. A. Hennau, *Annales de pomologie belge et étrangère*, 1853, t. II, p. 26). — 6. Black Tom (Elliott, *Fruit book*, 1854, p. 170).

Description de l'arbre. — *Bois :* fort. — *Rameaux :* assez nombreux, légèrement érigés, très-gros, peu longs, sensiblement géniculés, des plus cotonneux et vert olivâtre foncé. — *Lenticelles :* grandes, plus ou moins arrondies, abondantes. — *Coussinets :* ressortis. — *Yeux :* excessivement gros, ovoïdes fortement obtus, très-duveteux, appliqués en partie sur le bois. — *Feuilles :*

Pomme Fenouillet rouge.

grandes, arrondies, vert terne en dessus, gris verdâtre en dessous, courtement acuminées et profondément dentées. — *Pétiole :* assez court, très-gros, bien cannelé. — *Stipules :* larges et longues.

FERTILITÉ. — Modérée.

CULTURE. — Il fait de belles et surtout très-régulières tiges, quoiqu'il se développe plutôt en grosseur qu'en hauteur. Sous formes naines, ses arbres sont superbes.

Description du fruit. — *Grosseur :* au-dessous de la moyenne. — *Forme :* sphérique plus ou moins comprimée à ses extrémités. — *Pédoncule :* court, assez gros, planté dans un bassin rarement bien prononcé. — *OEil :* grand, duveteux, ouvert ou mi-clos, à cavité unie, large et de profondeur variable. — *Peau :* rugueuse, rouge-brun foncé sur la face exposée au soleil, gris roussâtre sur l'autre, finement et abondamment ponctuée de gris cendré. — *Chair :* non odorante, blanc verdâtre, serrée, ferme, croquante, rouge sous la peau. — *Eau :* suffisante, très-sucrée, douce, ayant une saveur anisée des plus agréables.

MATURITÉ. — Décembre-Mars.

QUALITÉ. — Première.

Historique. — Bardin semble avoir été le nom primitif de ce pommier, comme il ressort du passage ci-dessous, écrit en 1667 par Merlet, dans l'ouvrage duquel se rencontre la première description connue, de cette variété :

« La pomme *Bardin* — dit-il — est plate, n'est grosse ny petite, est d'un gris à fonds rouge; dont l'eau est fort relevée et musquée; se mange bonne tout l'hyver; ne sent point, non plus que la pomme d'Apis. On l'appelle aussi le *Fenoüillé rouge musqué*, qui est une des plus excellentes pommes. » (*L'Abrégé des bons fruits*, pp. 151-152.)

Le créateur des vergers de Louis XIV, la Quintinye, confondit ce fruit, le prit pour un Court-Pendu, le caractérisa sous ce nom, et se plaignit alors qu'on lui eût affecté, dans la culture, la dénomination pomme Bardin (voir *Instruction pour les jardins fruitiers et potagers*, 1690, t. I, p. 391). Cette erreur fut aisément reconnue par la suite et donna nécessairement naissance à deux synonymes : Court-Pendu de la Quintinye et Court-Pendu Bardin. Il est assez supposable que le Fenouillet rouge appartient à la pomone française; comme aussi Bardin, son plus ancien nom, peut bien être celui de l'obtenteur ou du propagateur. Toutefois je n'ai rien rencontré qui soit de nature à changer cette supposition en réalité.

Observations. — Il ne faut pas confondre ce Fenouillet rouge avec le Court-Pendu rouge, ou pomme Veuve Leroy, décrite ci-dessus, page 239, et qui compte le surnom Fenouillet rouge parmi ses synonymes.

POMME **FENOUILLET ROUGE MUSQUÉ**. — Synonyme de *Fenouillet rouge*. Voir ce nom.

Pomme FENOUILLET ROUX. — Synonyme de *Fenouillet gris.* Voir ce nom.

Pomme FENOUILLET TENDRE DE RIBOURG. — Synonyme de pomme *de la Rouairie.* Voir ce nom.

162. Pomme de FER.

Synonymes. — *Pommes* : 1. De Deux Ans (Jean Bauhin, *Historia fontis et balnei Bollensis*, 1598, p. 100). — 2. Dure (*Id. ibid.*, p. 89). — 3. Matthias (*Id. ibid.*). — 4. A Peau dure (*Id. ibid.*, p. 100). — 5. Testacée (*Id. ibid.*). — 6. Ferrault (dom Claude Saint-Étienne, *Nouvelle instruction pour connaître les bons fruits*, 1670, p. 211).

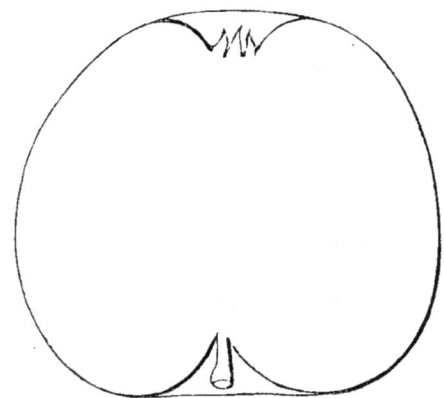

Description de l'arbre. — *Bois :* de moyenne force. — *Rameaux :* assez nombreux, étalés à la base, érigés au sommet, grêles et peu longs, géniculés, légèrement duveteux, marron clair du côté du soleil, olivâtres du côté de l'ombre. — *Lenticelles :* petites, allongées ou arrondies, clair-semées, peu apparentes. — *Coussinets :* saillants. — *Yeux :* moyens, ovoïdes-obtus, faiblement cotonneux, presque entièrement collés sur l'écorce, ayant les écailles noirâtres et mal soudées. — *Feuilles :* petites, minces, ovales-allongées, vert blanchâtre en dessus, blanc verdâtre en dessous, longuement acuminées, à bords finement dentés. — *Pétiole :* long, menu, roide, carminé en dessous, à peine cannelé, tenant la feuille bien érigée. — *Stipules :* moyennes.

Fertilité. — Abondante.

Culture. — Sur doucin ou paradis il fait de beaux buissons, cordons ou espaliers. Pour plein-vent il doit être greffé en tête, et non ras terre, car sa végétation serait alors trop faible pour l'élever à tige.

Description du fruit. — *Grosseur :* moyenne. — *Forme :* conique-ventrue ayant généralement un côté moins volumineux que l'autre. — *Pédoncule :* court, assez fort, implanté dans un bassin de faible dimension. — *OEil :* mi-clos, moyen ou petit, uni sur ses bords et presque à fleur de fruit. — *Peau :* épaisse, lisse, très-dure, jaune verdâtre, panachée de brun-rouge sur la face exposée au soleil, plus ou moins striée et fortement ponctuée de marron clair. — *Chair :* verdâtre, ferme, serrée. — *Eau :* suffisante, sucrée, acidulée, légèrement parfumée.

Maturité. — Février-Mai.

Qualité. — Deuxième.

Historique. — Jean Bauhin, le médecin-naturaliste dont nous avons maintes fois déjà cité les deux principaux ouvrages, décrivit et figura dès 1598 la pomme de Fer. Elle était alors, nous dit-il, cultivée sous différents noms, tant à Bliensbach, Zell et Wall, localités suisses, qu'à Montbéliard, en Franche-Comté (*Histor. fontis et balnei Bollensis*, pp. 89, 100; et *Histor. plantarum*, pp. 15-17). Tout porte donc à croire qu'elle provient de l'Helvétie. De Montbéliard elle passa assez rapidement dans le centre de la France, puisqu'en 1628 le Lectier nous apprend, page 23 de son *Catalogue pomologique*, qu'il la possédait à Orléans. Elle est du reste, depuis longtemps, très-répandue dans nos départements de l'Ouest, ainsi qu'en Belgique. D'après M. Renault le nom de ce pommier découle, comme aussi plusieurs de ses synonymes, de l'une des causes suivantes :

« Ou parce que ses fleurs résistent aux intempéries du printemps, ou parce que son fruit est très-ferme, ou enfin parce que cet arbre est le dernier de tous les pommiers pour conserver ses feuilles vertes jusqu'aux gelées de l'hyver. » (*Notice sur la nature et la culture du pommier*, 1817, p. 49.)

Observations. — Il existe parmi les variétés destinées au pressoir, une pomme de Fer qui, fort commune, ne doit pas être confondue avec celle ici décrite. Elle s'en distingue par sa peau gris-roux et par la douceur de son eau, complétement dépourvue d'acide.

Pomme de FER. — Synonyme de pomme *de Jaune*. Voir ce nom.

163. Pomme FERDINAND.

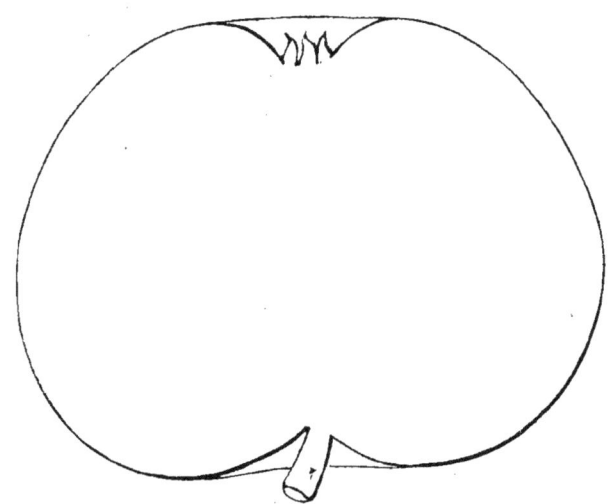

Description de l'arbre. — *Bois* : fort. — *Rameaux* : peu nombreux, généralement étalés, gros, de longueur moyenne, légèrement coudés et duveteux, brun olivâtre amplement lavé de rouge. — *Lenticelles* : grandes, arrondies ou allongées, abondantes. — *Coussinets* : faiblement accusés. — *Yeux* : moyens, ovoïdes, noirâtres, en partie collés sur l'écorce. — *Feuilles* : moyennes, uniformément ovales-arrondies, courtement acuminées, planes, à bords finement dentés ou crénelés. — *Pétiole* : gros, assez long, profondément cannelé. — *Stipules* : longues et très-larges.

Fertilité. — Ordinaire.

Culture. — La forme naine, sur paradis, est celle que nous lui donnons généralement. Malgré sa croissance assez lente il peut faire, greffé en tête, de convenables tiges.

Description du fruit. — *Grosseur* : au-dessus de la moyenne. — *Forme* : conique-arrondie ou irrégulièrement globuleuse. — *Pédoncule* : court et gros, implanté dans un bassin large mais rarement bien profond. — *Œil* : très-grand et complétement ouvert, à courtes sépales, à cavité vaste et légèrement plissée. —

Peau : jaune terne, passant au jaune brunâtre, avec quelques traces de rose tendre, sur le côté exposé au soleil, largement maculée de gris olivâtre autour du pédoncule et parsemée de points roux clair, saillants et en étoile. — *Chair* : un peu jaunâtre, ferme et serrée. — *Eau* : suffisante, fortement sucrée, acidule, bien parfumée.

Maturité. — Février-Mai.

Qualité. — Première.

Historique. — Le pommier Ferdinand m'est venu d'Amérique en 1866; il en est originaire. Deux versions y existent, sur sa contrée natale. Warder (1867) le dit sorti de la Virginie (*Pomologie*, p. 533); Downing (1869) assure qu'il fut gagné de semis à Pomaria, dans la Caroline du Sud (*Fruits of America*, p. 175). Lequel de ces auteurs a raison? Je l'ignore absolument, cette variété étant encore trop nouvelle pour qu'on lui ait consacré de nombreux articles.

Pomme FERRAULT. — Synonyme de pomme *de Fer*. Voir ce nom.

Pomme FERRIS PIPPIN. — Synonyme de pomme *de Fearn*. Voir ce nom.

Pomme FEUERRÖTHLICHE REINETTE. — Synonyme de pomme *Reine des Reinettes*. Voir ce nom.

164. Pomme a FEUILLES D'AUCUBA.

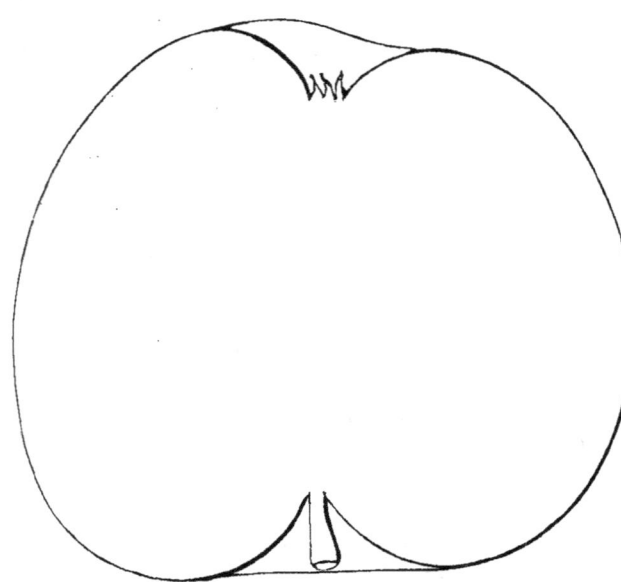

Description de l'arbre. — *Bois* : de moyenne force. — *Rameaux* : nombreux, habituellement presque érigés, longs et assez grêles, géniculés, très-cotonneux, brun verdâtre. — *Lenticelles* : petites, arrondies, des plus abondantes. — *Coussinets* : peu saillants. — *Yeux* : moyens et ovoïdes, très-duveteux, entièrement plaqués sur le bois. — *Feuilles* : de grandeur variable, minces et ovales, gris verdâtre en dessous, vert mat assez clair et généralement taché ou ponctué de blanc en dessus, acuminées, à bords légèrement dentés. — *Pétiole* : de moyenne longueur, menu, profondément cannelé, tenant la feuille bien érigée. — *Stipules* : peu longues, mais larges.

Fertilité. — Très-grande.

CULTURE. — Greffé ras terre il fait de jolies tiges et prend une forme bien régulière. Comme arbre nain, sur doucin ou paradis, on en obtient aussi de beaux pommiers d'une rare fertilité.

Description du fruit. — *Grosseur* : volumineuse. — *Forme* : conique-arrondie ou globuleuse presque régulière. — *Pédoncule* : habituellement assez court, fort, planté dans un bassin considérable. — *Œil* : petit ou moyen, mi-clos, à cavité généralement très-large, assez profonde et sensiblement plissée. — *Peau* : unie, onctueuse, à fond jaune d'or, amplement marbrée et striée de rose plus ou moins vif, souvent tachée et réticulée de roux squammeux auprès du pédoncule, et ponctuée de gris. — *Chair* : jaunâtre, mi-fine, ferme et très-croquante. — *Eau* : suffisante, sucrée, faiblement acidulée et vineuse, ayant un arome particulier qui n'est pas très-délicat.

MATURITÉ. — Septembre-Novembre.

QUALITÉ. — Deuxième.

Historique. — L'origine de cette variété est encore inconnue. Louis Noisette, en 1839, fut celui qui le premier la décrivit dans le *Jardin fruitier* (p. 216); on la cultivait donc, alors, aux environs de Paris, d'où je l'ai tirée. Depuis Noisette nos pomologues se sont à peine occupés de ce pommier, plus curieux, du reste, par les taches ou panachures des feuilles — particularité d'où lui vint son nom — que recommandable pour la bonté de ses produits.

165. Pomme FIGUE D'ÉTÉ.

Synonymes. — *Pommes* : 1. GRAND-TALON. (Jean Bauhin, *Historia plantarum universalis*, 1598-1651, t. I, p. 21). — 2. TÉTIN (*Id. ibid.*). — 3. SANS-QUEUE (Pépinières d'Angers depuis 1846).

Premier Type.

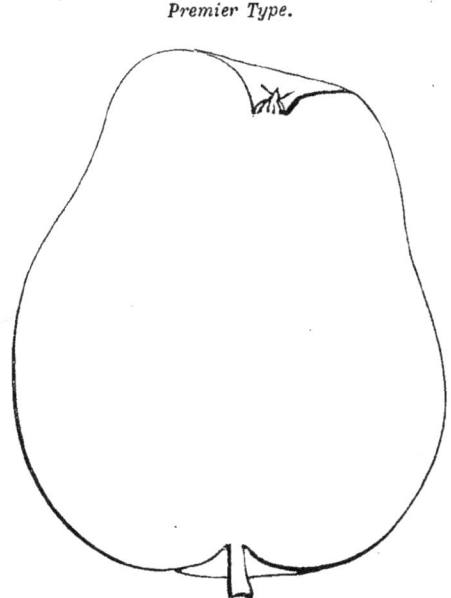

Description de l'arbre. — *Bois* : faible. — *Rameaux* : assez nombreux et assez érigés, de grosseur et longueur moyennes, bien coudés, cotonneux, vert herbacé. — *Lenticelles* : grandes, allongées, peu abondantes. — *Coussinets* : saillants. — *Yeux* : moyens, coniques-obtus, très-duveteux, légèrement écartés du bois. — *Feuilles* : petites, ovales ou elliptiques, vert clair en dessus, blanc verdâtre en dessous, molles, courtement acuminées, ayant les bords très-finement dentés. — *Pétiole* : de grosseur et longueur moyennes, tomenteux et généralement dépourvu de cannelure. — *Stipules* : longues et assez larges.

FERTILITÉ. — Peu commune.

CULTURE. — Sa croissance trop lente le recommande avant tout pour les formes buisson, cordon ou pyramide, sous lesquelles il fait, sur doucin, de jolis

Description du fruit. — *Grosseur :* moyenne. — *Forme :* inconstante; elle est habituellement conique-allongée, très-obtuse, puis étranglée près du sommet; ou cylindro-conique, légèrement étranglée vers l'œil, mais quelque peu ventrue à la base, qui subitement s'amincit beaucoup, et de façon tout exceptionnelle, à un centimètre environ du pédoncule; anomalie donnant assez bien, à cette partie du fruit, l'apparence d'un mamelon. — *Pédoncule :* très-court et souvent presque nul, gros ou de moyenne force, inséré à fleur de chair ou dans un évasement peu sensible. — *Œil :* grand, mi-clos ou fermé, irrégulier, à cavité unie et des moins prononcées. — *Peau :* assez mince, vert clair, ponctuée de gris, amplement lavée, fouettée et souvent panachée de carmin et de rouge-pourpre, surtout sur la partie exposée au soleil. — *Chair :* jaunâtre ou verdâtre, fine, assez tendre, légèrement pâteuse et odorante. — *Eau :* suffisante, sucrée, faiblement acidulée et parfumée.

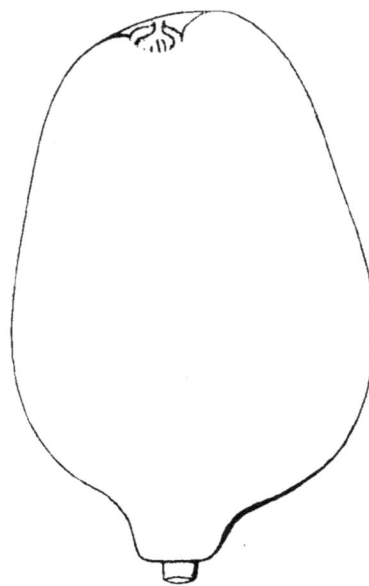

Pomme Figue d'Été. — *Deuxième Type.*

MATURITÉ. — Septembre.
QUALITÉ. — Deuxième.

Historique. — Cette curieuse variété, fort peu connue, ne doit pas être confondue avec son homonyme, la pomme *Figue d'Hiver*, ou *Sans-Pepins*, dont l'article suit. Je l'ai trouvée en 1838 dans la collection du Jardin fruitier du Comice horticole d'Angers, où elle occupait le n° 123, et l'ai depuis lors constamment propagée. La forme étrange que souvent elle prend, et l'exiguïté de son pédoncule, qui souvent aussi fait qu'on la croit collée sur la branche, lui ont valu, bien évidemment, sa dénomination de pomme Figue. Je la lui ai conservée, quoiqu'on l'appelât également chez nous, pomme *Sans-Queue*, jugeant ce dernier nom moins mérité que l'autre. C'est une très-ancienne variété, dont le docteur Jean Bauhin fut, vers 1598, le premier descripteur, et qui, d'après lui, paraît native de Montbéliard, dans le Doubs. Voici du reste la traduction de l'alinéa où cet auteur s'en occupe :

« *Pomme* TÉTIN *ou à* GRAND-TALON. — Ce charmant fruit affecte à sa base la forme d'un tétin;..... il semble sortir du bois et manquer de pédoncule, tellement il est attaché court. Sa peau, jaunâtre sur l'une des faces, porte sur l'autre nombre de stries et bigarrures rouges. Presque ovoïde, on dirait d'un sein. Il possède une saveur acidule et vineuse, mûrit en septembre, atteint difficilement le mois de décembre, et provient d'un jardin de la ville de Montbéliard. » (*Historia plantarum universalis*, 1598-1651, t. I, p. 21.)

Le pommier Figue d'Été me fut vendu, vers 1848, étiqueté pommier de Quatre-Goûts. Je signale le fait, pour aider à rectifier cette erreur assez générale, puisqu'on la rencontre même dans les publications du Congrès pomologique (voir t. IV, n° 22, année 1867). La pomme de Quatre-Goûts n'est autre, effectivement,

166. Pomme FIGUE D'HIVER.

Synonymes. — *Pommes* : 1. Sans-Fleurir (le Lectier, d'Orléans, *Catalogue des arbres cultivés dans son verger et plant*, 1628, p. 24 ; — et Merlet, *l'Abrégé des bons fruits*, 1667, p. 148). — 2. A Trochets (Henri Hessen, *Gartenlüst*, 1690, p. 290 ; — et Manger, *Systematische Pomologie*, 1780, 1re partie, p. 82). — 3. Sans-Pepins (les Chartreux de Paris, *Catalogue de leurs pépinières*, année 1736, chapitre Pommier, n° 14). — 4. D'Adam (Calvel, *Traité complet sur les pépinières*, 1805, t. III, p. 64, n° 61).

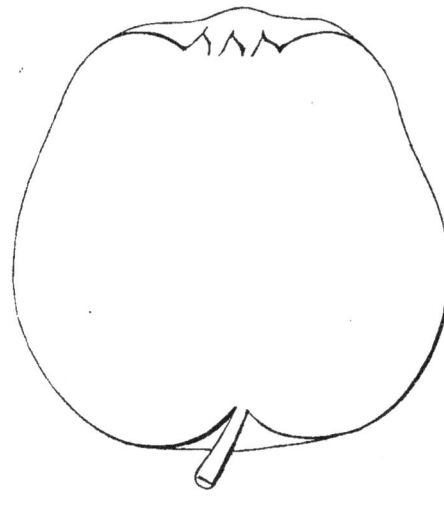

Description de l'arbre. — *Bois :* assez fort. — *Rameaux :* peu nombreux, étalés, gros, de longueur moyenne et bien flexueux, plus ou moins géniculés, sensiblement duveteux, olivâtres, à très-courts mérithalles. — *Lenticelles :* petites, abondantes, allongées ou arrondies. — *Coussinets :* saillants. — *Yeux :* gros, obtus, très-allongés, couverts de duvet et complétement collés sur l'écorce. — *Feuilles :* grandes, épaisses, coriaces, ovales-allongées, courtement acuminées, vert luisant en dessus, blanc verdâtre en dessous, largement et régulièrement crénelées sur leurs bords. — *Pétiole :* très-long, fort et tomenteux, carminé en dessous, à cannelure prononcée. — *Stipules :* peu longues et très-étroites.

Fertilité. — Satisfaisante.

Culture. — Sa végétation permet de le destiner au plein-vent, mais en le greffant à hauteur de tige pour qu'il ait une jolie tête. Écussonné sur paradis il fait de convenables buissons et cordons, et gagne en fertilité.

Description du fruit. — *Grosseur :* moyenne ou au-dessous de la moyenne. — *Forme :* conique-obtuse plus ou moins allongée, légèrement étranglée vers l'œil et sensiblement côtelée, surtout au sommet. — *Pédoncule :* grêle, assez long, mais quelquefois très-court, arqué, implanté dans un bassin de faible dimension. — *Œil :* grand, très-ouvert, cotonneux, à courtes sépales, placé dans une vaste dépression, et laissant voir une cavité des plus profondes où gisent les pétales desséchés et les styles du pistil. — *Peau :* jaune blafard, ponctuée de gris roussâtre, tachée autour du pédoncule de fauve légèrement squammeux, et lavée de rose tendre qui parfois passe au rouge carminé sur la face exposée au soleil. — *Chair :* d'un blanc jaunâtre, fine, ferme, serrée et quelquefois nuancée de vert auprès des loges, qui toujours sont complétement dépourvues de pepins. — *Eau :* suffisante, peu sucrée, bien acidulée, ayant un faible parfum dont la saveur est assez agréable.

Maturité. — Janvier-Mars.

Qualité. — Deuxième pour le couteau; première pour la cuisson.

Historique. — Presque tous les anciens pomologues se sont trompés sur cette variété, même la Quintinye (1690) et les Chartreux (1736); ils avaient la conviction, l'ayant superficiellement étudiée, qu'elle ne fleurissait pas; d'où le surnom pommier Sans-Fleurir, que dès 1628 on lui trouve page 24 du *Catalogue du verger* de le Lectier, d'Orléans. Une telle erreur physiologique ne pourrait plus, aujourd'hui, s'accréditer chez nos horticulteurs; mais jadis, où la superstition le disputait généralement à la science, on acceptait à peu près sans contrôle les faits prétendus anormaux. Ce fut en 1768 l'académicien Duhamel qui le premier, par une excellente description des fleurs du pommier Figue, ébranla fortement la fausse conviction régnant à leur égard. Néanmoins, longtemps encore elle eut des partisans; à ce point, qu'en 1846 le botaniste Poiteau dut s'exprimer ainsi, dans sa remarquable *Pomologie* :

«..... On entend — dit-il — raconter des histoires plus ou moins amusantes, sur ce pommier, par des personnes qui, ne connaissant pas l'essence d'une fleur, croyent qu'il en est dépourvu parce qu'il manque de pétales, et s'évertuent pour expliquer comment un arbre qui ne produit pas de fleurs, peut produire des pommes. Mais ces personnes se trompent; cet arbre produit des fleurs munies de pétales; si elles ne les voyent pas, c'est qu'ils restent petits et verts comme les folioles du calice, avec lesquelles ils alternent, comme font tous les pétales. Il y a pourtant une chose remarquable, dans cette fleur, et une structure, dans son ovaire, qui ne se rencontrent sur aucun pommier : d'abord la fleur est unisexe; elle manque absolument d'étamines; ses styles sont triplés; c'est-à-dire qu'ils sont au nombre de quinze, au lieu d'être au nombre de cinq, selon l'ordre naturel; ensuite les loges, dans l'ovaire, sont disposées sur deux rangs, au lieu de l'être sur un seul. Voilà des anomalies qui doivent exciter l'attention des botanistes, plus que des pétales qui ont diminué leur dimension, augmenté leur consistance et changé de couleur. » (*Pomologie française*, t. IV, n° 46.)

Si le surnom Sans-Fleurir fut immérité par le pommier Figue, on n'en peut dire autant de cet autre, *Sans-Pepins*, qu'en 1690 il portait déjà. Les produits de cette variété sont effectivement, et de façon constante, dépourvus de pepins; tout au plus voit-on dans leurs loges de très-petits points noirs, embryons avortés par suite du manque d'étamines. Quant au nom séculaire sous lequel on la cultive encore de nos jours, il découle uniquement de l'erreur physiologique dont nous avons parlé au début, comme le démontre ce passage de Merlet, écrit en 1667 : « La pomme Sans-Fleurir est nommée pomme Figue, sortant de son bois ainsi que « la Figue. » (*L'Abrégé des bons fruits*, p. 148.) L'origine de ce fruit n'est pas aussi facile à préciser. « Quelques personnes, disait Etienne Calvel en 1805, le nomment « *Pomme d'Adam*, parce qu'on prétend que réellement ses premières greffes sorti- « rent du Paradis terrestre. » (*Traité sur les pépinières*, t. III, p. 65); puis cet auteur ajoute aussitôt : « J'aime mieux le croire, que l'avoir vu. » Je suis un peu comme lui. Seulement, sachant que Pline, en son *Historia naturalis*, parlait au premier siècle de notre ère d'une pomme appelée chez les Belges, Spadonium [Châtrée], parce qu'elle n'avait pas de pepins, je me demande si ce n'est point là celle qui nous occupe? Cette supposition, en tout cas, paraîtra beaucoup plus acceptable que l'autre.

Observations. — Divers auteurs, Mayer particulièrement (*Pomona franconica*, t. III, p. 68), ont cru la pomme *Sans-Fleurs* décrite et figurée dès 1598 par Jean Bauhin (*Hist. nat.*, t. I, p. 21), identique avec la pomme Figue d'Hiver. Il n'en est rien, puisque Bauhin la dit des plus petites, toute jaune, et mûrissant fin juillet. — Nous le répétons donc en terminant : la pomme Figue d'Hiver a été très-peu, très-mal connue de la majeure partie de ses descripteurs, même des plus savants, car en 1809 le *Dictionnaire universel d'agriculture* publié par l'Institut, la déclarait formellement « une monstruosité qui n'intéressait que la curiosité » (t. X, p. 326). Mais cet arrêt, fort heureusement, n'aura pas été sans appel.

Pomme FIN D'AUTOMNE. — Synonyme de pomme *Grand-Alexandre*. Voir ce nom.

Pomme FIVE-CROWN PIPPIN. — Synonyme de pomme *de Londres*. Voir ce nom.

167. Pomme FLAMMÈCHE.

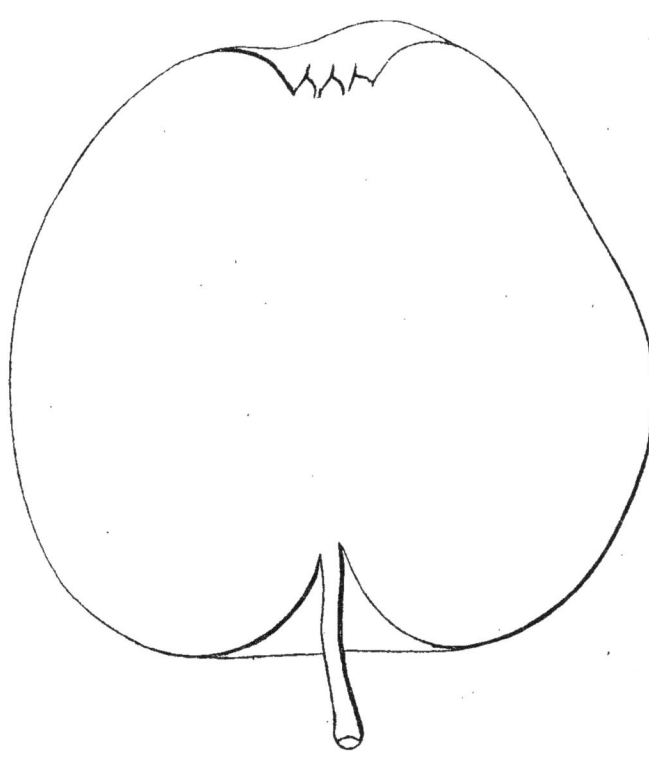

Description de l'arbre. — *Bois :* de moyenne force. — *Rameaux :* assez nombreux, étalés, gros, un peu courts, à peine coudés, très-cotonneux, brun-rouge amplement lavé de gris. — *Lenticelles :* clair-semées, petites, arrondies. — *Coussinets :* aplatis. — *Yeux :* moyens, ovoïdes-arrondis, sensiblement duveteux, presque entièrement adhérents à l'écorce. — *Feuilles :* moyennes ou petites, ovales ou arrondies, longuement acuminées, planes, ayant les bords fortement dentés ou crénelés. — *Pétiole :* long, de moyenne grosseur, à cannelure des moins prononcées. — *Stipules :* étroites mais assez longues.

Fertilité. — Satisfaisante et même abondante.

Culture. — Il fait de beaux arbres sous toute forme et sur n'importe quel sujet.

Description du fruit. — *Grosseur :* considérable. — *Forme :* conique obtuse et ventrue, assez côtelée et souvent ayant une face plus renflée que l'autre. — *Pédoncule :* long, de moyenne force, généralement contourné, planté dans un vaste et très-profond bassin. — *Œil :* ouvert ou mi-clos, grand, à cavité irrégulière mais rarement bien développée. — *Peau :* vert herbacé, en partie lavée de rouge lie de vin, largement striée de même, puis semée de points blanchâtres, volumineux dans le voisinage du pédoncule et beaucoup plus fins auprès de l'œil. — *Chair* : blanche, nuancée de vert, demi-transparente en quelques endroits, et toujours très-tendre. — *Eau* : suffisante, parfumée et bien sucrée, mais complétement dénuée d'acidité.

Maturité. — Commencement d'août.

Qualité. — Première, pour les amateurs de pommes douces.

Historique. — J'ai trouvé cette superbe et volumineuse pomme précoce, dans la collection du Jardin fruitier du Comice horticole d'Angers, en 1856 ; elle y était classée sous le n° 210. J'ignore absolument sa provenance ; je sais seulement que le Comice la possédait depuis 1840 et qu'aucun ouvrage pomologique n'en fait mention. Le nom Flammèche, qu'on lui a donné en raison sans doute de sa peau si fortement fouettée et striée, est fautif : c'est pomme Flammée qu'il eût fallu l'appeler.

Pomme FLANDRISCHER RAMBOUR. — Synonyme de *Rambour de Flandre*. Voir ce nom.

---

168. Pomme FLAVA.

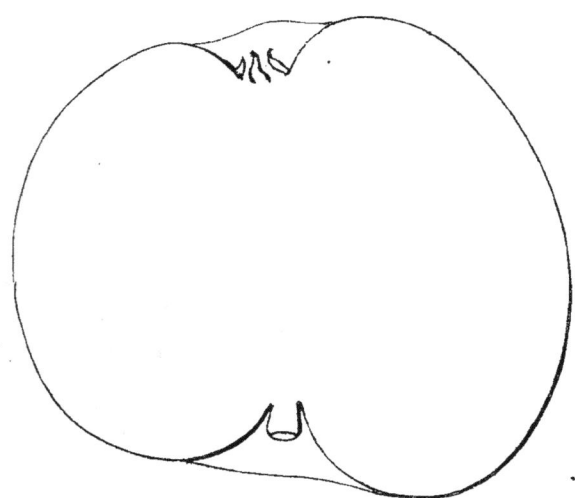

Description de l'arbre. — *Bois* : très-fort. — *Rameaux* : assez nombreux, étalés pour la plupart, gros et longs, très-géniculés et très-duveteux, brun foncé lavé de rouge et de gris. — *Lenticelles* : abondantes, grandes, arrondies. — *Coussinets* : ressortis. — *Yeux* : volumineux, ovoïdes-arrondis, couverts de duvet et légèrement appliqués sur le bois. — *Feuilles* : grandes ou moyennes, ovales, vert clair, acuminées, planes, à bords légèrement crénelés. — *Pétiole* : de longueur et grosseur moyennes, profondément cannelé et souvent carminé. — *Stipules* : étroites et longues.

Fertilité. — Ordinaire.

Culture. — C'est sous formes naines, qui lui sont très-avantageuses, et greffé sur paradis, que nous le multiplions ; mais il doit aussi faire de convenables sujets pour plein-vent.

Description du fruit. — *Grosseur* : moyenne. — *Forme* : sphérique, habituellement beaucoup plus volumineuse d'un côté que de l'autre et parfois fortement comprimée à ses extrémités. — *Pédoncule* : gros, très-court, inséré dans un vaste et profond bassin. — *Œil :* moyen, fermé, à cavité peu prononcée, entourée de gibbosités ou de plis bien accusés. — *Peau :* à fond jaune clair, amplement mais très-finement marbrée et fouettée de carmin, ponctuée de blanc auprès de l'œil, fortement maculée de roux squammeux autour du pédoncule et souvent portant çà et là quelques petites taches noirâtres. — *Chair :* un peu jaunâtre, ferme, croquante, légèrement marcescente. — *Eau :* suffisante, douce, rarement bien parfumée.

MATURITÉ. — Octobre-Janvier.
QUALITÉ. — Deuxième.

Historique. — La pomme Flava, qui tire évidemment son nom de la couleur jaune clair que prend sa peau sur la partie opposée à l'insolation, me fut envoyée de Bruxelles en 1848 et figura l'année suivante, comme variété nouvelle, dans mon *Catalogue* (p. 32, n° 131). Je ne l'ai vue décrite nulle part, mais seulement inscrite sur la liste des variétés de pommier attribuées aux semis de Van Mons et cultivées dans les pépinières de l'ancienne Société Van Mons, à Geest-Saint-Rémy, près Jodoigne (*Catalogue* dudit établissement, 1857, t. I, p. 165). Elle appartient donc à la Belgique et remonte au plus à 1823, son nom ne figurant pas au *Catalogue descriptif* qu'à cette date le célèbre arboriculteur belge publia, et dans lequel il eut soin d'indiquer les fruits gagnés par lui.

169. Pomme FLEINER DU ROI.

Synonyme. — Pomme KÖNIGS-FLEINER (Ed. Lucas, *Illustrirtes Handbuch der Obstkunde*, 1859, t. I, p. 181, n° 75).

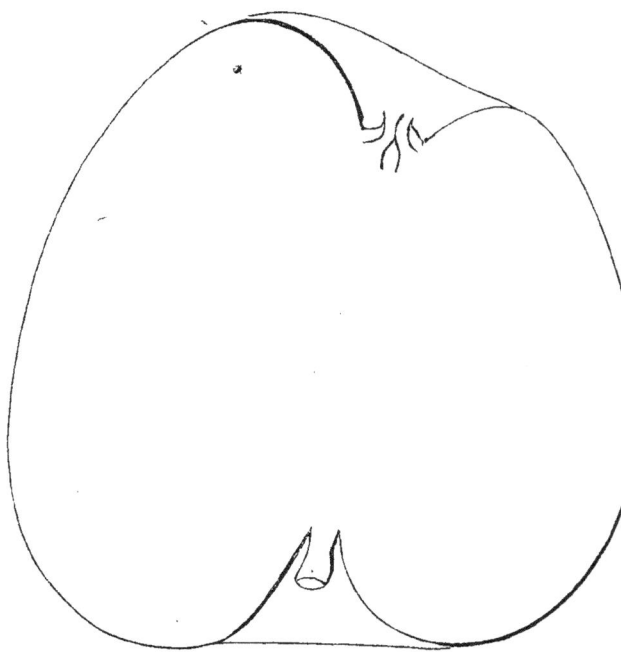

Description de l'arbre. — *Bois :* peu fort. — *Rameaux :* assez nombreux, érigés au sommet, étalés à la base, courts et grêles, très-géniculés, légèrement duveteux, brun verdâtre plus ou moins lavé de rouge. — *Lenticelles :* abondantes, allongées ou arrondies, petites ou moyennes. — *Coussinets :* aplatis. — *Yeux :* petits, arrondis, cotonneux, plaqués sur le bois. — *Feuilles :* moyennes, ovales, vert clair, longuement acuminées, lisses et planes, à bords régulièrement dentés ou crénelés. — *Pétiole :* grêle, peu long, fortement cannelé, tenant la feuille bien érigée. — *Stipules :* assez grandes.

Fertilité. — Satisfaisante.

Culture. — Ce pommier, qui chez moi se montre chétif, ne m'a donné jusqu'ici que des cordons, buissons et pyramides d'un mauvais aspect.

Description du fruit. — *Grosseur :* considérable. — *Forme :* passant généralement de la cylindro-conique à la cylindrique-arrondie, mais toujours irrégulière, plissée ou bosselée au sommet, et moins volumineuse d'un côté que de l'autre. — *Pédoncule :* court et gros, obliquement inséré dans un vaste bassin. — *Œil :* grand, très-ouvert ou mi-clos, cotonneux, à cavité des plus irrégulières et des plus développées. — *Peau :* mince, lisse, jaune clair verdâtre, légèrement lavée de rose tendre à l'insolation, maculée de brun olivâtre autour du pédoncule et ponctuée de fauve et de blanc. — *Chair :* très-blanche, mi-fine, tendre et peu serrée. — *Eau :* suffisante, assez sucrée, acidulée, agréable quoique dénuée de parfum.

Maturité. — Octobre-Novembre.

Qualité. — Deuxième pour le couteau, première pour la compote.

Historique. — Je suis redevable de ce beau fruit à mon savant ami le docteur Karl Koch, professeur de botanique à l'Université de Berlin. Il est dans mes pépinières depuis 1868, et déjà commence à en sortir. Le docteur Édouard Lucas, directeur de l'Institut pomologique de Reutlingen (Wurtemberg), l'a caractérisé en 1859 et parle ainsi de son origine :

« Il provient, sans nul doute, du Wurtemberg; c'est à Hegnach, près Waiblinge, qu'il est le plus généralement cultivé. On l'a décrit pour la première fois en 1848, dans le *Hohenh. Wochenblat.* » (*Illustrirtes Handbuch der Obstkunde*, t. I, p. 181.)

Pomme FLEUR EN CLOCHE. — Synonyme de pomme *Lanterne*. Voir ce nom.

Pomme a FLEUR DOUBLE. — Synonyme de pomme *Rose [de France]*. Voir ce nom.

Pomme FLORENCE PIPPIN. — Synonyme de pomme *de Fearn*. Voir ce nom.

Pomme FLORIANER ROSEN. — Synonyme de pomme *Rose de Saint-Florian*. Voir ce nom.

Pomme FONDANTE. — Synonyme de pomme *Blanc-Dureau*. Voir ce nom.

Pomme FORELLEN REINETTE. — Synonyme de *Reinette des Carmes*. Voir ce nom.

Pomme FORMOSA PIPPIN. — Synonyme de pomme *Ribston Pippin*. Voir ce nom.

Pomme FOWLER. — Synonyme de pomme *Popular bluff*. Voir ce nom.

170. Pomme FRAISE.

Synonymes. — Pommes : 1. Louis XVIII (d'Albret, *Cours théorique et pratique de la taille des arbres fruitiers*, 1851, p. 333). — 2. De la Madeleine rouge (Pépinières d'Angers, depuis 1850). — 3. Early Strawberry (Charles Downing, *the Fruits and fruit trees of America*, 1869, p. 157). — 4. Red Juneating (*Id. ibid.*).

Premier Type.

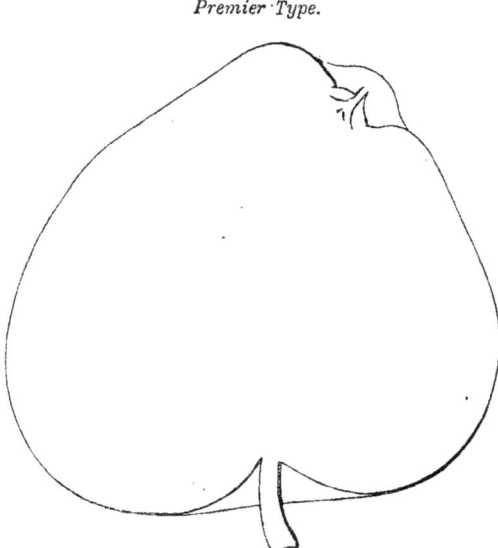

Deuxième Type.

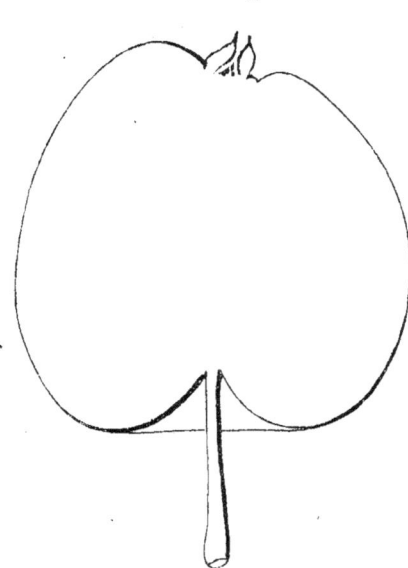

Description de l'arbre. — *Bois :* faible. — *Rameaux :* peu nombreux, généralement étalés, de grosseur et longueur moyennes, légèrement coudés, cotonneux, vert olivâtre foncé plus ou moins lavé de rouge sombre, à très-courts mérithalles. — *Lenticelles :* clairsemées, arrondies, assez grandes. — *Coussinets :* presque nuls. — *Feuilles :* petites, ovales-allongées, vert clair en dessus, blanc verdâtre en dessous, souvent acuminées, à bords régulièrement crénelés. — *Pétiole :* peu long, bien nourri, à peine cannelé. — *Stipules :* courtes et larges.

Fertilité. — Très-abondante.

Culture. — On peut le destiner au plein-vent, pour le verger, malgré sa croissance assez lente, en ayant soin de le greffer en tête. Comme buisson, cordon, espalier, sur doucin ou paradis, il est des plus productifs.

Description du fruit. — *Grosseur :* moyenne ou au-dessous de la moyenne. — *Forme :* irrégulièrement conique, plus ou moins obtuse et pentagone. — *Pédoncule :* assez long ou très-long, fort ou un peu grêle, mais renflé à l'attache, implanté dans un bassin habituellement bien développé. — *OEil :* grand ou très-grand, à sépales excessivement larges, rapprochées ou écartées, placé à fleur de chair au milieu de fortes gibbosités ou dans une étroite cavité côtelée sur les bords. — *Peau :* à fond vert clair grisâtre ou jaunâtre, amplement lavée de rouge-brun clair, fouettée de carmin brillant, ponctuée de roux et généralement recouverte, surtout vers l'œil, d'une légère efflorescence glauque. — *Chair :* blanche, faiblement rosée sous la peau, odorante, fine et tendre, souvent un peu transparente au centre. — *Eau :* abondante, sucrée, acidulée et possédant un parfum réellement exquis.

Maturité. — Vers la mi-juillet; mais pouvant, bien soignée au fruitier, se conserver jusqu'en septembre.

Qualité. — Première.

Historique. — Cette variété, d'après Charles Downing dans ses *Fruits and fruit trees of America* (édition 1869, p. 157), est originaire des environs de New-York. Il la nomme Early Strawberry [Fraise précoce], dit qu'elle paraît de juillet à septembre sur les marchés de cette ville et ne ressemble nullement à l'Early red Margaret [notre pomme Marguerite]; laquelle, ajoute-t-il, a le pédoncule court et la chair inodorante. La pomme Fraise fut introduite en France vers 1820; elle doit son nom à sa forme la plus commune, ainsi qu'à la saveur de son eau.

Observations. — Il existe en Angleterre une pomme Fraise d'Hiver, généralement inconnue chez nous; elle est de moyenne grosseur et de qualité médiocre, surtout comme fruit à couteau. Sa maturité tardive ne saurait, du reste, la faire confondre avec celle que je viens de décrire. — Les Allemands ont aussi leur pommier Fraise, originaire du Schleswig, mais également très-distinct de celui, si précoce, des Américains. — Enfin la Belle du Bois, caractérisée plus haut (p. 106), a reçu comme cette pomme Fraise le surnom *Louis XVIII;* seulement son énorme volume et sa longue conservation [décembre-mars] suffiront toujours pour la préserver des méprises que peut facilement entraîner un synonyme commun à deux variétés.

Pomme FRAISE D'HIVER. — Synonyme de *Calleville blanc d'Hiver.* Voir ce nom.

---

171. Pomme FRAMBOISE.

Synonymes. — Pommes : 1. Calville d'Automne rayé (Herman Knoop, *Pomologie,* 1771, p. 16). — 2. Framboos (*Id. ibid.*). — 3. Framboise d'Oberland (Sickler, *Teutscher Obstgärtner,* 1804, t. XXII, p. 101). — 4. Oberlander Himbeer (Lucas, *Kernobstsorten Württembergs,* 1854, p. 24).

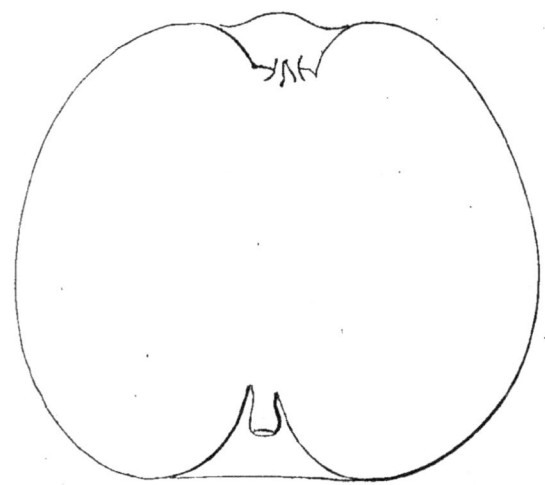

Description de l'arbre. — *Bois :* très-fort. — *Rameaux :* peu nombreux, étalés, gros et très-longs, bien géniculés, assez cotonneux, brun-rouge ardoisé légèrement nuancé de vert. — *Lenticelles :* des plus clair-semées, grandes et arrondies. — *Coussinets :* saillants. — *Yeux :* moyens, ovoïdes très-allongés, couverts de duvet, faiblement écartés du bois. — *Feuilles :* grandes, ovales ou arrondies, vert peu foncé en dessus, blanc verdâtre en dessous, assez planes et accuminées, ayant les bords profondément dentés ou crénelés. — *Pétiole :* long, gros, flasque, à cannelure prononcée. — *Stipules :* larges et assez longues.

Fertilité. — Satisfaisante.

Culture. — Sa remarquable végétation le rend très-propre à faire d'irréprochables plein-vent. Les formes naines lui conviennent aussi parfaitement ; mais il faut alors le greffer sur paradis, afin qu'il soit moins vigoureux, plus facile à conduire, et plus productif.

Description du fruit. — *Grosseur* : au-dessus de la moyenne et souvent plus volumineuse. — *Forme* : conique-arrondie ou conique-allongée, mais toujours pentagone. — *Pédoncule* : court et bien nourri, inséré dans un vaste et profond bassin. — *OEil* : moyen, mi-clos ou fermé, à cavité peu développée, ayant les bords sensiblement côtelés. — *Peau* : unie, à fond jaune blanchâtre ou verdâtre, presque entièrement lavée de carmin clair, mouchetée, et surtout striée, de rouge-pourpre, finement ponctuée de gris-blanc et montrant quelque petites taches brunes. — *Chair* : très-blanche, fine et tendre. — *Eau* : suffisante, fort sucrée, à peine acidulée, douée d'une saveur parfumée qui rappelle assez bien celle de la framboise.

Maturité. — Octobre-Janvier.

Qualité. — Première, particulièrement pour les amateurs de pommes douces.

Historique. — La Hollande semble avoir donné naissance au pommier Framboise, qu'en 1771 un pomologue de ce pays, Herman Knoop, signala le premier, et dans les termes suivants :

« *Framboos Appel* — dit-il — ou Calville d'Automne rayée, est fort grande et une sorte de Calvilles. Ces pommes, quoique d'un même arbre, sont d'une forme très-différente les unes des autres ; quelques-unes sont oblongues, d'autres rondes, mais ordinairement toutes sont un peu angulaires. La peau est unie ; d'un côté sa couleur est d'un jaune verdâtre, et de l'autre, ainsi qu'à l'entour, d'un rouge clair ou pâle, et habituellement rayée, à travers cette dernière couleur, d'un petit rouge foncé. La chair en est fort moëlleuse, d'un goût *aromatique* très-agréable et semblable à celui des *Framboises*, dont cette pomme emprunte son nom.... Mûrit octobre..... L'arbre donne de bon bois et est fertile... » (*Pomologie*, p. 16, pl. II, fig. 1.)

Les Allemands contribuèrent beaucoup à la propagation de cette pomme, dont Sickler, en 1804, fut probablement, chez eux, le premier descripteur. Il dit dans son *Teutscher Obstgärtner* (t. XXII, p. 101) l'avoir reçue de M. Neidhard, pasteur à Adelmansfelden (Wurtemberg). Mais un renseignement plus précis nous est fourni, sur la culture de ce fruit en Allemagne, par M. le docteur Lucas :

« La pomme Framboise, écrit-il (1854), provient surtout des jardins de la haute Souabe, notamment de ceux situés aux environs de Biberach et de Tettnang. » (*Kernobstsorten Württembergs*, p. 24.)

Quant à moi, c'est du Wurtemberg que j'ai tiré cette variété, et je la multiplie depuis 1868.

Observations. — La pomme Framboise n'a rien de commun avec le Calleville blanc d'Hiver, quoique parfois on ait ainsi surnommé ce dernier. Elle ne saurait être, non plus, réunie aux Calleville rouge d'Automne et Calleville rouge d'Été, qui comptent également parmi leurs synonymes les dénominations Framboise et Framboisée, venues du parfum qu'exhale la chair de ces variétés. — On fait avec notre pomme Framboise des gelées d'une saveur exquise, mais il ne faut pas attendre pour cela qu'elle soit très-mûre.

Pomme FRAMBOISE D'AUTOMNE. — Synonyme de *Calleville rouge d'Automne*. Voir ce nom.

Pomme FRAMBOISE D'ÉTÉ. — Synonyme de *Calleville rouge d'Été*. Voir ce nom.

Pomme FRAMBOISE D'HIVER. — Synonyme de *Calleville blanc d'Hiver*. Voir ce nom.

Pomme FRAMBOISE D'OBERLAND. — Synonyme de pomme *Framboise*. Voir ce nom.

Pomme FRAMBOISÉE. — Synonyme de *Calleville rouge d'Été*. Voir ce nom.

Pomme FRAMBOOS [DES HOLLANDAIS]. — Synonyme de pomme *Framboise*. Voir ce nom.

Pommes : FRANC-ESTEU,

— FRANC-ESTU,

Synonymes de pomme *Francatu*. Voir ce nom.

Pomme FRANC-PEPIN. — Synonyme de pomme *d'Or d'Angleterre*. Voir ce nom.

172. Pomme FRANC-ROSEAU.

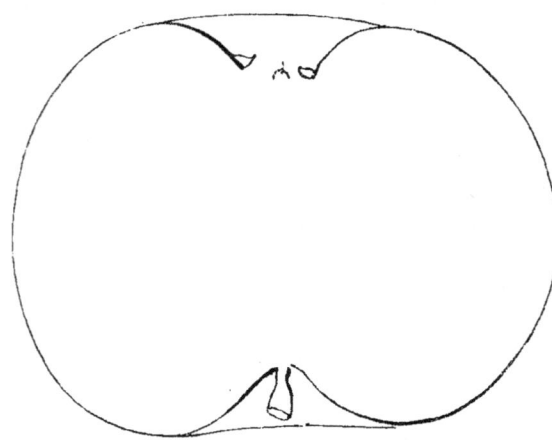

Description de l'arbre. — *Bois :* fort. — *Rameaux :* assez nombreux, érigés, gros et des plus longs, excessivement coudés, bien cotonneux, rouge-brun amplement lavé de gris. — *Lenticelles :* très-abondantes, grandes et allongées. — *Coussinets :* saillants. — *Yeux :* volumineux, ovoïdes, couverts de duvet, presque entièrement collés sur le bois. — *Feuilles :* grandes, ovales-allongées, courtement acuminées pour la plupart, légèrement cotonneuses en dessus et sensiblement en dessous, ayant les bords très-profondément dentés. — *Pétiole :* peu long, très-gros, tomenteux, habituellement dépourvu de cannelure. — *Stipules :* étroites et longues.

Fertilité. — Convenable.

Culture. — Il est des plus vigoureux et fait, écussonné ras terre, des plein-vent de toute beauté, poussant très-droit et devenant très-gros. Pour les formes espalier, cordon, buisson, le greffer sur paradis, afin de le soumettre plus aisément à la taille et d'augmenter sa fertilité.

Description du fruit. — *Grosseur :* moyenne et parfois plus volumineuse. — *Forme :* globuleuse, généralement comprimée aux extrémités, mais quelquefois, aussi, conique-arrondie. — *Pédoncule :* court, assez mince, bien renflé à son point d'attache, planté dans un bassin assez considérable. — *Œil :* grand, mi-clos ou fermé, à courtes sépales, à cavité régulière, unie, large et profonde. — *Peau :* jaune clair verdâtre, unie, très-amplement lavée et souvent striée d'un rouge plus ou moins foncé, maculée de brun grisâtre et squammeux autour du pédoncule, puis fortement ponctuée de roux. — *Chair :* blanchâtre, fine, ferme et croquante. — *Eau :* suffisante, sucrée, agréablement acidulée, ayant un goût particulier qui rappelle la saveur de la pomme Impériale ou Frangée.

MATURITÉ. — Novembre-Février.

QUALITÉ. — Première.

Historique. — La pomme Franc-Roseau, dont je ne puis m'expliquer le nom, faisait partie, depuis longtemps déjà, de l'école du Jardin fruitier d'Angers, quand la beauté de son arbre m'en fit prendre des greffes pour le propager. C'était au mois de mars 1850; il y portait le n° 74, mais aucun renseignement de provenance n'existait en regard de son nom, sur le Catalogue dressé par le Comice horticole. Je n'ai vu cette variété décrite dans aucune pomologie; les nombreuses questions que j'ai posées pour essayer d'en connaître l'origine, sont demeurées sans résultat. Quoi qu'il en soit, c'est un pommier qui mérite à tous égards place au jardin et au verger.

173. POMME FRANCATU.

Synonymes. — 1. FRANCESTU (Charles Estienne, *Seminarium et plantarium fructiferarum præsertim arborum quæ post hortos conseri solent*, 1540, p. 55). — 2. FRANC-ESTU (*Idem*, et Liébaud, *Maison rustique*, 1589, p. 232). — 3. FRANC-ESTEU (Claude Mollet, *Théâtre des jardinages*, 1652-1672, p. 54). — 4. DE FRANQUETU (Merlet, *l'Abrégé des bons fruits*, 1667, p. 149). — 5. FRANQUESTU (dom Claude Saint-Étienne, *Nouvelle instruction pour connaître les bons fruits*, 1670, p. 211). — 6. FRANCATU COMMUN (Chaillou, de Vitry-sur-Seine, *Catalogue de ses pépinières*, 1755, p. 10).

Description de l'arbre. — *Bois :* fort. — *Rameaux :* peu nombreux, érigés, longs et de grosseur moyenne, géniculés, cotonneux, brun jaunâtre et violacé, à mérithalles longs et inégaux. — *Lenticelles :* très-abondantes, grises, moyennes, arrondies ou allongées. — *Coussinets :* ressortis, ayant l'arête médiane bien prolongée. — *Yeux :* assez volumineux, ovoïdes, aplatis, plaqués sur l'écorce, aux écailles duveteuses et mal soudées. — *Feuilles :* grandes, rugueuses, vert tendre, ovales-arrondies, acuminées, planes ou canaliculées, à bords régulièrement dentés. — *Pétiole :* très-court, bien nourri, rigide, carminé à la base et plus ou moins cannelé. — *Stipules :* bien développées.

FERTILITÉ. — Satisfaisante.

CULTURE. — Sa vigueur ainsi que sa fertilité le rendent très-propre à la haute-tige, pour le verger; comme arbre nain il prend parfaitement toutes les formes qu'on veut lui donner, soit sur paradis, soit sur doucin.

Description du fruit. — *Grosseur :* moyenne. — *Forme :* globuleuse, ayant généralement un côté moins volumineux que l'autre. — *Pédoncule :* de longueur et force moyennes, inséré dans un bassin de dimensions assez variables. — *Œil :* grand, mi-clos ou fermé, à cavité plissée, large, mais rarement bien profonde.

Pomme Francatu.

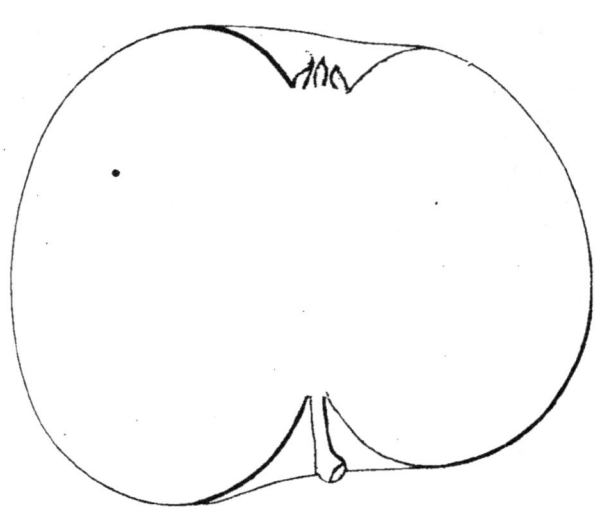

— *Peau :* épaisse, unicolore, vert herbacé jaunissant à peine à parfaite maturité, légèrement maculée de fauve autour du pédoncule, fortement et abondamment ponctuée de roux. — *Chair :* blanc verdâtre, fine, un peu ferme.—*Eau :* abondante, plus ou moins sucrée, acide, et cependant de saveur agréable.

Maturité. — Décembre-Mai.

Qualité. — Deuxième pour le couteau, première pour la cuisson.

Historique. — Ruel, page 190 de son recueil *de Natura stirpium*, fut en 1536 celui de nos anciens botanistes qui le premier caractérisa ce fruit. Il le nommait « *pomum Franceturum*, » appellation que Charles Estienne, quatre ans plus tard (1540, *Seminarium*, p. 55), traduisit par pomme *Francestu*, écrit ensuite Franc-Estu, en 1589, dans sa *Maison rustique* (p. 232). Mais le siècle suivant ce nom eut à subir, dans sa désinence, de bien autres transformations. Claude Mollet l'orthographia Franc-Esteu (1652); Merlet, Franquetu (1667); Claude Saint-Etienne, Franquestu (1670); et enfin Liger, *Franc-Catu* (1714), dernière dénomination qui, légèrement modifiée, produisit le terme Francatu, resté depuis dans la nomenclature pomologique. Cet antique Franc-Estu compte alors, pour le moins, quatre cents ans, et me paraît originaire des environs de Melun, région où sa culture en grand date d'un temps immémorial. Aussi m'écrivait-on du château de Champs-sur-Marne, le 12 novembre 1869 : « Il s'en trouve ici des arbres si vieux, si vieux, « qu'ils n'ont que peu de feuilles, et plus de sève. » L'étymologie du mot composé Franc-Estu, indique à n'en pouvoir douter que ce pommier poussa spontanément, franc de pied; *estut* signifiait effectivement, au moyen âge : être, subsister, exister. On le lui appliqua donc, comme à la même époque, à peu près, on avait appliqué à certaines poires également semées par le hasard, le mot *besi*, voulant dire sauvage, sauvageon. Mais ce qui le prouve mieux encore, c'est que vers 1700, quand parut la pomme *Gros-Francatu romain*, on ajouta au nom de l'antique Francatu, le déterminatif *commun*, pour le distinguer de la nouvelle variété (voir *Catalogue ou Abrégé des bons fruits* de Chaillou, pépiniériste à Vitry-sur-Seine, année 1755, p. 10). Dans l'Anjou, le Francatu était autrefois assez répandu; mon aïeul Pierre Leroy le possédait. Il est inscrit page 26 de son *Catalogue* de 1790. J'ignore comment et pourquoi ce pommier finit par sortir de notre contrée; seulement je sais qu'à peine m'était-il connu de nom, lorsqu'en 1867 je lus ce qui suit dans le *Journal de la Société d'Horticulture de Paris :*

« M. Butté, jardinier au château de Champs (Seine-et-Marne), envoie des échantillons de pommes Francatu. Le présentateur fait observer qu'il n'est question de ce fruit dans aucun des ouvrages d'arboriculture qui jouissent avec raison d'une grande réputation, pas plus que dans le *Catalogue de M. André Leroy.* Cependant, ajoute-t-il, c'est un bon fruit, et l'arbre qui le donne est productif, vigoureux, de premier mérite pour les vergers. (p. 48.) »

Ainsi mis en demeure, je m'exécutai sans retard, mais trouvai juste de réclamer des greffes de Francatu au jardinier même qui s'étonnait de ne pas rencontrer cette espèce dans mes pépinières. Il m'en envoya, et depuis 1868 on recommence à l'y multiplier, comme au temps de mon grand-père.

Pomme FRANCATU COMMUN. — Synonyme de pomme *Francatu.* Voir ce nom.

Pommes : FRANCATU ROUGE ET BLANC,
— FRANCATU ROUGE ET JAUNATRE, } Synonymes de pomme *Gros-Court-Pendu rouge.* Voir ce nom.

Pomme FRANCESTU. — Synonyme de pomme *Francatu.* Voir ce nom.

Pomme FRANCHE-NOBLE. — Synonyme de pomme *d'Aunée.* Voir ce nom.

Pomme FRANGÉE. — Synonyme de pomme *Impériale ancienne.* Voir ce nom.

Pomme FRANQUATU ROUGE ET BLANC. — Synonyme de pomme *Gros-Court-Pendu rouge.* Voir ce nom.

Pommes : FRANQUÉSTU,
— DE FRANQUETU, } Synonymes de pomme *Francatu.* Voir ce nom.

Pomme FRANZÖSISCHER PRINZESSIN. — Synonyme de pomme *Princesse noble.* Voir ce nom.

174. Pomme FRÉMY.

Synonyme. — Pomme Gelineau (André Leroy, *Catalogue descriptif et raisonné des arbres fruitiers et d'ornement,* 1868, p. 47, n° 168).

Description de l'arbre. — *Bois :* assez fort. — *Rameaux :* nombreux, étalés à la base, érigés au sommet, gros et longs, à peine géniculés, bien duveteux, marron clair. — *Lenticelles :* petites, allongées, très-peu abondantes, presque invisibles. — *Coussinets :* ressortis, ayant l'arête médiane prononcée et prolongée. — *Yeux :* moyens, ovoïdes-obtus, cotonneux, collés sur le bois. — *Feuilles :* grandes, minces, ovales-allongées, vert jaunâtre en dessus, blanc jaunâtre en dessous, courtement acuminées, finement mais irrégulièrement dentées et surdentées. — *Pétiole :* gros, court et sensiblement cannelé. — *Stipules :* courtes et larges.

Fertilité. — Très-grande.

CULTURE. — Toute forme et tout sujet lui sont favorables, vu sa belle végétation. Pour le plein-vent, la greffe en tête lui convient mieux que celle ras terre.

Description du fruit. — *Grosseur :* au-dessus de la moyenne. — *Forme :* variant de la globuleuse légèrement aplatie aux extrémités, à la cylindrique plus ou moins côtelée. — *Pédoncule :* court ou de longueur moyenne, bien nourri, planté dans un large bassin rarement très-profond. — *Œil :* moyen, mi-clos ou fermé, à sépales souvent longues et effilées, à cavité plissée et généralement assez vaste. — *Peau :* unicolore, jaune-serin, lavée de fauve autour du pédoncule et semée de nombreux et assez gros points bruns. — *Chair :* jaunâtre, fine et ferme. — *Eau :* abondante, bien sucrée, délicatement acidulée et parfumée.

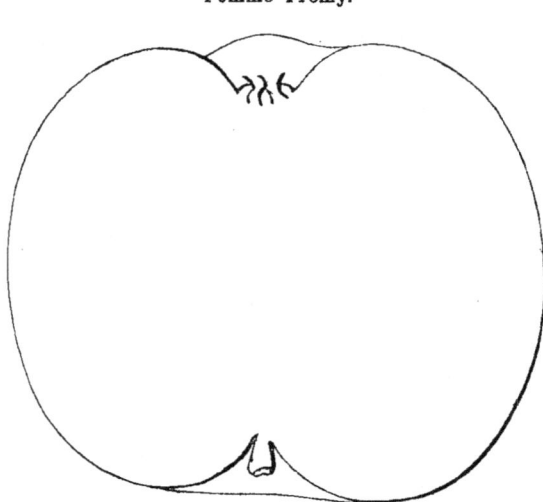

Pomme Frémy.

MATURITÉ. — Janvier-Avril.

QUALITÉ. — Première.

Historique. — Ce beau fruit me fut offert en 1866 par M. Gelineau, horticulteur à Angers, sous le nom duquel on l'inscrivit fautivement dans mon *Catalogue* de 1868. Aujourd'hui, je connais l'obtenteur de cette nouvelle variété ; c'est un M. Frémy, fermier commune de Cherré (Maine-et-Loire), où le pommier qu'il a gagné existe déjà, ainsi qu'aux environs, depuis une trentaine d'années.

175. Pomme FRIANDISE.

Synonymes. — *Pommes :* 1. AAGT (Herman Knoop, *Pomologie*, édition allemande, 1760, p. 16, et table des matières, au mot *Kronapfel*). — 2. AAGT D'ANGLETERRE (*Id. ibid.*). — 3. AAGT DE HOLLANDE (*Id. ibid.*). — 4. FYNE KROON (*Id. ibid.*). — 5. KROON (*Id. ibid.*). — 6. LEKKERBEETJE (*Id. ibid.*). — 7. LECKERBEETJEN (Van Mons, *Catalogue descriptif de partie des arbres fruitiers qui de 1798 à 1823 ont formé sa collection*, p. 56, n° 151). — LECKERBISSEN (Diel, *Kernobstsorten*, 1823, t. II, p. 105).

Description de l'arbre. — *Bois :* de force moyenne. — *Rameaux :* nombreux, étalés, peu longs, assez gros, légèrement coudés, bien duveteux et brun-rouge. — *Lenticelles :* arrondies, des plus petites et des plus clair-semées. — *Coussinets :* ressortis. — *Yeux :* volumineux, ovoïdes-allongés, très-cotonneux, légèrement écartés du bois. — *Feuilles :* moyennes, ovales-allongées, très-longuement acuminées et largement dentées. — *Pétiole :* court, assez gros, flasque, à peine cannelé. — *Stipules :* longues et larges.

FERTILITÉ. — Ordinaire.

CULTURE. — Quoique de vigueur modérée, ce pommier réussit convenablement sous toute espèce de forme; on peut aussi lui donner n'importe quel sujet.

Pomme Friandise.

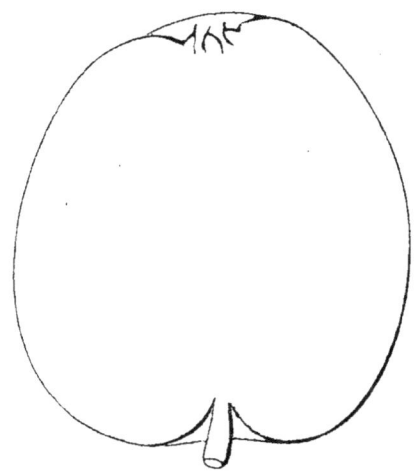

Description du fruit. — *Grosseur :* au-dessous de la moyenne. — *Forme :* ovoïde-allongée, ayant habituellement un côté moins renflé que l'autre. — *Pédoncule :* de moyenne longueur, assez gros, obliquement inséré dans un bassin étroit. — *Œil :* moyen, mi-clos ou fermé, placé presque à fleur de chair. — *Peau :* quelque peu rude au toucher, à fond rouge clair, striée de carmin foncé, tachée de roux squammeux autour du pédoncule et parsemée de petits points gris clair et rugueux. — *Chair :* blanche, fine, assez tendre. — *Eau :* suffisante, sucrée, acidulée et parfumée, très-savoureuse.

MATURITÉ. — Décembre-Mars.

QUALITÉ. — Première.

Historique. — C'est le professeur Karl Koch, de Berlin, qui m'a mis à même, en 1867, de multiplier la pomme Friandise, ainsi nommée pour son excellence, que semble augmenter encore son ravissant coloris. Elle n'appartient pas, néanmoins, à l'Allemagne, mais bien à la Hollande, comme le constatait assez récemment M. le superintendant Oberdieck, de Jeinsen, près Hanovre :

« Ce fruit, facilement reconnaissable par la singularité de sa forme — disait-il en 1862 — est d'origine hollandaise; son nom primitif : Lekkerbeetje, l'indique du reste suffisamment. Diel le reçut sous cette dénomination, de Harlem, avant 1820. » (*Illustrirtes Handbuch der Obstkunde*, p. 159, n° 342.)

Pour compléter ce renseignement, j'ajouterai que le Hollandais Herman Knoop fut en 1760 le premier descripteur de cette variété, mais qu'il n'en précisa ni l'âge, ni le lieu de naissance, dans sa *Pomologie*.

POMME A FRIRE. — Synonyme de *Calleville blanc d'Hiver*. Voir ce nom.

POMMES : FROMM'S REINETTE, — FROOM'S GOLDREINETTE, } Synonymes de *Reinette Froom*. Voir ce nom.

POMME FRY'S PIPPIN. — Synonyme de pomme *Court de Wick*. Voir ce nom.

POMME FULLER. — Synonyme de pomme *Popular Bluff*. Voir ce nom.

POMME FYNE KROON. — Synonyme de pomme *Friandise*. Voir ce nom.

G

Pomme GAESDONKER GOLDREINETTE. — Synonyme de *Reinette de Gaesdonk.* Voir ce nom.

Pomme GALE-PEPIN. — Synonyme de pomme *d'Or d'Angleterre.* Voir ce nom.

Pomme GARDEN. — Synonyme [par erreur] de pomme *Beefsteak.* Voir ce nom, au paragraphe Observations.

Pomme de GARNON. — Synonyme de *Court-Pendu rouge.* Voir ce nom.

Pomme GARRET PIPPIN. — Synonyme de pomme *de Borsdorf.* Voir ce nom.

Pomme GAUMONT. — Synonyme de *Reinette de Gomont.* Voir ce nom.

176. Pomme de GEAI.

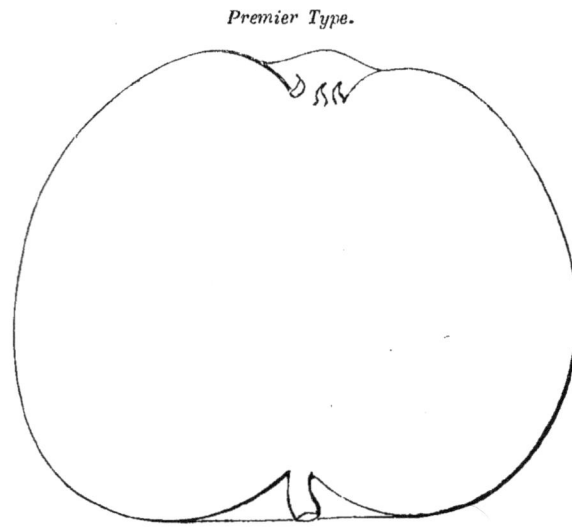

Premier Type.

Description de l'arbre. — *Bois :* assez fort. — *Rameaux :* nombreux, très-étalés, gros et courts, légèrement coudés, bien cotonneux, brun olivâtre. — *Lenticelles :* moyennes, arrondies, des plus clair-semées. — *Coussinets :* presque nuls. — *Yeux :* moyens, ovoïdes, peu duveteux, en partie collés sur le bois. — *Feuilles :* de grandeur moyenne et ovales-arrondies, épaisses, courtement acuminées, très-cotonneuses, même en dessus, et crénelées profondément sur leurs bords. — *Pétiole :* court et gros, tomenteux, à peine cannelé. — *Stipules :* très-développées.

Fertilité. — Remarquable.

CULTURE. — Écussonné ras terre, pour plein-vent, ce pommier pousse vite et bien ; sa tige, toujours très-droite, acquiert une notable grosseur. Quand on le destine aux formes naines, c'est le paradis qui lui convient le mieux, comme sujet.

Pomme de Geai. — *Deuxième Type.*

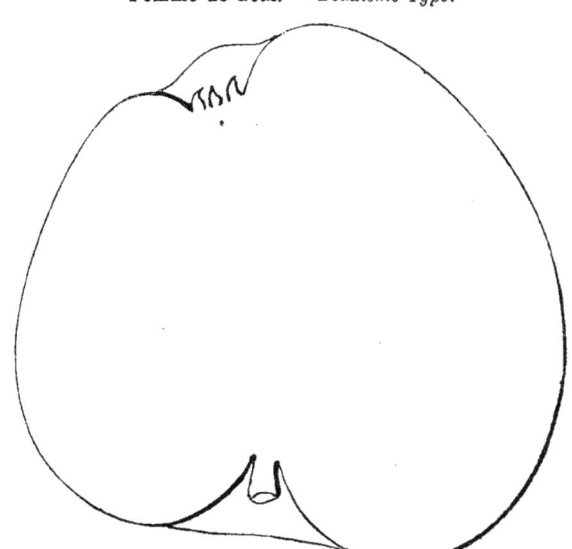

Description du fruit.
— *Grosseur :* au-dessus de la moyenne. — *Forme :* assez inconstante, elle est le plus habituellement conique-arrondie fort régulière ou conique contournée et beaucoup moins volumineuse d'un côté que de l'autre. — *Pédoncule :* court, bien nourri, souvent arqué, inséré dans un bassin dont les dimensions varient infiniment. — *Œil :* grand ou moyen, ouvert ou mi-clos, à larges sépales, à cavité peu profonde, bosselée et plissée. — *Peau :* jaunâtre, amplement marbrée et rubanée de carmin foncé, maculée de roux squammeux autour du pédoncule, faiblement ponctuée de brun clair, et parfois montrant quelques petites taches noirâtres. — *Chair :* blanchâtre, fine, assez tendre. — *Eau :* suffisante, sucrée, ayant une saveur acidulée des plus agréables.

MATURITÉ. — Novembre-Février.

QUALITÉ. — Première.

Historique. — Cette variété, dont je ne connais aucune description, m'a été donnée en 1866 par M. Acher, propriétaire à Yvetot (Seine-Inférieure) et grand amateur d'arboriculture fruitière. Il la croit originaire du pays de Caux, où son excessive fertilité et sa grosseur assez volumineuse, particulièrement sur paradis, l'ont rendue commune.

POMME GEARN'S PIPPIN. — Voir pomme *de Fearn*, au paragraphe OBSERVATIONS.

POMME GEELE FRANSCHE RENET. — Synonyme de *Reinette dorée*. Voir ce nom.

POMME GEELE GULDERLING. — Synonyme de pomme *Haute-Bonté*. Voir ce nom.

POMME GEELE RENET. — Synonyme de *Reinette dorée*. Voir ce nom.

POMME GEFLECKTER GOLD. — Synonyme de pomme *d'Or maculée*. Voir ce nom.

Pomme GELBE ZUCKERREINETTE. — Synonyme de *Reinette jaune sucrée*. Voir ce nom.

Pomme GELBER BELLE-FLEUR. — Synonyme de pomme *Linnœus Pippin*. Voir ce nom.

Pomme GELBER ENGLISCHER GULDERLING. — Synonyme de pomme *Gulderling doré*. Voir ce nom.

Pomme GELBER PEPPING VON INGESTRIE. — Synonyme de pomme *d'Ingestrie jaune*. Voir ce nom.

Pomme GELBER RICHARD. — Synonyme de pomme *Richard jaune*. Voir ce nom.

Pomme GELÉE D'ÉTÉ. — Synonyme de pomme *d'Astracan blanche*. Voir ce nom.

Pomme DE GELÉE D'HIVER. — Synonyme de pomme *de Glace*. Voir ce nom.

Pomme GELINEAU. — Synonyme de pomme *Frémy*. Voir ce nom.

177. Pomme GÉNÉRAL.

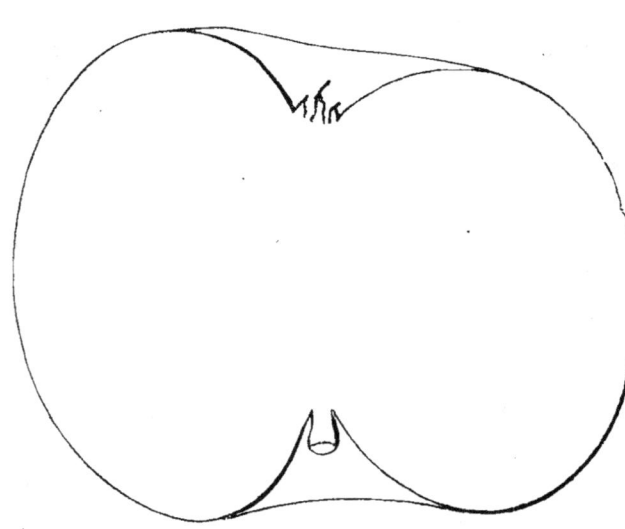

Description de l'arbre. — *Bois :* fort. — *Rameaux :* peu nombreux, presque toujours érigés, très-gros, assez courts, légèrement coudés, des plus duveteux et d'un beau rouge-brun ardoisé. — *Lenticelles :* très-grandes, peu abondantes et arrondies ou allongées. — *Coussinets :* saillants. — *Yeux :* coniques-arrondis, gros, couverts de duvet et collés sur l'écorce. — *Feuilles :* petites et cordiformes, épaisses, rarement acuminées, ayant les bords largement et très-profondément dentés. — *Pétiole :* court et gros, souvent dépourvu de cannelure. — *Stipules :* petites.

Fertilité. — Abondante.

Culture. — Il fait de remarquables plein-vent quand on le greffe au ras de terre. Placé sur paradis, sa végétation se modère, ses fruits gagnent en volume et il prend aisément toute espèce de forme basse-tige.

Description du fruit. — *Grosseur :* au-dessus de la moyenne. — *Forme :* sphérique, sensiblement aplatie aux pôles et toujours ayant un côté moins volumineux que l'autre. — *Pédoncule :* court, fort, inséré dans un vaste et profond bassin triangulaire. — *Œil :* grand ou moyen, ouvert ou mi-clos, à cavité des plus prononcées et sillonnée de quelques petits plis. — *Peau :* mince, lisse, jaune-citron, lavée et comme mouchetée de vermillon sur la face exposée au soleil, amplement maculée de fauve autour du pédoncule, ponctuée de gris au sommet et de brun à la base. — *Chair :* blanche, mi-fine, assez tendre. — *Eau :* suffisante, savoureusement acidulée et sucrée, sans parfum bien prononcé.

Maturité. — Décembre-Février.

Qualité. — Deuxième.

Historique. — Le nom de cette pomme, dont je ne puis comprendre la signification, remonte au plus à 1660. Dans sa *Nouvelle Instruction pour connaître les bons fruits*, le moine Claude Saint-Etienne le cite en 1670 (page 212), mais l'applique à une variété toute différente de la nôtre :

« La Generale — dit-il — est jaune et rouge, fort legere, et si tendre qu'en la maniant on la gaste aisément : bonne vers la fin d'aoust. »

Duhamel, en 1768, mentionna également cette Générale, et lui attribua divers synonymes :

« La Passe-Pomme d'Automne, pomme d'Outrepasse, ou *Générale* — écrivait-il — est de grosseur moyenne et fort ressemblante à la vraie Calville d'Été; sa peau est d'un beau rouge, et sa chair est presque toute teinte de rouge clair et vif. » (*Traité des arbres fruitiers*, t. I, p. 278.)

Cette ancienne variété, qui n'est autre que le Calleville rouge, n'a donc de commun, que le nom, avec celle ici décrite ; et j'en dis autant d'une seconde, de même appellation, faisant partie des synonymes du Doux d'Argent. Mais quant à préciser l'origine de mon pommier Général, cela m'est impossible. J'en ai pris des greffes, vers 1838, dans le Jardin du Comice horticole d'Angers; là se bornent mes renseignements sur son état civil.

Pommes GÉNÉRAL, de GÉNÉRAL et LA GÉNÉRALE. — Synonymes de *Calleville rouge d'Hiver* et de pomme *Doux d'Argent*. Voir ces noms.

Pomme GERMAINE. — Synonyme de pomme *Pearmain d'Hiver*. Voir ce nom.

Pomme GESTREIFTER ROSEN. — Synonyme de pomme *Rose de Saint-Florian*. Voir ce nom.

Pomme GESTRICHTE HERBST-REINETTE. — Synonyme de *Reinette marbrée*. Voir ce nom.

Pomme GEWÜRZ-CALVILLE. — Synonyme de *Calleville aromatique*. Voir ce nom.

Pomme GILLETT'S SEEDLING. — Synonyme de pomme *Belle de Rome*. Voir ce nom.

Pommes : GIRADOTTE,

— GIRANDETTE,

— GIRAUDETTE,

} Synonymes de *Pomme-Poire* [*d'Hiver*]. Voir ce nom.

Pomme GIRODÈLE. — Synonyme de *Reinette verte*. Voir ce nom.

Pomme GIROFLE. — Synonyme de pomme *Petit-Bon*. Voir ce nom.

Pomme GLACE. — Synonyme de *Calleville blanc d'Hiver*. Voir ce nom.

Pommes : DE GLACE BLANCHE,

— DE GLACE BLANCHE TRANSPARENTE,

} Synonymes de pomme de *Glace* [*d'Hiver*]. Voir ce nom.

Pomme DE GLACE D'ÉTÉ. — Synonyme de pomme *d'Astracan blanche*. Voir ce nom.

---

178. Pomme GLACE DE FACHINGEN.

Synonyme. — *Pomme* Fachinger Glas (Diel, *Kernobstsorten*, 1823, t. II, p. 140).

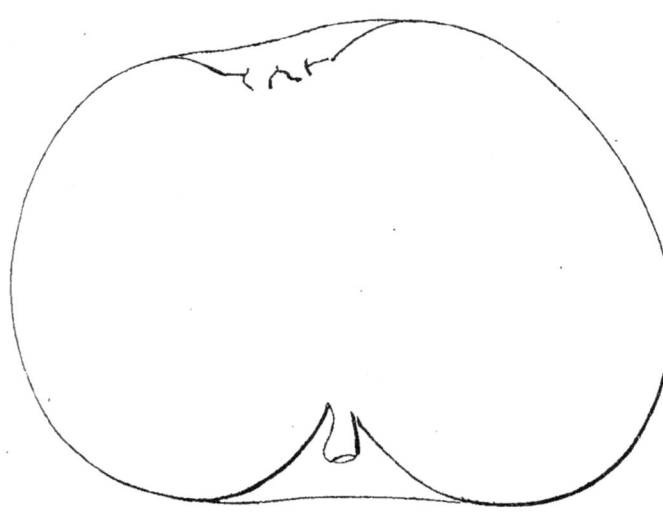

Description de l'arbre. — *Bois :* faible. — *Rameaux :* peu nombreux, étalés, grêles, assez courts, à peine coudés, duveteux et rouge-brun ardoisé. — *Lenticelles :* petites, arrondies, abondantes. — *Coussinets :* aplatis. — *Yeux :* moyens, arrondis, fort cotonneux, légèrement écartés du bois. — *Feuilles :* petites, ovales ou arrondies, acuminées, à bords régulièrement dentés. — *Pétiole :* de longueur moyenne, gros, laissant un peu retomber la feuille, carminé, tomenteux et habituellement sans cannelure. — *Stipules :* très-petites, et souvent même faisant défaut.

Fertilité. — Satisfaisante.

Culture. — Comme plein-vent il lui faut la greffe en tête, mais il n'en fait pas moins des arbres de mauvaise venue; le mieux est de l'écussonner sur doucine pour cordons et buissons.

Description du fruit. — *Grosseur* : volumineuse. — *Forme* : globuleuse, sensiblement plus large que haute, comprimée aux extrémités et presque toujours moins renflée d'un côté que de l'autre. — *Pédoncule* : court et fort, généralement arqué, implanté dans un bassin bien développé. — *OEil* : très-grand, mi-clos ou fermé, à cavité plissée, bosselée, large mais peu profonde. — *Peau* : unie, jaune verdâtre, en partie légèrement fouettée et marbrée de rouge terne, maculée de fauve autour du pédoncule, puis ponctuée de brun sur le jaune et de blanc sur le rouge. — *Chair* : verdâtre ou jaunâtre, mi-fine, ferme, croquante et comme glacée. — *Eau* : suffisante, assez sucrée, agréablement acidulée et faiblement parfumée.

Maturité. — Février-Juin.

Qualité. — Première, en raison surtout de son volume et de sa longue conservation.

Historique. — Cette variété allemande, que je propage depuis 1868, diffère entièrement de notre antique pomme Glace d'Hiver, et l'emporte sur elle en bonté comme en tardivité. Le pomologue Diel la trouva, vers 1820, dans un ancien jardin près de Dietz, à Fachingen (duché de Nassau), village célèbre par ses sources minérales. Il la décrivit en 1823 (*Kernobstsorten*, t. II, p. 140), assurant que c'était un fruit inconnu et, remarque fort exacte, qu'on pouvait le conserver toute une année.

Pomme de GLACE HATIVE. — Synonyme de pomme *d'Astracan blanche*. Voir ce nom.

---

179. Pomme de GLACE [d'hiver].

Synonymes. — *Pommes* : 1. De Verre (Cordus, *Historia stirpium*, 1561, chap. Pommier, n° 20). — 2. Blanche glacée (le Lectier, d'Orléans, *Catalogue des arbres cultivés dans son verger et plant*, 1628, p. 24; — et Manger, *Systematische Pomologie*, 1780, p. 62, n° CXXIII). — 3. De Gelée (Claude Mollet, *Théâtre des jardinages*, 1652-1678, p. 54; — et dom Claude Saint-Étienne, *Nouvelle instruction pour connaître les bons fruits*, 1670, p. 211). — 4. Transparente d'Hiver (Claude Mollet, *ibidem*; — et Duhamel, *Traité des arbres fruitiers*, 1768, t. I, p. 317). — 5. Ardoisée (Merlet, *l'Abrégé des bons fruits*, 1675, p. 147). — 6. De Glace blanche (*Id. ibid.*). — 7. Glacée d'Hiver (Henri Hessen, *Gartenlüst*, 1690, p. 289; — et Manger, *Systematische Pomologie*, 1780, p. 62, n° CXXIII). — 8. D'Astracan d'Hiver (Nolin et Blavet, *Essai sur l'agriculture moderne*, 1755, p. 231; — et Mayer, *Pomona franconica*, 1776-1801, t. III, p. 166, n. 67). — 9. De Moscovie d'Hiver (Mayer, *ibidem*). — 10. Transparente de Moscovie d'Hiver (Manger, *Systematische Pomologie*, 1780, p. 62, n° CXXIII). — 11. Concombre [*par erreur*] (Calvel, *Traité complet sur les pépinières*, 1805, t. III, pp. 42-43, n° 24). — 12. De Glace transparente (*Id. ibid.*, p. 44).

Description de l'arbre. — *Bois* : de moyenne force. — *Rameaux* : peu nombreux, presque érigés, très-longs, assez gros, à peine géniculés, duveteux, rouge-brun lavé de gris. — *Lenticelles* : petites, arrondies, abondantes. — *Coussinets* : presque nuls. — *Yeux* : moyens, coniques-obtus, des plus cotonneux, noyés dans l'écorce. — *Feuilles* : généralement petites, ovales-allongées, longuement acuminées, lisses et vert peu foncé en dessus, d'un gris verdâtre en dessous, minces, assez molles, planes ou relevées en gouttière, ayant les bords légèrement et uniformément dentés. — *Pétiole :* grêle, très-long, bien cannelé. — *Stipules :* petites, pour la plupart.

Fertilité. — Modérée.

Culture. — Les formes naines, sur doucin ou paradis, sont celles qui lui conviennent le mieux ; comme plein-vent, même greffé en tête, il pousse mal et sa tête laisse toujours à désirer pour la ramification et la régularité.

Pomme de Glace [d'Hiver].

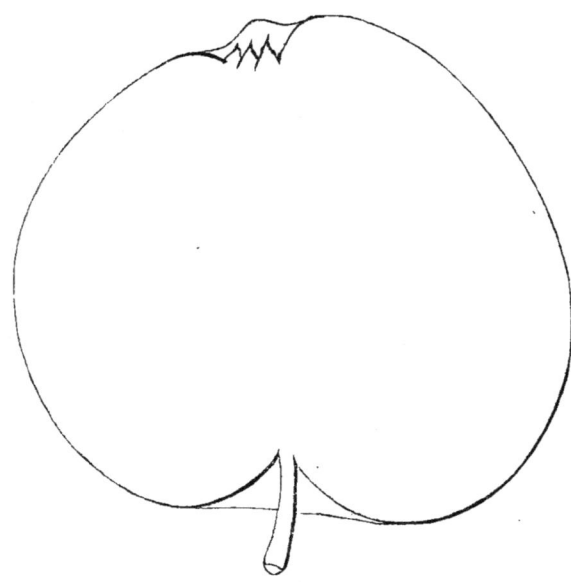

Description du fruit. — *Grosseur :* au-dessus de la moyenne et souvent plus volumineuse. — *Forme :* conique généralement très-ventrue et fortement pentagone. — *Pédoncule :* assez long, mince, planté dans un bassin étroit, quelque peu triangulaire et rarement bien profond. — *Œil :* moyen, mi-clos ou fermé, presque à fleur de chair et plissé tout autour. — *Peau :* verdâtre, en grande partie lavée et fouettée de rouge lie de vin, finement et abondamment ponctuée de gris-blanc. — *Chair :* blanc jaunâtre, croquante, assez ferme et transparente, surtout vers l'œil. — *Eau :* suffisante, sucrée, légèrement vineuse, assez délicatement parfumée.

Maturité. — Novembre-Février.

Qualité. — Deuxième.

Historique. — Ce fruit singulier, très-commun aux environs de Marseille, fut en 1561 fort exactement décrit pour la première fois, sous les noms pomme *de Glace* ou *de Verre*, justifiés par la couleur et la transparence de sa chair. Le botaniste Cordus, né dans la Hesse-Electorale, est l'auteur qui le signalait ainsi (*Historia stirpium*, t. I, p. 187, n° 20). Il eut soin d'en indiquer la provenance : « Ces pommes, dit-il, sont originaires de Cobourg, en Franconie [Nascuntur « Coburgi in Franconia]. » De Cobourg, près Weimar (Saxe), elles pénétrèrent assez vite en France, car dès 1628 le Lectier les cultivait à Orléans, et Claude Mollet, jardinier de Louis XIII, en parlait comme suit, quelques années plus tard :

« Le pommier *de Gelée* est un des plus excellens : il porte le nom de Gelée, parce que lors que l'on mange son fruit, il semble que l'on mange de la glace, et la pomme transparente, sa chair estant ferme, et le goust fort relevé ; il se conserve longtemps « (*Théâtre des jardinages*, édition de 1678, p. 54.)

Parmi les synonymes de cette variété, il en est quelques-uns, pomme d'Astracan, pomme de Moscovie, par exemple, qui pourraient, sans le texte formel de Cordus, la rattacher à la Russie, et non pas à l'Allemagne. Disons donc qu'ils lui vinrent uniquement de certains points de ressemblance extérieure, et même intérieure, avec l'Astracan blanche, caractérisée ci-dessus (pp. 79-81), mûrissant fin juillet et appartenant bien à la pomone russe.

Observations. — Plusieurs pomologues ont cru à l'existence d'une sous-variété, à peau presque blanchâtre, de la pomme de Glace, généralement lavée de rouge lie de vin. Pour moi, je suis convaincu que cette nuance jaune blafard ne constitue pas une sous-variété, mais provient de l'exposition de l'arbre ou du fruit, ainsi que je l'ai souvent remarqué, notamment pour la plus colorée des pommes, le Cœur de Bœuf, dont j'ai cueilli, sur le même pied, des fruits à peau complètement rouge et des fruits à peau entièrement verdâtre. — En 1805 Calvel s'est longuement occupé, dans son *Traité des pépinières* (t. III, p. 42), d'une pomme de Glace, ou Rouge des Chartreux, alors toute nouvelle. Cette espèce n'est nullement identique avec celle que nous venons d'étudier. Il citait aussi une pomme Concombre, qu'ensuite on supposa semblable à notre pomme de Glace, mais à tort, puisque Calvel la dit grosse comme un œuf ordinaire, et deux fois plus longue. — J'ajoute que la chair de la pomme de Glace est toujours, dans sa partie transparente, beaucoup plus ferme et moins savoureuse qu'elle ne l'est dans la partie demeurée à l'état naturel.

Pomme GLACE ROUGE. — Synonyme de *Reinette des Carmes*. Voir ce nom.

Pomme DE GLACE TRANSPARENTE. — Synonyme de pomme *de Glace d'Hiver*. Voir ce nom.

Pommes : GLACE DE ZÉLANDE,

— GLACÉE D'ÉTÉ,

Synonymes de pomme *d'Astracan blanche*. Voir ce nom.

Pomme GLACÉE D'HIVER. — Synonyme de pomme *de Glace d'Hiver*. Voir ce nom.

Pomme GLAMMIS CASTLE. — Synonyme de pomme *Tour de Glammis*. Voir ce nom.

Pomme GLANZ-REINETTE. — Synonyme de *Reinette brillante*. Voir ce nom.

Pomme GLAZENWOOD GLORIA MUNDI. — Synonyme de pomme *Joséphine*. Voir ce nom.

Pomme GLOIRE DE FLANDRE. — Synonyme de pomme *Belle-Fleur de Brabant*. Voir ce nom.

Pomme GLORIA MUNDI. — Synonyme de pomme *Joséphine*. Voir ce nom.

Pomme GLORY OF YORK. — Synonyme de pomme *Ribston Pippin*. Voir ce nom.

Pomme GOL-PEPIN. — Synonyme de pomme *d'Or d'Angleterre*. Voir ce nom.

Pomme GOLD VON KEW. — Synonyme de pomme *Admirable de Kew*. Voir ce nom.

Pomme GOLDEN DROP. — Synonyme de pomme *Court de Wick*. Voir ce nom.

Pomme GOLDEN DROP COË'S. — Synonyme de pomme *Goutte d'Or de Coë*. Voir ce nom.

180. Pomme GOLDEN NOBLE.

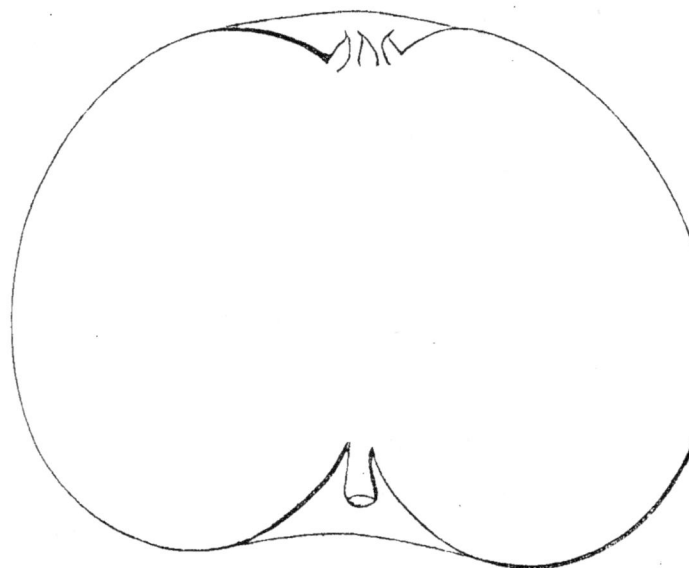

Description de l'arbre. — *Bois :* fort. — *Rameaux :* assez nombreux, plus ou moins érigés, peu longs, très-gros, bien coudés, duveteux, roux verdâtre foncé lavé de rouge ardoisé, ayant de très-courts mérithalles. — *Lenticelles :* grandes, arrondies, peu abondantes. — *Coussinets :* larges et saillants. — *Yeux :* moyens ou petits, arrondis, aplatis, excessivement cotonneux, noyés dans l'écorce. — *Feuilles :* moyennes, ovales-allongées, vert clair, planes, rarement acuminées, à bords assez profondément dentés ou crénelés. — *Pétiole :* gros, très-long, tomenteux, faiblement cannelé. — *Stipules :* bien développées.

Fertilité. — Ordinaire.

Culture. — Quoique ses rameaux soient un peu courts, on n'en doit pas moins le greffer ras terre pour l'élever à tige, son tronc poussant droit et devenant suffisamment gros. Sur paradis, sa végétation reste aussi très-convenable et permet de lui donner toute espèce de forme naine.

Description du fruit. — *Grosseur :* considérable. — *Forme :* globuleuse, aplatie à la base et sensiblement plus large que haute. — *Pédoncule :* court et gros, souvent arqué, implanté dans un vaste bassin. — *Œil :* grand, mi-clos, à cavité légèrement plissée, large, peu profonde. — *Peau :* unicolore, jaune d'or brillant, amplement maculée de fauve autour du pédoncule, finement ponctuée de blanc vers l'œil et de brun à l'autre extrémité. — *Chair :* jaunâtre, fine, presque entièrement fondante, quoique assez ferme. — *Eau :* abondante, bien sucrée, possédant une saveur acidule et parfumée des plus délicates.

Maturité. — Octobre-Janvier.

Qualité. — Première.

Historique. — En 1820, vers la fin de l'automne, ce fruit si remarquable figura dans une exposition organisée à Londres par la Société d'Horticulture de cette ville. Il y fut très-apprécié, et parmi les détails que renferme sur lui le procès-verbal du concours, nous lisons les suivants, relatifs à son origine :

« M. Patrick Flanagan, jardinier de sir Thomas Hare, à Stowe-Hall (Norfolk), nous a envoyé pour l'exposition, des pommes d'une variété nouvelle, par lui nommée *Golden noble*. Il en a pris les greffons sur un vieil arbre poussé dans un jardin situé près Downham (Norfolk), et qui réellement est le pied-mère, car il ne porte aucune trace de greffe. » (*Transactions*, année 1820, t. IV, p. 524.)

Les Allemands ont cultivé ce pommier avant nous. C'est par l'entremise du professeur Koch, de Berlin, que je l'ai connu et possédé. Je le propage seulement depuis 1869.

Pomme GOLDEN PIPPIN. — Synonyme de pomme *d'Or d'Angleterre*. Voir ce nom.

Pommes : GOLDEN REINETTE,

— GOLDEN REINETTE DE KIRKE,

Synonymes de pomme *Princesse noble*. Voir ce nom.

Pomme GOLDEN SWEET. — Synonyme de pomme *Northern Sweet*. Voir ce nom.

Pomme GOLDEN VINING. — Synonyme de pomme *Hubbard's Pearmain*. Voir ce nom.

Pomme GOLDEN WINTER PEARMAIN. — Synonyme de pomme *Pearmain dorée*. Voir ce nom.

Pomme GOLDGULDERLING. — Synonyme de pomme *Gulderling doré*. Voir ce nom.

---

181. Pomme GOLDMOHR.

Synonyme. — Pomme Hollandische Goldreinette (Diel, *Kernobstsorten*, 1801, t. IV, p. 134).

Description de l'arbre. — *Bois :* assez faible. — *Rameaux :* peu nombreux, arqués et étalés, de longueur et grosseur moyennes, coudés, duveteux, surtout au sommet, brun-fauve verdâtre nuancé de gris. — *Lenticelles :* allongées, grandes et clair-semées. — *Coussinets :* ressortis. — *Yeux :* petits, coniques-pointus, écartés du bois, aux écailles cotonneuses et mal soudées. — *Feuilles :* petites et peu nombreuses, ovales-allongées à la base du rameau, ovales-arrondies au sommet, vert terne en dessus, vert grisâtre en dessous, courtement acuminées, irrégulièrement et finement dentées sur leurs bords. — *Pétiole* : grêle, court et rigide, ponctué de rose vif, à cannelure étroite et profonde. — *Stipules* : presque nulles.

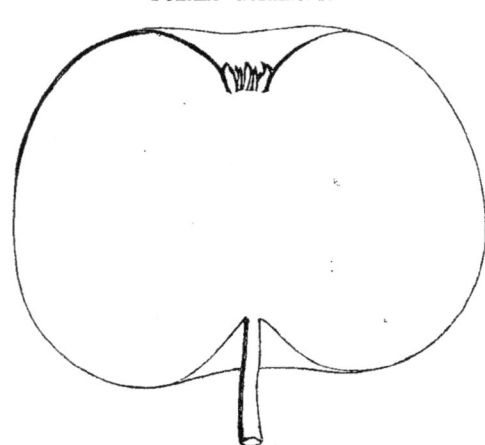

Pomme Goldmohr.

Fertilité. — Satisfaisante.

Culture. — Sa végétation est médiocre, aussi est-il convenable de le destiner à la basse-tige sur doucin, il y fera de petits mais d'assez jolis arbres. Comme plein-vent il n'offrirait jamais, même greffé en tête, de pommiers d'un grand avenir ou d'un bel aspect.

Description du fruit. — *Grosseur* : moyenne. — *Forme* : sphérique, légèrement comprimée aux pôles. — *Pédoncule* : long ou de longueur moyenne, assez fort, planté dans un bassin prononcé. — *Œil* : grand, mi-clos, à cavité vaste et unie. — *Peau* : à fond jaune verdâtre, en majeure partie lavée de brun rugueux et souvent squammeux, puis couverte de très-larges et saillants points roux formant étoile. — *Chair* : blanc jaunâtre, fine et mi-tendre. — *Eau* : peu abondante, sucrée, acidulée, faiblement parfumée.

Maturité. — Décembre-Février.

Qualité. — Deuxième.

Historique. — Il y a deux ans que je possède ce pommier, dont je dois les greffes à M. Oberdieck, superintendant à Jeinsen, près Hanovre, et l'un des plus savants pomologues de l'Allemagne. Diel le signalait en 1801 dans son *Kernobstsorten* (t. IV, p. 134) et lui donnait pour synonyme le nom Hollandische Goldreinette, qui porte à croire que cette variété serait plutôt hollandaise qu'allemande, surtout devant le passage suivant, du même auteur : « J'ai reçu « — écrivait Diel — ce fruit de mon ami l'inspecteur Huffel, de Gladenbach, puis « aussi de la ville de *la Haye*. »

Pomme GOLDREINETTE [des Allemands]. — Synonyme de *Reinette franche*. Voir ce nom.

Pomme GOLDREINETTE VON BLENHEIM. — Synonyme de pomme *de Blenheim*. Voir ce nom.

Pomme GORGE DE PIGEON. — Synonyme de *Fenouillet gris*. Voir ce nom.

Pommes : GOUD,

— GOULD-PIPPIN,

— GOULE-PEPIN,

Synonymes de pomme *d'Or d'Angleterre*. Voir ce nom.

182. Pomme GOUTTE D'OR DE COË.

Synonyme. — *Pomme* Coë's Golden Drop (Thompson, *Catalogue of fruits cultivated in the garden of the horticultural Society of London*, 1852, p. 17, n° 274).

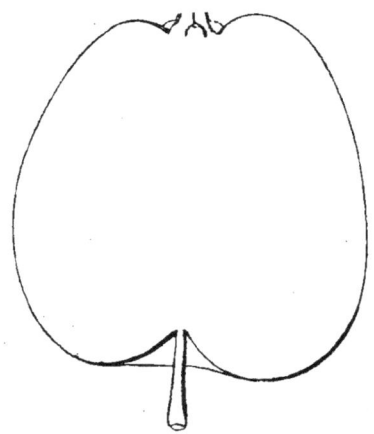

Description de l'arbre. — *Bois :* peu fort. — *Rameaux :* nombreux, légèrement étalés, de grosseur et longueur moyennes, à peine géniculés, sensiblement duveteux, brun olivâtre clair. — *Lenticelles :* petites, allongées ou arrondies, assez abondantes. — *Coussinets :* larges et ressortis. — *Yeux :* petits, arrondis, cotonneux, plaqués sur le bois. — *Feuilles :* très-petites, ovales, longuement acuminées, planes ou contournées, à bords fortement dentés ou crénelés. — *Pétiole :* de grosseur et longueur moyennes, tomenteux, souvent dépourvu de cannelure. — *Stipules :* longues et étroites.

Fertilité. — Satisfaisante.

Culture. — Pour qu'il fasse de passables plein-vent, on le greffe en tête; les formes buisson et cordon lui conviennent, mais particulièrement sur paradis; si on le destine à la pyramide ou à l'espalier, c'est le doucin qu'il faut lui donner comme sujet, afin d'obtenir un plus grand développement de végétation.

Description du fruit. — *Grosseur :* au-dessous de la moyenne. — *Forme :* conique-obtuse, plus ou moins allongée ou ventrue. — *Pédoncule :* assez long, grêle, renflé au point d'attache, implanté dans un bassin peu prononcé. — *Œil :* grand ou moyen, bien ouvert, placé à fleur de chair et plissé sur ses bords. — *Peau :* jaune clair, nuancée de vert dans l'ombre, jaune brunâtre sur l'autre face, où parfois même elle est légèrement lavée de rose, amplement maculée de fauve autour du pédoncule et semée de gros et nombreux points gris, en étoile. — *Chair :* verdâtre ou jaunâtre, ferme, compacte et croquante. — *Eau :* abondante ou suffisante, très-sucrée, acidule, possédant un délicieux parfum de rose et d'anis.

Maturité. — Décembre-Mai.

Qualité. — Première.

Historique. — C'est une pomme d'origine anglaise; seulement son lieu de naissance a soulevé jusqu'ici quelques contestations, et même n'a pas encore été déterminé. Le docteur Robert Hogg donnait sur elle en 1859, dans sa Pomologie, les renseignements suivants :

« Cette variété fut signalée pour la première fois par Gervase Coë, de Bury-Saint-Edmonds, localité où poussa le prunier *Golden drop*. On dit généralement que la pomme Goutte d'Or de Coë est très-ancienne et répandue depuis nombre d'années dans quelques vergers d'Essex, mais que néanmoins M. Coë l'a propagée comme sortie de ses propres semis. » (*The Apple and its varieties*, pp. 58-59.)

Pomme GOWRIE. — Synonyme de pomme *Tour de Glammis*. Voir ce nom.

Pomme GRAAWE FOS-RENET. — Synonyme de *Reinette d'Osnabruck*. Voir ce nom.

---

183. Pomme GRAF STERBERG.

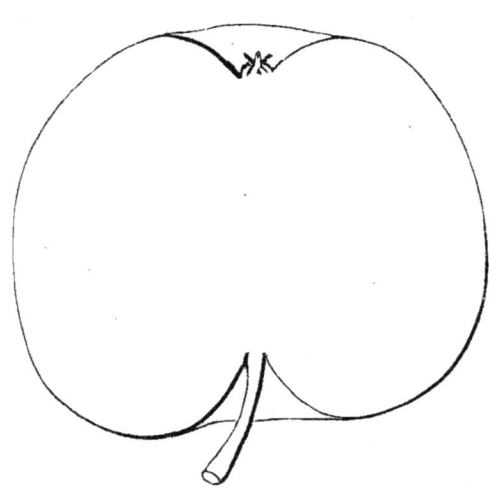

Description de l'arbre. — *Bois :* très-fort. — *Rameaux :* peu nombreux, légèrement étalés pour la plupart, des plus longs et des plus gros, sensiblement coudés et duveteux, d'un rouge-brun excessivement foncé. — *Lenticelles :* grandes, allongées ou arrondies, assez abondantes. — *Coussinets :* saillants et très-larges. — *Yeux :* petits, arrondis et aplatis, cotonneux et noyés dans l'écorce. — *Feuilles :* très-grandes, ovales-arrondies, courtement acuminées, ayant les bords profondément dentés. — *Pétiole :* long, très-gros, tomenteux, rarement cannelé. — *Stipules :* moyennes.

Fertilité. — Ordinaire.

Culture. — Toute espèce de forme et de sujet lui conviennent.

Description du fruit. — *Grosseur :* moyenne. — *Forme :* globuleuse ou conique-arrondie, généralement moins volumineuse d'un côté que de l'autre. — *Pédoncule :* assez long ou de longueur moyenne, arqué, souvent mince à son milieu et plus fort à ses extrémités, inséré dans un vaste bassin. — *Œil :* grand ou moyen, ouvert ou mi-clos, à cavité irrégulière, large, assez profonde et entourée de faibles gibbosités. — *Peau :* jaune d'or, finement ponctuée de roux, tachée de fauve autour du pédoncule et lavée de rouge-brun sur la face exposée au soleil, où parfois aussi elle porte quelques macules noirâtres. — *Chair :* blanche, fine et tendre, peu croquante. — *Eau :* abondante, très-sucrée, acidule, ayant une légère saveur musquée fort délicate.

Maturité. — Décembre-Juin.

Qualité. — Première.

Historique. — J'ai pris des greffes de ce pommier dans l'ancien Jardin fruitier du Comice horticole d'Angers, et le multiplie depuis 1846. Il était à cette époque de toute récente introduction chez nous, et passait pour appartenir à l'Allemagne. M. Hérincq, botaniste attaché au Muséum d'histoire naturelle de Paris, le signala en 1848, page 429 de la *Revue horticole*, comme étant aussi cultivé aux environs de la Capitale, chez M. Croux, pour lors pépiniériste à Villejuif. Dire maintenant que le Graf Sterberg, ou Comte Sterberg, en notre langue, est réellement un gain des Allemands, je ne le puis; j'ai toutefois un doute sérieux à cet égard, aucune des principales Pomologies allemandes n'ayant décrit, ni même mentionné, ce délicieux fruit.

Pomme GRÄFENSTEINER. — Synonyme de pomme *de Gravenstein.* Voir ce nom.

184. Pomme GRAIN D'OR.

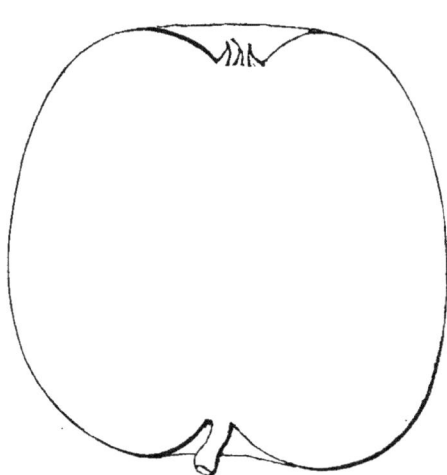

Description de l'arbre. — *Bois:* peu fort. — *Rameaux :* nombreux, généralement érigés, assez longs, de grosseur moyenne, bien flexueux et cotonneux, brun verdâtre clair. — *Lenticelles :* petites, allongées, très-abondantes. — *Coussinets :* ressortis. — *Yeux :* petits, arrondis, légèrement écartés du bois. — *Feuilles :* petites, ovales ou elliptiques, vert clair en dessus, gris verdâtre en dessous, longuement acuminées, ayant les bords dentés ou crénelés. — *Pétiole :* profondément cannelé, long, bien nourri, nuancé de rose à la base. — *Stipules :* petites pour la plupart.

Fertilité. — Très-grande.

Culture. — Ce pommier, par sa remarquable fertilité, convient surtout pour le plein-vent et le verger; on doit alors le greffer en tête, afin d'obtenir des arbres à forte tige, car écussonné ras terre il reste toujours, quant au tronc, grêle et peu droit. Sur paradis il se prête parfaitement aux formes cordon ou buisson; et sur doucin, à la pyramide ou à l'espalier.

Description du fruit. — *Grosseur :* moyenne et parfois moins volumineuse. — *Forme :* cylindrique, habituellement assez allongée. — *Pédoncule :* court et gros, arqué, souvent charnu, obliquement implanté dans un bassin peu développé. — *Œil :* moyen, mi-clos, à sépales étroites et assez longues, à cavité large mais rarement très-profonde. — *Peau :* jaune d'or, fortement carminée sur le côté de l'insolation, marbrée, sur l'autre face, de brun-gris squammeux, et parsemée d'énormes points roux formant étoile. — *Chair :* jaunâtre, croquante, mi-tendre, se flétrissant aisément. — *Eau :* suffisante, sucrée, bien acidulée, des plus savoureuses.

Maturité. — Novembre-Février.

Qualité. — Première.

Historique. — Le célèbre docteur Bretonneau, mort en 1862, se livrait avec passion, dans le curieux jardin qu'il avait créé à Tours, à la culture des fruits. Ce fut lui qui me donna, vers 1848, des greffes du pommier Grain d'Or, dont il était, paraît-il, l'obtenteur et le parrain. C'est une de nos meilleures variétés.

Observations. — Dans les pépinières des environs de Paris, j'ai maintes fois constaté, surtout en 1867, que la pomme Grain d'Or portait le pseudonyme *Drap d'Or*. Le fait est d'autant plus regrettable, que l'ancien fruit ayant réellement droit à ce dernier nom, n'a pas le moindre rapport avec la pomme, toute moderne, qu'on a ainsi débaptisée.

185. Pomme GRAND-ALEXANDRE.

Synonymes. — *Pommes* : 1. Aporta (Van Mons, *Catalogue descriptif de partie des arbres fruitiers qui de 1798 à 1823 ont formé sa collection*, p. 56, n° 165). — 2. Alexandre (*Id. ibid.*). — 3. Comte Woronzoff (John Turner, *Transactions of the horticultural Society of London*, 1819, t. III, p. 328). — 4. Empereur Alexandre Ier (George Lindley, *Guide to the orchard and kitchen garden*, 1831, p. 14, n° 22). — 5. Empereur de Russie (Thompson, *Catalogue of fruits cultivated in the garden of the horticultural Society of London*, 1842, p. 4, n° 7). — 6. Fin d'Automne (*Revue horticole*, 3e série, 1847, t. I, p. 19). — 7. Gros-Alexandre (A. Bivort, *Album de pomologie*, 1849, t. II, p. 9). — 8. Corail (C. A. Hennau, *Annales de pomologie belge et étrangère*, 1856, t. IV, p. 35). — 9. Empereur Alexandre de Russie (*Id. ibid.*). — 10. Phönix (*Id. ibid.*). — 11. Pomona Britannica (*Id. ibid.*). — 12. Beauty of Queen (Galopin, de Liége, *Catalogue d'arbres fruitiers*, 1866, p. 28). — 13. Belle d'Orléans (*Id. ibid.*). — 14. Président Napoléon (*Id. ibid.*). — 15. Albertin (Congrès pomologique, *Pomologie de la France*, 1867, t. IV, n° 32). — 16. Aubertin (*Id. ibid.*).

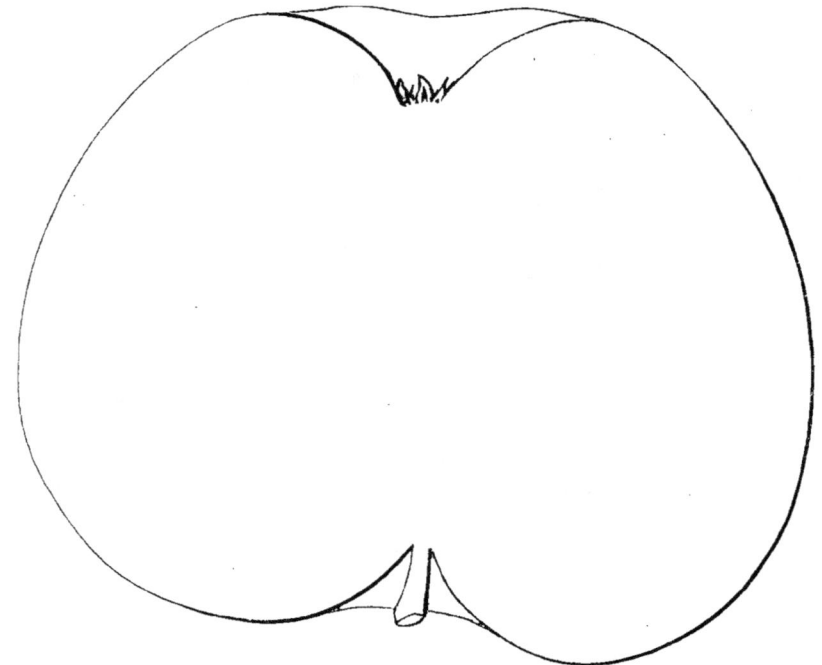

Description de l'arbre. — *Bois* : fort. — *Rameaux* : nombreux, habituellement un peu étalés, longs et de grosseur moyenne, assez géniculés, bien cotonneux et d'un brun verdâtre nuancé de rouge. — *Lenticelles* : petites, arrondies, et clair-semées. — *Coussinets* : très-ressortis. — *Yeux* : volumineux, coniques, duveteux, plaqués sur l'écorce. — *Feuilles* : très-grandes, minces, ovales, vert clair jaunâtre en dessus, légèrement cotonneuses et blanc verdâtre en dessous, acuminées, planes et à bords largement crénelés. — *Pétiole :* long, bien nourri, sensiblement cannelé. — *Stipules :* courtes et larges.

Fertilité. — Satisfaisante.

Culture. — Cette variété est très-avantageuse pour les pépiniéristes, car sa tige pousse droite et grosse; toutefois, comme production, le plein-vent ne lui convient pas, le moindre ouragan détachant aussitôt de l'arbre, avant leur maturité, ses énormes fruits. Les formes naines lui sont, au contraire, des plus favorables, lors surtout qu'on la greffe sur paradis.

Description du fruit. — *Grosseur :* considérable. — *Forme :* conique-arrondie, légèrement pentagone et plus ou moins allongée. — *Pédoncule :* gros et court, planté dans un bassin de dimensions assez variables. — *Œil :* très-grand, mi-clos, à cavité large, profonde et presque unie. — *Peau :* à fond vert clair jaunâtre, maculée de brun autour du pédoncule, fortement ponctuée de gris, puis en partie marbrée, lavée et rubanée d'un beau carmin faiblement voilé par une efflorescence glauque. — *Chair :* un peu verdâtre, croquante, assez tendre. — *Eau :* abondante, acidulée et très-sucrée, douée d'un arome particulier des plus savoureux et bien prononcé.

Maturité. — Septembre-Octobre.

Qualité. — Première.

Historique. — Originaire de Moscou vers la fin du xviiie siècle, cette variété s'y trouvait cultivée, ainsi que dans les provinces russes limitrophes, sous le nom d'*Aporta*, lorsqu'en janvier 1817 M. Lee, pépiniériste à Hammersmith, faubourg de Londres, en prit des greffes à Riga (Livonie) pour propager en Angleterre cet admirable fruit, qu'il surnomma *Alexandre Ier*, en l'honneur du souverain dans l'empire duquel il l'avait rencontré. Bientôt les Belges et les Allemands possédèrent à leur tour, ce pommier, venu beaucoup plus tard chez nous, en 1838 environ, et qui même y resta longtemps localisé dans les départements du Nord. Né en 1777, l'empereur auquel les Anglais le dédièrent fut couronné en 1801 et mourut en 1825. Il est fâcheux que du surnom Gros-Alexandre, souvent donné à cette énorme pomme, on ait fait ensuite Grand-Alexandre, maintenant généralement accepté, car qui ne connaîtrait les autres synonymes de ladite variété, la croirait dédiée au fameux Alexandre le Grand des Lacédémoniens, bien plutôt qu'à cet Alexandre de toutes les Russies.

Observations. — La grosseur qu'atteint ce fruit est quelquefois si considérable qu'en 1846 j'en ai vu d'exposés, à Lille, qui mesuraient 37 centimètres de circonférence. — Quoiqu'il soit assez difficile de le confondre avec toute autre variété, cependant il a figuré sous de faux noms dans divers concours, notamment à Paris en 1867, où chacun a pu le remarquer étiqueté *Pauline de Vigny*, puis *Verdin de Hollande*. Parfois aussi il a été vendu pour le *Grand-Richard*, dont l'article vient ci-après. Enfin on lui a, mais assez rarement, attribué le synonyme *Victoria*, appartenant à la pomme Ben-Davis, décrite plus haut (page 126).

Pomme GRAND-BOHEMIAN BORSDÖRFFER. — Synonyme de pomme *de Borsdorf*. Voir ce nom.

Pomme GRAND-DOUX. — Synonyme de pomme *Doux-Blanc*. Voir ce nom.

186. Pomme GRAND-DUC CONSTANTIN.

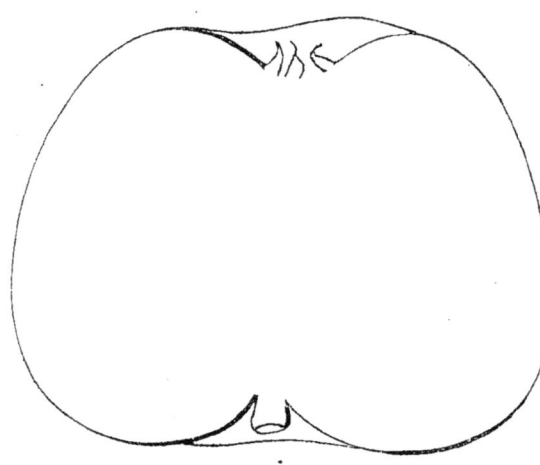

Description de l'arbre.
— *Bois :* fort. — *Rameaux :* bien nombreux, assez étalés, gros, longs, très-géniculés et cotonneux, brun-rouge foncé lavé de gris. — *Lenticelles :* grandes, abondantes, sensiblement allongées. — *Coussinets :* des plus accusés. — *Yeux :* moyens, ovoïdes-arrondis, duveteux, plaqués sur le bois. — *Feuilles :* grandes, ovales et acuminées pour la plupart, à bords largement crénelés. — *Pétiole :* gros, assez long et très-profondément cannelé. — *Stipules :* petites et larges.

Fertilité. — Abondante.

Culture. — On peut l'écussonner ras terre pour l'élever à tige, sa végétation étant très-active, mais sa tige ne conserve pas convenablement sa grosseur; ainsi elle aura, sur des sujets de quatre ans de greffe, 12 centimètres de circonférence à la base, contre 3 ou 4 au sommet. Les formes buisson et cordon, sur paradis, sont très-favorables à ce pommier. Pour la pyramide et l'espalier, c'est le doucin qu'il exige.

Description du fruit. — *Grosseur* : moyenne. — *Forme* : conique-arrondie, plus ou moins comprimée aux pôles. — *Pédoncule :* court et très-nourri, inséré dans un large et profond bassin. — *Œil :* grand, mi-clos ou complètement ouvert, à longues sépales et à vaste cavité légèrement plissée. — *Peau :* mince, jaune verdâtre, colorée de rouge-brun à l'insolation et faiblement ponctuée de gris dans le voisinage de l'œil. — *Chair :* blanc verdâtre, fine et assez ferme. — *Eau :* suffisante, sucrée, agréablement acidulée, sans parfum bien prononcé.

Maturité. — Août.

Qualité. — Deuxième.

Historique. — J'ai reçu de Crimée, en 1850, ce pommier dédié au second fils du défunt empereur Nicolas, le grand-duc Constantin, né en 1827 et grand-amiral de Russie. Cette variété n'est pas très-connue, tant chez nous qu'à l'étranger, car je ne l'ai trouvée décrite dans aucune de mes nombreuses Pomologies.

---

187. Pomme GRAND-RICHARD.

Description de l'arbre. — *Bois :* de force moyenne. — *Rameaux :* assez nombreux, légèrement étalés, gros et peu longs, bien coudés, très-cotonneux, brun olivâtre. — *Lenticelles :* grandes ou moyennes, allongées, très-abondantes. — *Coussinets :* des plus aplatis. — *Yeux :* moyens, ovoïdes, duveteux, noyés dans l'écorce. — *Feuilles :* assez grandes, ovales, épaisses, vert clair et faiblement cotonneuses, même en dessus, très-longuement accuminées, à bords finement dentés ou crénelés. — *Pétiole :* très-long, bien nourri, laissant retomber la feuille et presque dépourvu de cannelure. — *Stipules :* peu développées.

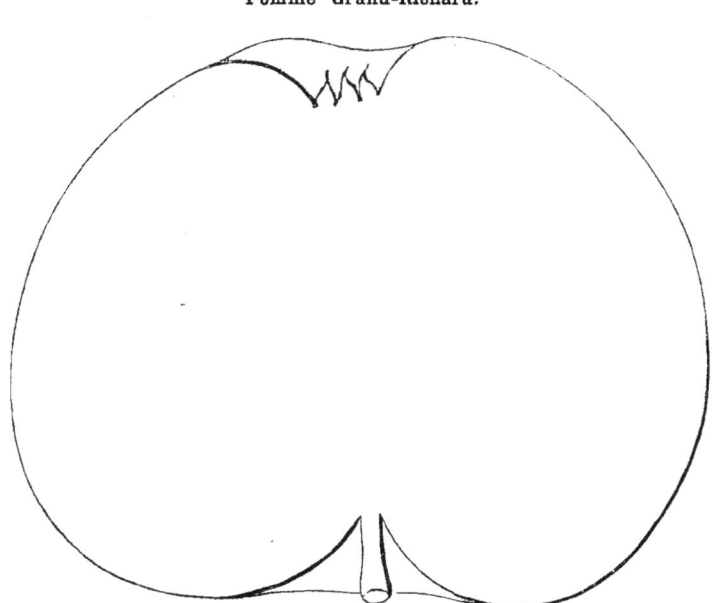

Pomme Grand-Richard.

Fertilité. — Remarquable.

Culture. — L'excessive fertilité de ce pommier, ralentit sa croissance; pour en faire un arbre de plein-vent il faut donc l'écussonner en tête, et sur une variété bien vigoureuse. Des formes naines, le cordon et le gobelet sont celles qui lui conviennent avant tout; on le greffe alors sur doucin, où il prend un assez beau développement et donne de très-volumineux produits.

Description du fruit. — *Grosseur :* considérable. — *Forme :* conique-arrondie, aplatie à la base, pentagone et gibbeuse au sommet. — *Pédoncule :* un peu arqué, fort et de moyenne longueur, implanté dans un bassin habituellement large et profond. — *Œil :* grand, mi-clos ou fermé, à vaste cavité assez unie dans l'intérieur mais accidentée sur les bords. — *Peau :* jaune clair, tachetée de vert du côté de l'ombre, amplement lavée et marbrée, sur l'autre face, de rose fouetté de carmin foncé, maculée de roux autour du pédoncule, puis ponctuée de gris sur le rose et de brun sur le jaune. — *Chair :* blanche, tendre et peu croquante. — *Eau :* suffisante, sucrée, agréablement mais assez fortement acidulée, ayant un délicieux parfum qui rappelle celui de la rose.

Maturité. — Septembre-Novembre.

Qualité. — Première.

Historique. — Ce pommier, dont les produits rivalisent avec ceux du Grand-Alexandre, tant pour le volume que pour l'excellence et la beauté, m'est venu d'Allemagne il y a douze ou quinze ans. On l'y cultive assez communément, surtout dans le duché de Holstein, qui passe pour l'avoir vu naître. Les pomologues allemands l'ont souvent décrit, notamment Hirschfeld (1788), Christ (1817) et Dittrich (1841). Cette variété compte alors, pour le moins, un siècle d'existence.

Observations. — Il est important, entraîné par la similitude du nom, de ne pas confondre les pommes *Richard jaune* et *Richard*, avec celle ici décrite, qui

Pomme GRAND-SULTAN. — Synonyme de pomme *Transparente jaune*. Voir ce nom.

Pomme GRAND-TALON. — Synonyme de pomme *Figue d'Été*. Voir ce nom.

188. Pomme GRANDE-POMME D'ÉTÉ.

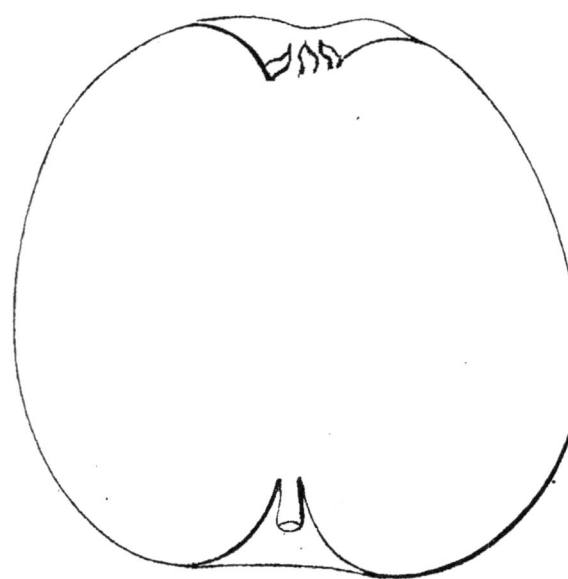

Description de l'arbre. — *Bois* : fort. — *Rameaux* : peu nombreux, généralement bien étalés, gros et longs, sensiblement coudés, très-duveteux, rouge-brun foncé lavé de gris. — *Lenticelles* : clair-semées, grandes, arrondies ou allongées. — *Coussinets* : larges et bien ressortis. — *Yeux* : volumineux, ovoïdes, cotonneux, collés en partie sur le bois. — *Feuilles* : assez grandes, ovales ou elliptiques, longuement acuminées, ayant les bords profondément dentés et légèrement ondulés. — *Pétiole* : court et très-gros, carminé, tomenteux, rarement cannelé. — *Stipules* : longues et larges.

Fertilité. — Ordinaire.

Culture. — Toutes les formes naines lui sont avantageuses, sur doucin comme sur paradis. Le plein-vent lui convient également; à ce point, que même greffé ras terre il fait des tiges grosses et droites.

Description du fruit. — *Grosseur* : volumineuse. — *Forme* : cylindrique ou conique, mais toujours sensiblement allongée et plus ou moins pentagone. — *Pédoncule* : court ou très-court, mince ou assez nourri, planté dans un bassin habituellement étroit et profond. — *Œil* : grand, mi-clos, à cavité fortement plissée, et rarement très-vaste. — *Peau* : légèrement onctueuse, vert jaunâtre, fouettée et marbrée de rose clair sur le côté exposé au soleil, puis semée de nombreux points gris. — *Chair* : blanche, fine et tendre. — *Eau* : abondante, sucrée, un peu acidulée, possédant une saveur exquise.

Maturité. — Août-Octobre.

Qualité. — Première.

Historique. — La Grande-Pomme d'Été m'est venue du Wurtemberg en 1865, mais je ne possède aucune note sur son âge ni sur la localité où elle a poussé. Je ne l'ai trouvée, non plus, décrite chez les principaux pomologues de ce pays. Il ne s'ensuit pas moins qu'elle constitue pour sa bonté, sa précocité et son assez longue conservation, une variété précieuse dont la propagation ne saurait trop être recommandée.

Pomme GRANNY BUFF. — Synonyme de pomme *Buff*. Voir ce nom.

Pomme GRAVE SLIGE. — Synonyme de pomme *de Gravenstein*. Voir ce nom.

---

189. Pomme de GRAVENSTEIN.

Synonymes. — *Pommes* : 1. Gräfensteiner (Diel, *Kernobstsorten*, 1806, t. VIII, p. 8). — 2. Grave Slige (Thompson, *Catalogue of fruits cultivated in the garden of the horticultural Society of London*, 1842, p. 18, n° 297). — 3. Sabine [des Flamands] (*Id. ibid.*). — 4. Calville Graffensteiner (C. A. Hennau, *Annales de pomologie belge et étrangère*, 1854, t. II, p. 109). — 5. Ohio Nonpareil (Elliott, *Fruit book*, 1854, p. 83). — 6. Gravensteiner (Éd. Lucas, *Illustrirtes Handbuch der Obstkunde*, 1859, t. I, p. 47, n° 8).

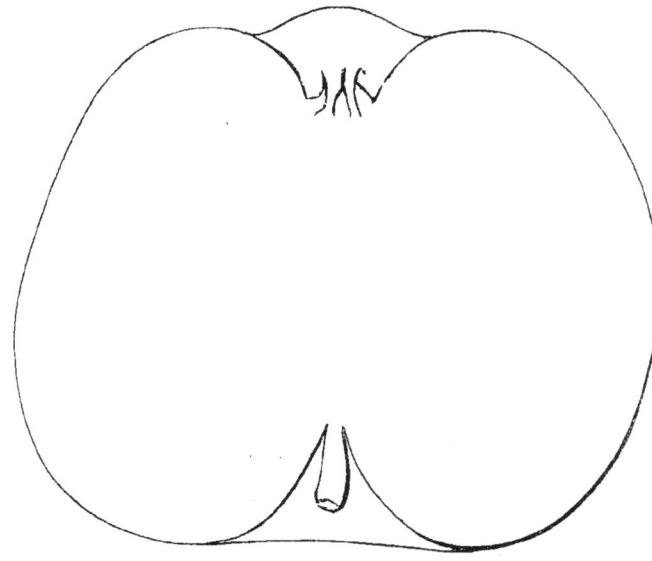

Description de l'arbre. — *Bois* : très-fort. — *Rameaux* : assez nombreux, très-étalés et bien arqués, gros, longs, peu géniculés, sensiblement cotonneux, rouge-brun ardoisé. — *Lenticelles* : grandes, allongées et des plus clair-semées. — *Coussinets* : aplatis. — *Yeux* : très-volumineux, ovoïdes-allongés, couverts de duvet, presqu'entièrement collés sur le bois. — *Feuilles* : grandes, ovales-allongées ou elliptiques, assez coriaces, vert luisant et foncé en dessus, blanchâtre en dessous, rarement acuminées, ayant les bords uniformément crénelés. — *Pétiole* : gros et long, bien carminé, surtout à la base, et généralement sans cannelure. — *Stipules* : très-longues et de moyenne largeur.

Fertilité. — Remarquable.

Culture. — Il pousse vigoureusement, mais grossit avec lenteur ; on doit, pour le plein-vent, l'écussonner en tête ; pour les buissons ou cordons, le placer sur paradis ; et sur doucin quand il est destiné à la pyramide ou à l'espalier.

Description du fruit. — *Grosseur :* volumineuse. — *Forme :* conique-ventrue, irrégulière et sensiblement pentagone. — *Pédoncule :* gros, de longueur moyenne, inséré dans un bassin considérable. — *Œil :* grand, mi-clos ou fermé, cotonneux, à sépales larges et longues, à vaste cavité des plus profondes et des plus bossuées sur les bords. — *Peau :* unie, à fond jaune clair, amplement, mais légèrement striée et marbrée de carmin, tachée autour du pédoncule et très-finement ponctuée de gris. — *Chair :* blanchâtre, fine, tendre. — *Eau :* abondante et fort sucrée, agréablement acidulée, douée d'un parfum réellement exquis.

Maturité. — Septembre-Novembre.

Qualité. — Première.

Historique. — Cette pomme jouit à juste titre d'une grande renommée, et date de 1760 environ. Deux versions existent sur son origine; l'une, émise par les Anglais et les Français, la fait naître au château même de Graefenstein (Schleswig-Holstein), appartenant aux ducs d'Augustenbourg; l'autre, venue des Allemands, veut au contraire que ce fruit ait été importé d'Italie à Schleswig, puis cultivé dès l'abord dans le parc de Graefenstein, d'où il aurait tiré son présent nom. J'avoue partager l'opinion des Allemands, trop intéressés à revendiquer l'obtention de ce fameux pommier, pour le céder avec tant de facilité aux Italiens, si réellement ils étaient certains qu'ils ne leur en sont pas redevables. D'ailleurs, mon sentiment s'appuie sur l'extrait suivant du pomologue Hirschfeld, qui fut en 1788 le *premier descripteur du Gravenstein* et put contrôler le fait de son introduction, alors toute récente dans le Schleswig-Holstein :

« Cette pomme de la famille des Calvilles provient d'Italie — affirme-t-il. — Primitivement cultivée à Schleswig, puis au château de Graefenstein, elle doit son nom à cette dernière résidence. » (*Handbuch der Fruchtbaumzucht*, 1788, t. I, p. 193.)

Et Christ et Diel, autres écrivains allemands contemporains de Hirschfeld, donnèrent ces mêmes renseignements peu après. Aujourd'hui la Gravenstein est très-répandue sous ce nom dans l'Allemagne septentrionale, ainsi qu'en Suède et en Norvége. Mais dans l'Allemagne méridionale elle porte les dénominations pomme *de Princesse* et pomme *de Comte*. Enfin les Suisses la nomment *Strœnling*, tous surnoms inconnus chez nous, ce qui m'a permis de ne pas les porter inutilement sur la liste déjà trop nombreuse des synonymes du genre pommier. La culture de cette variété dans les jardins français, eut lieu très-tard et se fit très-lentement; on l'y commençait à peine en 1838, par l'entremise des pépiniéristes anglais, qui la pratiquaient déjà en 1819. Cela ressort des *Transactions* de la Société d'Horticulture de Londres, où tome IV, p. 216, on trouve à cette date une description de ce fruit, avec mention qu'il fut importé de Hollande en Angleterre.

Observations. — Beaucoup de faux Gravenstein se sont glissés chez nos arboriculteurs; pour ma part, j'ai plusieurs fois acheté ce pommier sans jamais obtenir la véritable variété. Je n'ai pu me la procurer qu'en Allemagne.

190. Pomme GRAVENSTEIN ROUGE.

Synonyme. — *Pomme* Rother Gravensteiner (Oberdieck, *Illustrirtes Handbuch der Obstkunde*, 1859, t. I, n° 82, p. 195).

Description de l'arbre. — *Bois :* très-fort. — *Rameaux :* assez nombreux, étalés, gros et des plus longs, géniculés, duveteux, brun verdâtre lavé de rouge. — *Lenticelles :* petites, arrondies, clair-semées. — *Coussinets :* presque nuls. — *Yeux :* gros, ovoïdes-allongés, très-cotonneux, légèrement adhérents au bois.

— *Feuilles :* grandes, ovales-allongées, vert luisant en dessus, blanc verdâtre en dessous, planes et acuminées, ayant les bords profondément dentés. — *Pétiole :* fort et long, non cannelé, lavé de carmin en dessous. — *Stipules :* bien développées.

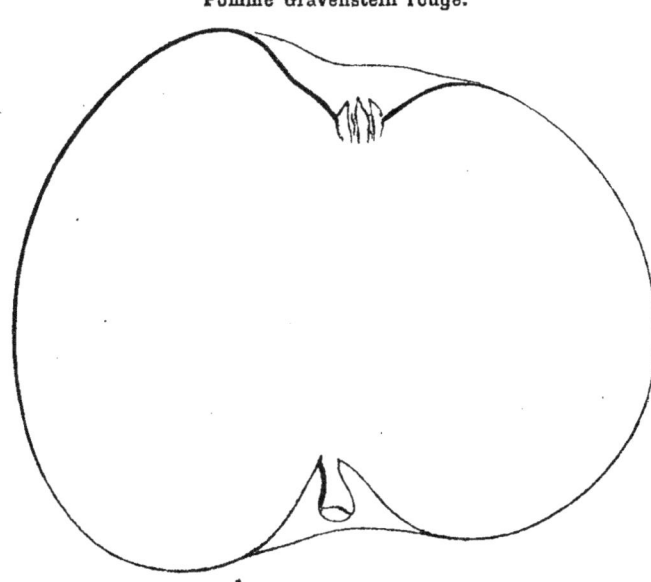

Pomme Gravenstein rouge.

Fertilité. — Satisfaisante.

Culture. — Greffé ras terre, pour plein-vent, il fait des tiges droites et grosses, ce qui le rend précieux aux pépiniéristes. Les formes cordon et buisson ne peuvent lui être données que sur paradis, afin de modérer sa végétation et d'accroître sa fertilité. Mais on l'écussonnera sur doucin, s'il est destiné à la pyramide ou à l'espalier.

Description du fruit. — *Grosseur :* volumineuse. — *Forme :* irrégulièrement globuleuse ou conique très-ventrue, sensiblement pentagone, bossuée, et presque toujours ayant un côté moins renflé que l'autre. — *Pédoncule :* court ou très-court, bien nourri, surtout au point d'attache, et planté dans un assez vaste bassin. — *Œil :* des plus grands, mi-clos ou fermé, cotonneux, à longues et larges sépales, à cavité considérable et fortement gibbeuse sur ses bords. — *Peau :* onctueuse, jaune clair et blafard, en partie marbrée, lavée et fouettée de carmin foncé, tachée de brun-roux verdâtre autour du pédoncule et faiblement ponctuée de gris. — *Chair :* blanc jaunâtre, fine, compacte quoique bien tendre, se tachant beaucoup sous la peau et possédant une odeur de coing assez marquée. — *Eau :* suffisante, sucrée, acidule, savoureuse mais presque dénuée de parfum.

Maturité. — Septembre-Décembre.

Qualité. — Deuxième.

Historique. — Voici d'après M. Oberdieck, pomologue allemand, l'origine de ce pommier, que je propage depuis 1862, et qui est encore très-rare en France :

« Cette nouvelle et intéressante variété de l'ancien Gravenstein appartient à l'Allemagne — disait cet auteur en 1859 — et sort des environs de Lübeck. Elle a pris naissance dans le jardin d'un amateur de fruits, qui ayant observé sur un pied de Gravenstein ordinaire une branche chargée de pommes beaucoup plus rouges qu'elles ne le sont généralement, a pris des greffons sur cette branche, les a utilisés, et s'est bientôt convaincu que la pomme qu'il avait ainsi remarquée, se reproduisait d'écusson en gardant tous ses caractères. » (*Illustrirtes Handbuch der Obstkunde*, t. Ier, p. 192, n° 82.)

Pomme GRAVENSTEINER. — Synonyme de pomme *de Gravenstein*. Voir ce nom.

Pomme GREAT PEARMAIN. — Synonyme de pomme *Pearmain d'Hiver*. Voir ce nom.

191. Pomme GREEN CHEESE.

Synonymes. — *Pommes* : 1. Turner's Green (Charles Downing, *the Fruits and fruit trees of America*, édition de 1863, p. 148). — 2. Winter Cheese (*Id. ibid.*). — 3. Carolina Greening (*Idem*, édition de 1869, p. 201). — 4. Green Crank (*Id. ibid.*). — 5. Green Skin (*Id. ibid.*). — 6. Greening (*Id. ibid.*). — 7. Southern Golden Pippin (*Id. ibid.*). — 8. Southern Greening (*Id. ibid.*). — 9. Turner's Cheese (*Id. ibid.*). — 10. Winter Greening (*Id. ibid.*). — 11. Yellow Crank (*Id. ibid.*).

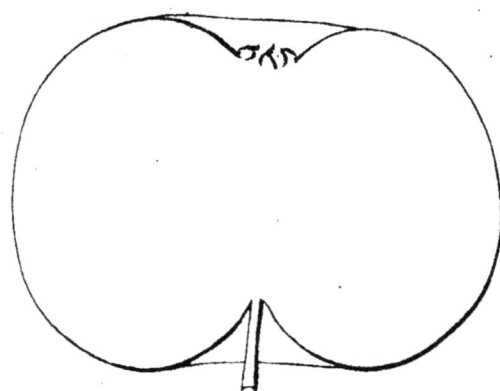

Description de l'arbre. — *Bois :* fort. — *Rameaux :* nombreux, presque érigés, longs et assez gros, à peine flexueux, légèrement duveteux, brun olivâtre foncé amplement lavé de rouge ardoisé. — *Lenticelles :* grandes, clair-semées, arrondies ou allongées. — *Coussinets :* larges et assez ressortis. — *Yeux :* volumineux, ovoïdes, faiblement écartés du bois et peu cotonneux. — *Feuilles :* moyennes et arrondies, longuement acuminées, à bords profondément dentés. — *Pétiole :* court, assez gros, tomenteux, bien cannelé. — *Stipules :* des plus développées.

Fertilité. — Satisfaisante.

Culture. — En l'écussonnant ras terre ce pommier devient, pour plein-vent, d'une forme parfaite; sur doucin ou paradis il fait aussi des arbres nains de toute beauté.

Description du fruit. — *Grosseur :* moyenne. — *Forme :* sphérique, sensiblement aplatie aux pôles et généralement assez régulière. — *Pédoncule :* grêle et de longueur moyenne, souvent renflé à son point d'attache, inséré dans un bassin étroit et profond. — *Œil :* moyen ou petit, mi-clos ou fermé, à cavité large, peu profonde et plissée. — *Peau :* unicolore, épaisse, vert-pré, parsemée de gros points bruns et tachetée de fauve, surtout auprès et autour du pédoncule. — *Chair :* blanchâtre, ferme, mi-fine et croquante. — *Eau :* suffisante, sucrée, acidulée et légèrement parfumée.

Maturité. — Décembre-Mars.

Qualité. — Deuxième.

Historique. — Très-estimée des Américains, cette pomme dont l'introduction chez nous date de 1860 environ, ne saurait y être, malgré toute sa réputation, classée parmi les variétés de choix. Charles Downing, qui l'a caractérisée dans ses *Fruits of America*, en a fait connaître les nombreux surnoms sans pouvoir, toutefois, indiquer formellement la provenance du pied-mère :

« C'est — a-t-il dit — un ancien pommier, des plus répandus dans le Kentucky et autres États du Sud-Ouest; il fut abondamment propagé de drageon; on ignore encore le lieu de son obtention. » (Édition de 1869, p. 201.)

Pomme GREEN CRANK. — Synonyme de pomme *Green Cheese*. Voir ce nom.

Pomme GREEN NEWTOWN PIPPIN. — Synonyme de pomme *Newtown Pippin*. Voir ce nom.

Pomme GREEN SKIN. — Synonyme de pomme *Green Cheese*. Voir ce nom.

Pomme GREEN WINTER PIPPIN. — Synonyme de pomme *Newtown Pippin*. Voir ce nom.

Pomme GREENING. — Synonyme de pomme *Green Cheese*. Voir ce nom.

Pomme GRELOT. — Synonyme de *Calleville rouge d'Automne*. Voir ce nom.

Pomme GRENAT. — Synonyme de pomme *Roi Très-Noble*. Voir ce nom.

192. Pomme de GRIGNON.

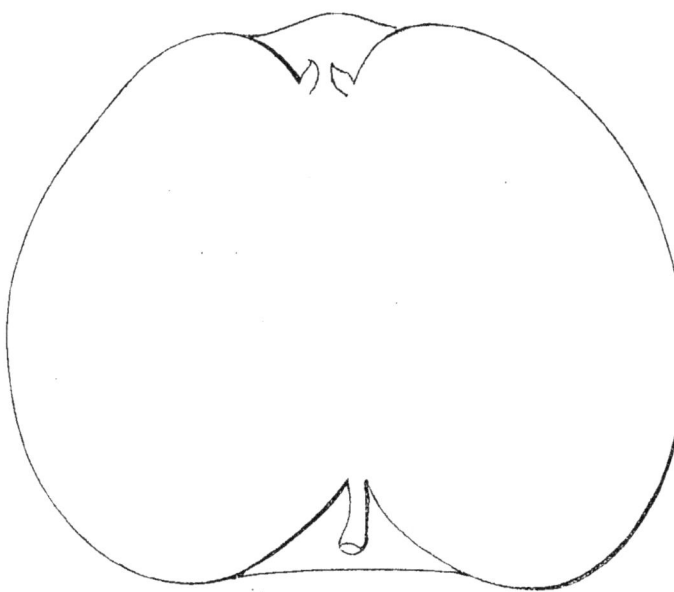

Description de l'arbre. — *Bois* : fort. — *Rameaux :* nombreux, légèrement étalés, gros et longs, bien coudés, très-cotonneux, brun verdâtre quelque peu nuancé de rouge. — *Lenticelles :* grandes, allongées pour la plupart, et assez abondantes. — *Coussinets* : bien accusés. — *Yeux* : très-gros, arrondis et faiblement écartés du bois. — *Feuilles* : moyennes, ovales-allongées ou elliptiques, vert clair et mat en dessus, gris verdâtre en dessous, longuement acuminées, ayant les bords des plus profondément dentés.

— *Pétiole :* de longueur moyenne, gros et cannelé. — *Stipules :* sensiblement développées.

Fertilité. — Abondante.

Culture. — Toute espèce de forme lui convient, comme aussi toute espèce de sujet. Écussonné ras terre, pour plein-vent, il fait surtout des tiges dont la grosseur est d'une régularité peu commune.

Description du fruit. — *Grosseur :* considérable. — *Forme :* conique-ventrue, sensiblement pentagone vers l'œil. — *Pédoncule :* court ou très-court, de moyenne force, renflé à l'attache, souvent arqué, implanté dans un vaste bassin. — *Œil :* grand, mi-clos, à cavité irrégulière, mais habituellement assez profonde et fortement plissée. — *Peau :* mince, lisse, jaune d'or, amplement fouettée de carmin sur le côté de l'insolation, maculée de fauve verdâtre autour du pédoncule et abondamment ponctuée de brun. — *Chair :* blanchâtre, tendre et mi-fine. — *Eau :* suffisante, bien sucrée, savoureusement acidulée et parfumée.

Maturité. — Décembre-Mars.

Qualité. — Première.

Historique. — Feu le docteur Bretonneau, de Tours, m'apporta des greffes de cette remarquable variété, en 1858. Il l'avait rencontrée en visitant la ferme-école de Grignon, près Versailles, et m'assura qu'elle passait pour en être originaire, ainsi, du reste, que l'indique son nom. Mon *Catalogue* de 1860 la mentionna pour la première fois (p. 43, n° 128); depuis lors, je l'ai constamment multipliée, mais ne l'ai vue décrite dans aucune Pomologie.

Pommes : de GRILLOT,

— GRILLOTTE,

Synonymes de *Passe-Pomme d'Été.* Voir ce nom.

Pomme GRISE DE CANADA. — Synonyme de *Reinette grise du Canada.* Voir ce nom.

Pomme GRISE (GROSSE-). — Voir *Grosse-Grise.*

Pomme GROOTE PRINCEN. — Synonyme de pomme *Présent royal d'Angleterre.* Voir ce nom.

Pomme GROS-ALEXANDRE. — Synonyme de pomme *Grand-Alexandre.* Voir ce nom.

193. Pomme GROS-API.

Synonymes. — Pommes : 1. Dieu (le Lectier, d'Orléans, *Catalogue des arbres cultivés dans son verger et plant*, 1628, p. 24 ; — et Merlet, *l'Abrégé des bons fruits*, 1667, p. 154). — 2. Vermillon (le Lectier, *ibid.*). — 3. Grosse-Pomme de Long-Bois (Merlet, *ibid.*, édition de 1690, p. 138). — 4. Rose (la Quintinye, *Instruction pour les jardins fruitiers et potagers*, 1690, t. I, p. 393). — 5. De Rose (les Chartreux de Paris, *Catalogue de leurs pépinières*, 1736, n° 13 ; — et Duhamel, *Traité des arbres fruitiers*, 1768, t. I, p. 312). — 6. Double-Api (Henri Manger, *Systematische Pomologie*, 1780, p. 32). — 7. Rubin (*Id. ibid.*). — 8. Gros-Api rouge (Louis Noisette, *le Jardin fruitier*, 1839, p. 204, n° 40).

Description de l'arbre. — *Bois :* assez faible. — *Rameaux :* nombreux, érigés, de longueur moyenne, un peu grêles, légèrement géniculés, cotonneux et rouge-brun nuancé de vert clair. — *Lenticelles :* moyennes, arrondies ou allongées, assez abondantes. — *Coussinets :* modérément ressortis. — *Yeux :* moyens ou petits, coniques, obtus ou aigus, généralement bien duveteux, très-aplatis et très-adhérents au bois. — *Feuilles :* petites, étroites, ovales-allongées ou elliptiques, planes ou canaliculées, souvent même arquées, courtement acuminées, ayant les bords largement dentés ou crénelés. — *Pétiole :* court, de moyenne force, rigide et plus ou moins cannelé. — *Stipules :* peu développées.

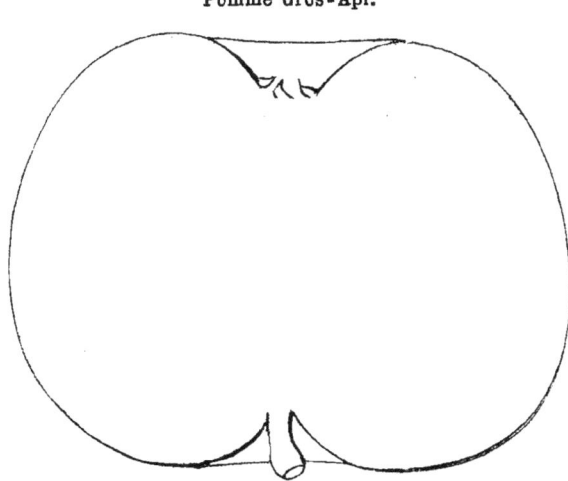

Pomme Gros-Api.

FERTILITÉ. — Grande.

CULTURE. — Greffé en tête, pour plein-vent, ce pommier devient un arbre assez convenable pour le verger. Les formes naines, sur doucin, lui sont toutes très-profitables.

Description du fruit. — *Grosseur :* moyenne. — *Forme :* sphérique, fortement comprimée aux pôles. — *Pédoncule :* court ou très-court, bien nourri et souvent arqué, renflé à son point d'attache, inséré dans un bassin étroit et profond. — *Œil :* grand ou moyen, mi-clos ou fermé, à cavité assez vaste et plus ou moins plissée. — *Peau :* mince, lisse, jaune-paille, presque entièrement lavée de rouge orangé foncé, tachée de roux verdâtre dans le bassin pédonculaire et parsemée de points jaunâtres cerclés de vermillon. — *Chair :* blanche, fine, compacte, tendre et odorante. — *Eau :* suffisante, bien sucrée, très-légèrement acidulée et parfumée.

MATURITÉ. — Février-Avril.

QUALITÉ. — Deuxième.

Historique. — Ainsi que je l'ai précédemment établi (voir pp. 65-67), en décrivant l'Api ou Petit-Api, le Gros-Api ou pomme Rose provient, comme ce dernier, de l'ancienne forêt d'Api, en Bretagne. Il fut cité pour la première fois par le Lectier, d'Orléans, dans le *Catalogue de son verger et plant* (p. 23), publié le 20 décembre 1628. Cette variété n'est pas aussi répandue que sa congénère, dont les ravissants petits fruits sont connus dans tous les pays. Elle mérite cependant bien la culture, en raison surtout de sa fertilité, de la beauté de ses produits et de leur longue conservation, qui permet, jusqu'à la fin de l'hiver, de les transporter au loin sans nul inconvénient. Sous Louis XIV elle était fort estimée dans les environs de Lyon, mais beaucoup moins à Versailles et à Paris, ainsi qu'il ressort du passage ci-après, écrit en 1688 par la Quintinye, directeur du verger royal :

« La pomme *Rose* ressemble extrêmement par tout son exterieur à la pomme d'Apis, mais à mon goût elle ne la vaut pas, quoy que puissent dire les curieux du Rhône, qui la veulent autant élever au-dessus des autres, qu'ils élevent la poire Chat au-dessus des autres poires. » (*Instruction pour les jardins fruitiers et potagers*, 1690, t. I, p. 393.)

Observations. — L'*Api blanc*, dont Louis Noisette disait en 1839 : « Il ne

« diffère du Gros-Api qu'en ce qu'il reste blanc et que sa chair est moins ferme, »
(*Jardin fruitier*, p. 204) me paraît, au contraire, n'en différer aucunement. On se
tromperait singulièrement, en effet, si l'on croyait l'Api blanc dépourvu de coloris.
Dès 1670 dom Claude Saint-Étienne, le caractérisant en sa *Nouvelle instruction pour
connaître les bons fruits*, eut soin d'ajouter après les mots « tout blanc, » le correctif
« et un peu ROUGEATRE. » Pour moi, les fruits que j'ai vus ainsi étiquetés, m'ont
toujours paru semblables au Gros-Api; et j'affirme que sur ce dernier pommier
souvent on en trouvera dont la peau, presque entièrement jaune blafard, leur
mériterait parfaitement le surnom d'Api blanc.

POMME GROS-API ROUGE. — Synonyme de pomme *Gros-Api*. Voir ce nom.

---

194. POMME GROS-BARBARIE BLANC.

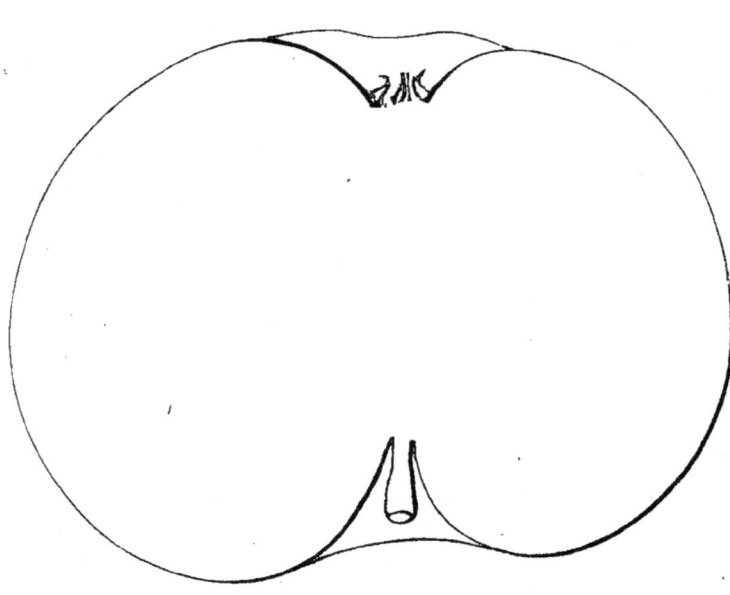

Description de l'arbre. — *Bois :* fort. — *Rameaux :* peu nombreux, et habituellement étalés, gros, assez courts, légèrement coudés, très-cotonneux et brun-rouge foncé lavé faiblement de gris. — *Lenticelles :* plus ou moins arrondies, de grandeur moyenne, clair-semées. — *Coussinets :* bien accusés. — *Yeux :* volumineux, ovoïdes, cotonneux, appliqués en partie sur le bois. — *Feuilles :* moyennes, ovales-arrondies, courtement acuminées, assez profondément dentées ou crénelées. — *Pétiole :* gros, court, tomenteux, sensiblement cannelé. — *Stipules :* courtes et larges.

FERTILITÉ. — Abondante.

CULTURE. — Écussonné ras terre ce pommier fait très-vite, malgré ses courts rameaux, de belles et grosses tiges; greffé en tête il devient, pour plein-vent, un arbre grand et régulier. Sous toute forme naine, sur doucin ou paradis, sa végétation et sa fertilité ne laissent non plus rien à désirer.

Description du fruit. — *Grosseur :* considérable. — *Forme :* sphérique assez comprimée aux pôles, faiblement pentagone vers l'œil et souvent ayant un côté moins volumineux que l'autre. — *Pédoncule :* de longueur moyenne, bien nourri, surtout au point d'attache, planté dans un étroit et profond bassin. — *Œil :* grand, mi-clos ou très-ouvert, irrégulier, à vaste cavité généralement entourée de gibbosités. — *Peau :* unie, jaune clair et luisant, tachée de fauve autour du pédoncule et faiblement ponctuée de brun. — *Chair :* blanchâtre, tendre et fine. — *Eau :* abondante, sucrée, acidulée, de saveur agréable.

Maturité. — Décembre-Mars.

Qualité. — Deuxième.

Historique. — Je ne connais aucune description de ce volumineux et assez bon fruit, multiplié dans mes pépinières depuis 1850. Il m'est venu du Jardin de l'ancien Comice horticole d'Angers; c'est le seul renseignement qu'il me soit possible de fournir sur lui. Il doit évidemment son nom à sa grande ressemblance de forme avec la pomme angevine appelée Barbarie ou Gros-Barbarie rouge, et qui, décrite ci-dessus (p. 90), lui est de beaucoup supérieure en qualité. J'ajoute qu'il diffère entièrement du Gros et Petit-Barbari, espèces très-cultivées en Normandie, mais uniquement pour le pressoir.

Pomme GROS-BARBARIE ROUGE. — Synonyme de pomme *Barbarie*. Voir ce nom.

Pomme GROS-BLANC. — Synonyme de pomme *Doux-Blanc*. Voir ce nom.

---

195. Pomme GROS-BOHN.

Synonyme. — *Pomme* Grosser Rheinischer Bohn (Diel, *Teutscher Obstgärtner*, 1797, t. VII, p. 229).

Description de l'arbre. — *Bois :* assez fort. — *Rameaux :* nombreux, érigés, gros, de longueur moyenne, bien géniculés, très-duveteux, rouge-brun ardoisé. — *Lenticelles :* grandes, abondantes, plus ou moins arrondies. — *Coussinets :* ressortis. — *Yeux :* volumineux, ovoïdes, légèrement adhérents au bois et un peu cotonneux. — *Feuilles :* moyennes, ovales ou arrondies, très-courtement acuminées, planes ou cucullées, ayant les bords faiblement dentés. — *Pétiole :* court, très-gros, tomenteux, généralement sans cannelure. — *Stipules :* petites et souvent faisant défaut.

Fertilité. — Satisfaisante.

Culture. — Sur doucin et paradis, les seuls sujets qu'on lui ait encore donnés dans mes pépinières, il a fait des basses-tiges très-convenables.

Description du fruit. — *Grosseur :* considérable. — *Forme :* ovoïde plus ou moins allongée, mais habituellement assez régulière. — *Pédoncule :* très-court et très-gros, inséré dans un bassin rarement bien développé. — *Œil :* très-grand, mi-clos, fort cotonneux, à cavité unie et de dimensions moyennes. — *Peau :* jaune clair, quelque peu nuancée de gris et de vert, légèrement marbrée et striée de rose sur le côté de l'insolation, puis semée de larges et assez nombreux points gris.

— *Chair* : blanchâtre, croquante, ferme et demi-fine. — *Eau* : suffisante, peu sucrée, agréablement acidulée et parfumée.

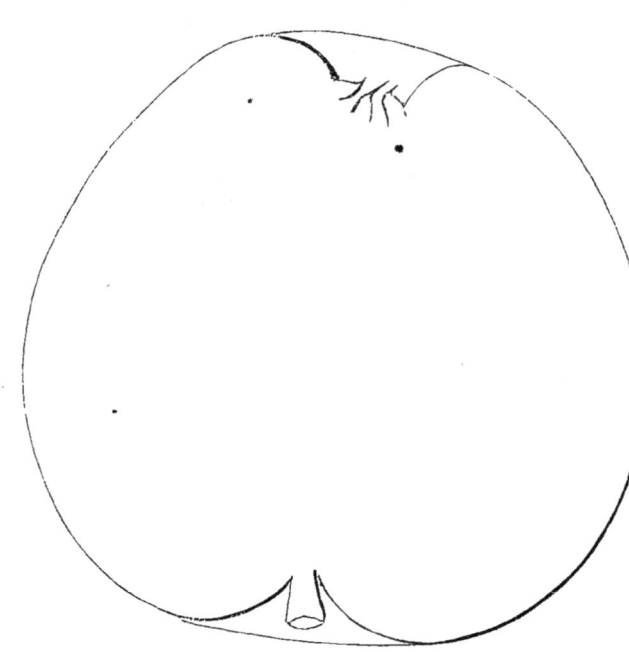

Pomme Gros-Bohn.

MATURITÉ. — Janvier-Mai.

QUALITÉ. — Deuxième.

Historique. — Cette belle et volumineuse pomme, que j'ai fait venir du Wurtemberg en 1868, paraît appartenir à l'Allemagne et dater de la dernière moitié du XVIIIe siècle. Voici ce qu'en 1797 le docteur Diel, qui la fit connaître, a dit quant à sa provenance :

« La *Grosser Rheinischer Bohn* n'est encore décrite dans aucune des Pomologies qui me sont connues ; je la suppose originaire des bords du Rhin, d'où, précisément, sortent les greffes qu'on m'en a offert. » (*Teutscher Obstgärtner*, 1797, t. VII, p. 229.)

POMME GROS-BONDY. — Synonyme de pomme *de Râteau*. Voir ce nom.

POMME GROS-CAPENDU ROUGE. — Synonyme de *Court-Pendu rouge*. Voir ce nom.

POMME GROS-CŒUR DE PIGEON. — Synonyme de *Pigeonnet Jérusalem*. Voir ce nom.

POMME GROS-COURT-PENDU. — Synonyme de *Court-Pendu gris*. Voir ce nom.

---

196. POMME GROS-COURT-PENDU ROUGE.

Synonymes. — *Pommes* : 1. FRANQUATU ROUGE ET BLANC (dom Claude Saint-Étienne, *Nouvelle instruction pour connaître les bons fruits*, 1670, p. 209). — 2. FRANCATU ROUGE ET BLANC (Henri Hessen, *Gartenlüst*, 1690, p. 288). — 3. FRANCATU ROUGE ET JAUNATRE (la Quintinye, *Instruction pour les jardins fruitiers et potagers*, 1690, t. I, p. 393). — 4. GROS-FRANQUETU ROMAIN (Merlet, *l'Abrégé des bons fruits*, 1690, p. 135).

Description de l'arbre. — *Bois* : assez fort. — *Rameaux* : nombreux, érigés, peu longs, de grosseur moyenne, bien coudés, cotonneux, à courts mérithalles, vert herbacé du côté de l'ombre, vert olivâtre sur l'autre face. — *Lenticelles* : plus ou moins arrondies, petites et clair-semées. — *Coussinets :* faiblement accusés. — *Yeux :* petits ou moyens, coniques-allongés, légèrement collés sur le bois, ayant les écailles disjointes et rosées. — *Feuilles :* petites, ovales-arrondies, vert clair en dessus, gris verdâtre en dessous, longuement acuminées et régulièrement dentées ou crénelées sur leurs bords. — *Pétiole :* long, grêle, flexible et peu cannelé. — *Stipules :* étroites et longues.

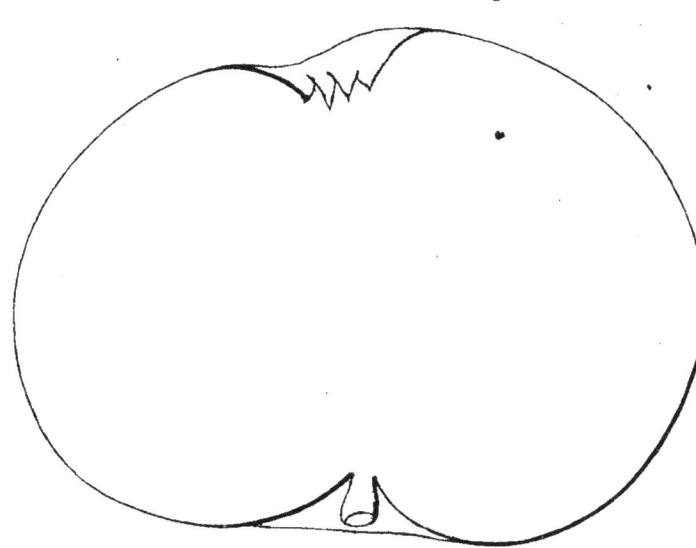

Pomme Gros-Court-Pendu rouge.

Fertilité. — Ordinaire.

Culture. — Pour espalier, cordon et buisson, il fait, vu sa belle ramification, des arbres irréprochables, soit sur doucin, soit sur paradis. Mais il faut, afin d'en obtenir de convenables plein-vent, le greffer en tête, autrement sa tige reste toujours trop grêle.

Description du fruit. — *Grosseur :* volumineuse. — *Forme :* sphérique très-aplatie aux extrémités, surtout à la base, et généralement bien moins renflée d'un côté que de l'autre. — *Pédoncule :* très-court et très-fort, obliquement implanté dans un large mais peu profond bassin. — *Œil :* ouvert ou mi-clos, grand, irrégulier, à longues sépales, à cavité unie et assez variable dans ses dimensions. — *Peau :* mince, lisse, à fond jaune clair et blafard, largement lavée de rouge foncé à l'insolation et ponctuée de gris et de brun. — *Chair :* blanche, fine, croquante, assez tendre. — *Eau :* abondante, bien sucrée, ayant une saveur acidule et parfumée fort délicate.

Maturité. — Décembre-Mars.

Qualité. — Première.

Historique. — L'origine de ce pommier échappe à mes recherches. Bauhin, dans son *Historia plantarum universalis* (t. I, p. 21), a bien parlé, avant 1613, d'un Gros-Court-Pendu, mais comme il le dit « à peau légèrement safranée, rugueuse « et abondamment tachetée, » on voit qu'il ne s'agit pas de notre Gros-Court-Pendu *rouge.* Ce fut le Court-Pendu gris, que Bauhin caractérisa ainsi, car il croyait, comme beaucoup d'autres, à l'existence d'un Gros et d'un Petit-Court-Pendu gris (voir plus haut, pp. 236-239). Dom Claude Saint-Étienne est de nos pomologues celui qui nous offre la première description du Gros-Court-Pendu rouge :

« *Gros Courpandu,* ou Franquatu — écrivait-il en 1670 — est rond, gros comme la belle

Rainette, ROUGE et blanc; bon l'Avent. » (*Nouvelle instruction pour connaître les bons fruits*, p. 209.)

Puis vint Merlet, qui dans son édition de 1690 mit en circulation un nouveau surnom de ce Gros-Courpendu :

« Il y a le *Gros Franquetu Romain* — dit-il — qui est plus plat, plus gros, sans tache au dedans, et beaucoup meilleur que la pomme de Franquetu [le Francatu actuel]. » (*L'Abrégé des bons fruits*, 1690, p. 135.)

Le Gros-Court-Pendu rouge, confondu souvent avec le Court-Pendu rouge et le Francatu, est devenu très-rare. Les Chartreux de Paris l'avaient en grande estime. André Thoüin, directeur du Jardin des Plantes, le savait; aussi eut-il soin en 1792, lorsqu'après la fermeture de leur couvent le ministre Roland lui ordonna de créer, au moyen des célèbres pépinières de ces religieux, une école d'arboriculture fruitière, d'y transplanter deux sujets de cette variété. J'en trouve la preuve dans le Procès-Verbal et le Catalogue — pièces encore inédites — qui pour lors furent dressés par André Thoüin, et dont j'essaie, à l'occasion, de tirer parti pour l'histoire de la pomologie.

Pomme GROS-COUSINOT HATIF. — Synonyme de *Passe-Pomme d'Été*. Voir ce nom.

Pomme GROS-DOUX. — Synonyme de pomme *Doux-Blanc*. Voir ce nom.

Pomme GROS-FENOUILLET. — Synonyme de *Fenouillet gris*. Voir ce nom.

197. Pomme GROS-FENOUILLET GRIS.

Synonyme. — Pomme REINETTE DOUCE (F. J. Baumann, de Bollwiller, *Catalogue descriptif des arbres fruitiers les plus recherchés et les plus estimés qui peuvent se cultiver dans la haute Alsace*, 1788, p. 120).

Description de l'arbre. — *Bois :* fort. — *Rameaux :* nombreux, légèrement étalés, gros et assez longs, bien coudés, très-cotonneux, rouge-brun clair. — *Lenticelles :* petites, allongées, abondantes. — *Coussinets :* saillants. — *Yeux :* volumineux, arrondis, faiblement adhérents au bois et couverts de duvet. — *Feuilles :* assez petites, ovales, acuminées, vert clair en dessus, gris verdâtre en dessous, canaliculées, à bords régulièrement dentés et souvent ondulés. — *Pétiole :* de grosseur et longueur moyennes, roide, lavé de rouge, surtout à la base, et presque dépourvu de cannelure. — *Stipules :* peu développées.

Fertilité. — Médiocre.

Culture. — Sa croissance assez rapide permet de l'écussonner ras terre pour en obtenir de remarquables plein-vent. Le paradis est le sujet qu'on doit lui donner quand il est destiné à la basse-tige.

Description du fruit. — *Grosseur :* au-dessus de la moyenne. — *Forme :* conique-arrondie ou globuleuse irrégulière, mais presque toujours beaucoup moins volumineuse d'un côté que de l'autre et fortement aplatie aux extrémités, surtout à la base. — *Pédoncule :* court ou de longueur moyenne, assez gros, principalement au point d'attache, implanté dans un vaste bassin. — *Œil :* moyen, mi-clos ou fermé, à cavité unie et généralement assez profonde. — *Peau :* rugueuse, épaisse, jaune grisâtre sur la face placée à l'ombre, passant au brun-rougeâtre à l'insolation, plus ou moins marbrée de gris-roux, ponctuée de brun clair puis toute granitée et réticulée de fauve squammeux.— *Chair:* blanc verdâtre, fine et compacte, quoique tendre. — *Eau :* suffisante, délicieusement sucrée, complétement inacidulée et sans parfum appréciable.

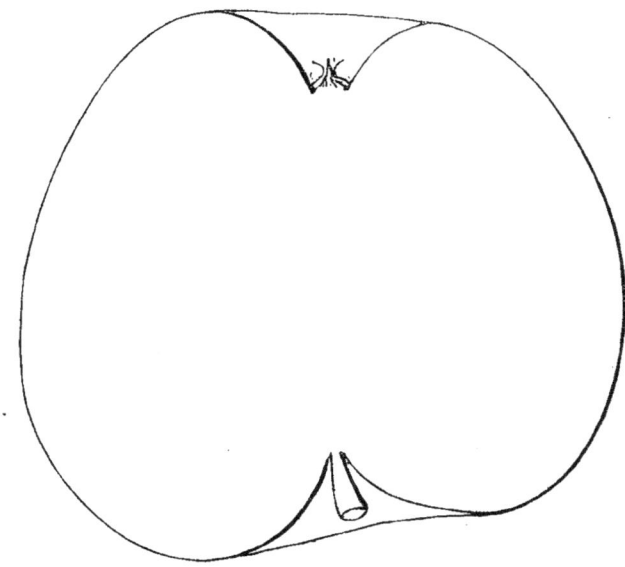

Pomme Gros-Fenouillet gris.

Maturité. — Décembre-Mars.

Qualité. — Première, mais pour les amateurs de pommes douces.

Historique. — En 1667 Merlet signalait cette variété française, dont personne n'avait encore parlé. Décrivant le Fenouillet gris, il disait : « Il y en a de Gros et « de Petit. » (Voir *l'Abrégé des bons fruits*, 1re édition, page 152.) Duhamel, en 1768, la mentionna également (*Traité des arbres fruitiers*, t. I, p. 288) ; et, plus précis, la déclara d'un goût moins relevé que le Fenouillet gris ordinaire. Pour être entièrement dans le vrai, il aurait dû affirmer qu'elle ne possédait ni parfum d'anis ou de fenouil, ni saveur acidulée. Le pépiniériste F. J. Baumann, de Bollwiller (haute Alsace), l'appréciait mieux en 1788, quand il la surnommait « Reinette douce » et la qualifiait, vu son manque d'acide et son eau très-sucrée, de « fruit pour les femmes. » (*Catalogue descriptif des arbres fruitiers les plus recherchés*, p. 120.) Je n'ai pu découvrir le lieu d'où elle est sortie.

Pomme GROS-FENOUILLET D'OR. — Synonyme de *Fenouillet gris*. Voir ce nom.

Pomme GROS-FRANQUETU ROMAIN. — Synonyme de pomme *Gros-Court-Pendu rouge*. Voir ce nom.

---

198. Pomme GROS-HÔPITAL.

Synonymes. — *Pommes* : 1. De Curé (Société d'Horticulture de Rouen, *Bulletin*, année 1864, p. 70). — 2. Reinette d'Hôpital (Pépinières des environs de Rouen).

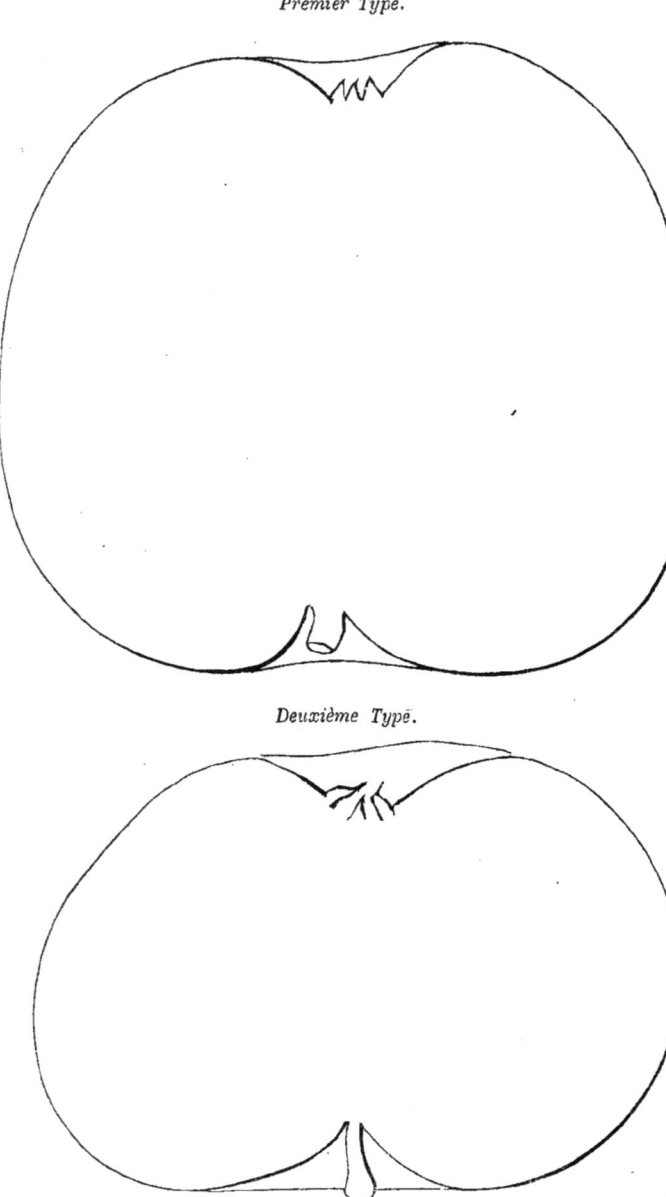

Premier Type.

Deuxième Type.

Description de l'arbre. — *Bois* : assez fort. — *Rameaux* : peu nombreux, généralement étalés, gros et peu longs, bien géniculés et légèrement cotonneux, rouge-brun ardoisé. — *Lenticelles* : grandes, clair-semées, arrondies ou allongées. — *Coussinets* : ressortis. — *Yeux* : volumineux, ovoïdes-allongés, très-duveteux, collés en partie sur le bois. — *Feuilles* : assez grandes, ovales, longuement acuminées, régulièrement et fortement dentées. — *Pétiole* : gros, de longueur moyenne, carminé, presque toujours sans cannelure. — *Stipules* : étroites et longues.

Fertilité. — Convenable.

Culture. — Quand on le destine au plein-vent il est plus avantageux, pour avoir des arbres vigoureux et à jolie tête, de le greffer à hauteur de tige, que ras terre. Les formes cordon, buisson, espalier, lui sont favorables, mais sur paradis plutôt que sur doucin.

Description du fruit. — *Grosseur :* considérable. — *Forme :* inconstante, mais toujours plus ou moins pentagone, elle passe assez habituellement de la globuleuse un peu cylindrique à la globuleuse irrégulière et fortement comprimée aux pôles. — *Pédoncule :* court ou très-court, bien nourri, souvent arqué, planté dans un bassin à dimensions des plus variables. — *Œil :* grand, mi-clos ou fermé, cotonneux, à cavité irrégulière, généralement assez vaste, mais rarement très-profonde. — *Peau :* jaune d'or ou jaune clair verdâtre, amplement marbrée et fouettée de carmin foncé, tachée de fauve autour du pédoncule, et çà et là de brun squammeux, puis ponctuée de gris. — *Chair :* blanchâtre, mi-fine, croquante, peu compacte, quoiqu'assez ferme. — *Eau :* suffisante, sucrée et acidulée, sans parfum, et cependant savoureuse.

Maturité. — Décembre-Avril.

Qualité. — Deuxième.

Historique. — Cette volumineuse pomme, regardée comme originaire de la Seine-Inférieure, contrée en dehors de laquelle sa culture est peu commune, me fut offerte dans l'automne de 1866 par M. Toutin-Godefroy, pépiniériste à Saint-Aubin, près le Havre. Il me l'envoya avec le Petit-Hôpital, décrit plus loin, lettre *P*. Il y a déjà longtemps que la variété Gros-Hôpital existe en ce département, car elle y est connue de la généralité des jardiniers et amateurs. Le passage suivant, extrait du *Bulletin* de la Société d'Horticulture de Rouen, va le démontrer :

« Séance du 5 avril 1864. — Mme Agut, d'Envermeu (arrondissement de Dieppe), présente des pommes *de Curé* (nom local). Plusieurs membres les reconnaissent pour la pomme *d'Hôpital*, très-gros fruit, d'un beau coloris, se gardant très-bien. » (Page 70.)

Observations. — J'ai reçu d'Yvetot (Seine-Inférieure), en 1867, des fruits et des greffes d'un pommier dit Reinette d'Hôpital, mais qui n'était autre que le Gros-Hôpital. Je rapporte ce fait afin, surtout, de ne pas laisser à cette dernière variété, dont la propagation commence, un synonyme à peu près inconnu, et par cela même très-dangereux pour l'acheteur.

---

199. Pomme GROS-LOCARD.

Description de l'arbre. — *Bois :* très-fort. — *Rameaux :* assez nombreux, légèrement érigés, longs, des plus gros, sensiblement coudés, bien duveteux, d'un rouge-brun olivâtre et très-cendré, à mérithalles longs et réguliers. — *Lenticelles :* larges, arrondies, clair-semées. — *Coussinets :* peu développés. — *Yeux :* volumineux, ovoïdes, très-aplatis, cotonneux, noyés dans l'écorce, ayant les écailles brunes et mal soudées. — *Feuilles :* grandes, peu abondantes, épaisses et rugueuses, vert pâle, ovales-arrondies, canaliculées et longuement acuminées, à bords régulièrement dentés en scie. — *Pétiole :* de grosseur et longueur moyennes, très-rigide et très-violacé, surtout vers la base. — *Stipules :* étroites et longues.

Fertilité. — Abondante.

Culture. — Sa grande vigueur permet de l'utiliser avantageusement sous toutes les formes; cependant il est préférable, pour la basse-tige, de le greffer sur paradis plutôt que sur doucin.

Description du fruit. — *Grosseur :* volumineuse, mais parfois seulement au-dessus de la moyenne. — *Forme :* assez variable, elle est le plus habituellement sphérique fortement comprimée aux pôles ou globuleuse très-régulière. — *Pédoncule :* court et de moyenne grosseur, souvent renflé au point d'attache, inséré dans un vaste bassin de profondeur variable. — *Œil :* grand ou moyen, mi-clos ou fermé, à courtes sépales, et à cavité peu prononcée. — *Peau :* très-luisante, unicolore, jaune pâle à l'ombre, jaune foncé à l'insolation, maculée de brun autour du pédoncule et abondamment ponctuée de gris. — *Chair :* blanche, mi-fine et tendre. — *Eau :* abondante, sucrée et savoureusement acidulée, mais presque dénuée de parfum.

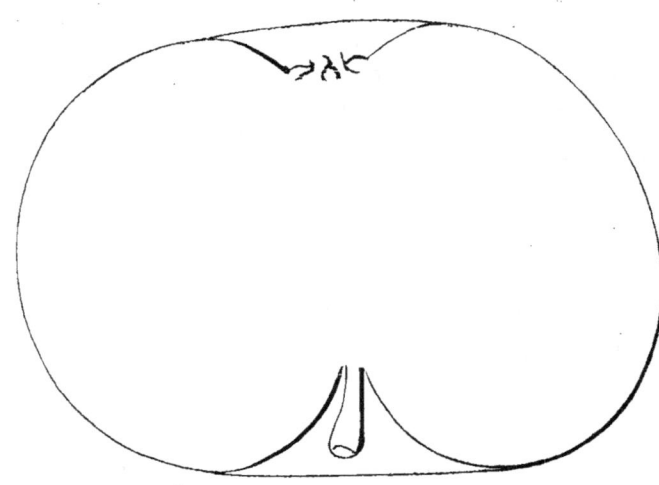

Pomme Gros-Locard. — *Premier Type.*

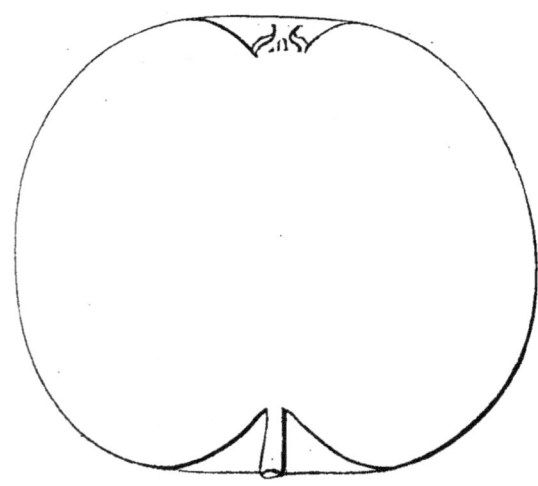

Deuxième Type.

Maturité. — Novembre-Février.

Qualité. — Deuxième pour le couteau, première pour la cuisson.

Historique. — Très-cultivée dans les environs de la ville de Sablé (Sarthe) depuis une quarantaine d'années, cette pomme y est regardée comme un fruit tout local. Je commençais à la propager en 1849. Pour le verger, peu de variétés lui sont supérieures. Du reste, on la recherche beaucoup pour l'alimentation de nos halles et marchés, sur lesquels elle atteint toujours des prix fort rémunérateurs. Longtemps un faux Gros-Locard a couru les pépinières angevines, mais je l'en crois maintenant complétement expulsé.

200. Pomme GROS-MUSEAU DE LIÈVRE D'ALOS.

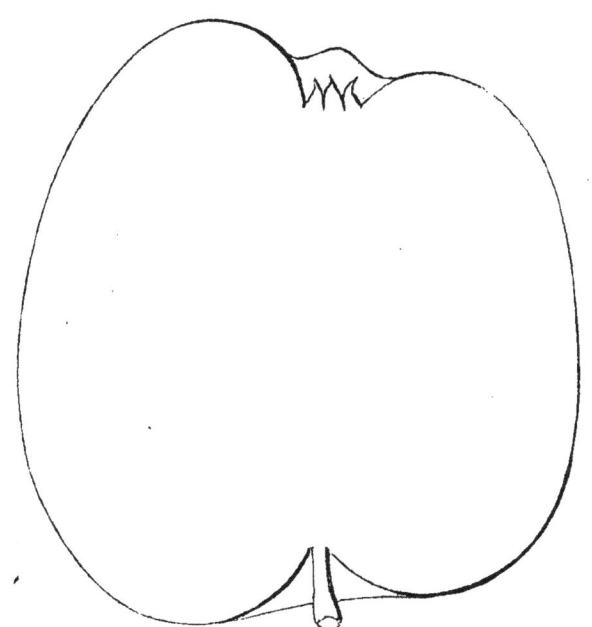

Description de l'arbre. — *Bois :* faible. — *Rameaux :* nombreux, surtout à la partie inférieure de l'arbre, étalés et légèrement pendants, courts, grêles, flexueux et duveteux, marron foncé quelque peu lavé de brun-rouge. — *Lenticelles :* assez larges, oblongues, grises, disséminées en groupes. — *Coussinets :* fortement accusés. — *Yeux :* petits, coniques, aplatis, collés sur l'écorce, cotonneux. — *Feuilles :* assez grandes, très-lisses et d'un beau vert brunâtre en dessus, cotonneuses et d'un vert grisâtre en dessous, épaisses et coriaces, ovales-allongées, courtement acuminées, à bords régulièrement dentés. — *Pétiole :* court, de moyenne force et plus ou moins cannelé. — *Stipules :* moyennes.

Fertilité. — Abondante.

Culture. — Greffé en tête il peut faire de passables plein-vent; mais les formes naines, sur doucin, lui conviennent mieux.

Description du fruit. — *Grosseur :* volumineuse. — *Forme :* allongée, irrégulièrement cylindrique et plus ou moins pentagone, aplatie à la base et toujours fortement déprimée, d'un côté, auprès de l'œil, mamelonnée de l'autre. — *Pédoncule :* court, assez grêle, profondément inséré dans un étroit bassin habituellement triangulaire. — *Œil :* grand ou moyen, mi-clos ou fermé, faiblement enfoncé, duveteux, bosselé et plissé sur ses bords. — *Peau :* épaisse, dure, lisse et brillante, à fond jaune verdâtre, entièrement lavée, à l'ombre, de carmin pâle et de carmin foncé à l'insolation; ponctuée de jaune, partout fouettée de rouge sombre et portant dans la cavité pédonculaire une large tache frangée, squammeuse et roux verdâtre. — *Chair :* jaunâtre, mi-fine et tendre, quoique très-croquante. — *Eau :* suffisante, sucrée, faiblement acidule, peu parfumée et cependant savoureuse.

Maturité. — Janvier-Avril.

Qualité. — Deuxième pour le couteau, première pour la cuisson.

Historique. — Le Museau de Lièvre ordinaire, ou Pigeonnet commun, est connu depuis longtemps dans nos contrées de l'Ouest. Il n'en était pas ainsi du Gros-Museau de Lièvre d'Alos. J'en dois la possession à M. le comte de Castillon, de l'obligeance duquel j'ai déjà maintes fois parlé dans cet ouvrage consacré à la pomologie, science dont l'étude lui est particulièrement agréable. J'extrais de la lettre qui m'annonçait l'envoi de fruits et greffes de ce pommier, le passage ci-après, contenant les renseignements voulus en pareil cas :

« *Château de Castelnau-Picampau (Haute-Garonne), le 23 avril 1870.*

« ..... Les deux grosses pommes rouges (venues sur haute-tige) qui portent le n° 4, ont été montrées par moi à des pépiniéristes de Toulouse, mais elles leur étaient inconnues. Évidemment c'est là une variété de l'espèce Museau de Lièvre, et qu'on pourrait appeler *Gros-Museau de Lièvre d'Alos*, nom du village de l'Ariége où j'en ai fait la découverte dans la propriété de ma mère. Il n'en existe que deux arbres dans cette localité. Le vrai mérite de ces fruits, c'est leur supériorité pour la cuisson : ils sont précieux sous ce rapport, surtout si l'on a soin, avant de les présenter au feu, d'en piquer la peau avec une épingle, car toute leur pulpe s'extravase alors en une mousse légère qui compose un mets réellement délicieux..... »

201. Pomme GROS-PAPA.

Synonyme. — *Pomme* Papa (Duval, *Histoire du pommier, et sa culture*, 1852, p. 53, n° 22).

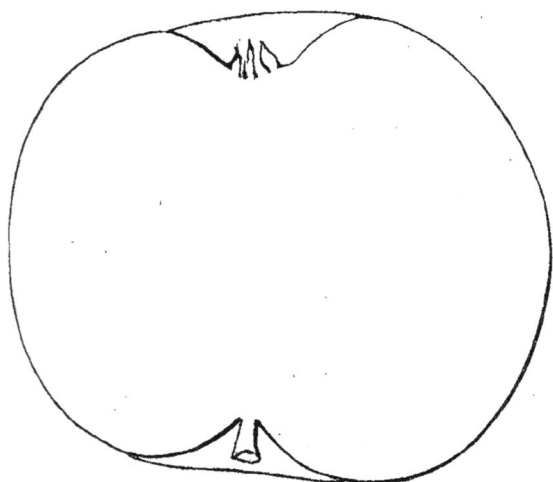

Description de l'arbre. — *Bois :* assez fort. — *Rameaux :* peu nombreux, érigés au sommet, étalés à la base, gros et longs, légèrement coudés, très-duveteux, vert herbacé lavé de rouge. — *Lenticelles :* abondantes, grandes et arrondies. — *Coussinets :* ressortis. — *Yeux :* volumineux, ovoïdes, bien cotonneux, presque entièrement plaqués sur le bois. — *Feuilles :* grandes, ovales, vert foncé en dessus, gris verdâtre en dessous, rarement acuminées, planes ou relevées en gouttière, ayant les bords uniformément dentés ou crénelés. — *Pétiole :* gros, peu long, généralement non cannelé. — *Stipules :* moyennes.

Fertilité. — Ordinaire.

Culture. — Il fait des plein-vent de force moyenne mais de belle apparence. Pour basse-tige on peut indistinctement lui donner le paradis ou le doucin, car sa végétation n'ayant rien d'immodéré, ses arbres sont alors toujours fort convenables.

Description du fruit. — *Grosseur :* au-dessus de la moyenne et parfois plus volumineuse. — *Forme :* globuleuse, toujours un peu moins renflée d'un côté que de l'autre. — *Pédoncule :* très-court, de moyenne force, planté dans un bassin de faible dimension. — *Œil :* grand, mi-clos ou fermé, à cavité assez profonde, large et finement plissée. — *Peau :* mince, lisse, jaune sale et clair à l'ombre, brun jaunâtre plus ou moins lavé de rouge sombre à l'insolation, amplement maculée de fauve autour du pédoncule et semée de nombreux points bruns cerclés de gris pour la plupart. — *Chair* : légèrement verdâtre, mi-fine et tendre. — *Eau* : abondante, sucrée, à peine acidulée, sans parfum appréciable.

Maturité. — Décembre-Mars.

Qualité. — Deuxième pour le couteau, première pour marmelade et compote.

Historique. — Le pépiniériste Louis Noisette, signalant cette pomme en 1839 dans son *Jardin fruitier* (t. I, p. 201), la dit originaire d'Amérique et introduite chez nous par le comte Lelieur, vers 1803. Il faut alors qu'elle porte actuellement un autre nom aux États-Unis, car c'est vainement que je l'ai cherchée dans les Pomologies américaines. Du reste la dénomination Gros-Papa lui convient peu, cette variété produisant rarement, même en cordon ou espalier, de très-volumineux fruits. Ainsi le type représenté ci-dessus est un des plus gros que j'aie récoltés. M. Duval, dans son *Histoire du pommier* publiée en 1852, a consigné sur ce dernier quelques observations utiles à reproduire :

« Quoique ce fruit — a-t-il dit — soit déjà un peu ancien, il ne paraît nullement avoir pris faveur, car il est peu multiplié par les pépiniéristes, qui n'en greffent pas dans la crainte, apparemment, de ne point les vendre. Ce pommier porte avec lui un caractère particulier : quand on lève un œil pour le greffer, toute la partie qui avoisine et qui entoure le rudiment de l'œil, est de couleur rouge, ce qui ne se rencontre dans aucun arbre fruitier que je connaisse. » (Pages 53-54, n° 22.)

Observations. — La pomme *Montalivet*, très-grosse et qui se conserve jusqu'en mai, a pour unique synonyme le nom Gros-Papa. Il est donc urgent de ne pas la confondre avec la variété que nous venons d'étudier. — Il existe aussi un pommier *Gros-Père* ou *Grand-Père*, mais qui ne saurait faire naître de sérieuse méprise entre lui et ce dernier, car il appartient exclusivement aux variétés propres à la fabrication du cidre.

Pomme GROS-PAPA. — Synonyme de pomme *Montalivet*. Voir ce nom.

Pomme GROS-PIGEON. — Synonyme de pomme *Gros-Pigeonnet*. Voir ce nom.

---

202. Pomme GROS-PIGEONNET.

Synonymes. — *Pommes* : 1. Gros-Pigron (Saussay, *Traité des jardins*, 1722, p. 142). — 2. Pigeonnet Normand (Pépinières angevines, vers 1850).

Description de l'arbre. — *Bois* : très-fort. — *Rameaux* : nombreux, érigés, surtout au sommet, gros, assez longs, très-géniculés, très-duveteux et d'un rouge-brun foncé. — *Lenticelles* : clair-semées, grandes et allongées pour la plupart. — *Coussinets* : peu saillants. — *Yeux* : gros, coniques-arrondis, sensiblement cotonneux et complètement collés sur l'écorce. — *Feuilles* : assez grandes, ovales-arrondies, vert mat et foncé en dessus, gris verdâtre en dessous, acuminées, ayant les bords fortement crénelés. — *Pétiole* : long, de grosseur moyenne, à cannelure presque nulle. — *Stipules* : très-petites.

Fertilité. — Modérée.

Culture. — Toute espèce de forme et de sujet lui sont bons; il fait des arbres aussi réguliers que forts.

Description du fruit. — *Grosseur :* volumineuse. — *Forme :* conique assez allongée, légèrement pentagone et souvent ayant un côté beaucoup moins renflé que l'autre. — *Pédoncule :* court ou de longueur moyenne, peu fort, arqué, inséré dans un bassin étroit et rarement bien profond. — *Œil :* moyen, mi-clos ou fermé, à cavité plissée et de faible dimension. — *Peau :* unie, jaune blanchâtre à l'ombre, amplement mais irrégulièrement lavée, à l'insolation, de rouge clair bleuâtre et de rouge violacé, maculée de vert autour du pédoncule et ponctuée de gris et de brun. — *Chair :* blanchâtre, mi-fine, peu compacte, ferme et parfois un peu marcescente. — *Eau :* suffisante, bien acidulée, plus ou moins sucrée et cependant d'une saveur toujours fort agréable.

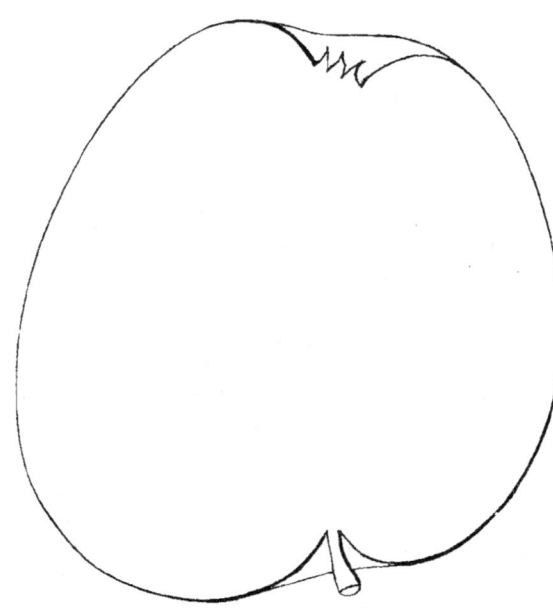

Pomme Gros-Pigeonnet.

Maturité. — Janvier-Mars.

Qualité. — Deuxième comme fruit à couteau, première pour la cuisson.

Historique. — La Normandie est la contrée où les Pigeonnets sont le plus répandus, les meilleurs, et celle également où ils semblent avoir pris naissance. De temps immémorial on les y cultive, et j'ai vu de ces arbres, surtout aux environs de Caen, puis dans la vallée d'Auge et le pays de Caux, qui certes comptaient au moins un siècle et demi. Le Gros-Pigeonnet, lui, le cède de beaucoup, pour l'âge, au Pigeonnet rouge, ou commun, et au blanc. La première mention qu'on en trouve est à la page 20 du *Traité des jardins* publié en 1722 par Saussay, alors directeur des magnifiques parcs et vergers que possédait à l'antique château d'Anet (Eure) la princesse de Condé. Le nom générique de ce groupe de pommiers vient de la couleur particulière à la peau de leurs produits, qui presque toujours, par les tons différents du rouge bleuâtre et violacé dont se recouvre à l'insolation, son fond jaune, rappelle assez bien les reflets changeants du cou des pigeons. Mais pour plus amples détails historiques sur ces pommes, je renvoie le lecteur aux nombreux articles consacrés plus loin, lettre *P*, à la série de l'espèce Pigeonnet.

Observations. — Louis Noisette, en 1839, décrivit dans son *Jardin fruitier* (t. I, p. 199) le Gros-Pigeonnet et lui donna pour synonyme, *Pigeonnet de Rouen*. Ce fut une erreur, qui depuis s'accrédita si bien, qu'actuellement encore nous la voyons propagée par plusieurs pomologues et pépiniéristes. On devrait pourtant ne pas confondre aisément ces deux fruits, puisque le Pigeonnet de Rouen est délicieux, fouetté de carmin, et mûrit dès le mois d'octobre, quand au contraire le Gros-Pigeonnet se mange seulement en janvier, est de médiocre qualité, et n'a jamais la peau vergetée.

Pomme GROS-PIGEONNET DE ROUEN. — Synonyme de *Pigeonnet de Rouen*. Voir ce nom.

Pomme GROS-PIGEONNET ROUGE. — Synonyme de *Pigeonnet-Jérusalem*. Voir ce nom.

Pomme GROS-RAMBOUR A CÔTES. — Synonyme de *Calleville blanc d'Hiver*. Voir ce nom.

Pomme GROS-RAMBOUR D'ÉTÉ. — Synonyme de *Rambour d'Été*. Voir ce nom.

Pomme GROS-RAMBOUR D'HIVER. — Synonyme de pomme *de Livre*. Voir ce nom.

203. Pomme GROS-VERT.

Synonyme. — Pomme RAMBOUR VERT (Pierre Leroy, d'Angers, *Catalogue de ses jardins et pépinières*, 1790, p. 26).

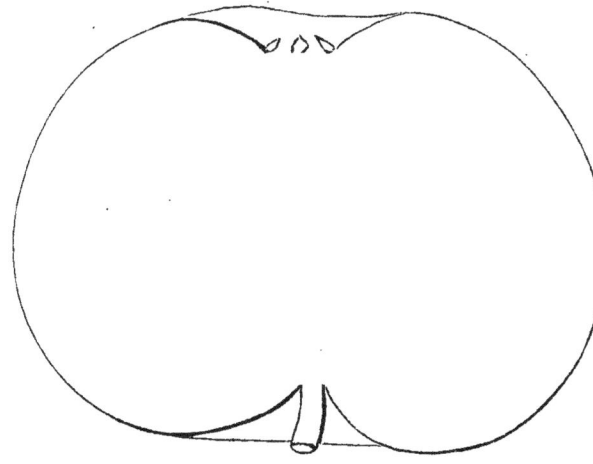

Description de l'arbre. — *Bois* : fort. — *Rameaux* : assez nombreux, étalés, longs et très-gros, légèrement coudés, bien cotonneux, rouge-brun foncé et lavé de gris. — *Lenticelles* : arrondies, abondantes, mais des plus petites. — *Coussinets* : aplatis. — *Yeux* : moyens, arrondis, couverts de duvet, entièrement plaqués sur le bois. — *Feuilles* : grandes, ovales ou arrondies, vert terne en dessus et blanc verdâtre en dessous, longuement acuminées, à bords régulièrement dentés. — *Pétiole* : peu long, gros, rosé, surtout à la base, et généralement sans cannelure. — *Stipules* : étroites et longues.

Fertilité. — Très-grande.

Culture. — C'est un des pommiers les plus avantageux pour le plein-vent, en raison de sa jolie forme, de sa vigueur et surtout de son excessive fertilité. Il est rare, également, que ses fruits se détachent avant leur maturité. Les pépiniéristes doivent le greffer ras terre pour l'élever à tige. Le paradis est le sujet qu'il faut lui donner, afin d'appauvrir sa végétation, quand on en veut former des cordons ou des buissons.

Description du fruit. — *Grosseur :* au-dessus de la moyenne. — *Forme :* sphérique, sensiblement comprimée aux pôles et presque toujours moins volumineuse d'un côté que de l'autre. — *Pédoncule :* court, fort et cotonneux, souvent arqué, implanté dans un assez vaste bassin. — *Œil :* grand, mi-clos ou fermé, à courtes sépales et à cavité irrégulière, unie, large mais peu profonde. — *Peau :* vert clair à l'ombre, jaunâtre et parfois mouchetée de rose à l'insolation, ponctuée de blanc sale et de brun, lavée de fauve dans le bassin pédonculaire et tachetée de noir grisâtre, surtout vers l'œil. — *Chair :* blanchâtre, mi-fine, mi-tendre et légèrement croquante. — *Eau :* suffisante, sucrée, acidulée, savoureuse, quoique sans parfum.

Maturité. — Janvier-Mars.

Qualité. — Deuxième.

Historique. — Le Gros-Vert est un fruit angevin, très-abondant sur nos marchés. Il remonte environ à la seconde moitié du XVIIIe siècle et s'appelait alors *Rambour vert*, ou Gros-Vert, double dénomination sous laquelle mon aïeul Pierre Leroy le propageait encore en 1790, comme on le voit page 26 du *Catalogue* qu'il publia cette même année. J'ignore le lieu de sa naissance et les motifs pour lesquels on substitua, par la suite, le surnom Gros-Vert au nom primitif Rambour, plus convenable que l'autre, cependant, cette pomme possédant bien la forme et les principaux caractères des variétés classées sous ce terme générique.

Observations. — J'ai vu parfois la *Reinette de Wormsley* confondue avec le Gros-Vert, si tardif et si dénué de parfum. Comme forme et couleur ces deux pommes ont certains rapports, je l'avoue; mais il n'en est pas de même pour leur maturation et leur qualité, cette Reinette appartenant aux variétés précoces et de premier ordre.

Pomme GROSSE-BLANCHE DU WURTEMBERG. — Synonyme de *Calleville blanc d'Hiver*. Voir ce nom.

Pomme GROSSE-CASSELER REINETTE. — Synonyme de pomme *Grosse-Reinette de Cassel*. Voir ce nom.

---

204. Pomme GROSSE-LUISANTE.

Synonyme. — *Pomme* Montaigne (Congrès pomologique, 4e session, 1859, *Procès-Verbaux*, p. 9).

Description de l'arbre. — *Bois :* fort. — *Rameaux :* nombreux, presque érigés, gros et longs, sensiblement coudés et cotonneux, d'un rouge-brun très-foncé. — *Lenticelles :* clair-semées, grandes, arrondies ou allongées. — *Coussinets :* larges mais peu ressortis. — *Yeux :* moyens, coniques-arrondis, très-duveteux et légèrement adhérents à l'écorce. — *Feuilles :* assez grandes, ovales-arrondies, coriaces, vert luisant et des plus foncés, acuminées, planes ou quelque peu cucullées, ayant les bords assez largement crénelés. — *Pétiole* : de longueur et grosseur moyennes, tomenteux, fortement carminé, à cannelure profonde. — *Stipules* : assez petites.

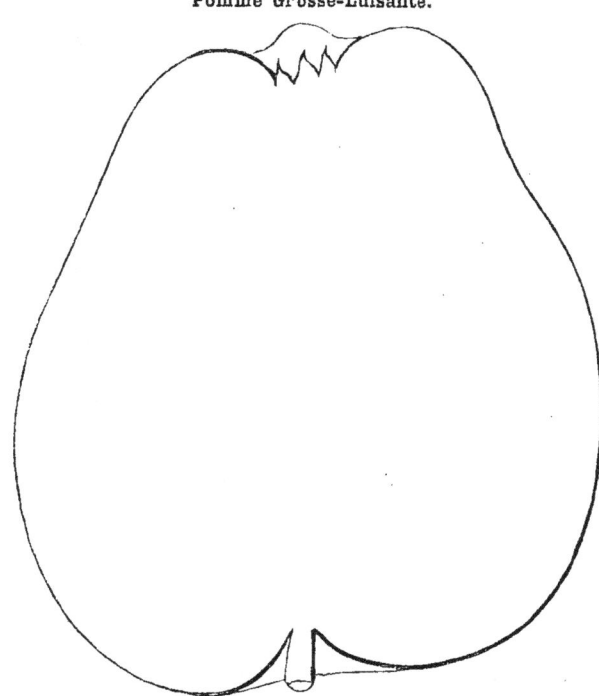

Pomme Grosse-Luisante.

Fertilité. — Satisfaisante.

Culture. — En écussonnant ce pommier ras terre, sa tige pousse droite, grosse, et sa tête devient fort régulière. Il prospère également très-bien sous la forme naine, qui même, comme fertilité, lui convient mieux que le plein-vent.

Description du fruit. — *Grosseur* : volumineuse. — *Forme* : conique-allongée, étranglée près du sommet, pentagone et généralement un peu moins grosse d'un côté que de l'autre. — *Pédoncule* : court ou très-court, fort, inséré dans un bassin rarement bien vaste. — *Œil* : grand ou moyen, ouvert ou mi-clos, à cavité peu prononcée et très-gibbeuse sur ses bords. — *Peau* : mince, lisse, unicolore, jaune blafard mais très-luisant, semée de quelques petits points d'un blanc laiteux, et plus ou moins tachée de gris-roux dans le bassin pédonculaire. — *Chair* : blanchâtre, grosse, spongieuse, mi-tendre, assez marcescente. — *Eau* : peu abondante et peu sucrée, faiblement acidulée, manquant entièrement de parfum.

Maturité. — Novembre-Février.

Qualité. — Deuxième, et uniquement pour la cuisson.

Historique. — La Grosse-Luisante figure avantageusement, par sa jolie forme et par sa peau semblant vernie, dans une corbeille au milieu d'un dessert, mais c'est à peu près là son seul mérite. Aussi la trouve-t-on plutôt chez les collectionneurs qu'au verger ou chez le pépiniériste. Notre Congrès pomologique l'a cependant patronée à Bordeaux, dans sa session de 1859 (*Procès-Verbaux*, p. 9), tout en la déclarant fruit d'ornement et de médiocre qualité. Jusqu'alors cette variété n'avait en rien attiré l'attention. C'est du département de la Gironde, où elle était localisée, qu'on l'a répandue dans quelques établissements horticoles, et qu'ainsi son nom a fini par sortir un peu de l'obscurité.

Pomme GROSSE-MADELEINE. — Synonyme de *Passe-Pomme d'Été*. Voir ce nom.

---

205. Pomme GROSSE-MERVEILLE.

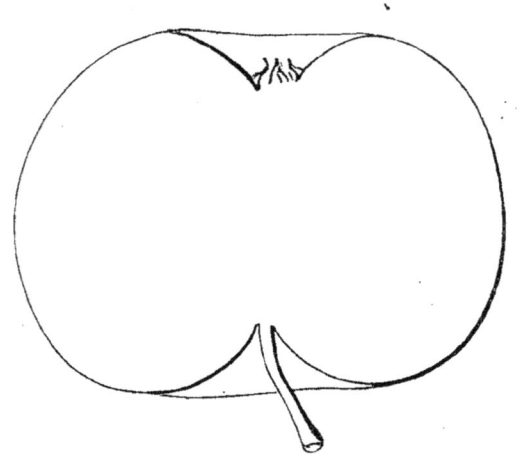

Description de l'arbre.
— *Bois :* fort. — *Rameaux :* nombreux, étalés à la base, érigés au sommet, de grosseur et longueur moyennes, à peine coudés, excessivement duveteux, vert olivâtre nuancé de fauve auprès des yeux, ayant de très-courts mérithalles. — *Lenticelles :* des plus petites, grises, allongées, peu apparentes. — *Coussinets :* aplatis. — *Yeux :* gros ou moyens, obtus, plaqués sur l'écorce, aux écailles duveteuses et mal soudées. — *Feuilles :* abondantes, petites, épaisses, ovales, d'un vert-blanc et jaunâtre en dessus, d'un blanc jaunâtre en dessous, longuement acuminées, planes ou canaliculées, à bords plus souvent crénelés que dentés. — *Pétiole :* court et de grosseur moyenne, assez flasque et très-peu cannelé. — *Stipules :* étroites et longues.

Fertilité. — Abondante.

Culture. — La vigueur de ce pommier permet de l'élever pour plein-vent, mais il est alors préférable, afin d'avoir de grands arbres, de le greffer en tête plutôt que ras terre. Il est irréprochable sous toute forme naine.

Description du fruit. — *Grosseur :* moyenne. — *Forme :* sphérique, très-comprimée aux pôles. — *Pédoncule :* long, grêle, souvent contourné, implanté dans un vaste et profond bassin. — *Œil :* moyen, ouvert ou mi-clos, à cavité plus ou moins développée. — *Peau :* mince, lisse, brillante, jaune-cire, en partie lavée de rouge-cerise et panachée de jaune verdâtre, ponctuée de gris cendré, puis tachée de fauve autour du pédoncule. — *Chair :* blanche, fine, mi-tendre et très-croquante. — *Eau :* abondante, très-sucrée, sans acidité, douée d'une saveur particulière fort agréable.

Maturité. — Janvier-Mars.

Qualité. — Première.

Historique. — Ce ravissant fruit est dans mes pépinières depuis 1870 seulement. J'en dois la connaissance et la possession à M. le comte de Castillon, dont j'ai parlé plus haut (p. 354), en décrivant le pommier Gros-Museau de Lièvre d'Alos, que je tiens également de lui. On croit cette variété originaire des environs de Toulouse, où tous les pépiniéristes la cultivent, et même où il s'en trouve des arbres séculaires. Son nom de Merveille me semble bien justifié par l'admirable coloris de sa peau, joint à la délicate saveur de sa chair.

Pomme GROSSE-NOIRE D'AMÉRIQUE. — Synonyme de pomme *Belle du Havre*. Voir ce nom.

Pomme GROSSE-PASSE-POMME. — Synonyme de *Calleville rouge d'Été*. Voir ce nom.

Pomme GROSSE-POMME PARIS. — Synonyme de pomme *Pâris*. Voir ce nom.

Pomme GROSSE-POMME-POIRE D'AMÉRIQUE. — Synonyme [*par erreur*] de pomme *Violette*. — Voir ce mot, au paragraphe Observations.

Pomme GROSSE-POMME DE ZURICH. — Synonyme de *Calleville blanc d'Hiver*. Voir ce nom.

Pomme GROSSE-REINETTE D'ANGLETERRE. — Synonyme de *Reinette d'Angleterre*. Voir ce nom.

Pomme GROSSE-REINETTE DU CANADA. — Synonyme de *Reinette du Canada*. Voir ce nom.

206. Pomme GROSSE-REINETTE DE CASSEL.

Synonymes. — *Pommes :* 1. Double-Reinette de Cassel (Diel, *Kernobstsorten*, 1801, t. IV, p. 140). — 2. Grosse-Casseler Reinette (*Id. ibid.*). — 3. Reinette dorée de Hollande (Dittrich, *Systematisches Handbuch der Obstkunde*, 1839, t. I, p. 429, n° 425). — 4. Reinette Parmaine rouge (le baron de Biedenfeld, *Handbuch aller bekannten Obstsorten*, 1854, 2° partie, p. 107). — 5. Reinette Piquée (*Id. ibid.*).

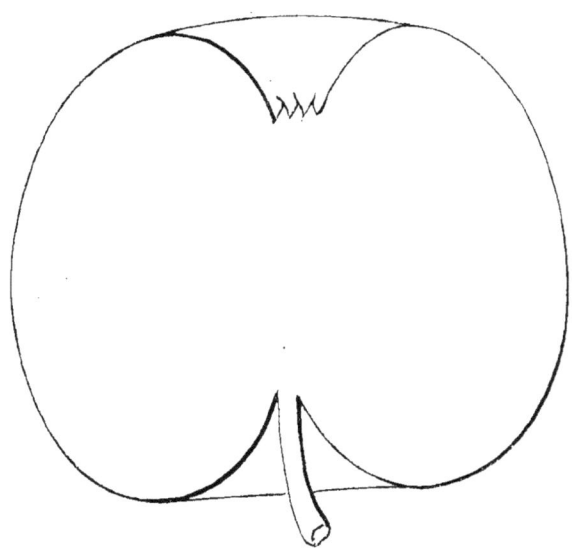

Description de l'arbre. — *Bois :* fort. — *Rameaux :* assez nombreux, étalés, gros et de longueur moyenne, peu coudés, très-cotonneux et rouge-brun nuancé de vert. — *Lenticelles :* grandes, plus ou moins arrondies, clair-semées. — *Coussinets :* à peu près nuls. — *Yeux :* gros ou moyens, ovoïdes, faiblement duveteux, plaqués sur l'écorce. — *Feuilles :* moyennes, ovales, assez épaisses, souvent non acuminées, planes et finement crénelées sur leurs bords. — *Pétiole :* de grosseur et longueur moyennes, tomenteux, non cannelé. — *Stipules :* larges et très-longues.

Fertilité. — Abondante.

CULTURE. — Écussonné ras terre il fait de superbes plein-vent; sa grande vigueur exige, quand on le destine à la basse-tige, qu'il soit greffé sur paradis.

Description du fruit. — *Grosseur :* volumineuse. — *Forme :* globuleuse assez régulière. — *Pédoncule :* gros, long, arqué, planté dans un bassin généralement large et profond. — *Œil :* moyen, mi-clos, à cavité vaste et unie. — *Peau :* assez lisse, jaune d'or passant au jaune orangé sur la face exposée au soleil, régulièrement ponctuée de roux, quelque peu lavée de brun clair autour du pédoncule et parfois faiblement striée de rose à l'insolation. — *Chair :* d'un blanc jaunâtre ou verdâtre, serrée, ferme, très-croquante et légèrement marcescente. — *Eau :* suffisante, acidulée, sucrée, ayant un certain parfum, mais habituellement entachée d'un arrière-goût plus ou moins herbacé.

MATURITÉ. — Janvier-Avril.

QUALITÉ. — Deuxième.

Historique. — Ce fruit appartient à la pomone hollandaise ; il est assez commun, depuis une quinzaine d'années surtout, dans les environs de Metz. On le supposait sorti de la petite ville de Cassel, chef-lieu de canton du département du Nord. Le pomologue allemand Diel nous apprend le contraire. Décrivant en 1801 cette variété, il dit :

« Je dois ce joli fruit, sans doute encore très-rare, à M. Hagen, de la Haye. Il provient des vergers du maire de cette localité, vergers mentionnés dans le recueil de Knoop [en 1766]. Le nom qu'il porte est dû probablement à ce fait, qu'un souverain de l'électorat de Hesse-Cassel qui s'occupait beaucoup de plantations, fit cultiver ce pommier dans son parc à Cassel, sa capitale. »

Observations. — C'est fautivement qu'on a parfois donné à cette variété le synonyme *Reinette caractère*, s'appliquant à la Reinette marbrée, et celui *Pearmain royal*, appartenant à la pomme *d'Hereford*. Souvent aussi, et toujours par méprise, elle s'est vue réunie à la *Dutch Mignonne*, notre vieille Reinette de Caux ; erreur toutefois fort excusable, puisque ce dernier fruit fut assez longtemps vendu sous le pseudonyme Reinette de Cassel.

POMME GROSSE-REINETTE DE DOUÉ. — Synonyme de *Reinette de Doué.* Voir ce nom.

POMME GROSSE-REINETTE ROUGE TIQUETÉE. — Synonyme de *Reinette de Caux.* Voir ce nom.

POMME GROSSE-REINETTE TENDRE. — Synonyme de *Reinette tendre.* Voir ce nom.

POMME GROSSE-ROUGE. — Synonyme de pomme *Cœur de Bœuf.* Voir ce nom.

POMME GROSSE-SCHAFNASE. — Synonyme de pomme *Tête de Chat.* Voir ce nom.

POMME GROSSER FLANDRISCHER RAMBOUR. — Synonyme de *Rambour de Flandre.* Voir ce nom.

Pomme GROSSER RHEINISCHER BOHN. — Synonyme de pomme *Gros-Bohn*. Voir ce nom.

Pomme DE GRUE. — Synonyme de pomme *Suisse panachée*. Voir ce nom.

Pommes GRÜNE REINETTE. — Synonymes de pomme *Non-Pareille ancienne* et de *Reinette verte*. Voir ces noms.

Pomme GRÜNER FÜRSTEN. — Synonyme de pomme *de Prince verte*. Voir ce nom.

Pomme GRÜNER KAISER. — Synonyme de Pomme *Impériale verte*. Voir ce nom.

Pomme GULDEN PEPPING. — Synonyme de pomme *d'Or d'Angleterre*. Voir ce nom.

207. Pomme GULDERLING DORÉ.

Synonymes. — *Pommes :* 1. Gelber englischer Gulderling (Diel, *Kernobstsorten*, 1800, t. III, p. 54). — 2. Goldgulderling (*Id. ibid.*).

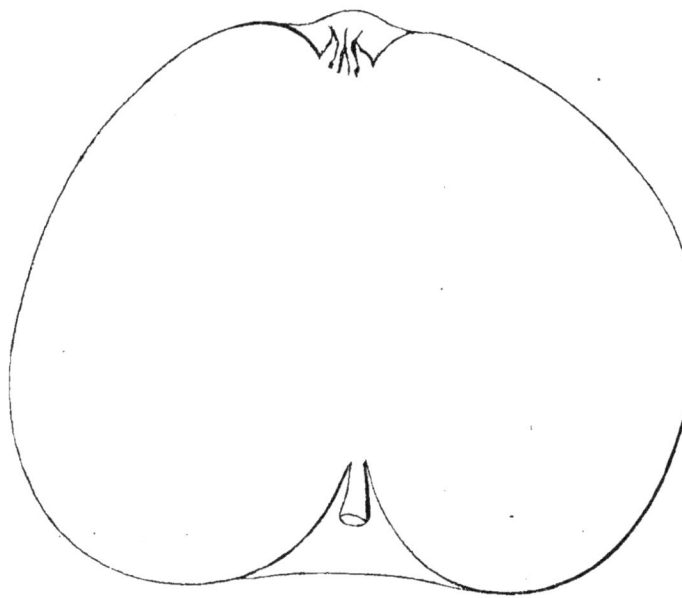

Description de l'arbre. — *Bois :* fort. — *Rameaux :* érigés, assez nombreux et assez longs, gros, peu coudés, très-duveteux, rouge-brun ardoisé. — *Lenticelles :* abondantes, petites ou moyennes, allongées pour la plupart. — *Coussinets :* bien développés. — *Yeux :* moyens, ovoïdes, légèrement plaqués sur le bois et des plus cotonneux. — *Feuilles :* grandes ou moyennes, ovales-arrondies, longuement acuminées, planes, ayant les bords profondément dentés. — *Pétiole :* court, gros, tomenteux, rarement cannelé. — *Stipules :* étroites et longues.

Fertilité. — Ordinaire.

Culture. — C'est uniquement pour formes naines, sur doucin ou paradis, que jusqu'ici nous l'avons multiplié ; il doit toutefois, en raison de sa vigueur, faire de convenables plein-vent.

Description du fruit. — *Grosseur :* considérable. — *Forme :* irrégulièrement conique, pentagone et fortement ventrue. — *Pédoncule :* court, assez gros, planté dans un bassin des plus profonds. — *Œil :* grand, mi-clos ou fermé, à longues sépales, à cavité petite et plissée. — *Peau :* mince, lisse, unicolore, jaune verdâtre à l'ombre, jaune-citron sur le côté du soleil, régulièrement semée de gros et nombreux points gris souvent cerclés de vert. — *Chair :* blanchâtre, mi-fine, assez tendre. — *Eau :* suffisante, sucrée, agréablement acidulée, mais sans parfum.

Maturité. — Octobre-Janvier.

Qualité. — Deuxième.

Historique. — Ayant admiré les volumineux fruits de ce pommier à l'exposition horticole internationale de Paris, en 1867, j'ai fait venir du Wurtemberg des greffons de Gulderling doré. Cette variété presque localisée chez les Allemands, ne serait cependant pas, d'après eux, née sur leur territoire. M. de Flotow, pomologue très-connu, la suppose étrangère également à la Grande-Bretagne, quoique vers 1795 le nom qu'on lui donnait semblât indiquer qu'elle en provenait. Voici la traduction du passage où cet auteur en a parlé :

« Cette pomme — dit-il — fut décrite pour la première fois par Diel, en 1800, dans son *Kernobstsorten* (t. III, p. 54), sous la dénomination Gulderling jaune d'Angleterre. Nous la croyons néanmoins, malgré cette désignation d'origine, complétement inconnue des Anglais. »

Je partage l'opinion de M. de Flotow, quant à regarder le Gulderling doré comme ne provenant ni d'Angleterre ni d'Allemagne ; mais je pense, contrairement à son assertion, que les Anglais l'ont connu. Thompson, en 1842, indiquait effectivement que la Société d'Horticulture de Londres le possédait (voir *Catalogue de son Jardin*, p. 17) ; seulement il le classa parmi les variétés à étudier et sur lesquelles il réclamait, de ses correspondants, des renseignements de toute nature. Pour moi, le trouvant chez les Allemands dès la fin du dernier siècle, je le suppose sorti de la Hollande, où tout un groupe de pommiers porte depuis fort longtemps le nom générique, Gulderling. Ainsi le Hollandais Knoop, dans sa *Pomologie*, décrivait déjà dix variétés de Gulderling en 1766 ; et depuis leur nombre a dû s'accroître encore. Si toutes étaient cultivées en France, je pourrais facilement éclaircir mon doute, mais à peine nos pépiniéristes sont-ils certains d'en propager trois.

Pomme GULDERLING GEELE. — Voir *Geele Gulderling*.

---

208. Pomme GULDERLING RAYÉ D'ESPAGNE.

Synonyme. — Pomme Spanischer gestreifter Gulderling (Diel, *Kernobstsorten*, 1819, t. XXI, p. 46).

Description de l'arbre. — *Bois :* assez faible. — *Rameaux :* nombreux, érigés, peu longs, de moyenne grosseur, légèrement coudés et cotonneux, d'un brun noirâtre fortement nuancé de gris cendré. — *Lenticelles :* petites, allongées et clair-semées. — *Coussinets :* bien ressortis et se prolongeant en arête. — *Yeux :* petits, ovoïdes ou coniques, noirâtres, duveteux, faiblement écartés du bois. — *Feuilles :* petites, abondantes, coriaces, ovales-allongées, très-cotonneuses, vert jaunâtre en dessus, gris verdâtre en dessous, courtement acuminées, ayant les bords régulièrement dentés ou crénelés. — *Pétiole :* de grosseur et longueur moyennes, rigide, amplement lavé de carmin, à cannelure large mais peu profonde. — *Stipules :* moyennes.

FERTILITÉ. — Abondante.

CULTURE. — On peut l'écussonner en tête, pour plein-vent, car il est d'un grand rapport au verger ; les formes basse-tige, sur doucin ou paradis, lui sont des plus favorables.

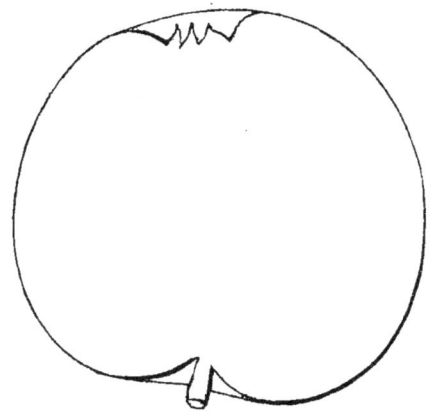

Pomme Gulderling rayé d'Espagne.

Description du fruit. — *Grosseur :* au-dessous de la moyenne. — *Forme :* globuleuse, presque toujours moins volumineuse d'un côté que de l'autre. — *Pédoncule :* court, de moyenne force, inséré dans un bassin très-peu développé. — *OEil :* presque à fleur de fruit, grand, mi-clos, entouré de faibles gibbosités. — *Peau :* mince, lisse, jaune d'or, légèrement striée de carmin foncé, tachetée de brun noirâtre et abondamment ponctuée de gris clair. — *Chair :* jaunâtre, fine et tendre. — *Eau :* abondante, sucrée, délicatement acidulée et parfumée.

MATURITÉ. — Janvier-Mars.

QUALITÉ. — Première.

Historique. — Ce Gulderling rayé d'Espagne, bien connu des Allemands, était déjà cultivé chez eux à la fin du xviii° siècle et n'en est guère sorti depuis. Les Hollandais en possèdent un du même nom, mais de médiocre qualité puis à forme allongée et côtelée. Il diffère donc entièrement de celui-ci, comme l'avait du reste, en 1819, affirmé Diel dans son *Kernobstsorten :*

« J'ai reçu cette variété — écrivait-il — de mon ami Stein, en 1802. La dénomination *Gulderling* se rencontre uniquement chez les pomologues hollandais. Knoop, l'un d'eux, a bien décrit un Gulderling d'Espagne, seulement ce n'est pas le mien ; aussi ai-je ajouté le mot *rayé*, au nom de ce dernier, qu'autrement on eût confondu avec la variété de Knoop. » (T. XXI, p. 46.)

Pour compléter ces renseignements de Diel, il aurait fallu feuilleter quelques Pomologies espagnoles ; or, je les crois très-rares — peut-être même n'en existe-t-il pas — mes efforts pour en posséder n'ayant eu aucun résultat. Je multiplie depuis trois ans le Gulderling rayé d'Espagne et le dois à l'obligeance de M. le superintendant Oberdieck, de Jeinsen, près Hanovre.

POMME GULLY. — Synonyme de pomme *Mangum*. Voir ce nom.

POMME GUOLDEN PEPPIUS. — Synonyme de pomme *d'Or d'Angleterre*. Voir ce nom.

H

Pomme HAFFNERS GOLDREINETTE. — Synonyme de *Reinette Weidner.* Voir ce nom.

Pomme HALBWEISSER ROSMARIN. — Synonyme de pomme *Romarin blanc rosé.* Voir ce nom.

---

209. Pomme du HALDER.

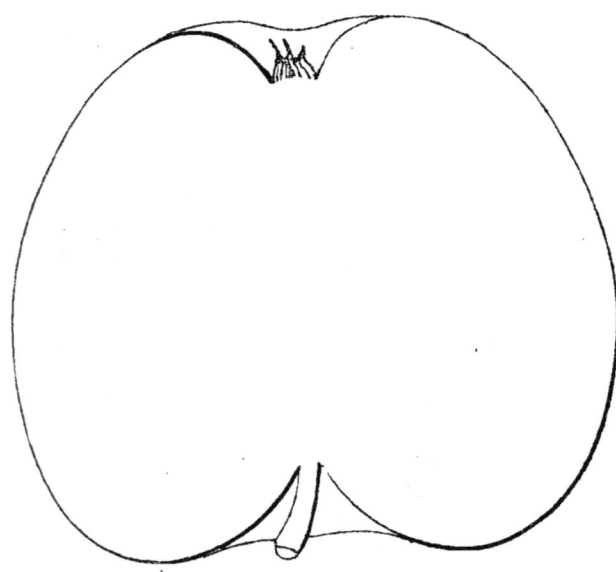

Description de l'arbre. — *Bois :* très-fort. — *Rameaux :* nombreux, érigés, gros et des plus longs, légèrement coudés, bien duveteux, jaune olivâtre. — *Lenticelles :* petites, abondantes, allongées ou arrondies. — *Coussinets :* saillants. — *Yeux :* volumineux, ovoïdes, aplatis, peu cotonneux, noyés dans l'écorce. — *Feuilles :* grandes, elliptiques, minces, vert jaunâtre en dessus, vert grisâtre en dessous, canaliculées et contournées, à bords dentés ou crénelés. — *Pétiole :* long, grêle, flexible et non cannelé. — *Stipules :* très-développées.

Fertilité. — Abondante.

Culture. — Il pousse droit et gros ; aussi, écussonné ras terre, est-il avantageux pour faire des tiges. Comme plein-vent on ne peut trouver de plus bel arbre. Sur paradis il se prête également bien à toute espèce de forme naine et sa grande fertilité s'y accroît encore.

Description du fruit. — *Grosseur :* volumineuse. — *Forme :* conique assez régulière. — *Pédoncule :* de longueur moyenne, bien nourri, arqué, planté dans un vaste bassin formant entonnoir. — *Œil :* grand, mi-clos ou fermé, à longues sépales, à cavité plissée, large et profonde. — *Peau :* fine, lisse, unicolore, jaune-serin, légèrement verdâtre aux extrémités du fruit et toute parsemée de petits points bruns cerclés de vert foncé. — *Chair :* blanchâtre, fine, tendre et croquante. — *Eau :* abondante, sucrée, délicatement acidulée et parfumée.

Maturité. — Décembre-Mars.

Qualité. — Première.

Historique. — Originaire de la Hollande, et tout moderne, le pommier du Halder nous est venu des Belges, qui ont beaucoup fait pour sa propagation. M. Alexandre Bivort, un de leurs pomologues, lui consacra en 1853 un article dont voici les principaux passages :

« Cette nouvelle variété provient des semis de M. Loisel, de Fauquemont, dans le Limbourg hollandais..... Elle porte le nom de la propriété où elle est née. Le premier produit date de 1843 ou de 1844. » (*Annales de pomologie belge et étrangère*, t. VI, p. 49.)

210. Pomme HALL.

Synonymes. — *Pommes :* 1. Hall's Seedling (Charles Downing, *Fruits and fruit trees of America*, 1863, p. 81). — 2. Jenny Seedling (*Id. ibid.*). — 3. Hall's Red (*Id. ibid.*, édition de 1869, p. 207).

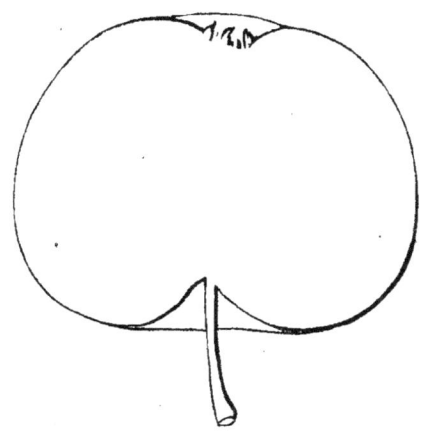

Description de l'arbre. — *Bois :* de moyenne force. — *Rameaux :* assez nombreux, érigés, gros et très-longs, à peine géniculés, duveteux, brun olivâtre légèrement nuancé de rouge ardoisé. — *Lenticelles :* très-rapprochées, grandes et plus ou moins arrondies. — *Coussinets :* presque nuls. — *Yeux :* moyens, ovoïdes, en partie collés sur le bois, à écailles peu cotonneuses et d'un brun violacé. — *Feuilles :* moyennes, ovales-allongées, rarement acuminées, ayant les bords largement dentés ou crénelés. — *Pétiole :* gros, très-long, assez flasque, généralement sans cannelure. — *Stipules :* étroites et longues.

Fertilité. — Remarquable.

Culture. — On peut, en raison de sa grande vigueur, le destiner au plein-vent; écussonné ras terre il fait des tiges grosses, droites, et sa tête est aussi touffue que régulière. Les formes naines lui sont moins avantageuses, même greffé sur paradis.

Description du fruit. — *Grosseur :* au-dessous de la moyenne. — *Forme :* conico-sphérique plus ou moins aplatie aux pôles. — *Pédoncule :* long, grêle, inséré dans un assez vaste bassin. — *Œil :* moyen ou petit, mi-clos, à cavité unie, parfois large, mais généralement peu profonde. — *Peau :* mince, lisse, jaune d'or ou jaune-brun clair, lavée et légèrement striée de vermillon ou de brun rouge, maculée de fauve autour du pédoncule et ponctuée de gris. — *Chair* : jaunâtre, fine, tendre et serrée. — *Eau* : suffisante, bien sucrée, faiblement acidulée, douée d'un parfum peu prononcé mais fort agréable.

Maturité. — Janvier-Mai.

Qualité. — Première.

Historique. — Charles Downing, dans ses *Fruits and fruit trees of America*, nous apprend en 1863 (p. 81) que cette pomme, qui porte le nom de son obtenteur, provient du domaine de M. Hall, habitant le comté de Franklin, dans la Caroline du Nord. Elle compte déjà une trentaine d'années et commençait à se répandre chez nous vers 1864.

Observations. — Nous connaissons, mais ne les possédons pas, deux pommes de ce même nom, la *Hall Door*, variété anglaise, tardive, peu méritante, puis la *Hall's Sweet*, d'Amérique, fruit bon et précoce. Je les signale ici, pour éviter qu'on les suppose identiques avec notre pomme Hall.

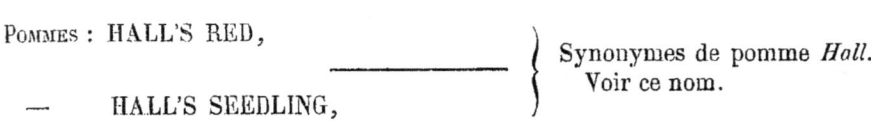

Pommes : HALL'S RED,

— HALL'S SEEDLING,

} Synonymes de pomme *Hall*. Voir ce nom.

211. Pomme HAMILTON.

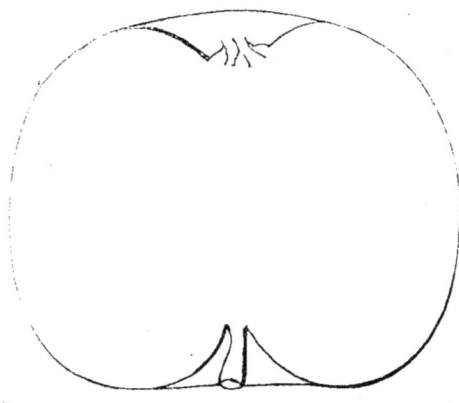

Description de l'arbre. — *Bois* : très-fort. — *Rameaux* : peu nombreux, étalés, gros et des plus longs, bien géniculés, très-cotonneux, d'un brun olivâtre lavé faiblement de rouge ardoisé. — *Lenticelles* : grandes, arrondies, clair-semées. — *Coussinets* : aplatis. — *Yeux* : volumineux, ovoïdes-arrondis, sensiblement duveteux et légèrement écartés du bois. — *Feuilles* : moyennes, ovales, assez longuement acuminées, planes et à bords régulièrement dentés. — *Pétiole* : gros, de longueur moyenne, tomenteux, un peu cannelé. — *Stipules* : très-petites.

Fertilité. — Ordinaire.

Culture. — Il réussit parfaitement sous forme naine, mais en le greffant sur paradis ; comme plein-vent, peu de pommiers l'emportent en beauté sur lui.

Description du fruit. — *Grosseur* : moyenne. — *Forme* : régulièrement globuleuse. — *Pédoncule* : court, assez fort, souvent arqué, planté dans un bassin de moyenne dimension. — *Œil* : petit ou moyen, mi-clos, à cavité plus ou moins plissée, large et assez profonde. — *Peau* : unie, jaune d'or, amplement fouettée et marbrée de carmin, tachée de roux autour du pédoncule, puis abondamment ponctuée de gris-blanc et de brun. — *Chair :* jaunâtre, veinée de vert, tendre et peu serrée. — *Eau :* suffisante, sucrée, bien acidule, savoureusement parfumée.

Maturité. — Novembre-Février.

Qualité. — Première.

Historique. — Ce pommier me fut envoyé d'Amérique en 1862. Il y est très-estimé, surtout dans les États du Sud. Charles Downing, un de ses premiers descripteurs, ne connaissait pas encore, en 1869, le lieu d'où le pied-mère était sorti. Je le crois dédié au fameux Hamilton (James, né en 1814), théologien écossais de la secte des presbytériens et dont les ouvrages sont des plus populaires chez les Américains.

Observations. — Downing, en signalant la pomme Hamilton, demande si la *Wonder* ne serait pas identique avec elle. N'ayant jamais vu ce dernier fruit, je me borne à reproduire l'interrogation du pomologue américain pour en faciliter l'éclaircissement. — La Société d'Horticulture de Londres possédait en 1842 un pommier *Pippin Hamilton*, mentionné cette même année par Thompson, dans le *Catalogue* du Jardin de ladite Société. Quel est-il? Serait-ce celui des Américains?... Je l'ignore, Thompson n'ayant fait que l'indiquer sous le n° 315, sans donner de l'arbre ou de ses produits la moindre description. Je ne l'ai, du reste, trouvé cité par aucun autre pomologue anglais.

Pomme HAMMON'S PEARMAIN. — Synonyme de pomme *Hubbard's Pearmain.* Voir ce nom.

Pomme HAMPSHIRE GREENING. — Synonyme de pomme *Verte de Rhode-Island.* Voir ce nom.

Pomme HAMPSHIRE YELLOW. — Synonyme de pomme *Pearmain dorée.* Voir ce nom.

Pommes : HARBERT'S REINETTARTIGER RAMBOUR,
— HARBERT'S REINETTE,
} Synonymes de *Reinette Harbert.* Voir ce nom.

Pomme de HARDI. — Synonyme de pomme *Rouge de Stettin.* Voir ce nom.

Pomme HARDWICK. — Synonyme de pomme *Swaar.* Voir ce nom.

---

212. Pomme HARRIS.

Synonyme. — *Pomme* Ben Harris (Charles Downing, *Fruits and fruit trees of America,* 1869, p. 210).

Description de l'arbre. — *Bois :* de moyenne force. — *Rameaux :* nombreux, étalés à la base, érigés au sommet, gros, assez longs, peu géniculés, bien duveteux, brun clair du côté du soleil et vert olivâtre du côté de l'ombre. —

Lenticelles : petites, allongées et rapprochées. — *Coussinets :* saillants et se prolongeant en arête. — *Yeux :* très-petits, cotonneux, aplatis, entièrement collés sur l'écorce. — *Feuilles :* moyennes, abondantes, coriaces, vert terne en dessus, gris verdâtre en dessous, ovales-allongées à la base du rameau, ovales-arrondies au sommet, acuminées et planes, ayant les bords profondément dentés et surdentés. — *Pétiole :* gros, court et roide, rougeâtre en dessous, à cannelure prononcée. — *Stipules :* courtes et larges.

Pomme Harris.

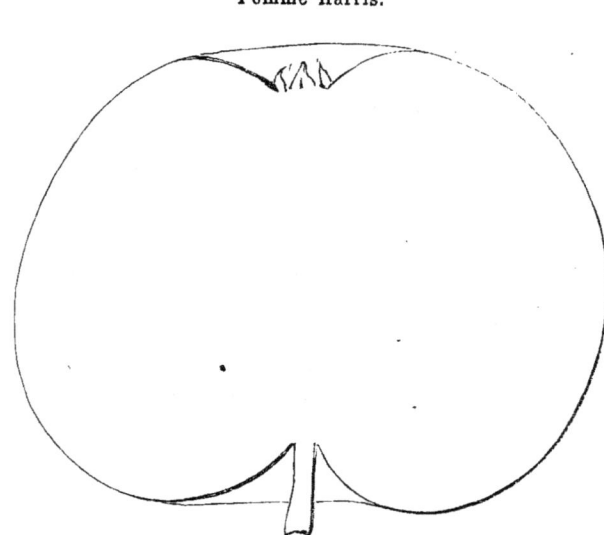

Fertilité. — Satisfaisante.

Culture. — Quand on l'écussonne sur doucin ou paradis, pour cordons, espaliers et buissons, il fait de très-beaux arbres. En le greffant ras terre on en obtient aussi d'assez convenables plein-vent.

Description du fruit. — *Grosseur :* au-dessus de la moyenne. — *Forme :* globuleuse ou conique-arrondie et comprimée aux extrémités. — *Pédoncule :* de longueur moyenne, bien nourri, plus ou moins arqué, implanté dans un vaste bassin. — *Œil :* grand ou moyen, mi-clos, à cavité unie, large et peu profonde. — *Peau :* à fond vert herbacé, en grande partie lavée de rouge terne, fouettée de carmin foncé, maculée de fauve squammeux autour du pédoncule, et semée de larges et abondants points gris très-apparents, particulièrement sur le côté de l'insolation. — *Chair :* blanchâtre, mi-fine, tendre, peu serrée et sujette à devenir pâteuse à complète maturité. — *Eau :* suffisante, assez sucrée, acidulée et faiblement parfumée.

Maturité. — Fin d'août et commencement de septembre.

Qualité. — Deuxième pour le couteau, première pour marmelade et compote.

Historique. — Gagnée vers 1850, aux États-Unis, chez M. Marston Harris, du comté de Rockingham (Caroline du Nord), elle porte ainsi le nom de son obtenteur et demeura assez longtemps localisée, mais très-répandue, dans sa contrée natale. (Voir Charles Downing, *Fruits of America*, éditions de 1863 et 1869.) Cette pomme, que je propage depuis 1862, est encore presque inconnue de nos jardiniers.

Observations. — Le pomologue américain Warder a parlé en 1867, dans son ouvrage sur le Pommier, de la variété Harris, lui assignant l'*hiver* pour époque de maturité. Comme il l'avait classée parmi les fruits qu'il connaissait seulement de nom, cette erreur est fort excusable. Nous la relevons, cependant, car peut-être croirait-on à l'existence de deux pommes Harris, l'une tardive, l'autre précoce. — Disons aussi que les variétés *Harnish*, *Harrison* et *Harry Sweet*, appartenant également à l'Amérique, n'ont de commun, avec celle ici décrite, qu'une homonymie plus ou moins complète.

Pomme HAUS MÜTTERCHEN. — Synonyme de pomme *de Livre*. Voir ce nom.

Pomme HAUTE-BONNE. — Synonyme de pomme *Haute-Bonté*. Voir ce nom.

213. Pomme HAUTE-BONTÉ.

Synonymes. — *Pommes :* 1. Blandilalié (au XIIIe siècle, Roquefort, *Glossaire de la langue romane*, 1808, t. I, p. 158). — 2. Blandilalie (la Quintinye, *Instruction pour les jardins fruitiers et potagers*, 1690, t. I, p. 393). — 3. Haute-Bonne (Miller, *Dictionnaire des jardiniers*, 1724 t. IV, p. 530). — 4. Geele Gulderling (Herman Knoop, *Pomologie*, 1771, p. 40; — et Henri, Manger, *Systematische Pomologie*, 1780, t. I, p. 70, n° CXXXVI, et p. 74, n° CL). — 5. De Saintonge (Comice horticole d'Angers, 1838, *Catalogue de son Jardin fruitier*, n° 228). — 6. Reinette grise Haute-Bonté (Congrès pomologique, *Pomologie de la France*, 1867, t. IV, n° 23). — 7. Reinette grise de Saintonge (*Id. ibid.*). — 8. Reinette de Saintonge (*Id. ibid.*).

Premier Type.

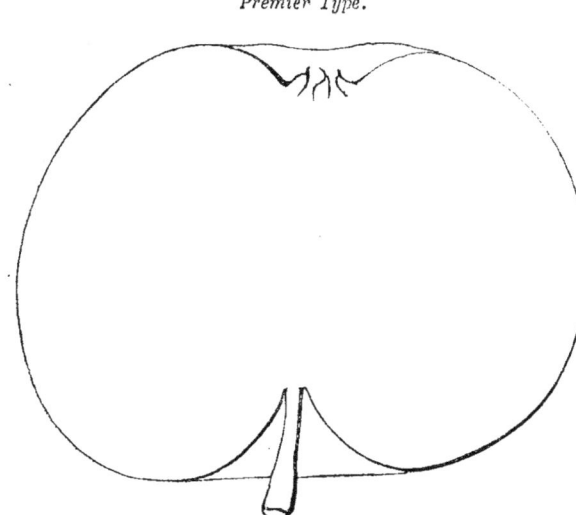

Description de l'arbre. — *Bois :* fort. — *Rameaux :* assez nombreux, érigés, gros, de longueur moyenne, bien géniculés et légèrement cotonneux, rouge-brun ardoisé, à courts mérithalles. — *Lenticelles :* petites, arrondies et abondantes. — *Coussinets :* peu développés. — *Yeux :* volumineux ou moyens, coniques, très-duveteux, presque entièrement plaqués sur l'écorce, mais parfois, cependant, formant plus ou moins éperon à la base du rameau. — *Feuilles :* petites, ovales, vert terne en dessus, gris verdâtre en dessous, courtement acuminées, ayant les bords faiblement crénelés. — *Pétiole :* de longueur et grosseur moyennes, rosé et cannelé, roide, tenant la feuille bien érigée. — *Stipules :* peu développées.

Fertilité. — Satisfaisante.

Culture. — Comme sa croissance est un peu lente il faut, pour le destiner au plein-vent, qu'il soit greffé en tête. Sur paradis ou doucin on en obtient de jolis arbres nains.

Description du fruit. — *Grosseur :* au-dessus de la moyenne. — *Forme :* variable, elle est toujours légèrement pentagone et le plus habituellement globuleuse comprimée aux pôles, ou conique plus ou moins régulière. — *Pédoncule :* long

ou assez court, gros, souvent renflé à l'attache, planté dans un bassin bien développé.
— *Œil* : grand ou moyen, ouvert ou mi-clos, à cavité plutôt large qu'étroite, peu profonde et à bords inégaux. — *Peau* : entièrement bronzée ou vert blanchâtre, nuancée de jaune et de gris, ponctuée de brun, puis tachée de roux olivâtre autour du pédoncule et quelquefois, mais rarement, un peu teintée ou panachée de rouge sombre à l'insolation. — *Chair* : jaunâtre, fine, croquante, assez ferme. — *Eau* : suffisante, bien sucrée, à peine acidule, ayant un délicieux et léger parfum d'anis.

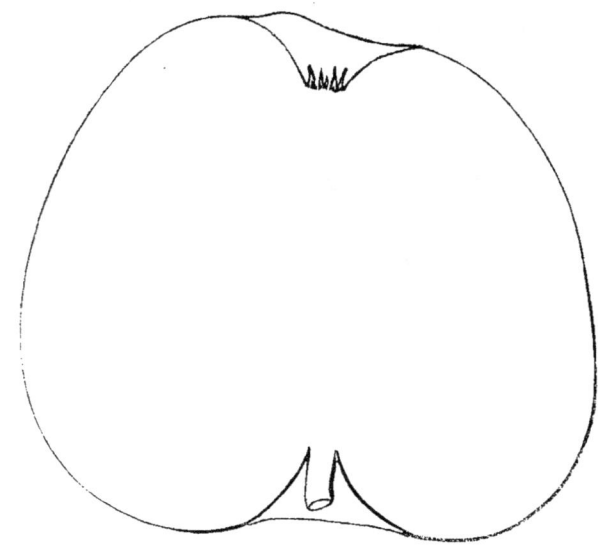

Pomme Haute-Bonté. — *Deuxième Type*.

MATURITÉ. — Janvier-Avril.

QUALITÉ. — Première.

Historique. — Voilà, parmi les pommes françaises, une de ces antiques variétés dont la trace se retrouve sûrement à travers les siècles, tant nos pères l'eurent en prédilection. Celle-ci, du moins, mérita réellement leur préférence, puisqu'aujourd'hui, malgré l'accroissement considérable des nouveautés du genre pommier, elle est toujours digne de sa dénomination primitive, BLANDILALIE, qui, appartenant au roman, signifie *douce et agréable*. A l'époque où florissait ce vieux langage — du xe au xive siècle — cette variété dut être assez commune. Je la vois, en effet, ainsi mentionnée par Roquefort (1808), dans son *Glossaire de la langue romane* : « BLANDILALIE, espèce de pomme que nous appelons HAUTE-BONTÉ. » (T. Ier, p. 158.) En 1680 on la connaissait parfaitement encore sous ce nom séculaire ; le fameux Jean de la Quintinye le lui donnait concurremment avec celui qu'elle porte maintenant, et qui pour lors commençait à l'emporter sur l'autre :

« Les *Haute-Bonté* — écrivait-il avant 1688 — sont blanches, cornues et longuettes, et durent longtemps ; on les nomme en Poictou, *Blandilalie* ; elles ont la chair assez douce avec si peu que rien d'aigrelet. » (*Instruction pour les jardins fruitiers et potagers*, 1690, t. I, p. 393.)

L'estime particulière en laquelle, chez nous, on tenait ce fruit, le fit désirer à l'étranger. C'est ainsi qu'en 1636 il fut importé en Amérique ; cela ressort du curieux passage ci-dessous, émanant de Jaume-Saint-Hilaire, et que j'emprunte au recueil scientifique du baron de Férussac, année 1829 :

« Pendant son Exposition de 1828 la Société d'Horticulture de Londres a reçu des pommes dont l'espèce, introduite depuis peu d'années en Angleterre, vient de l'État de Connecticut, *où elle avait été envoyée en 1636*. On a reconnu que cette espèce, actuellement perdue en Angleterre, et *cultivée encore aujourd'hui en France sous le nom de Haute-Bonté* [elle est à l'École du Jardin du Roi], n'offre pas de différence sensible avec les fruits de notre dernière récolte, malgré une culture de deux cents ans dans les États-Unis. » (*Bulletin des sciences agricoles et économiques*, t. XII, p. 62.)

Les Hollandais la possédèrent aussi dès le xviie siècle ; en 1766 Herman Knoop, un de leurs pomologues, la décrivit même sous le surnom *Geele Gulderling* (p. 40), lui faisant honneur, cär le groupe des Gulderling comporte les espèces les plus renommées du pays. Enfin un peu plus tard les Allemands, à leur tour, cultivèrent ce pommier, comme il ressort de la *Systematische Pomologie* d'Henri Manger (1780, t. I, pp. 70 et 74). — En France la pomme Haute-Bonté a pénétré partout. Vers 1590 le procureur du roi le Lectier l'avait dans son verger d'Orléans (*Catalogue*, p. 24), mais je ne suppose pas qu'elle provienne de l'Orléanais. Je croirais plutôt, quand la Quintinye nous la montre, avant 1688, encore *uniquement* appelée Blandilalie chez les Poitevins, que le Poitou peut être son berceau, puisque cette contrée fut celle où ce fruit conserva le plus longtemps son nom le plus ancien. J'ajoute que fort commune, depuis une centaine d'années, dans la Saintonge, elle a fini par y recevoir le nom de cette province, sous lequel on l'en a même expédiée, et notamment à moi, en 1840. (Voir, sur ce dernier synonyme, la publication du Congrès pomologique intitulée *Pomologie de la France*, 1867, t. IV, n° 23.)

Observations. — Les Anglais cultivèrent longtemps ce fruit sous le pseudonyme *Non-Pareille*. Il ne saurait, je le crois, en être encore ainsi, car dès l'année 1724 Miller, un de leurs botanistes les plus estimés, s'en plaignit :

« La *Non-Pareille* — écrivit-il — est un fruit assez connu en Angleterre, quoiqu'on vende sous ce nom, sur nos marchés, une autre pomme que les Français appellent Haute-Bonne, laquelle est plus grosse, plus belle, plus jaune que cette Non-Pareille, et moins plate et moins acide. » (*The Gardener's and botanist's Dictionary*, t. IV, p. 530.)

Le pomologue allemand Mayer s'est trompé lorsqu'il a fait en 1801, dans sa *Pomona franconica*, le pommier Blandurellus de Jean Bauhin synonyme du pommier Haute-Bonté. Ce Blandurel est notre antique Blanc-Dureau, nous l'avons constaté ci-dessus (pp. 134-136). — Le rédacteur du *Bon-Jardinier* pour l'année 1808, commit également une erreur, lorsqu'il réunit (p. 141) la Haute-Bonté à la Reinette grise. Jamais fruits et leur arbre ne furent plus dissemblables que ceux de ces variétés. Actuellement, du reste, on confond toujours assez facilement la Haute-Bonté avec quelqu'autre de ses congénères. Le Congrès pomologique l'avouait en 1867 et l'expliquait de la sorte, en maintenant toutefois à cette pomme le nom *Reinette de Saintonge*, au détriment de celui sous lequel elle est si généralement connue, depuis bientôt trois cents ans :

« Les teintes diverses de la peau, comme la différence dans la forme de ce fruit — disait-il — ont donné lieu de croire que l'on comprenait sous un même nom plusieurs variétés ; mais le même arbre peut porter des fruits qui présentent toutes ces variations. » (*Pomologie de la France*, t. IV, n° 23.)

C'est là précisément ce qu'à diverses reprises je me suis, dans ce *Dictionnaire*, appliqué à démontrer pour nombre de poires et de pommes aussi variables dans leur forme et leur coloration, que la Haute-Bonté. Je suis donc satisfait qu'à cet égard mon opinion soit aujourd'hui celle des arboriculteurs et des pomologues de notre Congrès.

Pomme HAWBERRY PIPPIN. — Synonyme de pomme *Hollandbury*. Voir ce nom.

214. Pomme HAWLEY.

Synonymes. — *Pommes :* 1. Douse (Elliot, *Fruit book*, 1854, p. 137). — 2. Dow's (*Id. ibid.*). — 3. Howley (en Belgique, *Catalogue des pépinières de la Société Van Mons*, 1856, t. I, p. 116).

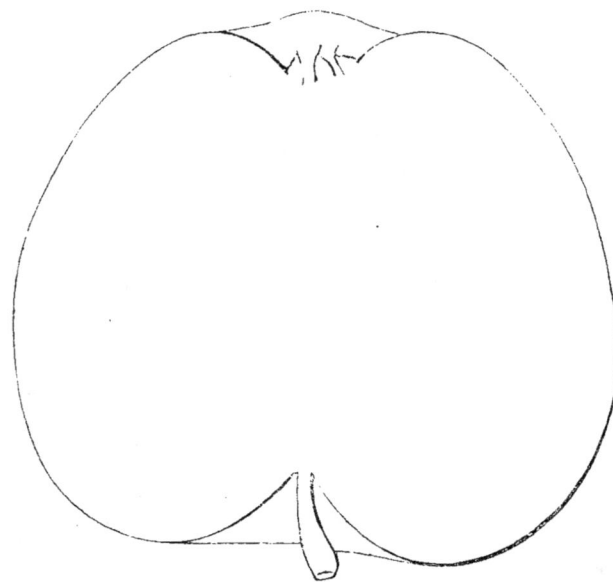

Description de l'arbre. — *Bois :* assez fort. — *Rameaux :* nombreux, légèrement étalés, de grosseur et longueur moyennes, bien coudés, des plus duveteux et d'un brun-rouge très-foncé. — *Lenticelles :* petites, arrondies et clair-semées. — *Coussinets :* saillants. — *Yeux :* moyens, ovoïdes, sensiblement cotonneux, collés sur l'écorce. — *Feuilles :* moyennes, un peu duveteuses, ovales-arrondies, acuminées et ayant les bords profondément dentés ou crénelés. — *Pétiole :* gros, assez long, tomenteux, largement cannelé. — *Stipules :* fort développées.

Fertilité. — Convenable.

Culture. — Greffé en tête, pour plein-vent, il devient un très-bel arbre et réussit également bien, sur doucin ou paradis, sous toute espèce de forme basse-tige.

Description du fruit. — *Grosseur :* volumineuse. — *Forme :* conique-ventrue, légèrement pentagone au sommet. — *Pédoncule :* de longueur et grosseur moyennes, renflé au point d'attache, arqué, planté dans un vaste bassin. — *Œil :* grand, mi-clos ou fermé, cotonneux, à larges sépales, à cavité irrégulière, assez grande et bossuée sur les bords. — *Peau :* jaune verdâtre sur le côté de l'ombre, brun-roux doré à l'insolation, tachetée de fauve olivâtre et toute semée de larges points bruns cerclés de gris. — *Chair :* blanc verdâtre, fine, résistante, se tachant aisément sous la peau. — *Eau :* abondante, bien sucrée, légèrement acidulée, des plus savoureuses.

Maturité. — Fin d'août et gagnant facilement le mois d'octobre.

Qualité. — Première.

Historique. — Ce pommier, que j'ai reçu des États-Unis en 1854, est originaire du comté de Columbia. M. Hovey, qui l'a décrit dans ses *Fruits of America*, en établit avec soin la provenance :

« Il y a déjà plus d'un siècle — écrivait-il en 1856 — qu'un cultivateur nommé Matthieu Hawley, quittant la localité de Milford (Connecticut) pour celle de New-Canaan (Columbie), apporta dans sa nouvelle résidence, selon l'usage de tout colon à cette époque, bon nombre de pépins de pommes. Les ayant semés ils lui formèrent par la suite un verger de sauvageons, de l'un desquels est sortie cette variété. La ferme de Matthieu passa d'abord à son fils Daniel, puis en 1846 à Thomas Hawley, issu de ce dernier. Quant au pied-mère, voilà une vingtaine d'années qu'il n'existe plus. La pomme Hawley, très-commune aux environs de New-Canaan, est aussi propagée par les principaux pépiniéristes d'Onondaga et de Cayuga. » (T. II, p. 39.)

215. Pomme de HAWTHORNDEN.

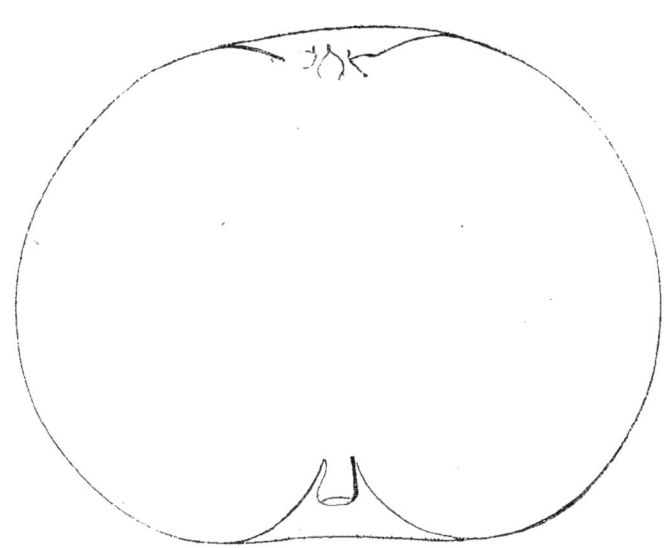

Description de l'arbre. — *Bois :* fort. — *Rameaux :* assez nombreux, très-gros et de longueur moyenne, érigés, des plus coudés, bien duveteux, brun olivâtre lavé de rouge ardoisé. — *Lenticelles :* arrondies ou allongées, très-grandes et rapprochées. — *Coussinets :* excessivement larges et saillants. — *Yeux :* très-volumineux, ovoïdes, couverts de duvet, en partie collés contre le bois. — *Feuilles :* grandes, ovales ou arrondies, vert brillant et foncé en dessus, gris verdâtre en dessous, courtement acuminées, planes ou quelque peu cucullées, ayant les bords assez profondément dentés. — *Pétiole :* gros, très-long, tomenteux, carminé, à cannelure des plus marquées. — *Stipules :* bien développées.

Fertilité. — Ordinaire.

Culture. — Il se prête à toute espèce de forme et croît convenablement sur n'importe quel sujet.

Description du fruit. — *Grosseur :* volumineuse. — *Forme :* régulièrement globuleuse mais un peu aplatie aux extrémités. — *Pédoncule :* de longueur variable, gros ou très-gros, plus ou moins charnu, planté dans un assez vaste bassin. — *Œil :* grand, mi-clos ou fermé, à longues et larges sépales un peu cotonneuses, à cavité petite et fortement plissée. — *Peau :* mince, lisse, blanchâtre, presque unicolore, faiblement nuancée de jaune à l'insolation, où parfois elle porte quelques traces de stries carminées, puis abondamment et finement ponctuée de blanc. — *Chair :* blanche, fine, très-tendre. — *Eau :* abondante, rarement bien sucrée, sans parfum prononcé quoique savoureusement acidulée.

Maturité. — Octobre-Décembre.

Qualité. — Deuxième.

HAW — HEN

Historique. — Les pomologues anglais Lindley (1831) et Robert Hogg (1859) ont parfaitement caractérisé ce fruit, appartenant à l'Écosse. Il porte le nom de son lieu de naissance, Hawthornden, village situé près d'Édimbourg. Le *Catalogue* des arboriculteurs Leslie et Anderson, de cette dernière ville, le mentionnait déjà en 1780. Ce ne fut, toutefois, qu'en 1790 qu'on le cultiva à Londres ou aux environs, notamment dans les pépinières de Brompton-Park. On le nomme indistinctement, chez les horticulteurs de la Grande-Bretagne, Hawthornden blanc ou Hawthornden rouge. En France, cette pomme a peu pénétré dans les jardins. Il en existe, paraît-il, une sous-variété assez récente, la New Hawthornden. Jusqu'ici je n'ai pu la rencontrer.

Pomme HAWTHORNDEN D'HIVER. — Synonyme de pomme *Wellington*. Voir ce nom.

Pomme HEER. — Synonyme de pomme *Présent royal d'Hiver*. Voir ce nom.

---

216. Pomme HENDERSON.

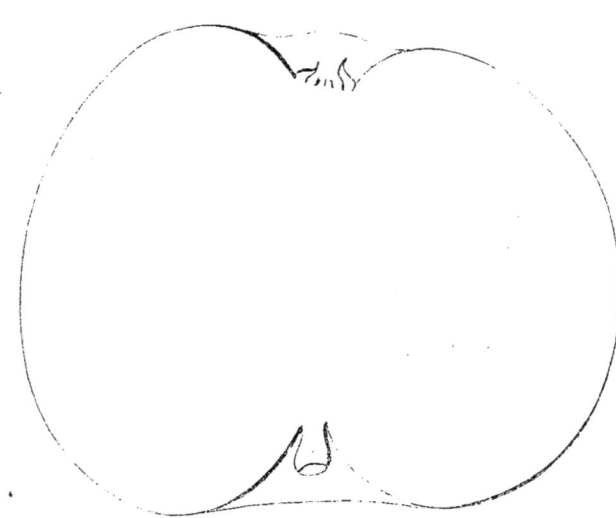

Description de l'arbre. — *Bois :* de force moyenne. — *Rameaux :* peu nombreux, étalés, gros et courts, à peine coudés, très-cotonneux, d'un brun verdâtre amplement lavé de rouge terne. — *Lenticelles :* grandes, clair-semées et arrondies. — *Coussinets :* presque nuls. — *Yeux :* très-gros, ovoïdes-allongés, duveteux, légèrement écartés du bois. — *Feuilles :* moyennes, ovales-allongées, vert foncé en dessus, blanc verdâtre en dessous, parfois acuminées, planes et uniformément crénelées sur leurs bords. — *Pétiole :* gros, assez long, à peine cannelé. — *Stipules :* longues et larges.

Fertilité. — Moyenne.

Culture. — Il fait, écussonné en tête, d'assez jolis plein-vent. Les formes gobelet, cordon, espalier, sur doucin ou paradis, lui sont très-avantageuses.

Description du fruit. — *Grosseur :* au-dessus de la moyenne et souvent beaucoup plus volumineuse. — *Forme :* globuleuse, légèrement comprimée aux pôles et sensiblement pentagone. — *Pédoncule :* court et gros, inséré dans un vaste bassin. — *OEil* : grand ou moyen, mi-clos, ou fermé, à cavité très-plissée, large et assez profonde. — *Peau* : jaune clair verdâtre, faiblement marbrée de gris, surtout vers le pédoncule, amplement mouchetée et fouettée de carmin, çà et là tachetée de brun noirâtre, puis semée de nombreux points gris cerclés de blanc. — *Chair* : blanchâtre, mi-fine, mi-tendre, croquante et quelque peu marcescente. — *Eau* : abondante, douce, parfumée et sucrée, ayant un arrière-goût plus ou moins herbacé.

MATURITÉ. — Octobre-Janvier.

QUALITÉ. — Deuxième comme fruit à couteau, première pour la cuisson.

Historique. — Le pommier Henderson, que je multiplie depuis 1860, mais dont je n'ai pu retrouver la note de provenance, me fut, je crois, envoyé des États-Unis. Je ne l'ai vu mentionné ni dans les Pomologies ni dans les Catalogues arboricoles appartenant à ce pays; et le même silence règne à son égard chez les Anglais. Ses produits ne sont pas, du reste, fort méritants, sauf pour les amateurs de pommes douces.

POMME HERBSTBREITLING. — Synonyme de *Rambour d'Été*. Voir ce nom.

---

217. POMME DE HEREFORD.

Synonymes. — *Pommes* : 1. ROYAL PEARMAIN D'HIVER (John Rea, *Flora, or a complete florilege*, 1665, n° 16). — 2. MERVEILLE PEARMAIN (Herman Knoop, *Pomologie*, 1771, p. 71). — 3. PEARMAIN DOUBLE (*Id. ibid.*). — 4. PEARMAIN ROYAL (*Id. ibid.*). — 5. PEARMAIN ROYAL DE LONGUE DURÉE (*Id. ibid.*). — 6. ROYALE D'ANGLETERRE A TROCHETS (Etienne Calvel, *Traité complet sur les pépinières*, 1805, t. III, p. 50, n° 37). — 7. HEREFORDSHIRE PEARMAIN (George Lindley, *Guide to the orchard and kitchen garden*, 1831, p. 81, n° 156).

Description de l'arbre. — *Bois* : fort. — *Rameaux* : nombreux, étalés et souvent arqués, très-gros, peu longs, légèrement coudés, bien duveteux et rouge-brun foncé. — *Lenticelles* : moyennes ou petites, arrondies, clair-semées. — *Coussinets* : ressortis. — *Yeux* : moyens, arrondis, très-cotonneux, plaqués sur l'écorce. — *Feuilles* : moyennes, ovales-arrondies, vert mat et foncé en dessus, gris verdâtre en dessous, acuminées, régulièrement et assez sensiblement dentées. — *Pétiole* : gros, de longueur moyenne, rosé, surtout à la base, et profondément cannelé. — *Stipules* : généralement courtes et peu larges.

FERTILITÉ. — Abondante.

CULTURE. — Il fait, écussonné ras terre, de très-beaux plein-vent à tige droite et grosse, à tête régulière et fournie. Pour forme naine, le paradis est le sujet qu'il faut lui donner, et non le doucin, sous peine d'activer par trop sa végétation et de diminuer considérablement sa fertilité.

Description du fruit. — *Grosseur :* au-dessous de la moyenne. — *Forme :* sphérique, fortement comprimée aux pôles. — *Pédoncule :* de longueur moyenne, assez gros, surtout au point d'attache, arqué, planté dans un bassin large et peu profond. — *OEil :* très-grand, complétement ouvert, à cavité unie et généralement assez vaste. — *Peau :* rugueuse, jaune d'or, amplement lavée de rouge sombre sur le côté exposé au soleil, tachée et marbrée de brun-roux, puis abondamment ponctuée de gris. — *Chair :* jaunâtre, fine et tendre. — *Eau :* suffisante, délicieusement acidulée et sucrée, ayant une saveur anisée des plus agréables.

Maturité. — Décembre-Mars.

Qualité. — Première.

Historique. — Cette pomme exquise porte le nom du comté d'Hereford (Angleterre), où Lindley affirmait en 1831, dans son recueil pomologique, qu'elle était très-connue depuis de longues années, et dont on la regarde généralement comme originaire. Nos pépiniéristes commencèrent à la multiplier vers 1830, mais dès 1803 elle était au Jardin des plantes de Paris, sous le surnom Royale d'Angleterre a Trochets. (Voir Calvel, *Traité des pépinières*, 1805, p. 50; et Thompson, *Catalogue du Jardin de la Société d'Horticulture de Londres*, 1842, p. 30, n° 544.)

Observations. — C'est à tort que parfois on a donné pour synonyme, à ce fruit, les noms *Old Pearmain* et *Reinette Limon ;* le premier appartient au Pearmain d'Hiver ; le second est celui d'une variété parfaitement authentique et très-distincte, arbre et produits, du pommier d'Hereford.

Pomme HEREFORDSHIRE GOLDEN PIPPIN. — Synonyme de pomme *d'Or d'Angleterre*. Voir ce nom.

Pomme HEREFORDSHIRE PEARMAIN. — Synonyme de pomme *d'Hereford*. Voir ce nom.

Pomme HERZOG BERNHARD. — Synonyme de pomme *Duc Bernard*. Voir ce nom.

Pomme HICK'S FANCY. — Synonyme de pomme *Non-Pareille nouvelle*. Voir ce nom.

---

218. Pomme HOARY MORNING.

Synonymes. — *Pommes :* 1. Dainty (Lindley, *Guide to the orchard and kitchen garden*, 1831, p. 18). — 2. Downy (Thompson, *Catalogue of fruits cultivated in the garden of the horticultural Society of London*, 1842, p. 20). — 3. Sam Rawlings (*Id. ibid.*). — 4. Morgenduft (Édouard Lucas, *Illustrirtes Handbuch der Obstkunde*, 1859, t. I, p. 97, n° 33).

Description de l'arbre. — *Bois :* assez fort. — *Rameaux :* nombreux, habituellement étalés, de grosseur et longueur moyennes, légèrement coudés, peu duveteux, rouge ardoisé, à mérithalles courts et réguliers. — *Lenticelles :* arrondies ou allongées, blanches et des plus abondantes. — *Coussinets* : aplatis et se prolongeant en arête. — *Yeux* : petits, ovoïdes-obtus, cotonneux, noyés dans l'écorce. — *Feuilles* : de grandeur variable, ovales, très-allongées, souvent même lancéolées, vert-jaunâtre en dessus, blanc-verdâtre en dessous, très-longuement acuminées, à bords finement et profondément dentés. — *Pétiole* : grêle, roide, très-long, bien carminé, à cannelure à peine marquée. — *Stipules* : moyennes.

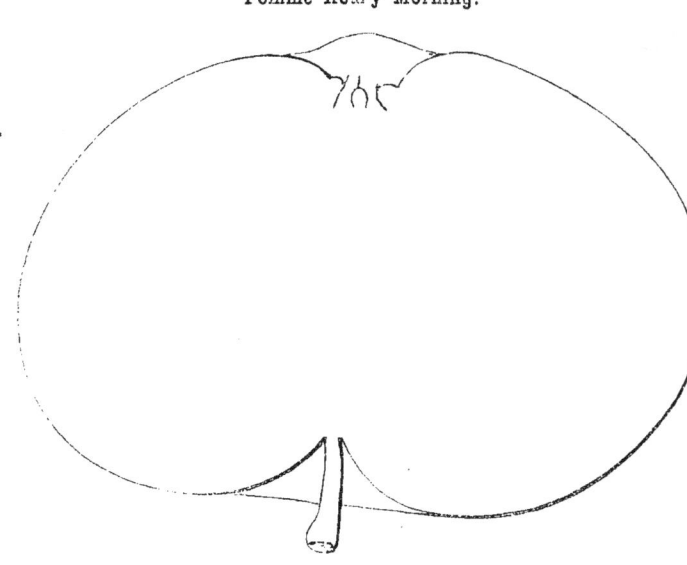

Pomme Hoary Morning.

Fertilité. — Abondante.

Culture. — Il prospère très-convenablement sous toutes les formes et sur toute espèce de sujet.

Description du fruit. — *Grosseur* : volumineuse. — *Forme* : sphérique, excessivement aplatie aux extrémités. — *Pédoncule* : assez long, bien nourri, surtout à la base, plus ou moins arqué, inséré dans un vaste bassin. — *Œil* : moyen, mi-clos, à cavité peu développée, plissée et souvent bosselée. — *Peau* : unie, à fond jaunâtre, en partie lavée et marbrée de rose pâle, fouettée de carmin foncé à l'insolation, maculée de roux squammeux autour du pédoncule, ponctuée de gris blanc et généralement recouverte d'une efflorescence vert bleuâtre. — *Chair* : blanchâtre au centre, rosée sous la peau, fine et assez ferme. — *Eau* : suffisante, bien sucrée, délicieusement acidulée et parfumée.

Maturité. — Janvier-Avril.

Qualité. — Première.

Historique. — Le pomologue anglais Lindley disait en 1831 (p. 18) que ce fruit passait chez lui pour appartenir au comté de Somerset, d'où M. Charles Worthington en avait, quelques années avant cette date, et comme première propagation, envoyé des spécimens à la Société d'Horticulture de Londres. Je ne connais pas, pour la saison d'hiver, d'aussi jolie pomme, ni qui figure avec autant d'éclat dans la décoration d'un dessert. Elle y peut même jouer un rôle actif, car sa chair et son eau ont une saveur exquise. Je l'ai reçue de Reutlingen (Wurtemberg) et la multiplie depuis quatre ans seulement. En France, on la rencontrerait très-difficilement encore dans la culture. Plus favorisés, les Américains, les Allemands, les Suédois et les Norvégiens la possèdent de longue date déjà, et l'estiment infiniment. Le nom qu'on lui a donné, *Hoary Morning*, signifie gelée blanche, givre du matin, et fait allusion à la fine efflorescence dont son ravissant coloris est presque toujours légèrement voilé.

219. Pomme HOCKETT'S SWEET.

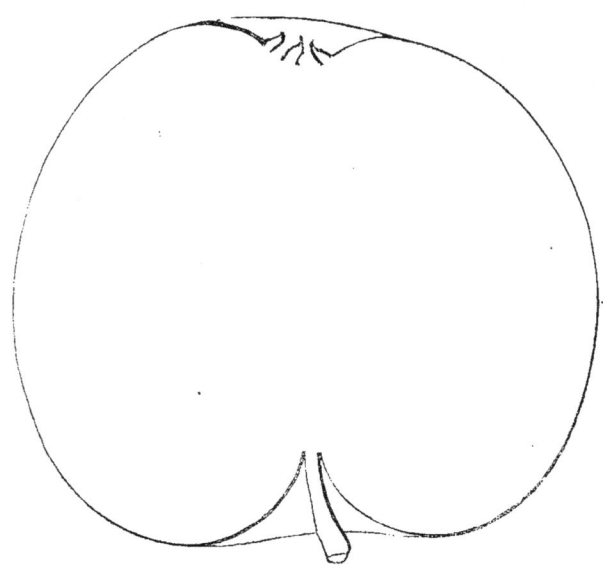

Description de l'arbre. — *Bois :* fort. — *Rameaux :* assez nombreux, étalés et quelquefois arqués, gros, très-longs, sensiblement coudés, un peu duveteux et d'un brun verdâtre lavé de rouge ardoisé. — *Lenticelles :* arrondies, grandes, rapprochées. — *Coussinets :* ressortis. — *Yeux :* moyens ou petits, arrondis, très-cotonneux, noyés dans l'écorce. — *Feuilles :* moyennes, ovales-allongées ou elliptiques, rarement acuminées et fortement dentées. — *Pétiole :* long, assez grêle, des plus tomenteux et largement cannelé. — *Stipules :* peu développées.

Fertilité. — Satisfaisante.

Culture. — Il fait, même écussonné ras terre, de remarquables plein-vent à tête régulière et touffue; comme il se prête convenablement aussi, greffé sur paradis, à toute espèce de forme naine.

Description du fruit. — *Grosseur :* volumineuse. — *Forme :* globuleuse assez régulière. — *Pédoncule :* de longueur et force moyennes, arqué, planté dans un large et profond bassin. — *Œil :* moyen, mi-clos, entouré de faibles gibbosités et légèrement enfoncé. — *Peau :* mince, lisse, jaune clair verdâtre, en partie fouettée de rose pâle, maculée de fauve autour du pédoncule et abondamment ponctuée de brun. — *Chair :* blanc jaunâtre, tendre et mi-fine. — *Eau :* suffisante, sucrée, agréablement acidulée, possédant un parfum savoureux et prononcé.

Maturité. — Février-Avril.

Qualité. — Première.

Historique. — Assez récemment introduite dans mes pépinières (1864), cette pomme fut gagnée chez les Américains, vers 1858, par M. Hockett, habitant la Caroline du Nord. Signalée d'abord dans *l'American pomology* de John Warder (1867, p. 721), elle fut deux ans plus tard (1869) décrite par Charles Downing (p. 218). En France on la connaît à peine, mais son mérite y devra rendre prompte et facile sa propagation. Elle n'a de commun qu'une certaine ressemblance de nom avec la Hobbs' Sweet, autre variété américaine que je crois entièrement étrangère à nos jardiniers.

220. Pomme HOLAART DOUX.

Synonymes. — *Pommes :* 1. Süsser Holaart (Herman Knoop, *Pomologie*, édition allemande, 1760, p. 6). — 2. Zoete Holaart (*Id. ibid.*).

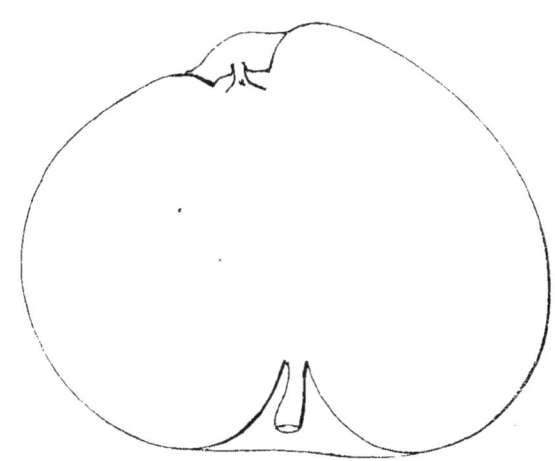

Description de l'arbre. — *Bois :* assez fort. — *Rameaux :* nombreux, érigés ou légèrement étalés, gros, de longueur moyenne, peu géniculés, très-cotonneux, rouge-brun foncé. — *Lenticelles :* grandes, arrondies ou allongées, assez abondantes. — *Coussinets :* aplatis. — *Yeux :* petits, ovoïdes, duveteux, plaqués sur le bois. — *Feuilles :* grandes, ovales-allongées, légèrement duveteuses et vert clair en dessus, très-duveteuses et d'un blanc verdâtre en dessous, épaisses, rarement acuminées, à bords sensiblement dentés. — *Pétiole :* très-gros, peu long, tomenteux, à peine cannelé. — *Stipules :* longues, étroites et cotonneuses.

Fertilité. — Modérée.

Culture. — Sa grande vigueur le recommande tout spécialement pour le plein-vent, forme sous laquelle il devient remarquablement beau. Si néanmoins on le destine à la basse-tige, il faut alors le greffer sur paradis pour modérer sa croissance, favoriser sa ramification et sa fertilité.

Description du fruit. — *Grosseur :* moyenne. — *Forme :* conique-raccourcie, ventrue et plus ou moins pentagone. — *Pédoncule :* assez court, bien nourri, inséré dans un bassin large et profond. — *Œil :* petit, mi-clos ou fermé, cotonneux, à cavité peu développée mais fortement plissée. — *Peau :* jaune pâle du côté de l'ombre, jaune brunâtre sur l'autre face, amplement tachée de fauve autour du pédoncule, finement ponctuée de gris et parfois, mais rarement, nuancée de rose pâle à l'insolation. — *Chair :* blanche, demi-fine et assez tendre. — *Eau :* peu abondante, très-sucrée, sans acide ni parfum.

Maturité. — Janvier-Avril.

Qualité. — Deuxième pour les amateurs de pommes douces.

Historique. — La pomme Holaart doux est originaire de Hollande, et Knoop en fut, vers 1756, le premier descripteur (voir édition allemande de 1760, page 6). Ce pomologue la disait « l'une des meilleures parmi les variétés tardives, « surtout pour sa douceur exquise et relevée. » Les Hollandais aimant beaucoup les pommes douces, je comprends qu'ils recherchent celle-ci. En France, où généralement elles sont peu prisées, à peine lui accorderait-on les honneurs du marché. Je crois aussi qu'elle a dû perdre, dans notre sol, quelques-unes de ses qualités natives, car son eau, que Knoop assure être relevée, manque entièrement, chez moi du moins, de toute saveur aromatique. Les Allemands cultivent ce pommier depuis près d'un siècle ; il est même assez commun dans leurs jardins.

Pomme HOLLANDAISE. — Synonyme de *Reinette blanche de Hollande*. Voir ce nom.

---

221. Pomme HOLLANDBURY.

Synonymes. — *Pommes* : 1. Hollingbury (John Turner, *Transactions of the horticultural Society of London*, 1819, t. III, pp. 310 et 328). — 2. Kirke's Scarlet admirable (*Id. ibid.*). — 3. Kirke's schöner Rambour (Diel, *Kernobstsorten*, 1828, t. V, p. 52). — 4. Beau-Rouge (Thompson, *Catalogue of fruits cultivated in the garden of the horticultural Society of London*, 1842, p. 20, n° 338). — 5. Bonne-Rouge (*Id. ibid.*). — 6. Hawberry Pippin (*Id. ibid.*). — 7. Horsley Pippin (*Id. ibid.*). — 8. Howberry Pippin (*Id. ibid.*).

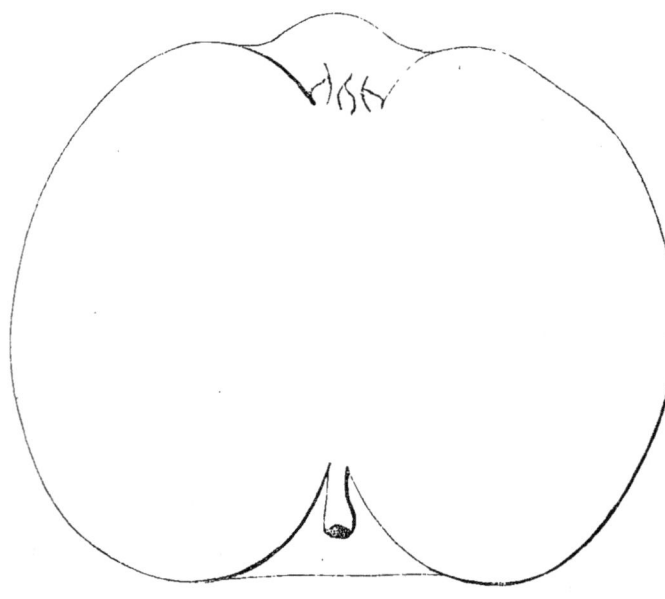

Description de l'arbre. — *Bois :* fort. — *Rameaux :* peu nombreux, érigés, gros et longs, très-coudés, duveteux, brun clair jaunâtre et lavé de rouge, à courts mérithalles. — *Lenticelles :* allongées, abondantes et des plus grandes. — *Coussinets :* saillants. — *Yeux :* plaqués sur le bois, moyens ou petits, ovoïdes-aplatis, peu cotonneux, aux écailles noirâtres et disjointes. — *Feuilles :* nombreuses, ovales-arrondies, glabres, vert herbacé en dessus, vert grisâtre en dessous, courtement acuminées, ayant les bords finement et assez profondément dentés. — *Pétiole :* de longueur et grosseur moyennes, carminé en dessous, à cannelure variable mais le plus souvent bien accusée. — *Stipules :* courtes et assez larges, pour la plupart.

Fertilité. — Ordinaire.

Culture. — Sur doucin ou paradis il fait de beaux buissons, espaliers et cordons ; écussonné en tête, et non ras terre, il devient aussi très-convenable comme plein vent.

Description du fruit. — *Grosseur :* considérable. — *Forme :* cylindrique-arrondie, plus ou moins régulière et fortement pentagone. — *Pédoncule :* court et gros, inséré dans un vaste et profond bassin. — *Œil :* grand, mi-clos, à sépales longues et duveteuses, à cavité très-irrégulière et très-développée. — *Peau :* assez mince, lisse, à fond jaune clair, presque entièrement lavée de rouge-brun, striée et rubanée, surtout à l'insolation, d'un beau rose vif, maculée de roux autour du pédoncule, et constellée de larges points blanchâtres ou de points bruns cerclés de gris clair. — *Chair :* très-blanche, tendre et mi-fine. — *Eau :* suffisante, assez sucrée, délicatement acidulée et parfumée.

MATURITÉ. — Octobre-Janvier.

QUALITÉ. — Première, tant pour le couteau que pour la cuisson.

Historique. — M. John Turner, jadis vice-secrétaire de la Société d'Horticulture de Londres, signala cette pomme le 2 mars 1819, dans le compte-rendu d'une exposition de fruits faite l'année précédente. Ce travail fut inséré dans les *Transactions*, ou Bulletins de ladite Société (t. III, pp. 310-329) ; nous y trouvons quelques renseignements sur l'origine de cette variété. Alors elle avait déjà deux noms : *Hollingbury*, celui d'une localité dans la contrée de laquelle sa culture était très-commune, puis *Kirke's Scarlet admirable*, qu'on lui donnait surtout aux environs de Londres, et sous lequel M. Joseph Sabine, pomologue habitant cette capitale, l'envoya vers 1825 en Allemagne, au docteur Diel (voir *Kernobstsorten*, 1828, t. V, p. 52). Ce fut assez longtemps après que parut dans la nomenclature le surnom Hollandbury, qu'actuellement elle porte chez nous, et même en Angleterre, où Thompson le lui appliquait dès 1842, page 20 du *Catalogue descriptif* du Jardin fruitier de la Société d'Horticulture de Londres. J'ignore pour quels motifs il l'en gratifia, au détriment du premier, dont ce célèbre arboriculteur connaissait cependant l'à-propos et l'authenticité. Mon pommier Hollandbury provient de Jeinsen (Hanovre). Je le dois à l'obligeance de M. le superintendant Oberdieck, un des plus savants pomologues de l'Allemagne, et le multiplie depuis trois ans seulement. Avant, il m'était complètement inconnu.

POMME HOLLÄNDISCHE GOLDREINETTE. — Synonyme de pomme *Goldmohr*. Voir ce nom.

POMME HOLLÄNDISCHER ROTHER WINTER - CALVILL. — Synonyme de *Pigeonnet Credé*. Voir ce nom.

POMME HOLLINGBURY. — Synonyme de pomme *Hollandbury*. Voir ce nom.

---

222. POMME HOMONY.

Description de l'arbre. — *Bois :* assez fort. — *Rameaux :* nombreux, habituellement érigés, gros, peu longs, à peine géniculés, très-cotonneux, rouge-brun clair. — *Lenticelles :* des plus espacées, grandes ou moyennes, arrondies ou allongées. — *Coussinets :* saillants. — *Yeux :* gros, ovoïdes, très-duveteux, collés en partie sur le bois. — *Feuilles :* petites ou moyennes, ovales, longuement acuminées, ayant les bords légèrement crénelés. — *Pétiole :* long, un peu grêle quoique rigide, tomenteux et faiblement cannelé. — *Stipules :* étroites et très-longues.

FERTILITÉ. — Abondante.

Culture. — Comme plein-vent il fait de jolies têtes et réussit convenablement ; sous formes naines, greffé sur paradis ou doucin, ses arbres sont irréprochables.

Pomme Homony.

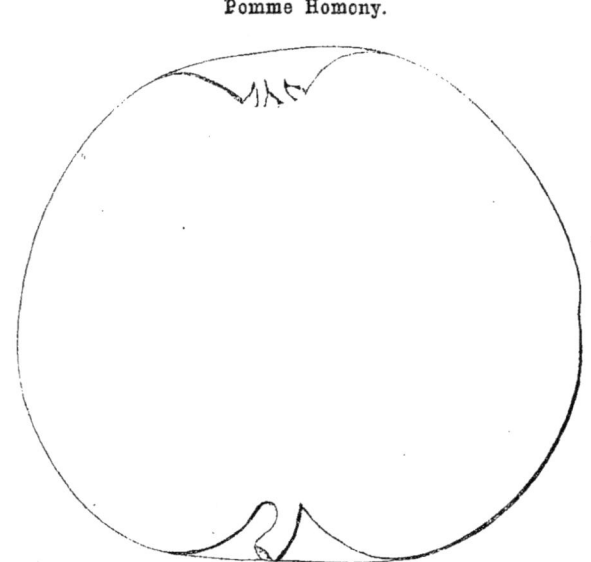

Description du fruit. — *Grosseur :* au-dessus de la moyenne. — *Forme :* ovoïde-arrondie ou conico-sphérique, mais toujours assez régulière. — *Pédoncule :* bien nourri, court ou de longueur moyenne, arqué, implanté dans un bassin généralement peu développé. — *OEil :* moyen, mi-clos ou fermé, à courtes sépales, à cavité large et rarement profonde, unie ou plissée.—*Peau :* assez mince, lisse, à fond jaune pâle verdâtre, presque entièrement lavée et fouettée de rouge terne et violacé, puis abondamment semée de points grisâtres. — *Chair :* blanc jaunâtre, fine et tendre, devenant aisément pâteuse. — *Eau :* suffisante, sucrée, très-faiblement acidulée, possédant un parfum délicat qui rappelle assez bien celui de la rose.

Maturité. — Commencement de juillet.

Qualité. — Première.

Historique. — La pomme Homony, que je propage depuis 1866, provient des États-Unis, où elle est fort estimée, surtout dans le Kentucky. Charles Downing, le seul pomologue de ce pays qui l'ait encore décrite, du moins nous le croyons, disait en 1863 : « Son lieu de naissance m'est inconnu ; je pense « qu'elle porte un nom local et l'ai vue mentionnée dans les notes manuscrites de « M. J. S. Downer, d'Elkton, district de Kentucky. » (*Fruits of America*, p. 153.) Cette variété nous semble appelée, par son mérite et son extrême précocité, à prendre racine dans les jardins français, mais seulement après que nos principaux pépiniéristes auront pu l'apprécier ; ce qu'actuellement bien peu d'entre eux ont été à même de faire, vu sa grande rareté.

Pommes : HONIGREINETTE,

— HONIGZOETE,

} Synonymes de *Reinette mielleuse*. Voir ce nom.

223. Pomme HOOVER.

Synonyme. — *Pomme* Wattaugah (Charles Downing, *the Fruits and fruit trees of America*, 1869, p. 221).

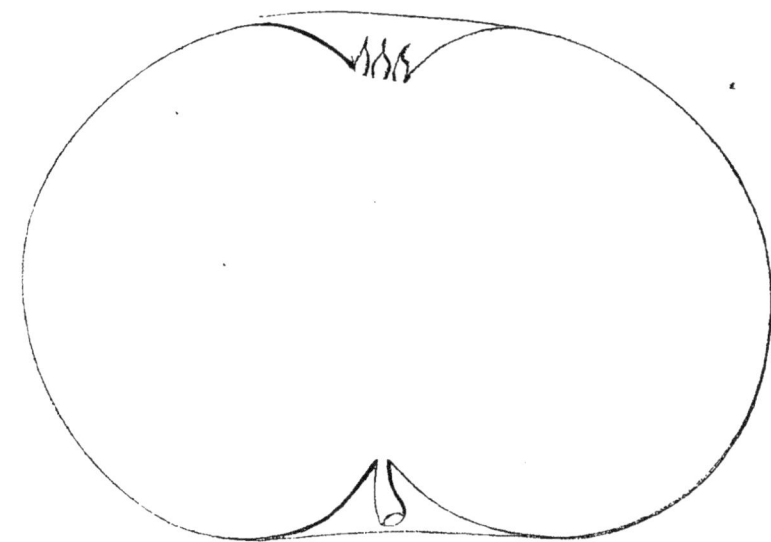

Description de l'arbre. — *Bois :* très-fort. — *Rameaux :* assez nombreux, étalés, des plus gros, de longueur moyenne, sensiblement coudés, bien duveteux et d'un brun olivâtre amplement lavé de rouge ardoisé. — *Lenticelles :* abondantes, grandes, arrondies ou allongées. — *Coussinets :* larges et ressortis. — *Yeux :* moyens, coniques, légèrement aplatis, cotonneux et entièrement plaqués sur l'écorce. — *Feuilles :* grandes, ovales-allongées, longuement acuminées, planes ou ondulées, à bords très-profondément dentés. — *Pétiole :* gros, assez long, flasque, carminé, à cannelure peu marquée. — *Stipules :* très-développées.

Fertilité. — Ordinaire.

Culture. — C'est un pommier de choix pour le plein-vent. Il se prête également bien aux formes cordon, buisson, espalier, mais greffé sur paradis et non sur doucin, dernier sujet qui, pour la basse-tige, n'en modérerait pas suffisamment l'extrême vigueur.

Description du fruit. — *Grosseur :* considérable. — *Forme :* sphérique très-comprimée aux pôles et généralement bien régulière. — *Pédoncule :* court, peu fort, droit ou arqué, inséré dans un assez vaste bassin. — *Œil :* petit ou moyen, fermé, à cavité de dimension moyenne et plus ou moins plissée. — *Peau :* mince, assez unie, à fond jaune-paille, presque entièrement lavée de rouge clair, fouettée d'amarante, maculée de roux squammeux dans le bassin pédonculaire et abondamment ponctuée de gris, surtout vers l'œil. — *Chair :* blanc jaunâtre, fine, très-tendre. — *Eau :* suffisante, sucrée, faiblement acidulée, ayant un léger parfum de rose.

Maturité. — Octobre-Janvier.

Qualité. — Première.

Historique. — Récemment introduite dans mes pépinières (1865), cette énorme et délicieuse pomme, dont le coloris est charmant, provient des États-Unis, où sa culture remonte à 1850 environ. Charles Downing, dans ses *Fruits of America*, la signalait en 1863 (p. 154), et spécifiait qu'elle portait le nom de son obtenteur, M. Hoover, d'Edisto, localité de la Caroline du Sud.

Pomme HÔPITAL (GROS-). — Voir au nom *Gros-Hôpital*.

224. Pomme HORN.

Synonyme. — *Pomme* LEECH'S RED WINTER (Charles Downing, *the Fruits and fruit trees of America*, 1869, p. 223).

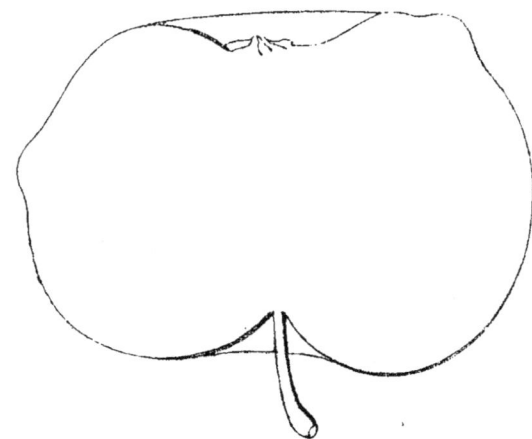

Description de l'arbre. — *Bois :* très-fort. — *Rameaux :* peu nombreux, très-étalés et souvent arqués, gros, longs, sensiblement géniculés, bien duveteux, rouge-brun ardoisé légèrement nuancé de vert. — *Lenticelles :* clair-semées, grandes, arrondies ou allongées. — *Coussinets :* larges et bombés — *Yeux :* gros et coniques-obtus, très-cotonneux et entièrement collés sur l'écorce. — *Feuilles :* de moyenne grandeur, ovales-allongées ou elliptiques, vert foncé en dessus, vert grisâtre en dessous, longuement acuminées, à bords des plus profondément dentés. — *Pétiole :* de grosseur et longueur moyennes, carminé à la base et faiblement cannelé. — *Stipules :* très-grandes.

Fertilité. — Abondante.

Culture. — Sa forme irrégulière, tourmentée, lui donne un aspect très-disgracieux, soit en haute, soit en basse-tige. C'est comme arbre nain, écussonné sur paradis, qu'il croît le plus convenablement. Qui voudrait l'élever pour plein-vent, devrait le greffer en tête, et non ras terre, autrement il deviendrait tellement tortu, qu'on aurait peine à l'utiliser.

Description du fruit. — *Grosseur :* moyenne et parfois moins volumineuse. — *Forme :* globuleuse, irrégulière, généralement très-aplatie aux extrémités et à surface plus ou moins gibbeuse. — *Pédoncule :* assez long, grêle, arqué, renflé à la base, implanté dans un bassin peu prononcé. — *Œil :* grand ou moyen, ouvert ou fermé, à courtes sépales, à cavité très-large, rarement bien profonde et légèrement plissée. — *Peau :* unie, d'un jaune brillant, amplement lavée, marbrée et fouettée de rouge-brun terne, tachée de fauve autour du pédoncule, puis abondamment ponctuée de gris. — *Chair :* jaunâtre, mi-fine, croquante, assez ferme. — *Eau :* suffisante, sucrée, acidule, faiblement parfumée, savoureuse.

Maturité. — Décembre-Mai.

Qualité. — Deuxième.

Historique. — Cette pomme tire son nom des excroissances charnues dont sa surface est couverte çà et là ; *horn*, mot anglais, signifie effectivement, corne. Je l'ai reçue des États-Unis en 1862 ; elle fut inscrite l'année suivante dans mon *Catalogue* (p. 45, n° 151), sans note de dégustation et sous la dénomination *Horn's early*, ou Précoce de Horn, qui certes était des plus fautives, puisque ce fruit reste bon jusqu'au printemps. Le pomologue américain Downing l'a décrit en 1869, il n'en connaît pas encore le lieu d'obtention.

Observations. — Par son extrême fertilité, par la longue conservation de ses produits, le pommier Horn me paraît fort avantageux pour le verger et l'approvisionnement des halles. Ses fruits poussent presque toujours par trochets de quatre ou de six, et sont surtout très-solidement attachés.

Pomme HORSLEY PIPPIN. — Synonyme de pomme *Hollandbury*. Voir ce nom.

---

225. Pomme HOTZE D'AUTOMNE.

Synonyme. — *Pomme* Hotzens Herbst (Société Van Mons, *Catalogue de ses pépinières*. année 1857, t. I, p. 152).

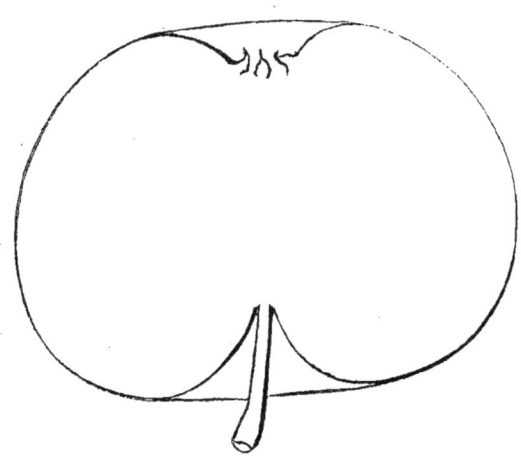

Description de l'arbre. — *Bois :* faible. — *Rameaux :* nombreux, légèrement étalés, courts et grêles, à peine coudés, rarement bien cotonneux, d'un brun verdâtre lavé de gris ou de rouge. — *Lenticelles :* petites, plus ou moins arrondies, assez abondantes. — *Coussinets :* aplatis. — *Yeux :* moyens, ovoïdes-arrondis, peu duveteux, collés en partie sur le bois. — *Feuilles :* petites, ovales-allongées, lisses, vert-pré, planes, acuminées, yant les bords régulièrement dentés. — *Pétiole :* long, grêle, roide, faiblement cannelé. — *Stipules :* courtes et très-étroites.

Fertilité. — Grande.

Culture. — Sa vigueur très-modérée conseille avant tout de le destiner à la basse-tige ; en le greffant sur doucin il prospérera parfaitement.

Description du fruit. — *Grosseur :* moyenne. — *Forme :* globuleuse, généralement aplatie à ses extrémités. — *Pédoncule :* long, grêle, plus fort à attache, planté dans un vaste et profond bassin. — *Œil :* grand, ouvert ou mi-clos, légèrement enfoncé, plissé sur ses bords. — *Peau :* très-mince, lisse, jaune clair, ponctuée de brun et de gris, maculée de fauve squammeux autour du pédoncule, et parfois quelque peu rosée sur la face exposée au soleil. — *Chair :* blanche, fine ou mi-fine, odorante et très-tendre. — *Eau :* suffisante, bien sucrée, faiblement acidulée, à parfum fort délicat.

MATURITÉ. — Octobre-Décembre.

QUALITÉ. — Première.

Historique. — Chez moi depuis 1859, ce pommier me fut envoyé de Geest-Saint-Remi (Belgique) par M. Alexandre Bivort, directeur des pépinières de la Société Van Mons. Cet établissement le tenait — voir pages 151 et 152 du t. Ier de son Catalogue — de M. Oberdieck, pomologue habitant Jeinsen (Hanovre). Les Belges nommaient alors cette variété *Hotzens herbst*; mais très-probablement par mauvaise lecture de l'étiquetage d'expédition, car les noms des pommiers que leur adressa M. Oberdieck, sont généralement défigurés dans le *Catalogue* ici mentionné. Ainsi nous y lisons : Deitzer pour Dietzer, Punctister Knœx pour Punktirter Knack, Sestreisser pour Gestreifter, etc., etc. Quant au Hotzens herbst, les principaux recueils pomologiques allemands ne le citent même pas. C'est peut-être une des espèces appelées *Holz* ou de Bois, fort communes de l'autre côté de Rhin ? Ne pouvant m'éclairer entièrement à son sujet, je laisse à mes confrères d'Allemagne le soin, s'il y a lieu, de rendre à ce fruit son véritable nom.

POMME HOTZENS HERBST. — Synonyme de pomme *Hotze d'Automne*. Voir ce nom.

POMME HOWBERRY PIPPIN. — Synonyme de pomme *Hollandbury*. Voir ce nom.

POMME HOWLEY. — Synonyme de pomme *Hawley*. Voir ce nom.

POMME HOYAÏSCHER GOLDPEPPING. — Synonyme de pomme *d'Or d'Allemagne*. Voir ce nom.

POMME HUBBARD. — Synonyme de pomme *Nickajack*. Voir ce nom.

---

226. POMME HUBBARD'S PEARMAIN.

Synonymes. — *Pommes :* 1. GOLDEN VINING (George Lindley, *Guide to the orchard and kitchen garden*, 1831, p. 73, n° 142). — 2. HAMMON'S PEARMAIN (Robert Hogg, *the Apple and its varieties*, 1859, p. 113). — 3. HUBBARD'S RUSSET PEARMAIN (Charles Downing, *the Fruits and fruit trees of America*, 1869, p. 224).

Description de l'arbre. — *Bois :* fort. — *Rameaux :* assez nombreux, étalés et parfois arqués, gros, longs, un peu coudés, très-cotonneux et d'un brun olivâtre. — *Lenticelles :* clair-semées, petites et généralement allongées. — *Coussinets :* bien développés. — *Yeux :* moyens, coniques-arrondis, appliqués sur le bois et des plus duveteux. — *Feuilles :* excessivement grandes à la base du rameau, moyennes à son autre extrémité, arrondies, vert clair en dessus, gris verdâtre en dessous, planes, acuminées, à bords assez profondément dentés. — *Pétiole :* court, très-gros, rosé à la base et presque dépourvu de cannelure. — *Stipules :* peu développées, souvent même faisant défaut.

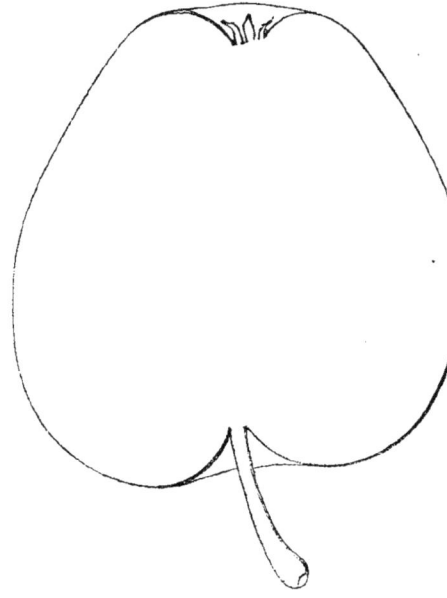

Pomme Hubbard's Pearmain.

Fertilité. — Satisfaisante.

Culture. — On peut, l'ayant greffé ras terre, l'utiliser avec succès, en pépinière, pour faire des tiges, car son tronc pousse droit, gros, et sa tête devient régulière et touffue. Le paradis est l'unique sujet qui lui convienne quand il doit former des arbres nains.

Description du fruit. — *Grosseur :* moyenne. — *Forme :* ovoïde-allongée ou cylindro-ovoïde, mais toujours aplatie au sommet et plus ou moins pentagone. — *Pédoncule :* long, assez grêle, renflé au point d'attache, inséré dans un bassin de faible dimension. — *Œil :* grand, bien ouvert, presque à fleur de fruit, plissé ou bossué sur ses bords. — *Peau :* mince, unicolore, jaune clair, tachée de roux autour du pédoncule, striée de fauve et ponctuée de brun et de gris. — *Chair :* blanc verdâtre, fine, croquante et assez tendre. — *Eau :* abondante, sucrée, acidule, bien parfumée.

Maturité. — Septembre-Novembre.

Qualité. — Première.

Historique. — Le 13 novembre 1819 George Lindley, pomologue anglais des plus estimés, adressait à la Société d'Horticulture de Londres, dont il était membre correspondant, une longue notice sur les principales variétés de pommier spécialement cultivées dans le comté de Norfolk. Le Hubbard's Pearmain y fut cité avec éloges, mais sans grands détails historiques. Plus tard (1831), en publiant son remarquable ouvrage sur les fruits, Lindley répara cet oubli :

« Cette variété — dit-il — qui appartient réellement au Norfolk, est très-commune sur le marché de Norwich. On la rencontre aussi dans quelques autres localités, propagation qu'elle doit évidemment à sa grande bonté. C'est dans le Devonshire qu'on l'a, je crois, surnommée Golden Vining. » (*Guide to the orchard and kitchen garden*, 1831, pp. 72-73, n° 142.)

La Hubbard's Pearmain remonte au moins aux dernières années du xviiie siècle, car dès 1801 je la trouve citée, dans le *Teutsche Obstgärtner* de Sickler (t. XV, p. 176), parmi les fruits anglais récemment introduits en Allemagne. Son importation chez nous date environ de 1845. Pour moi, je l'inscrivais en 1849, comme variété nouvelle, dans mon *Catalogue* (p. 32, n° 137), mais sous le nom quelque peu défiguré de Hublard Pearmain.

Observations. — Ne pas confondre cette pomme avec la Nickajack des Américains, laquelle compte Hubbard au nombre de ses synonymes. — Il existe encore aux États-Unis quatre autres pommiers dont les noms peuvent amener quelque méprise de cette nature. Je les signale, dans l'intérêt de tous. Ce sont les variétés Hubbard, Hubbard's Sugar, Hubbardston Nonsuch et Hubbardton Pippin, parfaitement décrites aux pages 224 et 225 des *Fruits of America* de Charles Downing, édition de 1869.

POMME HUBBARD'S RUSSET PEARMAIN. — Synonyme de pomme *Hubbard's Pearmain*. Voir ce nom.

POMMES : DE HUBBARDSTON,

— HUBBARDSTON NONSUCH,

} Synonymes de pomme *Non-Pareille de Hubbardston*. Voir ce nom.

---

227. POMME HUGHES.

Synonymes. — *Pommes :* 1. HUGHES' GOLDEN PIPPIN (Thompson, *Catalogue of fruits cultivated in the garden of the horticultural Society of London*, 1842, p. 18, n° 284). — 2. HUGHES' NEW GOLDEN PIPPIN (*Id. ibib.*).

Premier Type.

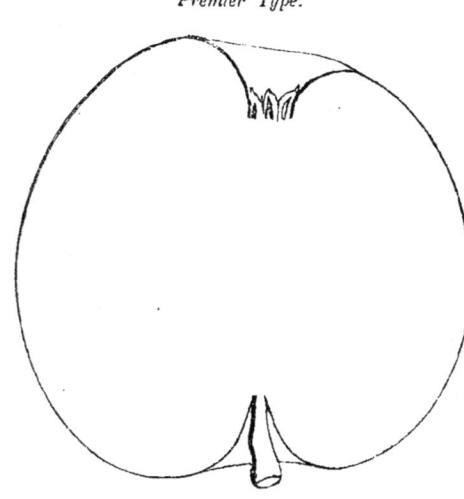

Description de l'arbre. — *Bois :* de moyenne force. — *Rameaux :* assez nombreux, légèrement étalés, de grosseur et longueur moyennes, très-géniculés, cotonneux, brun verdâtre lavé de rouge et de gris. — *Lenticelles :* petites, très-abondantes, arrondies ou allongées. — *Coussinets :* modérément ressortis. — *Yeux :* moyens, ovoïdes, très-duveteux et plaqués sur le bois. — *Feuilles :* assez petites, ovales-arrondies, épaisses, un peu cotonneuses, longuement acuminées, profondément dentées sur les bords. — *Pétiole :* de moyenne longueur, gros, faiblement cannelé. — *Stipules :* des plus développées.

FERTILITÉ. — Grande.

CULTURE. — Il réussit sur toute espèce de sujet et se prête non moins bien à la haute tige, qu'aux formes naines.

Description du fruit. — *Grosseur :* moyenne et souvent moins volumineuse. — *Forme :* ovoïde-arrondie ou sphérique plus ou moins comprimée aux pôles. — *Pédoncule :* court ou de longueur moyenne, assez fort, généralement renflé à la base, arqué, inséré dans un étroit bassin formant entonnoir. — *OEil :* grand, mi-clos ou fermé, à cavité légèrement plissée, large et assez profonde. — *Peau :* mince, unicolore, jaune d'or du côté de l'ombre, jaune orangé sur l'autre face, maculée de fauve autour du pédoncule, ponctuée de brun, souvent striée de roux et tachetée de marron foncé. — *Chair :* blanche, verdissant aisément, fine, tendre et quelque peu croquante. — *Eau :* abondante, sucrée, fortement mais agréablement acidulée et possédant un savoureux parfum.

Pomme Hughes. — *Deuxième Type.*

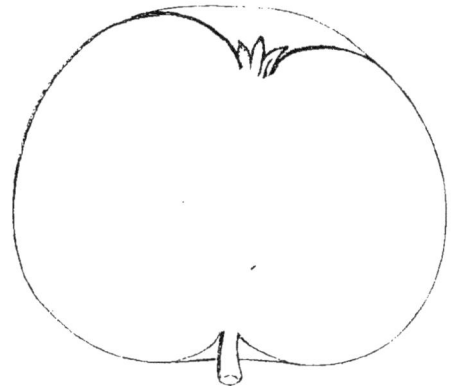

Maturité. — Novembre-Février.

Qualité. — Première.

Historique. — D'origine anglaise, cette variété fut signalée en 1802 par Forsyth, dans son *Treatise on the culture and management of fruit trees*, et peu après, des environs de Londres où elle était surtout multipliée chez les frères Kirke, pépiniéristes à Brompton, se propagea jusqu'en Allemagne. Le docteur Diel déjà l'y décrivait en 1810, page 97, tome X, du *Kernobstsorten*, volumineux recueil imprimé à Francfort-sur-le-Mein. M. de Flotow, pomologue allemand, disait en 1859 qu'on la croyait sortie d'un semis du Golden Pippin (*Illustrirtes Handbuch der Obstkunde*, t. I, p. 289, n° 129). Elle passe aussi pour rappeler le nom de son obtenteur. Les jardiniers français la connaissent à peine, mais notre Congrès pomologique l'ayant recommandée en 1869, après l'avoir étudiée plusieurs années, sa propagation chez nous finira par s'accomplir. Je la possède depuis 1860.

Observations. — Les Américains cultivent un pommier de ce même nom, à produits volumineux et qui, d'un jaune verdâtre lavé de rouge, mûrissent en mars et se conservent jusqu'en mai. Il provient du comté de Berks (Panama). Si quelque jour on l'importait dans notre pays, il serait donc facile de ne pas l'y confondre avec le Hughes des Anglais, car les fruits de ces deux variétés sont des plus dissemblables.

Pommes : HUGHES' GOLDEN PIPPIN,

— HUGHES' NEW GOLDEN PIPPIN,

} Synonymes de pomme *Hughes.* Voir ce nom.

Pomme HUNT'S NONPAREIL. — Synonyme de pomme *Non-Pareille ancienne.* Voir ce nom.

Pomme HURLBUT SWEET. — Synonyme de pomme *de Ramsdell.* Voir ce nom.

Pomme HUTTLINS. — Synonyme de *Pigeonnet blanc d'Hiver.* Voir ce nom.

I

Pomme IGNONETTE. — Synonyme de pomme *Mignonne d'Hiver*. Voir ce nom.

228. Pomme d'ILE.

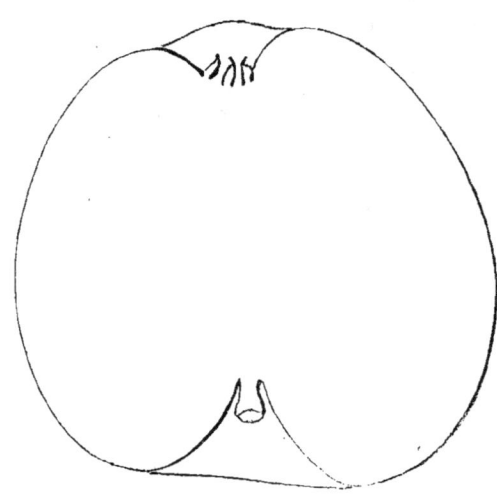

Description de l'arbre. — *Bois :* faible. — *Rameaux :* assez nombreux, érigés, longs, grêles, sensiblement flexueux, peu duveteux, d'un beau rouge-grenat foncé. — *Lenticelles :* grandes, arrondies, très-rapprochées. — *Coussinets :* aplatis. — *Yeux :* petits, ovoïdes-arrondis, cotonneux, entièrement collés sur le bois. — *Feuilles :* petites, plus ou moins arrondies, planes, courtement acuminées, finement dentées sur leurs bords. — *Pétiole :* de longueur moyenne, assez grêle, très-duveteux, légèrement cannelé. — *Stipules :* étroites et longues.

Fertilité. — Satisfaisante.

Culture. — Il est trop dépourvu de vigueur pour faire de convenables pleinvent ; les formes naines, sur doucin, lui sont uniquement applicables.

Description du fruit. — *Grosseur :* moyenne. — *Forme :* ovoïde plus ou moins allongée et légèrement pentagone. — *Pédoncule :* très-court, bien nourri, inséré dans un vaste et profond bassin. — *OEil :* petit ou moyen, mi-clos ou fermé, bosselé sur ses bords et sensiblement enfoncé. — *Peau :* jaune clair, parsemée, sur le côté de l'ombre, de points fauves et de gris-blancs, striée de rouge auprès de l'œil, largement lavée, à l'insolation, de rose vif ponctué de jaune, puis maculée ou marbrée de brun et de roux dans le bassin pédonculaire. — *Chair :* blanche, fine, ferme et croquante. — *Eau :* très-abondante et très-sucrée, faiblement acidulée et douée d'un parfum exquis rappelant celui des meilleurs Pigeonnets.

Maturité. — Février-Mai.

Qualité. — Première.

Historique. — La pomme d'Ile, si délicieuse et si jolie, me fut offerte en 1863 par M. le comte J. de Commarque, habitant le château de Bourlie, commune de Belvès (Dordogne). Très-estimée et très-répandue dans cette partie de la France, on l'y regarde comme sortie, depuis longues années déjà, de l'une des diverses localités dont elle porte le nom.

Pomme IMPÉRATRICE JOSÉPHINE. — Synonyme de pomme *Joséphine.* Voir ce nom.

---

229. Pomme IMPÉRIALE ANCIENNE.

Synonymes. — *Pommes :* 1. Frangée (dans la Sarthe, depuis 1785 environ ; — et Comice horticole d'Angers, *Cahiers de dégustations,* année 1844, f° 1). — 2. Magnifique (Pierre Leroy, d'Angers, *Catalogue de ses jardins et pépinières,* 1790, p. 26 ; — et Comice horticole d'Angers, *ibid.*).

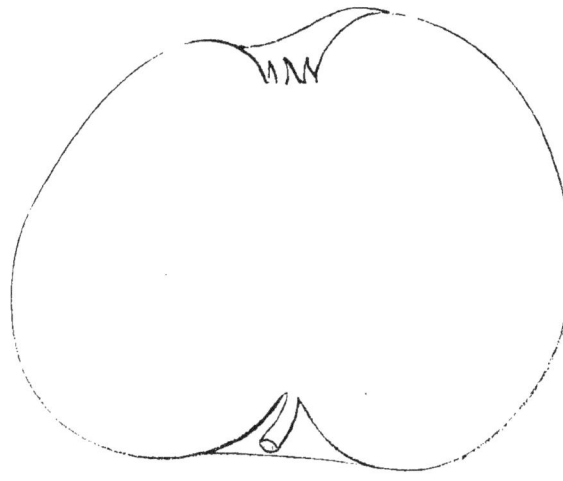

Description de l'arbre. — *Bois :* fort. — *Rameaux :* très-nombreux, érigés pour la plupart, de grosseur et longueur moyennes, très-géniculés, des plus cotonneux et d'un rouge-brun foncé. — *Lenticelles :* abondantes, assez grandes, arrondies ou allongées. — *Coussinets :* saillants. — *Yeux :* volumineux, coniques-arrondis, plaqués sur l'écorce et couverts d'un épais duvet. — *Feuilles :* petites ou moyennes, ovales, longuement acuminées, vert clair en dessus, gris verdâtre en dessous, souvent relevées en gouttière et dentées assez profondément sur leurs bords. — *Pétiole :* sensiblement cannelé, de grosseur et longueur moyennes, rigide, rosé, surtout à la base. — *Stipules :* petites.

Fertilité. — Extrême.

Culture. — La grande fertilité de ce pommier ne nuit en rien à sa végétation. Comme plein-vent, greffé ras terre, il croît parfaitement, son tronc pousse droit, grossit vite, sa tête devient bien arrondie, très-régulière. Pour la basse-tige, tout sujet lui convient et les arbres qu'il fait sous cette forme sont aussi vigoureux que beaux.

Description du fruit. — *Grosseur :* généralement au-dessus de la moyenne. *Forme :* conique-ventrue légèrement allongée, ou conique-arrondie comprimée aux pôles, mais toujours plus volumineuse d'un côté que de l'autre et faiblement pentagone près du sommet. — *Pédoncule :* court, arqué, assez fort, implanté dans un bassin habituellement bien développé. — *Œil :* grand ou moyen, mi-clos ou fermé, à cavité irrégulière et profonde. — *Peau :* unie, jaunâtre, ponctuée de gris, presque complétement marbrée et fouettée de carmin. — *Chair :* très-blanche, mi-fine et tendre. — *Eau :* abondante, très-sucrée, acidule, ayant un parfum peu prononcé mais des plus savoureux.

Maturité. — Décembre-Mars.

Qualité. — Première.

Historique. — Dom Claude Saint-Étienne, dans sa *Nouvelle instruction pour connaître les bons fruits*, décrivit cette pomme en 1670 (p. 212). C'est la première mention que j'en aie rencontrée. Il la qualifiait de très-bonne, et certes avec justice; je crois même que ce fut son mérite qui lui valut le nom d'Impériale sous lequel, aujourd'hui, elle est encore généralement cultivée. Son surnom de Frangée, venu des nombreuses vergetures qui recouvrent sa peau, apparut seulement vers la fin du xviii° siècle et dans le Maine, où il semble avoir été longtemps localisé; il se répandit ensuite aux environs de Paris; maintenant il y est presque aussi connu que chez les Manceaux. L'Impériale me semble un fruit français; jusqu'ici les pomologues étrangers n'ont élevé aucune réclamation de paternité, à son égard. Je n'ai pu toutefois découvrir le moindre renseignement sur son origine.

Observations. — Pour ne pas confondre cette variété avec son homonyme, ci-dessous décrite et toute moderne, il m'a paru indispensable d'ajouter à son nom le déterminatif, *ancienne*. — C'est par erreur qu'assez fréquemment on lui a donné pour synonymes les noms *Maltranche* et *Martrange*, s'appliquant à la pomme de Châtaignier. Cette fausse attribution fut évidemment due à la grande ressemblance extérieure de ces deux fruits; mais leur qualité servira toujours à les distinguer. Le premier est en effet, nous le répétons, des plus méritants, alors que l'autre convient avant tout pour la cuisson.

---

230. Pomme IMPÉRIALE NOUVELLE.

Description de l'arbre. — *Bois :* de moyenne force. — *Rameaux* : assez nombreux, très-étalés, gros, un peu courts, sensiblement géniculés, légèrement duveteux, d'un rouge-brun clair lavé de gris. — *Lenticelles :* grandes, très-abondantes, arrondies ou allongées. — *Coussinets :* aplatis. — *Yeux :* moyens, arrondis, collés sur l'écorce et fortement cotonneux. — *Feuilles :* de grandeur variable, ovales-allongées, vert terne en dessus, blanc grisâtre en dessous, longuement acuminées, ayant les bords profondément crénelés. — *Pétiole :* de grosseur et longueur moyennes, rigide, à cannelure peu marquée. — *Stipules :* petites.

Fertilité. — Grande.

Culture. — Pour en faire de passables plein-vent il faut le greffer en tête, vu la lenteur de sa végétation. Mais les formes naines sont celles auxquelles il se prête le mieux; quand on l'y destine, on doit lui donner le doucin comme sujet.

Description du fruit. — *Grosseur :* volumineuse. — *Forme :* sphérique, légèrement aplatie aux extrémités, ayant habituellement un côté moins développé que l'autre. — *Pédoncule* : court, gros, arqué, profondément inséré dans un vaste bassin. — *Œil* : grand ou moyen, ouvert ou mi-clos, bien enfoncé, bordé de plis et de gibbosités. — *Peau* : assez mince, un peu rugueuse, vert clair jaunâtre, largement carminée sur la face exposée au soleil, marbrée de fauve près de l'œil et du pédoncule, puis ponctuée de jaune et de brun. — *Chair* : blanchâtre, ferme, fine, peu croquante, très-sujette à se tacher. — *Eau* : abondante, sucrée, bien acidulée, faiblement parfumée, assez délicate.

Pomme Impériale nouvelle.

MATURITÉ. — Octobre-Janvier.

QUALITÉ. — Deuxième.

Historique. — Dès 1842 l'ancien Comice horticole d'Angers possédait cette variété dans son Jardin fruitier, où elle était classée sous le n° 60. Elle provenait, paraît-il, des semis faits par le Comice. Le *Cahier de dégustations* montre (f° 88) que le 22 janvier 1845 elle était encore innommée. Ce fut à la suite de l'étude qu'on en fit alors, qu'eut évidemment lieu son baptême, car le *Catalogue* du Jardin, peu après donnait au pommier n° 60 le nom d'Impériale nouvelle. Pour moi, je ne l'ai cultivé que beaucoup plus tard, en 1851. Je n'en connais aucune description.

---

231. Pomme IMPÉRIALE VERTE.

Synonyme. — *Pomme* GRÜNER KAISER (Diel, *Kernobstsorten*, 1799, t. I, p. 101).

Description de l'arbre. — *Bois* : très-fort. — *Rameaux* : assez nombreux, érigés, gros et longs, peu géniculés, duveteux, brun cendré, à mérithalles inégaux et longs. — *Lenticelles* : moyennes, clair-semées, arrondies. — *Coussinets* : faiblement accusés. — *Yeux* : volumineux, coniques, aplatis, renflés au sommet, grisâtres, cotonneux, noyés dans l'écorce. — *Feuilles* : grandes, peu abondantes et épaisses, assez lisses, ovales ou ovales-arrondies, vert jaunâtre, acuminées, souvent recourbées et contournées, à bords profondément dentés. — *Pétiole* : très-gros, très-court et très-rigide, lavé de rouge violacé vers la base et légèrement cannelé. — *Stipules :* petites.

Fertilité. — Ordinaire.

Culture. — Toute forme et toute espèce de sujet lui conviennent.

Pomme Impériale verte.

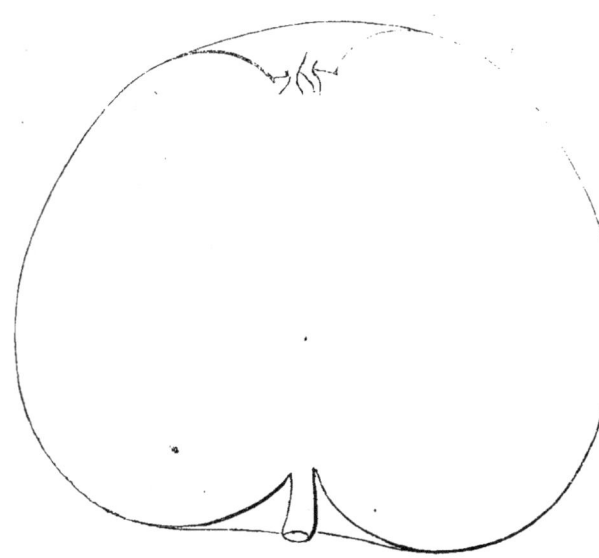

Description du fruit. — *Grosseur :* volumineuse. — *Forme :* conique-arrondie, généralement assez ventrue dans toute sa partie inférieure et toujours ayant un côté moins développé que l'autre. — *Pédoncule :* court, très-nourri, arqué, inséré dans un bassin de dimensions moyennes. — *OEil :* mi-clos, grand, à cavité unie, large, profonde. — *Peau :* unicolore, vert clair, faiblement nuancée de jaune et semée de gros et nombreux points d'un brun grisâtre. — *Chair :* verdâtre, tendre et mi-fine. — *Eau :* fort abondante, acide, sucrée, quelque peu parfumée, assez délicate.

Maturité. — Décembre-Février.

Qualité. — Deuxième pour le couteau, première pour la cuisson.

Historique. — Les Allemands, auxquels je dois ce fruit, le disent excellent. Chez moi il s'est montré seulement de deuxième ordre, depuis quatre ans que je le possède. Diel, dans son *Kernobstsorten* (t. I, p. 101), le fit connaître en 1799, sans mentionner le lieu d'obtention, mais en affirmant qu'alors aucun pomologue n'avait encore décrit *die Grüner Kaiserapfel* : la pomme Impériale verte.

Pomme INDIAN WINTER. — Synonyme de pomme *Moultries*. Voir ce nom.

---

232. Pomme d'INGESTRIE JAUNE.

Synonymes. — Pommes : 1. Yellow Ingestrie (T. A. Knight, *Transactions of the horticultural Society of London*, 1811, t. I, pp. 226-228). — 2. Gelber Pepping von Ingestrie (Diel, *Kernobstsorten*, 1825, t. III, p. 43). — 3. Yellow Ingestrie Pippin (*Id. ibid.*).

Description de l'arbre. — *Bois :* assez faible. — *Rameaux :* peu nombreux, arqués et érigés, de longueur moyenne, grêles, à peine géniculés, légèrement cotonneux, vert herbacé à la base et vert nuancé de gris, au sommet. — *Lenticelles :* arrondies ou allongées, petites, rapprochées. — *Coussinets :* faiblement développés. — *Yeux :* des plus petits, coniques, duveteux, entièrement plaqués sur l'écorce. — *Feuilles :* peu nombreuses, petites, arrondies, vert blanchâtre en dessus, blanc verdâtre en dessous, courtement acuminées, planes, ayant les bords largement crénelés ou dentés. — *Pétiole :* court, très-nourri, roide, à cannelure presque nulle. — *Stipules :* étroites et longues.

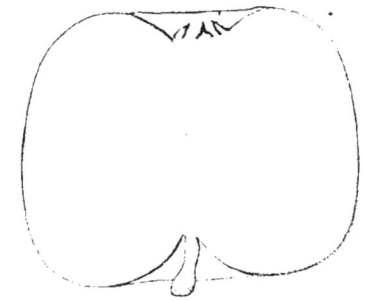

Pomme d'Ingestrie jaune. — *Premier Type.*

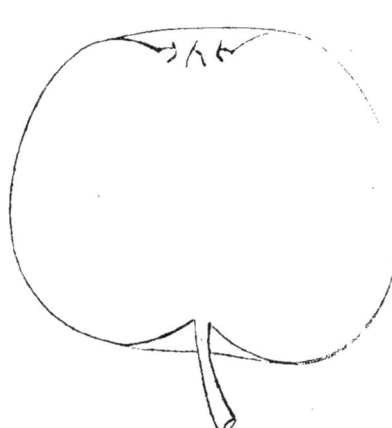

Deuxième Type.

Fertilité. — Grande.

Culture. — Écussonné sur paradis ou doucin, pour basse-tige, il croît assez vite et fait de beaux arbres. On peut également le destiner à la haute-tige, mais en le greffant en tête, autrement il laisserait trop à désirer, surtout pour la grosseur du tronc.

Description du fruit. — *Grosseur :* petite ou au-dessous de la moyenne. — *Forme :* cylindrique ou globuleuse, aplatie aux pôles et généralement moins volumineuse d'un côté que de l'autre. — *Pédoncule :* court ou assez long, arqué, de moyenne force, inséré dans un bassin peu développé. — *Œil :* grand, très-ouvert, à courtes sépales, placé dans une large mais faible dépression et parfois entièrement à fleur de fruit. — *Peau :* mince et lisse, unicolore, jaune d'or, semée de quelques petits points roux. — *Chair :* jaunâtre, fine et tendre. — *Eau :* suffisante, sucrée, légèrement acidulée et parfumée.

Maturité. — Octobre-Décembre.

Qualité. — Première.

Historique. — La pomme d'Ingestrie jaune appartient à l'Angleterre et sa propagation remonte aux premières années de notre siècle. Son obtenteur, dit Lindley dans sa Pomologie (1831, pp. 22 et 26), fut le célèbre botaniste Thomas-André Knight, longtemps président de la Société d'Horticulture de Londres. Elle et l'Ingestrie rouge sont sorties de deux pépins pris dans la même cellule d'une pomme Orange pippin dont l'arbre avait été fécondé par le pollen d'un Golden Pippin. Le 5 mars 1811 Knight lut à la Société qu'il présidait un rapport sur diverses variétés fruitières, parmi lesquelles figurait celle qui nous occupe. Il en établit l'origine, puis ajouta que l'arbre-type se trouvait à Wormsley-Grange (Herefordshire) — il y existait encore en 1859 — et tirait son nom du domaine d'Ingestrie (Staffordshire), appartenant au comte Talbot. Ce qui semble indiquer que le pommier ayant donné naissance à cette variété avait été semé à Ingestrie, mais transplanté plus tard à Wormsley-Grange. Je dois cet excellent fruit à la louable obligeance de M. Oberdieck, superintendant à Jeinsen (Hanovre); il est dans mes pépinières depuis trois ans seulement. Les Allemands, plus favorisés, le possédaient déjà en 1825, date à laquelle le docteur Diel, qui l'avait reçu du professeur belge Van Mons, le décrivit en son *Kernobstsorten* (t. III, p. 43).

Pomme IOLA. — Synonyme de pomme *Yaoola*. Voir ce nom.

Pomme IRON. — Synonyme de pomme *Belle-Fleur de Brabant*. Voir ce nom.

J

Pomme JACKSON'S RED. — Synonyme de pomme *Buncombe*. Voir ce nom.

Pomme de JACOB. — Synonyme de *Passe-Pomme d'Été*. Voir ce nom.

---

233. Pomme JACQUES LEBEL.

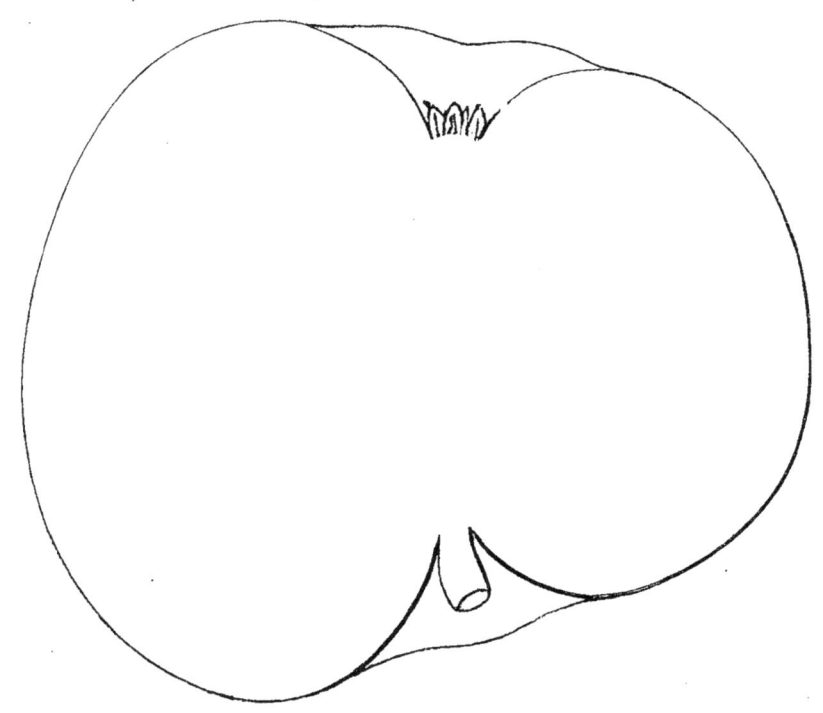

Description de l'arbre. — *Bois :* des plus forts. — *Rameaux :* peu nombreux assez étalés, longs et très-gros, légèrement coudés, excessivement duveteux et rouge-brun foncé. — *Lenticelles :* très-grandes, allongées, abondantes. — *Coussinets :* ressortis. — *Yeux :* volumineux, coniques-raccourcis, bien cotonneux et noyés dans l'écorce. — *Feuilles :* grandes, ovales-arrondies, vert terne en dessus, gris verdâtre en dessous, acuminées, planes et à bords profondément dentés. — *Pétiole :* peu long, extrêmement gros, rosé à la base et presque dépourvu de cannelure. — *Stipules :* des plus développées.

Fertilité. — Abondante.

Culture. — C'est un pommier précieux pour les pépiniéristes, par sa riche végétation. Écussonné ras terre il fait rapidement des tiges très-droites, très-grosses ; souvent on le voit, dès sa troisième année, former un tronc de douze ou, treize mètres de circonférence, à un mètre de hauteur. Pour gobelets ou cordons le paradis est le sujet qui lui convient essentiellement.

Description du fruit. — *Grosseur :* considérable. — *Forme :* sphérique aplatie aux pôles, assez irrégulière et souvent bien moins volumineuse d'un côté que de l'autre. — *Pédoncule :* court, arqué, fort et charnu, profondément planté dans un vaste bassin dont les bords sont généralement bossués. — *Œil :* grand, mi-clos ou fermé, à cavité très-développée et légèrement gibbeuse en son pourtour. — *Peau :* fine, lisse, brillante, jaune clair, carminée à l'insolation, ponctuée de gris et se couvrant parfois de petites taches noirâtres. — *Chair :* blanche, tendre, assez compacte. — *Eau :* suffisante, sucrée, aigrelette, très-agréable quoique peu parfumée.

Maturité. — Octobre-Décembre.

Qualité. — Première.

Historique. — En 1849, lorsque dans mon *Catalogue* j'annonçai (p. 32, n° 138) ce beau fruit comme une variété nouvelle, le pied-type, que j'avais vu à Amiens dans les pépinières de son obtenteur, M. Jacques Lebel, était âgé d'une vingtaine d'années environ. Depuis lors ce pommier a pénétré partout chez nous ; je l'ai même expédié en Allemagne, en Belgique, en Amérique, en Angleterre ; il mérite du reste, sous tous les rapports, qu'on s'intéresse à sa propagation.

Pomme de JANNET. — Synonyme de pomme *de la Saint-Jean*. Voir ce nom.

Pommes JANUREA. — Synonymes de *Reinette d'Angleterre* et de *Reinette du Canada*. Voir ces noms au paragraphe Observations.

Pomme de JARDI. — Synonyme de pomme *Rouge de Stettin*. Voir ce nom.

Pomme de JARDIN. — Synonyme de pomme *Belle des Jardins*. Voir ce nom.

---

234. Pomme de JAUNE.

Synonymes. — *Pommes :* 1. D'Argent (Liron d'Airoles, *Annales de pomologie belge et étrangère*, 1860, t. VIII, pp. 45-46). — 2. Breton (Société d'Horticulture de Paris, *Cahiers de dégustations*, année 1861). — 3. De Fer (*Id. ibid.*). — 4. De Jaune de la Sarthe (Pépinières belges de la Société Van Mons, *Catalogue général*, 1863, t. I, p. 386).

Description de l'arbre. — *Bois :* fort. — *Rameaux :* peu nombreux, érigés, gros, assez longs, à peine coudés, duveteux et vert herbacé. — *Lenticelles :* clair-semées, arrondies, petites ou moyennes. — *Coussinets :* aplatis et se prolongeant en arête. — *Yeux :* moyens, ovoïdes-obtus, bombés à leur milieu, légèrement cotonneux, fortement collés sur le bois. — *Feuilles :* abondantes, assez grandes, ovales-allongées, vert jaunâtre en dessus, blanc verdâtre en dessous, longuement acuminées, irrégulièrement mais peu profondément dentées et surdentées. — *Pétiole :* gros, de longueur moyenne, rarement cannelé. — *Stipules :* étroites et des plus longues.

Pomme de Jaune. — *Premier Type.*

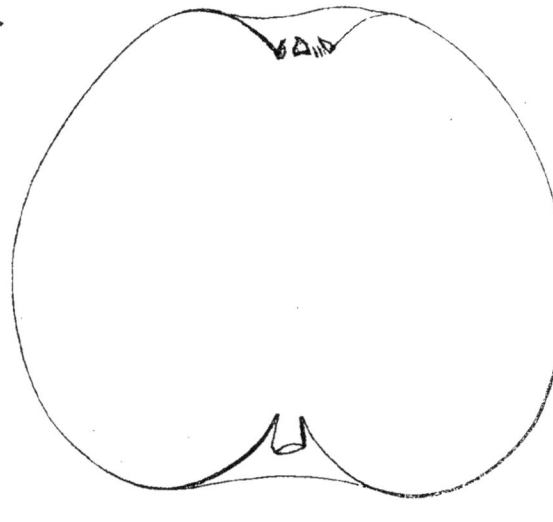

Deuxième Type.

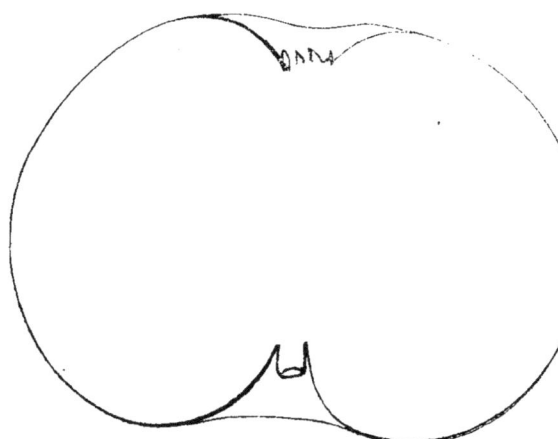

Fertilité. — Grande.

Culture. — Le plein-vent est la forme qui lui convient le mieux; en le greffant à hauteur de tige il donne d'abondants produits et sa tête devient très-jolie, très-régulière. Écussonné ras terre, son tronc reste toujours trop faible. Quand on désire l'élever pour arbres nains, il pousse indifféremment bien sur doucin ou paradis.

Description du fruit. — *Grosseur :* assez volumineuse. — *Forme :* ovoïde-arrondie ou globuleuse sensiblement comprimée à ses extrémités. — *Pédoncule :* très-court et très-fort, profondément planté dans un vaste bassin. — *Œil :* grand ou moyen, bien ouvert, à courtes sépales, modérément enfoncé dans une large cavité peu profonde, irrégulière et souvent légèrement côtelée. — *Peau :* fine et lisse, jaune clair passant au jaune foncé sur la partie frappée par le soleil, maculée de brun-roux dans le bassin pédonculaire et abondamment ponctuée de gris. — *Chair :* blanchâtre, mi-fine, ferme et croquante. — *Eau :* abondante, bien sucrée, à peine acidule, assez parfumée, très-savoureuse.

Maturité. — Janvier-Mai.

Qualité. — Première.

Historique. —. Dans le canton de Montfort (Sarthe), notamment aux environs de la commune du Breil, on rencontre des pommiers de Jaune dont beaucoup accusent au moins deux siècles d'existence. Aussi regarde-t-on cette variété comme originaire de ce lieu, où longtemps elle demeura confinée. Une version assez récente lui donnait l'Irlande pour patrie, et vers 1805 le général anglais Hawles pour importateur au château de la Rochefuret, près Tours. Mais il reste avéré que ce général l'avait rencontrée dans le département de la Sarthe, que souvent il visitait, et non pas chez les Irlandais. En ayant apprécié le mérite, il la fit greffer à Rochefuret, sa résidence, d'où bientôt elle se répandit en maints endroits de la Touraine. Aujourd'hui la pomme de Jaune est connue de presque tous nos pépiniéristes, surtout depuis 1867, date à laquelle le Congrès pomologique l'admettait, avec recommandation, parmi les fruits de verger.

235. Pomme JAUNE D'ANGLETERRE.

Synonyme. — *Pomme* YELLOW ENGLISH CRAB (Warder, *American pomology, Apples,* 1867, p. 737).

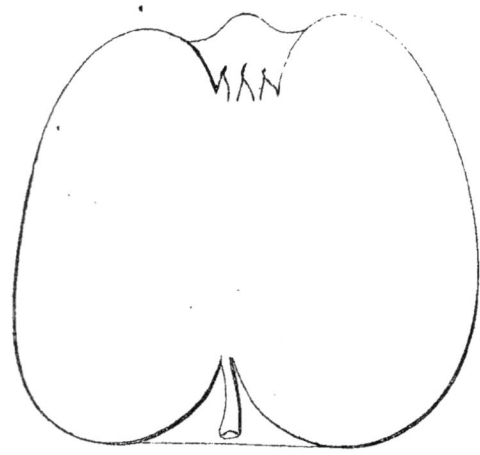

Description de l'arbre. — *Bois :* de moyenne force. — *Rameaux :* assez nombreux, légèrement étalés, longs, de grosseur moyenne, très-coudés, duveteux, d'un gris-brun quelque peu verdâtre. — *Lenticelles :* petites ou moyennes, arrondies, clair-semées. — *Coussinets :* larges et ressortis. — *Yeux :* volumineux, ovoïdes-allongés, cotonneux, faiblement écartés du bois. — *Feuilles :* moyennes, ovales, longuement acuminées, vert clair, à bords assez profondément dentés. — *Pétiole :* long, bien nourri, à peine cannelé. — *Stipules :* étroites et très-longues.

Fertilité. — Convenable.

Culture. — Il réussit parfaitement comme plein-vent, lorsqu'il a été greffé en tête; écussonné sur paradis, pour arbres nains, il fait de jolis gobelets, espaliers et cordons.

Description du fruit. — *Grosseur :* moyenne. — *Forme :* conique ou cylindrique, assez irrégulière, fortement pentagone et généralement ayant un côté moins ventru que l'autre. — *Pédoncule :* court ou de longueur moyenne, peu fort, légèrement arqué, inséré dans un bassin étroit et profond. — *Œil :* grand, large, ouvert ou mi-clos, très-enfoncé, à cavité sensiblement gibbeuse sur les bords. — *Peau :* épaisse, un peu rugueuse, vert-pré, nuancée de rouge-brun sur la face exposée au soleil, maculée de fauve autour du pédoncule et fortement ponctuée de gris. — *Chair :* blanc verdâtre, surtout sous la peau, ferme et mi-fine. — *Eau :*

suffisante, plus ou moins sucrée, agréablement acidulée, mais sans parfum appréciable.

Maturité. — Février-Juillet.

Qualité. — Deuxième.

Historique. — La pomme Jaune d'Angleterre ne me vient pas de ce pays, mais des États-Unis, d'où me l'expédiait il y a quelques années — étiquetée *Yellow english crab* — M. Berckmans, pépiniériste à Augusta (Georgie). Elle doit encore y être assez rare, puisque les pomologues américains les plus connus l'ont passée sous silence, sauf M. John Warder, qui la cite simplement en 1867, page 737 de son recueil intitulé *Apples*, et la dit obtenue par les Anglais. J'ignore si ce renseignement est exact, ne rencontrant la Yellow english crab chez aucun des écrivains horticoles de la Grande-Bretagne. Cette variété jouit d'un privilége peu commun : celui d'atteindre aisément, au fruitier, les mois de juin et de juillet.

Pomme de JAUNE DE LA SARTHE. — Synonyme de pomme *de Jaune*. Voir ce nom.

Pomme JENNETTE. — Synonyme de *Reinette musquée*. Voir ce nom.

Pomme JENNY SEEDLING. — Synonyme de pomme *Hall*. Voir ce nom.

Pomme JERSEY GREENING. — Synonyme de pomme *Verte de Rhode-Island*. Voir ce nom.

Pomme JÉRUSALEM. — Synonyme de *Pigeonnet Jérusalem*. Voir ce nom.

Pomme JOANNINE. — Synonyme de pomme *de la Saint-Jean*. Voir ce nom.

---

236. Pomme JOË PRÉCOCE.

Description de l'arbre. — *Bois :* assez fort. — *Rameaux :* nombreux, érigés et légèrement arqués, longs, peu gros, à peine géniculés, rarement bien cotonneux, brun clair cendré, à mérithalles irréguliers. — *Lenticelles :* arrondies ou allongées, très-petites et des plus clair-semées. — *Coussinets :* larges, faiblement accusés mais se prolongeant en arête. — *Yeux :* petits, collés sur le bois, ovoïdes-aplatis, à écailles disjointes et bordées de noir. — *Feuilles :* abondantes, petites, elliptiques, vert clair en dessus, quelque peu duveteuses et vert blanchâtre en dessous, minces, ondulées et canaliculées, ayant les bords régulièrement et modérément dentés. — *Pétiole :* long, grêle, très-rigide, carminé à la base et sensiblement cannelé. — *Stipules :* peu développées.

Fertilité. — Satisfaisante.

Culture. — Greffé en tête, pour haute-tige, il se développe très-convenablement et sa couronne est des plus régulières. Il fait aussi de jolis arbres nains, tant sur paradis que sur doucin.

Description du fruit. — *Grosseur :* au-dessus de la moyenne et parfois moins volumineuse. — *Forme :* passant de la globuleuse très-irrégulière et très-déprimée d'un côté, à la globuleuse régulière mais légèrement allongée. — *Pédoncule :* très-variable, il est le plus habituellement de grosseur et longueur moyennes, arqué et profondément implanté dans un vaste bassin. — *Œil :* petit ou moyen, ouvert ou mi-clos, bien enfoncé dans une cavité large et des plus unies. — *Peau :* lisse, à fond vert jaunâtre, presque entièrement lavée et fouettée de carmin foncé, puis couverte de nombreux points blanchâtres cerclés de gris verdâtre. — *Chair :* blanche, veinée de jaune olivâtre, tendre et très-fine. — *Eau :* suffisante, très-sucrée, légèrement acidulée, à parfum fort délicat.

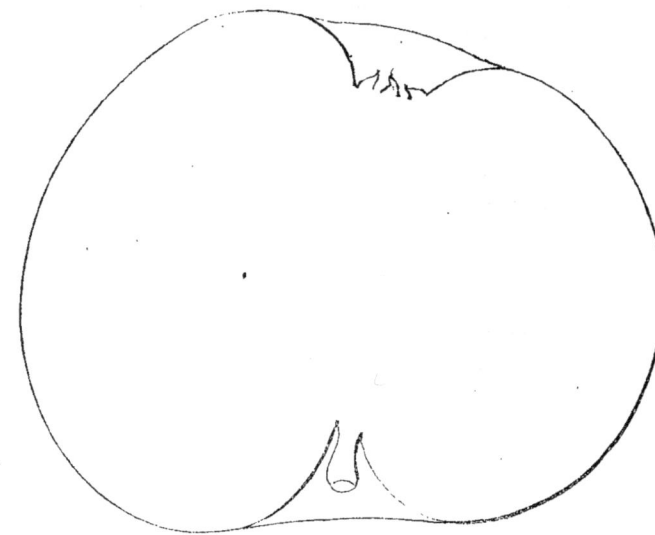

Pomme Joë précoce. — *Premier Type.*

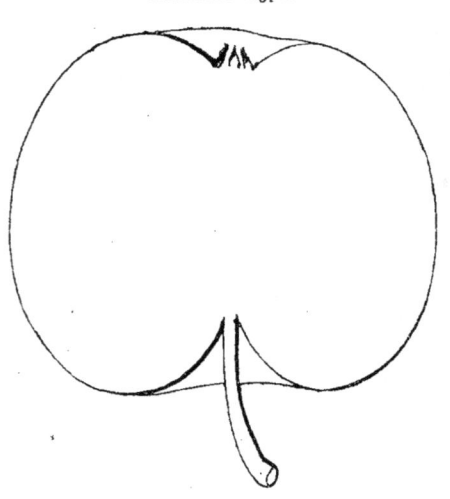

Deuxième Type.

Maturité. — Fin juillet ; se prolongeant jusqu'en septembre.

Qualité. — Première.

Historique. — Les Américains sont les obtenteurs de l'*Early Joë*, ou Joë précoce, qui date environ d'une vingtaine d'années. Charles Downing, son premier descripteur, la fit connaître en 1863 (*Fruits of America*, p. 76) et la dit gagnée dans le verger de M. Chapin, du comté d'Ontario. Son introduction chez moi date de 1862, par l'intermédiaire de M. Berckmans, pépiniériste aux États-Unis.

Observations. — Il existe également en Amérique une pomme *Joël*, dont le nom pourrait causer quelque méprise avec celui de la Joë précoce. Je la signale ici, mais pour l'avenir, car elle n'a pas encore pénétré chez nos horticulteurs. Même remarque pour la *Joë Berry*, ou Newtown Spitzenburgh.

Pomme JOHN MAY. — Synonyme de pomme *Non-Pareille de Hubbardston*. Voir ce nom.

Pomme JOHNSON. — Synonyme de pomme *Rouge rayée*. Voir ce nom.

Pomme JOHNSTON'S FAVORITE. — Synonyme de pomme *Mangum*. Voir ce nom.

Pomme JONES' SOUTHAMPTON PIPPIN. — Synonyme de pomme *Pearmain dorée*. Voir ce nom.

---

237. Pomme JOSEPH DE BRICHY.

Synonymes. — *Pommes* : 1. Debrichy (Pépinières d'Angers, depuis 1864). — 2. Joseph d'Étrichy (André Leroy, *Catalogue descriptif et raisonné des arbres fruitiers et d'ornement*, 1865, p. 50, n° 188).

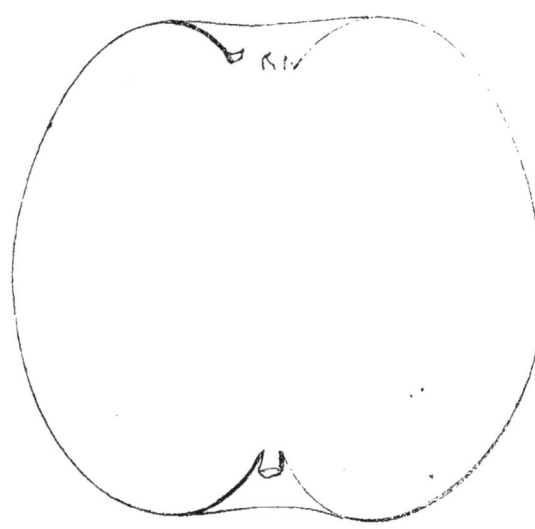

Description de l'arbre. — *Bois* : fort. — *Rameaux* : nombreux, légèrement étalés, gros, peu longs, bien coudés, très-cotonneux, rouge-brun foncé lavé de gris. — *Lenticelles* : grandes, arrondies, des plus clair-semées. — *Coussinets* : presque nuls. — *Yeux* : moyens, coniques-arrondis, duveteux, noyés dans l'écorce. — *Feuilles* : moyennes, ovales, rarement acuminées, profondément dentées ou crénelées sur les bords. — *Pétiole* : gros, assez long, faiblement cannelé. — *Stipules* : larges et longues.

Fertilité. — Assez abondante.

Culture. — Il pousse très-bien sur franc, doucin ou paradis, et se prête à toute espèce de forme.

Description du fruit. — *Grosseur* : au-dessus de la moyenne. — *Forme* : cylindrique ou conique, mais habituellement fort régulière. — *Pédoncule* : très-court, peu nourri, inséré dans un bassin de faible dimension. — *OEil* : grand ou moyen, modérément enfoncé dans une large cavité. — *Peau* : jaune clair, mate et grisâtre, striée finement de rose tendre sur la face exposée au soleil, amplement maculée, autour du pédoncule, de fauve verdâtre et squammeux, puis fortement ponctuée de brun. — *Chair* : blanchâtre, ferme et fine. — *Eau* : suffisante, acidulée, bien sucrée et bien parfumée, possédant une saveur exquise.

Maturité. — Novembre-Janvier.

Qualité. — Première.

Historique. — Cet excellent fruit fut gagné vers 1855, chez les Belges, par

M. Loisel, propriétaire à Fauquemont (Limbourg néerlandais), qui le dédia à l'un de ses amis. Je le dois à feu Laurent de Bavay ; il me l'envoya, en 1860, de ses pépinières de Vilvorde-lez-Bruxelles, comme une variété de toute récente obtention. En l'inscrivant plus tard (1865) dans mon *Catalogue*, j'en défigurai quelque peu le nom, ayant lu Joseph d'Étrichy, sur l'étiquette, au lieu de Joseph de Brichy. Je rectifie aujourd'hui cette erreur involontaire, qui malheureusement a couru l'Allemagne, l'Italie, l'Angleterre, l'Espagne et la France, car elle eut lieu, précisément, dans les divers Catalogues en langues étrangères que je publiai cette année-là.

Pomme JOSEPH D'ÉTRICHY. — Synonyme de pomme *Joseph de Brichy*. Voir ce nom.

238. Pomme JOSÉPHINE.

Synonymes. — *Pommes* : 1. BALTIMORE (Société d'Horticulture de Londres, *Transactions*, 1817, t. III, pp. 119-120). — 2. MONSTROUS PIPPIN (William Coxe, *View of the cultivation of fruit trees*, 1817, p. 117). — 3. MAMMOTH (Hugh Ronalds, *Pyrus malus Brentfordiensis*, 1831, p. 13). — 4. MELON (Louis Noisette, *le Jardin fruitier*, 1839, t. I, p. 200, n° 24). — 5. IMPÉRATRICE JOSÉPHINE (Utinet, *Annales de Flore et de Pomone*, 1840-1841, pp. 84-85). — 6. AMERICAN GLORIA MUNDI (Thompson, *Catalogue of fruits cultivated in the garden of the horticultural Society of London*, 1842, p. 17, n° 271). — 7. AMERICAN MAMMOTH (*Id. ibid.*). — 8. GLAZENWOOD GLORIA MUNDI (*Id. ibid.*). — 9. NEW-YORK GLORIA MUNDI (*Id. ibid.*). — 10. BELLE-JOSÉPHINE (Alexandre Bivort, *Album de pomologie*, 1851, t. IV, p. 5). — 11. GLORIA MUNDI (Duval, *Histoire du pommier et sa culture*, 1852, p. 55, n° 28). — 12. MONSTRUEUSE PIPPIN (Congrès pomologique, *Procès-Verbaux*, années 1859-1860, p. 5).

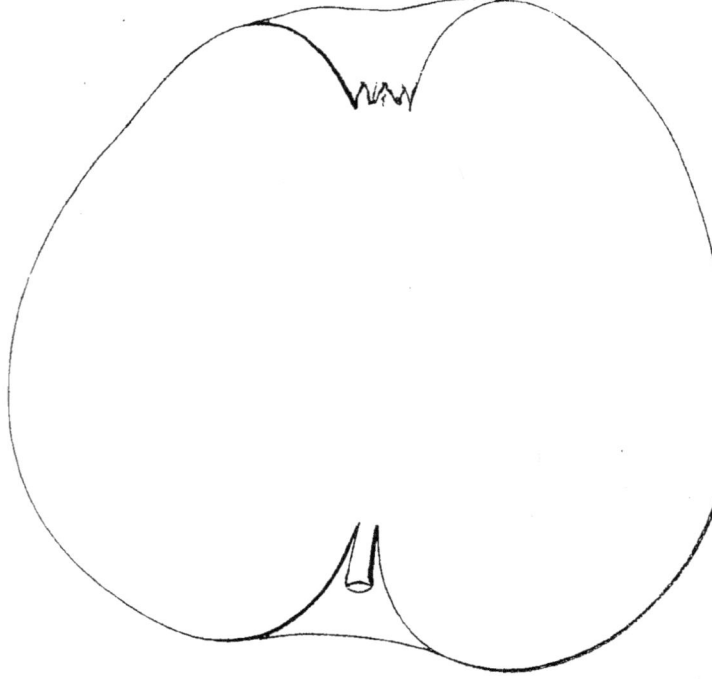

Description de l'arbre. — *Bois :* fort. — *Rameaux :* étalés, nombreux et assez longs, de grosseur moyenne, peu géniculés, cotonneux, d'un brun olivâtre, à courts mérithalles.— *Lenticelles :* petites, arrondies, très-rapprochées.— *Coussinets :* aplatis. — *Yeux :* gros, ovoïdes-obtus et quelque peu écartés du rameau, ayant les écailles mal soudées et duveteuses. — *Feuilles :* grandes, abondantes, ovales-allongées, vert clair en dessus, légèrement cotonneuses et vert grisâtre en dessous, courtement acuminées, canaliculées, plus ou moins ondulées, à bords fortement dentés et surdentés. — *Pétiole :* court, très-gros, rosé en dessous et faiblement cannelé. — *Stipules :* bien développées.

Fertilité. — Moyenne.

Culture. — Sa riche végétation le rendrait très-propre à la haute-tige si la grosseur de ses fruits, que le moindre vent détache avant leur maturité, ne commandait de le destiner de préférence aux formes naines, qui toutes lui sont avantageuses.

Description du fruit. — *Grosseur :* considérable. — *Forme :* assez variable, elle est le plus généralement conique-arrondie ou sphérico-cylindrique, mais toujours légèrement pentagone, surtout vers le sommet. — *Pédoncule :* court ou de longueur moyenne, gros, souvent arqué, profondément implanté dans un vaste bassin. — *Œil :* grand, ouvert ou mi-clos, à cavité large, très-creuse et toujours un peu bossuée sur les bords. — *Peau :* assez épaisse, lisse, jaune clair verdâtre sur le côté de l'ombre, jaune légèrement brunâtre à l'insolation, où parfois on distingue quelques mouchetures vermillonnées, tachée de fauve olivâtre autour du pédoncule et finement ponctuée de brun et de gris. — *Chair :* jaunâtre, mi-fine et mi-tendre. — *Eau :* suffisante, sucrée, acidulée, sans parfum, mais non dépourvue d'une certaine saveur.

Maturité. — Novembre-Mars.

Qualité. — Deuxième pour le couteau, première pour compotes et gelées.

Historique. — En caractérisant plus haut (pp. 106-109) la pomme *Belle du Bois*, si souvent confondue avec la Joséphine, nous sommes entré dans certains développements arboricoles et historiques auxquels on voudra bien recourir en cas de besoin, ne pouvant, sans nous répéter, les reproduire ici. Voilà déjà soixante-dix ans que l'énorme fruit dont on vient de lire la description, est connu dans notre pays, auquel, cependant, il n'appartient pas. Le pépiniériste Louis Noisette, de Paris, fut son propagateur, l'ayant reçu du comte le Lieur, qui l'avait importé d'Amérique. Pour parrains il eut les botanistes Turpin et Poiteau. Ces faits sont attestés par leurs auteurs mêmes. Ainsi Noisette a dit :

« M. le comte le Lieur, vers 1803, apporta d'Amérique une douzaine de sortes de pommiers, dont quelques-uns ont produit de très-gros fruits. Celui-ci — la variété *Joséphine* — a d'abord été appelé pomme Melon à cause de sa grosseur, mais bientôt les horticulteurs se sont accordés à le consacrer à perpétuer le nom de l'impératrice Joséphine..... qui par son exemple et ses encouragements a fait parvenir l'horticulture à l'état le plus florissant. » (*Le Jardin fruitier*, 1839, t. I, p. 200, n° 24.)

Poiteau, lui, compléta en ces termes le récit de son ami Noisette :

« ..... C'est de l'Amérique septentrionale que M. le comte le Lieur, administrateur des parcs et jardins de la Couronne, a tiré cette douzaine de variétés, nouvelles pour nous, quoiqu'évidemment sorties de pommiers européens transportés là lors de la découverte de ce Nouveau Monde. Parmi ces variétés trois se sont fait remarquer par la grosseur de leur fruit; M. Turpin et moi avons nommé l'une, *Joséphine* (nom de l'impératrice); la seconde, Montalivet (nom du ministre de l'intérieur sous l'empire); et la troisième, le Lieur. » (*Pomologie française*, 1846, t. IV, n° 49.)

Peut-on assurer, maintenant, que le pommier Joséphine soit réellement natif des États-Unis?... Non, car les Américains, loin de le réclamer, déclaraient au contraire en 1869, par l'organe de Charles Downing, leur principal pomologue, que son origine leur était INCONNUE. (*Fruits of America*, p. 191.) Les Anglais, qui le possèdent depuis 1817, me semblent être dans la vérité, quand, d'après une version allemande, ils le croient plutôt originaire du Hanovre. Le docteur Hogg, en son ouvrage intitulé *the Apple and its varieties*, a présenté de la sorte, en 1859, cette opinion :

« Le pommier *Joséphine*, ou *Gloria Mundi*, passe pour une variété américaine, mais on n'en saurait fixer sûrement le lieu de naissance, diverses localités réclamant l'honneur de l'avoir vu porter ses premiers fruits. Le sentiment le plus général attribue toutefois le gain de cette pomme à un M. Smith, qui l'aurait obtenue dans son jardin, aux environs de Baltimore, d'où George Hudson, capitaine du navire le Belvédère, la transporta à l'étranger, au cours de 1817. Dans l'année 1804 le comte le Lieur l'avait déjà importée en France. Il est douteux, néanmoins, que ce pommier soit poussé chez les Américains, car en 1805 l'*Allgemeines Teutsches Gärtenmagazin*, publication allemande, lui donnait formellement pour obtenteur M. Maszman, horticulteur à Hanovre. Si cette assertion est exacte, l'introduction de ladite variété en Amérique, serait alors très-probablement due à quelque émigrant hanovrien. » (Page 91, n° 139.)

A ces détails j'ajoute, d'après les *Transactions* de la Société d'Horticulture de Londres (1817, t. III, p. 129), que ce fut en Angleterre, à Liverpool, que le capitaine du Belvédère, appelé dans ledit recueil George Hobson, et non Hudson comme ci-dessus, introduisit ce fruit, d'où il le fit parvenir dans la capitale au botaniste Joseph Banks, qui le soumit à ses collègues de la Société d'Horticulture. Maintenant, tout en tenant grand compte des renseignements fournis par le docteur Hogg, je regrette que ce pomologue n'ait pas indiqué l'ouvrage où il a vu M. Smith, de Baltimore, signalé comme l'obtenteur de notre pommier Joséphine ou Gloria Mundi. J'ai vainement, pour le rencontrer, feuilleté les Pomologies américaines. Dans celle de Downing, la plus répandue, la plus complète, on lit bien, page 110 de l'édition de 1849 : « Une chose assez curieuse, c'est que diverses « localités — Red Hook sur l'Hudson, Long-Island et Baltimore — prétendent à la « fois avoir vu naître cette variété; » mais là s'arrête le récit de Downing, où règne seulement la raillerie. Aussi dans les éditions suivantes de ce même livre l'auteur eut-il soin d'enlever cet alinéa et de le remplacer, nous le répétons, par ces seuls mots : « *origin unknown :* » origine inconnue. Enfin je dois encore constater qu'à leur tour les pomologues allemands, et je possède les plus estimés, ont imité la réserve de l'américain Downing, en ne revendiquant nullement pour leur patrie le gain de cette fameuse pomme. — A qui donc l'accorder?... Est-ce au Hanovre? Est-ce à l'Amérique?... Si je ne puis résoudre la question, j'ai du moins consciencieusement exposé les dires, les prétentions des dissidents. Cela me suffit, cela même permettra peut-être, quelque jour, d'éclaircir plus aisément ce point obscur et controversé. Quant à l'impératrice Joséphine, à laquelle, chez nous, on dédia cette variété, chacun sait qu'elle naquit en 1763 à la Martinique et mourut à la Malmaison, en 1814.

Observations. — Ce pommier a longtemps porté le surnom Baltimore, il est alors urgent de ne pas le confondre avec le véritable *Baltimore* américain, à produits de grosseur moyenne et de toute première qualité. — Même recommandation pour certains de ses synonymes : Mammoth, American Mammoth et Monstrous Pippin, n'ayant rien de commun avec la pomme *Monmouth Pippin* des États-Unis, non plus qu'avec la *Monstows Pepping* des Allemands. — Ceci me rappelle qu'en France souvent on a donné au pommier Belle du Bois, mais bien fautivement, Monstrous Pippin pour synonyme. Aujourd'hui, pareille erreur ne saurait se renouveler, les pomologues anglais et les américains nous ayant entièrement renseignés à cet égard.

Pomme JOURNALASKIA. — Synonyme de pomme *Junaluskee.* Voir ce nom.

Pomme de JUDÉE. — Synonyme de *Pigeonnet-Jérusalem.* Voir ce nom.

239. Pomme JULIAN.

Synonymes. — *Pommes* : 1. Juling (Charles Downing, *the Fruits and fruit trees of America*, 1863, p. 158). — 2. Julien (*Id. ibid.*, 1869, p. 234).

Pomme Julian. — *Premier Type.*

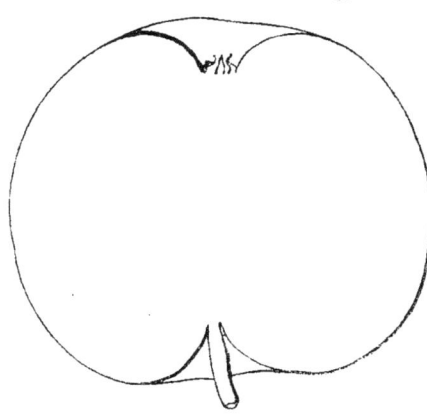

Deuxième Type.

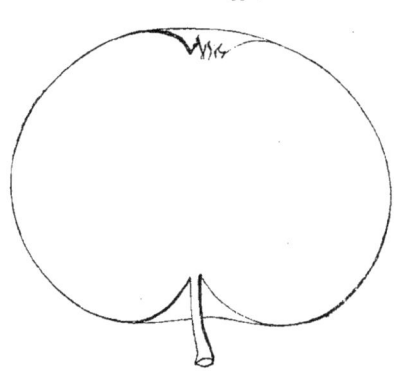

Description de l'arbre. — *Bois :* fort. — *Rameaux :* nombreux, érigés, longs, assez gros, bien géniculés, peu duveteux, brun clair verdâtre. — *Lenticelles :* petites ou moyennes, arrondies, abondantes. — *Coussinets :* larges et ressortis. — *Yeux :* moyens, ovoïdes-arrondis, plus ou moins aplatis, très-cotonneux et entièrement plaqués sur l'écorce. — *Feuilles :* assez grandes, ovales ou arrondies, vert clair, longuement acuminées, planes, ayant les bords profondément dentés et souvent légèrement ondulés. — *Pétiole :* long, un peu grêle, flasque, à cannelure très-accusée. — *Stipules :* des plus développées.

Fertilité. — Ordinaire.

Culture. — Toute forme et tout sujet lui conviennent.

Description du fruit. — *Grosseur :* au-dessous de la moyenne. — *Forme :* globuleuse plus ou moins ovoïde, ou sphérique aplatie aux pôles. — *Pédoncule :* de longueur moyenne, grêle ou assez nourri, modérément enfoncé dans un étroit bassin. — *OEil :* petit, ouvert, à cavité unie, large, peu profonde. — *Peau :* lisse, jaune pâle et terne, amplement lavée de rouge-brun très-clair, striée de rouge lie de vin et finement ponctuée de gris-blanc. — *Chair :* jaunâtre, fine et tendre. — *Eau :* abondante, bien sucrée, faiblement acidulée, à parfum assez savoureux.

Maturité. — Août-Octobre.

Qualité. — Deuxième.

Historique. — J'ai reçu des États-Unis, en 1864, ce pommier qui en est originaire. Charles Downing, le signalant pour la première fois dès 1863, le disait sorti de l'Amérique du Sud mais ignorait de quelle localité (voir *Fruits and fruit trees of America*, p. 158).

Pomme JULIE FLOMER. — Synonyme de *Calleville d'Angleterre*. Voir ce nom.

Pommes JULIEN. — Synonymes de pommes *Julian* et de *Reinette marbrée*. Voir ces noms.

Pomme JULING. — Synonyme de pomme *Julian*. Voir ce nom.

Pomme JULY FLOWER. — Synonyme de *Calleville d'Angleterre*. Voir ce nom.

Pomme JUNALISKA. — Synonyme de pomme *Junaluskee*. Voir ce nom.

---

240. Pomme JUNALUSKEE.

Synonymes. — Pommes : 1. JUNALISKA (John Warder, *American pomology, Apples*, 1867, p. 411).
— 2. JOURNALASKIA (Charles Downing, *the Fruits and fruit trees of America*, 1869, p. 235).

Premier Type.

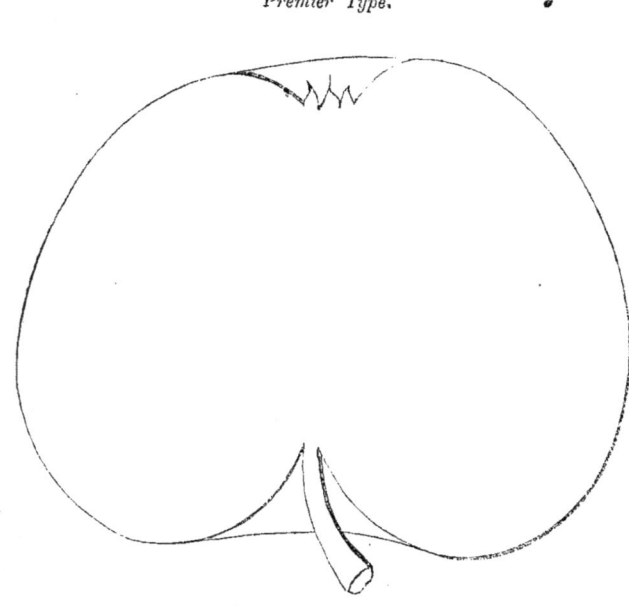

Description de l'arbre. — *Bois :* très-fort. — *Rameaux :* peu nombreux, légèrement étalés, des plus longs et des plus gros, sensiblement coudés et duveteux, d'un brun olivâtre fortement lavé de rouge ardoisé. — *Lenticelles :* arrondies ou allongées, grandes, très-abondantes. — *Coussinets:* larges et peu ressortis. — *Yeux :* assez gros, ovoïdes, très-duveteux, entièrement collés sur le bois. — *Feuilles :* très-grandes, ovales fort allongées, rarement acuminées, à bords largement dentés ou crénelés. — *Pétiole :* long, très-gros, flasque, tomenteux, généralement sans cannelure. — *Stipules :* très-longues et très-larges.

Fertilité. — Satisfaisante.

CULTURE. — Son gros bois et ses nombreux rameaux commandent de le greffer ras terre pour l'élever à tige et le destiner au plein-vent, d'autant mieux qu'il est, sous cette forme, d'une vigueur peu commune. Le paradis est l'unique sujet qu'on doive lui donner quand on désire l'avoir en arbre nain.

Pomme Junaluskee. — *Deuxième Type.*

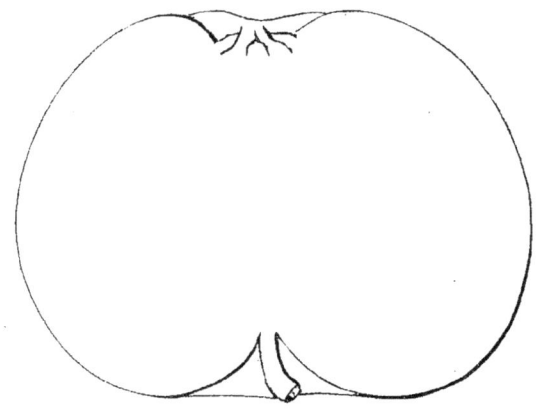

Description du fruit. — *Grosseur :* volumineuse ou moyenne. — *Forme :* conique ou globuleuse plus ou moins aplatie aux extrémités. — *Pédoncule :* court ou assez long, arqué, bien nourri, profondément planté dans un vaste bassin. — *Œil :* grand ou moyen, ouvert, faiblement enfoncé dans une assez large cavité dont les bords sont un peu ondulés. — *Peau :* épaisse, rugueuse et cependant légèrement onctueuse, jaune d'or, nuancée de roux dans le bassin pédonculaire et très-abondamment ponctuée de brun foncé. — *Chair :* jaune verdâtre, fine et mi-tendre. — *Eau :* suffisante, bien sucrée, peu acidulée, ayant la saveur particulière aux Reinettes.

MATURITÉ. — Janvier-Mai.

QUALITÉ. — Première.

Historique. — La pomme Junaluskee appartient aux États-Unis, d'où je l'ai reçue en 1865 ; elle a été obtenue dans le canton de Cherokee (Caroline du Nord); sa propagation date environ d'une dixaine d'années.

K

Pomme KAARJES. — Synonyme de pomme *Oignon de Borsdorf*. Voir ce nom.

Pomme KAMMER. — Synonyme de *Pigeonnet blanc d'Hiver*. Voir ce nom.

Pomme KANT. — Synonyme de *Calleville rouge d'Automne*. Voir ce nom.

Pomme KANTJES. — Synonyme de pomme *Oignon de Borsdorf*. Voir ce nom.

Pomme KAROLKOWSKI. — Synonyme de pomme *Pierre le Grand*. Voir ce nom.

241. Pomme KEMPÉ.

Synonyme. — Pomme KEMPE'S PAULINER (Diel, *Vorz. Kernobstsorten*, 1826, t. IV, p. 131).

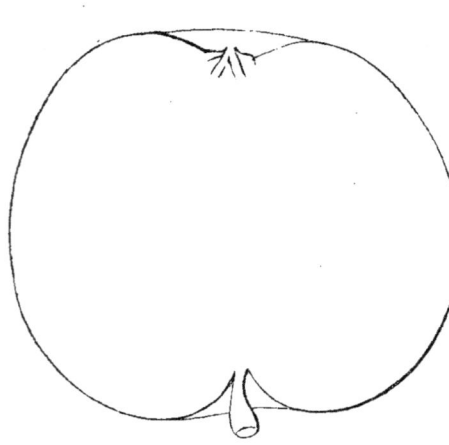

Description de l'arbre. — *Bois :* de force moyenne. — *Rameaux :* nombreux, érigés ou légèrement étalés, gros, assez longs, à peine coudés, duveteux, brun olivâtre foncé. — *Lenticelles :* moyennes ou petites, clair-semées, arrondies ou allongées. — *Coussinets :* saillants. — *Yeux :* volumineux, ovoïdes-allongés, très-duveteux, faiblement écartés du bois. — *Feuilles :* moyennes, ovales, acuminées, assez profondément dentées sur leurs bords. — *Pétiole :* long, de grosseur moyenne, tomenteux, sensiblement cannelé. — *Stipules :* étroites et longues.

Fertilité. — Abondante.

Culture. — Le plein-vent lui convient essentiellement; sous formes naines, greffé sur paradis, il prospère non moins bien et voit surtout ses produits gagner en volume.

Description du fruit. — *Grosseur :* moyenne. — *Forme :* globuleuse et habituellement plus ventrue d'un côté que de l'autre. — *Pédoncule :* court, arqué, renflé au point d'attache, assez grêle à son autre extrémité, inséré dans un bassin peu développé. — *OEil :* grand, mi-clos ou fermé, à courtes sépales, à cavité unie et des moins profondes. — *Peau :* mince, lisse, jaune sale, lavée de vermillon clair sur la face exposée au soleil, tachée de roux squammeux autour du pédoncule, puis ponctuée de gris et de brun. — *Chair :* jaunâtre, fine et ferme. — *Eau :* suffisante, sucrée, savoureusement acidulée et parfumée.

MATURITÉ. — Février-Juillet.

QUALITÉ. — Première.

Historique. — C'est en Prusse, à Stargard (Poméranie), que poussa cette variété, qui porte le nom de son obtenteur ou tout au moins de son promoteur. Le pomologue allemand Diel l'a décrite en 1826 et donné sur elle les renseignements suivants :

« Selon la tradition, un des ancêtres de M. Kempé ayant à traiter Frédéric le Grand lors d'une revue qu'au mois de juin ce roi passait à Dantzick, le voulut régaler de cette pomme et en fit venir, par mer, de sa propriété de Stargard. Un second exemple de la longue conservation des fruits de ce pommier a eu lieu également chez le conseiller Burchard, duquel, en 1817, j'ai reçu des greffes de cette variété. » (*Vorz. Kernobstsorten*, t. IV, p. 131.)

Le prince dont il est question ici mourut en 1786, âgé de soixante-quatorze ans; la pomme Kempé compte alors, si même elle ne le dépasse, un siècle d'existence. J'ai constaté, la possédant déjà depuis 1867, que réellement elle se garde très-longtemps saine au fruitier; ainsi l'année dernière (1871) je la mangeais, excellente encore, à la fin du mois de juin.

POMME KEMPE'S PAULINER. — Synonyme de pomme *Kempé*. Voir ce nom.

POMME KEMPSTER'S PIPPIN. — Synonyme de pomme *de Blenheim*. Voir ce nom.

POMME KENTISH PIPPIN. — Synonyme de pomme *Beauté de Kent*. Voir ce nom.

POMME KENTUCKY QUEEN. — Synonyme de pomme *Bachelor*. Voir ce nom.

POMME KENTUCKY RED STREAK. — Synonyme de pomme *Kentucky rouge striée*. Voir ce nom.

242. POMME KENTUCKY ROUGE STRIÉE.

Synonymes. — *Pommes :* 1. KENTUCKY STREAK (John Warder, *American pomology*, *Apples*, 1867, p. 723). — 2. BRADFORD'S BEST (Charles Downing, *the Fruits and fruit trees of America*, édition de 1869, p. 238). — 3. KENTUCKY RED STREAK (*Id. ibid.*).

Description de l'arbre. — *Bois :* très-fort. — *Rameaux :* peu nombreux, étalés, longs, des plus gros, sensiblement géniculés, bien duveteux, rouge-grenat foncé. — *Lenticelles :* grandes, abondantes, arrondies ou allongées. — *Coussinets :* très-larges mais aplatis. — *Yeux :* volumineux, ovoïdes, cotonneux, légèrement écartés du bois. — *Feuilles :* grandes, ovales, vert clair, longuement acuminées, ayant les bords profondément crénelés ou dentés. — *Pétiole* : long, gros et flasque, à cannelure prononcée. — *Stipules* : très-développées.

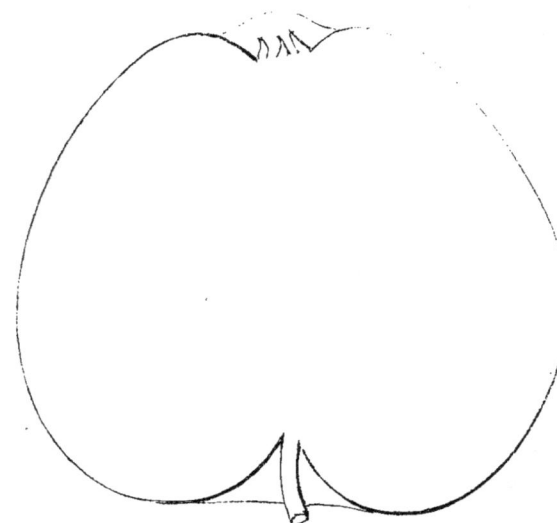

Pomme Kentucky rouge striée.

Fertilité. — Ordinaire.

Culture. — Sa remarquable vigueur et sa belle ramification le recommandent surtout pour le plein-vent; il est peu de pommiers qui sous cette forme aient une plus jolie tête. Greffé sur paradis il réussit convenablement en buisson, cordon ou espalier; sur doucin sa végétation, trop activée, nuirait essentiellement à la régularité de ses arbres.

Description du fruit. — *Grosseur* : au-dessus de la moyenne. — *Forme* : conique ou globuleuse légèrement ovoïde et ventrue. — *Pédoncule* : de force et longueur moyennes, arqué, souvent renflé au point d'attache, assez profondément inséré dans un bassin de largeur variable. — *Œil* : moyen, mi-clos ou fermé, à cavité irrégulière, de faible dimension et bossuée sur les bords. — *Peau* : unie, vert clair brunâtre, presque entièrement lavée, marbrée et striée de rouge sombre, puis fortement ponctuée de gris. — *Chair* : verdâtre, fine, ferme, serrée et quelque peu marcescente. — *Eau* : suffisante, sucrée, acidulée, légèrement parfumée.

Maturité. — Janvier-Avril.

Qualité. — Deuxième.

Historique. — Les pomologues américains n'ont pu déterminer encore le lieu où poussa le pied-type de cette variété, provenue de leur pays. John Warder, dans son ouvrage sur *le Pommier*, la dit (p. 723) sortie de l'État d'Arkansas; Charles Downing, en ses *Fruits of America*, la suppose (p. 238) originaire du Tennessee, qui confine à l'Arkansas; enfin son nom démontre qu'aux yeux de certains horticulteurs le Kentucky, assez éloigné de ces deux autres contrées, passe également pour sa province natale. Cette pomme m'a été envoyée en 1864, et comme étant alors d'assez récente obtention.

Observations. — Downing, que je viens de citer, demande si les pommiers *Winter red streak* et *Selma* sont identiques avec le Kentucky red streak, ainsi qu'il le pense. Ne les possédant pas il m'est impossible de répondre à sa question. — Je dois prévenir nos jardiniers qu'outre la Kentucky rouge striée les quatre variétés suivantes, portant ce même nom, existent encore aux États-Unis : Kentucky, Kentucky Cream, Kentucky King, et Kentucky Sweet; en l'oubliant on s'exposerait un jour ou l'autre à commettre quelqu'erreur, d'autant mieux que ces diverses pommes ont une époque de maturité à peu près commune : novembre ou décembre.

Pomme **KENTUCKY STREAK**. — Synonyme de pomme *Kentucky rouge striée*. Voir ce nom.

Pomme **KERLIVIO**. — Synonyme de pomme *Teint-Frais*. Voir ce nom.

Pomme **KEULEMANS**. — Synonyme de pomme *Belle-Fleur de Brabant*. Voir ce nom.

Pomme **KEW'S ADMIRABLE**. — Synonyme de pomme *Admirable de Kiew*. Voir ce nom.

Pomme **KICK'S GOLDEN RENNET**. — Synonyme de pomme *Princesse noble*. Voir ce nom.

Pommes **KING**. — Synonymes de pommes *Bachelor* et de *Borsdorf*. Voir ces noms.

Pomme **KING GEORGE**. — Synonyme de pomme *de Borsdorf*. Voir ce nom.

Pomme **KING OF THE PIPPINS**. — Synonyme de pomme *Pearmain dorée*. Voir ce nom.

Pomme **KINGSWICK PIPPIN**. — Synonyme de pomme *Court de Wick*. Voir ce nom.

Pomme **KIORABKAWSKI**. — Synonyme de pomme *Pierre le Grand*. Voir ce nom.

Pomme **KIRCH**. — Synonyme de *Reinette Eisen*. Voir ce nom.

Pomme **KIRKE'S LEMON PIPPIN**. — Synonyme de *Reinette Limon*. Voir ce nom.

Pommes : **KIRKE'S SCARLET ADMIRABLE**, — **KIRKE'S SCHÖNER RAMBOUR**, Synonymes de pomme *Hollandbury*. Voir ce nom.

243. Pomme **KITTAGESKEE**.

Description de l'arbre. — *Bois :* de force moyenne. — *Rameaux :* assez nombreux, légèrement étalés, de grosseur et longueur moyennes, à peine géniculés, duveteux, brun clair verdâtre et nuancé de rouge. — *Lenticelles :* grandes, abondantes, arrondies ou allongées. — *Coussinets :* presque nuls. — *Yeux :* moyens, ovoïdes, cotonneux, faiblement écartés du bois. — *Feuilles :* moyennes ou petites, ovales-allongées, longuement acuminées, à bords largement dentés ou crénelés. — *Pétiole :* gros, court, sensiblement cannelé. — *Stipules :* peu développées, souvent même faisant défaut.

Fertilité. — Grande.

Culture. — Il croît convenablement sous toute forme et sur toute espèce de sujet.

Description du fruit. — *Grosseur :* au-dessous de la moyenne. — *Forme :* globuleuse irrégulière ou sphérique fortement comprimée aux pôles. — *Pédoncule :* assez long, souvent mince à son milieu, mais beaucoup plus fort à ses extrémités, surtout à la base, planté dans un vaste et peu profond bassin. — *Œil :* grand ou moyen, fermé, plissé sur ses bords, faiblement enfoncé. — *Peau :* mince, lisse, jaune clair du côté de l'ombre, jaune d'or et parfois aussi très-légèrement nuancée de rouge-brun, sur l'autre face, ponctuée de gris et amplement maculée de roux squammeux dans le bassin pédonculaire. — *Chair :* jaunâtre, fine, serrée, odorante et assez tendre. — *Eau :* abondante, sucrée, à peine acidulée, délicieusement et fortement parfumée.

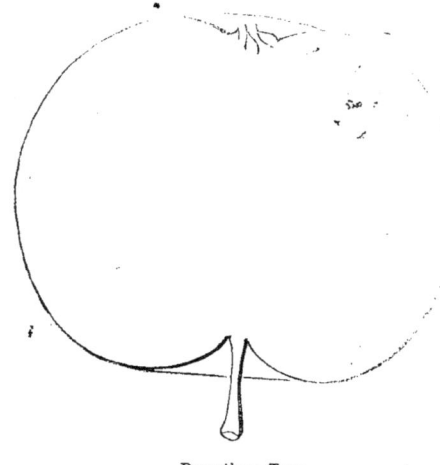

Pomme Kittageskee. — *Premier Type.*

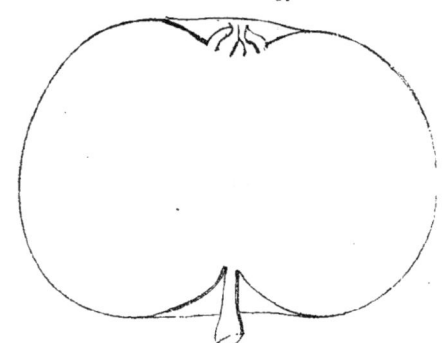

Deuxième Type.

Maturité. — Décembre-Avril.

Qualité. — Première.

Historique. — La Kittageskee provient des États-Unis, mais on ignore encore quel fut son obtenteur et le lieu où elle a mûri pour la première fois. M. Berckmans, pépiniériste à Augusta (Georgie), m'expédia cette variété en 1860 ; depuis lors je l'ai constamment multipliée, ses produits étant très-savoureux et de longue garde.

Observations. — En 1865 j'inscrivais dans mon *Catalogue* (p. 50, n° 192) une pomme Kissarzeski qui m'avait été offerte comme étant d'origine russe. Actuellement j'affirme qu'elle ne diffère en rien, non plus que son arbre, de la variété Kittageskee des Américains. Une mauvaise lecture de ce dernier nom peut même, je le suppose, avoir donné naissance à ce prétendu pommier Kissarzeski ; toujours est-il qu'aucun pomologue ne le connaît.

Pomme KLEINER CASSELER REINETTE. — Synonyme de *Reinette des Carmes.* Voir ce nom.

Pomme KLEINER FAVORIT. — Synonyme de pomme *Mignonne d'Automne.* Voir ce nom.

Pomme KLEINER FLEINER. — Synonyme de pomme *Petit Fleiner.* Voir ce nom.

244. Pomme KNACK PONCTUÉE.

Synonyme. — Pomme PUNKTIRTER KNACKPEPPING (Diel, *Vorz. Kernobstsorten*, 1828, t. V, p. 85).

Premier Type.

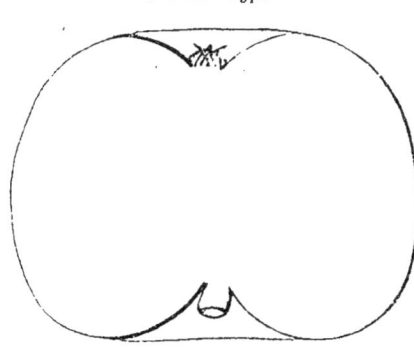

Deuxième Type.

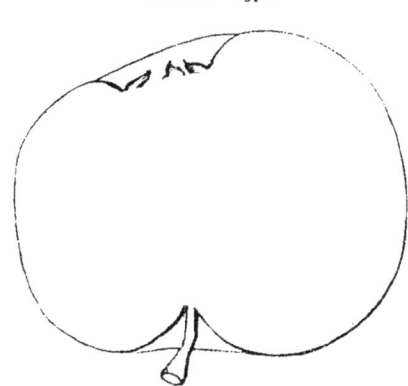

Description de l'arbre. — *Bois :* de force moyenne. — *Rameaux :* nombreux, érigés au sommet, étalés à la base, longs, un peu grêles, faiblement géniculés, légèrement cotonneux, d'un brun rougeâtre au sommet, d'un vert olivâtre à la base, où leurs mérithalles sont assez longs, tandis qu'ils sont des plus courts à l'autre extrémité. — *Lenticelles :* abondantes, petites, arrondies, peu apparentes. — *Coussinets :* aplatis. — *Yeux :* moyens ou petits, coniques-arrondis, duveteux, noirâtres, noyés dans l'écorce et ayant les écailles mal soudées. — *Feuilles :* petites, ovales-allongées, d'un blanc verdâtre en dessus, cotonneuses et d'un jaune blanchâtre en dessous, longuement acuminées, profondément dentées sur leurs bords, où même quelques-unes sont surdentées. — *Pétiole :* gros, long, flasque, très-tomenteux, légèrement rosé en dessous, à son point d'attache, et faiblement cannelé. — *Stipules :* étroites mais des plus longues.

FERTILITÉ. — Grande.

CULTURE. — Sur doucin ou paradis il fait de beaux cordons, espaliers ou buissons; en le greffant ras terre on peut aussi l'élever pour plein-vent; cependant il est mieux, dans ce dernier cas, de l'écussonner à hauteur de tige afin d'avoir de forts arbres.

Description du fruit. — *Grosseur :* au-dessous de la moyenne. — *Forme :* globuleuse fortement cylindrique, comprimée aux pôles et souvent beaucoup moins volumineuse d'un côté que de l'autre. — *Pédoncule :* court ou de longueur moyenne, bien nourri ou un peu grêle, droit ou arqué, assez profondément implanté dans un bassin plus ou moins vaste. — *Œil :* grand ou moyen, mi-clos ou fermé, à cavité quelque peu plissée, large et rarement profonde. — *Peau :* faiblement rugueuse, jaune d'or, nuancée de rouge clair brunâtre à l'insolation, semée de gros et nombreux points gris formant étoile. — *Chair :* jaunâtre, fine, assez ferme. — *Eau :* suffisante, bien sucrée, agréablement acidulée et parfumée.

MATURITÉ. — Octobre-Février.

QUALITÉ. — Deuxième.

Historique. — Ce pommier, que j'ai reçu de Hanovre en 1870, mais dont j'avais pu goûter antérieurement les fruits, appartient aux Allemands, qui le possèdent déjà depuis au moins quatre-vingts ans. Diel, le décrivant en 1828, semble le regarder comme originaire du comté de Schauembourg, confinant au Hanovre et à la Prusse :

« Feu Schulz — disait-il — jardinier de la Cour, en avait planté à Schauembourg toute une allée. Par leur forme, leur couleur et volume, les fruits de cette variété ressemblent beaucoup à ceux du Golden Pippin anglais; ils sont toutefois bien plus ponctués, aussi peut-on, par là, les reconnaître sans même les déguster. » (*Vorz. Kernobstsorten*, 1828, t. V, p. 85.)

Le Schauembourg ainsi mentionné par Diel est un château princier situé sur les bords du Weser, près Menden; au commencement du siècle il appartenait encore à la famille de ce nom, qui gouvernait le comté. Quant au jardinier Schulz, je le soupçonne d'avoir été l'obtenteur du pommier Knack ponctué, en le voyant en planter une allée entière.

Pomme KNIGHT CODLIN. — Synonyme de *Reinette Wormsley*. Voir ce nom.

Pommes : KNIGHT'S GOLDEN PIPPIN,
— KNIGHT'S PIPPIN,
} Synonymes de pomme *de Downton*. Voir ce nom.

Pomme KNIGHTWICK PIPPIN. — Synonyme de pomme *Court de Wick*. Voir ce nom.

Pomme KÖNIGIN LOUISEN. — Synonyme de pomme *Reine-Louise*. Voir ce nom.

Pomme KÖNIGIN SOPHIENS. — Synonyme de pomme *Reine-Sophie*. Voir ce nom.

Pomme KÖNIGS FLEINER. — Synonyme de pomme *Fleiner du Roi*. Voir ce nom.

Pomme KÖNIGS PIPPELIN. — Synonyme de pomme *d'Or d'Angleterre*. Voir ce nom.

Pomme KÖNIGS WILHEM. — Synonyme de pomme *Roi-Guillaume*. Voir ce nom.

Pomme KÖSTLICHER VON KEW. — Synonyme de pomme **Admirable de Kew**. Voir ce nom.

Pomme KRONEN REINETTE. — Synonyme de pomme **Reine des Reinettes**. Voir ce nom.

Pomme KROON. — Synonyme de pomme *Friandise*. Voir ce nom.

Pomme KROON RENET. — Synonyme de pomme *Reine des Reinettes*. Voir ce nom.

Pommes : KRÖTENRABAU,
— KRÖTENREINETTE,
} Synonymes de *Reinette Crapaud*. Voir ce nom.

Pomme KUGEL. — Synonyme de pomme *Boule*. Voir ce nom.

L

Pomme de LAAK. — Synonyme de *Reinette de Caux*. Voir ce nom.

Pomme de LADY. — Synonyme de pomme *d'Api*. Voir ce nom.

Pomme LADY FITZPATRICK. — Synonyme de pomme *Carter's Blue*. Voir ce nom.

245. Pomme LAMBERTWIG.

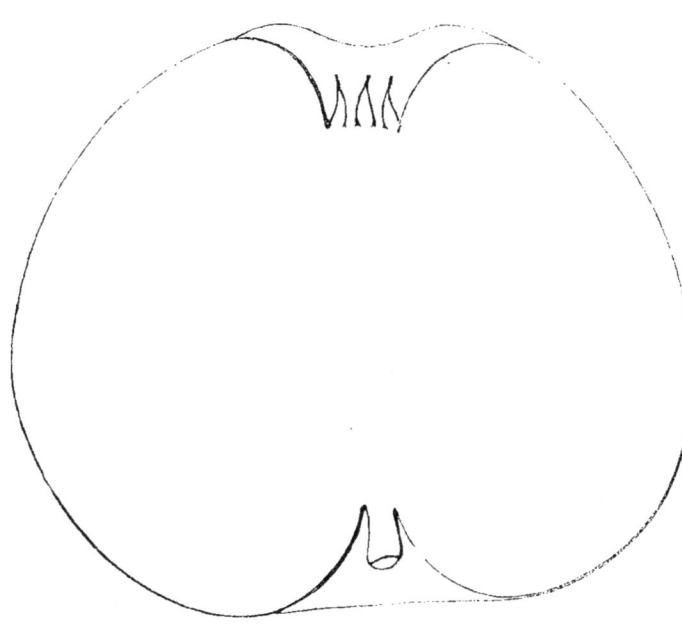

Description de l'arbre. — *Bois :* très-fort. — *Rameaux :* assez nombreux, habituellement un peu étalés, longs, très-gros, à peine géniculés, des plus duveteux, brun verdâtre légèrement lavé de rouge. — *Lenticelles :* grandes, arrondies, clairsemées. — *Coussinets :* ressortis. — *Yeux :* moyens, ovoïdes-arrondis, plats, très-cotonneux, entièrement plaqués sur le bois. — *Feuilles :* grandes, ovales ou elliptiques, non duveteuses, vert clair en dessus, gris verdâtre en dessous, acuminées, planes, à bords profondément dentés. — *Pétiole :* très-long, assez gros, flasque, rarement cannelé. — *Stipules :* bien développées.

Fertilité. — Convenable.

Culture. — Greffé ras terre il fait des plein-vent superbes et de grand avenir, à tige droite et grosse. Pour l'élever sous formes naines il est indispensable, vu son extrême vigueur, de l'écussonner sur paradis.

Description du fruit. — *Grosseur :* considérable. — *Forme :* sphérique ou conique-arrondie, mais toujours pentagone et sensiblement aplatie aux pôles. — *Pédoncule :* court, très-fort, profondément inséré dans un vaste bassin. — *Œil :* des plus grands, bien ouvert, à larges et très-longues sépales, à cavité prononcée, étroite et gibbeuse. — *Peau :* presque unicolore, jaune clair, nuancée de vert, faiblement lavée de brun rougeâtre à l'insolation, maculée de gris-roux autour du pédoncule et ponctuée, surtout vers l'œil, de blanc et de fauve. — *Chair :* blanchâtre, mi-fine, assez ferme. — *Eau :* peu abondante, plus ou moins sucrée, agréablement acidulée.

Maturité. — Septembre-Octobre.

Qualité. — Deuxième.

Historique. — C'est à M. Berckmans, pépiniériste habitant Augusta (Amérique, Georgie), que je suis redevable de cet énorme et beau fruit. Il m'adressait en 1860 l'arbre qui le produit, assez commun dans la Georgie, mais dont je n'ai trouvé aucune mention chez les principaux pomologues américains. Je me suis assuré que la variété Lambertwig n'avait rien de commun avec la *Reinette Saint-Lambert*, décrite par les Allemands (*Monatshefte*, 1865, p. 225), non plus qu'avec la pomme *Lamperts-Streifling*, appartenant également à ces derniers. (Diel, *Kernobstsorten*, 1804, t. VI, p. 165.)

Pomme LANGER BELLEFLEUR. — Synonyme de pomme *Belle-Fleur longue*. Voir ce nom.

Pommes : LANGTON'S NONE SUCH,

— LANGTON'S SONDER-GLEICHEN,

} Synonymes de pomme *Non-Pareille de Langton*. Voir ce nom.

---

246. Pomme LANTERNE.

Synonymes. — *Pommes :* 1. Douce sonnante (Jean Bauhin, *Historia fontis et balnei Bollensis*, 1598, p. 68). — 2. Sonore (*Id. ibid.*). — 3. Chatenon (Idem, *Historia plantarum universalis*, 1613-1651, t. I, p. 21). — 4. Chatenou (*Id. ibid.*). — 5. Grillaut (*Id. ibid.*; — et Henri Manger, *Systematische Pomologie*, 1780, p. 84, n° 190). — 6. Loquette (*Iid. iibid.*). — 7. De Loquet (dom Claude Saint-Étienne, *Nouvelle instruction pour connaître les bons fruits*, 1670, p. 212). — 8. De Clocke (Mayer, *Pomona franconica*, 1776-1801, t. III, p. 84). — 9. Sonnante d'Automne (*Id. ibid.*). — 10. Fleur en Cloche (Pépinières d'Angers avant 1846; — et le baron de Biedenfeld, *Handbuch aller bekannten Obstsorten*, 1854, p. 101). — 11. Grelot (Lachaume, *Revue horticole* de Paris, 1866, pp. 31-32). — 12. De Sinope (*Id. ibid.*).

Description de l'arbre. — *Bois :* fort. — *Rameaux :* assez nombreux, étalés et arqués, gros, de longueur moyenne, peu duveteux, à méritalles courts, d'un rouge plus ou moins ardoisé. — *Lenticelles :* allongées, petites et clair-semées. — *Coussinets :* saillants. — *Yeux :* gros, ovoïdes-obtus, renflés au sommet, cotonneux, faiblement écartés du bois, ayant les écailles mal soudées. — *Feuilles :* grandes, ovales-allongées, épaisses, coriaces, vert-pré en dessus, vert grisâtre en dessous, courtement acuminées, finement et irrégulièrement dentées ou surdentées sur leurs bords. — *Pétiole :* gros, très-long, amplement carminé, à cannelure profonde. — *Stipules :* étroites et courtes.

Fertilité. — Satisfaisante.

CULTURE. — Sa riche végétation permet de l'élever sous toute espèce de forme et sur toute espèce de sujet; cependant pour en obtenir de beaux et très-volumineux produits, il doit être greffé sur paradis et disposé en cordon ou espalier.

Pomme Lanterne. — *Premier Type.*

Description du fruit.
— *Grosseur :* habituellement au-dessus de la moyenne et parfois plus considérable. — *Forme :* assez inconstante, elle est tantôt ovoïde-allongée, tantôt conique-obtuse et ventrue, mais le plus généralement cylindrique-allongée et toujours plus ou moins pentagone. — *Pédoncule :* court ou de longueur moyenne, grêle ou assez nourri, légèrement arqué, souvent étranglé à son milieu et renflé au point d'attache, implanté dans un bassin rarement bien développé. — *Œil :* grand ou moyen, ouvert ou mi-clos, à courtes et larges sépales, à cavité assez étroite, de profondeur variable et sensiblement plissée ou bossuée sur les bords. — *Peau :* onctueuse, mince, jaune verdâtre clair, amplement lavée et mouchetée de rose, striée de rouge foncé, surtout à l'insolation, largement maculée de roux squammeux dans le bassin pédonculaire, puis finement ponctuée de blanc et de gris. — *Chair :* fine ou très-fine, odorante, tendre quoique croquante, blanche, nuancée de vert sous la peau, ainsi qu'auprès des loges, lesquelles, excessivement grandes, renferment de petits et peu nombreux pepins qui, non attachés, résonnent très-distinctement quand on agite le fruit. Parfois, néanmoins, ces pepins sont entièrement avortés. — *Eau :* suffisante, bien sucrée, sans parfum et presque sans acide, mais possédant une saveur vineuse et douce-amère qui, n'ayant rien de trop prononcé, est assez agréable.

MATURITÉ. — Septembre-Novembre.

QUALITÉ. — Deuxième pour le couteau; première pour la cuisson.

Historique. — En décrivant plus haut (pp. 223-224) la pomme Cloche, j'ai constaté que depuis le xvii° siècle les pomologues avaient mentionné diverses autres variétés de pommier à produits également pourvus de pepins détachés, s'agitant avec bruit comme font ceux de cette dernière, quand, bien mûre, on la secoue. Le fruit ici caractérisé appartient évidemment à ce groupe de pommiers, et doit même en être le plus intéressant par sa forme, son volume, son ancienneté, son coloris. Après l'avoir longtemps désiré, j'ai fini par le rencontrer à Caen, où je l'ai obtenu de l'obligeance de M. Croisy dit Richard, l'un des principaux horticulteurs-grainiers de la contrée. Je trouve dès 1598, puis vers 1613, ce fruit exactement signalé dans les ouvrages du docteur Jean Bauhin, d'Amiens (*Historia fontis et balnei Bollensis*, p. 68 — et *Historia plantarum universalis*, t. I, p. 21). Alors il portait déjà plusieurs noms, dit ce naturaliste :

Pomme Lanterne. — *Deuxième Type.*

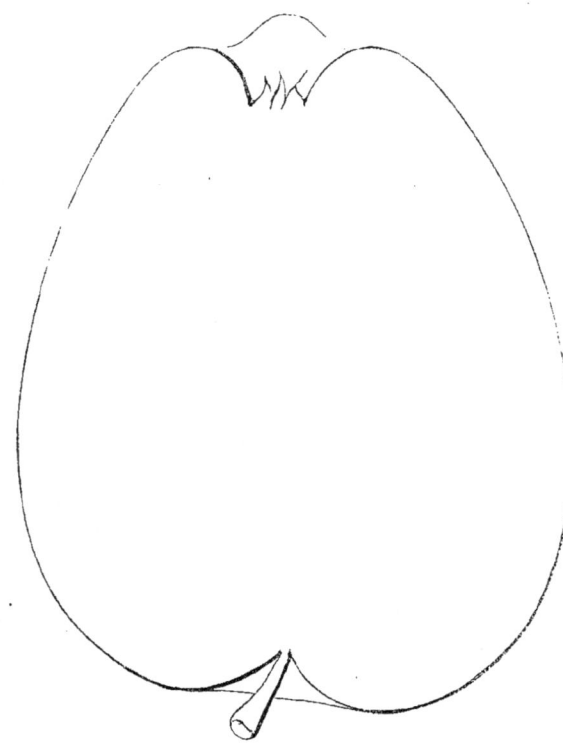

« Crillaut, à Montbé-
« liard et chez les Bour-
« guignons ; Loquette,
« dans la Lorraine ; puis
« encore à Montbéliard,
« Pomme de Chatenou. »
Bauhin ajoutait : « Je
« l'ai cueilli, en cette der-
« nière ville, dans le
« verger du prince. » Or
ce prince, dont notre
compatriote fut le mé-
decin, c'était le duc de
Wurtemberg, qui pour
lors possédait le comté
de Montbéliard. Est-ce
du Wurtemberg qu'on
importa chez nous cette
variété ? Je l'ignore, mais
je puis affirmer qu'elle
appartient positivement
à l'Allemagne. Michel
Knab, en son *Hortipomo-
logium* publié à Nurem-
berg en 1621, se con-
tenta d'inscrire la Kling
Apfel, ou pomme Son-
nante, parmi les fruits
d'origine germanique ; Henri Manger (1780, *Systematische Pomologie*, p. 80), qui mentionne sept variétés de pommes Cloche, l'imita ; Jean Mayer (1776-1801), moins concis dans sa *Pomona franconica*, en produisit un fort beau dessin colorié et l'accompagna du texte suivant :

« Toutes les pommes Cloches appartiennent à la famille des Calvilles. Il y en a plusieurs, dont nous ne donnons que la *Schlotter*, ou Sonnante, l'espèce allemande la plus recherchée et que nous avons figurée avec tant d'exactitude, que notre dessin nous permet de ne pas la décrire extérieurement. Sa chair est blanche, odorante ; son eau douce, relevée par une saveur vineuse très-agréable. Elle mûrit à la Toussaint.... Ses loges sont si grandes, qu'elles contiendraient aisément deux fois plus de pepins qu'on n'y en trouve. » (T. III, pp. 84-85, planche X, figure n° 14.)

Pour ceux de mes lecteurs qui n'auraient pas la *Pomona franconica*, ouvrage rare et coûteux, je dois nécessairement suppléer, en ce qui touche les caractères extérieurs de cette pomme Sonnante, au silence gardé sur ce point par Mayer, en raison même de la fidélité du dessin colorié qu'il donnait. Voici donc, d'après ce dessin, la description complémentaire destinée à prouver l'identité de notre pomme Lanterne avec la Kling ou Schlotter des Allemands :

« *Grosseur* : au-dessus de la moyenne. — *Forme* : cylindrique-allongée, fortement côtelée, surtout au sommet. — *Pédoncule* : de longueur moyenne, assez grêle à son milieu, renflé à ses extrémités, arqué, légèrement enfoncé dans un bassin de faible dimension. — *OEil* : moyen, ouvert, occupant le centre d'une vaste dépression dont les bords sont très-gibbeux. — *Peau* : à fond jaune clair et blafard, amplement lavée de carmin pâle que rehaussent de nombreuses vergetures rouge sang, ponctuée de gris et portant autour du pédoncule une tache rousse, frangée. »

Croyant maintenant la démonstration parfaitement établie, il ne nous reste plus qu'à expliquer pourquoi ce fruit allemand fut gratifié chez nous du surnom *Lanterne*, puis à dire qui le lui appliqua. Il le dut, vers la fin du xviie siècle, à quelque arboriculteur de la province de Normandie, où cette variété est abondamment cultivée depuis au moins deux cents ans. Quant au motif qui le lui valut, Couverchel me semble dans le vrai, lorsqu'en son *Traité des fruits* il s'exprime ainsi :

« *Pomme Lanterne*. — Nous ne reviendrons pas — écrivait-il en 1852 — sur ce que nous avons dit des étranges dénominations qu'ont reçues certaines espèces de fruits; vouloir les modifier serait augmenter la confusion que présentent les synonymies; nous nous garderons d'y contribuer, elle n'est déjà que trop grande; nous nous bornerons à chercher l'étymologie, que nous croyons due à la similitude qu'offre cette variété avec l'espèce de lanterne plissée ou à côtes que l'on fait communément en papier..... La pomme Lanterne, très-rare aux environs de Paris, est beaucoup plus commune en Normandie. » (Page 431.)

J'ajoute que les lanternes en papier dont parle Couverchel, sont surtout d'un très-ancien usage en Normandie, particulièrement dans le Calvados, la veille de Noël, où le soir, avant la messe de minuit, on voit des troupes d'enfants parcourir les rues, portant de semblables lanternes, appelées aussi falots, au bout d'un bâton, et chantant un couplet tout de circonstance.

Observations. — Louis du Bois, l'un des traducteurs de l'agronome romain Columelle, a pensé « que la pomme Lanterne pourrait bien être la Spadonium, ou « SANS-PEPINS, citée par Pline. » (*Classiques latins, Collection Panckoucke*, 1845, t. II, p. 462.) Une telle supposition n'a rien de fondé, nous le prouverons en décrivant la PASSE-POMME D'ÉTÉ. D'ailleurs, je l'ai déjà dit au début de cet article, la pomme Lanterne n'est que *très-exceptionnellement* dépourvue de pepins; ce qu'il faut bien admettre, puisque Cloche, Sonnante, Loquette, ses premiers noms, le démontrent jusqu'à l'évidence. — Sous la dénomination SONNETTE il existe dans l'Orne, le Calvados et l'Eure, une pomme tardive à peau unicolore, brillante, jaune-citron, à chair flasque, blanc verdâtre, ayant l'eau succulente et douce; on ne saurait donc confondre ce fruit avec la variété Lanterne. Le seul rapport qu'il ait avec elle consiste dans le bruit que font, quand on l'agite, ses très-petits pepins, jouant librement au milieu des vastes loges qui les contiennent. Quoique comestible cette pomme Sonnette est presque uniquement utilisée pour la fabrication du cidre. — En 1866, sous la signature de M. Lachaume, arboriculteur à Vitry (Seine), la *Revue Horticole* a publié avec dessin colorié (pp. 31-32) un article sur une pomme GRELOT qui n'est autre que la pomme Lanterne; aussi le premier type que nous donnons de cette dernière semble-t-il calqué sur celui produit par M. Lachaume, tellement il s'y rapporte. Notre honorable confrère a cru cependant à l'existence de deux variétés, puisqu'il recommande de ne pas confondre sa pomme Grelot avec la pomme Lanterne, laquelle, objecte-t-il, « n'a pas de pepins et doit son « nom au grand développement des loges, embrassant souvent le tiers du fruit. » Je le répète, ici l'erreur est formelle: on a pris *l'exception* pour la règle. M. Lachaume assure qu'en Crimée on cultive cette variété sous le nom pomme de Sinope, et qu'à Constantinople elle est très-estimée pour faire des compotes.

247. Pomme LARGE-FACE D'AMÉRIQUE.

Synonyme. — Pomme AMÉRIQUE LARGE-FACE (Couverchel, *Traité des fruits*, 1852, p. 450).

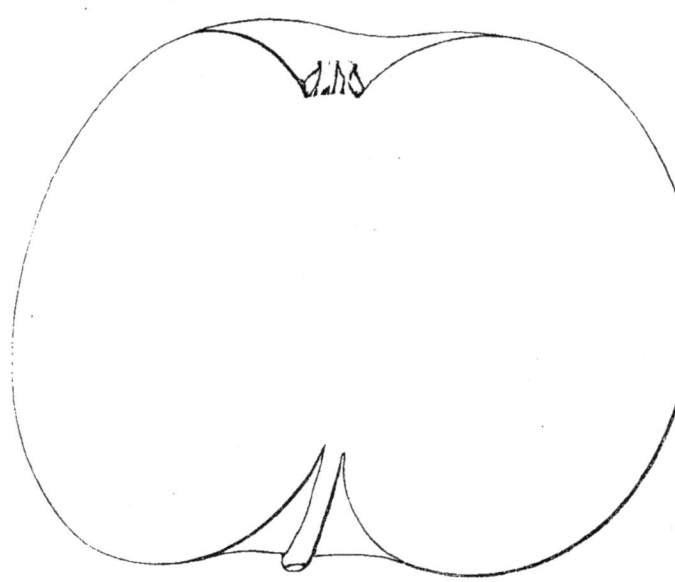

Description de l'arbre. — *Bois:* très-fort. — *Rameaux :* nombreux, généralement étalés et parfois arqués, gros, longs, sensiblement coudés, des plus duveteux et rouge-brun foncé. — *Lenticelles :* arrondies et assez grandes, clair-semées. — *Coussinets :* ressortis. — *Yeux :* moyens, arrondis, très-cotonneux, noyés dans l'écorce. — *Feuilles:* des plus grandes, ovales ou elliptiques, vert mat et foncé en dessus, gris verdâtre en dessous, ayant les bords légèrement ondulés et très-profondément dentés. — *Pétiole:* long, bien nourri, à cannelure prononcée. — *Stipules:* excessivement développées.

Fertilité. — Moyenne.

Culture. — Comme plein-vent il fait des arbres d'un grand avenir, mais à tête habituellement irrégulière, contournée. Les formes naines lui conviennent beaucoup; on doit toutefois, quand on l'y destine, avoir soin pour l'espalier, le buisson ou le cordon, de le greffer sur paradis, et sur doucin pour la pyramide.

Description du fruit. — *Grosseur :* considérable. — *Forme :* sphérique, irrégulière, oblique en son ensemble et comprimée aux pôles. — *Pédoncule :* assez long, gros, arqué, très-profondément planté dans un bassin étroit formant entonnoir. — *OEil :* grand, régulier, ouvert ou mi-clos, à vaste cavité dont les bords sont faiblement ondulés. — *Peau :* unicolore, assez épaisse, lisse, d'un vert jaunâtre clair qui devient légèrement roussâtre sur la face frappée par le soleil, faiblement ponctuée de gris et souvent tachetée çà et là de brun plus ou moins foncé. — *Chair :* blanche, peu fine, tendre et molle. — *Eau :* abondante, sucrée, à peine acidulée et sans parfum.

Maturité. — Décembre-Février.

Qualité. — Deuxième, crue; première, cuite.

Historique. — La variété Large-Face fit partie des douze pommiers nouveaux, la plupart à très-gros fruit, rapportés d'Amérique en 1803 par le comte le Lieur, alors administrateur des parcs et jardins de la Couronne. Louis Noisette me paraît avoir été, en 1839, son premier descripteur (*Jardin fruitier*, p. 201, n° 26), comme il en fut aussi le principal propagateur. Elle est assez généralement cultivée chez nous, mais peu répandue encore dans les autres États européens. Les pomologues américains, Charles Downing particulièrement (édition de 1869), signalant treize pommes auxquelles le mot *Large* a été donné comme nom ou surnom déterminatif, j'espérais pouvoir retrouver dans l'une d'elles notre Large-Face. Mon examen, très-minutieux, n'a eu qu'un résultat : il m'a prouvé que si cette variété était ainsi appelée en 1803, aux États-Unis, quand on l'y choisit pour l'importer en France, elle y existe maintenant sous une dénomination sans doute fort différente, car les Pomologies les plus complètes et les principaux Catalogues arboricoles de ce pays n'en font aucune mention.

Pomme LARGE FALL PIPPIN. — Synonyme de *Reinette d'Espagne*. Voir ce nom.

Pomme LARGE GOLDEN PIPPIN. — Synonyme de pomme *Summer Pippin*. Voir ce nom.

Pomme LARGE NEWTOWN PIPPIN. — Synonyme de Pomme *Newtown Pippin*. Voir ce nom.

Pomme LARGE NONPAREIL. — Synonyme de pomme *Non-Pareille nouvelle*. Voir ce nom.

Pomme LARGE YELLOW BOUGH. — Synonyme de pomme *Bough*. Voir ce nom.

Pomme LATE BALDWIN. — Synonyme de pomme *Baldwin*. Voir ce nom.

Pomme LATE CARSE OF GOWRIE. — Synonyme de pomme *Tour de Glammis*. Voir ce nom.

Pomme LEATHER-COAT. — Synonyme de *Reinette grise du Canada*. Voir ce nom.

---

248. Pomme LEAVER.

Synonyme. — Pomme LEVER (William Summer, *American pomological Society*, Proceedings, 1867, p. 184).

Description de l'arbre. — *Bois :* de moyenne force. — *Rameaux :* nombreux, habituellement étalés, gros, peu longs, bien géniculés, cotonneux, brun olivâtre lavé de rouge ardoisé. — *Lenticelles :* grandes, arrondies, assez abondantes. — *Coussinets :* presque nuls. — *Yeux :* petits, arrondis, aplatis, duveteux, fortement collés sur l'écorce. — *Feuilles :* de grandeur moyenne, ovales, courtement acuminées, ayant les bords profondément dentés ou crénelés. — *Pétiole :* long, assez grêle, amplement carminé, à cannelure peu marquée. — *Stipules :* étroites et longues.

Fertilité. — Abondante.

CULTURE. — Sa grande fertilité le recommande pour le plein-vent, quoique sa végétation un peu trop modérée semble lui interdire cette forme; alors on le greffe à hauteur de tige, afin de favoriser le développement de sa tête. Comme arbre nain il prospère très-bien, tant sur doucin que sur paradis.

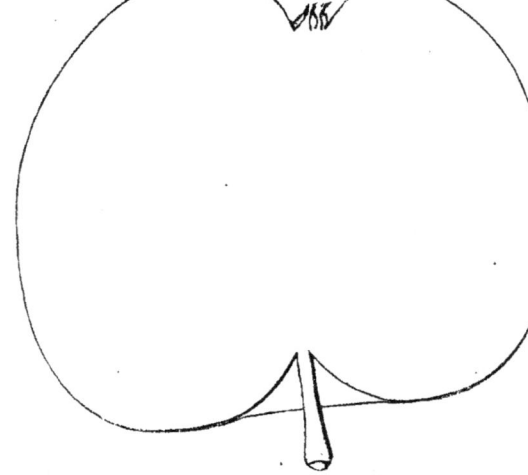

Pomme Leaver. — *Premier Type.*

Deuxième Type.

Description du fruit. — *Grosseur :* au-dessus de la moyenne ou un peu moins volumineuse. — *Forme:* conique-allongée ou conique-raccourcie, généralement plus grosse d'un côté que de l'autre et légèrement pentagone près du sommet. — *Pédoncule :* assez long, bien nourri, souvent très-renflé à l'attache, planté dans un bassin ordinairement étroit et très-profond. — *Œil :* grand ou moyen, ouvert ou mi-clos, à longues sépales, à cavité large, rarement très-profonde et fortement plissée. — *Peau :* parfois un peu rugueuse, assez épaisse, jaune verdâtre clair, très-légèrement nuancée de rose à l'insolation, tachée de roux près de l'œil et du pédoncule, et fortement ponctuée de brun. — *Chair :* blanchâtre, mi-fine, très-ferme, très-résistante. — *Eau :* suffisante, bien sucrée, agréablement acidulée et faiblement parfumée.

MATURITÉ. — Février-Juillet.
QUALITÉ. — Deuxième.

Historique. — La pomme Leaver, qui convenablement placée au fruitier y atteint aisément le mois de juillet de l'année suivante, provient des États-Unis, d'où je l'ai reçue en 1866. M. William Summer, pépiniériste à Pomaria, dans la Caroline du Sud, l'a fait connaître en 1867 au Congrès pomologique américain (*Procès-Verbaux*, p. 184) comme une variété gagnée aux environs de Pomaria et d'assez récente propagation.

Pommes : LECKERBEETJEN,

— LECKERBISSEN,

} Synonymes de pomme *Friandise*. Voir ce nom.

Pomme LEDER. — Synonyme de *Reinette grise*. Voir ce nom.

Pomme LEECH'S RED WINTER. — Synonyme de pomme *Horn*. Voir ce nom.

249. Pomme LEGEAS.

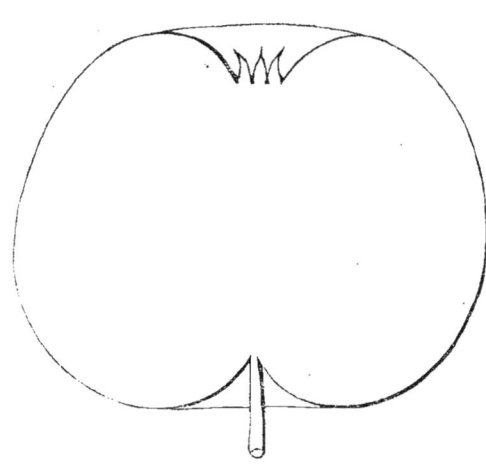

Description de l'arbre. — *Bois :* fort. — *Rameaux :* peu nombreux, légèrement étalés, gros, assez courts, à peine géniculés, très-cotonneux, brun olivâtre lavé de rouge ardoisé. — *Lenticelles :* grandes, abondantes, arrondies ou allongées. — *Coussinets :* aplatis. — *Yeux :* moyens, ovoïdes, des plus duveteux, fortement collés sur l'écorce. — *Feuilles :* grandes, ovales, courtement acuminées, largement dentées ou crénelées sur leurs bords. — *Pétiole :* gros, court, tomenteux, à faible cannelure. — *Stipules :* étroites et longues.

Fertilité. — Ordinaire.

Culture. — En le greffant à hauteur de tige, pour plein-vent, il fait d'assez jolis arbres et réussit également bien, sous forme naine, sur doucin ou paradis.

Description du fruit. — *Grosseur :* moyenne. — *Forme :* conico-sphérique, aplatie aux extrémités. — *Pédoncule :* long, mince, droit ou arqué, inséré dans un bassin de dimensions moyennes. — *Œil :* grand, mi-clos, à cavité triangulaire et assez profonde. — *Peau :* verdâtre, ponctuée de roux, marbrée de même au sommet, maculée et veinée de fauve autour du pédoncule puis légèrement nuancée de rouge-brun sur la face exposée au soleil. — *Chair :* blanchâtre, fine, molle, tendre, un peu roussâtre sous la peau. — *Eau :* abondante, sucrée, acidule, très-savoureuse, ayant un arrière-goût fenouillé.

Maturité. — Janvier-Mars.

Qualité. — Première.

Historique. — Le pommier Legeas porte un nom qui m'est connu pour appartenir à la nombreuse famille des jardiniers angevins. L'excellence de ses fruits m'engagea à le multiplier en 1860, date à laquelle j'en pris des greffes au Jardin du Comice horticole d'Angers, où il était classé, depuis une quinzaine d'années déjà, sous le n° 106. Le lieu précis de son obtention échappe à mes recherches.

Pomme LEHM. — Synonyme de pomme *Serinka*. Voir ce nom.

Pomme LEKKERBEETJE. — Synonyme de pomme *Friandise*. Voir ce nom.

Pomme LELIEUR. — Synonyme de *Reinette d'Angleterre*. Voir ce nom.

Pomme LEMON PIPPIN. — Synonyme de *Reinette Limon*. Voir ce nom.

250. Pomme de LESTRE.

Synonyme. — *Pomme* DE SAINT-GERMAIN (Calvel, *Traité sur les pépinières*, 1805, t. III, p. 61, n° 55; — et Piérard, *Mémoire sur la culture des arbres à cidre*, 1821, p. 26).

Premier Type.

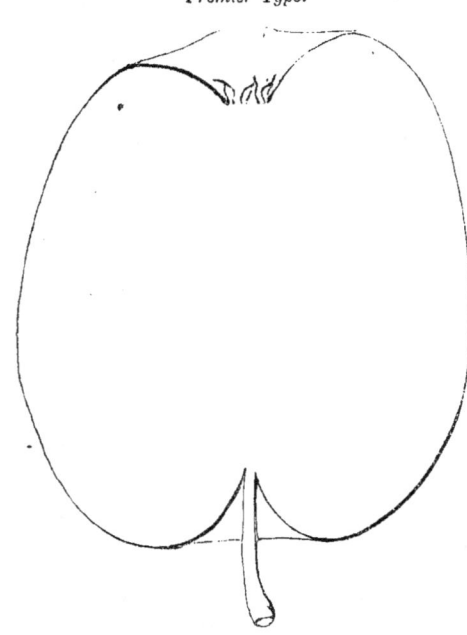

Description de l'arbre. — *Bois :* faible. — *Rameaux :* peu nombreux, légèrement érigés, sensiblement flexueux, grêles et assez longs, cotonneux, rouge-brun ardoisé, à mérithalles réguliers et très-courts. — *Lenticelles :* grandes, allongées, abondantes. — *Coussinets :* aplatis. — *Yeux :* très-volumineux, couverts de duvet, coniques-arrondis, collés en partie sur l'écorce. — *Feuilles :* de grandeur moyenne, ovales, vert terne en dessus, blanc verdâtre en dessous, courtement acuminées, à bords profondément dentés ou crénelés. — *Pétiole :* de longueur moyenne, gros, faiblement cannelé. — *Stipules :* étroites et généralement assez longues.

Fertilité. — Ordinaire.

Culture. — Greffé ras terre il fait des tiges droites et de grosseur régulière, mais qui poussent très-lentement ; il est donc plus avantageux de le greffer en tête, ses plein-vent croissent alors très-vite sans que leur beauté en soit diminuée. Il se prête convenablement à toutes les formes naines, pour peu qu'on ait soin de l'écussonner sur paradis, et non sur doucin, sujet qui le rendrait presque infertile.

Description du fruit. — *Grosseur :* au-dessus de la moyenne. — *Forme :*

cylindrique plus ou moins allongée, fortement pentagone et généralement un peu contournée. — *Pédoncule :* de longueur très-variable, gros ou assez grêle, planté dans un bassin étroit et souvent profond. — *OEil :* grand, très-ouvert, à cavité plissée, très-vaste ou de moyenne dimension. — *Peau :* jaune clair verdâtre, ponctuée de roux, maculée de fauve autour du pédoncule et parfois, sur le côté bien exposé au soleil, lavée de rose tendre et fouettée de carmin foncé. — *Chair :* blanche, fine, ferme, croquante, habituellement tachée sous la peau. — *Eau :* abondante, acidulée, sucrée, savoureuse, ayant presque toujours un arrière-goût herbacé.

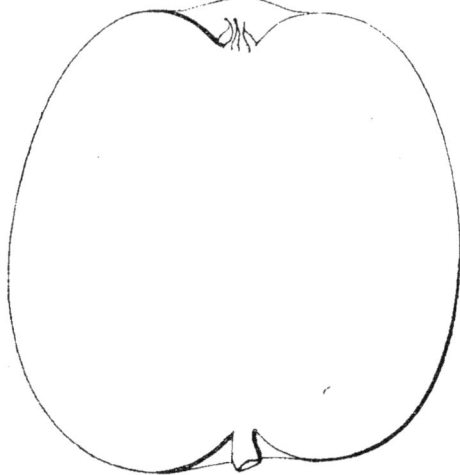

Pomme de Lestre. — *Deuxième Type.*

Maturité. — Décembre-Mai.

Qualité. — Deuxième.

Historique. — Jean-Baptiste Cabanis, né à Yssandon près Brives-la-Gaillarde (Corrèze), et non pas à Issoudun (Indre), comme l'écrivait en 1810 Musset-Pathay dans sa *Bibliographie agronomique* (p. 294), fut le promoteur de la pomme de Lestre. D'abord avocat, il délaissa le barreau pour l'agriculture, introduisit dans sa contrée de nouveaux procédés agricoles, puis nombre de végétaux, perfectionna l'art de greffer les arbres fruitiers et laissa à sa mort, arrivée en 1786, un *Essai sur les principes de la greffe* qui de nos jours est encore fort estimé. Jaume Saint-Hilaire (1830) et Couverchel (1839), décrivant ce même fruit dans leurs *Pomologies*, disent qu'il provient du Limousin et que Cabanis l'a signalé le premier, mais ils ne parlent ni de l'époque, ni du lieu d'obtention, lacune que je n'ai pu combler. Lestre est-il, ici, nom de personne ou de localité? Je l'ignore également. Le *Dictionnaire des Postes*, si complet, ne mentionne qu'une commune de cette dénomination, située dans la Manche, département trop éloigné du Limousin pour supposer qu'il ait été le berceau du pommier de Lestre. Piérard, pépiniériste-amateur qui habitait Verdun, affirmait en 1821 (*Mémoire sur les arbres à cidre*, p. 26), que ce pommier, appelé aussi De Saint-Germain, était cultivé communément dans le canton de Lapleau (Corrèze). Nous sommes bien là en plein Limousin et très-rapprochés, peut-être, du Saint-Germain dont cette variété a tiré son nom ou surnom. Toutefois notre indécision, loin de cesser, va s'accroître, puisqu'il existe jusqu'à trois Saint-Germain dans certains départements confinant à la Corrèze! Il est donc sage de s'en tenir à cet exposé, sans risquer même une hypothèse. J'ajouterai cependant qu'au haras de Pompadour, également situé dans la Corrèze, on trouve, ainsi qu'aux environs, de nombreux sujets de cette variété.

Observations. — Les Allemands connaissent ce fruit; dès 1841 Dittrich le signalait chez eux en son *Systematisches Handbuch der Obstkunde* (t. III, p. 94). Plus tard — 1854 — le docteur Jahn le décrivit et figura dans le *Deutsches Obstcabinet* (n° 5), mais en le nommant Pomme de *Lettre* et le déclarant, bien à tort, distinct de la variété qui vient de nous occuper. Cette erreur fort excusable, que même j'ai presque partagée, découle de la variabilité, souvent très-grande, des caractères extérieurs de la pomme de Lestre, notamment de ceux qui se rapportent à sa peau, tantôt unicolore, tantôt largement lavée et fouettée de carmin. Pour moi, ayant en 1866 reçu de M. Jamin, pépiniériste à Bourg-la-Reine, près Paris, un fruit étiqueté pomme de Lettre et entièrement jaune pâle, comme celui de Jahn, je priai mon obligeant confrère de m'expédier un pommier de ce nom. Confronté avec celui que depuis longtemps je multipliais sous l'unique dénomination de Lestre, il n'en différait aucunement. L'épreuve fut du reste, en 1869, plus complète encore, puisque l'arbre de M. Jamin me donna des fruits fortement colorés et d'autres qui l'étaient à peine.

Pomme LEVER. — Synonyme de pomme *Leaver*. Voir ce nom.

251. Pomme LEXINGTON.

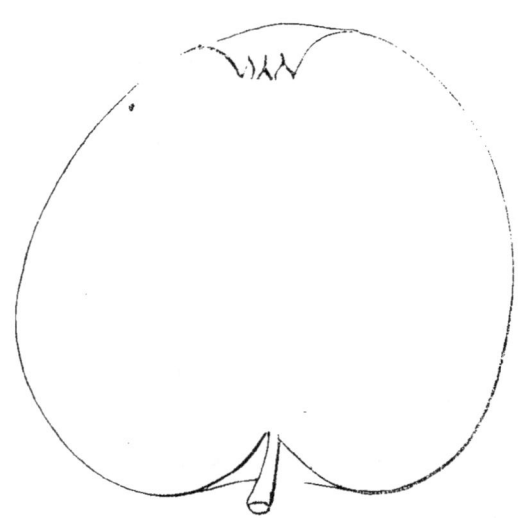

Description de l'arbre. — *Bois:* de moyenne force. — *Rameaux:* assez nombreux, étalés, gros, de longueur moyenne, légèrement coudés, très-cotonneux, brun verdâtre lavé de rouge. — *Lenticelles:* grandes, allongées, peu abondantes. — *Coussinets:* presque nuls. — *Yeux:* moyens, ovoïdes, duveteux, collés en partie sur le bois. — *Feuilles:* moyennes, ovales, courtement acuminées, planes pour la plupart et largement dentées ou crénelées sur leurs bords. — *Pétiole:* de grosseur et longueur moyennes, tomenteux, fortement carminé des deux côtés et à peine cannelé. — *Stipules:* longues et habituellement assez larges.

Fertilité. — Ordinaire.

Culture. — Comme arbre nain il réussit assez bien sous toute forme, écussonné sur paradis; mais le plein-vent lui convient mieux, particulièrement pour la fertilité, lorsqu'on a soin, surtout, de le greffer en tête.

Description du fruit. — *Grosseur:* moyenne. — *Forme:* conique légèrement allongée ou conique fortement raccourcie, ordinairement plus ventrue d'un côté que de l'autre. — *Pédoncule:* peu long, de moyenne force, parfois faiblement charnu, arqué, renflé au point d'attache, inséré dans un bassin assez vaste mais rarement bien profond. — *OEil:* moyen ou petit, mi-clos ou fermé, à cavité plissée et de moyenne dimension. — *Peau:* mince, lisse, presque unicolore, d'un vert pâle quelque peu brunâtre au soleil, tachée de roux dans le bassin pédonculaire, semée de points bruns cerclés de gris et généralement couverte d'une efflorescence blanchâtre. — *Chair :* fine, ferme, un peu jaunâtre. — *Eau :* suffisante, sucrée, acidulée, sans parfum appréciable.

Maturité. — Janvier-Juin.

Qualité. — Deuxième.

Historique. — Ce pommier m'est venu de la Georgie (États-Unis), en 1865. John Warder, le seul pomologue américain qui l'ait encore mentionné, le signala en 1867 (p. 724) sans fournir aucun renseignement sur son âge et son origine.

Pomme LIMA. — Synonyme de pomme *de Dix-Huit Onces*. Voir ce nom.

Pommes : LIMON DE GALLES,

— LIMONEN REINETTE,

} Synonymes de *Reinette Limon*. Voir ce nom.

Pomme LINCKER. — Synonyme de pomme *de Malingre*. Voir ce nom.

Pomme LINCOLN'S PIPPIN. — Synonyme [par erreur] de pomme *Linnœus Pippin*. Voir ce nom, au paragraphe Observations.

Pomme LINDEN. — Synonyme de *Reinette Donaüer*. Voir ce nom.

---

252. Pomme LINNOEUS PIPPIN.

Synonymes. — *Pommes :* 1. Westfield Seek-no-Further (A. J. Downing, *the Fruits and fruit trees of America*, 1849, p. 96). — 2. Belle-Flavoise (Oberdieck, *Illustrirtes Handbuch der Obstkunde*, 1862, t. IV, p. 197, n° 360). — 3. Gelber Belle-Fleur (*Id. ibid.*). — 4. Metzger Calvill (*Id. ibid.*). — 5. Connecticut Seek-no-Further (Charles Downing, *the Fruits and fruit trees of America*, 1863, p. 110). — 6. Seek-no-Further (*Id. ibid.*).

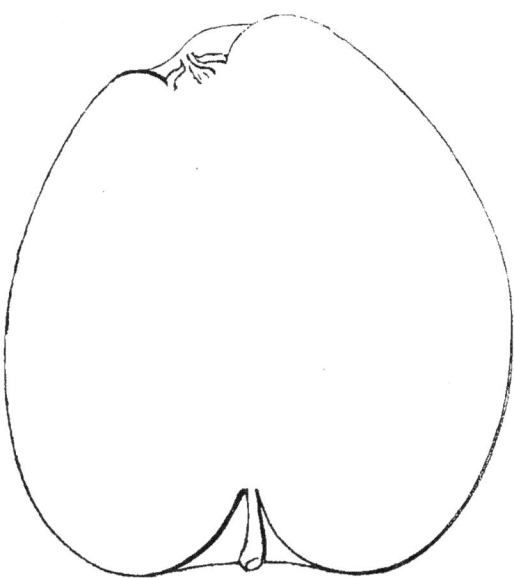

Description de l'arbre. — *Bois :* de moyenne force. — *Rameaux :* assez nombreux, étalés et arqués, courts et grêles, sensiblement coudés, plus ou moins duveteux, d'un gris cendré nuancé de vert olivâtre. — *Lenticelles :* arrondies ou allongées, larges, abondantes. — *Coussinets :* peu saillants. — *Yeux :* très-petits, ovoïdes-aplatis, légèrement cotonneux, entièrement adhérents à l'écorce. *Feuilles :* ovales-allongées ou lancéolées, coriaces, vert jaunâtre en dessus, gris verdâtre en dessous, longuement acuminées, largement et profondément dentées ou crénelées. — *Pétiole :* de grosseur et longueur moyennes, flasque, tomenteux, non carminé, à cannelure presque nulle. — *Stipules :* courtes, assez larges.

Fertilité. — Ordinaire.

Culture. — Écussonné sur doucin ou paradis il fait de convenables cordons ou buissons; les formes naines sont du reste celles sous lesquelles il prospère le mieux; la haute-tige peut cependant lui être appliquée, mais en le greffant en tête et non ras terre.

Description du fruit. — *Grosseur :* au-dessus de la moyenne. — *Forme :* conique-allongée, pentagone, bossuée et presque toujours moins volumineuse d'un côté que de l'autre. — *Pédoncule :* assez court, de moyenne force, renflé à l'attache, arqué, inséré dans un bassin étroit et profond. — *Œil :* grand ou très-grand, mi-clos, à cavité peu prononcée, irrégulière et fortement plissée. — *Peau :* mince et lisse, d'un beau jaune brillant, faiblement lavée, sur la partie exposée au soleil, de rose tendre quelque peu brunâtre, et parsemée de points gris roux dont la plupart sont cerclés de carmin foncé. — *Chair :* jaunâtre, fine et tendre. — *Eau :* abondante, bien sucrée, délicieusement acidulée et parfumée, rappelant la saveur de nos meilleures Reinettes.

Maturité. — Décembre-Février.

Qualité. — Première.

Historique. — En 1867 le Congrès pomologique français, décrivant ce fruit dans sa *Pomologie* (t. IV, n° 29), disait : « Le Linéous Pippin n'a aucun synonyme « et nous provient d'Amérique. » A cette même date, ne le possédant pas encore, je le reçus de mon obligeant confrère M. Jamin, de Bourg-la-Reine, près Paris, et sous le nom que lui donnait le Congrès; nom qu'il portait aussi à Bourg-Argental (Loire), chez M. Adrien Sénéclauze, pépiniériste, qui dès 1863 l'avait signalé dans son *Catalogue général* (p. 14). A mon tour je multipliai donc ce pommier, si digne d'être abondamment propagé; et, tenant grand compte des précédents ci-dessus, je lui conservai nécessairement la dénomination Linnœus Pippin, puisque notre Congrès le déclarait dépourvu de tout surnom. Malheureusement, quand plus tard il me fallut, pour ce *Dictionnaire*, rechercher la véritable origine de cette variété, j'acquis la certitude que le nom Linnœus Pippin était inconnu des pomologues américains, et qu'en outre, loin de manquer de synonymes, ledit pommier en possédait *six* parfaitement authentiques. De ces derniers, trois appartiennent à l'Allemagne, et trois à l'Amérique. Voici comment j'ai pu constater ces faits :

Le 30 mars 1870 M. Oberdieck, superintendant à Jeinsen (Hanovre), et l'un des premiers pomologues de son pays, m'adressait trente-huit poiriers et trente-et-un pommiers, presque tous étrangers à nos cultures. Son envoi fut précédé d'une lettre renfermant de précieuses notes sur chacune de ces variétés. Or, me parlant du pommier numéroté 27 dans la caisse, M. Oberdieck écrivait : « Ce *Metzger* est « identique avec Gelber Belle-Fleur et se rencontre actuellement en France sous le « pseudonyme Linneous Pippin. » Effectivement, comparaison faite du Metzger et de mon Linnœus Pippin, je les reconnus semblables. Interrogeant alors, sur le Metzger, les principales Pomologies allemandes, j'en trouvai l'historique suivant :

« *Pomme* Metzger Calvill, *ou* Belle-Flavoise, *ou* Gelber Belle-Fleur. — ...... D'après un de nos directeurs de jardin, M. Metzger, qui en envoya des greffes à Meiningen (Saxe), cette variété serait venue d'Angleterre, sous la dénomination Seek-no-Further, par l'intermédiaire des frères Baumann, qui en 1834 l'adressèrent à M. Metzger, ainsi qu'au château de Salem (duché de Bade), où le margrave Wilhem, l'ayant plantée, l'appela pommier Metzger, du nom de son promoteur allemand. » (Le docteur Jahn, *Illustrirtes Handbuch der Obstkunde*, 1862, t. IV, p. 197, n° 360.)

De ces quelques lignes, cinq renseignements importants surgissent pour aider à dresser l'état civil du Linnœus Pippin : on y voit son nom primitif, *Seek-no-Further;* — trois synonymes, dont l'origine du plus répandu, Metzger ; — la date de l'importation de cette pomme en Allemagne ; — la preuve qu'en 1834 elle était déjà introduite chez nous, puisque les frères Baumann, pépiniéristes alors fort renommés, habitaient Bollwiller, bourg situé près Colmar (Haut-Rhin) ; — enfin, à la rigueur, j'aurais pu conclure de ce même passage, que l'Angleterre fut le berceau de la Seek-no-Further, ou Linnœus Pippin, si, toujours circonspect, je ne m'étais d'abord assuré du contraire. En effet les Anglais ne la réclament pas comme leur gain; bien plus, je crois qu'ils la connaissent à peine, Lindley, Thompson et Hogg, leurs pomologues par excellence, n'en faisant aucune mention. Les deux derniers classent toutefois au rang des synonymes le nom Seek-no-Further, mais en le réunissant soit aux surnoms de la pomme anglaise *Yorkshire Greening*, fruit à compote, soit à ceux de la pomme américaine *Rambo*, aplatie comme un Fenouillet gris; d'où suit que l'une et l'autre diffèrent essentiellement de la Linnœus, si délicieuse et conique allongée. Cependant, mis sur la voie par l'indication qu'en Amérique le nom Seek-no-Further existait dans la nomenclature fruitière, je compulsai le volumineux ouvrage de Charles Downing, édition de 1869 (*the Fruits and fruit trees of America*), et tombai là en plein sujet ! Quatre pommes y sont décrites (pp. 202, 319, 390, 399) sous cette dénomination, ou comme la possédant pour synonyme; 1° la Green Seek-no-Further, gagnée à Flushing; 2° la Rambo, ou Seek-no-Further, originaire des bords du fleuve Delaware; 3° la Vanderspiegel, appelée aussi Seek-no-Further dans certaines régions, et provenant de Bennington; 4° puis la *Westfield Seek-no-Further*, ou Seek-no-Further, ou *Connecticut Seek-no-Further*, qui de tout point est identique avec le Metzger Calvill des Allemands, notre Linnœus Pippin, ainsi que me l'a formellement démontré l'examen comparatif de chacun de ces quatre fruits. Comme l'indiquent ces deux principaux noms, cette dernière pomme eut pour lieu natal la cité de Westfield, relevant du Connecticut, district où elle est, écrit Downing, « ancienne, des plus estimées, et déclarée « même la meilleure de toutes les variétés. » Ce fut donc sa rare bonté qui la fit appeler Seek-no-Further, assemblage de mots signifiant : Ne cherchez pas plus loin, Arrêtez-vous à moi. — Profitant de l'avis, je m'arrête, et d'autant mieux que cet historique est déjà long ; mais il m'a semblé fort utile de ne pas l'abréger, le lecteur devant y trouver une preuve matérielle des nombreuses difficultés que nous avons à surmonter pour ce travail, et dès lors nous pardonner moins difficilement les erreurs qu'il y relèvera...... J'allais oublier de rappeler que Linnée, l'illustre naturaliste suédois auquel le pommier ici caractérisé fut illicitement dédié — j'ignore où et par quel arboriculteur — naquit en 1707, devint médecin de son souverain, puis professeur de botanique à l'université d'Upsal, et mourut en 1778. Ne connaissant aucun autre fruit qui lui soit consacré, je n'en suis que plus porté à laisser à cette pomme le nom célèbre dont elle est parée chez nous.

Observations. — J'ai vu dans quelques CATALOGUES de pépiniéristes les noms *Reinette d'Anthézieux* et *Reinette Menoux* donnés comme synonymes de Linnœus Pippin. Il n'en est rien, très-certainement; mais par exemple ces deux Reinettes ne font bien qu'une seule et même variété. Celle dite d'Anthézieux (Isère), la plus répandue, est assez bonne, grosse, côtelée à la base et au sommet, conique-raccourcie, à peau jaune foncé nuancé de brun; sa maturité a lieu de décembre à mars. — Le Linnœus Pippin possède certains rapports extérieurs avec les pommes Calleville blanc d'Hiver et Belle-Fille Normande; on peut s'en convaincre par l'examen des types publiés plus haut (pp. 174 et 112), mais les arbres de ces variétés sont loin d'offrir une telle analogie. — Le nom *Lincoln's Pippin* n'est pas synonyme, comme on l'a supposé à Paris en 1871, de *Linnœus Pippin*, mais uniquement de la variété américaine Winthrop Greening, ainsi que l'établissait en 1869 Charles Downing dans sa Pomologie (p. 415).

Pomme LITTLE PEPPING. — Synonyme de pomme *d'Or d'Angleterre*. Voir ce nom.

---

253. Pomme de LIVRE.

Synonymes. — Pommes : 1. De Cinq-Cartrons [?] (dom Claude Saint-Étienne, *Nouvelle instruction pour connaître les bons fruits*, 1670, p. 210). — 2. Pfund (Herman Knoop, *Pomologie*, 1766, édition allemande, t. II, p. 18, pl. X, n° 79). — 3. Teller (*Id. ibid.*). — 4. Gros-Rambour d'Hiver (Diel, *Kernobstsorten*, 1800, t. III, p. 100). — 5. Haus Mütterchen (John Turner, *Transactions of the horticultural Society of London*, 1820, t. IV, pp. 274 et 278). — 6. Mère de Ménage (*Id. ibid.*). — 7. Ménagère (Thompson, *Catalogue of fruits cultivated in the garden of the horticultural Society of London*, 1842, p. 25, n° 436). — 8. Dame de Ménage (le baron de Biedenfeld, *Handbuch aller bekannten Obstsorten*, 1854, 2ᵉ partie, p. 149). — 9. Femme de Ménage (*Id. ibid.*).

Premier Type.

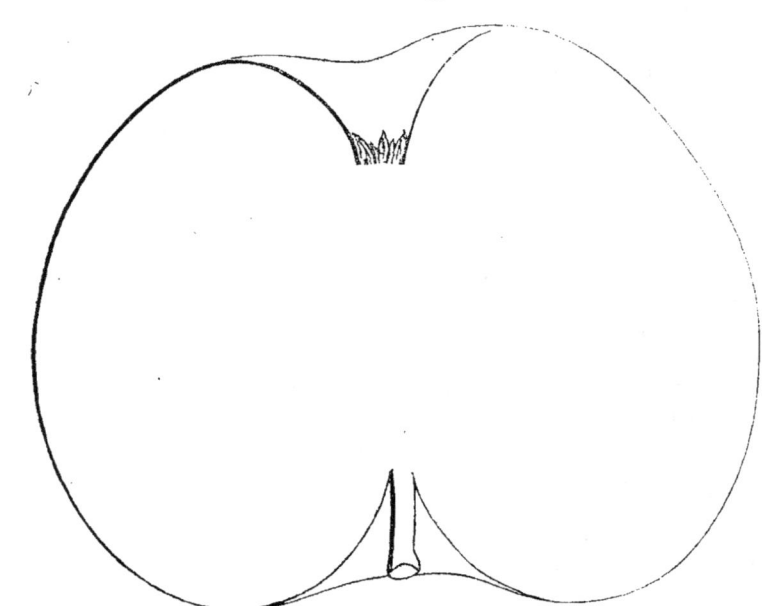

Description de l'arbre. — *Bois :* assez faible. — *Rameaux :* peu nombreux, étalés et quelquefois arqués, longs, minces, sensiblement coudés, légèrement cotonneux, rouge-brun ardoisé. — *Lenticelles :* petites, arrondies, clair-semées. — *Coussinets :* ressortis. — *Yeux :* moyens, arrondis, duveteux, collés sur l'écorce. — *Feuilles :* grandes, ovales très-allongées, vert terne en dessus, vert clair en dessous, ayant les bords assez profondément crénelés. — *Pétiole :* gros, de longueur moyenne, à cannelure prononcée. — *Stipules :* courtes et larges.

Fertilité. — Modérée.

Culture. — La haute-tige lui convient peu, il s'y montre chétif et sous le moindre vent y perd, avant leur maturité, une partie de ses énormes fruits. Les formes naines, sur doucin ou paradis, lui sont plus favorables, tant pour la fertilité que pour l'accroissement du volume de ses produits, dont la grosseur exceptionnelle fait surtout le principal mérite.

Pomme de Livre. — *Deuxième Type.*

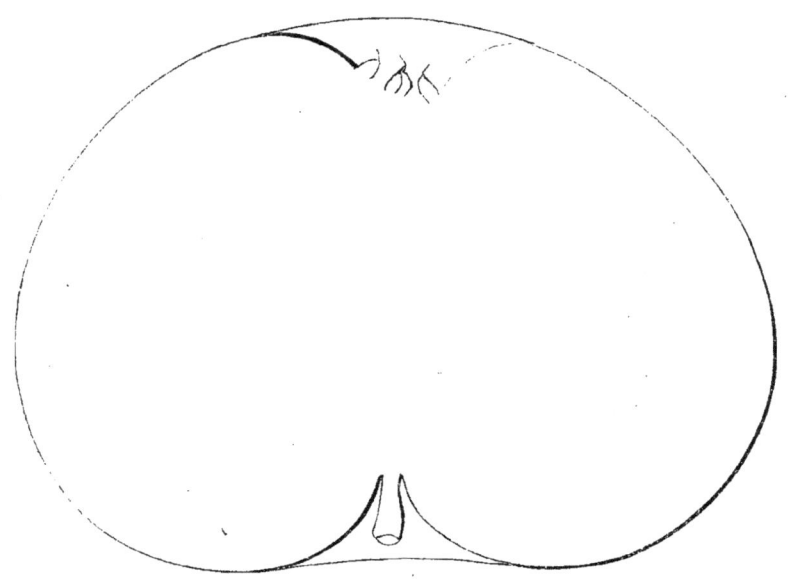

Description du fruit. — *Grosseur :* énorme. — *Forme :* sphérique ou conique plus ou moins régulière, souvent très-comprimée aux pôles et parfois légèrement côtelée près de l'œil. — *Pédoncule :* court ou de longueur moyenne, gros, droit ou arqué, profondément inséré dans un vaste bassin. — *Œil :* très-grand, généralement peu ouvert, cotonneux, à cavité irrégulière, unie ou faiblement plissée, toujours très-large et quelquefois très-profonde. — *Peau :* jaune pâle quelque peu verdâtre, maculée de roux squammeux autour du pédoncule, parfois faiblement lavée de rouge-brique à l'insolation, puis abondamment semée de points gris et de points bruns, dont beaucoup sont cerclés de carmin. — *Chair :* blanchâtre, mi-fine, ferme, très-croquante. — *Eau :* suffisante, assez sucrée, agréablement et légèrement acidulée, complétement dénuée de parfum.

Maturité. — Décembre-Mars.

Qualité. — Deuxième pour le couteau, première pour la cuisson.

Historique. — Dans la *Nouvelle instruction pour connaître les bons fruits* publiée en 1670 par le moine Claude Saint-Étienne, je vois mentionnée, page 210, une pomme De Cinq-Cartrons. Est-ce notre pomme de Livre?... On peut le supposer, en raison surtout du volume considérable dont son nom la montre douée, mais on ne saurait l'affirmer, cet auteur n'en donnant aucune description. Dès 1780 les Allemands ont revendiqué l'obtention du pommier de Livre (voir Manger, *Systematische Pomologie*, t. I, pp. 40-42, n° LVII). Ils le classent parmi leurs anciennes variétés et le nomment Pfund [Livre] ou Teller [Paume de la main, Assiette], dénominations faisant toutes allusion à la grosseur considérable de ses produits, qu'ils qualifient de particulièrement propres à la cuisson. Le docteur Diel, qui l'a caractérisé en 1800, le disait alors très-répandu dans le Wetterau (Hesse et Nassau) et le Hanovre. Les Hollandais furent évidemment des premiers à l'importer chez eux, car leur pomologue Herman Knoop le décrivit et figura en 1766 dans son remarquable recueil (t. II, p. 18 de la traduction allemande). Pour les pépiniéristes français le nom pommier de Livre est très-récent; il compte à peine une dizaine d'années; celui de l'espèce dite *Ménagère* remonte beaucoup plus haut; je le citais déjà en 1840 parmi les nouveautés (*Catalogue*, p. 3). De 1865 à 1869 ces deux derniers noms ont été regardés à mon grand regret, dans mon établissement, comme appartenant à deux fruits distincts; erreur formelle, actuellement à signaler. Ce que je fais après avoir reçu de diverses provenances des pommiers de Livre qui tous, arbre et fruit, se sont montrés entièrement identiques avec la variété Ménagère. Du reste, et la chose a son côté plaisant, non-seulement cette erreur règne en Allemagne, terre natale du pommier de Livre, mais encore c'est de là précisément qu'elle a fini par gagner la France, passant d'abord par la Flandre et l'Angleterre. J'en trouve la preuve dans les *Transactions* de la Société d'Horticulture de Londres, sous la signature de M. John Turner (t. IV, pp. 274 et 278). Présentant un rapport le 17 octobre 1820, sur des fruits offerts à cette Société, l'année précédente, par M. Louis Stoffels, de Mechlin (Flandre), M. Turner décrit effectivement, comme faisant partie dudit envoi, la pomme HAUS MÜTTERCHEN, ou *Mère de Ménage*, ou *Ménagère*, qui, dit-il, abonde en Allemagne, notamment aux environs de Munster (Westphalie). Mais de telles méprises seront longtemps, il faut l'avouer, faciles à commettre, pour les pommes surtout, qu'on commence seulement à étudier, et qui d'un canton à l'autre, dans le même pays, portent souvent des noms très-dissemblables.

Observations. — Il existe en Normandie une excellente variété appelée parfois, comme celle-ci, pomme de Livre, et plus généralement *Belle-Fille normande* ou Belle-Fille du pays de Caux. Je l'ai décrite page 112 de ce volume; on peut alors s'assurer qu'elle n'a rien de commun, le surnom Livre excepté, avec le présent fruit. — Les Allemands nomment aussi leur pomme de Livre, Gros-Rambour d'Hiver, on devra se le rappeler, afin d'éviter toute confusion entre ce dernier nom et celui de notre délicieux *Rambour d'Hiver*, dont l'article viendra à son rang alphabétique. — Le synonyme Belle-Joséphine, appartenant à la variété *Joséphine*, caractérisée ci-contre (p. 407), a parfois été donné, mais bien induement, à la pomme Ménagère, identique, nous l'avons constaté, avec la pomme de Livre. Là encore quelque malentendu pourrait donc se produire, si l'on ne tenait compte du fait que nous signalons.

POMMES DE LIVRE. — Synonymes de pommes *Belle-Fille normande* et de *Coing d'Hiver*. Voir ces noms.

POMME LOCARD (GROS-). — Voir *Gros-Locard*.

---

254. Pomme LOCY.

Description de l'arbre. — *Bois :* fort. — *Rameaux :* peu nombreux, étalés, gros et longs, bien géniculés, cotonneux, rouge ardoisé, à courts mérithalles. — *Lenticelles :* petites, arrondies ou allongées, très-abondantes. — *Coussinets :*

ressortis et se prolongeant en arête. — *Yeux :* gros ou moyens, ovoïdes-obtus, duveteux, faiblement écartés du bois, ayant les écailles mal soudées. — *Feuilles :* grandes, épaisses, coriaces, ovales-arrondies, vert blanchâtre en dessus, blanc verdâtre en dessous, courtement acuminées, planes ou ondulées, à bords irrégulièrement et largement dentés ou crénelés. — *Pétiole :* gros, de logueur moyenne, carminé en dessous, à cannelure très-profonde. — *Stipules :* larges et longues.

Fertilité. — Satisfaisante.

Culture. — Greffé ras terre, pour plein-vent, il devient très-beau de tige et de tête ; sous forme naine, avec le paradis comme sujet, on en obtient également de jolis arbres dont les produits gagnent beaucoup en volume et en nombre.

Pomme Locy.

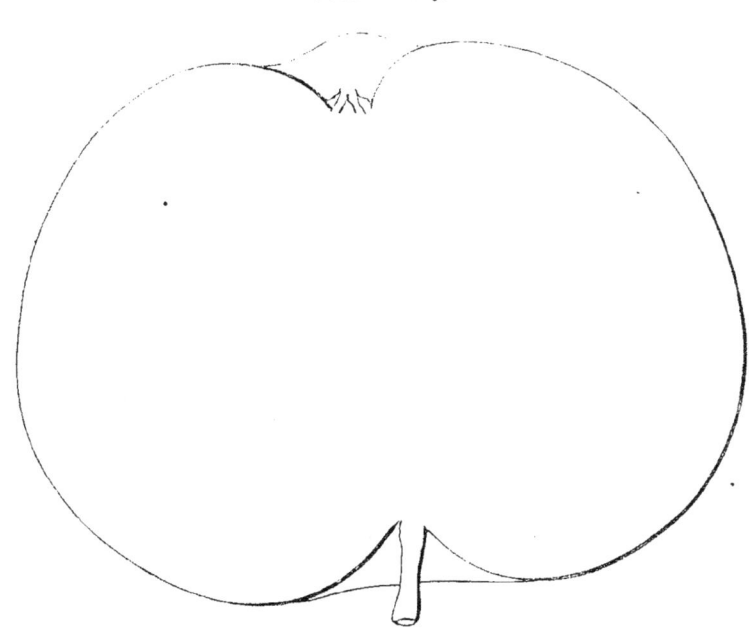

Description du fruit. — *Grosseur :* considérable. — *Forme :* globuleuse sensiblement aplatie aux pôles et légèrement pentagone. — *Pédoncule :* fort et de longueur moyenne, plus ou moins arqué, planté dans un large et assez profond bassin. — *Œil :* enfoncé, moyen, mi-clos, à cavité étroite et plissée. — *Peau :* mince, lisse, habituellement unicolore, jaune clair, finement et abondamment ponctuée de gris et de brun ; quelquefois, mais très-exceptionnellement, portant sur la partie exposée au soleil de légères traces de stries ou de mouchetures d'un rose tendre. — *Chair :* blanche, fine, peu ferme, veinée de vert auprès des loges. — *Eau :* suffisante, sucrée, fortement mais agréablement acidulée.

Maturité. — Décembre-Mars.

Qualité. — Deuxième.

Historique. — La pomme Locy me fut, en 1858, envoyée de Georgie (États-Unis) par M. Berckmans, pépiniériste belge établi dans ce pays. Charles Downing l'a décrite en 1863 (*Fruits of America*, p. 164), mais il n'en connaît pas l'obtenteur, non plus que John Warder, autre pomologue américain qui l'a mentionnée en 1867. Elle offre, ainsi que son arbre, certains points de ressemblance avec la variété Duchâtel (voir page 275), et cependant ne saurait aucunement lui être réunie, comme le moindre examen le démontre aussitôt.

255. Pomme LOISEL.

Synonymes. — *Pommes* : 1. Pepin Loisel (de Bavay, *Catalogue de ses pépinières de Vilvorde-lez-Bruxelles*, 1860, p. 32). — 2. Loisels Goldtäubchen (Oberdieck, *Illustrirtes Handbuch der Obstkunde*, 1869, t. VI, p. 93, n° 588). — 3. Pigeonnet Doré (*Id. ibid.*). — 4. Pigeonnet Doré de Loisel (*Id. ibid.*).

Description de l'arbre. — *Bois :* très-fort. — *Rameaux :* bien nombreux, érigés, longs, très-gros, sensiblement géniculés, légèrement cotonneux, brun olivâtre quelque peu lavé de rouge. — *Lenticelles :* grandes, fort abondantes et plus ou moins allongées. — *Coussinets :* modérément saillants. — *Yeux :* volumineux, ovoïdes-arrondis, duveteux et plaqués sur l'écorce. — *Feuilles :* grandes, ovales, vert clair en dessus, gris verdâtre en dessous, rarement acuminées, à bords régulièrement crénelés. —*Pétiole :* gros, de longueur moyenne, à cannelure assez profonde. — *Stipules :* bien développées.

Fertilité. — Abondante.

Culture. — Sa très-rapide croissance permet d'en faire de superbes plein-vent, même en le greffant au ras de terre. C'est uniquement sur paradis qu'il faut l'écussonner, pour modérer sa vigueur et le rendre encore plus productif, quand on veut lui appliquer quelque forme naine.

Description du fruit. — *Grosseur :* au-dessous de la moyenne. — *Forme :* conique plus ou moins obtuse et plus ou moins allongée, légèrement pentagone vers le sommet, et souvent un peu contournée dans son ensemble. — *Pédoncule :* de longueur moyenne, grêle mais renflé au point d'attache, implanté dans un étroit et assez profond bassin. — *Œil :* presque à fleur de fruit, grand, mi-clos, parfois complétement ouvert, plissé sur ses bords. — *Peau :* jaune d'or, tachée de fauve autour du pédoncule puis généralement constellée de larges points roux en étoile, qui, excessivement nombreux vers l'œil, y forment une véritable couche concentrique. — *Chair :* jaunâtre, fine, croquante, assez ferme. — *Eau :* abondante, sucrée, aigrelette et possédant une saveur parfumée très-délicate.

Maturité. — Septembre-Novembre.

Qualité. — Première.

Historique. — Les Belges sont les propagateurs de cette excellente variété, gagnée vers 1855 par M. Loisel, propriétaire et semeur bien connu, habitant

Fauquemont, dans le Limbourg hollandais. Elle a déjà plusieurs surnoms. M. de Bavay, pépiniériste à Vilvorde-lez-Bruxelles, la produisit dès 1860, comme nouveauté, sous le nom Pepin Loisel (voir son *Catalogue*, dite année, p. 32). Dans le Hanovre, en 1869, le pomologue Oberdieck, la décrivant, l'appela *Loisels Goldtäubchen* [Pigeonnet doré de Loisel], puis encore Pigeonnet doré (*Illustrirtes Handbuch der Obstkunde*, t. VI, p. 93, n° 588). Quant à moi, je la reçus en 1862, de Belgique, étiquetée Pepin d'Or de Loisel. — M. Oberdieck a prétendu qu'elle ne saurait appartenir au groupe des Pigeonnets, mais plutôt à celui des Pepins dorés. S'il a raison sur le premier point, je ne sais trop que penser de son opinion, sur le second, le terme générique *Pippin*, venu des Anglais, étant si peu définissable, qu'à mon avis son maintien dans la nomenclature fruitière ne doit servir qu'à l'embrouiller davantage. Ce qui m'a conduit à multiplier désormais le Pepin Loisel sous l'unique dénomination Pomme Loisel, faite pour n'éveiller aucune discussion de classement, terrain sur lequel on rencontre autant de systèmes que de contradicteurs.

Pomme LOISELS GOLDTÄUBCHEN. — Synonyme de pomme *Loisel*. Voir ce nom.

Pomme LONDON GOLDEN PIPPIN. — Synonyme de pomme *d'Or d'Angleterre*. Voir ce nom.

Pomme LONDON PIPPIN. — Synonyme de pomme *de Londres*. Voir ce nom.

---

256. Pomme de LONDRES.

Synonymes. — Pommes : 1. Five-Crown Pippin (John Turner, *Transactions of the horticultural Society of London*, 1819, t. III, pp. 310 et 323). — 2. London Pippin (Thompson, *Catalogue of fruits cultivated in the garden of the horticultural Society of London*, 1842, p. 23, n° 410). — 3. New-London Pippin (*Id. ibid.*). — 4. Royal Somerset (*Id. ibid.*).

Description de l'arbre. — *Bois* : peu fort. — *Rameaux* : érigés, assez courts, de moyenne grosseur, à peine géniculés, des plus cotonneux, brun olivâtre lavé de rouge, ayant de très-courts mérithalles. — *Lenticelles* : moyennes, arrondies, clair-semées. — *Coussinets* : presque nuls. — *Yeux* : petits, arrondis et légèrement duveteux, plaqués en partie sur l'écorce. — *Feuilles* : très-petites, ovales, rarement acuminées, finement dentées sur leurs bords. — *Pétiole* : de grosseur et longueur moyennes, tomenteux, à cannelure peu prononcée. — *Stipules* : très-petites.

Fertilité. — Satisfaisante.

Culture. — La forme naine, sur doucin, lui est surtout très-avantageuse, elle active sa végétation et le rend plus productif, plus régulier. On peut aussi le destiner au plein-vent, mais en le greffant en tête et lui choisissant un sujet très-vigoureux, autrement il resterait par trop chétif.

Description du fruit. — *Grosseur* : au-dessus de la moyenne. — *Forme* : globuleuse, fortement côtelée et presque toujours comprimée aux pôles. — *Pédoncule* : de longueur moyenne, bien nourri, légèrement arqué, planté dans un vaste et profond bassin. — *Œil* : très-grand et très-ouvert, à larges sépales, à cavité irrégulière et de dimension variable. — *Peau* : unie, jaune brillant, lavée de vermillon sur la face exposée au soleil, plus ou moins tachée de roux autour du pédoncule et abondamment ponctuée de gris-blanc. — *Chair* : jaunâtre, fine, assez ferme. — *Eau* : abondante, très-sucrée, délicieusement acidulée et parfumée, exquise.

Pomme de Londres.

MATURITÉ. — Décembre-Mars.

QUALITÉ. — Première.

Historique. — Aussi bonne que le Calleville blanc, et parfois même l'emportant sur lui, la pomme ici décrite provient du comté de Norfolk, lisons-nous sous la signature George Lindley dans les *Transactions* de la Société d'Horticulture de Londres. Cet auteur ajoute qu'à l'époque où il écrit — 7 mars 1820 — elle est déjà commune, notamment sur les marchés du Norwich, qui tout l'hiver en sont abondamment pourvus. (T. IV, pp. 65 et 67.) Il la nomme *London Pippin*, dénomination faite pour donner le change sur l'origine du pied-type, et qu'évidemment elle a reçue pour rendre hommage aux qualités précieuses dont sa chair est douée. La pomme de Londres, malgré tous ses mérites, n'a pas encore pris place dans les jardins français; nos principaux pépiniéristes la connaissent à peine; elle est chez moi depuis six ans seulement et ne parut dans mon *Catalogue* qu'en 1868 (p. 48, n° 242).

POMME DE LONG-BOIS (GROSSE). — Synonyme de pomme *Gros-Api*. Voir ce nom.

POMME DE LONG-BOIS (PETITE). — Synonyme de pomme *d'Api*. Voir ce nom.

POMME À LONGUE-QUEUE. — Synonyme de pomme *Betsey*. Voir ce nom.

POMME DE LOQUET,

— LOQUETTE,

Synonymes de pomme *Lanterne*. Voir ce nom.

POMME LORD GWYDRY'S NEWTOWN PIPPIN. — Synonyme de pomme *Alfriston*. Voir ce nom.

Pomme de LORRAINE. — Synonyme de *Rambour d'Été*. Voir ce nom.

Pomme LOTHRINGER BUNTER STREIFLING. — Synonyme de *Calleville rose*. Voir ce nom.

Pomme LOTHRINGER RAMBOUR D'ÉTÉ. — Synonyme de *Rambour d'Été*. Voir ce nom.

Pomme LOTHRINGER RAMBOUR D'HIVER. — Synonyme de *Rambour d'Hiver*. Voir ce nom.

Pomme de LOUIS ou LOUYS. — Synonyme de pomme *Luiken*. Voir ce nom.

Pommes LOUIS XVIII. — Synonymes de pomme *Belle des Bois* et de pomme *Fraise*. Voir ces noms.

Pomme de LOUP. — Synonyme de pomme *Patte de Loup*. Voir ce nom.

Pomme LOVEDEN'S PIPPIN. — Synonyme de pomme *Non-Pareille ancienne*. Voir ce nom.

Pomme LUDWIG. — Synonyme de pomme *Luiken*. Voir ce nom.

257. Pomme LUIKEN.

Synonymes. — Pommes : 1. De Louis ou Louys (dom Claude Saint-Étienne, *Nouvelle instruction pour connaître les bons fruits*, 1670, p. 213; — et Lucas, *Illustrirtes Handbuch der Obstkunde*, 1859, t. I, n° 71). — 2. Ludwig (Van Mons, *Catalogue descriptif de partie des arbres fruitiers qu de 1798 à 1823 ont formé sa collection*, p. 53, n° 2729). — 3. Luyké (Dittrich, *Systematisches Handbuch der Obstkunde*, 1839, t. I, p. 448). — 4. Luyken (*Id. ibid.*).

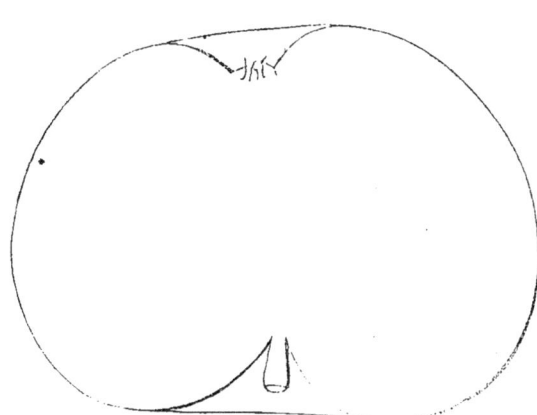

Description de l'arbre. — *Bois :* très-fort. — *Rameaux :* nombreux, érigés, longs, des plus gros, à peine géniculés, légèrement cotonneux, brun verdâtre amplement lavé de roux. — *Lenticelles :* grandes, arrondies, clairsemées. — *Coussinets :* larges mais peu saillants. — *Yeux :* petits, arrondis, duveteux, collés sur le bois. — *Feuilles :* moyennes, ovales, planes, acuminées, ayant les bords profondément dentés ou crénelés. — *Pétiole :* gros, assez long, carminé, roide, à cannelure prononcée. — *Stipules :* très-petites.

Fertilité. — Ordinaire.

CULTURE. — Sa rapide croissance et sa belle ramification permettent de le greffer ras terre pour l'élever à tige ; alors son tronc devient gros et sa tête prend un grand, un régulier développement. Le paradis est le sujet qui lui convient, quand on désire l'utiliser comme arbre nain, car il en appauvrit la végétation au profit de la fertilité.

Description du fruit. — *Grosseur :* moyenne. — *Forme :* globuleuse, habituellement comprimée aux pôles et parfois ayant un côté moins volumineux que l'autre. — *Pédoncule :* court, assez fort, droit ou arqué, inséré dans un bassin souvent prononcé, mais souvent aussi de faible dimension. — *Œil :* moyen, mi-clos ou fermé, à cavité unie ou légèrement bossuée, parfois irrégulière et généralement peu profonde. — *Peau :* unie, à fond blanc jaunâtre, presque entièrement mouchetée et lavée de rose, plus ou moins fouettée de carmin, maculée de brun squammeux autour du pédoncule et ponctuée de gris. — *Chair :* très-blanche, fine ou mi-fine, ferme, croquante, un peu marcescente. — *Eau :* suffisante, bien sucrée, acidulée, douée d'un parfum de rose rarement très-développé.

MATURITÉ. — Octobre-Décembre.

QUALITÉ. — Deuxième, et quelquefois première quand ce fruit est sensiblement parfumé.

Historique. — Au XVIIe siècle il existait chez nous une pomme Louys, qui fut en 1670 mentionnée, sans nulle description, par le moine Claude Saint-Étienne, page 213 de sa *Nouvelle instruction pour connaître les bons fruits*. Cet auteur étant le seul qui l'ait citée, j'ignore ce qu'elle est devenue et ne saurais la rattacher avec certitude à la présente variété, que j'ai reçue du Hanovre en 1866. Je dois cependant le dire, les Allemands, qui la cultivent sous ce même nom de Louis [*Ludwig*], puis sous le surnom *Luiken*, ne paraissent pas la regarder comme originaire de leur pays, et ne sont guère mieux renseignés sur les autres points de son histoire. C'est ainsi qu'en 1869 M. Édouard Lucas, directeur de l'Institut pomologique de Reutlingen (Wurtemberg), écrivait :

« Le pommier *Luiken*, généralement connu et fort répandu dans le Wurtemberg, est appelé Louis [*Ludwig*] chez les plus anciens pomologues. On pense qu'au temps des guerres avec la France, ce nom de Louis fut remplacé par la dénomination *Luiken*, provenant, selon quelques personnes, d'une famille Luik, de la ville d'Essling, où elle s'occupait de viticulture et de jardinage. » (*Illustrirtes Handbuch der Obstkunde*, t. I, p. 173, n° 71.)

258. Pomme du LUXEMBOURG.

Description de l'arbre. — *Bois :* peu fort. — *Rameaux :* assez nombreux, érigés au sommet, étalés à la base, légèrement coudés, bien duveteux, brun olivâtre sensiblement lavé de rouge terne. — *Lenticelles :* grandes, plus ou moins allongées, assez abondantes. — *Coussinets :* aplatis. — *Yeux :* petits, arrondis très-cotonneux, noyés dans l'écorce. — *Feuilles :* moyennes, ovales, courtement acuminées pour la plupart, planes, ayant les bords uniformément crénelés. — *Pétiole :* de grosseur et longueur moyennes, tomenteux, à cannelure peu marquée. — *Stipules :* étroites, mais assez longues.

FERTILITÉ. — Grande.

CULTURE. — Ce pommier laissant beaucoup à désirer sous le rapport de la vigueur, il faut, quand on le destine au plein-vent, le greffer à hauteur de tige pour qu'il possède une tête convenable. Écussonné sur doucin ou paradis, il fait des arbres nains réguliers et d'un bel aspect.

Description du fruit. — *Grosseur :* moyenne. — *Forme :* cylindrique irrégulière ou conique-arrondie ayant presque toujours un côté moins développé que l'autre. — *Pédoncule :* de grosseur et longueur moyennes, droit ou arqué, assez profondément inséré dans un étroit bassin. — *Œil :* grand, bien ouvert ou mi-clos, modérément enfoncé dans une vaste cavité à bords inégaux. — *Peau :* légèrement rugueuse, vert-pré sur le côté de l'ombre, vert-brun à l'insolation, en grande partie marbrée de roux grisâtre, tachée de même autour de l'œil et du pédoncule, puis abondamment ponctuée de fauve. — *Chair :* verdâtre, fine, très-tendre. — *Eau :* abondante, sucrée, savoureusement acidulée et parfumée.

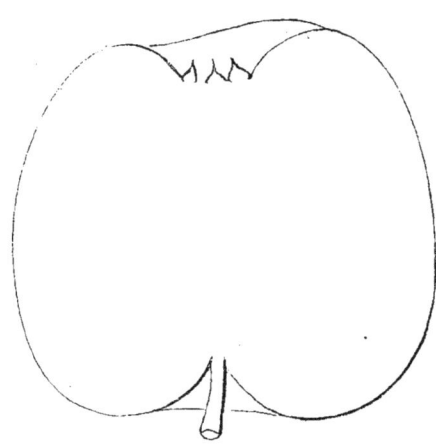

Pomme du Luxembourg.

MATURITÉ. — Décembre-Avril.
QUALITÉ. — Première.

Historique. — Cette variété me fut offerte en 1842 par M. Hardy, alors directeur, à Paris, du Jardin du Luxembourg; elle provenait de la pépinière d'arbres fruitiers que posséda longtemps ce grand et bel enclos, maintenant si changé. Je ne saurais dire à quelle époque commença la propagation de la pomme du Luxembourg; moi je la multiplie depuis 1846. En 1809 elle ne figurait pas encore sur le *Catalogue méthodique et classique* de l'École impériale d'arboriculture établie au Luxembourg, où pour lors on comptait déjà quatre-vingt-six espèces de pommes à couteau.

Observations. — Dans mon établissement on propagea d'abord ce pommier sous le nom *Calleville du Luxembourg*, mais ses produits ne rappelant ni par leur forme ni par la nature de leur chair, l'espèce Calleville, j'ai dû plus tard leur enlever ce déterminatif, qui les classait dans un groupe auquel ils n'appartenaient pas.

POMMES : LUYKÉ,

— LUYKEN,

⎰ Synonymes de pomme *Luiken*.
⎱ Voir ce nom.

FIN DU TROISIÈME VOLUME.

www.ingramcontent.com/pod-product-compliance
Lightning Source LLC
Chambersburg PA
CBHW051818230426
43671CB00008B/750